Frank E. Beichelt, Douglas C. Montgomery (Hrsg.)

Teubner-Taschenbuch der Stochastik

Frank E. Beichelt, Douglas C. Montgomery (Hrsg.)

Teubner-Taschenbuch der Stochastik

Wahrscheinlichkeitstheorie, Stochastische Prozesse, Mathematische Statistik

Teubner

B. G. Teubner Stuttgart · Leipzig · Wiesbaden

Bibliografische Information Der Deutschen Bibliothek
Die Deutsche Bibliothek verzeichnet diese Publikation in der Deutschen Nationalbibliografie;
detaillierte bibliografische Daten sind im Internet über <http://dnb.ddb.de> abrufbar.

Herausgeber:
Frank E. Beichelt, University of the Witwatersrand, Johannesburg, RSA
Douglas C. Montgomery, Arizona State University, Tempe, USA

Bearbeiter:
Frank E. Beichelt, University of the Witwatersrand, Johannesburg
Smiley Cheng, University of Manitoba
Gerd Christoph, Otto-von-Guericke-Universität Magdeburg
Cheryl L. Jennings, Motorola, Inc.
Brian D. Macpherson, University of Manitoba
Douglas C. Montgomery, Arizona State University
Raymond H. Myers, Virginia Technicon
Richard Pincus, Universität Potsdam
Tim J. Robinson, University of Wyoming
James R. Simpson, Florida State University
G. Geoffrey Vining, Virginia Technicon
James W. Wisnowsky, United States Air Force Academy

1. Auflage September 2003

Alle Rechte vorbehalten
© B. G. Teubner Verlag / GWV Fachverlage GmbH, Wiesbaden 2003

Der B.G. Teubner Verlag ist ein Unternehmen der Fachverlagsgruppe BertelsmannSpringer.
www.teubner.de

Umschlaggestaltung: Ulrike Weigel, www.CorporateDesignGroup.de

Gedruckt auf säurefreiem und chlorfrei gebleichtem Papier.
ISBN 978-3-322-80068-8   ISBN 978-3-322-80067-1 (eBook)
DOI 10.1007/978-3-322-80067-1

Vorwort

Unter dem Begriff Stochastik werden alle mathematisch fundierten Theorien und Methoden zur Charakterisierung, Modellierung und quantitativen Analyse zufallsabhängiger Erscheinungen zusammengefasst.

Das vorliegende Buch behandelt die drei Eckpfeiler der Stochastik: Wahrscheinlichkeitstheorie, Stochastische Prozesse und Mathematische Statistik. Es ist vor allem auf die Belange von Anwendern stochastischer Methoden zugeschnitten. Insbesondere werden Studierende der Technik- und Naturwissenschaften, der Informatik und des Operations Research sowie der Wirtschafts- und Sozialwissenschaften in dem Buch all das finden, was sie im Grundstudium und zum Teil auch darüber hinaus benötigen. Das Buch ist als Begleitlektüre zu Lehrveranstaltungen für Studierende an Universitäten und Fachhochschulen geeignet. Daneben wird es gute Dienste leisten beim Erwerb, zur Auffrischung und zur Festigung von Grundkenntnissen in der Theorie stochastischer Methoden sowie zur Erlangung von Fertigkeiten in deren Anwendung. Alle dazu erforderlichen Tafeln werden bereitgestellt. Leser, die mit Programmpaketen zur Mathematischen Statistik arbeiten oder sich darauf vorbereiten, finden in dem Buch die wichtigsten theoretischen Grundlagen, um mit diesen Programmpaketen nicht schablonenhaft, sondern auf solider fachlicher Grundlage schöpferisch arbeiten zu können. Das Verständnis des Buches erfordert lediglich Vorkenntnisse aus der mathematischen Grundausbildung des genannten Leserkreises: Differential- und Integralrechnung, Differentialgleichungen, unendliche Reihen, Funktionen von zwei Veränderlichen und lineare Algebra. Zahlreiche durchgerechnete Beispiele veranschaulichen die Theorie und lassen gleichzeitig die vielfältigen Anwendungsmöglichkeiten stochastischer Methoden erkennen. Die am Ende eines jeden Hauptabschnitts gegebenen Literaturstellen weisen auf einige der wichtigsten aktuellen Lehrwerke zum jeweils behandelten Gegenstand hin.

Die in den Kapiteln 2.9 bis 2.11 betrachteten Gegenstände wurden wegen ihrer großen praktischen Bedeutung in das Buch aufgenommen, obwohl ihre mathematisch genaue Behandlung ohne Maß- und Funktionentheorie sowie ohne stochastische Integralrechnung nicht möglich ist. Um dennoch das erforderliche Grundwissen bereitstellen zu können, treten in diesen Kapiteln an die Stelle exakter Ableitungen und Begriffe gelegentlich heuristisch motivierte Ausführungen.

Hinweise zur Verbesserung des Buches sind willkommen und sollten gerichtet werden an: Beichelt@stats.wits.ac.za

Herausgeber und Autoren danken dem Teubner-Verlag und Herrn *J. Weiß*, Leipzig, für die konstruktive, angenehme Zusammenarbeit.

Johannesburg, Tempe   *F. E. Beichelt, D. C. Montgomery*
Frühjahr 2003

Inhalt

Tafeln

Symbole, Abkürzungen und Maßeinheiten

□, ■, •	Ende eines Beispiels, eines Satzes, einer Definition
R	reelle Achse: $\mathbf{R} = (-\infty, +\infty)$
$f(t) \equiv c$	$f(t) = c$ für alle t aus einem gegebenen Bereich **B**
	(lies : f ist identisch konstant c in **B**).
$f * g$	Faltung zweier Funktionen f und g
$f^{*(n)}$	n-te Faltungspotenz von f
$\hat{f}(s)$, $L\{f\}$	Laplace-Transformierte einer nichtnegativen Funktion f:
	$\hat{f}(s) = \int_0^\infty e^{-sx} f(x)\, dx$.
$o(x)$	Landausches Ordnungssymbol (in diesem Buch generell für $x \to 0$):
	$\lim_{x \to 0} \frac{o(x)}{x} = 0$.
$\delta(x)$	Diracsche Deltafunktion

Wahrscheinlichkeitstheorie

$\emptyset$	unmögliches Ereignis; leere Menge
M	sicheres Ereignis; Menge (Raum) der Elementarereignisse
M	Menge aller zufälligen Ereignisse
A, B, C	beliebige zufällige Ereignisse
$A \cap B$	A und B
$A \cup B$	A oder B
$A \subseteq B$	aus A folgt B
$\bar{A}$	das zu A komplementäres Ereignis: $\bar{A} = \mathbf{M} \backslash A$
$P(A)$	Wahrscheinlichkeit von A
$P(A|B)$	bedingte Wahrscheinlichkeit von A unter der Bedingung B
X, Y, Z	Zufallsgrößen
W_X	Wertebereich von X
$x_0, x_1, \dots$	Werte (Realisierungen) einer diskreten Zufallsgröße
$F(x)$; $f(x)$	Verteilungsfunktion; Verteilungsdichte einer Zufallsgröße
$F_X(x)$; $f_X(x)$	Verteilungsfunktion; Verteilungsdichte von X
$E(X)$	Erwartungswert von X
$Var(X)$; $V(X)$	Varianz (Streuung); Variationskoeffizient von X
$\sqrt{Var(X)}$	Standardabweichung von X
x_α	α-Quantil einer beliebigen Verteilung, $0 < \alpha < 1$

$N(\mu, \sigma^2)$ normalverteilte Zufallsgröße mit dem Erwartungswert μ und der Varianz σ^2 bzw. Normalverteilung mit den Parametern μ und σ^2

$N(0,1)$ standardisiert normalverteilte Zufallsgröße

$\Phi(x)$; $\varphi(x)$ Verteilungsfunktion; Verteilungsdichte von $N(0,1)$

(X, Y) zweidimensionale Zufallsgröße bzw. zufälliger Vektor

$F(x,y)$; $f(x,y)$ gemeinsame Verteilungsfunktion; gemeinsame Verteilungsdichte von (X, Y)

$f_X(x_1, x_2, \ldots, x_n)$, $F_X(x_1, x_2, \ldots, x_n)$ gemeinsame Verteilungsdichte, -funktion des zufälligen Vektors $(X_1, X_2, \ldots, X_n)$

$F_X(x|y)$ bedingte Verteilungsfunktion von X unter der Bedingung $Y = y$

$f_X(x|y)$ bedingte Verteilungsdichte von X unter der Bedingung $Y = y$

$E(X|Y = y)$ bedingter Erwartungswert von X unter der Bedingung $Y = y$

$Cov(X, Y)$ Kovarianz von X und Y

$\rho(X, Y)$ Korrelationskoeffizient von X und Y

$\Gamma(x)$ Gammafunktion

$\lambda(x)$, $\Lambda(x)$ Ausfallrate, integrierte Ausfallrate

$M(z)$ z-Transformierte (momenterzeugende Funktion) einer diskreten Zufallsgröße bzw. diskreten Wahrscheinlichkeitsverteilung

$M(t)$ Momenterzeugende Funktion einer stetigen Zufallsgröße

Stochastische Prozesse

$\{X(t), t \in \mathbf{T}\}$ stochastischer Prozess mit stetigem Parameterbereich $\mathbf{T}$

$\{X_i, i \in \mathbf{T}\}$ stochastischer Prozess mit diskretem Parameterbereich $\mathbf{T}$, zufällige Folge

$\mathbf{Z}$ Zustandsraum eines stochastischen Prozesses

$f_t(x)$, $F_t(x)$ Verteilungsdichte, Verteilungsfunktion von $X(t)$

$f_{t_1, t_2, \ldots, t_n}(x_1, x_2, \ldots, x_n)$, $F_{t_1, t_2, \ldots, t_n}(x_1, x_2, \ldots, x_n)$ gemeinsame Verteilungsdichte, gemeinsame Verteilungsfunktion von $\{X(t_1), X(t_2), \ldots, X(t_n)\}$

$m(t)$ Trendfunktion eines stochastischen Prozesses

$K(s,t)$ Kovarianzfunktion eines stochastischen Prozesses

$K(\tau)$ Kovarianzfunktion eines stationären Prozesses

$\rho(s,t)$ Korrelationsfunktion eines stochastischen Prozesses

$\{N(t), t \geq 0\}$ Zählprozess, insbesondere Erneuerungszählprozess

$\{T_1, T_2, \ldots\}$ Impulsprozess

$H(t)$, $H_1(t)$ Erneuerungsfunktion eines gewöhnlichen, modifizierten Erneuerungsprozesses

$R(t)$, $V(t)$	Rückwärts-, Vorwärtsrekurrenzzeit
$A(t)$, A	Momentan-, Dauerverfügbarkeit (stationäre Verfügbarkeit)
$L(x)$	Ersterreichungszeit des Werts x durch einen stochastischen Prozess (Niveauüberschreitungszeit)
p_{ij}, $p_{ij}^{(m)}$	einstufige, m-stufige Übergangswahrscheinlichkeiten einer homogenen, diskreten Markovschen Kette
P	Matrix der Übergangswahrscheinlichkeiten
$f_{ij}^{(n)}$	Ersterreichungswahrscheinlichkeit des Zustands j aus i nach n Schritten
f_{ii}^{*}	Rückkehrwahrscheinlichkeit (in den Zustand i)
$p_{ij}(t)$	Übergangswahrscheinlichkeiten einer homogenen, stetigen Markovschen Kette
q_{ij}, q_i	bedingte, unbedingte Übergangsintensitäten einer homogenen, stetigen Markovschen Kette
$\{\pi_i,\ i \in \mathbf{Z}\}$	stationäre Zustandsverteilung einer Markovschen Kette
λ_j, μ_j	Geburts-, Todesraten
ρ	Korrelationskoeffizient
L	zufällige Lebensdauer
$L(a)$, $L(a,b)$	Ersterreichungszeit des Werts a, eines der Werte a oder b, durch einen Wiener-Prozess (mit oder ohne Drift)
$\{W(t),\ t \geq 0\}$	Wiener-Prozess mit Dift
μ	Driftparameter eines Wiener-Prozesses mit Drift
$\{Z(t),\ t \geq 0\}$	stetiges weißes Rauschen
ω	Kreisfrequenz
φ, Φ	Phase, zufällige Phase
$s(\omega)$, $S(\omega)$	Spektraldichte, Spektralfunktion eines stationären Prozesses
S	Spektrum eines stationären Prozesses
w	Bandbreite: $w = \sup_{\omega \in S} \omega - \inf_{\omega \in S} \omega$

Mathematische Statistik

X_i	Stichprobenvariable (Zufallsgröße), $i = 1, 2, ..., n$
x_i	Wert (Realisierung) von X_i, $i = 1, 2, ..., n$
n	Stichprobenumfang
$X_1, X_2, ..., X_n$	mathematische Stichprobe aus X,
μ, σ^2	Erwartungswert, Varianz von X

$x_1, x_2, ..., x_n$ konkrete Stichprobe

$\overline{X}; \overline{x}$ Stichprobenmittel, arithmetisches Mittel

$S^2; s^2$ Stichprobenvarianz, empirische Varianz

$S_{xy}; s_{xy}$ Stichprobenkovarianz, empirische Varianz

$\hat{\theta} = \hat{\theta}(X_1, X_2, ..., X_n)$ Schätzfunktion für den Parameter θ (Zufallsgröße)

$\hat{\theta}(x_1, x_2, ..., x_n)$ Schätzwert für θ (Realisierung von $\hat{\theta}(X_1, X_2, ..., X_n)$)

$L(\theta)$ Likelihoodschätzfunktion für den Parameter θ

z_α $(1 - \alpha)$–Quantil der standardisierten Normalverteilung, $0 < \alpha < 1/2$

$t_{n;\alpha}$ $(1 - \alpha)$–Quantil einer t-Verteilung mit n Freiheitsgraden, $0 < \alpha < 1/2$

$\chi^2_{n;\alpha}; \chi^2_{n;1-\alpha}$ α–Quantil, $(1 - \alpha)$–Quantil der Chi-Quadrat-Verteilung mit n Freiheitsgraden

$F_{n_1, n_2; \alpha}; F_{n_1, n_2; 1-\alpha}$ α- Quantil; $(1 - \alpha)$–Quantil einer F-Verteilung mit (n_1, n_2) Freiheitsgraden

α Irrtumswahrscheinlichkeit (bezüglich Konfidenzintervalle und Tests)

$G_u; G_o$ untere, obere Konfidenzgrenze; in Kontrollkarten: untere, obere Kontrollgrenze

$T = T(X_1, X_2, ..., X_n)$ zufällige Testfunktion

$t = T(x_1, x_2, ..., x_n)$ Testgröße (Realisierung von $T(X_1, X_2, ..., X_n)$)

W_0, W_1 Annahme-, Ablehnungsbereich eines Tests

$O(\theta), G(\theta)$ Operationscharakteristik, Gütefunktion eines Parametertests

$\hat{\rho}(X, Y)$ Stichprobenkorrelationskoeffizient (= Schätzfunktion für $\rho(X, Y)$)

$r(X, Y)$ Schätzwert für $\rho(X, Y)$ (Realisierung von $\hat{\rho}(X, Y)$)

A, B Stichprobenregressionskoeffizienten (= Schätzfunktionen für die theoretischen Regressionskoeffizienten α und β der Regressionsgeraden)

a, b Schätzwerte für α und β (Realisierungen von A bzw. B)

Maßeinheiten

N (*Newton*) $1N = \frac{1}{9,81} kp = 0,102 kp \approx 0,1 kp$ (Kraft)

Pa (*Pascal*) $1 Pa = 1 N/m^2 = 10^{-5} bar$ (Druck, mechanische Spannung)

               $1 MPa = 1 N/mm^2 = 10^6 Pa$

               $1 kp/cm^2 = 1 at = 0,981 bar = 10^4 Pa$

0 Einführung

Unter dem Begriff *Stochastik* werden alle mathematisch fundierten Theorien und Methoden zur Charakterisierung, Modellierung und quantitativen Analyse zufallsabhängiger Erscheinungen zusammengefasst. Der sprachliche Ursprung dieses Begriffs liegt im griechischen Wort στοχαστικός, das etwa die Bedeutung 'fähiger Wahrsager' hat.

Formales Untersuchungsobjekt der Stochastik sind zufällige Ereignisse: Ein Ereignis heißt *zufällig*, wenn es unter gegebenen Voraussetzungen stattfinden kann, aber nicht muss. Zufällig sind etwa die Ereignisse, dass es an einem bestimmten Ort zu einem bestimmten Zeitpunkt in der Zukunft regnet, ein Organismus, der das erste Jahr überlebt hat, auch das zweite überlebt, eine bestimmte Genkombination der Mutter auch beim Kind auftritt, gesendete Information vom Empfänger trotz Störungen bei der Übertragung gelesen werden kann, oder ein Aktienpreis in einem gegebenen Zeitintervall ein bestimmtes Niveau überschreitet. Grenzfälle zufälliger Ereignisse sind die *deterministischen Ereignisse*, nämlich das *sichere Ereignis* und das *unmögliche Ereignis*. Unter gegebenen Voraussetzungen tritt das sichere Ereignis stets ein, das unmögliche aber nie. Beispielsweise ist es absolut sicher, dass Blei beim Erhitzen auf über $327^0 C$ in den flüssigen Aggregatzustand übergeht, unmöglich ist, dass es sich während des Schmelzvorganges in Gold verwandelt, aber nichtvorhersagbar, und damit zufällig, ist die Form, die flüssiges Blei beim Gießen auf eine ebene Stahlplatte annimmt.

Auch wer kein Lotto-, Lotterie-, Karten- oder Würfelspieler ist, wird bereits im Alltag mit zufällig auftretenden Ereignissen konfrontiert und muss deren Auswirkungen gegebenenfalls berücksichtigen: Ein Autofahrer, der seinen Dienst pünktlich antreten will, wird bei der Abschätzung seiner Fahrzeit bedenken, dass sein Vehikel möglicherweise erst mit Verzögerung anspringt, ein Stau die Fahrt blockieren könnte und ungünstigerweise alle zu passierenden Ampeln auf 'Rot' stehen. Auch stellen die meisten Autofahrer am Jahresende fest, dass der kostspielige Abschluß einer Kaskoversicherung wieder einmal nur die Versicherungsgesellschaft bereichert hat. Trotzdem werden sie ihre Versicherung erneuern; denn im Allgemeinen zieht man geplante Ausgaben, auch wenn sie längerfristig und kontinuierlich anfallen, dem Risiko von größeren, ungeplanten Ausgaben vor. Es verwundert daher nicht, dass Versicherungsgesellschaften zu den ersten Institutionen gehörten, die ein starkes Interesse an Methoden zur quantitativen Charakterisierung zufälliger Ereignisse hatten, ja ohne Nutzung derartiger Methoden ihren Geschäftsbetrieb gar nicht effektiv planen und steuern können. Den mathematischen Apparat dazu liefert die Wahrscheinlichkeitstheorie:

Die Wahrscheinlichkeitstheorie beschäftigt sich mit der Erforschung von Gesetzmäßigkeiten, denen zufällige Ereignisse unterworfen sind.

Die Existenz derartiger *stochastischer* oder *statistischer Gesetzmäßigkeiten* mag überraschen; denn eine Verbindung zwischen Zufall und Gesetzmäßigkeit mutet zumindest dem philosophisch weniger Geschulten zunächst paradox an. Aber auch ohne Philosophie und ohne Grundkenntnisse der Wahrscheinlichkeitstheorie lassen sich bereits an dieser Stelle einige einfache statistische Gesetzmäßigkeiten veranschaulichen: 1) Beim einmaligen Werfen mit einem regulären Würfel, bei dem also alle Zahlen die gleichen Chancen haben, gewürfelt zu werden, erscheint eine der Zahlen 1 bis 6; welche, ist vollkommen dem Zufall überlassen und keine Gesetzmäßigkeit ist zu beobachten. Wird aber der Würfel wiederholt geworfen, so nähert sich der Anteil der Würfe, bei denen eine bestimmte Zahl, etwa die 1, realisiert wird, dem Wert 1/6, und dieser Anteil wird durchschnittlich umso näher an 1/6 liegen, je mehr Würfe durchgeführt werden. 2) Wird ein bestimmtes Atom einer radioaktiven Substanz beobachtet, so ist die Zeit vom Beobachtungsbeginn bis zum Zerfall des Atoms zufällig, eine exakte Prognose des Zerfallszeitpunktes ist also nicht möglich. Andererseits kennt man die Halbwertszeiten radioaktiver Substanzen. Man kann also genau sagen, nach welcher Zeit von ursprünglich zum Beispiel $10\,g$ einer radioaktiven Substanz noch $5\,g$ übrig sein werden. 3) Zufällige Einflüsse können auch dort wirken, wo prinzipiell rein deterministische Vorgänge ablaufen. Ein typisches Beispiel dafür ist die Messung einer physikalischer Kenngröße. Als Ergebnis der Messung erwartet man ihren genauen Wert. Das ist ein objektiv existierender Parameter, an dem nichts zufällig ist. Jedoch, wenn nur hinreichend genau gemessen wird, werden auch unter stets gleichbleibenden Versuchsbedingungen verschiedene Messungen im Allgemeinen verschiedene Ergebnisse liefern. Das ist etwa auf die jedem Meßverfahren anhaftende Ungenauigkeit und auf subjektive Momente zurückzuführen. Eine statistische Gesetzmäßigkeit aber ist, dass sich durch einfache arithmetische Mittelbildung von wenigstens zwei Meßwerten der Meßfehler verkleinern lässt, bzw., dass bei zunehmender Anzahl von Messungen ohne systematische Fehler das arithmetische Mittel aller Messwerte immer weniger vom wahren Wert abweicht. 4) Verbal nicht mehr zu beschreiben sind die statistischen Gesetzmäßigkeiten, denen die Bewegung eines Gasmoleküls in einem geschlossenen, mit Gas gefüllten Behälter folgt. Diese Bewegung resultiert aus den Zusammenstössen des Moleküls mit anderen Gasmolekülen und der Behälterwand. Dadurch erhält es bei entsprechendem Druck in rascher Folge Stoßimpulse unterschiedlicher Stärke in wechselnde Richtungen, was eine chaotisch erscheinende Bewegung zur Folge hat. Etwa konstant hingegen ist der Druck des Gases nach außen. Dieser entsteht durch die massenhaften Zusammenstöße der Gasmoleküle mit der Behälterwand. Diese Beispiele zeigen das Wesen einer großen Klasse statistischer Gesetzmäßigkeiten:

Unter bestimmten Voraussetzungen führt die Überlagerung einer großen Anzahl zufälliger Einflüsse zu deterministischen, also streng kausalen, Erscheinungen.

Im Unterschied zu statistischen Gesetzmäßigkeiten bestätigen sich *deterministische Gesetzmäßigkeiten* bei jedem Einzelversuch. Beispiele dafür sind Fallgesetz, Wellengleichungen, Ohmsches Gesetz, Kirchhoffsche Regeln und Abläufe chemischer Reaktionen. Obwohl sich statistische Gesetzmäßigkeiten mathematisch ebenso exakt beweisen lassen wie etwa der Satz des Pythagoras, Konvergenzkriterien für unendliche Reihen oder Differentiations- und Integrationsregeln, erfordert ihre experimentelle Bestätigung eine große Anzahl von Versuchen. Selbst bedeutende Wissenschaftler haben sich nicht gescheut, sich dieser zweifelhaften Mühe zu unterziehen. So haben der *Comte de Buffon*

(1707-1788) sowie *K. Pearson* (1857-1936) beide einige tausendmal eine Münze geworfen und notiert, wie häufig 'Kopf' erschienen ist (siehe Tabelle):

Experimentator	Anzahl der Würfe n	Anzahl von 'Kopf' m	m/n
Buffon	4040	2048	0,5080
Pearson	12000	6019	0,5016
Pearson	24000	12012	0,5005

Je häufiger also die Münze geworfen wurde, desto mehr nähert sich die relative Häufigkeit m/n für das Eintreten von 'Kopf' dem Wert 1/2. Und das ist wegen der grossen Anzahl der Würfe sicher kein Zufall.

Bereits die bisherigen Darlegungen machen augenfällig, dass zufällige Erscheinungen keine Produkte der Phantasie sind, sondern objektive Realität. Auch haben sich alle Versuche, die Daseinsberechtigung zufälliger Erscheinungen und damit die der Wahrscheinlichkeitstheorie ausschließlich auf menschliche Unvollkommenheit zurückzuführen, weder philosophisch noch praktisch als tragfähig erwiesen. 'Menschliche Unvollkommenheit' wird hierbei in dem Sinne verstanden, dass der Mensch nur deshalb keine sichere Prognose über das Eintreten eines Ereignisses geben könne, weil er nicht vermag, die Gesamtheit derjenigen Faktoren zu erfassen und auszuwerten, die Einfluss auf das Ereignis haben. Überfordert wäre zum Beispiel ein Tankwart, von dem man verlangt, eine genaue Prognose seines täglichen Bedarfs an Treibstoff anzugeben. Er müsste in genügend großer Entfernung von seiner Tankstelle alle Kraftfahrzeuge bezüglich Fahrtziel, Tankfüllung, anvisierte Tankstelle u.s.w. befragen und würde letztlich doch keine vollständige Gewissheit bekommen. Zum Betreiben seines Unternehmens braucht er diese aber auch nicht; denn aus Erfahrung kennt er seinen mittleren täglichen Bedarf. Zufällige Schwankungen nach unten schmälern zwar seinen Gewinn, schaden aber den Kunden nicht und gegen zufällige Abweichungen nach oben kann er sich durch Bestellung einer zusätzlichen Menge an Treibstoff absichern. Diese Menge kann übrigens durch Nutzung statistischer Gesetzmäßigkeiten so bemessen werden, dass die Nachfrage mit vorgegebener Sicherheit den Bedarf nicht überschreitet. Noch mehr macht das Beispiel der Bewegung eines Gasmoleküls in einem Behälter die Unsinnigkeit der Forderung deutlich, alle potentiellen Einflußfaktoren auf die Bewegung eines Moleküls zu spezifizieren. Das würde unter anderem bedeuten, an einem Zeitpunkt die Lage, die Größe, die Geschwindigkeit und die Bewegungsrichtung aller Moleküle im Behälter sowie mikroskopisch genau die Beschaffenheit seiner Innenwände zu erfassen. Aber schon im Fall eines idealen Gases erweist sich die Dynamik der zwischenmolekularen Zusammenstöße als so kompliziert, dass eine Vorausberechnung der Bewegung eines Moleküls nicht möglich ist. Wohl aber nutzt die kinetische Gastheorie wie auch andere physikalische Disziplinen bereits seit der Mitte des vergangenen Jahrhunderts erfolgreich wahrscheinlichkeitstheoretische Methoden. Dies und die Tatsache, dass die Wahrscheinlichkeitstheorie bis in die dreißiger Jahre unseres Jahrhunderts hinein auf keinem gesicherten mathematischen Fundament stand, veranlasste den großen Mathematiker *D. Hilbert* (1862-1943), sie als physikalische Disziplin anzusehen. Der Physiker *M. von Smoluchowski* (1872-1917) schreibt in einer 1918 veröffentlichten Arbeit, dass "alle Wahrscheinlichkeitstheorien von vornherein als ungenügend zu betrachten sind, welche den Zufall als unbekannte Teilursache auffassen. Die physikalische Wahrscheinlichkeit eines Ereignisses kann nur von den Bedingungen abhängen, welche sein Zustandekommen beeinflussen, aber nicht vom Grad unseres Wissens." Diese neue physikalische Sicht erhielt durch *W. Heisenberg* (1901-1976) mit der Veröffentlichung seiner berühmten Unschärferelation im Jahre 1927 ihr wissenschaftliches Fundament.

Bisher wurde von der *Chance*, der Möglichkeit, der *Gewissheit* bzw. der *Sicherheit* gesprochen, mit der ein zufälliges Ereignis eintreten kann. Für die Anwendungen war es von entscheidender Bedeutung, den *Grad der Gewissheit* für das Eintreten eines Ereignisses exakt quantifizierbar zu machen. Das geschah durch die Definition der Wahrscheinlichkeit zufälliger Ereignisse und durch Schaffung von Berechnungsgrundlagen für diese Kenngröße. Die *Wahrscheinlichkeit* eines zufälligen Ereignisses ist eine Zahl, die stets zwischen 0 und 1 liegt. Das unmögliche Ereignis hat die Wahrscheinlichkeit 0 und das sichere Ereignis die Wahrscheinlichkeit 1. Die Wahrscheinlichkeit eines zufälligen Ereignisses liegt umso näher an 1, je häufiger es eintritt. Genauer, wenn ein Ereignis im Mittel häufiger eintritt als ein anderes, dann hat es die höhere Wahrscheinlichkeit.

Die ersten Forderungen aus der Praxis nach einem Vergleich von Wahrscheinlichkeiten konkreter zufälliger Ereignisse kamen von den Glücksspielern, vor allem von den Würfelspielern. Bereits in der mittelalterlichen Schrift *De Vetula* (entstanden zwischen 1222 und 1268, der Autor wird *Pseudo-Ovidius* genannt) findet sich eine detaillierte Abhandlung über die Anzahl der Möglichkeiten, beim Werfen mit drei Würfeln eine bestimmte Augensumme zu erzielen. *G. Cardano* (1501-1576) vergleicht in seinem Buch *Liber de Ludo Aleae* (erschienen 1563) die Wahrscheinlichkeiten, beim Werfen mit zwei Würfeln die Augensumme 2, 3, ... bzw. 12 zu erzielen. *G. Galilei* (1564-1642) bewies, wiewohl nicht als erster, durch analoge Überlegungen, dass beim Werfen mit drei Würfeln die Wahrscheinlichkeit, die Augensumme 10 zu erzielen, größer ist als die Wahrscheinlichkeit, die Augensumme 9 zu erzielen. Den Würfelspielern war dieser Umstand aus ihrer Erfahrung bekannt und sie hatten Galilei angeregt, eine mathematische Begründung zu finden. Der *Chevalier de Méré* (1610-1685) formulierte einige, Glücksspiele betreffende Probleme und legte sie dem französischen Mathematiker *B. Pascal* (1623-1662) zur Lösung vor: 1) Was ist wahrscheinlicher, mindestens eine 6 beim viermaligen Werfen eines Würfels zu erzielen oder in einer Serie von 24 Würfen mit zwei Würfeln mindestens einen Sechserpasch (zwei Sechsen gleichzeitig) erhalten? 2) Wie oft muss man zwei Würfel werfen, damit die Wahrscheinlichkeit dafür, mindestens einen Sechserpasch zu erzielen, größer als 1/2 ist? 3) Zwei äquivalente Spieler benötigen eine gewisse Anzahl von Punkten, um zu gewinnen. Wie ist der Einsatz zwischen den Spielern gerecht aufzuteilen, wenn das Spiel aus irgendwelchen Gründen abgebrochen werden muss, ohne dass der Gewinner feststeht? *Pascal* und *Fermat* griffen die Probleme *de Mérés* auf und fanden ihre Lösungen, wobei sie jeweils unterschiedliche Lösungsmethoden entwickelten.

Es ist nicht verwunderlich, dass auch die vergleichsweise hochentwickelte Astronomie des späten Mittelalters mit dem Problem konfrontiert war, zufällige Einflüsse zu berücksichtigen. Bekannt sind die gründlich durchdachten Analysemethoden zur Auswertung der Messdaten von Himmelskörpern von *T. Brahe* (1546-1601), die letztlich auf die Reduzierung des Einflusses zufälliger und systematischer Fehler hinzielten, und mit denen er eine erstaunliche Genauigkeit erzielte. Entsprechende Prinzipien wandte *G. Galilei* (1564-1642) an. Die in diesem Zusammenhang wichtigsten können wie folgt formuliert werden (*Hald* (1990)):

1) Alle Beobachtungen sind mit Fehlern behaftet. Fehler sind auf den Beobachter, Messinstrumente und andere Versuchsbedingungen zurückzuführen.

2) Die Beobachtungen sind symmetrisch um den wahren Wert verteilt, d. h. die Fehler sind symmetrisch um 0 verteilt.

3) Kleinere Fehler treten häufiger auf als größere.

Ohne explizit von zufälligen Fehlern zu reden, haben Brahe und Galilei deren Auftreten erkannt und ihre Wirkung durch arithmetische Mittelbildung und Berechnung der absoluten Abweichungen der Messwerte von einem Zentralwert zu reduzieren bzw. zu erfassen versucht. Die gleiche Zielsetzung hat die von *C. F. Gauß* (1777-1855) ursprünglich ebenfalls zur Auswertung astronomischer Daten entwickelte *Methode der kleinsten Quadrate*, die heute zum Standardwerkzeug der Statistiker gehört. Neben Fermat und Pascal ist vor allem *Jakob Bernoulli* (1654-1705) zu den Begründern der Wahrscheinlichkeitstheorie zu rechnen ist. Er ist Autor des ersten Lehrbuchs der Wahrscheinlichkeitstheorie, der *Ars conjectandi*, in dem sich auch sein wichtigstes Resultat, das Gesetz der großen Zahlen, findet. Pionierarbeit bei der Herausarbeitung der Wahrscheinlichkeitstheorie als eigenständiger mathematischen Disziplin leisteten auch die Mathematiker *C. Huygens* (1629-1695), *A. de Moivre* (1667-1754), *P. S. de Laplace* (1749-1827), und nicht zuletzt *S. D. de Poisson* (1781-1840). Aus den Kinderschuhen heraus war die Wahrscheinlichkeitstheorie jedoch erst, als es dem russischen Mathematiker *A. N. Kolmogorov* (1903-1987) im Jahre 1933 gelang, eines der bekannten *Hilbertschen Probleme* zu lösen, nämlich die Wahrscheinlichkeitstheorie, wie jede andere mathematische Disziplin auch, auf eine axiomatische Grundlage zu stellen.

Das mannigfache Auftreten zufallsabhängiger Erscheinungen in allen Bereichen des gesellschaftlichen Lebens und die daraus resultierende Notwendigkeit der Anwendung wahrscheinlichkeitstheoretischer Methoden zur Lösung fachspezifischer Probleme führte zur Herausbildung mehr oder weniger eigenständiger Teildisziplinen der Stochastik: Die *Mathematische Statistik* schließt von einer Stichprobe, die einer Gesamtheit interessierender Objekte entnommen wurde, auf Parameter bzw. Eigenschaften der Gesamtheit. Daher heißt sie auch *Induktive Statistik*. Erscheinungen, die außer vom Zufall noch von einem deterministischen Parameter (etwa Zeit, Ort) abhängen, führten zur Entwicklung der *Theorie der stochastischen Prozesse*. Man denke etwa an die zufälligen Schwankungen meteorologischer Parameter wie Temperatur und Luftdruck, an die Anzahl der Individuen in einer Population, an Blutdruckschwankungen und Ähnliches. Zusammen mit der Wahrscheinlichkeitstheorie bilden die Mathematische Statistik und die Theorie der stochastischen Prozesse die Eckpfeiler der Stochastik. Sie werden in diesem Buch behandelt. Zur Illustration werden jedoch auch häufig Beispiele aus weiteren Teilgebieten der *stochastischen Modellierung* gebracht: Hauptproblem der *Zuverlässigkeitstheorie* ist die Berechnung der Zuverlässigkeit komplizierter Systeme aus den Zuverlässigkeiten ihrer Teilsysteme bzw. Bauteile. Die *Bedienungstheorie* liefert Berechnungsgrundlagen für *Bediensysteme*; das sind etwa Dienstleistungsbetriebe verschiedenster Art, aber auch Verkehrsknotenpunkte oder militärische Einrichtungen zur 'Bedienung' des Gegners. Die *Lagerhaltungstheorie* analysiert Lager für technische oder sonstige Güter bezüglich ihrer Eigenschaft, einerseits den Bedarf zu befriedigen und andererseits Lagerungskosten auf einem möglichst niedrigen Niveau zu halten. Der zufällige Charakter der Anforderungen an Bediensysteme und Lager ist bei ihrer Dimensionierung und Organisation zu berücksichtigen. Die *stochastische Geometrie* studiert zufällige geometrische Objekte auf der Geraden, in der Ebene sowie im Raum. Aus der Abstraktion der Glücksspiele heraus entstand die *Spieltheorie*, der etwa die Schachcomputer ihre Intelligenz verdanken. Spielpartner im Sinne der Spieltheorie können aber auch konkurrierende Wirtschaftssysteme oder militärische Gegner sein. Die moderne Nachrichtenübertragung wäre ohne Nutzung der *Informationstheorie* nicht möglich. Sie liefert die theoretischen Grundlagen für eine zuverlässige Kommunikation auch unter der Bedingung, dass Signale bei der Übertragung zufälligen Störungen ausgesetzt sind. Zwecks experimenteller Nachprüfung stochastischer Gesetzmäßigkeiten muss heute kein Wissenschaftler mehr tausende von Einzelversuchen durchführen. Computer lösen diese Aufgabe wesentlich effektiver. Ihnen ist es möglich, selbst komplizierte Systeme, die zufälligen Einflüssen unterworfen sind, schnell und mit beliebiger Genauigkeit rechentechnisch nachzubilden, zu 'simulieren'. Grundlage dafür ist die *Simulationstheorie (Monte-Carlo-Methode)*. Unverzichtbar sind wahrscheinlichkeitstheoretische Methoden in der Geologie (Geostatistik), Astronomie (Stellarstatistik), Biologie, Medizin, Agrar- und Forstwissenschaft (Holzvorratsinventur, Versuchsplanung) sowie in den Sozialwissenschaften, ohne dass die jeweiligen Anwendungen in jedem Fall weitere Teilgebiete der Stochastik induzieren. Jedoch erschließen sich wahrscheinlichkeitstheoretische bzw. stochastische Methoden immer neue Anwendungsgebiete, was zu immer neuen theoretischen Problemen und damit zu einem weiteren Ausbau der Stochastik führt.

Seit einigen Jahren gibt es Bestrebungen, der Stochastik den Rang einer eigenständigen Naturwissenschaft mit den Teilbereichen *Theoretische* bzw. *Mathematische Stochastik* und *Empirische* bzw. *Angewandte Stochastik* zuzuerkennen. Forschungsgegenstand dieser neuen Wissenschaft sind die Kategorien Zufall und Ungewissheit. Ihre Untersuchungsmethoden sind streng mathematisch, zumindest aber mathematisch ausreichend fundiert.

1 Wahrscheinlichkeitstheorie

1.1 Zufällige Ereignisse

Zufällige Ereignisse treten im Zusammenhang mit *Zufallsexperimenten* auf. Ein solches liegt vor, wenn

1) auch unter identischen Bedingungen durchgeführte Wiederholungen ein und desselben Experiments unterschiedliche Ergebnisse aufweisen können, und
2) die Menge aller möglichen Ergebnisse des Experiments bekannt ist.

Die Durchführung von Zufallsexperimenten hat daher nur dann Sinn, wenn sie unter gleichbleibenden Bedingungen hinreichend oft wiederholt werden, um auf diese Weise *stochastische (statistische) Gesetzmäßigkeiten* erkennen und quantifizieren zu können. Zufallsexperimente sind zum Beispiel:

1) Wurf einer Münze. Die möglichen Ergebnisse sind *Zahl* und *Wappen*.
2) Wurf eines Würfels. Die möglichen Ergebnisse sind die Zahlen 1, 2, ..., 6.

3) Ermittlung der Anzahl der Fahrzeuge, die je Tag an einer bestimmten Tankstelle Treibstoff zapfen. Die möglichen Ergebnisse sind Elemente der Menge der nichtnegativen ganzen Zahlen $\{0, 1, 2, ...\}$.

4) Ermittlung der Lebensdauer von Organismen oder technischen Systemen.

5) Ermittlung der maximalen Kursschwankung einer Aktie je Jahr. Die möglichen Ergebnisse sind wie im vorangegangenen Zufallsexperiment Elemente der Menge $[0, \infty)$.

Ein mögliches Ergebnis a eines Zufallsexperiments heißt *Elementarereignis*. Die Menge der Elementarereignisse eines Zufallsexperiments bildet den *Raum der Elementarereignisse* (auch *Stichprobenraum, sample space*). Dieser wird hier und im Folgenden mit **M** bezeichnet. Ein *zufälliges Ereignis* (kurz: *Ereignis*) A ist eine Teilmenge von **M**. Man sagt, *A ist eingetreten*, wenn als Ergebnis des Zufallsexperiments ein Elementarereignis eingetreten ist, das Element von A ist. Sind A und B zwei zufällige Ereignisse, dann lassen sich die bekannten mengentheoretischen Operationen *Durchschnitt* und *Vereinigung* folgendermaßen interpretieren: $A \cap B$ ist das Ereignis, dass sowohl A als auch B eintreten. $A \cup B$ ist das Ereignis, dass entweder A oder B eintreten. Beachte: $A \cap B$ enthält diejenigen Elementarereignisse, die sowohl in A als auch in B enthalten sind und $A \cup B$ enthält diejenigen Elementarereignisse, die in A oder B enthalten sind. Gilt $A \subseteq B$, ist also A eine Teilmenge von B, so folgt aus dem Eintreten von A das Eintreten von B. Die Menge derjenigen Elementarereignisse, die zwar in A, aber nicht in B enthalten sind, wird mit $A \setminus B$ bezeichnet. Daher ist $A \setminus B$ das Ereignis, dass A, aber nicht B eintritt. Das Ereignis $\bar{A} = \mathbf{M} \setminus A$ ist das *Komplement* oder das *entgegengesetzte Ereignis zu A*. Tritt A ein, so tritt $\bar{A}$ nicht ein und umgekehrt. Die leere Menge $\emptyset$, als Ereignis interpretiert, kann nie eintreten; denn sie enthält ja keine Elemente. Man bezeichnet daher $\emptyset$ als das *unmögliche Ereignis*. Dagegen tritt **M** bei jeder Durchführung des Zufallsexperiments ein; denn es enthält ja alle Elementarereignisse. Deshalb heißt **M** das *sichere Ereignis*.

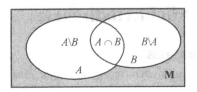

Bild 1.1 Venn-Diagramm

Symbolik	**Mengentheor. Bedeutung**	**Wahrscheinlichkeitstheoret. Bedeutung**
$A \backslash B$	*Komplement* von B bezüglich A	A tritt ein, aber nicht B
$\bar{A} = M \backslash B$	*Komplement* von A	A tritt nicht ein
$A \cap B$	*Durchschnitt* von A und B	A und B treten ein
$A \cup B$	*Vereinigung* von A und B	A oder B (oder beide) treten ein
M	Obermenge, Grundmenge	sicheres Ereignis
$\emptyset$	leere Menge	unmögliches Ereignis

Ist $A_1, A_2, ..., A_n$ eine Folge von zufälligen Ereignissen, dann findet das Ereignis

$$\bigcap_{i=1}^{n} A_i = A_1 \cap A_2 \cap \cdots \cap A_n$$

genau dann statt, wenn alle $A_1, A_2, ..., A_n$ eintreten. Das Ereignis

$$\bigcup_{i=1}^{n} A_i = A_1 \cup A_2 \cup \cdots \cup A_n$$

tritt genau dann ein, wenn mindestens eines der $A_1, A_2, ..., A_n$ eintritt.

De Morganschen Regeln

$$\overline{\bigcup_{i=1}^{n} A_i} = \bigcap_{i=1}^{n} \bar{A_i}, \qquad \overline{\bigcap_{i=1}^{n} A_i} = \bigcup_{i=1}^{n} \bar{A_i} .$$

Insbesondere gilt für $n = 2$ mit $A = A_1$ und $B = A_2$:

$$\overline{A \cup B} = \bar{A} \cap \bar{B}, \qquad \overline{A \cap B} = \bar{A} \cup \bar{B} .$$

Definition 1.1 Die Ereignisse A und B sind *disjunkt* (oder *unvereinbar* bzw. *einander ausschließend*), wenn $A \cap B = \emptyset$ gilt. Die Ereignisse $A_1, A_2, ..., A_n$ sind *disjunkt*, wenn gilt

$$\bigcap_{i=1}^{n} A_i = \emptyset,$$

und *paarweise disjunkt*, wenn gilt

$$A_i \cap A_j = \emptyset, \quad i \neq j; \quad i, j = 1, 2, ..., n. \qquad \qquad \bullet$$

Beispiel 1.1 Beim Werfen mit zwei Würfeln interessieren die Ereignisse A = "Augensumme ist grösser als 10" und B = "beide Würfel zeigen eine gerade Zahl". Also sind A und B gegeben durch $A = \{(5,6), (6,5), (6,6)\}$ und $B = \{(2,2), (4,4), (6,6)\}$. Somit ist

$B \setminus A = \{(2,2), (4,4)\}$, $\quad A \setminus B = \{(5,6), (6,5)\}$, $\quad A \cap B = \{(6,6)\}$ und
$A \cup B = \{(2,2), (4,4), (5,6), (6,5), (6,6)\}$.

Das zu A komplementäre Ereignis $\bar{A} = \mathbf{M} \setminus A =$ "Augensumme ist kleiner oder gleich 10" enthält 33 Elementarereignisse. Beachte: das zu B komplementäre Ereignis $\bar{B}$ ist nicht etwa das Ereignis "beide Würfel zeigen eine ungerade Zahl", sondern "mindestens eine Zahl ist ungerade". □

Beispiel 1.2 Es seien $A =$ "die Lebensdauer eines Insekts ist mindestens 100 *Tage*" und $B =$ "die Lebensdauer dieses Insekts ist mindestens 200 *Tage*". In diesem Fall ist $B \subset A$, so dass $A \cap B = B$ und $A \cup B = A$ gelten. Ferner ist $\bar{A} =$ "die Lebensdauer des Insekts ist kleiner als 100 *Tage*". □

1.2 Wahrscheinlichkeit zufälliger Ereignisse

Es sei M die Menge aller zufälligen Ereignisse, die im Ergebnis eines Zufallsexperiments eintreten können. Im Falle eines endlichen oder abzählbar unendlichen Raumes der Elementarereignisse $\mathbf{M}$ ist dies im allgemeinen die Menge aller Teilmengen (Potenzmenge) von $\mathbf{M}$. M enthält auf jeden Fall das unmögliche Ereignis $\varnothing$ und das sichere Ereignis $\mathbf{M}$. Ferner wird vorausgesetzt, dass im Resultat einer Verknüpfung zufälliger Ereignisse durch beliebige endliche oder abzählbar unendliche Anwendung der Operationen $\setminus$, $\cap$, $\cup$ und der Komplementbildung wieder ein zufälliges Ereignis, also ein Element von M, entsteht. Es existiere eine Funktion $P = P(A)$ auf M mit folgenden Eigenschaften:

I) $P(\varnothing) = 0$, $\quad P(\mathbf{M}) = 1$.

II) Für ein beliebiges zufälliges Ereignis A gilt $0 \leq P(A) \leq 1$.

III) Für eine beliebige Folge paarweiser disjunkter Ereignisse $A_1, A_2, \ldots$ (das heißt, es gilt $A_i \cap A_j = \varnothing$ für $i \neq j$) ist

$$P\left(\bigcup_{i=1}^{\infty} A_i\right) = \sum_{i=1}^{\infty} P(A_i).$$

Die Zahl $P(A)$ heißt *Wahrscheinlichkeit* des zufälligen Ereignisses A. Sie gibt die Chance oder den Grad der Gewissheit dafür an, mit der bzw. mit dem im Ergebnis des Zufallsexperiments das Ereignis A zu erwarten ist.

Aus den Eigenschaften I) bis III) können einige Folgerungen gezogen werden, die die gegebene inhaltliche Deutung der Wahrscheinlichkeit rechtfertigen.

Folgerungen

1) $P(\bar{A}) = 1 - P(A)$.

2) $P(A) \leq P(B)$ für $A \subseteq B$.

3) Sind $A_1, A_2, \ldots, A_n$ paarweise disjunkte Ereignisse, gilt

$$P\left(\bigcup_{i=1}^{n} A_i\right) = \sum_{i=1}^{n} P(A_i). \tag{1.1}$$

Insbesondere gilt für zwei disjunkte Ereigniss A und B :

$$P(A \cup B) = P(A) + P(B).$$

4) Für beliebige Ereignisse $A_1, A_2, ..., A_n$ gilt die *Inklusions – Exklusionsformel*

$$P\left(\bigcup_{i=1}^{n} A_i\right) = \sum_{k=1}^{n} (-1)^{k+1} P_k \tag{1.2}$$

mit

$$P_k = \sum_{i_1 < i_2 < ... < i_k} P(A_{i_1} \cap A_{i_2} \cap \cdots \cap A_{i_k}),$$

wobei die Summation über alle k-dimensionalen Vektoren $(i_1, i_2, ..., i_k)$ mit ganzzahligen Komponenten erfolgt, die der Bedingung $1 \le i_1 < i_2 < \cdots < i_k \le n$ genügen. Insbesondere gilt für zwei beliebige Ereignisse A und B:

$$P(A \cup B) = P(A) + P(B) - P(A \cap B),$$

und für drei beliebige Ereignisse A, B und C:

$$P(A \cup B \cup C) = P(A) + P(B) + P(C) - P(A \cap B) - P(A \cap C) - P(B \cap C) + P(A \cap B \cap C).$$

Die Wahrscheinlichkeiten zufälliger Ereignisse sind zunächst unbekannte theoretische Größen. Sie können jedoch prinzipiell durch hinreichend viele Wiederholungen des zugrunde liegenden Zufallsexperiments mit beliebiger Genauigkeit bestimmt (*geschätzt*) werden. Wird das Zufallsexperiment n mal unter identischen Bedingungen durchgeführt und tritt dabei $m = m(A)$ mal das Ereignis A ein, so ist die *relative Häufigkeit* von A,

$$\hat{p}_n(A) = \frac{m(A)}{n},$$

ein geeigneter Schätzwert für $P(A)$, der mit wachsendem n durchschnittlich immer weniger von $P(A)$ abweicht. Es gilt nämlich unter recht allgemeinen Voraussetzungen (siehe Kapitel 1.10.2.1)

$$P(A) = \lim_{n \to \infty} \hat{p}_n(A) \tag{1.3}$$

Besonders einfache Verhältnisse bezüglich der Bestimmung von Wahrscheinlichkeiten liegen vor, wenn jedes Elementarereignis die gleiche Chance hat, als Ergebnis des zugrunde liegenden Zufallsexperiments aufzutreten. Diese Situation liegt der 'klassischen' und der 'geometrischen Definition' der Wahrscheinlichkeit zugrunde.

Klassische Definition der Wahrscheinlichkeit Es wird vorausgesetzt, dass ein *Laplacesches Zufallsexperiment* zugrunde liegt. Dieses ist durch zwei Eigenschaften charakterisiert:

1) Der Raum der Elementarereignisse **M** ist eine endliche Menge, und 2) jedes Elementarereignis hat die gleiche Chance, als Ergebnis des Zufallsexperiments aufzutreten.

Sind A ein zufälliges Ereignis, m die Anzahl der Elementarereignisse in A, und n die Anzahl aller Elementarereignisse (= Anzahl der Elemente von **M**), dann ist die Wahrscheinlichkeit von A durch

$$P(A) = \frac{m}{n}$$

definiert. Man sagt, m ist die Anzahl der (für das Eintreten von A) *günstigen Fälle* und n ist die Anzahl der *möglichen Fälle*. Jedes Elementarereignis hat also die Wahrscheinlichkeit $1/n$. Glücksspiele wie Würfel- oder Kartenspiele, aber auch modernere Formen wie Zahlenlotto, sind typische Beispiele für Laplacesche Zufallsexperimente, vorausgesetzt natürlich, es wird ehrlich gespielt.

Beispiel 1.3 Was ist wahrscheinlicher, bei einem Wurf dreier Würfel die Augensumme 9 (Ereignis A) oder die Augensumme 10 (Ereignis B) zu erzielen?

Der zugehörige Raum der Elementarereignisse ist die Menge der Zahlentripel

$$\mathbf{M} = \{(i,j,k), \ 1 \leq i,j,k \leq 6\}$$

Somit gibt es $n = 6^3 = 216$ mögliche Fälle. Die Zahlen 9 und 10 lassen sich auf folgende Weisen als Summe dreier ganzer Zahlen, die zwischen 1 und 6 liegen, darstellen:

$$A: \ 9 = 3+3+3 = 4+3+2 = 4+4+1 = 5+2+2 = 5+3+1 = 6+2+1$$
$$B: \ 10 = 4+3+3 = 4+4+2 = 5+3+2 = 5+4+1 = 6+2+2 = 6+3+1$$

Die Summe 3+3+3 entspricht dem Ereignis, mit jedem der drei Würfel eine 3 zu erzielen. Hierfür ist nur das Elementarereignis (3,3,3) günstig. Die Summe 4+3+2 entspricht dem Ereignis C, mit einem Würfel eine 4, mit einem anderen eine 3 und mit dem verbleibenden eine 2 zu erzielen. Somit gilt $C = \{(2,3,4), (2,4,3), (3,2,4), (3,4,2), (4,2,3), (4,3,2)\}$. Die Summe 4+4+1 entspricht dem Ereignis D, mit zwei Würfeln eine 4 und mit einem Würfel eine 1 zu erzielen: $D = \{(1,4,4), (4,1,4), (4,4,1)\}$. Somit entsprechen jeder der Summen, die jeweils 9 oder 10 ergeben, ein, drei oder sechs Elementarereignisse, je nach dem, wieviel Würfel jeweils das gleiche Resultat zeigen. Die Anzahlen der Elementarereignisse, die jeweils für das Eintreten der Ereignisse A bzw. B günstig sind, lassen sich daher entsprechend den gegebenen Summendarstellungen für 9 bzw. 10 folgendermaßen schreiben:

$$A: \ 25 = 1 + 6 + 3 + 3 + 6 + 6, \quad B: \ 27 = 2 + 3 + 6 + 6 + 3 + 6.$$

Somit betragen die gesuchten Wahrscheinlichkeiten

$$P(A) = 25/216 = 0{,}116 \text{ und } P(B) = 27/216 = 0{,}125.$$

Dieses Ergebnis bestätigt die Erfahrung, die bereits die Würfelspieler des Mittelalters gemacht hatten, dass $P(A) < P(B)$ ist. □

Beispiel 1.4 Mit welcher Wahrscheinlichkeit tritt beim Zahlenlotto '6 aus 49' das Ereignis A ein, mit einem Tippschein wenigstens 4 richtige Zahlen zu haben? Es sei A_i das Ereignis, genau i richtige Zahlen getippt zu haben. Dann lässt sich das interessierende Ereignis A in der Form $A = A_4 \cup A_5 \cup A_6$ darstellen. Die Ereignisse A_4, A_5 und A_6 sind paarweise disjunkt. Daher gilt

$$P(A) = P(A_4) + P(A_5) + P(A_6)$$

Wegen

$$P(A_k) = \frac{\binom{6}{k}\binom{49-6}{6-k}}{\binom{49}{6}}; \quad k = 4, 5, 6$$

ergibt sich die gesuchte Wahrscheinlichkeit zu $P(A) = 0{,}000987$. Die Chance ist also etwa 1 : 1000, mit einem Tippschein mindestens 4 richtige Zahlen zu haben. ☐

Geometrische Definition der Wahrscheinlichkeit Voraussetzung für die Anwendbarkeit der folgenden Definition der Wahrscheinlichkeit ist:

1) Der Raum der Elementarereignisse **M** ist ein abgeschlossener Bereich der reellen Achse, der Ebene oder des Raumes.

2) Jedes Elementarereignis hat die gleiche Chance, als Ergebnis des Zufallsexperiments aufzutreten.

Im Unterschied zur klassischen Definition der Wahrscheinlichkeit ist **M** jetzt eine unendliche Menge, die zudem überabzählbar viele Elemente enthält. Für ein beliebiges zufälliges Ereignis A bezeichne $\mu(A)$ das Maß von A; das heißt, je nach der geometrischen Beschaffenheit von **M** ist $\mu(A)$ eine Länge oder ein Flächen- bzw. Rauminhalt. Die Wahrscheinlichkeit von A ist wie folgt definiert:

$$P(A) = \frac{\mu(A)}{\mu(\mathbf{M})} \tag{1.4}$$

Somit haben alle diejenigen zufälligen Ereignisse, die das gleiche Maß haben, die gleiche Wahrscheinlichkeit.

Beispiel 1.5 Ein bezüglich seiner physikalischen Beschaffenheit homogener Draht wird an seinen Enden zwecks Zerreißprobe so eingespannt, dass der freie Draht eine Länge von $2m$ hat. Mit welcher Wahrscheinlichkeit zerreißt der Draht zwischen in den ersten oder letzten 10 Zentimetern? Das interessierende Ereignis ist $A = [0; 0,1] \cup [1,9; 2]$. Somit ist $\mu(A) = 0,2\,m$. Wegen $\mu(\mathbf{M}) = 2\,m$ gilt $P(A) = 0,1$. ☐

Beispiel 1.6 (*Buffonsches Nadelproblem*) Auf einer hinreichend großen Tischplatte sind parallele Linien im Abstand von a Längeneinheiten markiert. Auf die Tischplatte wird eine Nadel der Länge L geworfen, $L < a$. Wie groß ist die Wahrscheinlichkeit des Ereignisses A dafür, dass die Nadel eine der Parallelen schneidet? Unter Berücksichtigung der Aufgabenstellung genügt es, die Lage der Nadel durch den Abstand y ihres 'unteren' Endpunkts von der 'oberen' Parallele und durch ihren Neigungswinkel zu den Parallelen (Bild 1.2 a) zu charakterisieren. Eine Verschiebung der Nadel parallel zu den Linien hat offenbar keinen Einfluß auf die gesuchte Wahrscheinlichkeit, so dass auf die zugehörige Koordinate verzichtet werden kann. Daher ist der Raum der Elementarereignisse **M** durch das Rechteck

$$\mathbf{M} = \{(y, \alpha); \ 0 \le y \le a, \ 0 \le \alpha \le \pi\}$$

mit dem Flächeninhalt $\mu(\mathbf{M}) = a\pi$ gegeben (Bild 1.2 b)). Der Wurf der Nadel entspricht also formal einem Zufallsexperiment, bei dem auf gut Glück Elementarereignisse der

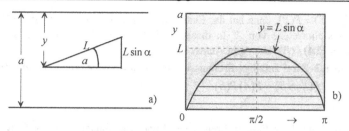

Bild 1.2 Illustration zum Buffonschen Nadelproblem (Beispiel 1.6)

Form (y, π) aus dem Rechteck **M** herausgegriffen werden. Da die Nadel die obere Parallele genau dann schneidet, wenn $y < L \sin \alpha$ ausfällt, ist der für das Eintreten von A günstige Teilbereich von **M** durch den in Bild 1.2 b) schraffierten Bereich gegeben. Er hat den Flächeninhalt

$$\mu(A) = \int_0^\pi L \sin \alpha \, d\alpha = L[-\cos \alpha]_0^\pi = 2L.$$

Daher beträgt die gesuchte Wahrscheinlichkeit $P(A) = 2L/a$. Dieses Ergebnis erlaubt die experimentelle Bestimmung der Zahl π mit beliebiger Genauigkeit, wenn die Nadel hinreichend oft geworfen wird. (Der Nadelwurf kann per Computer simuliert werden.) □

1.3 Bedingte Wahrscheinlichkeit und Unabhängigkeit

Zwischen zwei zufälligen Ereignissen kann eine Abhängigkeit in dem Sinne bestehen, dass die Kenntnis des Eintretens eines Ereignisses die Wahrscheinlichkeit des Eintretens des anderen verändert. Daher erweist sich die Einführung des Begriffs der bedingten Wahrscheinlichkeit als zweckmäßig:

Definition 1.2 Es seien A und B zwei zufällige Ereignisse und $P(B) > 0$. Unter der *(bedingten) Wahrscheinlichkeit von A unter der Bedingung B* versteht man den Quotienten

$$P(A|B) = \frac{P(A \cap B)}{P(B)} \tag{1.5}$$

Folgerungen

1) Ist $B \subseteq A$, so gilt $P(A \cap B) = P(B)$, so dass $P(A|B) = 1$ folgt. Dieser Sachverhalt entspricht der Tatsache, dass das Ereignis B das Ereignis A zwangsläufig nach sich zieht.

2) Ist $A \cap B = \varnothing$, so gilt $P(A|B) = 0$. Auch diese Beziehung ist inhaltlich klar; denn wenn A und B disjunkt sind, folgt aus dem Eintreten von B, dass A nicht eintreten kann (und umgekehrt, falls $P(A) > 0$).

3) Definition 1.2 ist äquivalent zur *Produktformel* für die Wahrscheinlichkeit dafür, dass im Ergebnis eines Zufallsexperiments sowohl A als auch B eintreten:

$$P(A \cap B) = P(A|B) P(B) \tag{1.6}$$

4) Gilt $P(A|B) = P(B)$, dann hat das Eintreten von B keinen Einfluss auf die Wahrscheinlichkeit des Eintretens von A. In diesem Fall folgt aus Definition 1.2 die Beziehung $P(A \cap B) = P(A)P(B)$. Dies gibt Anlass zu

Definition 1.3 Zwei zufällige Ereignisse A und B sind (*voneinander*) *unabhängig*, wenn

$$P(A \cap B) = P(A)P(B) \tag{1.7}$$

gilt.   •

Folgerung Sind die zufälligen Ereignisse A und B unabhängig, so sind jeweils auch $\overline{A}$ und B, A und $\overline{B}$ sowie $\overline{A}$ und $\overline{B}$ unabhängig.

Beispiel 1.7 In einer Lichtsignalanlage sind 2 Glühlampen installiert. Das Lichtsignal wird angezeigt, wenn mindestens eine Lampe brennt. Mit welcher Wahrscheinlichkeit wird im Intervall $[0, 200\ h]$ das Signal durchgehend angezeigt, wenn bekannt ist, dass eine Lampe in diesem Intervall mit Wahrscheinlichkeit 0,95 nicht ausfällt? Es werden zufällige Ereignisse A und B definiert durch

A = "Glühlampe 1 fällt nicht aus", B = "Glühlampe 2 fällt nicht aus"

Das interessierende Ereignis ist

$C = A \cup B$ = "die Lichtsignalanlage fällt nicht aus".

Da die Glühlampen unabhängig voneinander funktionieren, gilt

$$P(C) = P(A \cup B) = P(A) + P(B) - P(A \cap B) = P(A) + P(B) - P(A)P(B)$$
$$= 0,95 + 0,95 - (0,95)^2 = 0,9975$$

Die zwei parallel geschalteten Glühlampen garantieren also eine hohe Sicherheit der Lichtsignalanlage. Eine zweite Möglichkeit der Lösung der gestellten Aufgabe besteht in der Berechnung der Wahrscheinlichkeit von $\overline{C}$ durch Anwendung der de Morganschen Regeln und der Folgerung aus Definition 1.3

$$P(\overline{C}) = P(\overline{A \cup B}) = P(\overline{A} \cap \overline{B}) = P(\overline{A})P(\overline{B}) = (1 - 0,95)(1 - 0,95) = 0,0025$$

Daher ist $P(C) = 1 - P(\overline{C}) = 0,9975$.   □

Definition 1.4 Die zufälligen Ereignisse $A_1, A_2, ..., A_n$ sind (*voneinander*) *unabhängig*, wenn für jede Auswahl von k voneinander verschiedenen ganzen Zahlen $\{i_1, i_2, ..., i_k\}$ aus der Menge $\{1, 2, ..., n\}$ für alle k mit $2 \le k \le n$ die Gleichungen

$$P(A_{i_1} \cap A_{i_2} \cap \cdots \cap A_{i_k}) = P(A_{i_1})P(A_{i_2}) \cdots P(A_{i_k})$$

gelten. Die $A_1, A_2, ..., A_n$ sind *paarweise unabhängig*, wenn gilt

$$P(A_i \cap A_j) = P(A_i)P(A_j) \quad \text{für} \quad i \ne j, \ i,j = 1, 2, ..., n.$$ •

Anstelle von *unabhängig* verwendet man bei mehr als zwei Ereignissen auch die Bezeichnungen *vollständig unabhängig* oder *insgesamt unabhängig*. Insbesondere folgt aus Definition 1.4, dass bei Unabhängigkeit der $A_1, A_2, ..., A_n$ gilt:

$$P(A_1 \cap A_2 \cap \cdots \cap A_n) = P(A_1)P(A_2) \cdots P(A_n). \tag{1.8}$$

Das ist die direkte Verallgemeinerung der Produktformel (1.7) und die für die Anwendungen wichtigste Konsequenz aus der Unabhängigkeit von mehr als zwei Ereignissen. Wie das folgende Beispiel zeigt, folgt aus der paarweisen Unabhängigkeit von $n > 2$ Ereignissen nicht unbedingt deren Unabhängigkeit.

Beispiel 1.8 Es wird mit zwei Würfeln geworfen. Der Raum der 36 Elementarereignisse ist $\mathbf{M} = \{(i,j);\ i,j = 1, 2, ..., 6\}$. Drei zufällige Ereignisse werden wie folgt definiert:

$A =$ "der erste Würfel zeigt eine 1" $= \{(1,1), (1,2), (1,3), (1,4), (1,5), (1,6)\}$

$B =$ "der zweite Würfel zeigt eine 1" $= \{(1,1), (2,1), (3,1), (4,1), (5,1), (6,1)\}$

$C =$ "beide Würfel zeigen dieselbe Zahl" $= \{(1,1), (2,2), (3,3), (4,4), (5,5), (6,6)\}$.

Da alle drei Ereignisse 6 Elementarereignisse enthalten, gilt $P(A) = P(B) = P(C) = 1/6$. Ferner gilt $P(A \cap B) = P(A \cap C) = P(B \cap C) = 1/36$, denn die Ereignisse A, B und C haben jeweils nur ein Elementarereignis, nämlich $(1,1)$, gemeinsam. Somit sind A, B und C paarweise unabhängig. Aber: $A \cap B \cap C = \{(1,1)\}$. Daher ist

$$P(A \cap B \cap C) = \frac{1}{36} \neq P(A)\,P(B)\,P(C) = \frac{1}{6} \cdot \frac{1}{6} \cdot \frac{1}{6} = \frac{1}{216},$$

so dass A, B, und C nicht vollständig unabhängig sind. $\square$

Beispiel 1.9 (*Chevalier de Méré*) Was ist wahrscheinlicher: bei einem Wurf von 4 Würfeln mindestens eine 6 zu erhalten (Ereignis A) oder bei 24 Würfen von 2 Würfeln mindestens einmal zwei Sechsen zu bekommen (Ereignis B)? Die zu A und B komplementären Ereignisse sind

$\overline{A} =$ "keiner der 4 Würfel zeigt eine 6"

$\overline{B} =$ "bei 24 Würfen von 2 Würfeln tritt kein Sechserpasch auf"

Sowohl die Ergebnisse der einzelnen Würfel eines Wurfs als auch die der unterschiedlichen Würfe sind voneinander unabhängig. Die Wahrscheinlichkeit dafür, bei einem Wurf mit einem Würfel keine 6 zu erhalten, ist 5/6. Daher folgen aus (1.8) $P(\overline{A}) = (5/6)^4$ und $P(\overline{B}) = (35/36)^{24}$. Somit sind

$$P(A) = 1 - \left(\frac{5}{6}\right)^4 \approx 0,518, \quad P(B) = 1 - \left(\frac{35}{36}\right)^{24} \approx 0,491.$$

Die Gültigkeit von $P(A) > P(B)$ hatten die Glücksspieler des Mittelalters zwar vermutet, aber nicht beweisen können. $\square$

Inhaltlich sind die Definitionen disjunkter und unabhängiger Ereignisse weit voneinander entfernt. Daher beachte man die folgende formale Analogie:

Sind die zufälligen Ereignisse $A_1, A_2, ..., A_n$ *paarweise disjunkt*, so gilt

$$P(\bigcup_{i=1}^{n} A_i) = \sum_{i=1}^{n} P(A_i)$$

Sind zufälligen Ereignisse $A_1, A_2, ..., A_n$ *unabhängig*, so gilt

$$P(\bigcap_{i=1}^{n} A_i) = \prod_{i=1}^{n} P(A_i).$$

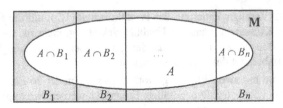

Bild 1.3 Veranschaulichung eines vollständigen Ereignissystems

Definition 1.5 Die zufälligen Ereignisse $B_1, B_2, ..., B_n$ bilden ein *vollständiges Ereignissystem*, wenn folgende Bedingungen erfüllt sind:

1) $B_i \cap B_j = \varnothing$ für $i \neq j$, $i, j = 1, 2, ..., n$;

2) $\bigcup\limits_{i=1}^{n} B_i = \mathbf{M}$.   ●

Bedingung 1) besagt, dass die B_i paarweise disjunkt sind, während Bedingung 2) beinhaltet, dass jedes Elementarereignis in mindestens einem der B_i enthalten ist (Bild 1.3). Mengentheoretisch formuliert bildet die Menge $\{B_1, B_2, ..., B_n\}$, wenn sie die Eigenschaften 1) und 2) hat, eine *Partition* von $\mathbf{M}$. Es sei A ein beliebiges zufälliges Ereignis. Da jedes Elementarereignis aus A wegen Bedingung 2) in mindestens einem der B_i enthalten ist, lässt sich A in folgender Weise darstellen (Bild 1.3):

$$A = \bigcup\limits_{i=1}^{n}(A \cap B_i).$$

Da mit den B_i auch die Ereignisse $A \cap B_i$ paarweise disjunkt sind, folgt wegen (1.3)

$$P(A) = \sum\limits_{i=1}^{n} P(A \cap B_i).$$

Durch Anwendung von (1.6) auf alle Summanden erhält man die *Formel* oder den *Satz der totalen Wahrscheinlichkeit*:

$$P(A) = \sum\limits_{i=1}^{n} P(A|B_i) P(B_i). \tag{1.9}$$

Ferner folgt aus (1.5)

$$P(B_i|A) = \frac{P(B_i \cap A)}{P(A)} = \frac{P(A|B_i) P(B_i)}{P(A)}.$$

In Verbindung mit (1.9) ergibt sich die *Formel von Bayes*:

$$P(B_i|A) = \frac{P(A|B_i) P(B_i)}{\sum\limits_{j=1}^{n} P(A|B_j) P(B_j)}.$$

$P(B_i)$ - *a-priori-Wahrscheinlichkeiten*,

$P(B_i|A)$ - *a-posteriori-Wahrscheinlichkeiten*.

Beispiel 1.10 Ein Lampenproduzent erhält eine Lieferung von insgesamt 1000 Leuchtstoffröhren. An dieser Lieferung haben drei Hersteller 1, 2, und 3 die Anteile 20%, 30%, bzw. 50%, von denen durchschnittlich

4, 3 bzw. 20

Leuchtstoffröhren Defekte aufweisen.

1) Wie groß ist die Wahrscheinlichkeit dafür, dass eine auf gut Glück entnommene Leuchtstoffröhre in Ordnung ist? Es seien für $i = 1, 2, 3$

A = "eine Leuchtstoffröhre ist in Ordnung",

B_i = "eine Leuchtstoffröhre stammt vom Hersteller i".

Entsprechend den Vorgaben sind $P(B_1) = 0,2$; $P(B_2) = 0,3$ und $P(B_3) = 0,5$ sowie $P(A|B_1) = 4/200 = 0,02$, $P(A|B_2) = 3/300 = 0,01$ und $P(A|B_3) = 20/500 = 0,04$. Da die B_i; $i = 1, 2, 3$; ein vollständiges Ereignissystem bilden, kann Formel (1.9) angewendet werden:

$$P(A) = 0,02 \cdot 0,2 + 0,01 \cdot 0,3 + 0,04 \cdot 0,5 = 0,027.$$

2) Wie groß ist die Wahrscheinlichkeit dafür, dass eine defekte Leuchtstoffröhre vom Hersteller i geliefert worden ist? Diese Frage wird durch Berechnung der bedingten Wahrscheinlichkeiten $P(B_i|A)$ entsprechend der Formel von Bayes beantwortet:

$$P(B_1|A) = \frac{P(A|B_1)P(B_1)}{P(A)} = \frac{0,02 \cdot 0,2}{0,027} = 0,148;$$

$$P(B_2|A) = \frac{P(A|B_2)P(B_2)}{P(A)} = \frac{0,01 \cdot 0,3}{0,027} = 0,111;$$

$$P(B_3|A) = \frac{P(A|B_3)P(B_3)}{P(A)} = \frac{0,04 \cdot 0,5}{0,027} = 0,741.$$

Defekte Röhren sind also zu 14,8%, 11,1% und 74,1% auf Hersteller 1, 2 bzw. 3 zurückzuführen. □

Beispiel 1.11 Von einem Prüfverfahren zur Fehlerdiagnose von Schaltkreisen weiß man, dass dieses Verfahren mit Wahrscheinlichkeit 0,9 keinen Fehler anzeigt, wenn der Schaltkreis fehlerfrei ist und mit Wahrscheinlichkeit 0,95 einen Fehler anzeigt, wenn der Schaltkreis einen hat. Die Wahrscheinlichkeit dafür, dass ein Schaltkreis nicht fehlerfrei ist, sei 0,04. Wie groß ist die Wahrscheinlichkeit dafür, dass ein Schaltkreis tatsächlich einen Fehler hat, wenn das Prüfverfahren einen solchen behauptet?

Folgende zufällige Ereignisse werden benötigt:

A = "das Prüfverfahren zeigt einen Fehler im Schaltkreis an".

B = "der Schaltkreis hat einen Fehler".

Entsprechend den Vorgaben gelten $P(B) = 0,04$; $P(\bar{B}) = 0,96$ sowie

$$P(A|B) = 0,95 \; ; \; P(\bar{A}|B) = 0,05; \; P(A|\bar{B}) = 0,10 \text{ und } P(\bar{A}|\bar{B}) = 0,90.$$

Da $(B, \bar{B})$ ein vollständiges Ereignissystem ist, folgt aus (1.9):

$$P(A) = P(A|B)P(B) + P(A|\bar{B})P(\bar{B}) = 0,95 \cdot 0,04 + 0,10 \cdot 0,96 = 0,134.$$

Gesucht ist jedoch die bedingte Wahrscheinlichkeit $P(B|A)$:

$$P(B|A) = \frac{P(A \cap B)}{P(A)} = \frac{P(A|B)P(B)}{P(A)} = \frac{0,95 \cdot 0,04}{0,134} = 0,283.$$

Dieses Ergebnis ist zunächst verblüffend: Durchschnittlich weisen nur 28,3% der vom Prüfverfahren als fehlerhaft eingestuften Schaltkreise tatsächlich Fehler auf! Die Ursache liegt in der relativ geringen Anzahl fehlerbehafteter Schaltkreise. Praktisch bedeutet dies, dass als fehlerhaft eingestufte Schaltkreise mehrmals geprüft werden müssen. Aufgrund dieses Ergebnisses liegt ein Vergleich mit der bedingten Wahrscheinlichkeit $P(\bar{B}|\bar{A})$ dafür nahe, dass ein Schaltkreis tatsächlich fehlerfrei ist, wenn das Prüfverfahren die Fehlerfreiheit ergibt:

$$P(\bar{B}|\bar{A}) = \frac{P(\bar{A} \cap \bar{B})}{P(\bar{A})} = \frac{P(\bar{A}|\bar{B})P(\bar{B})}{P(\bar{A})} = \frac{0,90 \cdot 0,96}{1 - 0,134} = 0,998.$$

Dieses Ergebnis spricht nun wiederum für das Prüfverfahren.   □

1.4   Diskrete Zufallsgrößen

1.4.1 Grundlagen

Ausgangspunkt der bisherigen Überlegungen war ein Zufallsexperiment mit dem Raum der Elementarereignisse M, der Menge der zufälligen Ereignisse M und eine Funktion P, die jedem zufälligen Ereignis $A \in M$ seine Wahrscheinlichkeit $P(A)$ zuordnet. In vielen Zufallsexperimenten sind die Elementarereignisse reelle Zahlen. In diesen Fällen können die Ergebnisse einer Serie von Wiederholungen ein- und desselben Zufallsexperiments sofort quantitativ ausgewertet werden. Sind die Elementarereignisse aber keine reellen Zahlen, so ist eine unmittelbare quantitative Auswertung nicht möglich. Um eine solche Auswertung aber doch vornehmen zu können, werden den Elementarereignissen vermittels einer reellen Funktion $g = g(a)$, $a \in M$, eindeutig reelle Zahlen zugeordnet.

a) Typisch für die genannte Situation ist das Zufallsexperiment 'Prüfung'. Zeigt der Prüfling eine sehr gute Leistung, so wird dem Elementarereignis 'sehr gut' eine 1 zugeordnet, einer guten Leistung eine 2 usw. Entsprechend wird in vielen Fällen bei medizinischen Tests und Qualitätsprüfungen technischer Erzeugnisse verfahren.

b) Auch dann, wenn die Elementarereignisse Vektoren mit reellen Komponenten sind, wie sie zum Beispiel beim Werfen von mehr als einem Würfel auftreten, erweist es sich häufig als zweckmäßig, diesen reelle Zahlen zuzuordnen. Wird etwa mit zwei Würfeln geworfen und genau dann ein Gewinn ausgezahlt, wenn die Augensumme mindestens 10 beträgt, dann interessiert dem Spieler nicht, durch welche Einzelergebnisse der Würfel die Summe zustande kommt, sondern wie groß sie ist. Vom Elementarereignis $a = (i, j)$ wird in diesem Fall sofort zur Summe $a = i + j$ übergegangen. Die ursprünglich 36 möglichen

Ausgänge des Zufallsexperiments reduzieren sich im neuen Raum auf die 11 Elementarereignisse {2, 3,..., 12}.

c) Das Zufallsexperiment bestehe darin, n Organismen auf das Vorhandensein eines bestimmten Chromosoms hin zu überprüfen. Einem Individuum wird die 1 (0) zugeordnet, wenn es das Chromosom aufweist (nicht aufweist). Die Elementarereignisse sind dann n-stellige Vektoren mit den Komponenten 0 oder 1. Es ist einleuchtend, dass die Elementarereignisse nicht von primärem Interesse sind, sondern daraus abgeleitete Kenngrößen wie etwa die relative Häufigkeit des Ereignisses A = "Chromosom vorhanden".

Im Grunde wird durch Anwendung reeller Funktionen auf die Elementarereignisse den Zufallsexperimenten nur ein neuer Raum der Elementarereignisse zugewiesen, der direkt auf die jeweils interessierenden Probleme zugeschnitten ist. Es empfiehlt sich daher, den weiteren Untersuchungen unmittelbar diejenige reelle Funktion auf dem Raum der Elementarereignisse zugrunde zu legen, die sofort die gewünschte Information liefert. Da das Eintreten der Elementarereignisse zufällig ist, ist es auch zufällig, welchen Wert die reelle Funktion nach Abschluss des Zufallsexperiments haben wird. Daher bezeichnet man eine reelle Funktion auf dem Raum der Elementarereignisse eines Zufallsexperiments als *Zufallsgröße, zufällige Größe, Zufallsvariable oder zufällige Variable* (*random variable*). In diesem Buch wird durchgehend von *Zufallsgröße* die Rede sein. Letztlich beinhaltet dieser Begriff weiter nichts als ein Zufallsexperiment, dessen Ergebnisse (Elementarereignisse) in Form reeller Zahlen vorliegen. Nur der Sprachgebrauch hat sich etwas verändert. Man sagt nämlich zum einen: im Ergebnis eines Zufallsexperiments ist ein Elementarereignis eingetreten, und zum anderen: eine Zufallsgröße hat einen Wert angenommen. Inhaltlich gibt es aber zwischen beiden Aussagen keinen Unterschied. Daher wird folgende Erklärung gegeben:

Eine Zufallsgröße ist eine Funktion auf dem Raum der Elementarereignisse eines Zufallsexperiments.

Der Begriff der Zufallsgröße ist eine allgemeinere Kategorie als der des Zufallsexperiments. Der reale technische, naturwissenschaftliche oder sonstige Hintergrund des zugrunde liegenden Zufallsexperiments interessiert nicht mehr, sondern nur dessen zahlenmäßigen Ergebnisse und vor allem die wahrscheinlichkeitstheoretischen Gesetzmäßigkeiten, die deren Zustandekommen steuern. Zufallsgrößen werden gewöhnlich mit großen lateinischen Buchstaben X, Y, ... oder griechischen Buchstaben bezeichnet. Genauer müsste man schreiben, da es sich um Funktionen auf **M** handelt, $X = X(a)$, $a \in$ **M**. Die Werte, die eine Zufallsgröße X annehmen kann, also die Zahlen $X(a)$, sind ihre *Realisierungen* oder *Realisationen* bzw. schlechthin ihre *Werte*. In diesem Buch wird gleichberechtigt von *Werten* und *Realisierungen* gesprochen. Eine Zufallsgröße ist *reell* (*komplex*), wenn sie nur reelle (komplexe) Werte annehmen kann.

Hinweis Der Terminus *Realisierungen* wird in diesem Buch vornehmlich (aber nicht ausschliesslich) für die Zahlenwerte gebraucht, die Funktionen von Zufallsgrößen bzw. zufällige Vektoren annehmen. Komplexe Zufallsgrößen treten in diesem Buch nur in den Kapiteln 1.11 und 2.11 auf. Die folgenden Ausführungen beziehen sich daher generell auf reelle Zufallsgrößen.

Die Menge aller möglichen Werte, die eine Zufallsgröße X annehmen kann, nämlich $\mathbf{W}_X = \{x; \, x = X(a), \, a \in \mathbf{M}\}$, ist ihr *Wertebereich*. Beispielsweise hat die Zufallsgröße 'Anzahl der Kunden in einer Warteschlange' den Wertebereich $\{0, 1, 2, ...\}$, während im Fall der Zufallsgröße 'Lebensdauer' der zugehörige Wertebereich $[0, \infty)$ ist. Im Fall der Zufallsgröße 'Messfehler' ist $\mathbf{W}_X = \{-\infty, +\infty\}$. Man unterscheidet zwischen diskreten und stetigen Zufallsgrößen. Eine Zufallsgröße heißt *diskret*, wenn sie nur endlich viele oder abzählbar unendlich viele Werte annehmen kann. Demgegenüber kann eine *stetige Zufallsgröße* Werte auf der ganzen reellen Achse, einer Halbachse, zumindest aber aus einem endlichen Intervall annehmen.

Weitere Beispiele für diskrete Zufallsgrößen sind: Anzahl der Würfe mit einem Würfel, bis zum erstenmal eine 6 erscheint, Anzahl bedienter Kunden je Zeiteinheit, Anzahl von Verkehrsunfällen je Zeit- und Flächeneinheit, Anzahl von Ausfällen eines technischen Systems je Zeiteinheit, Anzahl beobachteter Sternschnuppen je Zeiteinheit.

Wahrscheinlichkeitsverteilung Für das Anliegen dieses Handbuchs ist die folgende Erklärung ausreichend: Unter der *Wahrscheinlichkeitsverteilung* (kurz: *Verteilung*) $\mathbf{P}_X$ einer diskreten Zufallsgrösse X versteht man eine Vorschrift, nach der für alle Teilmengen A aus $\mathbf{W}_X$ die Wahrscheinlichkeit $P(X \in A)$ berechnet werden kann. Hierbei ist $P(X \in A)$ die Wahrscheinlichkeit dafür, dass X einen Wert aus A annimmt.

Eine diskrete Zufallsgröße X ist durch ihren Wertebereich und ihre Wahrscheinlichkeitsverteilung vollständig charakterisiert. Hierbei spielt der Wertebereich nur eine untergeordnete Rolle. In den meisten Fällen ergibt sich diese Menge zwangsläufig aus den praktischen Problemen, in den übrigen Fällen waltet ohnehin eine gewisse Willkür. Zum Beispiel kann man den Seitenflächen eines Würfels anstelle der Zahlen von 1 bis 6 die Zahlen 11 bis 16 zuordnen. Das entscheidende Charakteristikum einer Zufallsgröße ist ihre Wahrscheinlichkeitsverteilung. Es seien $\mathbf{W}_X = \{x_0, x_1, ...\}$ und $f(x)$, $x \in \mathbf{W}_X$, eine Funktion, die jedem x_i die Wahrscheinlichkeit dafür zuordnet, dass X den Wert x_i annimmt:

$$f(x_i) = P(X = x_i); \quad i = 0, 1, ...$$

Die $f(x_i)$; $i = 0, 1, ...$ werden *Einzelwahrscheinlichkeiten* genannt. Die Funktion f kann mit der Wahrscheinlichkeitsverteilung von X identifiziert werden; denn da die zufälligen Ereignisse "$X = x_i$"; $i = 0, 1, ...$, disjunkt sind, gilt für ein beliebiges $A \subseteq \mathbf{W}_X$:

$$P(X \in A) = \Sigma_{x_i \in A} f(x_i).$$

Die Funktion f hat folgende Eigenschaften:

$$f(x) \geq 0, \quad \Sigma_{x \in \mathbf{W}_X} f(x) = 1. \tag{1.10}$$

Umgekehrt kann jede Funktion f, die diesen beiden Bedingungen genügt, als Wahrscheinlichkeitsverteilung einer diskreten Zufallsgröße X interpretiert werden. $f(x)$ heißt auch *Wahrscheinlichkeitsmassenfunktion* (*probability mass function*) von X, da sie jedem Wert von X dessen 'Wahrscheinlichkeitsmasse' zuordnet.

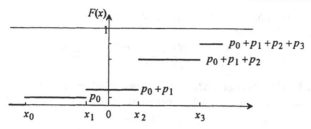

Bild 1.4 Qualitativer Verlauf der Verteilungsfunktion

Die *Verteilungsfunktion* einer diskreten Zufallsgröße X ist definiert durch

$$F(x) = \sum_{x_i \le x} f(x_i).$$

Also ist $F(x)$ Wahrscheinlichkeit dafür, dass X einen Wert annimmt, der kleiner oder gleich x ist:

$$F(x) = P(X \le x).$$

Die Verteilungsfunktion ist eine nichtnegative, nichtfallende Treppenfunktion mit der Eigenschaft $0 \le F(x) \le 1$. Ihre Sprunghöhen an den Stellen $x = x_i$ sind gleich $f(x_i)$:

$$f(x_i) = F(x_i) - F(x_i - 0); \quad i = 0, 1, \dots$$

Somit bietet die Verteilungsfunktion einer Zufallsgröße X eine weitere Möglichkeit der Charakterisierung ihrer Wahrscheinlichkeitsverteilung.

Im Weiteren werden die Einzelwahrscheinlichkeiten $f(x_i)$ von X mit p_i bezeichnet: $p_i = P(X = x_i)$. Dann ist die Wahrscheinlichkeitsverteilung von X gegeben durch

$$\mathbf{P}_X = \{p_0, p_1, \dots\}.$$

Die Bedingungen (1.10) nehmen damit folgende Form an:

$$p_i \ge 0; \ i = 0, 1, \dots; \ \sum_{i=0}^{\infty} p_i = 1.$$

Die Verteilungsfunktion von X gegeben durch (Bild 1.4)

$$F(x) = \sum_{\{i;\, x_i \le x\}} p_i.$$

Ist bekannt, dass X einen Wert aus A angenommen hat, dann führt diese Information zum Begriff der bedingten Wahrscheinlichkeitsverteilung von X.

Definition 1.6 (*bedingte Verteilung*) Es sei X eine diskrete Zufallsgröße mit der Wahrscheinlichkeitsverteilung f und $A \subseteq \mathbf{W}_X$. Dann ist die *bedingte Wahrscheinlichkeitsverteilung von X unter der Bedingung A* gegeben durch $f(x|A)$ mit

$$f(x|A) = \frac{f(x)}{P(X \in A)} = P(X = x | X \in A), \ x \in A. \qquad \bullet$$

Wegen $\sum_{x \in A} f(x) = P(X \in A)$ erfüllt $f(x|A)$ die Eigenschaften (1.10) einer Wahrscheinlichkeitsverteilung.

Man beachte, dass $f(x|A)$ eine bedingte Wahrscheinlichkeit gemäß Definition 1.2 ist:
Wegen $x \in A$ gilt nämlich

$$f(x|A) = \frac{f(x)}{P(X \in A)} = \frac{P(X = x)}{P(X \in A)} = \frac{P(X = x \cap X \in A)}{P(X \in A)} = P(X = x | X \in A).$$

Definition 1.7 (*Unabhängigkeit*) Die diskreten Zufallsgrößen $X_1, X_2, ..., X_n$ sind *unabhängig*, wenn für alle möglichen Wertekonfigurationen $(x_1, x_2, ..., x_n)$ die Ereignisse

$$"X_1 = x_1", "X_2 = x_2", ..., "X_n = x_n"$$

unabhängig sind.   ●

1.4.2 Parametrische Kenngrößen

Es wünschenswert, die in der Wahrscheinlichkeitsverteilung und dem Wertebereich von X enthaltene Information so zu verdichten, dass man aus einigen wenigen numerischen Parametern eine Vorstellung von X erhält. Im Folgenden sei $\mathbf{W}_X = \{x_0, x_1, ...\}$ und $\mathbf{P}_X = \{p_i = P(X = x_i); i = 0, 1, ...\}$.

Erwartungswert (Mittelwert) Zunächst ist es naheliegend, sich für den Wert zu interessieren, den die Zufallsgröße im Mittel annimmt. Angenommen, das Zufallsexperiment, als dessen Ergebnis X gedeutet werden kann, wird n mal durchgeführt. Unter den n beobachteten Werten von X finde sich n_1 mal x_1, n_2 mal x_2, ..., und n_m mal x_m. Das arithmetische Mittel aller $n = n_1 + n_2 + \cdots + n_m$ beobachteter Werte ist

$$\bar{x} = \frac{1}{n}(n_1 x_1 + n_2 x_2 + \cdots + n_m x_m) = \frac{n_1}{n} x_1 + \frac{n_2}{n} x_2 + \cdots + \frac{n_m}{n} x_m.$$

Der Quotient n_i/n ist die relative Häufigkeit des Auftretens von x_i unter den insgesamt n beobachteten Werten und $\bar{x}$ ist der gewichtete Mittelwert der beobachteten x_i. Da gemäß (1.3) die relative Häufigkeit n_i/n für alle i gegen die Wahrscheinlichkeit p_i konvergiert, mit der X den Wert x_i annimmt, ist folgende Definition motiviert:

Der *Erwartungswert* oder *Mittelwert* einer diskreten Zufallsgröße X ist gegeben durch

$$E(X) = \sum_{i=0}^{\infty} p_i x_i, \tag{1.11}$$

falls die Bedingung $\sum_{i=0}^{\infty} p_i |x_i| < \infty$ erfüllt ist.

Die Bedingung sichert die Konvergenz der Summe (1.11). Sie ist äquivalent zur Existenz des Erwartungswertes von $|X|$:

$$E(|X|) = \sum_{i=0}^{\infty} p_i |x_i| < \infty.$$

Entsprechend den Vorbetrachtungen kann man sich vom Erwartungswert einer Zufallsgröße folgende inhaltliche Vorstellung machen: Bildet man das arithmetische Mittel derjenigen Werte, die X bei n Durchführungen des zugrunde liegenden Zufallsexperiments angenommen hat, so strebt dieses Mittel für $n \to \infty$ gegen den Erwartungswert der Zufallsgröße.

Für eine nichtnegative Zufallsgröße mit dem Wertebereich $\{0, 1, ...\}$, d. h. $x_i = i$, hat man für den Erwartungswert die äquivalente Darstellung

$$E(X) = \sum_{i=1}^{\infty} P(X \geq i) = \sum_{i=1}^{\infty} \sum_{k=i}^{\infty} p_k. \tag{1.12}$$

Varianz, Standardabweichung Von erheblicher Bedeutung ist, Information über das Streuverhalten einer Zufallsgröße zu haben. Genauer, man interessiert sich dafür, wie weit Werte einer Zufallsgröße im Mittel von ihrem Erwartungswert abweichen. Hat man beispielsweise zwischen zwei Verfahren zur Messung einer physikalischen Kenngröße zu wählen, die beide keine systematischen Fehler machen, so wird man demjenigen Verfahren den Vorzug geben, dessen Messwerte am wenigsten um den wahren Wert streuen. Man betrachtet also die zufällige Abweichung $Y = X - E(X)$ der Zufallsgröße X von ihrem Erwartungswert $E(X)$. Zur Vermeidung von Vorzeichenproblemen geht man zum Quadrat der Abweichung über.

Unter der *Varianz* oder der *Streuung Var(X)* einer diskreten Zufallsgröße X versteht man den Erwartungswert der quadratischen Abweichung der Zufallsgröße X von ihrem Erwartungswert:

$$Var(X) = E(X - E(X))^2 = \sum_{i=0}^{\infty} p_i (x_i - E(X))^2. \tag{1.13}$$

Die Quadratwurzel aus der Varianz $\sqrt{Var(X)}$ heißt *Standardabweichung* von X.

Die Varianz ist also der Erwartungswert der quadratischen Abweichung einer Zufallsgröße von ihrem Erwartungswert (die mittlere quadratische Abweichung einer Zufallsgröße von ihrem Erwartungswert) und demzufolge geeignet, das Streuverhalten von Zufallsgrößen zu charakterisieren. Gleichberechtigt werden, auch in diesem Buch, folgende Bezeichnungen verwendet:

$$\sigma_X^2 = Var(X), \quad \sigma_X = \sqrt{Var(X)}.$$

Ist klar, um welche Zufallsgröße es sich handelt, wird auf den Index X auch verzichtet. Für eine beliebige Konstante c gilt

$$E(cX) = c E(X), \quad Var(cX) = c^2 Var(X). \tag{1.14}$$

Die Standardabweichung σ_X als Wurzel aus der Varianz ist im Allgemeinen verschieden von der *mittleren absoluten linearen Abweichung* der Zufallsgröße X von ihrem Erwartungswert, die gegeben ist durch

$$E(|X - E(X)|) = \sum_{i=0}^{\infty} p_i |x_i - E(X)|.$$

Variationskoeffizient Will man das Streuverhalten zweier Zufallsgrößen X und Y vergleichen, so ist das allein aus der Kenntnis ihrer Varianzen bzw. Standardabweichungen nicht möglich. Haben die Zufallsgrößen X und Y zwar die gleichen Standardabweichungen, aber gilt $E(X) < E(Y)$, dann ist es einleuchtend, dass X ein ungünstigeres Streuverhalten als Y hat. Es empfiehlt sich daher, ein Streumaß zu definieren, das auch den Erwartungswert der Zufallsgröße und damit die absoluten Größenordnungen ihrer Werte berücksichtigt. Dies führt zum Begriff des Variationskoeffizienten.

Der *Variationskoeffizient* $V(X)$ von X ist definiert durch

$$V(X) = \frac{\sigma_X}{|E(X)|} \ .$$

Momente Unter dem *n-ten Moment* $M_n(X)$ einer diskreten Zufallsgröße X versteht man den Erwartungswert der n-ten Potenz von X, falls dieser existiert:

$$M_n(X) = E(X^n) = \sum_{i=0}^{\infty} p_i x_i^n \ .$$

Insbesondere ist $M_0(X) = 1$, und das erste Moment ist gleich dem Erwartungswert von X: $M_1(X) = E(X)$. Aus der Definition der Varianz folgt:

$$Var(X) = \sum_{i=0}^{\infty} p_i(x_i - E(X))^2 = \sum_{i=0}^{\infty} p_i x_i^2 - 2E(X)\sum_{i=0}^{\infty} p_i x_i + (E(X))^2 \sum_{i=0}^{\infty} p_i.$$

Daher besteht folgender Zusammenhang zwischen Varianz und zweitem Moment:

$$Var(X) = M_2(X) - (E(X))^2 \tag{1.15}$$

Modalwert x_m ist ein *Modalwert* von X, wenn die Funktion $f(x) = P(X = x)$ an der Stelle $x = x_m$ mit $x \in W_X$ ihr Maximum annimmt. Je nach dem, ob ein odere mehrere Modalwerte vorhanden sind, spricht man von *uninmodalen* oder *multimodalen Zufallsgrößen* bzw. *Verteilungen*. Ist X unimodal, dann ist x_m der *wahrscheinlichste Wert* von X.

1.4.3 Diskrete Wahrscheinlichkeitsverteilungen

Bei der Ableitung bzw. der Verifizierung der Resultate dieses Abschnitts sind die folgenden Reihen von Bedeutung:

$$\sum_{i=0}^{n} i = n(n+1)/ \ , \quad \sum_{i=0}^{n} i^2 = n(n+1)(2n+1)/6$$

$$\sum_{i=0}^{\infty} x^i = 1/(1-x), \quad 0 \le x < 1 \qquad \textit{(geometrische Reihe)}$$

$$\sum_{i=0}^{\infty} i x^i = \frac{x}{(1-x)^2}, \quad 0 \le x < 1;$$

$$\sum_{i=0}^{\infty} x^i/i! = e^x, \quad -\infty < x < +\infty$$

$$\sum_{i=0}^{n} \binom{n}{i} x^i y^{n-i} = (x+y)^n \qquad \textit{(binomische Reihe)}$$

Gleichverteilung Eine Zufallsgröße X mit dem Wertebereich $\{x_1, x_2, ..., x_n\}$ genügt einer *(diskreten) Gleichverteilung*, wenn alle x_i die gleiche Wahrscheinlichkeit haben:

$$p_i = P(X = x_i) = 1/n; \quad i = 1, 2, ..., n \ .$$

Erwartungswert und Varianz von X sind:

$$E(X) = \bar{x} = \frac{1}{n}\sum_{i=1}^{n} x_i, \quad Var(X) = \frac{1}{n}\sum_{i=1}^{n}(x_i - \bar{x})^2.$$

Der Erwartungswert von X ist also im Fall der Gleichverteilung gleich dem arithmetischen Mittel aller möglichen Werte, die X annehmen kann.

Poissonverteilung Eine Zufallsgröße X mit dem Wertebereich $\{0, 1, 2, \ldots\}$ ist *poisson-verteilt* mit dem Parameter λ, wenn gilt

$$p_i = P(X = i) = \frac{\lambda^i}{i!} e^{-\lambda}, \quad i = 0, 1, \ldots \tag{1.16}$$

Der Parameter λ ist gleich dem Erwartungswert von X:

$$E(X) = \sum_{i=0}^{\infty} i \frac{\lambda^i}{i!} e^{-\lambda} = \lambda e^{-\lambda} \sum_{i=0}^{\infty} \frac{\lambda^i}{i!} = \lambda e^{-\lambda} e^{+\lambda} = \lambda.$$

Wegen $Var(X) = \sum_{i=0}^{\infty} (i - \lambda)^2 p_i = \lambda$ hat X die Kenngrößen

$$E(X) = Var(X) = \lambda, \quad V(X) = 1. \tag{1.17}$$

Die Poissonverteilung wird häufig in folgender Form geschrieben:

$$p_i = P(X = i) = \frac{(\lambda t)^i}{i!} e^{-\lambda t}; \quad i = 0, 1, \ldots$$

Hierbei ist t ein *Skalenparameter*. Er gibt die Möglichkeit, von der Maßeinheit, auf die sich der Parameter λ bezieht, abzugehen. In den Anwendungen der Poissonverteilung bezieht sich der Parameter λ (und damit auch t) nicht nur auf lineare Bereiche wie im folgenden Beispiel, sondern auch auf Flächen (Anzahl einer bestimmten Pflanzenart je Hektar), Volumina (Anzahl von Bakterien je Kubikmillimeter Nährlösung), Massen (Anzahl der Fremdkörper je Kilogramm Gussmasse) und Winkelbereiche (Anzahl der sichtbaren Sterne bis zu einer bestimmten Größe).

Beispiel 1.12 Bei der Prüfung von 1000 *km* Eisenbahngleisen hatte man 120 Bruchstellen gefunden. Es kann vorausgesetzt werden, dass die Anzahl der Bruchstellen je Längeneinheit poissonverteilt ist. Mit welcher Wahrscheinlichkeit befinden sich auf einem zufällig ausgewählten Teilabschnitt von 10 *km* Länge mindestens 2 Bruchstellen? Je Kilometer der Prüfstrecke gibt es im Mittel $\lambda = 0,12$ Bruchstellen. Die Wahrscheinlichkeit dafür, auf einer Strecke von $t = 10\,km$ genau i Bruchstellen zu finden, ist daher

$$p_i = \frac{(0,12 \cdot 10)^i}{i!} e^{-0,12 \cdot 10} = \frac{(1,2)^i}{i!} e^{-1,2}, \quad i = 0, 1, \ldots.$$

Somit beträgt die Wahrscheinlichkeit des interessierenden Ereignisses A:

$$P(A) = \sum_{i=2}^{\infty} p_i = 1 - p_0 - p_1 = 1 - e^{-1,2} - 1,2\,e^{-1,2} = 0,337. \qquad \square$$

(0, 1)-Verteilung Eine binäre Zufallsgröße X genügt einer *(0, 1)-Verteilung mit dem Parameter p*, wenn sie folgende Struktur hat:

$$X = \begin{cases} 0 & \text{mit Wahrscheinlichkeit } 1 - p \\ 1 & \text{mit Wahrscheinlichkeit } p \end{cases}$$

(Eine binäre Variable kann nur zwei Werte annehmen.) Die numerischen Parameter sind:

$$E(X) = p, \quad Var(X) = p(1 - p), \quad V(X) = \sqrt{(1-p)/p}. \tag{1.18}$$

Bernoullisches Versuchsschema Eine Folge von n unabhängigen, identisch $(0,1)$- verteilten Zufallsgrößen $X_1, X_2, ..., X_n$ bildet ein *Bernoullisches Versuchsschema*. Die Ergebnisse des Zufallsexperiments 'Bernoullisches Versuchsschema' sind also n-dimensionale Vektoren, deren Komponenten 0 oder 1 sind. Insgesamt gibt es 2^n derartiger Vektoren. Beispiele für Bernoullische Versuchsschemata sind: 1) n-maliger Wurf einer Münze (Zahl = 1, Wappen = 0, $p = 1/2$), 2) Prüfung von n Bauteilen (funktionstüchtig = 0, funktionsuntüchtig = 1, p [%] = Anteil funktionsuntüchtiger Bauteile). In den Anwendungen des Bernoullischen Versuchsschemas wird das Auftreten einer 1 häufig als 'Erfolg' (Ereignis A) und dementsprechend das Auftreten einer 0 als 'Misserfolg' (Ereignis $\bar{A}$) bezeichnet.

Geometrische Verteilung Eine Zufallsgröße X mit dem Wertebereich $\{1, 2, ...\}$ ist *geometrisch verteilt* mit dem Parameter p, wenn gilt

$$p_i = P(X = i) = (1-p)^{i-1}p; \quad i = 1, 2, ... \tag{1.19}$$

X hat offenbar die gleiche Verteilung wie dasjenige zufällige k in einer Folge von unabhängigen $(0,1)$- Zufallsgrößen $X_1, X_2, ...$, für das erstmals $X_k = 1$ gilt. Etwa: Anzahl der Münzwürfe, bis erstmals Zahl erscheint, Anzahl der zu testenden Bauteile, bis erstmals ein defektes gefunden wird. Erwartungswert und Varianz sind:

$$E(X) = p \sum_{i=1}^{\infty} (1-p)^{i-1} i = 1/p,$$

$$Var(X) = \sum_{i=1}^{\infty} p_i (i - 1/p)^2 = (1-p)/p^2.$$

Insgesamt ist

$$E(X) = 1/p, \quad Var(X) = (1-p)/p^2, \quad V(X) = \sqrt{1-p}.$$

Ein interessantes Resultat ergibt sich bei der Berechnung der bedingten Wahrscheinlichkeit des zufälligen Ereignisses "$X > n + k$" unter der Bedingung "$X \geq k$", $k \geq 1$:

$$P(X > n + k | X \geq k) = \frac{P(X > n + k)}{P(X \geq k)} = \frac{\sum_{i=n+k+1}^{\infty} p(1-p)^{i-1}}{\sum_{i=k}^{\infty} p(1-p)^{i-1}} = (1-p)^{n+1}.$$

Daher ist

$$P(X > n + k | X \geq k) = P(X > n). \tag{1.20}$$

Wird X als Lebensdauer eines Systems gedeutet, dann hat die restliche Lebensdauer des Systems nach dem Ablauf von k Zeiteinheiten, wenn es bis zum Zeitpunkt k gearbeitet hat, die gleiche Wahrscheinlichkeitsverteilung wie bezüglich des Zeitpunkts der Inbetriebnahme. Das heißt, ein System mir geometrisch verteilter Lebensdauer altert nicht. Sein Ausfall ist demnach auf 'rein zufällige' Ursachen zurückzuführen.

Hinweis Häufig werden auch geometrisch verteilte Zufallsgrößen X mit

$$p_i = P(X = i) = p(1-p)^i; \quad i = 0, 1, ...$$

betrachtet. Der Erwartungswert verringert sich dann um 1, so dass $E(X) = (1-p)/p$ gilt, während die Varianz nicht beeinflusst wird.

Binomialverteilung Eine Zufallsgröße X mit dem Wertebereich $\{0, 1, \ldots, n\}$ ist *binomialverteilt* mit den Parametern n und p, wenn gilt

$$p_i = P(X = i) = \binom{n}{i} p^i (1-p)^{n-i}, \quad i = 0, 1, \ldots, n. \tag{1.21}$$

Die $(0,1)$-Verteilung mit dem Parameter p ergibt sich als Spezialfall für $n = 1$. Andererseits, wenn $X_1, X_2, \ldots, X_n$ unabhängige, identisch $(0,1)$- mit dem Parameter p verteilte Zufallsgrößen sind, also ein Bernoullisches Versuchsschema bilden, und X die zufällige Anzahl der X_k mit $X_k = 1$ bezeichnet, dann genügt X einer Binomialverteilung mit den Parametern n und p. Denn die Wahrscheinlichkeit dafür, dass in einer fixierten Reihenfolge i mal die 1 und damit $n-i$ mal die 0 auftreten, ist $p^i(1-p)^{n-i}$. Da es bezüglich der Reihenfolge von 0 und 1 genau $\binom{n}{i}$ Möglichkeiten gibt, ist der Sachverhalt bewiesen. Offenbar gilt

$$X = \sum_{k=1}^{n} X_k.$$

Die numerischen Kenngrößen der Binomialverteilung sind:

$$E(X) = np, \quad Var(X) = np(1-p), \quad V(X) = \sqrt{(1-p)/np}. \tag{1.22}$$

Beispiel 1.13 Einer großen Lieferung von Schaltkreisen wird eine Stichprobe vom Umfang $n = 100$ entnommen. Die Lieferung wird angenommen, wenn in der Stichprobe höchstens 4 defekte Schaltkreise sind. Die durchschnittliche Fehlerquote des Produzenten beträgt 2%.

(1) Wie groß ist die Wahrscheinlichkeit, dass die Lieferung abgelehnt wird (*Produzentenrisiko*)? Die Anzahl X der fehlerhaften Schaltkreise in der Stichprobe genügt einer Binomialverteilung mit den Parametern $n = 100$ und $p = 0,02$. Die Wahrscheinlichkeit dafür, dass sich unter den 100 Schaltkreisen in der Stichprobe genau i defekte befinden, beträgt

$$p_i = \binom{100}{i}(0,02)^i(0,98)^{100-i}; \quad i = 0, 1, \ldots, 100.$$

Das Produzentenrisiko ist vereinbarungsgemäß

$$\pi = 1 - p_0 - p_1 - p_2 - p_3 - p_4.$$

Es ergibt sich $\pi = 0,05$. Durchschnittlich jede zwanzigste Lieferung wird also abgelehnt.

(2) Wie groß ist die Wahrscheinlichkeit, bei diesem Prüfplan die Lieferung anzunehmen, obwohl sie 7% Ausschuß enthält (*Konsumentenrisiko*)? Bezüglich der Berechnung des Konsumentenrisikos liegt formal die gleiche Situation vor wie unter (1) vor; nur dass jetzt $p = 0,07$ ist. Das Konsumentenrisiko beträgt $\kappa = p_0 + p_1 + p_2 + p_3 + p_4$ mit

$$p_i = \binom{100}{i}(0,07)^i(0,93); \quad i = 0, 1, \ldots, 4.$$

Damit ergibt sich das Konsumentenrisiko zu $\kappa = 0,16317$. $\qquad\qquad\square$

Sind die folgenden Voraussetzungen erfüllt, ist es aus numerischen Gründen zweckmäßig, die Binomialverteilung durch die Poissonverteilung zu approximieren:

Für hinreichend grosse n und genügend kleine p gilt in ausreichender Näherung

$$\binom{n}{i} p^i (1-p)^{n-i} \approx \frac{\lambda^i}{i!} e^{-\lambda} \quad \text{mit} \quad \lambda = np; \quad i = 0, 1, \dots \tag{1.23}$$

Eine Faustregel für die Brauchbarkeit dieser Näherung ist: $np < 10$, $n > 1500p$.

Fortsetzung von Beispiel 1.13 Für das Problem (1) dieses Beispiels, die Bestimmung des Produzentenrisikos, ist die Anwendung der Näherung (1.23) erlaubt. Tafel 1.1 zeigt die bereits ermittelten exakten Einzelwahrscheinlichkeiten p_i noch einmal, um sie den näherungsweisen, vermittels der Poissonverteilung mit dem Parameter $\lambda = np = 2$ berechneten, gegenüberzustellen. Die Abweichungen sind gering.

	p_0	p_1	p_2	p_3	p_4
Binomial	0,133	0,271	0,273	0,182	0,090
Poisson	0,135	0,270	0,270	0,180	0,090

Tafel 1.1 Vergleich der exakten Wahrscheinlichkeiten mit den Näherungswerten

Hypergeometrische Verteilung Eine Zufallsgröße X heißt *hypergeometrisch verteilt* mit den Parametern M, N und n, $M \le N$, $n \le N$, wenn gilt

$$p_m = P(X = m) = \frac{\binom{M}{m}\binom{N-M}{n-m}}{\binom{N}{n}}, \quad m = 0, 1, \dots, \min(n, M). \tag{1.24}$$

Die numerischen Kenngrößen sind:

$$E(X) = \frac{Mn}{N}, \qquad Var(X) = \frac{Mn(N-M)(N-n)}{N^2(N-1)}, \qquad V(X) = \sqrt{\frac{(N-M)(N-n)}{Mn(N-1)}}.$$

Hypergeometrisch verteilte Zufallsgrößen treten in folgender Situation auf: In einer Menge von N Elementen gehören M Elemente zum Typ 1 und N-M Elemente zum Typ 2. Der Menge wird auf gut Glück eine Stichprobe von n Elementen entnommen. Mit welcher Wahrscheinlichkeit befinden sich unter diesen n Elementen genau m Elemente vom Typ 1 (und daher n-m Elemente vom Typ 2)? Bezeichnet X die zufällige Anzahl von Elementen vom Typ 1 in der Stichprobe, dann genügt X der Verteilung (1.24); denn es gibt $\binom{M}{m}$ Möglichkeiten, aus den M Elementen vom Typ 1 genau m Elemente auszuwählen, und zu jeder dieser Möglichkeiten gibt es $\binom{N-M}{n-m}$ Möglichkeiten, aus den N-M Elementen vom Typ 2 genau n-m auszuwählen. Das Produkt beider Anzahlen ist somit die Anzahl der günstigen Fälle von den insgesamt $\binom{N}{n}$ Möglichkeiten, aus den N vorhandenen Elementen n auszuwählen. Damit ist klar, dass die hypergeometrische Verteilung vor allem bei Problemen der Qualitätskontrolle eine wichtige Rolle spielt: Von insgesamt N produzierten Geräten sind M defekt und N-M in Ordnung. Eine Stichprobe von n Geräten wird entnommen. Mit welcher Wahrscheinlichkeit befinden sich darin m defekte Geräte?

Beispiel 1.14 Ein Kunde weiß, dass durchschnittlich 10% der Lieferung von Bauteilen einer Firma defekt sind, und er hat diesen Anteil vertraglich akzeptiert. Um sich gegen höhere Anteile abzusichern, entnimmt er jeder Lieferung von 50 Bauteilen eine Stichprobe vom Umfang 5 und lehnt die Lieferung ab, wenn sich darunter mehr als 1 defektes Bauteil befindet. Mit welcher Wahrscheinlichkeit lehnt er eine Lieferung ab, die 8 defekte Bauteile enthält? Die zufällige Anzahl X der in der Stichprobe enthaltenen defekten Bauteile ist hypergeometrisch mit den Parametern $N = 50$, $M = 8$ und $n = 5$ verteilt. Mit $p_m = P(X = m)$ ergibt sich aus (1.24)

$$p = p_2 + p_3 + p_4 + p_5 = 1 - p_0 - p_1 = 0,17589.$$

Dieser Annahmeplan des Kunden ist infolgedessen nicht geeignet, ihn zuverlässig gegen höhere Anteile defekter Bauteile zu schützen als vertraglich vereinbart. □

Näherungen Beim Vergleich der Beispiele 1.13 und 1.14 fällt auf, dass trotz gleicher Aufgabenstellungen einmal die Binomial- und zum anderen die hypergeometrische Verteilung verwendet wird. Der Unterschied liegt im Umfang der jeweils zu prüfenden Gesamtheit. Im Beispiel 1.13 wurde ausdrücklich von einer großen Lieferung von Bauteilen ausgegangen. Daher hat die Entnahme einer nicht zu großen Stichprobe nur einen vernachlässigbar kleinen Einfluss auf das ursprüngliche Verhältnis zwischen defekten und funktionstüchtigen Bauteilen. Die Wahrscheinlichkeit dafür, ein defektes Bauteil zu entnehmen, ist daher bei jeder Entnahme etwa konstant. Will man diese Eigenschaft auch bei kleineren Gesamtheiten haben, müssen geprüfte Bauteile vor einer erneuten Entnahme der Gesamtheit wieder zugeführt werden. Da aber Bauteile häufig 'zu Tode' geprüft werden, ist die Strategie 'mit Zurücklegen' nicht immer anwendbar.

Unter der Voraussetzung, dass M hinreichend groß ist im Vergleich zu n, kann die hypergeometrische Verteilung durch eine Binomialverteilung approximiert werden:

$$\frac{\binom{M}{m}\binom{N-M}{n-m}}{\binom{N}{n}} \approx \binom{n}{m}p^m(1-p)^{n-m} \quad \text{mit } p = \frac{M}{N}. \tag{1.25}$$

Eine Faustregel für die Anwendbarkeit dieser Näherung ist:

$$0,1 < M/N < 0,9; \; n > 10 \text{ und } n/N < 0,05.$$

Die Näherung (1.25) kann nun wiederum benutzt werden, um die hypergeometrische Verteilung durch eine Poissonverteilung dadurch zu approximieren, dass die in (1.25) auftretenden Einzelwahrscheinlichkeiten der Binomialverteilung durch die entsprechenden der Poissonwahrscheinlichkeit gemäß (1.23) approximiert werden:

$$\frac{\binom{M}{m}\binom{N-M}{n-m}}{\binom{N}{n}} \approx \frac{\lambda^m}{m!}e^{-\lambda} \quad \text{für } \lambda = np, \; n \text{ groß}, \; p = \frac{M}{N} \text{ klein.}$$

Eine Faustregel für die Anwendbarkeit dieser Näherung ist:

$$M/N \le 0,1; \; n > 30; \; n/N < 0,05.$$

1.4.4 Momenterzeugende Funktionen

Momenterzeugende Funktionen von Zufallsgrößen sind wichtige Hilfsmittel zur analytischen Behandlung anwendungsbezogener wahrscheinlichkeitstheoretischer Probleme, die weit über die in diesem Taschenbuch gebrachten Anwendungen hinausgehen.

Definition 1.8 Es sei X eine diskrete Zufallsgröße mit dem Wertebereichh $\{0, 1, ...\}$ und der Wahrscheinlichkeitsverteilung $\{p_0, p_1, ...\}$. Für $|z| \leq 1$ versteht man unter der *momenterzeugenden Funktion* (kurz: *erzeugenden Funktion*) von X die unendliche Reihe

$$M(z) = \sum_{i=0}^{\infty} p_i z^i \tag{1.26}$$

oder, dazu äquivalent, den Erwartungswert der Zufallsgröße $Y = z^X$:

$$M(z) = E(z^X) \qquad \bullet$$

Hinweise 1) Ist X eine ganzzahlige Zufallsgröße mit dem Wertebereich $\{..., -1, 0, 1, ...\}$ und der Wahrscheinlichkeitsverteilung $\{..., p_{-1}, p_0, p_1, ...\}$, dann ist die momenterzeugende Funktion ebenfalls durch $M(z) = E(z^X)$ definiert, und die im weiteren erzielten Resultate gelten gleichermaßen.

2) Erzeugende Funktionen spielen auch bei der Analyse zeitdiskreter Systeme eine wichtige Rolle. An die Stelle der Wahrscheinlichkeitsverteilung tritt dort ein diskretes Signal in Form einer (doppelt) unendlichen Zahlenfolge. Man spricht in diesem Zusammenhang allerdings nicht von einer erzeugenden Funktionen, sondern von der *z-Transformation*.

$M(z)$ konvergiert absolut für $|z| \leq 1$. Daher kann man $M(z)$ gliedweise differenzieren und integrieren. Insbesondere erhält man nach einmaliger Differentiation

$$M'(z) = \sum_{i=0}^{\infty} i p_i z^{i-1} = \sum_{i=0}^{\infty} i p_i z^{i-1}.$$

Wird nun $z = 1$ gesetzt, ergibt sich

$$M'(1) = \sum_{i=0}^{\infty} i p_i = E(X). \tag{1.27}$$

Nach zweimaliger Differentiation von $M(z)$ erhält man:

$$M''(z) = \sum_{i=0}^{\infty} (i-1) i p_i z^{i-2}.$$

Für $z = 1$ ergibt sich

$$M''(1) = \sum_{i=0}^{\infty} (i-1) i p_i$$

$$= \sum_{i=0}^{\infty} i^2 p_i - \sum_{i=0}^{\infty} i p_i$$

$$= E(X^2) - E(X).$$

Also hat man für das zweite Moment von X die Darstellung

$$E(X^2) = M''(1) + M'(1).$$

Damit lässt sich wegen (1.15) die Varianz von X in folgender Form schreiben:

$$Var(X) = M''(1) + M'(1) - (M'(1))^2. \tag{1.28}$$

So fortfahrend, kann man mit Hilfe von $M(z)$ prinzipiell alle Momente von X erzeugen.

Beispiel 1.15 (*Poissonverteilung*) X sei poissonverteilt mit dem Parameter λ. Für die zugehörige erzeugende Funktion ergibt sich

$$M(z) = \sum_{i=0}^{\infty} \left(\frac{\lambda^i}{i!} e^{-\lambda} \right) z^i = e^{-\lambda} \sum_{i=0}^{\infty} \frac{(\lambda z)^i}{i!} = e^{-\lambda} e^{+\lambda z}.$$

Also ist

$$M(z) = e^{\lambda(z-1)}.$$

Wegen

$$M'(z) = \lambda e^{\lambda(z-1)} \text{ und } M''(z) = \lambda^2 e^{\lambda(z-1)}$$

gelten

$$M'(1) = \lambda, \quad M''(1) = \lambda^2.$$

Daher lauten Erwartungswert, Varianz und zweites Moment von X:

$$E(X) = Var(X) = \lambda, \quad E(X^2) = \lambda(\lambda + 1). \qquad \square$$

Beispiel 1.16 (*Binomialverteilung*) X sei binomialverteilt mit den Parametern n und p. Die erzeugende Funktion ist durch eine binomische Reihe gegeben:

$$M(z) = \sum_{i=1}^{n} \binom{n}{i} p^i (1-p)^{n-i} z^i = \sum_{i=1}^{n} \binom{n}{i} (pz)^i (1-p)^{n-i}.$$

Daher ist

$$M(z) = [1 + p(z-1)]^n.$$

Die ersten beiden Ableitungen sind

$$M'(z) = np[1 + p(z-1)]^{n-1},$$
$$M''(z) = n(n-1)p^2[1 + p(z-1)]^{n-2}.$$

Wird $z = 1$ gesetzt, erhält man

$$M'(1) = np,$$
$$M''(1) = n(n-1)p^2.$$

Die Varianz beträgt wegen (1.28)

$$Var(X) = n(n-1)p^2 + np - (np)^2 = np - np^2 = np(1-p).$$

Insgesamt ist

$$E(X) = np, \quad Var(X) = np(1-p), \quad E(X^2) = n(n-1)p^2 + np. \qquad \square$$

Aus den Beispielen wird deutlich, dass die Anwendung der erzeugenden Funktion zur Berechnung von Momenten von X nur dann Sinn hat, wenn sich die Reihe (1.26) auch aufsummieren lässt. Hat man andererseits auf irgendeine Weise die erzeugende Funktion einer diskreten Zufallsgröße in geschlossener Form ermittelt, ohne deren Wahrscheinlichkeitsverteilung zu kennen, so gelangt man durch Potenzreihenentwicklung der erzeugenden Funktion zu den zugrunde liegenden Wahrscheinlichkeiten p_i, da der Koeffizient von z^i in der Potenzreihe gleich p_i ist; $i = 0, 1, ..., n$.

1.5 Stetige Zufallsgrößen

1.5.1 Grundlagen

Eine stetige Zufallsgröße X nimmt überabzählbar viele Werte an. Im Folgenden wird ihr Wertebereich $\mathbf{W}_X$ als endliches Intervall, als halbseitig unbeschränktes Intervall (positive reelle Achse) oder als die ganze reelle Achse auftreten.

Wahrscheinlichkeitsverteilung Für das Anliegen dieses Buches genügt folgende Erklärung: Unter der *Wahrscheinlichkeitsverteilung* (kurz: *Verteilung*) $\mathbf{P}_X$ einer stetigen Zufallsgrösse X versteht man eine Vorschrift, nach der für ein beliebiges Intervall $\mathbf{I} = (a, b]$, $a < b$, der reellen Achse die Wahrscheinlichkeiten

$$P(X \in \mathbf{I}) = P(a < X \le b)$$

berechnet werden können. (Diese Erklärung der Wahrscheinlichkeitsverteilung schließt auch die für diskrete Zufallsgrößen gegebene ein.)

Die Charakterisierung der Wahrscheinlichkeitsverteilung stetiger Zufallsgrößen kann im Unterschied zu den diskreten Zufallsgrößen nicht dadurch erfolgen, dass jedem möglichen Wert x von X, also jedem Element der Menge $\mathbf{W}_X$, dessen Wahrscheinlichkeit $P(X = x)$ zugeordnet wird. Es sei dazu an den Spezialfall der geometrischen Wahrscheinlichkeit (Abschnitt 1.2) erinnert. Die geometrische Wahrscheinlichkeit, zum Beispiel bezüglich des Intervalls $[0, 1]$, kann auf folgende Weise als Wahrscheinlichkeitsverteilung einer Zufallsgröße X mit dem Wertebereich $[0, 1]$ interpretiert werden: X nimmt mit Wahrscheinlichkeit $(z - y)/1 = z - y$ einen Wert aus dem Teilintervall $[y, z]$ von $[0, 1]$ an. Dann gilt jedoch für jedes $x \in [0, 1]$ die Beziehung $P(X = x) = 0$.

Verteilungsfunktion Jedem möglichen Wert x von X die Wahrscheinlichkeit 0 zuzuordnen, kann natürlich kein Ausgangspunkt sein, Wahrscheinlichkeitsverteilungen stetiger Zufallsgrößen zu erzeugen. Die Charakterisierung der Wahrscheinlichkeitsverteilung einer stetigen Zufallsgröße X kann jedoch prinzipiell recht einfach durch Vorgabe ihrer *Verteilungsfunktion* $F(x)$ erfolgen. Diese ist wie bei den diskreten Zufallsgrößen als Wahrscheinlichkeit dafür definiert, dass X einen Wert kleiner oder gleich x annimmt:

$$F(x) = P(X \le x).$$

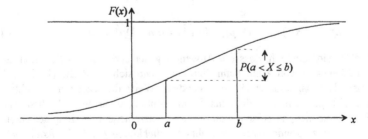

Bild 1.5 Qualitativer Verlauf einer Verteilungsfunktion

Wenn nun die Verteilungsfunktion einer Zufallsgröße deren Wahrscheinlichkeitsverteilung vollständig charakterisieren soll, dann muss es möglich sein, mit Hilfe von $F(x)$ für jedes Intervall $\mathbf{I} = (a, b]$ die Wahrscheinlichkeit $P(X \in I) = P(a < X \le b)$ dafür zu bestimmen, dass X einen Wert aus $\mathbf{I}$ annimmt. Um diese Eigenschaft von $F(x)$ nachzuweisen, werden drei zufällige Ereignisse eingeführt:

$$A = \{X \le a\}, B = \{a < X \le b\}, C = \{X \le b\}.$$

Die Ereignisse A und B sind disjunkt, und es gelten $P(A) = F(a)$, $P(C) = F(b)$ sowie $C = A \cup B$. Daher ist

$$P(C) = F(b) = P(A) + P(B) = F(a) + P(a < X \le b).$$

Es folgt der gewünschte Sachverhalt:

$$P(a < X \le b) = F(b) - F(a). \tag{1.29}$$

Man nennt Wahrscheinlichkeiten dieser Struktur *Intervallwahrscheinlichkeiten*. Die Verteilungsfunktion ist eine von rechts stetige Funktion mit folgenden Eigenschaften:

$$F(-\infty) = 0, \quad F(+\infty) = 1, \quad F(x) \le F(y) \text{ für } x \le y. \tag{1.30}$$

Eine Verteilungsfunktion ist also nichtfallend und wächst von 0 bis 1. Diese Eigenschaften sind insofern charakteristisch, als jede von rechts stetige Funktion $F(x)$, die den Bedingungen (1.30) genügt, als Verteilungsfunktion einer Zufallsgröße interpretiert werden kann. Bild 1.5 zeigt den qualitativen Verlauf von Verteilungsfunktionen.

Verteilungsdichte Ist die Verteilungsfunktion $F(x)$ einer Zufallsgröße X differenzierbar und wird ihre erste Ableitung mit $f(x)$ bezeichnet, so ist $f(x)$ die *Verteilungsdichte* oder *Wahrscheinlichkeitsdichte* (kurz: *Dichte*) von X:

$$f(x) = F'(x) = dF(x)/dx.$$

Integration liefert wieder die Verteilungsfunktion:

$$F(x) = \int_{-\infty}^{x} f(u)\,du.$$

Die Intervallwahrscheinlichkeiten (1.29) kann man vermittels der Dichte in der Form

$$P(a < X \le b) = \int_{a}^{b} f(x)\,dx \tag{1.31}$$

schreiben. Da $f(x)$ der Anstieg einer nichtfallenden Funktion an der Stelle x ist, muss für alle x stets $f(x) \ge 0$ sein. Jede Verteilungsdichte hat daher die Eigenschaften

$$f(x) \ge 0, \quad \int_{-\infty}^{+\infty} f(x)\,dx = 1. \tag{1.32}$$

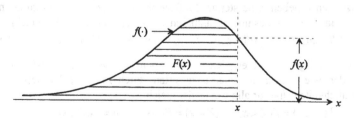

Bild 1.6 Verteilungsdichte und Verteilungsfunktion

(Man beachte die Analogie zu den Eigenschaften (1.10) einer durch f gegebenen diskreten Wahrscheinlichkeitsverteilung.) Umgekehrt lässt sich jede Funktion $f(x)$, die (1.32) erfüllt, als Verteilungsdichte einer Zufallsgröße interpretieren; denn durch Integration eines $f(x)$ mit den Eigenschaften (1.32) erhält man stets eine Funktion mit den Eigenschaften (1.30), also eine Verteilungsfunktion. Aus (1.32) folgt ferner, dass jede Dichte $f(x)$ folgende Eigenschaft hat:

$$f(-\infty) = f(\infty) = 0.$$

In Bild 1.6 ist $F(x)$ gleich der schraffierten Fläche zwischen Abszisse und Verteilungsdichte im Intervall $(-\infty, x]$. Die Bezeichnung *Dichte* resultiert aus folgender Überlegung: Die Wahrscheinlichkeit dafür, dass X einen Wert aus dem Intervall $(x, x + \Delta x]$ annimmt, beträgt gemäß (1.31)

$$F(x + \Delta x) - F(x) = \int_x^{x+\Delta x} f(u)\, du.$$

Bezieht man nun diese Wahrscheinlichkeit auf die Länge Δx des Intervalls, so erhält man tatsächlich eine 'Wahrscheinlichkeitsdichte', die für $\Delta x \to 0$ laut Definition der ersten Ableitung gegen die Funktion $f(x)$ strebt. Mit anderen Worten: wenn das Zufallsexperiment, dessen Ergebnis X ist, mehrmals wiederholt wird, dann liegen durchschnittlich umso mehr Werte im Intervall $(x, x + \Delta x]$, je grösser dort die Wahrscheinlichkeitsdichte ist (im Vergleich zu anderen Intervallen der gleichen Länge). Für kleine Δx kann man die Fläche unter der Dichtefunktion näherungsweise durch ein Rechteck ersetzen. Daher gilt

$$F(x + \Delta x) - F(x) = P(x < X \le x + \Delta x) \approx f(x)\Delta x.$$

Die Wahrscheinlichkeit dafür, dass X einen Wert im Intervall $[x, x + \Delta x]$ annimmt, ist also für kleine Δx etwa gleich $f(x)\Delta x$. Jeder einzelne Wert x hat aber bei Existenz der Dichte $f(x)$ die Wahrscheinlichkeit 0, von der Zufallsgröße angenommen zu werden:

$$P(X = x) = \lim_{\Delta x \to 0} \int_x^{x+\Delta x} f(u)\, du = 0.$$

Es liegt somit eine Situation vor, die bereits im Fall der geometrischen Wahrscheinlichkeit auftrat: Obwohl prinzipiell die Möglichkeit besteht, dass die Zufallsgröße einen bestimmten Wert, zum Beispiel x_0, annimmt, wenn $f(x_0) > 0$ ist, so wird man dennoch x_0 nur mit Wahrscheinlichkeit 0 beobachten, also praktisch nicht. Hat eine Zufallsgröße keine Dichte, muss die Eigenschaft $P(X = x) = 0$ nicht für alle Werte x erfüllt sein; denn dann kann eine Verteilungsfunktion Sprünge haben. Ist die Verteilungsfunktion aber differenzierbar, so ist sie erst recht stetig und damit ohne Sprungstellen. Nunmehr sind die Voraussetzungen gegeben, eine stetige Zufallsgröße genauer definieren zu können. Die alleinige Voraussetzung eines überabzählbaren Wertebereichs reicht dazu nicht.

Definition 1.9 Eine Zufallsgröße heißt *stetig*, wenn sie eine Verteilungsdichte hat.   ●

Für stetige Zufallsgrößen ist es gleichgültig, ob man eine Verteilungsfunktion durch $P(X \le x)$ oder, wie gelegentlich auch anzutreffen, durch $P(X < x)$ definiert, denn beide Wahrscheinlichkeiten sind für alle x einander gleich:

$$P(X \le x) = P(X < x) + P(X = x) = P(X < x) + 0 = P(X < x).$$

Dementsprechend kann man im Fall stetiger Zufallsgrößen, wenn Wahrscheinlichkeiten der Art $P(X \in [a,b])$ zu berechnen sind, eine oder beide der eckigen Klammern durch runde ersetzen (und damit einen oder beide Randpunkte des Intervalls ausklammern). Im folgenden Teil dieses Kapitels werden nur stetige Zufallsgrößen X betrachtet. Daher kann die Wahrscheinlichkeitsverteilung von X gleichberechtigt durch ihre Verteilungsfunktion oder durch ihre Verteilungsdichte charakterisiert werden. Dies ist insofern von praktischer Bedeutung, als es Fälle gibt, wo man zwar die Dichte $f(x)$ kennt, die zugehörige Verteilungsfunktion $F(x)$ jedoch nicht in geschlossener Form vorliegt, wo also $f(x)$ nicht integrierbar ist. In diesen Fällen muss man sich die Funktionswerte von $F(x)$ durch numerische Integration beschaffen bzw. Tafelwerken entnehmen.

Hinweis Können Missverständnisse auftreten, werden im Folgenden Verteilungsfunktion und Dichte von X genauer mit F_X bzw. f_X bezeichnet.

Als Beispiel wird zunächst ein strukturell einfacher Verteilungstyp betrachtet. Er ist das Analogon zur diskreten Gleichverteilung.

Stetige Gleichverteilung Eine Zufallsgröße X heißt *gleichverteilt* (oder *gleichmäßig verteilt*) im Intervall $[c, d]$ (ihrem Wertebereich), wenn sie folgende Verteilungsfunktion hat (Bild 1.7):

$$F(x) = \begin{cases} 0, & x \le c \\ x/(d-c), & c < x \le d \\ 1, & d < x \end{cases}.$$

Die zugehörige Verteilungsdichte ist demnach im Intervall $[c, d]$ konstant (Bild 1.8):

$$f(x) = \begin{cases} 1/(d-c) & \text{für } c \le x \le d \\ 0, & \text{sonst} \end{cases}.$$

Ist $[a, b]$ ein beliebiges Teilintervall von $[c, d]$, so gilt gemäß (1.31)

$$P(X \in [a,b]) = P(a \le X \le b) = \int_a^b 1/(d-c)\, dx.$$

Also ist

$$P(X \in [a,b]) = \frac{b-a}{d-c}.$$

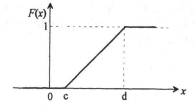
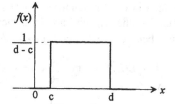

Bild 1.7 Verteilungsfunktion einer in [c, d] gleichverteilten Zufallsgröße

Bild 1.8 Verteilungsdichte einer in [c, d] gleichverteilten Zufallsgröße

Somit hängt diese Wahrscheinlichkeit nicht von der Lage des Intervalls $[a,b]$ innerhalb von $[c,d]$ ab, sondern nur von dessen Länge $b-a$. Das ist aber die charakteristische Eigenschaft der geometrischen Wahrscheinlichkeit. Die Gleichverteilung stetiger Zufallsgrößen ist somit die in der Sprache der Zufallsgrößen formulierte geometrische Wahrscheinlichkeit im eindimensionalen Fall. Im Fall der Gleichverteilung hat daher jeder Wert aus $[c,d]$ die gleiche Chance (wenn auch die Wahrscheinlichkeit 0), von der Zufallsgröße angenommen zu werden. Damit ist auch die Analogie zur Gleichverteilung einer diskreten Zufallsgröße offenkundig.

1.5.2 Parametrische Kenngrössen

Vereinbarung In Zukunft werden diejenigen Bereiche, wo Verteilungsfunktionen und Dichten identisch 0 sind, bei der Charakterisierung dieser Funktionen im allgemeinen nicht mehr explizit ausgewiesen.

Analog zu den diskreten Zufallsgrößen ist es wünschenswert, die in der Verteilungsfunktion bzw. Verteilungsdichte einer stetigen Zufallsgröße enthaltene Information vermittels numerischer Parameter zu verdichten. Die wichtigsten der einzuführenden Parameter, nämlich Erwartungswert und Varianz, haben die gleiche inhaltliche Bedeutung wie bei den diskreten Zufallsgrößen und lassen sich auf die gleiche Art und Weise heuristisch veranschaulichen. Daher wird im Folgenden zur Vermeidung wortwörtlicher Wiederholungen auf entsprechende Kommentare verzichtet und auf Abschnitt 1.4.2 verwiesen.

Dem Erwartungswert einer stetigen Zufallsgröße X kann man sich über die bekannte Definition des Erwartungswertes einer diskreten Zufallsgröße nähern, indem X durch eine Folge diskreter Zufallsgrößen approximiert wird: Der Wertebereich von X wird durch eine Folge $x_0, x_1, ..., x_{n-1}, x_n$ mit $-\infty \le x_0 < x_1 < \cdots < x_{n-1} < x_n \le \infty$ in die n Intervalle $I_i = [x_i, x_{i+1}]$ der Länge $\Delta_i = x_{i+1} - x_i$; $i = 0, 1, ..., n-1$; zerlegt. Nimmt nun X einen Wert aus I_i an, so wird dieser durch einen endlichen Wert $x_i^* \in I_i$ ersetzt und jedem x_i^* wird die Wahrscheinlichkeit $F(x_i + \Delta_i) - F(x_i)$ zugeordnet. Dadurch wird eine diskrete Zufallsgröße X_n^* definiert. Ihr Erwartungswert beträgt gemäß (1.11)

$$E(X_n^*) = \sum_{i=0}^{n-1} x_i^* P(x_i \le X < x_i + \Delta_i) = \sum_{i=0}^{n-1} x_i^* [F(x_i + \Delta_i) - F(x_i)].$$

Der Unterschied in den tatsächlichen Werten von X und denen der daraus abgeleiteten diskreten Zufallsgröße X_n^* wird immer kleiner, je kleiner die Δ_i werden. Er verschwindet schließlich beim Grenzübergang $n \to \infty$, $\Delta_i \to 0$. Somit gilt

$$\lim_{\substack{n \to \infty \\ \Delta_i \to 0}} E(X_n^*) = \lim_{\substack{n \to \infty \\ \Delta_i \to 0}} \sum_{i=0}^{n-1} x_i^* [F(x_i + \Delta_i) - F(x_i)]$$

$$= \lim_{\substack{n \to \infty \\ \Delta_i \to 0}} \sum_{i=0}^{n-1} x_i^* f(x_i) \Delta_i = \int_{-\infty}^{+\infty} x f(x)\, dx.$$

Die Integration von $-\infty$ bis $+\infty$ ist auch bei endlichem Wertebereich von X korrekt, da in den Bereichen, wo die Zufallsgröße keine Werte annimmt, die Dichte identisch 0 ist und die Integration über solche Bereiche keinen Beitrag zum Integral leistet. Damit ist klar geworden, wie der Erwartungswert einer stetigen Zufallsgröße zu definieren ist.

Erwartungswert Der *Erwartungswert* oder *Mittelwert* $E(X)$ einer stetigen Zufallsgröße X ist im Falle $\int_{-\infty}^{+\infty} |x|\, f(x)dx < \infty$ durch folgendes Integral definiert:

$$E(X) = \int_{-\infty}^{+\infty} x\, f(x)dx. \tag{1.33}$$

Varianz, Standardabweichung Um eine Vorstellung darüber zu bekommen, wie stark die Streuung der Zufallsgrösse X um ihren Erwartungswert ist, werden die quadratischen Abweichungen der Zufallsgröße X von ihrem Erwartungswert $(X - E(X))^2$ betrachtet.

Unter der *Varianz* oder der *Streuung* $\sigma_X^2 = Var(X)$ einer stetigen Zufallsgröße X versteht man wie bei diskreten Zufallsgrößen den Erwartungswert der quadratischen Abweichung (mittlere quadratische Abweichung) von X von $E(X)$:

$$Var(X) = E((X - E(X))^2).$$

Sie lässt sich wie folgt berechnen:

$$Var(X) = \int_{-\infty}^{+\infty} (x - E(X))^2 f(x)dx.$$

Die Quadratwurzel aus der Varianz, $\sigma_X = \sqrt{Var(X)}$, ist die *Standardabweichung* von X.

Wegen $f(x) = dF(x)/dx$ kann man formal $dF(x) = f(x)\, dx$ schreiben, so dass auch folgende Darstellungen von Erwartungswert und Varianz üblich sind:

$$E(X) = \int_{-\infty}^{+\infty} x\, dF(x), \quad Var(X) = \int_{-\infty}^{+\infty} (x - E(X))^2 dF(x).$$

Diese Schreibweise kann aber auch auf das *Riemann-Stieltjes-Integral* hinweisen, für dessen Definition die Existenz der Dichte $f(x)$ nicht erforderlich ist.

Variationskoeffizient Der *Variationskoeffizient* $V(X)$ von X ist definiert durch

$$V(X) = \frac{\sigma_X}{|E(X)|}.$$

Mittlere absolute lineare Abweichung der Zufallsgröße X von ihrem Erwartungswert:

$$E(|X - E(X)|) = \int_{-\infty}^{+\infty} |x - E(X)| f(x)\, dx.$$

Momente Das n-te *Moment* von X ist der Erwartungswert von X^n:

$$M_n(X) = E(X^n) = \int_{-\infty}^{+\infty} x^n f(x)\, dx.$$

Analog zu (1.15) besteht zwischen Varianz und zweitem Moment der Zusammenhang

$$Var(X) = M_2(X) - (E(X))^2. \tag{1.34}$$

Die gegebene Definition des n-ten Moments ist ein Spezialfall allgemeinerer Momentbegriffe, die gleichermaßen für diskrete Zufallsgrößen definiert sind:

Absolutes Moment der Ordnung n bezüglich c:

$$m_n^c(X) = \int_{-\infty}^{+\infty} |x - c|^n f(x)\, dx.$$

Gewöhnliches Moment der Ordnung n bezüglich c:

$$M_n^c(X) = \int_{-\infty}^{+\infty} (x - c)^n f(x)\, dx.$$

Binomialmoment n-ter Ordnung:

$$B_n(X) = E\left(\binom{X}{n}\right) = \frac{1}{n!} E(X(X-1)\cdots(X-n+1))$$

$$= \frac{1}{n!} \int_{-\infty}^{+\infty} x(x-1)\cdots(x-n+1) f(x)\, dx.$$

Die absoluten (gewöhnlichen) Momente bezüglich $c = E(X)$ sind die *absoluten (gewöhnlichen) zentralen Momente.* Die absoluten (gewöhnlichen) Momente bezüglich $c = 0$ sind die *absoluten (gewöhnlichen) Anfangsmomente.* $M_n(X)$ ist in dieser Terminologie das gewöhnliche Anfangsmoment n-ter Ordnung von X und $Var(X)$ ist das gewöhnliche zentrale Moment zweiter Ordnung von X. Die mittlere absolute lineare Abweichung der Zufallsgröße X von ihrem Erwartungswert ist das absolute zentrale Moment erster Ordnung von X. Zwischen dem gewöhnlichen Anfangsmoment n-ter Ordnung M_n und dem gewöhnlichen zentralen Moment n-ter Ordnung μ_n besteht der Zusammenhang

$$\mu_n = \sum_{i=0}^{n} (-1)^{n-i} \binom{n}{i} M_i M_1^{n-i}.$$

Quantile Ein α-*Quantil* x_α einer Zufallsgröße X mit der Verteilungsfunktion $F(x)$ ist definiert durch $F(x_\alpha) = \alpha$, $0 < \alpha < 1$. Ein 0,5-Quantil heißt *Median.*

(Anstelle von α–Quantil sind unter anderem auch die Bezeichnungen ε– oder q–Quantil verbreitet.) Bild 1.9 veranschaulicht das α-Quantil im Fall einer streng monoton wachsenden Verteilungsfunktion. In diesem Fall gibt es zu jedem α, $0 < \alpha < 1$, genau ein Quantil. Verbal lautet die Definition des Quantils folgendermaßen: im Intervall $[0, x_\alpha]$ nimmt die Zufallsgröße X Werte mit Wahrscheinlichkeit α und demzufolge im Intervall (x_α, ∞) mit Wahrscheinlichkeit $1 - \alpha$ an. Von besonderer praktischer Bedeutung sind Quantile nahe 0 bzw. 1 für die Festsetzung von Garantiefristen.

Neben dem Erwartungswert ist auch der Median ein *Mittelwertsmaß:* Führt man eine große Anzahl von Zufallsexperimenten durch, die alle das zufällige Ergebnis X haben, so

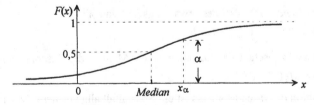

Bild 1.9 Veranschaulichung der Quantile

werden links und rechts des Medians etwa die gleiche Anzahl von Werten auftreten. Ist die Dichte $f(x)$ symmetrisch bezüglich $x = a$, dann stimmen Median und Erwartungswert überein und sind gleich dem a.

Hinweis Eine Funktion $f(x)$ ist *symmetrisch bezüglich a* (= Symmetriezentrum), wenn

$$f(a + \Delta x) = f(a - \Delta x)$$

für alle Δx gilt. Im jeweils gleichen Abstand links und rechts von a hat also $f(x)$ den gleichen Wert.

Modalwert Unter einem *Modalwert* x_m einer stetigen Zufallsgröße bzw. ihrer Verteilung versteht man einen Wert, für den die zugehörige Dichte ein relatives Maximum annimmt. Hat die Dichte nur ein Maximum, heißt sie *unimodal*, anderenfalls *multimodal*.

Im Falle unimodaler symmetrischer Dichten sind Erwartungswert, Median und Modalwert identisch und fallen mit dem Symmetriezentrum der Dichte zusammen. Überdies sind in diesem Fall die gewöhnlichen zentralen Momente ungerader Ordnung gleich 0. Die für die Anwendungen wichtigsten unimodalen asymmetrischen Verteilungen sind *schief nach rechts*, ihre Dichten haben also nach rechts 'einen langen Schwanz'. Bezüglich Erwartungswert, Median und Modalwert besteht in diesem Fall die Ungleichung $x_m < x_{0,5} < E(X)$ (Bild 1.10).

Als Maß für die Asymmetrie unimodaler Wahrscheinlichkeitsdichten haben sich die von *K. Charlier* und *K. Pearson* eingeführten Schiefheitsmaße bewährt.

Charliersche und Pearsonsche Schiefe Sind σ die Standardabweichung und μ_3 das gewöhnliche zentrierte Moment dritter Ordnung von X, dann sind die *Charliersche Schiefe* γ_C und *Pearsonsche Schiefe* γ_P definiert durch

$$\gamma_C = \mu_3/\sigma^3 \quad \text{bzw.} \quad \gamma_P = (E(X) - x_m)/\sigma,$$

wobei x_m den Modalwert bezeichnet.

Im Falle symmetrischer Dichten sind beide Schiefheitsmaße gleich 0. Sie sind negativ, wenn die Dichte schief nach rechts ist und positiv anderenfalls ('langer Schwanz' der Dichte nach links).

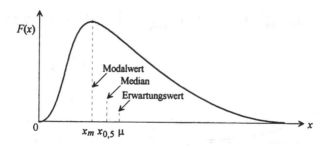

Bild 1.10 Nach rechts schiefe asymmetrische Dichte

X sei eine beliebige Zufallsgröße mit dem Erwartungswert $E(X)$ und der Standardabweichung σ_X. Dann hat die Zufallsgröße $Y = (X - E(X))/\sigma_X$ den Erwartungswert 0 und die Varianz 1: $E(Y) = 0$, $Var(Y) = 1$.

Definition 1.10 (Standardisierung) Die Zufallsgröße $Y = (X - E(X))/\sigma_X$ heißt *Standardisierung* von X oder *die zu X gehörige standardisierte Zufallsgröße*. Generell heißt jede Zufallsgröße X mit den Eigenschaften $E(X) = 0$ und $Var(X) = 1$ *standardisiert*. ●

Definition 1.11 (Stutzung) X habe die Verteilungsfunktion $F(x)$, und es sei $[a, b]$ ein Teilintervall aus dem Wertebereich von X. Dann hat die bezüglich $[a, b]$ *gestutzte Zufallsgröße $X(a, b)$* die Verteilungsfunktion

$$F_{X(a,b)}(x) = \begin{cases} 0, & x < a \\ \frac{F(x)-F(a)}{F(b)-F(a)}, & a \leq x < b \\ 1, & b \leq x \end{cases}.$$ ●

Eine bezüglich $[a, b]$ gestutzte Zufallsgröße kann nur Werte aus diesem Intervall annehmen, das heißt es ist $[a, b]$ ihr Wertebereich.

Exponentialverteilung X ist *exponential* oder *exponentiell* mit dem Parameter λ verteilt, wenn Verteilungsfunktion und Dichte gegeben sind durch

$$F(x) = \begin{cases} 1 - e^{-\lambda x}, & x \geq 0 \\ 0, & \text{sonst} \end{cases}, \quad f(x) = \begin{cases} \lambda e^{-\lambda x}, & x \geq 0 \\ 0, & \text{sonst} \end{cases}.$$

Die Dichte ist asymmetrisch (Bild 1.11). Erwartungswert und Varianz sind wie im Fall der Poissonverteilung einander gleich:

$$E(X) = \int_0^\infty x\lambda e^{-\lambda x}dx = 1/\lambda, \quad Var(X) = \int_0^\infty (x - 1/\lambda)^2 \lambda e^{-\lambda x}dx = 1/\lambda.$$

Insgesamt ist:

$$E(X) = \lambda, \quad Var(X) = 1/\lambda^2, \quad V(X) = 1.$$

Die mittlere absolute lineare Abweichung der Zufallsgröße X von ihrem Erwartungswert, also das absolute zentrale Moment erster Ordnung von X, ist

$$E(|X - E(X)|) = \int_0^{1/\lambda}(\frac{1}{\lambda} - x)\lambda e^{-\lambda x}dx + \int_{1/\lambda}^\infty(x - \frac{1}{\lambda})\lambda e^{-\lambda x}dx = \frac{2}{\lambda e} \approx 0,736\frac{1}{\lambda}.$$

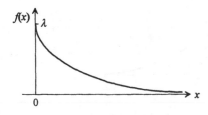

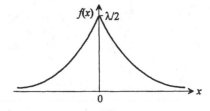

Bild 1.11 Dichte der Exponentialverteilung   Bild 1.12 Dichte der Laplace-Verteilung

Daher gilt $E(|X - E(X)|) < \sqrt{Var(X)}$. Das α-Quantil ergibt sich aus $F(x) = 1 - e^{-\lambda x} = \alpha$:

$$x_\alpha = -\frac{1}{\lambda}\ln(1 - \alpha), \quad 0 < \alpha < 1.$$

Laplace-Verteilung X habe die Dichte (Bild 1.12)

$$f(x) = \frac{\lambda}{2}e^{-\lambda|x|}, \quad -\infty < x < +\infty, \ \lambda > 0.$$

Man bezeichnet diesen Verteilungstyp auch als *zweiseitige Exponentialverteilung*. Da $f(x)$ symmetrisch bezüglich $x = 0$ ist, gilt $E(X) = 0$. Die Varianz ist $Var(X) = 2/\lambda^2$.

1.5.3 Nichtnegative Zufallsgrößen

Es sei X eine stetige Zufallsgröße mit der Verteilungsfunktion $F(x)$ und der Verteilungsdichte $f(x)$. Gemäß der Definition des Erwartungswertes gilt

$$E(X) = \lim_{t\to\infty}\int_0^t x\,f(x)\,dx = \lim_{t\to\infty}\int_0^t (F(t) - F(x))\,dx.$$

Daher ist

$$E(X) = \int_0^\infty (1 - F(x))\,dx. \tag{1.35}$$

Diese Formel ist das Analogon zu Formel (1.12) für den Erwartungswert einer nichtnegativen diskreten Zufallsgröße.

Wichtige Beispiele für nichtnegative stetige Zufallsgrößen sind die zufälligen Lebensdauern von technischen Systemen und Organismen, also die Zeiten bis zu ihrem Ausfall bzw. Tod. (Ein Ausfall wird in diesem Zusammenhang als ein augenblicklicher Vorgang betrachtet.) Im Folgenden soll daher der damit verbundene Sprachgebrauch verwendet werden: $F(x)$ ist die *Ausfallwahrscheinlichkeit* und

$$\bar{F}(x) = 1 - F(x)$$

die *Überlebenswahrscheinlichkeit* eines Systems; denn es sind dies die Wahrscheinlichkeiten dafür, dass ein System im Intervall $[0, x]$ ausfällt bzw. dieses Intervall überlebt.

Von besonderem Interesse ist die *Verteilungsfunktion der restlichen Lebensdauer $X - t$* eines Systems, das bereits t Zeiteinheiten ohne Ausfall gearbeitet hat (Bild 1.13). Diese *bedingte Ausfallwahrscheinlichkeit* wird mit $F_t(x)$ bezeichnet. Analytisch ist sie durch

$$F_t(x) = P(X - t \le x \,|\, X > t)$$

definiert. Daher gilt gemäß (1.5)

$$F_t(x) = \frac{P(\text{"}X - t \le x\text{"} \cap \text{"}X > t\text{"})}{P(X > t)} = \frac{P(t < X \le t + x)}{P(X > t)}.$$

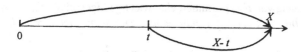

Bild 1.13 Illustration der restlichen Lebensdauer

Die Anwendung von (1.29) liefert die gewünschte Beziehung:

$$F_t(x) = \frac{F(t+x) - F(t)}{\bar{F}(t)}.$$ (1.36)

Sinngemäß bezeichnet man $\bar{F}_t(x) = 1 - F_t(x)$ als *bedingte Überlebenswahrscheinlichkeit*:

$$\bar{F}_t(x) = \bar{F}(t+x)\big/\bar{F}(t).$$

Die inhaltliche Bedeutung von $F_t(x)$ motiviert folgende Definition.

Definition 1.12 (Alterung) Ein System *altert* im Intervall $[t_1, t_2]$, $t_1 < t_2$, genau dann, wenn für ein beliebiges, aber festes x die bedingte Ausfallwahrscheinlichkeit $F_t(x)$ in diesem Intervall mit wachsendem t monoton wächst.   ●

Ist etwa X im Intervall $[0, T]$ gleichverteilt, dann gilt

$$F_t(x) = \frac{x}{T-t}; \quad 0 \le t < T, \ 0 \le x \le T - t.$$

Die restliche Lebensdauer des Systems nach dem Zeitpunkt t ist somit im Intervall $[t, T-t]$ gleichverteilt. Das System altert im gesamten Intervall $[0, T]$.

Ausfallrate Eine weitere Möglichkeit, über das Alterungsverhalten eines Systems Auskunft zu erhalten, resultiert aus den folgenden Überlegungen: Bezieht man die bedingte Ausfallwahrscheinlichkeit $F_t(\Delta t)$ eines Systems im Intervall $[t, t + \Delta t]$ auf die Länge Δt dieses Intervalls, so erhält man die bedingte Ausfallwahrscheinlichkeit je Zeiteinheit $F_t(\Delta t)/\Delta t$, also eine 'Ausfallwahrscheinlichkeitsrate'. Diese strebt nun für $\Delta t \to 0$ gegen eine Funktion $\lambda(t)$, die über die momentane Ausfallneigung des Systems zum Zeitpunkt t Auskunft gibt:

$$\lambda(t) = \lim_{\Delta t \to 0} \frac{1}{\Delta t} F_t(\Delta t).$$

Es folgt wegen Existenz und Definition der Dichte $f(x)$ als erste Ableitung von $F(x)$:

$$\lambda(t) = f(t)\big/\bar{F}(t).$$

Die Funktion $\lambda(t)$ wird *Ausfallrate* oder auch *Fehlerrate* (*hazard rate, failure rate*) genannt. Als *integrierte Ausfallrate* oder *Hasardfunktion* bezeichnet man das Integral

$$\Lambda(x) = \int_0^x \lambda(t)\, dt.$$

Mit Hilfe von $\Lambda(x)$ lassen sich die eingeführten Kenngrößen folgendermaßen schreiben:

$$F(x) = 1 - e^{-\Lambda(x)}, \qquad \bar{F}(x) = e^{-\Lambda(x)},$$
$$F_t(x) = 1 - e^{-[\Lambda(t+x) - \Lambda(t)]}, \qquad \bar{F}_t(x) = e^{-[\Lambda(t+x) - \Lambda(t)]}.$$

Aus dieser Darstellung von $F_t(x)$ resultiert eine wichtige Eigenschaft der Ausfallrate: *Ein System altert im Intervall $[t_1, t_2]$ genau dann, wenn seine Ausfallrate dort monoton wächst.*

Die Ausfallrate spielt eine wichtige Rolle in der Zuverlässigkeitstheorie, Demographie und Versicherungsmathematik (*force of mortality*).

Beispiel 1.17 (*Exponentialverteilung*) X sei exponentialverteilt mit dem Parameter λ:
$F(x) = P(X \le t) = 1 - e^{-\lambda x}$, $x \ge 0$. Dann rechnet man leicht nach, dass gilt

$$F_t(x) = F(x) \quad \text{für alle } x, t \ge 0. \tag{1.37}$$

Die restliche Lebensdauer des Systems hat also die gleiche Verteilungsfunktion wie die Lebensdauer des neuen Systems: sie ist ebenfalls exponentialverteilt mit dem Parameter λ. Die bereits abgelaufene Lebensdauer hat demnach keinen Einfluss auf das künftige Ausfallverhalten des Systems. Falls das System zu einem beliebigen Zeitpunkt t noch arbeitet, dann ist es bezüglich seines Ausfallverhaltens im Intervall $[t, \infty)$ zum Zeitpunkt t 'so gut wie neu'; das System altert nicht. Man spricht in diesem Zusammenhang auch von der *Gedächtnislosigkeit* der Exponentialverteilung. Formel (1.37) entspricht der für die geometrische Verteilung erhaltenen Beziehung (1.20). Die Exponentialverteilung ist somit das stetige Analogon der geometrischen Verteilung (Abschnitt 1.4.3). Die Beziehung (1.37) kann man auch in der äquivalenten Form

$$\overline{F}(t + x) = \overline{F}(t)\,\overline{F}(x)$$

schreiben. Die einzige Lösung dieser Funktionalgleichung ist $F(x) = 1 - e^{-\lambda x}$, $x \ge 0$. Die Ausfallrate der Exponentialverteilung ist konstant: $\lambda(x) \equiv \lambda$. □

1.5.4   Stetige Wahrscheinlichkeitsverteilungen

1.5.4.1 Normalverteilung (Gaußsche Verteilung)

Eine Zufallsgröße X ist *normalverteilt* mit den Parametern μ und σ; $\sigma > 0$, μ beliebig, wenn sie folgende Verteilungsdichte hat:

$$f(x) = \frac{1}{\sqrt{2\pi}\,\sigma}\, e^{-\frac{1}{2}\left(\frac{x-\mu}{\sigma}\right)^2}, \quad -\infty < x < +\infty. \tag{1.38}$$

Bild 1.14 zeigt den Verlauf von $f(x)$, der als *Gaußsche Glockenkurve* bekannt ist. Die Dichte ist auf der ganzen reellen Achse positiv, so dass X alle reellen Zahlen annehmen kann: $\mathbf{W}_X = (-\infty, +\infty)$. Sie ist symmetrisch bezüglich μ und unimodal mit μ als Modalwert. Die Dichte hat Wendepunkte an den Stellen $x = \mu - \sigma$ und $x = \mu + \sigma$. Ferner ist μ der Erwartungswert und σ^2 die Varianz von X:

$$E(X) = \mu, \quad Var(X) = \sigma^2.$$

Je grösser σ ist (μ fest) um so steiler verläuft die Dichte in der Umgebung von μ. In den Intervallen $\mu \pm k\sigma$, $k = 1, 2, 3$, nimmt X Werte mit folgenden Wahrscheinlichkeiten an:

$$P(\mu - \sigma \le X \le \mu + \sigma) \quad = 0,6827 \doteq 68,27\%,$$
$$P(\mu - 2\sigma \le X \le \mu + 2\sigma) = 0,9545 \doteq 95,45\%,$$
$$P(\mu - 3\sigma \le X \le \mu + 3\sigma) = 0,9973 \doteq 99,73\%.$$

Somit nimmt X ausserhalb des Intervalls $[\mu - 3\sigma, \mu + 3\sigma]$ Werte nur mit Wahrscheinlichkeit 0,0027 an. Demzufolge nimmt X wegen der Symmetrie der Dichte im Fall $\mu \ge 3\sigma$ negative Werte höchstens mit Wahrscheinlichkeit $(1 - 0,9973)/2 = 0,000135$ an.

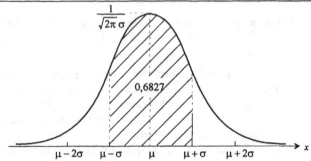

Bild 1.14 Verteilungsdichte der Normalverteilung (Gaußsche Glockenkurve)

Die Normalverteilung kann daher im Fall $\mu \geq 3\sigma$ in ausreichender Näherung auch als Verteilung einer nichtnegativen Zufallsgröße dienen. Häufig werden auch bezüglich der positiven Halbachse $[0, \infty)$ gestutzt normalverteilte Zufallsgrößen betrachtet (Definition 1.11). Eine Spezialisierung von Definition 1.10 ist die folgende:

Definition 1.13 Eine Zufallsgröße X ist *standardisiert normalverteilt*, wenn sie normal-verteilt ist mit dem Erwartungswert $\mu = 0$ und der Varianz $\sigma^2 = 1$.   ●

Im Folgenden werden wie üblich eine standardisiert normalverteilte Zufallsgröße mit Z, ihre Verteilungsdichte mit $\varphi(x)$ und ihre Verteilungsfunktion mit $\Phi(x)$ bezeichnet:

$$\varphi(x) = \frac{1}{\sqrt{2\pi}} e^{-x^2/2}, \qquad -\infty < x < +\infty,$$

$$\Phi(x) = \frac{1}{\sqrt{2\pi}} \int_{-\infty}^{x} e^{-u^2/2} \, du, \quad -\infty < x < +\infty \qquad (Gaußsches\ Fehlerintegral).$$

(1.39)

Wegen der Symmetrie der Verteilungsdichte $\varphi(x)$ bezüglich des Nullpunkts gilt

$$\Phi(-x) = 1 - \Phi(x), \quad \Phi(x) - \Phi(-x) = 2\Phi(x) - 1.$$

Dieses Beziehungen sind nützlich, wenn, wie es zumeist der Fall ist, in den Tafelwerken $\Phi(x)$ nur für nichtnegative x angegeben wird. Ferner erfüllen die zugehörigen Quantile wiederum wegen der Symmetrie von $\varphi(x)$ die Bedingung $x_{1-\alpha} = -x_\alpha$ für $0 < \alpha < 1/2$. Daher hat sich folgende Schreibweise der Quantile als zweckmäßig erwiesen:

$$z_\alpha = x_{1-\alpha} \quad \text{für } 0 < \alpha < 1/2. \tag{1.40}$$

Bezeichnung Man sagt, eine normal mit den Parametern μ und σ^2 verteilte Zufallsgröße X ist vom Verteilungstyp $N(\mu, \sigma^2)$. Insbesondere ist eine standardisiert normalverteilte Zufallsgröße vom Verteilungstyp $N(0, 1)$. Es wird aber mit $N(\mu, \sigma^2)$ auch die Zufalls-größe selbst bezeichnet, oder es wird gesagt: X ist $N(\mu, \sigma^2)$-verteilt.

Die Verteilungsfunktion einer normalverteilten Zufallsgröße kann nicht explizit angege-ben werden, da die Dichte $\varphi(x)$ keine Stammfunktion hat. Jedoch sind Funktionswerte bzw. Quantile von $\Phi(x)$ tabelliert (Tafel I im Anhang). Diese Tafel kann man aber auch benutzen, um Quantile und Intervallwahrscheinlichkeiten einer normalverteilten Zufallsgröße mit beliebigem Erwartungswert und beliebiger Varianz zu berechnen. Die Grundlage dafür liefert der folgende Satz.

Satz 1.1 X sei normalverteilt mit $E(X) = \mu$ und $Var(X) = \sigma^2$. Dann ist

$$Z = (X - \mu)/\sigma$$

ebenfalls normalverteilt, und zwar mit $E(Z) = 0$ und $Var(Z) = 1$. ∎

Die Behauptung dieses Satzes lässt sich kürzer in der Form $(X - \mu)/\sigma = N(0, 1)$ schreiben. Die nichttriviale Aussage von Satz 1.1 besteht darin, dass die Standardisierung einer normalverteilten Zufallsgröße X auch normalverteilt ist. Somit gilt für eine beliebige $N(\mu, \sigma^2)$-verteilte Zufallsgröße X mit der Verteilungsfunktion $F(x)$:

$$F(x) = P(X \le x) = \Phi\left(\frac{x - \mu}{\sigma}\right).$$

Die zugehörigen Intervallwahrscheinlichkeiten betragen

$$P(a < X \le b) = \Phi\left(\frac{b - \mu}{\sigma}\right) - \Phi\left(\frac{a - \mu}{\sigma}\right). \tag{1.41}$$

Momente Das *absolute zentrale Moment erster Ordnung* (mittlere absolute lineare Abweichung einer normalverteilten Zufallsgröße von ihrem Erwartungswert) beträgt

$$E(|X - E(X)|) = \int_{-\infty}^{+\infty} |x - \mu| \frac{1}{\sqrt{2\pi}\,\sigma} e^{-(x-\mu)^2/2\sigma^2}\, dx.$$

Die Substitution $u = (x - \mu)/\sigma$ liefert

$$E(|X - E(X)|) = \sqrt{2/\pi}\,\sigma \approx 0,789\sigma.$$

Momente erster bis vierter Ordnung:

$$M_1(X) = \mu$$
$$M_2(X) = \sigma^2 + \mu^2$$
$$M_3(X) = 3\,\mu\sigma^3 + \mu^3$$
$$M_4(X) = \mu^4 + 6\,\mu^2\sigma^2 + 3\sigma^4$$

Gewöhnliche zentrale Momente erster bis vierter Ordnung:

$$\mu_1 = 0, \quad \mu_2 = Var(X) = \sigma^2, \quad \mu_3 = 0, \quad \mu_4 = 3\sigma^4. \tag{1.42}$$

Exzess Der *Exzess* einer beliebig verteilten Zufallsgröße X mit endlichen gewöhnlichen zentrierten Momenten μ_2 und μ_4 ist definiert durch

$$\gamma_E = \frac{\mu_4}{(\mu_2)^2} - 3.$$

Ist X normalverteilt, dann ist wegen (1.42) der Exzess von X gleich 0. Daher dient der Exzess zur Quantifizierung der Abweichung einer beliebigen Wahrscheinlichkeitsverteilung von der Normalverteilung.

Beispiel 1.18 Eine Firma benötigt Zylinder mit einem Durchmesser von 20 *mm*. Sie akzeptiert Abweichungen von maximal ±0,5 *mm*. Der Hersteller produziert diese Zylinder mit einem zufälligen Durchmesser X, der gemäß $N(20, \sigma^2)$ verteilt ist.

(1) Wieviel Prozent der Zylinder lehnt die Firma ab, wenn $\sigma = 0,8$ *mm* ist? Die Wahrscheinlichkeit, mit der ein Zylinder abgelehnt wird, beträgt

$$P(|X - 20|) > 0,5) = 1 - P(19,5 \leq X \leq 20,5)$$

$$= 1 - \left[\Phi\left(\frac{20,5-20}{0,8}\right) - \Phi\left(\frac{19,5-20}{0,8}\right) \right]$$

$$= 1 - [2\Phi(0,625) - 1] = 2 - 2 \cdot 0,734 = 0,532.$$

Somit lehnt die Firma 53,2% der Zylinder ab.

(2) Wie groß ist σ, wenn die Firma durchschnittlich 20 % der Zylinder ablehnt?

$$P(|X - 20|) \geq 0,5) = 1 - \left[2\Phi\left(\frac{0,5}{\sigma}\right) - 1 \right] = 0,2.$$

Es folgt $\Phi(0,5/\sigma) = 0,9$. Man liest nun aus der Tafel II im Anhang ab, an welcher Stelle x die Funktion $\Phi(x)$ den Wert 0,9 annimmt. (Mit anderen Worten, man bestimmt das 0,9-Quantil von $\Phi(x)$.) Das ist an der Stelle $x_{0,9} = z_{0,1} = 1,282$ der Fall. Also muss $0,5/\sigma = 1,282$ sein. Daher ist $\sigma = 0,39$.   □

Beispiel 1.19 Eine Firma stellt Widerstände mit dem Widerstandsnennwert $100\,\Omega$ her. Die tatsächlichen Widerstandswerte X sind jedoch normalverteilte Zufallsgrößen mit dem Erwartungswert $100\,\Omega$ und der Varianz $25\,[\Omega^2]$. Ein Abnehmer akzeptiert Abweichungen von $\pm 10\,\Omega$. Wieviel Prozent der gelieferten Widerstände nimmt er an?

Die Wahrscheinlichkeit dafür, dass ein Widerstand den Anforderungen entspricht, ist

$$P(|X - 100| \leq 10) = P(90 \leq X \leq 110)$$

$$= \Phi(2) - \Phi(-2) = 2\Phi(2) - 1 = 2 \cdot 0,97725 - 1$$

$$= 0,9545.$$

Also akzeptiert der Hersteller 95,45% der gelieferten Widerstände.   □

1.5.4.2 Logarithmische Normalverteilung

Eine nichtnegative Zufallsgröße Y genügt einer *logarithmischen Normalverteilung* mit den Parametern μ und σ, wenn sie folgende Verteilungsdichte hat (Bild 1.15):

$$f(y) = \frac{1}{\sqrt{2\pi}\,\sigma y} \exp\left\{ -\frac{1}{2}\left(\frac{\ln y - \mu}{\sigma}\right)^2 \right\}; \quad y > 0, \ \sigma > 0, \ -\infty < \mu < \infty.$$

Der Zusammenhang zur Normalverteilung ist auf folgende Weise gegeben: Die Zufallsgröße Y genügt genau dann einer logarithmischen Normalverteilung mit den Parametern μ und σ, wenn sie folgende Struktur hat:

$$Y = e^X \text{ mit } X = N(\mu, \sigma^2).$$

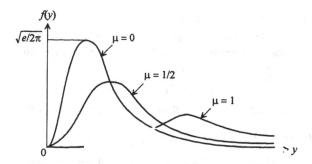

Bild 1.15 Dichten der logarithmischen Normalverteilung für $\sigma = 1$

Kürzer: Y ist logarithmisch normalverteilt, wenn $\ln Y$ normalverteilt ist, jeweils mit den Parametern μ und σ.

Daher ist die Verteilungsfunktion $F(y)$ von Y gegeben durch

$$F(y) = \Phi\left(\frac{\ln y - \mu}{\sigma}\right).$$

Somit können die Tafeln der standardisierten Normalverteilung genutzt werden, um Quantile der logarithmischen Normalverteilung zu bestimmen: Ist y_α das α-Quantil der logarithmischen Normalverteilung und x_α das der standardisierten Normalverteilung, gilt

$$y_\alpha = e^{(\mu + \sigma x_\alpha)}, \quad 0 < \alpha < 1.$$

Insbesondere ist der Median gegeben durch $y_{0,5} = e^\mu$. Ferner sind

$$E(X) = e^{\mu + \sigma^2/2}, \quad Var(X) = e^{2\mu + \sigma^2}\left(e^{\sigma^2} - 1\right), \quad V(X) = \sqrt{e^{\sigma^2} - 1}.$$

Der Modalwert ist

$$y_m = e^{\mu - \sigma^2}.$$

und der zugehörige maximale Funktionswert der Dichte beträgt

$$f(y_m) = \frac{1}{\sqrt{2\pi}\,\sigma} e^{(\sigma^2/2) - \mu}.$$

Bild 1.15 zeigt bei festem $\sigma = 1$ die Verläufe der Dichte für drei verschiedene Werte von μ. Es wird deutlich, dass die logarithmische Normalverteilung außerordentlich flexibel ist. Infolgedessen tritt sie als Verteilung nichtnegativer Zufallsgrößen in den unterschiedlichsten Anwendungsgebieten auf. Die zugehörige Ausfallrate ist nicht monoton. Sie steigt zunächst und fällt dann. Die logarithmische Normalverteilung empfiehlt sich daher insbesondere zur Modellierung zufälliger Reparaturdauern. Als Verteilung zufälliger Lebensdauern wird sie nur in Ausnahmefällen auftreten.

1.5.4.3 Inverse Gaußverteilung

Eine nichtnegative Zufallsgröße X genügt einer *inversen Gaußverteilung* mit den positiven Parametern α und β, wenn sie folgende Verteilungsdichte hat (Bild 1.16):

$$f(x) = \sqrt{\frac{\alpha}{2\pi x^3}} \, \exp\left(-\frac{\alpha(x-\beta)^2}{2\beta^2 x}\right), \quad x > 0.$$

Die zugehörige Verteilungsfunktion lässt sich vermittels $\Phi(x)$ folgendermaßen schreiben:

$$F(x) = \Phi\left(\frac{x-\beta}{\beta\sqrt{\alpha x}}\right) + e^{-2\alpha/\beta}\,\Phi\left(-\frac{x+\beta}{\beta\sqrt{\alpha x}}\right), \quad x > 0.$$

Erwartungswert, Varianz und Variationskoeffizient sind gegeben durch

$$E(X) = \beta, \quad Var(X) = \beta^3/\alpha, \quad V(X) = \sqrt{\alpha/\beta}\,.$$

Modalwert, Schiefe und Exzess betragen

$$x_m = \beta\left[\sqrt{1+(3\beta/2\alpha)^2} - 3\beta/2\alpha\right], \quad \gamma_C = 3\sqrt{\beta/\alpha}, \quad \gamma_E = 15\beta/\alpha.$$

Die Ausfallrate der inversen Gaußverteilung steigt zunächst bis zu ihrem absoluten Maximum, um dann monoton gegen einen positiven Wert zu fallen. Daher ist die inverse Gaußverteilung zur Modellierung von Lebensdauern nur in Ausnahmefällen geeignet. Jedoch wird sie gerade in diesem Zusammenhang häufig zitiert, da sie als Verteilung der Ersterreichungszeit von Wiener Prozessen mit Drift bei der Prognose von Driftausfällen Anwendung findet (Abschn. 2.10). Ausführliche Darstellungen von Theorie und Anwendung der inversen Gaußverteilung geben *Chhikara, Folks* (1989), *Seshradi* (1993).

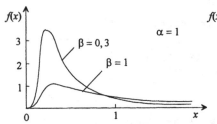

Bild 1.16 Dichten der inversen Gaußverteilung

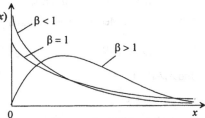

Bild 1.17 Dichten der Weibullverteilung

1.5.4.4 Weibullverteilung

Eine nichtnegative Zufallsgröße X genügt einer (*zweiparametrigen*) *Weibullverteilung* mit den Parametern β und θ; wenn sie folgende Verteilungsfunktion hat:

$$F(x) = 1 - e^{-(x/\theta)^\beta}, \quad x \geq 0.$$

Die zugehörige Verteilungsdichte ist (Bild 1.17):

$$f(x) = \frac{\beta}{\theta}\left(\frac{x}{\theta}\right)^{\theta-1} e^{-(x/\theta)^\beta}, \quad x \geq 0.$$

Entscheidend für den qualitativen Verlauf von $f(x)$ ist der Parameter β, ein *Formparameter*. Bild 1.17 verdeutlicht seinen Einfluss. Insbesondere ergibt sich für $\beta = 1$ eine Exponentialverteilung mit dem Parameter $\lambda = 1/\theta$. Der Parameter θ ist ein *Skalenparameter*. Man kann ihn also getrost 1 setzen, wenn die Maßeinheit auf der x-Achse entsprechend gewählt wird. (Er tritt ja nur im Quotienten x/θ auf.) Die Dichte der Weibullverteilung ist asymmetrisch. Erwartungswert und Varianz lauten:

$$E(X) = \theta\, \Gamma(1 + 1/\beta),$$

$$Var(X) = \theta^2 \left\{ \Gamma(1 + 2/\beta) - [\Gamma(1 + 1/\beta)]^2 \right\}.$$

Die in den Formeln auftretende *Gammafunktion* ist definiert durch

$$\Gamma(x) = \int_0^\infty u^{x-1} e^{-u} du. \tag{1.43}$$

Eine andere, häufig verwendete Darstellung der Weibullverteilung ist die folgende:

$$F(x) = 1 - e^{-\lambda x^\beta}, \quad x \geq 0,$$

$$f(x) = \lambda\,\beta\,x^{\beta-1} e^{-\lambda x^\beta}, \quad x \geq 0.$$

Diese Schreibweise geht aus der vorhergehenden durch die Substitution $\lambda = (1/\theta)^\beta$ hervor. Für $\beta = 1$ erhält man die *Exponentialverteilung* und für $\beta = 2$ die *Rayleighverteilung*. Die zugehörige Ausfallrate ist

$$\lambda(t) = \lambda\,\beta\,x^{\beta-1}, \quad x \geq 0.$$

Man erkennt: Ein System mit weibullverteilter Lebensdauer altert genau dann (im Sinne von Defin. 1.12), wenn $\beta > 1$ ist. Im Fall $\beta < 1$ wird das System mit zunehmendem Alter immer 'jünger', da seine bedingte Ausfallwahrscheinlichkeit im Intervall $[t, t+x]$ unter der Bedingung $X > t$ mit steigendem t immer kleiner wird.

Dieser Verteilungstyp wurde Ende der zwanziger Jahre des vergangenen Jahrhunderts von den Montanwissenschaftlern *E. Rosin* und *E. Rammler* bei der Analyse der Korngrößenverteilung in Mahlgut gefunden (siehe etwa *Rosin, Rammler* (1933)). In den vierziger Jahren wurde sie unabängig davon von dem Ingenieur *K. Weibull* entdeckt und zur Modellierung der Lebensdauern von Verschleißteilen verwendet.

Verallgemeinerung Eine Zufallsgröße X genügt einer *dreiparametrigen Weibullverteilung*, wenn sie folgende Verteilungsfunktion hat:

$$F(x) = \begin{cases} 0 & \text{für } x < \alpha \\ 1 - \exp\left(-\frac{x-\alpha}{\theta}\right)^\beta & \text{für } x \geq \alpha \end{cases}.$$

Die zugehörige Dichte lautet

$$f(x) = \begin{cases} 0 & \text{für } x < \alpha \\ \frac{\beta}{\theta}\left(\frac{x-\alpha}{\theta}\right)^{\beta-1} \exp\left(-\frac{x-\alpha}{\theta}\right)^\beta & \text{für } x \geq \alpha \end{cases}.$$

Die Werte von X sind also nicht kleiner als der *Lageparameter* α.

1.5.4.5 Erlangverteilung

Eine nichtnegative Zufallsgröße X genügt einer *Erlangverteilung* mit den Parametern n und λ; $n = 1, 2, \ldots$, $\lambda > 0$; falls ihre Verteilungsfunktion gegeben ist durch

$$F(x) = 1 - e^{-\lambda x} \sum_{i=0}^{n-1} \frac{(\lambda x)^i}{i!}, \quad x \geq 0.$$

Die zugehörige Verteilungsdichte ist

$$f(x) = \lambda \frac{(\lambda x)^{n-1}}{(n-1)!} e^{-\lambda x}, \quad x \geq 0.$$

Erwartungswert, Varianz und Variationskoeffizient betragen

$$E(X) = n/\lambda, \quad Var(X) = n/\lambda^2, \quad V(X) = 1/\sqrt{n}.$$

Der Zusammenhang mit der Poissonverteilung ist wie folgt gegeben: $F(x)$ ist gleich der Wahrscheinlichkeit dafür, dass im Intervall $[0, x]$ mindestens n Ereignisse eintreten, wobei die Anzahl der in $[0, x]$ eintretenden Ereignisse einer Poissonverteilung mit dem Parameter λ genügt. Die Zufallsgröße X, als Zeit interpretiert, ist demnach derjenige Zeitpunkt, an dem das n-te Ereignis eintritt.

1.5.4.6 Gammaverteilung

Eine nichtnegative Zufallsgröße X genügt einer *Gammaverteilung* mit den Parametern α und λ, falls ihre Verteilungsdichte gegeben ist durch (Bild 1.18)

$$f(x) = \begin{cases} 0 & \text{für } x \leq 0 \\ \dfrac{\lambda^\alpha}{\Gamma(\alpha)} x^{\alpha-1} e^{-\lambda x} & \text{für } x > 0 \end{cases}.$$

Hierbei ist λ ein Maßstabs- und α ein Formparameter. Ist $\alpha = n$ eine positive ganze Zahl, ergibt sich als Spezialfall die Erlangverteilung mit den Parametern n und λ. Erwartungswert, Varianz und Variationskoeffizient lauten

$$E(X) = \alpha/\lambda, \quad Var(X) = \alpha/\lambda^2, \quad V(X) = 1/\sqrt{\alpha}.$$

Schiefe, Exzess und Modalwert sind ($\alpha \geq 1$)

$$\gamma_C = 2/\sqrt{\alpha}, \quad \gamma_E = 6/\sqrt{\alpha}, \quad x_m = (\alpha-1)/\lambda.$$

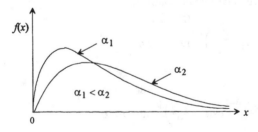

Bild 1.18 Dichten der Gammateilung (β konstant)

1.5.4.7 Betaverteilung

Eine nichtnegative Zufallsgröße X genügt einer *Betaverteilung* mit den positiven Parametern α und β auf dem offenen Intervall (c, d) (genauer: *Betaverteilung erster Art*), falls sie folgende Verteilungsdichte hat:

$$f(x) = \begin{cases} \dfrac{(d-c)^{1-\alpha-\beta}}{B(\alpha,\beta)}(x-c)^{\alpha-1}(d-x)^{\beta-1} & \text{für } c < x < d \\ 0 & \text{sonst} \end{cases}.$$

Hierbei ist $B(\alpha, \beta)$ die *Betafunktion*:

$$B(\alpha,\beta) = \int_0^1 x^{\alpha-1}(1-x)^{\beta-1}dx, \quad \alpha > 0, \ \beta > 0.$$

Eine äquivalente Darstellung der Betafunktion ist

$$B(\alpha,\beta) = \frac{\Gamma(\alpha)\Gamma(\beta)}{\Gamma(\alpha+\beta)}.$$

Erwartungswert und Varianz betragen

$$E(X) = c + (d-c)\frac{\alpha}{\alpha+\beta}, \quad Var(X) = \frac{(d-c)^2\alpha\beta}{(\alpha+\beta)^2(\alpha+\beta+1)}.$$

Der Modalwert ist

$$x_m = c + (d-c)\frac{\alpha-1}{\alpha+\beta-2}.$$

Im Spezialfall $\alpha = \beta = 1$ erhält man die Gleichverteilung im Intervall $[c, d]$. Genügt X einer *Betaverteilung* auf (c, d), dann ist die Zufallsgröße

$$Y = \frac{X-c}{d-c}$$

betaverteilt auf $(0, 1)$. Theoretisch ist es daher ausreichend, sich auf Betaverteilungen auf dem Intervall $(0, 1)$ zu beschränken. Die zugehörige Dichte ist (Bild 1.19)

$$f(x) = \begin{cases} \dfrac{1}{B(\alpha,\beta)}x^{\alpha-1}(1-x)^{\beta-1} & \text{für } 0 < x < 1 \\ 0 & \text{sonst} \end{cases}.$$

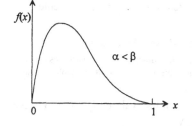 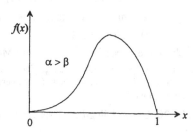

Bild 1.19 Dichten der Betaverteilung auf (0, 1)

1.5.5 Momenterzeugende Funktion

Wie bei den diskreten Zufallsgrößen lassen sich die Momente stetiger Zufallsgrößen in vielen Fällen relativ einfach durch Differentiation spezieller Funktionen ermitteln.

Definition 1.14 Die *momenterzeugenden Funktion* einer stetigen Zufallsgröße X mit der Verteilungsdichte $f(x)$ ist für reelle t im Falle durch das Integral

$$M(t) = \int_{-\infty}^{+\infty} e^{tx} f(x) dx \tag{1.44}$$

gegeben, falls dieses existiert.   ●

$M(t)$ ist ein *Parameterintegral* mit dem reellen Parameter t. Analog zur momenterzeugenden Funktion (1.26) diskreter Zufallsgrößen ist $M(t)$ nichts anderes als der Erwartungswert der Zufallsgröße e^{tX}:

$$M(t) = E(e^{tX}).$$

Falls das Integral in (1.44) existiert, kann man bei der Differentiation von $M(t)$ nach t die Reihenfolge von Differentiation und Integration vertauschen:

$$M'(t) = \frac{d}{dt} \int_{-\infty}^{+\infty} e^{tx} f(x) dx = \int_{-\infty}^{+\infty} \frac{d}{dt}\left(e^{tx}\right) f(x) dx = \int_{-\infty}^{+\infty} x e^{tx} f(x) dx.$$

Somit beträgt $M'(t)$ an der Stelle $t = 0$:

$$M'(0) = \int_{-\infty}^{+\infty} x f(x) dx = E(X).$$

Die zweite Ableitung von $M(t)$ lautet

$$M''(t) = \int_{-\infty}^{+\infty} \frac{d^2}{dt^2}\left(e^{tx}\right) f(x) dx = \int_{-\infty}^{+\infty} x^2 e^{tx} f(x) dx.$$

Also ist

$$M''(0) = \int_{-\infty}^{+\infty} x^2 f(x) dx = E(X^2).$$

Allgemein ergeben sich auf diese Weise die Momente von X zu

$$M^{(k)}(0) = E(X^k), \quad k = 0, 1, 2, \ldots \tag{1.45}$$

wobei $M^{(k)}$ die k-te Ableitung von M bezeichnet. Insbesondere hat man für Erwartungswert, zweites Moment und Varianz die Formeln

$$E(X) = M'(0), \quad E(X^2) = M''(0), \quad Var(X) = M''(0) - (M'(0))^2. \tag{1.46}$$

Das Integral (1.44) muss nicht immer existieren, wie etwa die Verteilungsdichte

$$f(x) = 1/x^2, \quad x \geq 1,$$

zeigt. Insbesondere existiert für $k \geq 1$ kein Moment dieser Verteilung.

Hinweis Auch im Falle diskreter Zufallsgrößen X lassen sich Momente bzw. Erwartungswert und Varianz vermittels der Formeln (1.45) bzw. (1.46) berechnen, wenn in (1.26) die Variable z in der Form $z = e^t$ geschrieben wird.

Beispiel 1.20 Die Zufallsgröße X sei *gleichverteilt* im Intervall $[c, d]$, $c < d$. Dann ist

$$M(t) = \int_c^d e^{tx} \frac{1}{d-c} dx = \frac{1}{(d-c)t}\left(e^{dt} - e^{ct}\right) \qquad \square$$

Beispiel 1.21 Die Zufallsgröße X genüge einer $N(\mu, \sigma^2)$–Verteilung. Dann ist

$$M(t) = \int_{-\infty}^{+\infty} e^{tx} \frac{1}{\sqrt{2\pi}\,\sigma} e^{-(x-\mu)^2/2\sigma^2} dx.$$

Die Substitution $u = \frac{x-\mu}{\sigma} - t\sigma$ liefert nach leichten Umformungen

$$M(t) = \frac{1}{\sqrt{2\pi}} \exp\left\{ t\mu + \frac{1}{2}t^2\sigma^2 \right\} \int_{-\infty}^{+\infty} e^{-u^2/2} du.$$

Das Integral ist gleich $\sqrt{2\pi}$. Also lautet die erzeugende Funktion

$$M(t) = e^{t\mu + \frac{1}{2}t^2\sigma^2}.$$

Erste und zweite Ableitung sind

$$M'(t) = (\mu + t\sigma^2)M(t), \quad M''(t) = [\sigma^2 + (\mu + t\sigma^2)^2]M(t).$$

Daher betragen Erwartungswert, zweites Moment und Varianz von X:

$$E(X) = M'(0) = \mu, \quad E(X^2) = M''(0) = \sigma^2 + \mu^2, \quad Var(X) = \sigma^2 \qquad \square$$

1.6 Funktionen einer Zufallsgröße

Bereits aufgetretene Funktionen einer Zufallsgröße X sind X^n, $(X - E(X))^2$, und e^{tX}. Ihre Erwartungswerte sind in dieser Reihenfolge n-tes Moment, Varianz und momenterzeugende Funktion von X. Allgemeiner werden nun Zufallsgrößen der Struktur

$$Y = h(X)$$

untersucht, wobei $y = h(x)$ eine reelle, differenzierbare Funktion ist. Das Hauptanliegen dieses Abschnitts besteht darin, auf der Grundlage der als bekannt vorausgesetzten Wahrscheinlichkeitsverteilung von X die Wahrscheinlichkeitsverteilung der eigentlich interessierenden Zufallsgröße Y zu ermitteln. Die Zufallsgröße X sei wie bisher durch ihren Wertebereich $\mathbf{W}_X$, Verteilungsfunktion $F_X(x)$ und Verteilungsdichte $f_X(x)$ charakterisiert. Entsprechend sind $\mathbf{W}_Y$, $F_Y(y)$, und $f_Y(y)$ definiert. Insbesondere ist

$$\mathbf{W}_Y = \{y;\ y = f(x),\ x \in \mathbf{W}_X\}$$

Lineare Transformation: $h(x) = \alpha x + \beta$. Dann ist $Y = \alpha X + \beta$, und es gelten für alle $y \in \mathbf{W}_Y$ die leicht zu verifizierenden Beziehungen

$$F_Y(y) = F_X\left(\frac{y-\beta}{\alpha}\right) \text{ für } \alpha > 0, \quad F_Y(y) = 1 - F_X\left(\frac{y-\beta}{\alpha}\right) \text{ für } \alpha < 0,$$

$$f_Y(y) = \left|\frac{1}{\alpha}\right| f\left(\frac{y-\beta}{\alpha}\right) \text{ für } \alpha \neq 0,$$

$$E(Y) = \alpha E(X) + \beta, \quad \sigma_Y^2 = \alpha^2 \sigma_X^2.$$

Insbesondere ergibt sich im Fall $\alpha = 1/\sigma_X$ und $\beta = -E(X)/\sigma_X$ die *Standardisierung* von X: $Y = (X - E(X))/\sigma_X$ mit $E(Y) = 0$ und $Var(Y) = 1$ (Definition 1.10).

Streng monotones $h(x)$ Es sei $y = h(x)$ eine streng monotone Funktion in $\mathbf{W}_X$. Ihre Umkehrfunktion wird mit $x(y) = h^{-1}(y)$ bezeichnet.

a) $h(x)$ *wachsend*: Dann gilt für alle $y \in \mathbf{W}_Y$

$$F_Y(y) = F_X(h^{-1}(y)).$$

b) $h(x)$ *fallend*: Dann gilt für alle $y \in \mathbf{W}_Y$

$$F_Y(y) = 1 - F_X(h^{-1}(y)).$$

In beiden Fällen lautet die Verteilungsdichte von $Y = h(X)$

$$f_Y(y) = f_X(h^{-1}(y)) \left| \frac{dh^{-1}(y)}{dy} \right| = f_X(x(y)) \left| \frac{dx}{dy} \right|. \tag{1.47}$$

Vor einer schematischen Anwendung dieser Formeln sei gewarnt. Sie gelten nur für $y \in \mathbf{W}_Y$. Dieser Bereich entsteht durch Transformation der Menge $\mathbf{W}_X$ vermittels der Funktion $y = h(x)$ und ist als erstes zu ermitteln. Außerhalb dieses Bereichs ist $f_Y(y)$ gleich 0 und $F_Y(y)$ gleich 0 bzw. 1.

Beispiel 1.22 X sei exponentiell mit dem Parameter $\lambda = 1$ verteilt:

$$f_X(x) = e^{-x}, \quad x \geq 0.$$

Gesucht ist die Verteilungsdichte von $Y = 3 - X^3$.

Wegen $\mathbf{W}_Y = (-\infty, 3)$ und $y = h(x) = 3 - x^3$ folgen

$$x = h^{-1}(y) = (3 - y)^{1/3} \quad \text{und} \quad \frac{dx}{dy} = -\frac{1}{3}(3 - y)^{-2/3}.$$

Somit liefert (1.47)

$$f_Y(x) = \frac{e^{-(3-y)^{1/3}}}{3(3 - y)^{2/3}}, \quad y \in (-\infty, 3). \qquad\qquad \square$$

Beispiel 1.23 Ein Körper mit der Masse m bewegt sich längs einer Geraden mit einer zufälligen Geschwindigkeit X, die im Intervall $[0, v]$ gleichverteilt ist. Wie ist die kinetische Energie

$$Y = \frac{1}{2} m X^2$$

des Körpers verteilt, und wie groß ist seine mittlere kinetische Energie?

X hat die Verteilungsdichte

$$f_X(x) = 1/v, \quad 0 \leq x \leq v.$$

Aus $y = h(x) = \frac{1}{2} m x^2$ folgen $\mathbf{W}_Y = \left[0, \frac{1}{2} m v^2 \right]$ sowie $x = h^{-1}(y) = \sqrt{\frac{2}{m} y}$. Daher ist

$$\frac{dx}{dy} = \sqrt{\frac{1}{2my}}, \quad 0 < y \leq \frac{1}{2} m v^2.$$

Somit ergibt sich aus (1.47) wegen der Konstanz der Dichte $f_X(x)$:

$$f_Y(y) = \frac{1}{v}\sqrt{\frac{1}{2my}}, \quad 0 < y \le \frac{1}{2}mv^2$$

Der Erwartungswert von Y beträgt

$$E(Y) = \int\limits_{W_Y} y f_Y(y)\, dy = \frac{1}{6}mv^2 \qquad\qquad \square$$

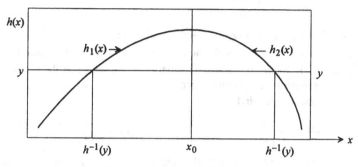

Bild 1.20 Nichtmonotones $h(x)$

Nichtmonotones $h(x)$ Die Funktion $y = h(x)$ habe an der Stelle $x = x_0$ ein absolutes Maximum (Bild 1.20). Genauer sei

$$h(x) = \begin{cases} h_1(x) & \text{für } x \le x_0 \\ h_2(x) & \text{für } x > x_0 \end{cases},$$

wobei $h_1(x)$ im Definitionsbereich streng monoton wachsend und $h_2(x)$ im Definitionsbereich streng monoton fallend ist. Dann hat $F_Y(y)$ die Struktur

$$F_Y(y) = F_X(h_1^{-1}(y)) - F_X(h_2^{-1}(y)) + 1.$$

Mit $x_1 = h_1^{-1}(y)$ und $x_2 = h_2^{-1}(y)$ lautet die zugehörige Dichte:

$$f_Y(y) = f_X(x_1(y))\left|\frac{dx_1}{dy}\right| + f_X(x_2(y))\left|\frac{dx_2}{dy}\right|. \qquad (1.48)$$

Mit analogen Bezeichnungen und Voraussetzungen ist die Verteilungsdichte von Y ebenfalls durch (1.48) gegeben, wenn $y = h(x)$ an der Stelle x_0 ein absolutes Minimum hat. Die Verteilungsdichten (1.47) bw. (1.48) erhält man prinzipiell auf folgende Weise: 1) $F_Y(y)$ wird mit Hilfe von $F_X(x)$ dargestellt und 2) $F_Y(y)$ wird differenziert. Für nichtmonotone Funktionen $y = h(x)$ ist es häufig leichter, anstelle der schematischen Benutzung der Formel (1.48) diese beiden Schritte individuell, zugeschnitten auf das jeweilige Problem, abzuarbeiten. Die Zweckmäßigkeit eines individuellen Vorgehens soll an einem Beispiel demonstriert werden.

Beispiel 1.24 Es sei $Y = e^{|X|}$. Zur Bestimmung der Verteilungsfunktion von Y beachte man, dass für $y \geq 1$ das Ereignis "$Y \leq y$" genau dann eintritt, wenn $|X| \leq \ln y$ bzw., damit gleichbedeutend, $-\ln y \leq X \leq +\ln y$ gelten. Daher ist

$$F_Y(y) = P(Y \leq y) = P(-\ln y \leq X \leq +\ln y) = F_X(\ln y) - F_X(-\ln y).$$

Differentiation liefert für $y \geq 1$

$$f_Y(y) = \frac{f_X(\ln y) + f_X(-\ln y)}{y}. \tag{1.49}$$

Speziell sei X im Intervall $[-2, 3]$ gleichverteilt: $f_X(x) = 1/5$, $-2 \leq x \leq 3$. Dann gilt $\mathbf{W}_Y = \left[1, e^3\right]$. Außerhalb dieses Bereichs ist die Dichte von Y identisch 0. Aber auch innerhalb dieses Bereichs führt ein schematisches Einsetzen in die Formel (1.49) zu Fehlern, da die Funktionen $f_X(\ln y)$ und $f_X(-\ln y)$ auf unterschiedlichen Intervallen verschwinden bzw. positiv sind:

$$f_X(\ln y) = \begin{cases} 1/5 & \text{für } 1 \leq y \leq e^3 \\ 0 & \text{sonst} \end{cases}, \quad f_X(-\ln y) = \begin{cases} 1/5 & \text{für } 1 \leq y \leq e^2 \\ 0 & \text{sonst} \end{cases}.$$

Die Addition beider Funktionen in (1.49) macht daher eine Fallunterscheidung erforderlich, um die Dichte von Y korrekt aufschreiben zu können:

$$f_Y(y) = \begin{cases} \dfrac{2}{5y} & \text{für } 1 \leq y \leq e^2 \\[2mm] \dfrac{1}{5y} & \text{für } e^2 \leq y \leq e^3 \end{cases}. \qquad \qquad \square$$

Erwartungswert und Varianz Der Erwartungswert von $Y = h(X)$ kann für eine beliebige, stetige Funktion $y = h(x)$ vermittels

$$E(Y) = \int_{\mathbf{W}_X} h(x) f_X(x) dx \tag{1.50}$$

berechnet werden. Die Kenntnis der Wahrscheinlichkeitsdichte von Y ist also für die Berechnung von $E(Y)$ gar nicht nötig. (Beachte, dass von Formel (1.50) bereits früher bei der Berechnung der Varianz, der Momente sowie der momenterzeugenden Funktion von X Gebrauch gemacht wurde.) Wird $H(x) = (h(X) - E(X))^2$ gesetzt, dann liefert Formel (1.50) mit H anstelle von h die Varianz von $Y = h(X)$:

$$Var(Y) = \int_{\mathbf{W}_X} (h(x) - E(Y))^2 f_X(x) dx.$$

Für diskrete Zufallsgrößen X mit $p_i = P(X = x_i)$ gelten

$$E(Y) = \sum_{i=0}^{\infty} h(x_i) p_i, \quad Var(Y) = \sum_{i=0}^{\infty} (h(x_i) - E(Y))^2 p_i. \tag{1.51}$$

Fortsetzung von Beispiel 1.23 Die mittlere kinetische Energie des Körpers ist vermittels Formel (1.50) zu berechnen:

$$E(Y) = E\left(\frac{1}{2} m X^2\right) = \frac{1}{2} m E(X^2) = \frac{1}{2} m \int_0^V x^2 \frac{1}{V} dx = \frac{1}{6} m V^2. \qquad \square$$

1.7 Simulation von Zufallsgrößen

Ein Computer, der über einen Zufallszahlengenerator verfügt, kann auf gut Glück und unabhängig voneinander Zahlen aus dem Intervall $[0, 1]$ herausgreifen. Mit anderen Worten, er kann voneinander unabhängige Wiederholungen eines Zufallsexperiments nachbilden, dessen Ergebnis eine im Intervall $[0, 1]$ gleichverteilte Zufallsgröße ist. Um langatmige Erklärungen dieser Art zu vermeiden, wurde der Begriff einer 'Folge von Zufallszahlen' eingeführt.

Definition 1.15 Wird ein Zufallsexperiment, dessen Ergebnis eine Zufallsgröße X mit der Verteilungsfunktion $F_X(x)$ ist, n mal unabhängig voneinander durchgeführt und das Ergebnis der i-ten Durchführung mit x_i bezeichnet, dann erhält man ein n-Tupel von Zahlen $\{x_1, x_2, ..., x_n\}$, das eine *nach $F_X(x)$ verteilte Folge von Zufallszahlen* heißt. ●

Ist etwa die durch $F_X(x)$ charakterisierte Wahrscheinlichkeitsverteilung eine Exponentialverteilung, so spricht man auch von einer *Folge exponentialverteilter Zufallszahlen*. Spielt die Verteilung im jeweiligen Zusammenhang keine Rolle oder geht sie aus dem Kontext hervor, so spricht man schlechthin von einer *Folge von Zufallszahlen*.

Folgen von Zufallszahlen bilden den 'Rohstoff', vermittels dessen ein Computer das Verhalten realer, vom Zufall beeinflußter Systeme modelliert bzw., wie man in diesem Zusammenhang sagt, simuliert. Die Zufallszahlen selbst stehen dabei für wiederholt unter identischen Bedingungen und unabhängig voneinander gewonnenen Meßwerten von Lebens- und Reparaturdauern, von Bedien-, Transport-, und sonstigen modellrelevanten Zeiten. Die Besonderheit besteht darin, dass der Computer seinen Rohstoff selbst produziert. Voraussetzung ist lediglich die Kenntnis der Wahrscheinlichkeitsverteilung der genannten Zeiten. Allerdings liegt in den wenigsten Fällen eine Gleichverteilung vor. Jedoch kann man mit geeigneten Transformationen eine Folge von im Intervall $[0,1]$ gleichverteilten Zufallszahlen, die ein Computer von Hause aus erzeugen kann, in Folgen beliebig verteilter Zufallsgrößen überführen. Dieser Sachverhalt resultiert aus der Lösung des folgenden Problems: Gegeben sei eine auf dem Intervall $[0, 1]$ gleichverteilte Zufallsgröße X. Gesucht ist eine auf dem Intervall $[0, 1]$ definierte Transformation $y = h(x)$ mit der Eigenschaft, dass die Zufallsgröße $Y = h(X)$ eine vorgegebene Verteilungsfunktion $F_Y(y)$ hat.

Wird $F_Y(y)$ als streng monoton wachsend vorausgesetzt und mit

$$F_X(x) = \begin{cases} 0 & \text{für } x < 1 \\ x & \text{für } 0 \le x \le 1 \\ 1 & \text{für } x > 1 \end{cases}$$

die Verteilungsfunktion von X bezeichnet, dann ist die gesuchte Transformation durch $h = F_Y^{-1}$ gegeben. Für $Y = F_Y^{-1}(X)$ gilt nämlich

$$F_Y(y) = P(Y \le y) = P(F_Y^{-1}(X) \le y) = P(X \le F_Y(y)) = F_X(F_Y(y)) = F_Y(y).$$

Somit hat Y tatsächlich die Verteilungsfunktion $F_Y(y)$. Es gilt also der

Satz 1.2 Ist die Zufallsgröße X in $[0, 1]$ gleichverteilt und eine beliebige, streng monotone Verteilungsfunktion $F(y)$ gegeben, dann hat die Zufallsgröße $Y = F^{-1}(X)$ die Verteilungsfunktion $F_Y(y) = F(y)$. Umgekehrt: Ist X eine beliebige Zufallsgröße mit der Verteilungsfunktion $F_X(x)$, dann ist die Zufallsgröße $Y = F_X(X)$ in $[0, 1]$ gleichverteilt. ∎

Beispiel 1.25 Ausgehend von einer in $[0, 1]$ gleichverteilten Zufallsgröße X ist eine exponential mit dem Parameter λ verteilte Zufallsgröße Y zu erzeugen.

Da die Verteilungsfunktion einer exponential mit dem Parameter λ verteilten Zufallsgröße Y durch $F(y) = 1 - e^{-\lambda y}$, $y \geq 0$, gegeben ist, muss zunächst $1 - e^{-\lambda y} = x$ nach y aufgelöst werden. Es folgt

$$y = F^{-1}(x) = -\frac{1}{\lambda} \ln(1 - x), \ 0 \leq x < 1.$$

Also ist die Zufallsgröße $Y = -\frac{1}{\lambda} \ln(1 - X)$ exponential mit dem Parameter λ verteilt. Hat man also eine Folge $\{x_1, x_2, ..., x_n\}$ von in $[0, 1]$ gleichverteilten Zufallszahlen, dann ist $\{y_1, y_2, ..., y_n\}$ mit $y_i = -\frac{1}{\lambda} \ln(1 - x_i)$, $i = 1, 2, ..., n$ eine Folge exponentialverteilter Zufallszahlen. □

Die Gleichung $x = F(y)$ lässt sich nicht immer explizit nach y auflösen (zum Beispiel, wenn Y normalverteilt ist). In solchen Fällen sind numerische Methoden anzuwenden.

Verallgemeinerung Gegeben seien nun zwei Zufallsgrößen X und Y mit den streng monotonen Verteilungsfunktionen $F_X(x)$ bzw. $F_Y(y)$. Gesucht ist eine Transformation $y = h(x)$, $x \in \mathbf{W}_X$, derart, dass $Y = h(X)$ gilt.

Das Problem läßt sich durch zweimalige Anwendung von Satz 1.2 lösen: Entsprechend diesem Satz ist $U = F_X(X)$ eine in $[0, 1]$ gleichverteilte Zufallsgröße, so dass ebenfalls nach diesem Satz die Zufallsgröße $F_Y^{-1}(U)$ die Verteilungsfunktion F_Y hat. Also gilt

Satz 1.3 Sind X und Y Zufallsgrößen mit den Verteilungsfunktionen $F_X(x)$ bzw. $F_Y(y)$, und sind sowohl $F_X(x)$ als auch $F_Y(y)$ streng monoton, so ist $h = F_Y^{-1} F_X$, also

$$Y = F_Y^{-1}(F_X(X)).$$ ∎

Beispiel 1.26 X und Y seien Zufallsgrößen mit den Verteilungsfunktionen

$$F_X(x) = 1 - e^{-x}, \ x \geq 0, \ F_Y(y) = \sqrt{y}, \ 0 \leq y \leq 1$$

Für welche Transformation $y = h(x)$ gilt $Y = h(X)$?

Die Zufallsgröße $U = F_X(X) = 1 - e^{-X}$ mit den Werten u, $0 \leq u \leq 1$, ist in $[0, 1]$ gleichverteilt. Ferner gilt $F_Y^{-1}(u) = u^2$. Die gesuchte Transformation lautet daher

$$y = h(x) = (1 - e^{-x})^2, \ x \geq 0$$

Zwischen den Zufallsgrößen X und Y besteht demnach der Zusammenhang

$$Y = (1 - e^{-X})^2$$ □

Diskrete Zufallsgrößen Auch diskrete Zufallsgrößen lassen sich vermittels einer in $[0,1]$ gleichverteilten Zufallsgröße X erzeugen. Um beispielsweise eine Zufallsgröße Y mit dem Wertebereich $\mathbf{W}_Y = \{-3, -1, +1, +3\}$ und den Einzelwahrscheinlichkeiten

$$P(Y = -3) = 0,2;\; P(Y = -1) = 0,1;\; P(Y = +1) = 0,4;\; P(Y = +3) = 0,3$$

mit Hilfe von X zu erzeugen, setzt man etwa

$$Y = \begin{cases} -3 & \text{für} \quad 0 \le X \le 0,2 \\ -1 & \text{für} \quad 0,2 < X \le 0,3 \\ +1 & \text{für} \quad 0,3 < X \le 0,7 \\ +3 & \text{für} \quad 0,7 < X \le 1 \end{cases}$$

Die Zuordnung der Teilmengen von $[0,1]$ zu den Werten von Y unwesentlich. Entscheidend ist, dass ihre Längen den Einzelwahrscheinlichkeiten entsprechen.

Erzeugung von Zufallszahlen Die Erzeugung einer Folge in $[0,1]$ gleichverteilter Zufallszahlen kann vermittels eines Laplaceschen Zufallsexperiments erfolgen, dessen Ergebnis eine diskrete gleichverteilte Zufallsgröße X mit dem Wertebereich $\{0, 1, ..., 9\}$ ist, wobei jeder Wert i die Wahrscheinlichkeit $P(X = i) = 1/10$ hat. Wird ein solches Zufallsexperiment m-mal unabhängig voneinander durchgeführt, so erhält man eine *Folge von Zufallszahlen im engeren Sinne* bzw. eine Folge von *Zufallsziffern* $i_1, i_2, ..., i_m$. Zufallsziffern kann man manuell zum Beispiel auf folgende Weise erzeugen: In eine Schale werden 10 Kugeln gegeben, die mit den Nummern 0, 1, ...,9 versehen sind. Auf gut Glück wird eine Kugel gezogen, die Nummer i_1 notiert und die Kugel in die Schale zurückgegeben. Die Kugeln werden gut geschüttelt, eine zweite Kugel wird gezogen, die Nummer i_2 notiert u.s.w. Die Ziffer i_k kann man nun als k-te Dezimalstelle einer Zahl aus $[0,1]$ ansehen, so dass man mit Hilfe der m Zufallsziffern $i_1, i_2, ..., i_m$ einen Wert x einer in $[0,1]$ gleichverteilten stetigen Zufallsgröße X in der Form $x = 0, i_1 i_2 ... i_m$ erhält. (Genau genommen gewinnt man auf diese Weise Realisierungen einer gleichverteilten diskreten Zufallsgröße mit 9^m möglichen Werten.) Auf diese Weise lässt sich eine Folge von in $[0,1]$ gleichverteilten Zufallszahlen $x_1, x_2, ..., x_n$ erzeugen. Derartige Folgen lassen sich auch durch wiederholtes Werfen einer Münze erzeugen. Man erhält dadurch Zufallszahlen in binärer Darstellung.

Entsprechend ihrer Konstruktion erwartet man von Folgen von Zufallszahlen, dass sie für hinreichend große n folgende Eigenschaften haben:

1) Die Zahlen $x_1, x_2, ..., x_n$ sind im Intervall $[0,1]$ annähernd gleichmäßig verteilt, das heißt, alle Teilintervalle von $[0,1]$ der gleichen Länge enthalten durchschnittlich die gleiche Anzahl von Zahlen der Folge $x_1, x_2, ..., x_n$.

2) Innerhalb der Folge $x_1, x_2, ..., x_n$ gibt es keine Abhängigkeiten. Aus der Struktur einer beliebigen Teilfolge von $x_1, x_2, ..., x_n$ lassen sich infolgedessen keinerlei Rückschlüsse über die Beschaffenheit von anderen Teilen der Folge ziehen.

3) Die Folge $x_1, x_2, ..., x_n$ ist nicht periodisch. Es gibt also kein $p > 1$ mit der Eigenschaft, dass $x_{p+1} = x_1$ ist und ab x_{p+1} die Folge sich genauso weiterentwickelt wie zu

Beginn. (In diesem Fall zerfiele die Folge $x_1, x_2, ..., x_n$ in *Zyklen*, also in identische Teilfolgen der Länge p. Die Länge der letzten Teilfolge ist im Allgemeinen kleiner als p.)

Zur Erzeugung langer Folgen gleichverteilter Zufallszahlen, wie sie für praktische Anwendungen benötigt werden, werden geeignete physikalische Vorgänge wie das Rauschen von Elektronenröhren oder radioaktiver Zerfall genutzt. Da man aber den dazu notwendigen technischen Aufwand scheut, arbeitet man anstelle von Zufallszahlen meistens mit den sogenannten *Pseudozufallszahlen*. Diese werden vom Computer vermittels rekursiver deterministischer (!) Vorschriften (Algorithmen) erzeugt. Ihrer Erzeugung liegt also absolut nichts Zufälliges zugrunde. Trotzdem liefern diese Algorithmen bei geeigneter Wahl der Ausgangsparameter Zahlenfolgen, die wahrscheinlichkeitstheoretisch von den Folgen 'echter' Zufallszahlen nicht zu unterscheiden sind. Man nennt diese so erzeugten Zahlenfolgen *Folgen von in* $[0, 1]$ *gleichverteilten Pseudozufallszahlen*. Diese Folgen weisen in ausreichender Näherung die oben angeführten Eigenschaften 1) und 2) auf. Allerdings sind hinreichend lange Folgen von Pseudozufallszahlen, die mit den gängigen Verfahren hergestellt werden, stets periodisch. Man kann aber durch geschickte Wahl der Ausgangsparameter die Periode so groß machen, dass sie praktisch nicht ins Gewicht fällt. Algorithmen zur Erzeugung von Pseudozufallszahlen produzieren die (Pseudo-) Zufallsziffern 0,1,...,9 häufig nicht separat, sondern in Gruppen. Die Ziffern einer Gruppe bilden dann in entsprechender Reihenfolge Dezimalstellen einer Pseudozufallszahl. Je nach gewünschter Genauigkeit kann man auch die Ziffern mehrerer Gruppen aneinanderreihen, um die erforderliche Anzahl von Dezimalstellen zu erhalten.

Die Erzeugung von (Pseudo-) Zufallszahlen auf einem Computer ist die Grundlage dafür, komplizierte technische, volkswirtschaftliche, militärische, biologische und sonstige Systeme auf einem Rechner nachbilden (simulieren) zu können, um Eigenschaften oder Parameter dieser Systeme zu ermitteln. Solche Eigenschaften sind etwa Belastbarkeit, Produktivität, Stabilität, Verfügbarkeit und Sicherheit. Interessierende Parameter können Mittelwerte, Varianzen, Zustandswahrscheinlichkeiten oder Leistungskriterien sein. Durch rechnergestützte Simulation werden vor allem solche Systeme qualitativ und quantitativ analysiert, die aufgrund ihrer Komplexität einer analytischen Behandlung nicht oder nur mit unverhältnismäßig hohem Aufwand zugänglich sind. Die Simulation auf dem Rechner spart auch weitgehend die im allgemeinen zeit- und kostenaufwendigen Experimente ein, die sonst am realen System durchgeführt werden müssten. Die praktische Bedeutung der rechnergestützten Simulation ist so groß, dass dafür spezielle Programmiersprachen geschaffen wurden, die auch dem in der Programmierung Ungeübten die Nutzung eines Rechners für Simulationszwecke mit minimalem Aufwand erlauben. Nebenbei sei bemerkt (und darauf wurde bereits nach der Analyse des Buffonschen Nadelproblems im Beispiel 1.6 hingewiesen), dass vermittels Simulation von der Sache her rein deterministische mathematische Aufgabenstellungen, zum Beispiel Berechnung bestimmter Integrale, numerisch gelöst werden können.

Literatur *Benett* (1995), *Fishman* (1996), *Piehler, Zschiesche* (1990), *Ross* (1997).

1.8 Mehrdimensionale Zufallsgrößen

Die bisherigen Ausführungen haben sich vordergründig auf eine Zufallsgröße bezogen. Häufig sind jedoch auch Wahrscheinlichkeitsaussagen über zwei oder mehr Zufallsgrößen von Interesse, zum Beispiel Luftdruck und Niederschlagsmenge, Druck und Temperatur, Phase und Amplitude eines zufälligen Signals. In Abschnitt 1.8.1 wird die damit verbundene Problematik für zwei Zufallsgrößen behandelt. Die Verallgemeinerung auf mehr als zwei Zufallsgrößen wird im Abschnitt 1.8.2 nur skizziert.

1.8.1 Zweidimensionale Zufallsgrößen

1.8.1.1 Gemeinsame Wahrscheinlichkeitsverteilung

Diesem Abschnitt liegen Zufallsexperimente zugrunde, deren Ergebnisse durch eine *zweidimensionale Zufallsgröße* bzw. einen *zweidimensionalen zufälligen Vektor* (X, Y) charakterisiert sind. Hat im Ergebnis eines solchen Zufallsexperiments die Zufallsgröße X den Wert x und die Zufallsgröße Y den Wert y angenommen, so sagt man, der zufällige Vektor (X, Y) hat die *Realisierung* bzw. den *Wert* (x, y) angenommen.

Eine erschöpfende wahrscheinlichkeitstheoretische Analyse von Zufallsexperimenten mit dem zufälligen Ergebnis (X, Y) kann im allgemeinen nicht dadurch erfolgen, dass die Zufallsgrößen X und Y separat voneinander auf der Grundlage ihrer individuellen Verteilungsfunktionen $F_X(x)$ bzw. $F_Y(y)$ betrachtet werden. Beide Zufallsgrößen müssen vielmehr im Zusammenhang untersucht werden, um eventuelle Abhängigkeiten zwischen X und Y modellieren zu können. Dies erfordert die Charakterisierung ihrer *gemeinsamen Wahrscheinlichkeitsverteilung* durch ihre *gemeinsame Verteilungfunktion*. Letztere ist gleichermaßen für diskrete wie stetige Zufallsgrößen definiert.

Gemeinsame Verteilungsfunktion Unter der *gemeinsamen* oder *zweidimensionalen Verteilungsfunktion* des zufälligen Vektors (X, Y) versteht man die Wahrscheinlichkeit

$$F(x,y) = P(X \le x, Y \le y)$$

als Funktion von x und y; $x, y \in (-\infty, +\infty)$.

$F(x,y)$ ist also die Wahrscheinlichkeit dafür, dass X und Y Werte annehmen, die kleiner oder gleich x bzw. y sind. Können Missverständnisse auftreten, wird im Folgenden anstelle von $F(x,y)$ auch $F_{X,Y}(x,y)$ geschrieben. Die gemeinsame Verteilungsfunktion ist eine von rechts stetige Funktion in jeder Variablen. Sie hat darüberhinaus in Analogie zu (1.30) folgende Eigenschaften:

1) $F(-\infty, -\infty) = 0,\quad F(+\infty, +\infty) = 1,$

2) $0 \le F(x,y) \le 1,$

3) $F(x, +\infty) = F_X(x),\quad F(+\infty, y) = F_Y(y).$ \hfill (1.52)

4) Für $x_1 \le x_2$ und $y_1 \le y_2$ gelten

$F(x_1,y_1) \le F(x_2,y_1) \le F(x_2,y_2)$ und $F(x_1,y_1) \le F(x_1,y_2) \le F(x_2,y_2).$

Ferner gelten

$$P(X > x, Y \leq y) = F_Y(y) - F(x,y), \quad P(X \leq x, Y > y) = F_X(x) - F(x,y).$$

In der (x,y)-Ebene sei das Rechteck

$$R = \{a \leq x \leq b, c \leq y \leq d\}$$

gegeben. Das Analogon zu Formel (1.29) für zweidimensionale Verteilungsfunktionen ist

$$P(a \leq X \leq b, c \leq Y \leq d) = [F(b,d) - F(b,c)] - [F(a,d) - F(a,c)].$$

Die gegebene Definition der gemeinsamen Verteilungsfunktion $F(x,y)$ des zufälligen Vektors (X, Y) und ihre Eigenschaften beziehen sich sowohl auf stetige wie auch auf diskrete Zufallsgrößen. Im Folgenden wird jedoch vorausgesetzt, dass die gemischte partielle Ableitung zweiter Ordnung von $F(x,y)$ nach x und y existiert. Es wird sich zeigen, dass hieraus die Stetigkeit von X und Y, also die Existenz ihrer Verteilungsdichten $f_X(x)$ bzw. $f_Y(y)$, folgt.

Gemeinsame Verteilungsdichte Die gemischte partielle Ableitung zweiter Ordnung der gemeinsamen Verteilungsfunktion $F(x,y)$

$$f(x,y) = \frac{\partial^2 F(x,y)}{\partial x \partial y}$$

ist die *gemeinsame* oder *zweidimensionale Verteilungsdichte* von (X, Y).

Äquivalent dazu ist, die Existenz einer Funktion $f(x,y)$ vorauszusetzen, die erfüllt

$$F(x,y) = \int_{-\infty}^{x} \int_{-\infty}^{y} f(u,v)\, dv du \, .$$

Jede gemeinsame Verteilungsdichte $f(x,y)$ hat entsprechend ihrer Definition als partielle Ableitung einer in jeder Variablen nichtfallenden Funktion $F(x,y)$ analog zu (1.32) die Eigenschaften

$$f(x,y) \geq 0, \quad \int_{-\infty}^{+\infty} \int_{-\infty}^{+\infty} f(x,y)\, dx dy = 1 \, . \tag{1.53}$$

Umgekehrt kann man jede Funktion $f(x,y)$ mit den Eigenschaften (1.53) als gemeinsame Verteilungsdichte eines zufälligen Vektors (X, Y) ansehen. Können Missverständnisse auftreten, wird im Folgenden anstelle von $f(x,y)$ auch $f_{X,Y}(x,y)$ geschrieben.

Hinweis Im Unterschied zur zweidimensionalen Verteilungsfunktion (Verteilungsdichte) eines zufälligen Vektors (X, Y) spricht man bei einer Zufallsgröße X auch von ihrer *eindimensionalen Verteilungsfunktion (Verteilungsdichte)*.

Es sei $R_{\Delta x, \Delta y}$ ein Rechteck mit den hinreichend kleinen Seitenlängen Δx und Δy, das den Punkt (x,y) enthält. Dann ist $f(x,y)\Delta x \Delta y$ näherungsweise die Wahrscheinlichkeit dafür, dass der Vektor (X, Y) einen Wert aus $R_{\Delta x, \Delta y}$ annimmt:

$$P((X, Y) \in R_{\Delta x, \Delta y}) \approx f(x,y)\Delta x \Delta y$$

Die Kenntnis der gemeinsamen Verteilungsdichte erlaubt die exakte Berechnung von Wahrscheinlichkeiten, die sich auf beliebige Teilbereiche B der (x,y)-Ebene beziehen (also nicht nur auf Rechtecke); denn die Wahrscheinlichkeit dafür, dass (X, Y) einen Wert aus B annimmt, beträgt

$$P((X, Y) \in B) = \iint_B f(x,y)\, dx\, dy.$$

Analog zum eindimensionalen Fall folgt hieraus, dass die Menge der möglichen Realisierungen des Vektors (X, Y) mit der Menge derjenigen (x, y) zusammenfällt, für die $f(x,y) > 0$ ist. Die Wahrscheinlichkeit $P((X, Y) \in B)$ ist entsprechend der geometrischen Bedeutung von Bereichsintegralen gleich dem Volumen desjenigen Zylinders, der unten vom Bereich B und oben von der Fläche $z = f(x,y)$ begrenzt wird.

Um die Wahrscheinlichkeit $P((X, Y) \in B)$ berechnen zu können, wird zunächst daran erinnert, wie Integrale beliebiger integrierbarer Funktionen $g(x,y)$ über ebene Bereiche vermittels Doppelintegrale ermittelt werden.

Für einen *Normalbereich bezüglich der x-Achse* $B = \{a \le x \le b,\ y_1(x) \le y \le y_2(x)\}$ gilt

$$\iint_B g(x,y)\, dx\, dy = \int_a^b \left(\int_{y_1(x)}^{y_2(x)} g(x,y)\, dy \right) dx. \qquad (1.54)$$

Für einen *Normalbereich bezüglich der y-Achse* $B = \{x_1(y) \le x \le x_2(y),\ c \le y \le d\}$ gilt

$$\iint_B g(x,y)\, dx\, dy = \int_c^d \left(\int_{x_1(y)}^{x_2(y)} g(x,y)\, dx \right) dy. \qquad (1.55)$$

Die Wahrscheinlichkeit (1.55) erhält mit $R = \{a \le x \le b,\ c \le y \le d\}$ die Form

$$\iint_R f(x,y)\, dx\, dy = \int_c^d \left(\int_a^b f(x,y)\, dx \right) dy. \qquad (1.56)$$

Häufig kann die Berechnung von Doppelintegralen dadurch vereinfacht werden, dass von den kartesischen Koordinaten x und y durch eine geeignet gewählte Transformation

$$u = u(x,y), \quad v = v(x,y) \quad \text{bzw.} \quad x = x(u,v), \quad y = y(u,v)$$

zu *krummlinigen Koordinaten* übergegangen wird. (Das beinhaltet weiter nichts als eine Substitution der Integrationsvariablen x und y durch die Variablen u und v.) Ist etwa über den Normalbereich bezüglich der x-Achse

$$B = \{a \le x \le b,\ y_1(x) \le y \le y_2(x)\}$$

zu integrieren und wird dieser durch die Transformation in einen Bereich B' der Form

$$B' = \{a' \le u \le b',\ v_1(u) \le v \le v_2(u)\}$$

überführt, so kann das Doppelintegral in (1.54) auch vermittels

$$\iint_B g(x,y)\, dx\, dy = \int_{a'}^{b'} \int_{v_1(u)}^{v_2(u)} g(x(u,v), y(u,v)) \left| \frac{\partial(x,y)}{\partial(u,v)} \right| dv\, du$$

berechnet werden, wobei

$$\frac{\partial(x,y)}{\partial(u,v)} = \begin{vmatrix} \frac{\partial x}{\partial u} & \frac{\partial y}{\partial u} \\ \frac{\partial x}{\partial v} & \frac{\partial y}{\partial v} \end{vmatrix}$$

die *Funktionaldeterminate* der Transformation ist.

Randverteilung Betrachtet man die gemeinsame Verteilungsfunktion $F(x,y)$ an den 'Rändern' ihres Definitionsbereiches, also an den Stellen $x = \infty$ bzw. $y = \infty$, so gelangt man zu den *Randverteilungsfunktionen*:

$$F(x,\infty) = P(X \le x, \, Y \le \infty) = P(X \le x) = F_X(x),$$

$$F(\infty,y) = P(X \le \infty, \, Y \le y) = P(Y \le y) = F_Y(y).$$

Die zu $F(x,y)$ gehörigen Randverteilungsfunktionen sind also weiter nichts als die Verteilungsfunktionen von X und Y selbst. Dementsprechend sind die Verteilungsdichten von X und Y die zu $f(x,y)$ gehörigen *Randverteilungsdichten*, und es gelten

$$f_X(x) = \int_{-\infty}^{+\infty} f(x,y) dy, \quad f_Y(y) = \int_{-\infty}^{+\infty} f(x,y) dx. \tag{1.57}$$

Die beiden Verteilungsfunktionen $F_X(x)$ und $F_Y(y)$ bzw. die Dichten $f_X(x)$ und $f_Y(y)$ bilden die *Randverteilung* des zufälligen Vektors (X,Y). Manchmal spricht man auch von den *Randverteilungen* der gemeinsamen Verteilung und meint damit die Verteilungen von X und Y.

Vereinbarung Die im Folgenden auftretenden gemeinsamen Verteilungsdichten sind außerhalb der angegebenen Bereiche identisch 0.

Beispiel 1.27 Die gemeinsame Verteilungsdichte des Vektors (X,Y) sei

$$f(x,y) = e^{-(x+y)}, \quad x \ge 0, y \ge 0.$$

Zu bestimmen sind die Wahrscheinlichkeit $P(|Y - X| < 1)$ sowie die Randverteilungen. Der zufällige Vektor (X,Y) erfüllt genau dann $|Y - X| < 1$, wenn $-1 < Y - X < +1$ gilt. Diese Ungleichung ist erfüllt, wenn (X,Y) eine Realisierung aus dem im Bild 1.21 schraffierten Bereich annimmt. Die Anwendung von (1.56) erfordert, diesen Bereich in zwei Teilbereiche zu zerlegen:

$$P(|Y - X| < 1) = \int_0^1 \int_0^{x+1} e^{-(x+y)} dy dx + \int_1^\infty \int_{x-1}^{x+1} e^{-(x+y)} dy dx$$

$$= -\frac{1}{e} + \frac{1}{2e^3} + 1 - \frac{1}{2e} + \frac{1}{2e} - \frac{1}{2e^3} = 1 - \frac{1}{e}.$$

Somit ist $P(|Y - X| < 1) \approx 0,632$.

Die Randverteilungsdichte von X ergibt sich wie folgt:

$$f_X(x) = \int_{-\infty}^{+\infty} f(x,y) dy = \int_0^\infty e^{-(x+v)} dv = e^{-x} [-e^{-v}]_0^\infty.$$

Somit ist

$$f_X(x) = e^{-x}, \quad x \ge 0.$$

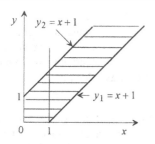

Bild 1.21 Günstiger Bereich (Beispiel 1.27)

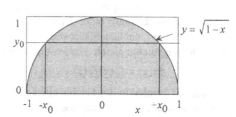

Bild 1.22 Möglicher Bereich (Beispiel 1.28)

Wegen der Symmetrie von $f(x,y)$ in x und y folgt, dass sowohl X als auch Y exponential-verteilt sind:

$$f_X(x) = e^{-x}, \quad x \geq 0, \quad f_Y(x) = e^{-y}, \quad y \geq 0. \qquad \square$$

Zweidimensionale Gleichverteilung Der zufällige Vektor (X, Y) ist *gleichverteilt* (oder *gleichmäßig verteilt*) in einem Bereich B der (x,y)-Ebene mit dem Flächeninhalt $\mu(B)$, wenn seine gemeinsame Verteilungsdichte $f(x,y)$ gegeben ist durch

$$f(x,y) = 1/\mu(B), \quad (x,y) \in B.$$

Die Gleichverteilung eines zufälligen Vektors in einem Bereich B ist also vollkommen identisch mit der im Abschnitt 1.2 eingeführten geometrischen Verteilung in einem ebe-nen Bereich B (möglicher Bereich), denn wegen der konstanten Dichte hat jeder Punkt aus B die gleiche Chance, realisiert zu werden. Die Wahrscheinlichkeit dafür, dass (X, Y) eine Realisierung aus einem Teilbereich A von B annimmt, ist gleich dem Quotienten aus dem Flächeninhalt $\mu(A)$ des Teilbereichs A und $\mu(B)$:

$$P((X, Y) \in A) = \mu(A)/\mu(B).$$

1.8.1.2 Unabhängige Zufallsgrößen

Aus der gemeinsamen Verteilungsfunktion $F(x,y)$ bzw. der gemeinsamen Verteilungs-dichte $f(x,y)$ des zufälligen Vektors (X, Y) lassen sich die Verteilungsfunktionen $F_X(x)$ und $F_Y(y)$ bzw. die Verteilungsdichten $f_X(x)$ und $f_Y(y)$ von X und Y stets durch Über-gang zur Randverteilung ermitteln. Umgekehrt kann man aus der Kenntnis der Randver-teilung auf die gemeinsame Verteilung nur dann schließen, wenn X und Y unabhängig sind (Beispiel 1.27).

Definition 1.16 Zwei Zufallsgrößen X und Y mit der gemeinsamen Verteilungsfunktion $F(x,y)$ sind *unabhängig*, wenn für alle x und y gilt

$$P(X \leq x, Y \leq y) = P(X \leq x) \cdot P(Y \leq y),$$

bzw., damit gleichbedeutend,

$$F(x,y) = F_X(x) \cdot F_Y(y). \qquad \bullet$$

Die Definition der Unabhängigkeit der beiden Zufallsgrößen X und Y beinhaltet, dass für alle x und y die zufälligen Ereignisse "$X \leq x$" und "$Y \leq y$" im Sinne der Definition 1.3 voneinander unabhängig sind. Existiert die gemeinsame Verteilungsdichte $f(x,y)$ von (X, Y), so ist die Unabhängigkeit von X und Y damit gleichbedeutend, dass die gemeinsame Verteilungsdichte gleich dem Produkt der Randverteilungsdichten ist:

$$f(x,y) = f_X(x) f_Y(y). \tag{1.58}$$

Anschaulich beinhaltet die Unabhängigkeit der Zufallsgrößen X und Y den Sachverhalt, dass sie sich in keiner Weise beeinflussen. Welchen Wert X auch immer angenommen haben möge, die Wahrscheinlichkeit dafür, dass Y einen Wert aus einem beliebigen Intervall $[y_1, y_2]$ annimmt, wird dadurch nicht verändert.

Für unabhängige X und Y gilt

$$P(a \leq x \leq b, \ c \leq y \leq d) = [F_X(b) - F_X(a)][F_Y(d) - F_Y(c)].$$

Insbesondere gilt im Fall der Existenz der Randverteilungsdichten

$$P(a \leq x \leq b, \ c \leq y \leq d) = \left(\int_a^b f_X(x)dx \right) \cdot \left(\int_c^d f_Y(y)dy \right).$$

Satz 1.4 Sind X und Y unabhängige, in den Intervallen $[a, b]$ bzw. $[c, d]$ gleichverteilte Zufallsgrößen, so ist der zufällige Vektor (X, Y) im Rechteck $R = [a \leq x \leq b, c \leq y \leq d]$ gleichverteilt. Ist umgekehrt der zufällige Vektor (X, Y) in R gleichverteilt, so sind die Zufallsgrößen X und Y unabhängig und in den Intervallen $[a, b]$ bzw. $[c, d]$ gleichverteilt. ∎

Wie Beispiel 1.28 zeigt, ist dieser Satz nicht auf beliebige Bereiche B übertragbar.

Beispiel 1.28 Es sei B die obere Hälfte des Einheitskreises $x^2 + y^2 = 1$ (schattierter Bereich im Bild 1.22). Ist der zufällige Vektor (X, Y) in B gleichverteilt, so lautet seine gemeinsame Dichte

$$f(x,y) = \frac{2}{\pi}; \quad 0 \leq y \leq \sqrt{1-x^2}, \quad -1 \leq x \leq +1.$$

Die zugehörigen Randverteilungsdichten sind für $-1 \leq x \leq +1$ bzw. $0 \leq y \leq 1$:

$$f_X(x) = \int_0^{\sqrt{1-x^2}} \frac{2}{\pi} dy = \frac{2}{\pi}\sqrt{1-x^2},$$

$$f_Y(y) = \int_{-\sqrt{1-y^2}}^{+\sqrt{1-y^2}} \frac{2}{\pi} dx = \frac{4}{\pi}\sqrt{1-y^2}.$$

Wegen $f(x,y) \neq f_X(x) \cdot f_Y(y)$ sind X und Y nicht unabhängig. (Legt man $X = x$ fest, so wird dadurch der Wertebereich von Y beeinflusst und umgekehrt.) □

1.8.1.3 Bedingte Verteilung

Neben der durch $F(x, y)$ charakterisierten gemeinsamen Verteilung des zufälligen Vektors (X, Y) sind auch die *bedingte Verteilungsfunktion* $F_Y(y|x)$ der Zufallsgröße Y unter der Bedingung $X = x$ sowie die zugehörige Dichte $f_Y(y|x)$ von Bedeutung:

$$F_Y(y|x) = P(Y \le y | X = x),$$

$$f_Y(y|x) = \frac{dF_Y(y|x)}{dy} \quad \text{bzw.} \quad F_Y(y|x) = \int_{-\infty}^{y} f_Y(u|x) \, du.$$

Gemäß (1.5) gilt

$$P(Y \le y | x \le X \le x + \Delta x) = \frac{P(Y \le y \cap x \le X \le x + \Delta x)}{P(x \le X \le x + \Delta x)}$$

$$= \frac{\int_{-\infty}^{y} \frac{1}{\Delta x} \left(\int_{x}^{x+\Delta x} f(u, v) \, du \right) dv}{\frac{1}{\Delta x} [F_X(x + \Delta x) - F_X(x)]}.$$

Der Grenzübergang $\Delta x \to 0$ liefert ($f_X(x) > 0$ vorausgesetzt) die
Bedingte Verteilungsfunktion von Y unter der Bedingung $X = x$:

$$F_Y(y|x) = \frac{1}{f_X(x)} \int_{-\infty}^{y} f(x, v) \, dv.$$

Differentiation von $F_Y(y|x)$ nach y liefert die

Bedingte Verteilungsdichte von Y unter der Bedingung $X = x$:

$$f_Y(y|x) = \frac{f(x, y)}{f_X(x)}. \tag{1.59}$$

Bedingter Erwartungswert von Y unter der Bedingung $X = x$:

$$E(Y|x) = \int_{-\infty}^{+\infty} y f_Y(y|x) \, dy. \tag{1.60}$$

Sind X und Y unabhängig, gilt $f_Y(y|x) = f_Y(y)$ und somit

$$E(Y|x) = E(Y).$$

Zufälliger bedingter Erwartungswert von Y unter der Bedingung X:

$$E(Y|X) = \int_{-\infty}^{+\infty} y f_Y(y|X) \, dy.$$

$E(Y|X)$ ist eine Zufallsgröße mit den Eigenschaften

$$E(XY) = E(X E(Y|X)), \tag{1.61}$$

$$E(E(Y|X)) = E(Y). \tag{1.62}$$

und, falls X und Y unabhängig sind,

$$E(Y|X) = E(Y). \tag{1.63}$$

Selbstverständlich sind in den Formeln die Rollen von X und Y vertauschbar.

Beispiel 1.29 Der zufällige Vektor (X, Y) habe im Einheitsquadrat die gemeinsame Verteilungsdichte

$$f(x,y) = x + y, \quad 0 \le x, y \le 1.$$

Die zugehörigen Randverteilungsdichten sind

$$f_X(x) = x + 1/2, \quad 0 \le x \le 1, \quad f_Y(y) = y + 1/2, \quad 0 \le y \le 1.$$

Daher ist $E(X) = E(Y) = 7/12$. Die bedingte Verteilungsdichte von X unter der Bedingung $Y = y$ lautet

$$f_X(x|y) = \frac{x+y}{y+1/2}; \quad 0 \le x, y \le 1.$$

Damit ergibt sich der bedingte Erwartungswert von X unter der Bedingung $Y = y$ zu

$$E(X|y) = \int_0^1 x f_X(x|y) \, dx = \frac{2+3y}{3+6y}, \quad 0 \le y \le 1.$$

Obwohl in diesem Beispiel X und Y abhängig sind, gilt

$$E(X|Y) = E(X) = E(Y|X) = E(Y) = 7/12. \qquad\qquad \Box$$

Die Funktion

$$m_Y(x) = E(Y|x)$$

heißt *Regressionsfunktion von Y bezüglich X*. Sie quantifiziert die durchschnittliche Abhängigkeit der Zufallsgröße Y von $X = x$. Die Regressionsfunktion liefert im Sinne des folgenden Satzes eine bezüglich der mittleren quadratischen Abweichung beste Approximation von Y durch eine Funktion von X.

Satz 1.5 Es sei $g(x)$ eine beliebige reelle Funktion mit $E((g(X))^2) < \infty$. Dann gilt stets

$$E((Y - g(X))^2) \ge E((Y - E(Y|X))^2).$$

Ist $g(x)$ eine Funktion, die

$$E((Y - g(X))^2) = E((Y - E(Y|X))^2)$$

erfüllt, gilt

$$E((g(X) - E(Y|X))^2) = 0. \qquad\qquad \blacksquare$$

1.8.1.4 Funktionen zweier Zufallsgrößen

Gegeben sei ein zufälliger Vektor (X, Y) mit der gemeinsamen Verteilungsdichte $f(x,y)$ sowie den Randverteilungsfunktionen und -dichten $F_X(x)$ und $F_Y(y)$ bzw. $f_X(x)$ und $f_Y(y)$. Es existieren die ersten beiden Momente von X und Y.

Erwartungswert Es sei $z = h(x,y)$ eine reelle Funktion von x und y. Dann ist der Erwartungswert (Mittelwert) der Zufallsgröße $Z = h(X, Y)$ definiert durch (die Existenz des Doppelintegrals vorausgesetzt)

$$E(Z) = \int_{-\infty}^{+\infty} \int_{-\infty}^{+\infty} h(x,y) f(x,y) \, dy \, dx. \tag{1.64}$$

Summe Der Erwartungswert der Summe $Z = X + Y$ ist als Spezialfall von (1.64) mit $h(x, y) = x + y$ gegeben durch

$$E(X + Y) = \int_{-\infty}^{+\infty} x \int_{-\infty}^{+\infty} f(x, y)\, dy\, dx + \int_{-\infty}^{+\infty} y \int_{-\infty}^{+\infty} f(x, y)\, dx\, dy.$$

Wegen (1.57) folgt

$$E(X + Y) = E(X) + E(Y). \tag{1.65}$$

> *Der Erwartungswert der Summe zweier Zufallsgrößen ist gleich der Summe ihrer Erwartungswerte.*

Bei Unabhängigkeit von X und Y gilt zudem:

$$Var(X + Y) = Var(X) + Var(Y). \tag{1.66}$$

> *Die Varianz der Summe zweier unabhängiger Zufallsgrößen ist gleich der Summe ihrer Varianzen.*

Allgemein lässt sich die Varianz der Summe zweier beliebiger Zufallsgrößen folgendermaßen darstellen:

$$Var(X + Y) = Var(X) + 2\,Cov(X, Y) + Var(Y). \tag{1.67}$$

Hierbei ist $Cov(X, Y)$ die im folgenden Abschnitt definierte Kovarianz von X und Y.

In Bild 1.23 ist die Menge derjenigen Realisierungen von (X, Y) schraffiert, die der Bedingung $x + y \leq z$ bzw. $y \leq z - x$ genügen. Das Integral der Funktion $f(x, y)$ über diesen Bereich liefert daher die Verteilungsfunktion von $Z = X + Y$:

$$F_Z(z) = P(Z \leq z) = \int_{-\infty}^{+\infty} \int_{-\infty}^{z-x} f(x, y)\, dy\, dx. \tag{1.68}$$

Speziell ist die Verteilungsfunktion von Z bei Unabhängigkeit von X und Y gegeben durch

$$F_Z(z) = \int_{-\infty}^{+\infty} F_Y(z - x)\, dF_X(x) = \int_{-\infty}^{+\infty} F_Y(z - x) f_X(x)\, dx. \tag{1.69}$$

Für die zughörige Verteilungsdichte gilt

$$f_Z(z) = \int_{-\infty}^{+\infty} f_Y(z - x) f_X(x)\, dx. \tag{1.70}$$

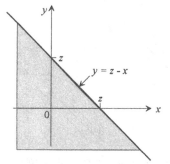

Bild 1.23 Illustration zur Ableitung der Verteilungsfunktion einer Summe

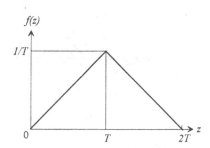

Bild 1.24 Dichte der Summe zweier in [0,T] gleichverteilter Zufallsgrößen

Das Integral in (1.70) ist die *Faltung* der Verteilungsdichten $f_X(x)$ und $f_Y(y)$. Für nichtnegative, unabhängige Zufallsgrößen X und Y vereinfachen sich (1.69) und (1.70) zu

$$F_Z(z) = \int_0^z F_Y(z-x)f_X(x)dx, \quad f_Z(z) = \int_0^z f_Y(z-x)f_X(x)\,dx. \tag{1.71}$$

$M_X(t)$ und $M_Y(t)$ seien die momenterzeugenden Funktionen von X bzw Y. Sind X und Y unabhängig, dann ist die erzeugende Funktion der Summe $Z = X + Y$ gegeben durch

$$M_Z(t) = M_X(t)M_Y(t). \tag{1.72}$$

Beispiel 1.30 (X, Y) sei gleichverteilt im Quadrat $[0 \leq x \leq T, 0 \leq y \leq T]$. Die gemeinsame Verteilungsdichte von (X, Y) lautet

$$f(x,y) = \begin{cases} 1/T^2, & 0 \leq x,y \leq T, \\ 0, & \text{sonst} \end{cases}.$$

Gemäß (1.68) hat man für die Dichte von $Z = X + Y$

$$f_Z(z) = \int\limits_0^z f(x, z-x)\,dx = \begin{cases} \int_0^z \dfrac{1}{T^2}dx, & 0 \leq z \leq T \\ \int_{z-T}^T \dfrac{1}{T^2}dx, & T < z \leq 2T \end{cases}. \tag{1.73}$$

(Da wegen Satz 1.4 die Zufallsgrößen X und Y unabhängig und jeweils im Intervall $[0, T]$ gleichverteilt sind, ist auch Formel (1.71) anwendbar.) Man erhält

$$f_Z(z) = \begin{cases} z/T^2, & 0 \leq z \leq T \\ (2T-z)/T^2, & T < z \leq 2T \end{cases}. \tag{1.74}$$

Man beachte: Im unteren Integral von (1.73) sind nur in den angegebenen Grenzen die beiden Variablen x und $z-x$ in $f(x, z-x)$ aus dem Quadrat $[0 \leq x, y \leq T]$. Für $x < z-T$ wäre $z-x > T$ und damit $f(x, z-x) = 0$. Für $x > T$ ist ohnehin $f(x, z-x) = 0$. Bild 1.24 zeigt die Dichte (1.74). Es handelt sich um eine *Dreiecks-* bzw. *Simpsonverteilung*. $\square$

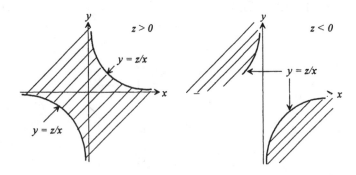

Bild 1.25 Ableitung der Verteilungsfunktion des Produkts zweier Zufallsgrößen

Produkt Für den Erwartungswert des Produkts XY folgt aus (1.64) mit $h(x,y) = xy$

$$E(XY) = \int_{-\infty}^{+\infty} \int_{-\infty}^{+\infty} x\,y\,f(x,y)\,dx\,dy.$$

Wegen (1.58) ergibt sich bei Unabhängigkeit von X und Y

$$E(XY) = E(X)\,E(Y). \tag{1.75}$$

| *Der Erwartungswert des Produkts zweier unabhängiger Zufallsgrößen ist gleich dem Produkt ihrer Erwartungswerte.*

Das Ereignis "$XY \le z$" tritt genau dann ein, wenn der zufällige Vektor (X, Y) eine Realisierung aus den in Bild 1.25 schraffierten Teilbereichen annimmt. Daher ist die Verteilungsfunktion von $Z = XY$ für beliebige z gegeben durch

$$F_Z(z) = \int_{-\infty}^{0} \int_{z/x}^{+\infty} f(x,y)\,dy\,dx + \int_{0}^{+\infty} \int_{-\infty}^{z/x} f(x,y)\,dy\,dx.$$

Differentiation von $F(z)$ nach z liefert die zugehörige Verteilungsdichte

$$f_Z(z) = \int_{-\infty}^{+\infty} \left|\frac{1}{x}\right| f(x, \tfrac{z}{x})\,dx.$$

Im Fall nichtnegativer Zufallsgrößen X und Y ergeben sich

$$F_Z(z) = \int_{0}^{+\infty} \int_{0}^{z/x} f(x,y)\,dy\,dx, \quad z \ge 0,$$

$$f_Z(z) = \int_{0}^{+\infty} \frac{1}{x} f(x, z/x)\,dx, \quad z \ge 0.$$

Quotient Es sei $Z = Y/X$. Das Ereignis "$Z \le z$" tritt genau dann ein, wenn der zufällige Vektor (X, Y) eine Realisierung aus den in Bild 1.26 schraffierten Teilbereichen annimmt. Daher ist die Verteilungsfunktion von Z gegeben durch

$$F_Z(z) = \int_{-\infty}^{0} \int_{zx}^{\infty} f(x,y)\,dy\,dx + \int_{0}^{\infty} \int_{-\infty}^{zx} f(x,y)\,dy\,dx.$$

Differentiation nach z liefert die zugehörige Verteilungsdichte:

$$f_Z(z) = \int_{-\infty}^{+\infty} |x|\,f(x, zx)\,dx.$$

Für nichtnegative X und Y gelten

$$F_Z(z) = \int_{0}^{\infty} \int_{0}^{zx} f(x,y)\,dy\,dx, \quad f_Z(z) = \int_{0}^{\infty} x\,f(x, zx)\,dx; \quad z \ge 0.$$

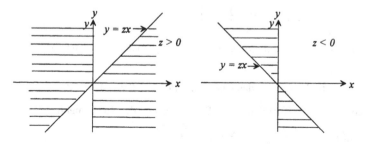

Bild 1.26 Ableitung der Verteilungsfunktion des Quotienten zweier Zufallsgrößen

Beispiel 1.31 Der zufällige Vektor (X, Y) habe die Verteilungsdichte

$$f(x, y) = \lambda \mu e^{-(\lambda x + \mu y)}; \quad x, y \geq 0, \ \lambda > 0, \ \mu > 0.$$

Aus der Struktur der Dichte folgt, dass X und Y unabhängig und exponentiell mit den Parametern λ bzw. μ verteilt sind. Die Dichte von $Z = X/Y$ ist

$$f_Z(z) = \int_0^\infty x \lambda \mu e^{-(\lambda x + \mu z x)} dx.$$

Integration liefert

$$f(z) = \frac{\lambda \mu}{(\lambda + \mu z)^2}, \quad F(z) = 1 - \frac{\lambda}{\lambda + \mu z}; \quad z \geq 0.$$

Der Erwartungswert von Z existiert nicht. $\square$

1.8.1.5 Abhängigkeitsmaße für zwei Zufallsgrößen

Gemeinsame Verteilungsfunktion und -dichte von (X, Y) geben im Allgemeinen keine Vorstellung von der Stärke des statistischen Zusammenhangs zwischen X und Y. Daher wurden entsprechende numerische Kenngrößen entwickelt.

Kovarianz Unter der *Kovarianz* von X und Y versteht man den Erwartungswert des Produktes $[X - E(X)] [Y - E(Y)]$:

$$Cov(X, Y) = E([X - E(X)] [Y - E(Y)]). \tag{1.76}$$

Eine äquivalente Darstellung der Kovarianz ist

$$Cov(X, Y) = E(XY) - E(X) E(Y).$$

Somit folgt aus (1.75), dass $Cov(X, Y) = 0$ ist, falls X und Y unabhängig sind. (Die Umkehrung gilt jedoch im Allgemeinen nicht.) Daher kann erwartet werden, dass die Abhängigkeit zwischen X und Y um so stärker ist, je größer $|Cov(X, Y)|$ ausfällt. Vergleichende Aussagen können jedoch nicht gemacht werden, da die Kovarianz nicht beschränkt sein muss. Die Kovarianz hat die Eigenschaft

$$Cov(X + Y, Z) = Cov(X, Z) + Cov(Y, Z).$$

Korrelationskoeffizient Unter dem *(einfachen) Korrelationskoeffizienten* $\rho = \rho(X, Y)$ von X und Y versteht man den Quotienten

$$\rho(X, Y) = \frac{E([X - E(X)] [Y - E(Y)])}{\sigma_X \sigma_Y}. \tag{1.77}$$

Bestimmheitsmaß Das *Bestimmtheitsmaß* $B = B(X, Y)$ von X und Y ist definiert durch

$$B(X, Y) = \rho^2(X, Y).$$

Dementsprechend ist $1 - B(X, Y)$ das *Unbestimmtheitsmaß* von X und Y.

Zwischen Kovarianz und Korrelationskoeffizient besteht der Zusammenhang

$$\rho(X, Y) = \frac{Cov(X, Y)}{\sigma_X \sigma_Y} = \frac{E(XY) - E(X) E(Y)}{\sigma_X \sigma_Y}.$$

X und Y heißen *unkorreliert*, wenn $\rho(X, Y) = 0$ ist, *negativ korreliert*, wenn $\rho(X, Y) < 0$ ist und *positiv korreliert*, wenn $\rho(X, Y) > 0$ ausfällt. Sind X und Y negativ (positiv) korreliert, dann fällt (wächst) unter der Bedingung $X = x$ die Zufallsgröße Y im Mittel mit wachsendem x. Genauer: Die Regressionsfunktion $m_Y(x) = E(Y|x)$ von Y bezüglich X fällt (wächst) mit wachsendem x (siehe Abschnitt 1.8.1.3). Der Korrelationskoeffizient hat folgende Eigenschaften:

1) Sind X und Y unabhängig, gilt $\rho(X, Y) = 0$.

2) Sind X und Y linear abhängig, existieren also Konstanten α und β mit $Y = \alpha X + \beta$, gilt $|\rho(X, Y)| = 1$. Umgekehrt, gilt $|\rho(X, Y)| = 1$, dann sind X und Y linear abhängig.

3) Für beliebige Zufallsgrößen X und Y gilt stets $-1 \leq \rho(X, Y) \leq +1$.

4) $\sigma_Y^2(1 - \rho^2) = \min_{-\infty < a, b < \infty} E((Y - a - bX)^2)$.

Somit ist der Korrelationskoeffizient eine geeignete Maßzahl, um die Stärke des linearen Zusammenhangs zwischen zwei Zufallsgrößen zu charakterisieren. Jedoch kann der Korrelationskoeffizient auch bei nichtlinearer Abhängigkeit so nahe bei 1 liegen, dass die Differenz praktisch vernachlässigbar ist. (Man betrachte etwa den Fall $Y = X^2$, wobei X im Intervall von 1 bis 1,1 gleichverteilt ist.) Andererseits kann der Korrelationskoeffizient auch bei streng funktioneller Abhängigkeit gleich 0 sein. (Man betrachte dazu den Fall $Y = \sin X$, wobei X in $[0, \pi]$ gleichverteilt ist.) Das folgende Beispiel zeigt, dass aus der Unkorreliertheit von X und Y nicht deren Unabhängigkeit folgen muss.

Beispiel 1.32 Der zufällige Vektor (X, Y) habe die gemeinsame Verteilungsdichte

$$f(x, y) = \frac{x^2 + y^2}{4\pi} \exp\left[-\frac{1}{2}\left(x^2 + y^2\right)\right], \quad -\infty < x, y < +\infty.$$

Die zugehörigen Randverteilungsdichten sind für $-\infty < x, y < +\infty$

$$f_X(x) = \frac{1}{2\sqrt{2\pi}}(x^2 + 1) e^{-x^2/2}, \quad f_Y(y) = \frac{1}{2\sqrt{2\pi}}(y^2 + 1) e^{-y^2/2}.$$

Wegen $f(x, y) \neq f_X(x) f_Y(y)$ sind X und Y abhängig. Andererseits gelten $E(X) = E(Y) = 0$ sowie $E(XY) = 0$. Daher ist $E(XY) = E(X)E(Y)$, so dass $\rho(X, Y) = 0$ ausfällt. $\square$

Ein Nachteil des Korrelationskoeffizienten ρ ist, dass er keine Schlussfolgerungen bezüglich einer beliebigen funktionellen Abhängigkeit zwischen X und Y zulässt. Daher ist das durch Satz 1.5 motivierte Korrelationsverhältnis von Bedeutung.

Korrelationsverhältnis Das *Korrelationsverhältnis* $\eta = \eta(Y|X)$ von Y bezüglich X ist definiert durch

$$\eta(Y|X) = \frac{\sqrt{E(E(Y) - E(Y|X))^2)}}{\sigma_Y}.$$

Das Korrelationsverhältnis hat folgende Eigenschaften:

1) Sind X und Y unabhängig, gilt $\eta(Y|X) = 0$. (Die Umkehrung gilt nicht generell.)

2) Aus $\eta(Y|X) = 0$ folgt $\rho(X, Y) = 0$.

3) Es gilt stets $0 \leq \eta(Y|X) \leq 1$.

4) Die Beziehung $\eta(Y|X) = 1$ gilt genau dann, wenn eine reelle Funktion $y = g(x)$ existiert, so dass $Y = g(X)$ ist, wenn also eine (beliebige) funktionelle Abhängigkeit zwischen X und Y besteht.

5) $\sigma_Y^2(1 - \eta^2) = \min_{g \in \mathbf{F}} E((Y - g(X))^2)$, wobei $\mathbf{F}$ die Menge aller reellen Funktionen auf der reellen Achse $(-\infty, +\infty)$ ist.

1.8.1.6 Zweidimensionale Normalverteilung

Der zufällige Vektor (X, Y) genügt einer *zweidimensionalen* bzw. *gemeinsamen Normalverteilung* mit den Parametern

$$\mu_x, \mu_y, \sigma_x, \sigma_y \text{ und } \rho; \quad -\infty < \mu_x, \mu_y < \infty; \quad \sigma_x > 0, \quad \sigma_y > 0, \quad -1 \leq \rho \leq +1,$$

wenn er für $-\infty < x, y < +\infty$ folgende gemeinsame Verteilungsdichte hat:

$$f(x,y) = \frac{1}{2\pi\sigma_x\sigma_y\sqrt{1-\rho^2}} \exp\left(-\frac{1}{2(1-\rho^2)}\left[\frac{(x-\mu_x)^2}{\sigma_x^2} - 2\rho\frac{(x-\mu_x)(y-\mu_y)}{\sigma_x\sigma_y} + \frac{(y-\mu_y)^2}{\sigma_y^2}\right]\right). \quad (1.78)$$

$f(x,y)$ ist auf Ellipsen mit dem Mittelpunkt (μ_x, μ_y) konstant (Bild 1.27). Für $\rho = 0$ verlaufen die Achsen dieser Ellipsen parallel zur x- bzw. y-Achse. Für $\rho > 0$ ($\rho < 0$) haben die Hauptachsen der Ellipsen positiven (negativen) Anstieg bezüglich der x-Achse. Die zugehörigen Randverteilungsdichten ergeben sich gemäß (1.57) zu

$$f_X(x) = \frac{1}{\sqrt{2\pi}\,\sigma_x} \exp\left(-\frac{1}{2}\left(\frac{x-\mu_x}{\sigma_x}\right)^2\right), \quad -\infty < x < +\infty,$$

$$f_Y(y) = \frac{1}{\sqrt{2\pi}\,\sigma_y} \exp\left(-\frac{1}{2}\left(\frac{y-\mu_y}{\sigma_y}\right)^2\right), \quad -\infty < y < +\infty.$$

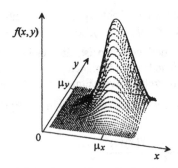

Bild 1.27 Verteilungsdichte der zweidimensionalen Normalverteilung für $\rho = 0$

> *Die Randverteilungen der gemeinsamen Normalverteilung (1.78) eines zufälligen*
> *Vektors (X, Y) sind (eindimensionale) Normalverteilungen mit den Parametern*
> $\mu_x,\ \sigma_x$ *und* $\mu_y,\ \sigma_y$:
>
> $$X = N(\mu_x, \sigma_x^2), \quad Y = N(\mu_y, \sigma_y^2).$$

Beim Vergleich der gemeinsamen Verteilungsdichte mit den Randverteilungsdichten erkennt man, dass $f(x, y) = f_X(x) f_Y(y)$ genau dann gilt, wenn $\rho = 0$ ist. Da man überdies leicht nachrechnet, dass ρ der Korrelationskoeffizient von X und Y ist, impliziert dieser Sachverhalt eine weitere wichtige Eigenschaft der zweidimensionalen Normalverteilung:

> *Genügt der zufällige Vektor (X, Y) einer zweidimensionalen Normalverteilung,*
> *so sind die Zufallsgrößen X und Y genau dann unabhängig, wenn sie unkorreliert*
> *sind.*

Die bedingte Verteilungsdichte von Y unter der Bedingung $X = x$ ergibt sich entsprechend (1.59) für $-\infty < y < +\infty$ zu

$$f_Y(y|x) = \frac{1}{\sqrt{2\pi}\,\sigma_y \sqrt{1 - \rho^2}} \exp\left[-\frac{1}{2\sigma_y^2(1 - \rho^2)} \left(y - \rho\frac{\sigma_y}{\sigma_x}(x - \mu_x) - \mu_y \right)^2 \right].$$

Das ist die Verteilungsdichte einer gemäß

$$N\left(\rho\frac{\sigma_y}{\sigma_x}(x - \mu_x) + \mu_y,\ \sigma_y^2(1 - \rho^2) \right) \tag{1.79}$$

verteilten Zufallsgröße. Insbesondere gelten

$$E(Y|X = x) = \rho\frac{\sigma_y}{\sigma_x}(x - \mu_x) + \mu_y, \quad Var(Y|X = x) = \sigma_y^2(1 - \rho^2).$$

Die Verteilungsdichte der Summe $Z = X + Y$ ergibt sich aus (1.68) zu

$$f_Z(z) = \frac{1}{\sqrt{2\pi(\sigma_x^2 + 2\rho\sigma_x\sigma_y + \sigma_y^2)}} \exp\left(-\frac{(z - \mu_x - \mu_y)^2}{2(\sigma_x^2 + 2\rho\sigma_x\sigma_y + \sigma_y^2)} \right),$$

$$-\infty < z < +\infty.$$

Daher gilt:

> *Genügt der zufällige Vektor (X, Y) einer zweidimensionalen Normalverteilung,*
> *dann genügt die Summe seiner Komponenten $X + Y$ einer Normalverteilung*
> *mit den Parametern*
>
> $$E(X + Y) = \mu_x + \mu_y, \quad Var(X + Y) = \sigma_x^2 + 2\rho\,\sigma_x\sigma_y + \sigma_y^2. \tag{1.80}$$

Der Schwerpunkt dieser Aussage besteht darin, dass die Summe $X + Y$ einer (eindimensionalen) Normalverteilung genügt, wenn der Vektor (X, Y) zweidimensional normalverteilt ist; denn die Verteilungsparameter (1.80) ergeben sich unabhängig von der gemeinsamen Verteilung von (X, Y) ohnehin aus (1.65) und (1.67).

Beispiel 1.33 Die täglichen Trinkwassermengen X und Y, die zwei benachbarte Wohn-häuser verbrauchen, genügen einer gemeinsamen Normalverteilung mit den Parametern $\mu_x = \mu_y = 16\ [m^3]$, $\sigma_x = \sigma_y = 2\ [m^3]$ und $\rho = 0,5$. Zunächst wird die bedingte Vertei-lungsdichte von Y unter der Bedingung $X = x$ berechnet. Gemäß (1.79) handelt es sich formal um die Verteilungsdichte einer normalverteilten Zufallsgröße mit den Parametern

$$E(Y|X = x) = 0,5\,(x - 16) + 16 = x/2 + 8,$$

$$Var(Y|X = x) = 4(1 - 0,25) = 3.$$

Als numerisches Beispiel wird eine bedingte Intervallwahrscheinlichkeit berechnet:

$$P(14 < Y \le 16|X = 14) = \Phi(1/\sqrt{3}) - \Phi(-1/\sqrt{3})$$

$$= 0,718 - 0,282 = 0,436.$$

Zum Vergleich: Die zugehörige unbedingte Wahrscheinlichkeit ist

$$P(14 < Y \le 16) = \Phi(0) - \Phi(-1)$$

$$= 0,500 - 0,159 = 0,341.$$

Der tägliche Gesamtwasserbedarf beider Häuser ist normalverteilt mit

$$E(X + Y) = 16 + 16 = 32\ [m^3]\ ,$$

$$Var(X + Y) = 4 + 2 \cdot 0,5 \cdot 2 \cdot 2 + 4 = 12\ [m^6].\qquad \square$$

1.8.1.7 Diskrete zweidimensionale Zufallsgrößen

Gemeinsame Wahrscheinlichkeitsverteilung Wenn die Komponenten des zufälligen Vektors (X, Y) diskrete Zufallsgrößen sind, kann man dessen gemeinsame Wahrschein-lichkeitsverteilung prinzipiell wieder durch die gemeinsame Verteilungsfunktion ein-führen. Wie bei den eindimensionalen diskreten zufälligen Größen empfiehlt es sich je-doch, die Charakterisierung der Wahrscheinlichkeitsverteilung diskreter zufälliger Vek-toren vermittels der Einzelwahrscheinlichkeiten ihrer Realisierungen vorzunehmen.

Es sei $\mathbf{W} = \{(x_i, y_j);\ i, j = 0, 1, ...\}$ der Wertebereich von (X, Y). Die *gemeinsame Ver-teilung* von (X, Y) ist durch die Menge der Einzelwahrscheinlichkeiten

$$\{p_{ij} = P(X = x_i,\ Y = y_j);\ i, j = 0, +1, ...\}$$

gegeben. Die zugehörigen *Einzelwahrscheinlichkeiten* von X bzw. Y (Randverteilungen) seien

$$p_i = P(X = x_i) = \sum_{j=0}^{\infty} p_{ij}\,;\ i = 0, +1, ...,$$

$$q_j = P(Y = y_j) = \sum_{i=0}^{\infty} p_{ij}\,;\ j = 0, +1, ...$$

Die bedingten Wahrscheinlichkeiten $p_{i|j} = P(X = x_i|Y = y_j)$ sind

$$p_{i|j} = \frac{p_{ij}}{q_j}\,;\quad i, j = 0, +1, ...$$

Bedingte Verteilung Die *bedingte Verteilung von X unter der Bedingung* $Y = y_j$ und die *bedingte Verteilung von Y unter der Bedingung* $X = x_i$ sind gegeben durch

$$\left\{ P(X = x_i | y_j) = \frac{p_{ij}}{q_j}; \; i = 0, +1, \ldots \right\} \text{ bzw. } \left\{ P(Y = y_j | x_i) = \frac{p_{ij}}{p_i}; \; j = 0, +1, \ldots \right\}.$$

Unabhängigkeit Die Zufallsgrößen X und Y sind voneinander *unabhängig*, wenn

$$p_{ij} = p_i \, q_j$$

für alle $i, j = 0, +1, \ldots$ gilt. Diese Definition der Unabhängigkeit ist äquivalent zu der in Definition 1.16 gegebenen.

(Bedingte) Erwartungswerte Ist $Z = h(X, Y)$, dann lautet das Analogon zu (1.64)

$$E(Z) = \sum_{i=0}^{\infty} \sum_{j=0}^{\infty} p_{ij} \, h(x_i, y_j).$$

Der bedingte Erwartungswert $E(X|y_j) = E(X|Y = y_j)$ ist gegeben durch

$$E(X|y_j) = \sum_{i=0}^{\infty} p_{i|j} x_i.$$

Er ist eine Realisierung des zufälligen bedingten Erwartungswertes $E(X|Y)$. Wie bei den stetigen Zufallsgrößen (Formel (1.62)) gilt

$$E(E(X|Y)) = E(X),$$

und, falls X und Y unabhängig sind,

$$E(X|Y) = E(X), \quad E(XY) = E(X)E(Y).$$

Kontingenz Neben den im Abschnitt 1.8.1.5 eingeführten Abhängigkeitsmaßen Kovarianz, Korrelationskoeffizient und Korrelationsverhältnis ist für diskrete Zufallsgrößen die *Kontingenz* in Gebrauch. Die Wertebereiche von X und Y seien $\{x_0, x_1, \ldots, x_m\}$ bzw. $\{y_0, y_1, \ldots, y_n\}$, wobei $n \leq m < \infty$ vorausgesetzt wird. Die *(mittlere quadratische) Kontingenz* $\psi^2(X, Y)$ von X und Y ist gegeben durch

$$\psi^2(X, Y) = \sum_{i=0}^{m} \sum_{j=0}^{n} \frac{(p_{ij} - p_i q_j)^2}{p_i p_j}.$$

Eine äquivalente Darstellung der Kontingenz ist

$$\psi^2(X, Y) = \sum_{i=0}^{m} \sum_{j=0}^{n} \frac{p_{ij}^2}{p_i q_j} - 1.$$

Die folgenden Eigenschaften der Kontingenz rechtfertigen ihre Anwendung als Abhängigkeitsmaß:

1) $0 \leq \psi^2(X, Y) \leq n$.

2) X und Y sind genau dann unabhängig, wenn $\psi^2(X, Y) = 0$ ist.

3) Ist g eine beliebige reelle Funktion und $Y = g(X)$, dann gilt $\psi^2(X, Y) = n$.

Summe Es seien X und Y unabhängig und $Z = X + Y$. Es wird vorausgesetzt, dass X und Y nur ganzzahlige Werte annehmen können: $\mathbf{W}_X = \mathbf{W}_Y = \{\dots, -1, 0, +1, \dots\}$. Die Einzelwahrscheinlichkeiten von Z seien $s_k = P(Z = k)$. Wegen (1.9) ist

$$s_k = \sum_{i=-\infty}^{k} p_i\, q_{k-i}; \quad k \in \{\dots -2, -1, 0, +1, +2, \dots\}.$$

Die Folge $\{\dots, s_{-1}, s_0, s_1, \dots\}$ heißt *Faltung* der diskreten Wahrscheinlichkeitsverteilungen $\{\dots, p_{-1}, p_0, p_1, \dots\}$ und $\{\dots, q_{-1}, q_0, q_1, \dots\}$. Speziell ist Faltung der Wahrscheinlichkeitsverteilungen nichtnegativer, ganzzahliger X und Y gegeben durch

$$s_k = \sum_{i=0}^{k} p_i\, q_{k-i}; \quad k = 0, 1, \dots$$

Die Wahrscheinlichkeitsverteilung der Summe $Z = X + Y$ zweier unabhängiger ganzzahliger Zufallsgrößen X und Y ist gegeben durch die Faltung der Wahrscheinlichkeitsverteilungen ihrer Summanden.

Ist $M_Z(t) = E(t^Z)$ die momenterzeugende Funktion der Summe zweier unabhängiger ganzzahliger Zufallsgrößen X und Y, dann ist sie gleich dem Produkt der momenterzeugenden Funktionen von X und Y:

$$M_Z(t) = M_X(t) M_Y(t). \tag{1.81}$$

Beispiel 1.34 Es wird mit zwei Würfeln geworfen. Die zugehörigen zufälligen Augenzahlen seien X_1 und X_2. Ferner sei $X = \max(X_1, X_2)$, und Y sei die Anzahl derjenigen Komponenten des zufälligen Vektors (X_1, X_2), die eine gerade Augenzahl aufweisen. X und Y haben die Wertebereiche $\{1, 2, 3, 4, 5, 6\}$ bzw. $\{0, 1, 2\}$. Da X_1 und X_2 unabhängig sind, gilt für jede Realisierung (i, j) des zufälligen Vektors (X_1, X_2) die Beziehung

$$P(X_1 = i, X_2 = j) = P(X_1 = i) P(X_2 = j) = \frac{1}{6} \cdot \frac{1}{6} = \frac{1}{36}.$$

X und Y sind aber nicht unabhängig, denn wenn zum Beispiel $X = 1$ ist, dann muss zwangsläufig $Y = 0$ sein, ist $X = 2$, kann Y nur 1 oder 2 sein, usw. Tafel 1.2 zeigt die 18 Einzelwahrscheinlichkeiten p_{ij} und die Randverteilungen von (X, Y).   □

X Y	1	2	3	4	5	6	q_j
0	1/36	0	3/36	0	5/36	0	9/36
1	0	2/36	2/36	4/36	4/36	6/36	18/36
2	0	1/36	0	3/36	0	5/36	9/36
p_i	1/36	3/36	5/36	7/36	9/36	11/36	36/36=1

Tafel 1.2 Gemeinsame Verteilung und Randverteilung für Beispiel 1.34

1.8.2 n-dimensionale Zufallsgrößen

1.8.2.1 Grundlagen

Gegeben seien n Zufallsgrößen $X_1, X_2, ..., X_n$ mit den Verteilungsfunktionen

$$F_{X_1}(x_1),\ F_{X_2}(x_2), ..., F_{X_n}(x_n)$$

und den Dichten

$$f_{X_1}(x_1), f_{X_2}(x_2), ..., f_{X_n}(x_n),$$

falls letztere existieren. Treten Momente der X_i auf, wird deren Existenz vorausgesetzt.

Gemeinsame Verteilung und Randverteilung Die *gemeinsame Verteilungsfunktion* der n-dimensionalen Zufallsgröße $X = (X_1, X_2, ..., X_n)$ ist definiert durch

$$F_X(x_1, x_2, ..., x_n) = P(X_1 \leq x_1, X_2 \leq x_2, ..., X_n \leq x_n).$$

Existiert die n-te gemischte partielle Ableitung von $F_X(x_1, x_2, ..., x_n)$ nach den x_i, so bezeichnet man sie als *gemeinsame Verteilungsdichte* von X:

$$f_X(x_1, x_2, ..., x_n) = \frac{\delta^n F_X(x_1, x_2, ..., x_n)}{\delta x_1 \delta x_2 \cdots \delta x_n}.$$

Die Eigenschaften von zweidimensionalen Verteilungsfunktionen (1.52) bzw. Verteilungsdichten (1.53) übertragen sich analog auf die n-dimensionalen, so dass sie hier nicht aufgelistet werden. Die Verteilungsfunktionen und -dichten der X_i lassen sich wie im zweidimensionalen Fall aus der gemeinsamen Verteilungsfunktion bzw. -dichte von X gewinnen. Zum Beispiel gelten für $i = 1, 2, ..., n$,

$$F_{X_i}(x_i) = F_X(\infty, ..., \infty, x_i, \infty, ..., \infty),$$

$$f_{X_i}(x_i) = \int_{-\infty}^{+\infty} \cdots \int_{-\infty}^{+\infty} f_X(x_1, ..., x_i, ..., x_n)\, dx_1 \cdots dx_{i-1} dx_{i+1} \cdots dx_n, \qquad (1.82)$$

und gemeinsame Verteilungsfunktion und -dichte des Vektors (X_i, X_j), $1 \leq i < j \leq n$, sind

$$F_{(X_i,X_j)}(x_i, x_j) = F_X(\infty, ..., \infty, x_i, \infty, ..., \infty, x_j, \infty, ..., \infty),$$

$$f_{(X_i,X_j)}(x_i, x_j) = \frac{\partial^2 F_X(\infty, ..., \infty, x_i, \infty, ..., \infty, x_j, \infty, ..., \infty)}{\partial x_i \partial x_j}$$

$$= \int_{-\infty}^{+\infty} \cdots \int_{-\infty}^{+\infty} f_X(x_1, x_2, x_3, ..., x_n)\, dx_1 ... dx_{i-1} dx_{i+1} ... dx_{j-1} dx_{j+1} ... dx_n.$$

Auf diese Weise kann man vermittels F_X bzw. f_X die (gemeinsamen) Verteilungsfunktionen und Dichten aller Vektoren

$$(X_{i_1}, X_{i_2}, ..., X_{i_k}) \text{ mit } (i_1, i_2, ..., i_k) \subset (1, 2, ..., n)$$

erzeugen. Die Gesamtheit der so erzeugten Wahrscheinlichkeitsverteilungen bildet die *Randverteilung* des zufälligen Vektors $X = (X_1, X_2, ..., X_n)$.

Unabhängigkeit Die Zufallsgrößen $X_1, X_2, ..., X_n$ sind (*vollständig*) *unabhängig*, wenn für alle Vektoren $(x_1, x_2, ..., x_n)$ mit $x_i \in W_{X_i}$ gilt

$$F_{\mathbf{X}}(x_1, x_2, ..., x_n) = F_{X_1}(x_1) F_{X_2}(x_2) \cdots F_{X_n}(x_n) .$$ (1.83)

Im Falle stetiger Zufallsgrößen X_i ist die Gültigkeit von (1.83) äquivalent zu

$$f_{\mathbf{X}}(x_1, x_2, ..., x_n) = f_{X_1}(x_1) f_{X_2}(x_2) \cdots f_{X_n}(x_n) .$$ (1.84)

Die $X_1, X_2, ..., X_n$ sind *paarweise unabhängig*, wenn X_i und X_j für alle Paare (i, j) mit $1 \leq i, j \leq n$, $i \neq j$ unabhängig sind (im Sinne von Definition 1.16). Aus der paarweisen Unabhängigkeit der $X_1, X_2, ..., X_n$ muss nicht ihre (vollständige) Unabhängigkeit folgen.

Bedingte Verteilungen Bedingte Verteilungsdichten werden analog zum zweidimensionalen Fall gebildet. So lautet die bedingte Verteilungsdichte von X unter der Bedingung $X_1 = x_1$ (hier und im Folgenden werden positive Nenner vorausgesetzt)

$$f_{\mathbf{X}}(x_2, x_3, ..., x_n | x_1) = \frac{f_{\mathbf{X}}(x_1, x_2, ..., x_n)}{f_{X_1}(x_1)} ,$$

während die bedingte Verteilungsdichte von $\mathbf{X}$ unter der Bedingung "$X_1 = x_1, X_2 = x_2$" gegeben ist durch

$$f_{\mathbf{X}}(x_3, x_4, ..., x_n | x_1, x_2) = \frac{f_{\mathbf{X}}(x_1, x_2, ..., x_n)}{f_{(X_1, X_2)}(x_1, x_2)} .$$

Erwartungswerte Ist $y = h(x_1, x_2, ..., x_n)$ eine Funktion von n Variablen und die Zufallsgröße Y gegeben durch

$$Y = h(X_1, X_2, ..., X_n),$$

dann ist der Erwartungswert von Y definiert durch

$$E(Y) = \int\int \cdots \int h(x_1, x_2, ..., x_n) f_{\mathbf{X}}(x_1, x_2, ..., x_n) dx_1 dx_2 \cdots dx_n,$$ (1.85)

falls das Integral existiert. Dabei sind hier und im Folgenden die Integrationsgrenzen durch die Wertebereiche der X_i bestimmt, da außerhalb dieser Bereiche bedingte Dichten identisch 0 sind. Sind die $X_1, X_2, ..., X_n$ unabhängig, dann folgt aus (1.84) und (1.85) mit $h(x_1, x_2, ..., x_n) = x_1 x_2 \cdots x_n$ die Tatsache, dass der Erwartungswert des Produkts unabhängiger Zufallsgrößen gleich dem Produkt ihrer Erwartungswerte ist:

$$E(X_1 X_2 \cdots X_n) = E(X_1) E(X_2) \cdots E(X_n) .$$ (1.86)

Bedingte Erwartungswerte werden vermittels der entsprechenden bedingten Dichten definiert. Es sei etwa $E(Y | x_1) = E(Y | X_1 = x_1)$ der bedingte Erwartungswert der Zufallsgröße $Y = h(X_1, X_2, ..., X_n)$ unter der Bedingung "$X_1 = x_1$". Er ist definiert durch

$$E(Y | x_1) = \int\int \cdots \int h(x_1, x_2, ..., x_n) \frac{f_{\mathbf{X}}(x_1, x_2, ..., x_n)}{f_{X_1}(x_1)} dx_2 dx_3 \cdots dx_n .$$

$E(Y|x_1) = E(Y|X_1 = x_1)$ ist eine Funktion von x_1 und Realisierung des zufälligen bedingten Erwartungswertes

$$E(Y|X_1) = \int\int \cdots \int h(X_1, x_2, ..., x_n) \frac{f_{\mathbf{X}}(X_1, x_2, ..., x_n)}{f_{X_1}(X_1)} dx_2 dx_3 \cdots dx_n .$$

Der Erwartungswert der Zufallsgröße $E(Y|X_1)$ wird wie folgt berechnet:

$$E(E(Y|X_1)) = \int E(Y|x_1) f_{X_1}(x_1) dx_1 .$$

Man erhält (vergleiche (1.62))

$$E(E(Y|X_1)) = E(Y) . \tag{1.87}$$

Als weiterer Spezialfall wird der bedingte Erwartungswert von Y unter der Bedingung "$X_1 = x_1, X_2 = x_2$" betrachtet:

$$E(Y|x_1, x_2) = E(Y|X_1 = x_1, X_2 = x_2) .$$

Er berechnet sich wie folgt:

$$E(Y|x_1, x_2) = \int\int \cdots \int h(x_1, x_2, ..., x_n) \frac{f_{\mathbf{X}}(x_1, x_2, ..., x_n)}{f_{(X_1, X_2)}(x_1, x_2)} dx_3 dx_4 \cdots dx_n .$$

$E(Y|x_1, x_2)$ ist eine Funktion von x_1 und x_2. Der Erwartungswert des zugehörigen zufälligen bedingten Erwartungswerts $E(Y|X_1, X_2)$ ist

$$E(E(Y|X_1, X_2)) = \int\int E(Y|x_1, x_2) f_{(X_1, X_2)}(x_1, x_2) dx_1 dx_2 .$$

Daher gilt wegen (1.85) folgende Beziehung:

$$E(E(Y|X_1, X_2)) = E(Y). \tag{1.88}$$

Analog sind bedingte Dichten und bedingte Erwartungswerte bezüglich mehr als zwei der X_i definiert.

Identisch verteilte Zufallsgrößen Die Zufallsgrößen $X_1, X_2, ..., X_n$ heißen *identisch verteilt*, wenn sie die gleiche Wahrscheinlichkeitsverteilung, also die gleiche Verteilungsfunktion, haben. Insbesondere haben identisch verteilte diskrete Zufallsgrößen die gleichen Einzelwahrscheinlichkeiten und identisch verteilte stetige Zufallsgrößen die gleichen Wahrscheinlichkeitsdichten. Vom wahrscheinlichkeitstheoretischen Standpunkt aus unterscheiden sich identisch verteilte Zufallsgrößen nicht. Sie können als die Ergebnisse ein und desselben Zufallsexperiments interpretiert werden, das n mal unter identischen Bedingungen wiederholt wird.

Sind die X_i unabhängig und identisch verteilt gemäß $F(x) = P(X_i \leq x)$; $i = 1, 2, ..., n$, dann hat der Vektor $\mathbf{X} = (X_1, X_2, ..., X_n)$ die gemeinsame Verteilungsfunktion

$$F_{\mathbf{X}}(x_1, x_2, ..., x_n) = F(x_1) F(x_2) \cdots F(x_n) .$$

1.8.2.2 Summen von Zufallsgrößen

Erwartungswert Es seien $X_1, X_2, \cdots, X_n$ Zufallsgrößen mit endlichen Erwartungswerten $E(X_i)$; $i = 1, 2, ..., n$; sowie $\mathbf{X} = (X_1, X_2, \cdots, X_n)$. Der Erwartungswert der Summe $Z = X_1 + X_2 + \cdots + X_n$ ergibt sich aus (1.85) mit $h = x_1 + x_2 + \cdots + x_n$ zu

$$E(Z) = \iint \cdots \int (x_1 + x_2 + \cdots + x_n) f_{\mathbf{X}}(x_1, x_2, ..., x_n) \, dx_1 \, dx_2 \cdots dx_n .$$

Wegen (1.82) folgt in Verallgemeinerung von (1.65)

$$E\left(\sum_{i=1}^{n} X_i\right) = \sum_{i=1}^{n} E(X_i) .$$

Varianz Die Varianz der Summe $X_1 + X_2 + \cdots + X_n$ ist

$$Var\left(\sum_{i=1}^{n} X_i\right) = \sum_{i=1}^{n} \sum_{j=1}^{n} Cov(X_i, X_j) .$$

Wegen $Cov(X_i, X_i) = Var(X_i)$ und $Cov(X_i, X_j) = Cov(X_j, X_i)$ kann man diese Beziehung auch in folgender Form schreiben:

$$Var\left(\sum_{i=1}^{n} X_i\right) = \sum_{i=1}^{n} Var(X_i) + 2 \sum_{\{i,j=1, i<j\}}^{n} Cov(X_i, X_j). \tag{1.89}$$

Da bei Unkorreliertheit der X_i stets $Cov(X_i, X_j) = 0$; $i \ne j$; gilt, folgt für unkorrelierte, insbesondere unabhängige X_i

$$Var\left(\sum_{i=1}^{n} X_i\right) = \sum_{i=1}^{n} Var(X_i). \tag{1.90}$$

Demnach ist im Falle unabhängiger, identisch wie X verteilter Zufallsgrößen X_i

$$E\left(\sum_{i=1}^{n} X_i\right) = n E(X), \tag{1.91}$$

$$Var\left(\sum_{i=1}^{n} X_i\right) = n Var(X). \tag{1.92}$$

Es seien nun $\alpha_1, \alpha_2, \cdots, \alpha_n$ beliebige, aber beschränkte reelle Zahlen. Dann gelten in Verallgemeinerung der bisherigen Formeln

$$E\left(\sum_{i=1}^{n} \alpha_i X_i\right) = \sum_{i=1}^{n} \alpha_i E(X_i), \tag{1.93}$$

$$Var\left(\sum_{i=1}^{n} \alpha_i X_i\right) = \sum_{i=1}^{n} \alpha_i^2 Var(X_i) + 2 \sum_{\{i,j=1, i<j\}}^{n} \alpha_i \alpha_j Cov(X_i, X_j). \tag{1.94}$$

Bei Unkorreliertheit der X_i ist

$$Var\left(\sum_{i=1}^{n} \alpha_i X_i\right) = \sum_{i=1}^{n} \alpha_i^2 Var(X_i). \tag{1.95}$$

Hinweis Die Formeln (1.86) - (1.95) gelten gleichermaßen für diskrete Zufallsgrößen.

Verteilung der Summe unabhängiger Zufallsgrößen Es seien $X_1, X_2, \ldots, X_n$ unabhängige, stetige Zufallsgrößen mit den Verteilungsdichten $f_{X_i}(x)$ und den Verteilungsfunktionen $F_{X_i}(x)$. Dann sind Verteilungsfunktion und Verteilungsdichte der Summe

$$Z = X_1 + X_2$$

gemäß (1.69) und (1.70) gegeben durch

$$F_Z(z) = \int_{-\infty}^{+\infty} F_{X_1}(z-x) f_{X_2}(x) dx,$$

$$f_Z(z) = \int_{-\infty}^{+\infty} f_{X_1}(z-x) f_{X_2}(x) dx.$$

Mit dem üblichen 'Faltungsstern' schreibt man $F_Z(z)$ und $f_Z(z)$ auch in der Form

$$F_Z(z) = F_{X_1} * F_{X_2}(z)$$

$$f_Z(z) = f_{X_1} * f_{X_2}(z).$$

Verteilungsfunktion und -dichte der Summe

$$Z = X_1 + X_2 + \cdots + X_n$$

erhält man durch $(n-1)$-fache Anwendung der Faltungsoperation:

$$F_Z(z) = F_{X_1} * F_{X_2} * \cdots * F_{X_n}(z), \tag{1.96}$$

$$f_Z(z) = f_{X_1} * f_{X_2} * \cdots * f_{X_n}(z). \tag{1.97}$$

Sind insbesondere die X_i identisch wie X mit der Verteilungsfunktion $F(x)$ und der Dichte $f(x)$ verteilt, dann ist die Verteilungsfunktion von Z durch die n-te *Faltungspotenz* von $F(x)$ und die Verteilungsdichte von Z durch die n-te Faltungspotenz von $f(x)$ gegeben. Diese werden mit

$$F^{*(n)}(z) \quad \text{bzw.} \quad f^{*(n)}(z)$$

bezeichnet und können für $i = 1, 2, \ldots, n-1$ rekursiv vermittels

$$F^{*(i+1)}(z) = \int_{-\infty}^{+\infty} F^{*(i)}(z-x) f(x) dx; \quad F^{*(1)}(z) = F(z) \tag{1.98}$$

bzw.

$$f^{*(i+1)}(z) = \int_{-\infty}^{+\infty} f^{*(i)}(z-x) f(x) dx; \quad f^{*(1)}(z) \equiv f(z) \tag{1.99}$$

berechnet werden. Also gelten

$$F_Z(z) = F^{*(n)}(z), \quad f_Z(z) = f^{*(n)}(z). \tag{1.100}$$

Für nichtnegative X_i vereinfachen sich die Formeln (1.98) und (1.99) zu

$$F^{*(i+1)}(z) = \int_0^z F^{*(i)}(z-x) f(x) dx, \quad z \geq 0, \tag{1.101}$$

$$f^{*(i+1)}(z) = \int_0^z f^{*(i)}(z-x) f(x) dx, \quad z \geq 0. \tag{1.102}$$

Beispiel 1.35 (*Erlangverteilung*) X_1 und X_2 seien unabhängige, identisch exponential mit dem Parameter λ verteilte Zufallsgrößen. Ihre Dichte ist also gegeben durch

$$f(x) = \lambda e^{-\lambda x}, \; x \geq 0.$$

Die Dichte der Summe $Z = X_1 + X_2$ ergibt sich aus (1.102):

$$f_Z(z) = f^{2(*)}(z) = \int_0^z \lambda e^{-\lambda(z-x)} \lambda e^{-\lambda x} \, dx. \qquad (1.103)$$

Es folgt

$$f_Z(z) = \lambda^2 z e^{-\lambda z}, \; z \geq 0.$$

Das ist die Dichte einer Erlangverteilung mit den Parametern $n = 2$ und λ. Es seien nun $X_1, X_2, ..., X_n$ unabhängige, identisch exponential mit dem Parameter λ verteilte Zufallsgrößen. Dann folgt ausgehend von (1.103) leicht induktiv, dass die Summe

$$Z = X_1 + X_2 + \cdots + X_n$$

einer Erlangverteilung mit den Parametern n und λ genügt (Abschn. 1.4.4.5). Die zugehörige Dichte ist:

$$f_Z(z) = f^{n(*)}(z) = \lambda \frac{(\lambda z)^{n-1}}{(n-1)!} e^{-\lambda z}, \quad z \geq 0.$$

Umgekehrt gilt, dass jede mit den Parametern n und λ erlangverteilte Zufallsgröße sich als Summe von n unabhängigen, identisch mit den Parametern $n = 1$ und λ exponential verteilten Zufallsgrößen darstellen lässt.

Beispiel 1.36 (*Normalverteilung*) X_1 und X_2 seien unabhängige, normalverteilte Zufallsgrößen mit den Parametern μ_1 und σ_1^2 bzw. μ_2 und σ_2^2. Die Verteilungsdichte der Summe $Z = X_1 + X_2$ ist

$$f_Z(z) = \int_{-\infty}^{+\infty} \frac{1}{\sqrt{2\pi}\,\sigma_2} \exp\left(-\frac{1}{2}\frac{(z-x-\mu_2)^2}{\sigma_2^2}\right) \frac{1}{\sqrt{2\pi}\,\sigma_1} \exp\left(-\frac{1}{2}\frac{(x-\mu_1)^2}{\sigma_1^2}\right) dx.$$

Wird $u = x - \mu_1$ und $v = z - \mu_1 - \mu_2$ gesetzt und anschließend die Substitution

$$t = \frac{\sqrt{\sigma_1^2 + \sigma_2^2}}{\sigma_1 \sigma_2} u - \frac{\sigma_1}{\sigma_2\sqrt{\sigma_1^2 + \sigma_2^2}} v$$

vorgenommen, erhält $f_Z(z)$ die Form

$$f_Z(z) = \frac{1}{2\pi\sqrt{\sigma_1^2 + \sigma_2^2}} \exp\left(-\frac{v^2}{2\left(\sigma_1^2 + \sigma_2^2\right)}\right) \int_{-\infty}^{+\infty} e^{-t^2/2} \, dt.$$

Wegen

$$\int_{-\infty}^{+\infty} e^{-t^2/2} \, dt = \sqrt{2\pi}$$

ergibt sich die Verteilungsdichte der Summe in der gewünschten Form:

$$f_Z(z) = \frac{1}{\sqrt{2\pi(\sigma_1^2 + \sigma_2^2)}} \exp\left(-\frac{(z - \mu_1 - \mu_2)^2}{2\left(\sigma_1^2 + \sigma_2^2\right)}\right); \quad -\infty < z < +\infty.$$

Somit ist die Summe zweier unabhängiger, normal mit den Parametern μ_1 und σ_1^2 bzw. μ_2 und σ_2^2 verteilter Zufallsgrößen wiederum normalverteilt, und zwar mit den Parametern $\mu_1 + \mu_2$ und $\sigma_1^2 + \sigma_2^2$. Induktiv folgt:

> *Die Summe Z von n unabhängigen, normalverteilten Zufallsgrößen genügt einer Normalverteilung, wobei sich die Parameter von Z durch Addition der entsprechenden Parameter der Summanden ergeben.*

Somit ist die Normalverteilung zur unbeschränkt teilbar.   □

Definition 1.17 (unbeschränkt teilbare Verteilung) Eine Zufallsgröße X bzw. deren (Wahrscheinlichkeits-) Verteilung heißt *unbeschränkt teilbar*, wenn sich X für jede natürliche Zahl n als Summe unabhängiger, identisch verteilter Zufallsgrößen darstellen lässt.   ●

Mit anderen Worten: Ist $F(x)$ die Verteilungsfunktion einer unbeschränkt teilbaren Zufallsgröße, dann existiert für jedes natürliche n eine Verteilungsfunktion F_n mit der Eigenschaft, dass die n-te Faltungspotenz von $F_n(x)$ gleich $F(x)$ ist:

$$F(x) = F_n^{*(n)}(x).$$

Definition 1.17 schließt diskrete Zufallsgrößen ein.

Neben der Normalverteilung sind auch die Poisson- und die Gammaverteilung unbeschränkt teilbar. Ebenfalls unbeschränkt teilbar ist die Cauchyverteilung.

Cauchyverteilung Eine Zufallsgröße ist *cauchyverteilt* mit den Parametern λ und μ, wenn sie folgende Dichte hat:

$$f(x) = \frac{1}{\pi} \frac{\lambda}{\lambda^2 + (x - \mu)^2}, \quad -\infty < x < +\infty, \ \lambda > 0.$$

Die zugehörige Verteilungsfunktion ist

$$F(x) = \frac{1}{2} + \frac{1}{\pi} \arctan \frac{x - \mu}{\lambda}.$$

Sind die Zufallsgrößen X_1 und X_2 unabhängig und cauchyverteilt mit den Parametern λ_1, μ_1 bzw. λ_2, μ_2, dann ist auch die Summe $Z = X_1 + X_2$ cauchyverteilt und zwar mit den Parametern

$$\lambda_1 + \lambda_2 \text{ und } \mu_1 + \mu_2.$$

Der Erwartungswert einer cauchyverteilten Zufallsgröße existiert nicht.

1.8.2.3 n-dimensionale Normalverteilung

Es seien $\mathbf{X} = (X_1, X_2, \cdots, X_n)$ ein n-dimensionaler zufälliger Vektor und

$$k_{ij} = Cov(X_i, X_j) \text{ bzw. } \rho_{ij} = \rho(X_i, X_j); \quad i, j = 1, 2, \ldots, n,$$

die Kovarianz bzw. der Korrelationskoeffizient von X_i und X_j (Abschn. 1.8.1.5). Diese Kenngrößen werden in der *Kovarianzmatrix* $\mathbf{K} = \mathbf{K}(X_1, X_2, \cdots, X_n)$ bzw. in der *Korrelationsmatrix* $\rho = \rho(X_1, X_2, \cdots, X_n)$ zusammengefasst:

$$\mathbf{K} = ((k_{ij})), \quad \rho = ((\rho_{ij})); \quad i, j = 1, 2, \ldots, n. \tag{1.104}$$

Somit sind die Elemente dieser Matrizen die *(paarweisen) Kovarianzen* bzw. *Korrelationskoeffizienten* zwischen den Zufallsgrößen $X_1, X_2, \cdots, X_n$ mit $k_{ii} = Var(X_i)$ und $\rho_{ii} = 1$; $i = 1, 2, \ldots, n$. $\mathbf{K}$ und ρ sind symmetrische, positiv (semi-) definite Matrizen.

Es seien nun $\mu = (\mu_1, \mu_2, \ldots, \mu_n)$ mit $\mu_i = E(X_i)$, $i = 1, 2, \ldots, n$, und es existiere die inverse Matrix $\mathbf{K}^{-1}$ von $\mathbf{K}$. Wird $\mathbf{x} = (x_1, x_2, \cdots, x_n)$ gesetzt, dann genügen die $X_1, X_2, \cdots, X_n$ einer n-*dimensionalen Normalverteilung*, wenn sie die gemeinsame Verteilungsdichte

$$f_{\mathbf{X}}(\mathbf{x}) = \frac{1}{\sqrt{(2\pi)^n |\mathbf{K}|}} \exp\left(-\frac{1}{2}(\mathbf{x} - \mu)\mathbf{K}^{-1}(\mathbf{x} - \mu)^T\right) \tag{1.105}$$

haben. Hierbei ist $\mathbf{x} - \mu = (x_1 - \mu_1, x_2 - \mu_2, \ldots, x_n - \mu_n)$ und $(\mathbf{x} - \mu)^T$ der zugehörige transponierte Vektor. Bezeichnet K_{ij} das algebraische Komplement von k_{ij}, dann lautet diese Dichte in ausführlicher Schreibweise, $-\infty < x_i < +\infty$; $i = 1, 2, \ldots, n$:

$$f_{\mathbf{X}}(x_1, x_2, \cdots, x_n) = \frac{1}{\sqrt{(2\pi)^n |\mathbf{K}|}} \exp\left(-\frac{1}{2|\mathbf{K}|} \sum_{i=1}^{n} \sum_{j=1}^{n} K_{ij}(x_i - \mu_i)(x_j - \mu_j)\right).$$

Als Spezialfall erhält man für $n = 2$ mit $x_1 = x$ und $x_2 = y$ die Dichte der zweidimensionalen Normalverteilung (1.78). Der Übergang zur Randverteilung ergibt, dass die X_i normalverteilt sind mit dem Erwartungswert μ_i und der Varianz $k_{ii} = \sigma_i^2$; $i = 1, 2, \ldots, n$. Für unkorrelierte X_i ist $\mathbf{K}$ eine Diagonalmatrix ($k_{ij} = 0$ für $i \neq j$), so dass die Produktdarstellung (1.84) der Dichte und damit die Unabhängigkeit der X_i folgt:

$$f_{\mathbf{X}}(x_1, x_2, \cdots, x_n) = \prod_{i=1}^{n} \left[\frac{1}{\sqrt{2\pi}\,\sigma_i} \exp\left(-\frac{1}{2}\left(\frac{x_i - \mu_i}{\sigma_i}\right)^2\right)\right]. \tag{1.106}$$

Folgerung *Gemeinsam normalverteilte Zufallsgrößen sind genau dann unabhängig, wenn sie unkorreliert sind.*

Satz 1.6 Genügen die $X_1, X_2, \cdots, X_n$ einer n-dimensionalen Normalverteilung und sind die Zufallsgrößen $Y_1, Y_2, \cdots, Y_m$, $m \leq n$, Linearkombinationen der X_i,

$$Y_i = \sum_{j=1}^{n} a_{ij} X_j; \quad i = 1, 2, \ldots, m;$$

so genügen die $Y_1, Y_2, \ldots, Y_m$ einer m-dimensionalen Normalverteilung. ∎

1.9 Ungleichungen in der Wahrscheinlichkeitstheorie

Ungleichungen in der Wahrscheinlichkeitsrechnung dienen der Abschätzung schwer oder nicht exakt bestimmbarer Wahrscheinlichkeiten von zufälligen Ereignissen sowie der Abschätzung von Momenten zufälliger Größen. Sie sind damit von erheblicher praktischer und theoretischer Bedeutung. In diesem Abschnitt werden die wichtigsten Ungleichungen aufgelistet. Die Existenz aller auftretenden Erwartungswerte und weiterer Momente wird stillschweigend vorausgesetzt. Ebenso sind nur nichtverschwindende Nenner zugelassen. Wie üblich wird $E(X) = \mu$ und $Var(X) = \sigma^2$ gesetzt.

1.9.1 Abschätzungen für Wahrscheinlichkeiten

1.9.1.1 Ungleichungen vom Markov-Tschebyschev-Typ

Es seien h eine auf $[0, \infty)$ definierte nichtnegative, monoton wachsende Funktion und X eine stetige Zufallsgröße mit der Dichte $f(\cdot)$. Dann gilt für beliebiges positives x

$$E(h(|X|)) = \int_{-\infty}^{+\infty} h(|y|)f(y)dy \geq \int_{+x}^{+\infty} h(|y|)f(y)dy + \int_{-\infty}^{-x} h(|y|)f(y)dy$$

$$\geq h(|x|)\int_{+x}^{+\infty} f(y)dy + h(|x|)\int_{-\infty}^{-x} f(y)dy = h(|x|)P(|X| > x).$$

Es folgt

$$P(|X| \geq x) \leq \frac{E(h(|X|))}{h(x)}. \tag{1.107}$$

Analog lässt sich die Gültigkeit von (1.107) für diskrete Zufallsgrößen zeigen. Ein wichtiger Spezialfall von (1.107) ($h(x) = x^a$, $a > 0$) ist die *Markovsche Ungleichung*:

$$P(|X| \geq x) \leq \frac{E(|X|^a)}{x^a}.$$

Mit $X - \mu$ anstelle von X und $a = 2$ ergibt sich aus der Markovschen Ungleichung die *Tschebyschevsche Ungleichung* (auch *Bienaymé-Tschebyschevsche Ungleichung*)

$$P(|X - \mu)| \geq x) \leq (\sigma/x)^2. \tag{1.108}$$

Beispiel 1.37 Die Zufallsgröße B_n gebe an, wie oft in einer Serie von n unabhängigen Würfen mit einem idealen Würfel die Zahl 4 eintritt (Bernoullisches Versuchsschema, s. Abschn. 1.3.3). B_n genügt einer Binomialverteilung mit den Parametern n und $p = 1/6$. Mit Hilfe der Tschebyschevschen Ungleichung soll eine natürliche Zahl n_0 mit der Eigenschaft bestimmt werden, dass die Wahrscheinlichkeit des Ereignisses

$$\left\{ \left| \frac{B_n}{n} - \frac{1}{6} \right| \geq 0,01 \right\}$$

für alle $n \geq n_0$ kleiner oder gleich 0.05 ist. (B_n/n ist die relative Häufigkeit für das Eintreten des Ereignisses "eine 4 wird gewürfelt" in einer Serie von n Würfen.) Wegen

$$E(B_n) = n/6 \text{ und } Var(B_n) = n\,p\,(1-p) = 5n/36$$

ergibt sich aus (1.108)

$$P\left(\left\{\left|\frac{B_n}{n} - \frac{1}{6}\right| \geq 0,01\right\}\right) \leq \frac{5}{0,01^2 \cdot 36n} \leq 0,05,$$

woraus $n_0 = 27778$ folgt. $\square$

Gaußsche Ungleichungen Es sei X eine stetige Zufallsgröße mit unimodaler Dichte und dem Modalwert x_m. Dann lauten die *Gaußschen Ungleichungen*

$$P(|X - \mu| \geq x) \leq \frac{4}{9} \frac{\sigma^2 + (\mu - x_m)^2}{(x - |\mu - x_m|)^2}, \quad x > 0, \tag{1.109}$$

$$P(|X - x_m| \geq x) \leq \frac{4}{9x^2}\left[\sigma^2 + (\mu - x_m)^2\right], \quad x > 0. \tag{1.110}$$

Formel (1.109) betrachtet wie die Tschebyscheffsche Ungleichung die Abweichung einer Zufallsgröße von ihrem Erwartungswert. Für Dichten mit der Eigenschaft $\mu = x_m$ (insbesondere also für symmetrische Dichten bezüglich μ) fallen die Abschätzungen (1.109) und (1.110) zusammen. Das Resultat ist eine Verbesserung der Tschebyschevschen Ungleichung (1.108):

$$P(|X - x_m| \geq x) \leq (2\sigma/3x)^2. \tag{1.111}$$

$k\sigma$–**Regeln** Diese Regeln beziehen sich auf die Wahrscheinlichkeiten $P(|X - \mu| \leq k\sigma)$; $k = 1, 2, \ldots$ Obwohl die Tschebyschevsche und die Gaußschen Ungleichungen relativ grobe Abschätzungen dieser Wahrscheinlichkeiten liefern, reichen sie häufig aus. Es ergeben sich aus (1.108) und (1.111) für beliebige bzw. für unimodale Dichten mit $\mu = x_m$:

$$P(|X - \mu| \leq k\sigma) \geq 1 - \frac{1}{k^2} \quad \text{bzw.} \quad P(|X - \mu| \leq k\sigma) \geq 1 - \frac{4}{9k^2}.$$

Tafel 1.3 vergleicht für $k = 1, 2, \ldots, 5$ die unteren Schranken für die Wahrscheinlichkeiten $P(|X - \mu| \leq k\sigma)$, die sich bei Anwendung der Tschebyschevschen und Gaußschen Ungleichungen ergeben, mit den exakten Werten, die bei Normalverteilung auftreten.

$P(|Y - \mu| \leq k\sigma)$	$k = 1$	$k = 2$	$k = 3$	$k = 4$	$k = 5$
Beliebige Dichte	> 0	$> 0,750$	$> 0,889$	$> 0,938$	$> 0,960$
Unimodale Dichte mit $m = \mu$	$> 0,556$	$> 0,889$	> 0.951	$> 0,972$	$> 0,982$
Normalverteilung	$= 0,683$	$= 0,955$	$= 0,997$	$> 0,999$	$> 0,999$

Tafel 1.3 Vergleich von Abschätzungen mit den Werten bei Normalverteilung

Cantellische Ungleichung Für eine beliebige Zufallsgröße X gilt

$$\max\{P(X - \mu \geq x), \, P(X - \mu \leq -x)\} \leq \frac{\sigma^2}{\sigma^2 + x^2}, \quad x \geq 0$$

1.9.1.2 Exponentialabschätzungen

Es sei X eine Zufallsgröße, die der *Cramerschen Bedingung*

$$E(\exp(a|X|)) < \infty$$

für ein gewisses $a > 0$ genügt. Dann folgt aus (1.107) mit $h(x) = e^{ax}$ für alle $x > 0$

$$P(|X| \geq x) \leq e^{-ax} E(e^{a|X|}).$$

Bernsteinsche Ungleichungen X erfülle mit einer positiven reellen Zahl H die *Bernsteinsche Bedingung*

$$E(|X - \mu|^k) \leq \frac{1}{2}\sigma^2 k! H^{k-2}; \quad k = 2, 3, \ldots \tag{1.112}$$

(Auf der linken Seite dieser Ungleichung steht das k-te absolute zentrale Moment von X, s. Abschn. 1.5.2). Dann gelten die *Bernsteinschen Ungleichungen*

$$P(X - \mu \geq x) \leq \begin{cases} \exp\left\{-\dfrac{x^2}{4\sigma^2}\right\} & \text{für} \quad 0 < x \leq \sigma^2/H \\[2mm] \exp\left\{-\dfrac{x}{4H}\right\} & \text{für} \quad x \geq \sigma^2/H \end{cases}.$$

Die rechte Seite dieser Ungleichung ist auch eine obere Schranke für $P(X - \mu \leq -x)$.
Für eine bezüglich ihres Erwartungswertes μ symmetrisch verteilte Zufallsgröße X gilt die *verschärfte Bernsteinsche Ungleichung*

$$P(X - \mu \leq -x) = P(X - \mu \geq x) \leq \exp\left\{-x^2/2\sigma^2\right\}, \quad x > 0.$$

Analoge Abschätzungen können auch für Summen $\sum_{i=1}^{n} X_i$ unabhängiger Zufallsgrößen X_i mit $E(X_i) = 0$ sowie $\sigma_i^2 = Var(X_i)$; $i = 1, 2, \ldots, n$, angegeben werden, wenn eine positive Zahl H derart existiert, dass (1.112) für alle X_i gilt:

$$E(|X_i|^k) \leq \frac{1}{2}\sigma_i^2 k! H^{k-2}; \quad i = 1, 2, \ldots, n; \quad k = 2, 3, \ldots$$

Dann gelten mit

$$s_n^2 = \sigma_1^2 + \sigma_2^2 + \ldots + \sigma_n^2$$

die *Bernsteinsche Ungleichungen für Summen*:

$$P\left(\sum_{i=1}^{n} X_i \geq x\right) \leq \begin{cases} \exp\left\{-\dfrac{x^2}{4s_n^2}\right\} & \text{für} \quad 0 < x \leq s_n^2/H \\[2mm] \exp\left\{-\dfrac{x}{4H}\right\} & \text{für} \quad x \geq s_n^2/H \end{cases}.$$

Die rechte Seite dieser Ungleichung ist auch eine obere Schranke für die Wahrscheinlichkeit

$$P\left(\sum_{i=1}^{n} X_i \leq -x\right).$$

1.9.1.3 Ungleichungen für Maxima von Summen

Diesem Abschnitt liegen unabhängige Zufallsgrößen $X_1, X_2, ..., X_n$ mit den Erwartungswerten $\mu_i = E(X_i)$ und Varianzen $\sigma_i^2 = Var(X_i)$; $i = 1, 2, ..., n$, zugrunde.

Kolmogorovsche Ungleichungen Für beliebiges $x > 0$ gilt

$$P\left(\max_{1 \leq k \leq n} \left| \sum_{i=1}^{k} (X_i - \mu_i) \right| \geq x \right) \leq \frac{1}{x^2} \sum_{i=1}^{n} \sigma_i^2.$$

Für $|X_i| \leq C < \infty$; $i = 1, 2, ..., n$; d.h. für gleichmäßig beschränkte X_i, gilt

$$P\left(\max_{1 \leq k \leq n} \left| \sum_{i=1}^{k} (X_i - \mu_i) \right| \geq x \right) \geq 1 - \frac{(x + 2C)^2}{\sum_{i=1}^{n} \sigma_i^2}.$$

Ungleichung von Hájek-Renyi Für jede Folge nichtnegativer reeller Wichtungsfaktoren $a_1, a_2, ..., a_n$ mit $a_1 \geq a_2 \geq ... \geq a_n \geq 0$, jedes $m = 1, 2, ..., n$ und jedes $x > 0$ gilt

$$P\left(\max_{1 \leq k \leq n} a_k \left| \sum_{i=1}^{k} (X_i - \mu_i) \right| \geq x \right) \leq \frac{1}{x^2} \left(a_m^2 \sum_{i=1}^{m} \sigma_i^2 + \sum_{i=m+1}^{n} a_i^2 \sigma_i^2 \right).$$

Für $a_1 = a_2 = \cdots = a_n = 1$ ergibt sich die Kolmogorovsche Ungleichung.

Ungleichung von Lévy Die $X_1, X_2, ..., X_n$ seien symmetrisch verteilt bezüglich $x = 0$. Dann gelten

$$P\left(\max_{1 \leq k \leq n} \left| \sum_{i=1}^{k} X_i \right| \geq x \right) \leq 2P\left(\left| \sum_{i=1}^{n} X_i \right| \geq x \right), \quad x > 0,$$

$$P\left(\max_{1 \leq k \leq n} \sum_{i=1}^{k} X_i \geq x \right) \leq 2P\left(\sum_{i=1}^{n} X_i \geq x \right), \quad x \text{ beliebig.}$$

1.9.2 Ungleichungen und Abschätzungen für Momente

Die folgenden Ungleichungen sind in der Wahrscheinlichkeitstheorie von zentraler Bedeutung.

Loèvesche Ungleichung

$$E(|X + Y|^r) \leq c_r \left[E(|X|^r) + E(|Y|^r) \right]$$

mit

$$c_r = \begin{cases} 1 & \text{für } r \leq 1 \\ 2^{r-1} & \text{für } r \geq 1 \end{cases}.$$

Die Loèvesche Ungleichung wird auch c_r – *Ungleichung* genannt.

Dreiecksungleichung (Minkowskische Ungleichung)

$$\{E(|X + Y|^r)\}^{1/r} \leq \{E(|X|^r)\}^{1/r} + \{E(|Y|^r)\}^{1/r}, \quad r \geq 1.$$

Höldersche Ungleichung

$$E(|XY|) \le \{E(|X|^r)\}^{1/r}\{E(|Y|^s)\}^{1/s} \quad \text{für } r > 1 \text{ und } \frac{1}{r} + \frac{1}{s} = 1.$$

Schwarzsche Ungleichung

$$(E(|XY|))^2 \le E(X^2)E(Y^2).$$

Die Schwarzsche Ungleichung, auch *Cauchy-Schwarz-Buniakovskysche Ungleichung* genannt, ergibt sich aus der Hölderschen Ungleichung für $s = r = 2$.

Ljapunovsche Ungleichung Für beliebige a gilt

$$\{E(|X - a|^r)\}^{s-q} \le \{E(|X - a|^q)\}^{s-r}\{E(|X - a|^s)\}^{r-q} \quad \text{für } 0 \le q < r < s.$$

Aus dieser Ungleichung erhält man für $q = 0$ und $a = \mu$ bzw. $q = a = 0$ *Ungleichungen für absolute zentrale Momente* bzw. *Ungleichungen für absolute Momente*

$$\{E(|X - \mu|^r)\}^{1/r} \le \{E(|X - \mu|^s)\}^{1/s}, \quad 0 < r < s,$$

$$\{E(|X|^r)\}^{1/r} \le \{E(|X|^s)\}^{1/s}, \quad 0 < r < s$$

Eine Verschärfung der letzteren Ungleichung ist

$$\{E(|X|^r)\}^{1/r} \le \{P(X \ne 0)\}^{\frac{1}{r}-\frac{1}{s}}\{E(|X|^s)\}^{1/s}, \quad 0 < r < s.$$

Tschebyschevsche Ungleichung Es seien u und v entweder beide nichtwachsende oder beide nichtfallende Funktionen. Dann gilt

$$E(u(X)) \cdot E(v(X)) \le E(u(X)v(X)). \tag{1.113}$$

Ist eine der Funktionen u oder v nichtwachsend, die andere aber nichtfallend, dann gilt

$$E(u(X)) \cdot E(v(X)) \ge E(u(X)v(X)).$$

Aus (1.113) folgt mit $u(x) = x^r$ und $v(x) = x^s$ für beliebige nichtnegative r, s:

$$E(|X - \mu|^r)E(|X - \mu|^s) \le E(|X - \mu|^{r+s}); \quad r, s \ge 0;$$

$$E(|X|^r)E(|X|^s) \le E(|X|^{r+s}); \quad r, s \ge 0.$$

Ungleichung von Gauß-Winkler Die Zufallsgröße X habe eine unimodale Dichte mit dem Modalwert x_m. Dann gilt

$$\{(r+1)E(|X - x_m|^r)\}^{1/r} \le \{(s+1)E(|X - x_m|^s)\}^{1/s} \quad \text{für } 0 < r < s.$$

Jensensche Ungleichung Es sei f eine konvexe (konkave) Funktion von n Veränderlichen, das heißt es gilt für alle Vektoren $\mathbf{x} = (x_1, x_2, ..., x_n)$ und $\mathbf{y} = (y_1, y_2, ..., y_n)$ aus dem Definitionsbereich von f:

$$f(\alpha\mathbf{x} + (1 - \alpha)\mathbf{y}) \underset{(\ge)}{\le} \alpha f(\mathbf{x}) + (1 - \alpha)f(\mathbf{y}), \quad 0 \le \alpha \le 1.$$

Für konvexe (konkave) Funktionen f und jeden Zufallsvektor $(X_1, X_2, ..., X_n)$ gilt

$$E(f(X_1, X_2, ..., X_n)) \underset{(\le)}{\ge} f(E(X_1), E(X_2), ..., E(X_n)).$$

Als Spezialfälle ergeben sich

$$[E(|X|)]^\alpha \leq E(|X|^\alpha) \quad \text{für } \alpha > 1 \text{ oder } \alpha < 0,$$

$$[E(|X|)]^\alpha \geq E(|X|^\alpha) \quad \text{für } 0 < \alpha < 1,$$

$$\ln E(|X|) \geq E(\ln |X|) \quad \text{und} \quad \exp E(|X|) \leq E(\exp |X|).$$

Loèvesche Ungleichung für n Summanden Es seien $X_1, X_2, ..., X_n$ beliebige (nicht notwendig unabhängige) Zufallsgrößen. Dann gilt die *Loèvesche* oder c_r – *Ungleichung für n Summanden*:

$$E\left(\left|\sum_{i=1}^{n} X_i\right|^r\right) \leq c_r \sum_{i=1}^{n} E(|X_i|^r) \quad \text{mit} \quad c_r = \begin{cases} 1 & \text{für } r \leq 1 \\ n^{r-1} & \text{für } r \geq 1 \end{cases}.$$

Literatur: *Petrow* (1995), *Lin, Lu* (1996).

1.10 Grenzwertsätze in der Wahrscheinlichkeitstheorie

Die drei großen Klassen von Grenzwertsätzen in der Wahrscheinlichkeitstheorie sind die Gesetze der großen Zahlen, der zentrale Grenzwertsatz in seinen verschiedenen Varianten und die lokalen Grenzwertsätze. Die Gesetze der großen Zahlen sind im wesentlichen Aussagen über das Konvergenzverhalten arithmetischer Mittel von Zufallsgrößen. Sie bilden die Basis von Methoden der Schätztheorie, mit denen vermittels Stichproben unbekannte Parameter einer Wahrscheinlichkeitsverteilung beliebig genau geschätzt werden können, oder finden in Simulationsverfahren zur numerischen Lösung stochastischer, aber auch deterministischer Probleme Anwendung. Der zentrale Grenzwertsatz rechtfertigt die Anwendung der Normalverteilung in Situationen, wo sich zahlreiche zufällige Einflüsse überlagern. Lokale Grenzwertsätze sind Aussagen über die Konvergenz von Wahrscheinlichkeitsdichten bzw. von Einzelwahrscheinlichkeiten.

Den Grenzwertsätzen liegen verschiedene wahrscheinlichkeitstheoretische Konvergenzarten zugrunde, die zunächst eingeführt werden.

1.10.1 Konvergenzarten

(a) Konvergenz fast sicher Eine Folge von Zufallsgrößen $\{X_1, X_2, ...\}$ konvergiert *fast sicher* gegen eine Zufallsgröße X, wenn gilt

$$P(\lim_{n \to \infty} X_n = X) = 1.$$

Schreibweise: $X_n \overset{f.s.}{\to} X$. Anstelle der *fast sicheren Konvergenz* spricht man auch von *Konvergenz fast überall* oder von *Konvergenz mit Wahrscheinlichkeit 1*.

(b) Konvergenz im p-ten Mittel Eine Folge von Zufallsgrößen $\{X_1, X_2, ...\}$ mit der Eigenschaft $E(|X_n|^p) < \infty$; $n = 1, 2, ...$; konvergiert *im p-ten Mittel* $(0 < p < \infty)$ gegen eine Zufallsgröße X, wenn gelten

$$\lim_{n\to\infty} E(|X_n - X|^p) = 0 \text{ und } E(|X|^p) < \infty.$$

Schreibweise: $X_n \xrightarrow{L^p} X$. Eine im 1-ten Mittel ($p = 1$) konvergente Folge von Zufallsgrößen ist schlechthin *im Mittel konvergent* und eine im 2-ten Mittel ($p = 2$) konvergente Folge heißt *im Quadratmittel konvergent*.

(c) Konvergenz in Wahrscheinlichkeit Eine Folge von Zufallsgrößen $\{X_1, X_2, \dots\}$ konvergiert *in Wahrscheinlichkeit* gegen X, wenn für jedes positive ε gilt

$$\lim_{n\to\infty} P(|X_n - X| > \varepsilon) = 0.$$

Schreibweise: $X_n \xrightarrow{P} X$. Anstelle von *Konvergenz in Wahrscheinlichkeit* spricht man auch von *stochastischer Konvergenz*.

(d) Konvergenz in Verteilung Eine Folge von Zufallsgrößen $\{X_1, X_2, \dots\}$ konvergiert *in Verteilung* gegen eine Zufallsgröße X, wenn für alle Stetigkeitspunkte x der Verteilungsfunktion $F_X(x)$ gilt

$$\lim_{n\to\infty} F_{X_n}(x) = \lim_{n\to\infty} P(X_n \le x) = P(X \le x) = F_X(x).$$

Schreibweise: $X_n \xrightarrow{D} X$.

Implikationen: Aus (a) folgt (c), aus (b) folgt (c), aus (c) folgt (d) (Bild 1.28). Unter zusätzlichen Bedingungen gelten auch einige Umkehrungen:

1) Gilt $X_n \xrightarrow{D} c$, wobei c eine endliche Konstante ist, so gilt auch $X_n \xrightarrow{P} c$. Also sind im Falle eines endlichen konstanten Grenzwertes die Konvergenz in Wahrscheinlichkeit und die Konvergenz in Verteilung äquivalent.

2) Die Folge $X_1, X_2, \dots$ sei gleichgradig integrierbar, das heißt es gelten $E(|X_n|) < \infty$ für alle $n = 1, 2, \dots$ sowie $\lim_{n\to\infty} \sup_n E(|X_n| I(|X_n| > a)) = 0$ für alle $a > 0$, wobei $I(\cdot)$ die Indikatorfunktion für zufällige Ereignisse A ist:

$$I(A) = \begin{cases} 1, & \text{wenn } A \text{ eintritt} \\ 0, & \text{sonst} \end{cases} . \tag{1.114}$$

Dann folgt aus $X_n \xrightarrow{P} X$ die Konvergenz im Mittel: $X_n \xrightarrow{L^1} X$.

3) Aus $X_n \xrightarrow{P} X$ folgt die Existenz einer Unterfolge $\{X_{n_1}, X_{n_2}, \dots\}$ der gegebenen Folge $\{X_1, X_2, \dots\}$ mit $X_{n_k} \xrightarrow{f.s.} X$ für $k \to \infty$.

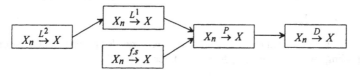

Bild 1.28 Implikationen zwischen den Konvergenzarten

1.10.2 Gesetze der großen Zahlen

Diese Gesetze untersuchen das Konvergenzverhalten des arithmetischen Mittels

$$\overline{X}_n = \tfrac{1}{n} \sum_{i=1}^{n} X_i; \quad n = 1, 2, \dots$$

einer Folge von Zufallsgrößen $\{X_1, X_2, \dots\}$ für $n \to \infty$. Anschaulich beinhalten sie den Sachverhalt, dass unter bestimmten Voraussetzungen die additive Überlagerung einer großen Anzahl zufälliger Einflüsse zu deterministischen Aussagen führt.

1.10.2.1 Schwache Gesetze der großen Zahlen

Definition 1.18 Eine Folge von Zufallsgrößen $\{X_1, X_2, \dots\}$ genügt dem *schwachen Gesetz der großen Zahlen*, wenn eine Folge reeller Zahlen $\{a_1, a_2, \dots\}$ existiert, so dass die Folge $\{\overline{X}_n - a_n;\ n = 1, 2, \dots\}$ in Wahrscheinlichkeit gegen 0 konvergiert. ●

Das schwache Gesetz der großen Zahlen findet sich erstmals in der 1713 erschienenen *Ars conjectandi* des Jacob Bernoulli, und zwar für eine Folge unabhängiger, identisch verteilter Zufallsgrößen $\{X_1, X_2, \dots\}$, wobei die X_i durch (1.114) definierte Indikatorfunktionen für ein zufälliges Ereignis A in unabhängigen Versuchswiederholungen sind. In diesem Fall ist $\sum_{i=1}^{n} X_i$ die zufällige Anzahl des Auftretens eines zufälligen Ereignisses A in einer Serie von n unabhängigen Versuchen und $\overline{X}_n = \hat{p}_n(A)$ ist die zugehörige relative Häufigkeit des Auftretens von A (Abschnitt 1.2). $\hat{p}_n(A)$ genügt einer Binomialverteilung mit den Parametern n und $p = P(A)$. Das *Bernoullisches Gesetz der großen Zahlen* besagt, dass die Folge der relativen Häufigkeiten $\{\hat{p}_1(A), \hat{p}_2(A), \dots\}$ in Wahrscheinlichkeit gegen $P(A)$ konvergiert.

Satz 1.7 (*Tschebyschev*) $\{X_1, X_2, \dots\}$ sei eine Folge von (nicht notwendig unabhängigen) Zufallsgrößen mit den endlichen Erwartungswerten und Varianzen

$$\mu_n = E(X_n), \quad \sigma_n^2 = Var(X_n); \quad n = 1, 2, \dots,$$

wobei die Varianzen die *Markovsche Bedingung*

$$\lim_{n \to \infty} \sigma_n^2 = 0 \qquad\qquad (1.115)$$

erfüllen. Dann gilt $\{X_n - \mu_n\} \overset{P}{\to} 0$.

Beweis: Wegen (1.108) gilt für alle $\varepsilon > 0$ und $n = 1, 2, \dots$ die Ungleichung

$$P(|X_n - \mu_n| \geq \varepsilon) \leq \sigma_n^2 / \varepsilon^2,$$

woraus wegen der Markovschen Bedingung (1.115) $\lim_{n \to \infty} P(|X_n - \mu_n| \geq \varepsilon) = 0$, also $\{X_n - \mu_n\} \overset{P}{\to} 0$, folgt. ∎

Unter den Voraussetzungen des Bernoullischen Gesetzes der großen Zahlen ist die Markovsche Bedingung (1.115) erfüllt, denn es gilt gemäß (1.22)

$$\lim_{n \to \infty} Var(\hat{p}_n(A)) = \lim_{n \to \infty} \frac{p(1-p)}{n} = 0,$$

so dass die Folge der relativen Häufigkeiten $\{\hat{p}_1(A), \hat{p}_2(A), ...\}$ in Wahrscheinlichkeit gegen $p = P(A)$ konvergiert. Damit ist nachträglich die Beziehung (1.3) im Sinne der Konvergenz in Wahrscheinlichkeit bewiesen.

Ohne Voraussetzungen über die Varianz kommt Satz 1.8 aus.

Satz 1.8 (*Chintschin*) Es sei $\{X_1, X_2, ...\}$ eine Folge paarweise unabhängiger, identisch verteilter Zufallsgrößen mit $\mu = E(X_i) < \infty$. Dann konvergiert die zugehörige Folge der arithmetischen Mittel $\{\overline{X}_1, \overline{X}_2, ...\}$ in Wahrscheinlichkeit gegen μ. ∎

Die Voraussetzung der paarweisen Unabhängigkeit in Satz 1.8 lässt sich weiter abschwächen. Es genügt vorauszusetzen, dass sich vorhandene Abhängigkeiten zwischen den X_i und X_k mit wachsender 'Entfernung' $|k - i|$ hinreichend schnell verringern. 'Hinreichend schnell' wird im folgenden Satz präzisiert.

Satz 1.9 (*Bernstein*) Es sei $\{X_1, X_2, ...\}$ eine im weiteren Sinne stationäre Folge von Zufallsgrößen $\{X_1, X_2, ...\}$ (Abschn. 2.2.4.2) mit $\mu_i = E(X_i)$, $\sigma_i^2 = Var(X_i)$; $i = 1, 2, ...$, die folgende Bedingungen erfüllt:

1) Der Grenzwert $\lim\limits_{n\to\infty} \frac{1}{n} \sum_{i=1}^{n} \mu_i = \mu$ existiert.

2) Es gilt $\sum_{i=1}^{n} \sigma_i^2 < nC$, wobei C eine nicht von n abhängende Konstante ist.

3) Bezeichnet $\rho(i) = \rho(X_k, X_{k+i})$ den Korrelationskoeffizienten zwischen X_k und X_{k+i} (wegen der Stationarität im weiteren Sinne hängt dieser Koeffizient nur von i ab), gilt

$$\lim\limits_{n\to\infty} \frac{1}{n} \sum_{i=1}^{n} \rho(i) = 0.$$

Dann konvergiert die Folge der arithmetischen Mittel $\{\overline{X}_1, \overline{X}_2, ...\}$ in Wahrscheinlichkeit gegen μ. ∎

1.10.2.2 Starke Gesetze der großen Zahlen

Diese Gesetze der großen Zahlen werden *stark* genannt, weil sie das Konvergenzverhalten von Folgen zufälliger Größen bezüglich der fast sicheren Konvergenz untersuchen. Da die fast sichere Konvergenz die Konvergenz in Wahrscheinlichkeit impliziert, ist in diesem Sinne "$X_n \overset{f.s.}{\to} X$" eine stärkere Aussage als "$X_n \overset{P}{\to} X$".

Definition 1.19 Eine Folge von Zufallsgrößen $\{X_1, X_2, ...\}$ genügt dem *starken Gesetz der großen Zahlen*, wenn eine Folge reeller Zahlen $\{a_1, a_2, ...\}$ existiert, so dass die Folge $\{\overline{X}_n - a_n; n = 1, 2, ...\}$ für $n \to \infty$ fast sicher gegen 0 konvergiert. ●

Genügt eine Folge von Zufallsgrößen dem starken Gesetz der großen Zahlen mit der Folge $\{a_1, a_2, ...\}$, so genügt sie mit der gleichen Folge auch dem schwachen Gesetz der großen Zahlen. Die Umkehrung dieses Sachverhalts gilt im allgemeinen nicht.

Satz 1.10 (*Kolmogorov*) Es sei $\{X_1, X_2, \ldots\}$ eine Folge unabhängiger, identisch verteilter Zufallsgrößen mit $\mu = E(X_i) < \infty$. Dann gilt $\overline{X}_n \overset{f.s.}{\to} \mu$. ∎

Im Vergleich zu Satz 1.8 wird die Konvergenz fast sicher dadurch erreicht, dass anstelle der paarweisen Unabhängigkeit der X_i deren vollständige Unabhängigkeit vorausgesetzt wird. Die folgende Variante des starken Gesetzes der großen Zahlen verzichtet auf die Voraussetzung identisch verteilter Zufallsgrößen.

Satz 1.11 (*Kolmogorov*) Es sei $\{X_1, X_2, \ldots\}$ eine Folge unabhängiger Zufallsgrößen mit endlichen Erwartungswerten $\mu_i = E(X_i)$ und Varianzen $\sigma_i^2 = Var(X_i)$; $i = 1, 2, \ldots$ Ist die Bedingung $\sum_{i=0}^{\infty} \sigma_i^2/i^2 < \infty$ erfüllt, dann gilt $\left\{\overline{X}_n - \frac{1}{n}\sum_{i=1}^{n} \mu_i\right\} \overset{f.s.}{\to} 0$. ∎

Beide Sätze implizieren, dass die Folge $\{\hat{p}_1(A), \hat{p}_2(A), \ldots\}$ der relativen Häufigkeiten eines zufälligen Ereignisses A sogar fast sicher gegen $P(A)$ konvergiert.

1.10.3 Zentraler Grenzwertsatz

Ist eine Summe von n Zufallsgrößen asymptotisch normalverteilt für $n \to \infty$, dann sagt man, dass für sie der zentrale Grenzwertsatz gilt. Diesbezügliche Aussagen gehören zu den wichtigsten Ergebnissen der Wahrscheinlichkeitstheorie. Der zentrale Grenzwertsatz begründet die herausragende Stellung der Normalverteilung in Theorie und Anwendung und rechtfertigt die Modellierung von solchen zufälligen Erscheinungen durch die Normalverteilung, die aus der Überlagerung einer Vielzahl von zufälligen Einzeleffekten hervorgehen. Erste Ergebnisse dieser Art wurden bereits 1730 von *Moívre* und 1812 von *Laplace* erzielt.

Bezeichnung Es sei $X_1, X_2, \ldots$ eine Folge unabhängiger Zufallsgrößen mit $E(X_i) = \mu_i$, $Var(X_i) = \sigma_i^2$, $Z_n = \sum_{i=1}^{n} X_i$, $\alpha_n = E(Z_n) = \sum_{i=1}^{n} \mu_i$ und $\beta_n^2 = Var(Z_n) = \sum_{i=1}^{n} \sigma_i^2$. Wie bisher bezeichnet F_{X_i} die Verteilungsfunktionen von X_i; $i = 1, 2, \ldots$

Satz 1.12 (Zentraler Grenzwertsatz von Lindeberg und Feller) Für eine Folge unabhängiger Zufallsgrößen $\{X_1, X_2, \ldots\}$ mit $\sigma_i^2 > 0$ gilt

$$\lim_{n \to \infty} P\left(\frac{Z_n - \alpha_n}{\beta_n} \leq x\right) = \frac{1}{\sqrt{2\pi}} \int_{-\infty}^{x} e^{-u^2/2}\, du = \Phi(x)$$

gleichmäßig für alle $x \in (-\infty, +\infty)$ sowie

$$\beta_n \to \infty \quad \text{und} \quad \max_{i=1,2,\ldots,n} (\sigma_i/\beta_n) \to 0 \quad \text{für } n \to \infty$$

genau dann, wenn die *Lindebergsche Bedingung*

$$\lim_{n \to \infty} \beta_n^{-2} \sum_{i=1}^{n} \int_{|x-\mu_i| > \varepsilon \beta_n} (x - \mu_i)^2\, dF_{X_i}(x) = 0$$

für beliebiges $\varepsilon > 0$ erfüllt ist. ∎

Die Bedingung $\max\limits_{i=1,2,...,n} (\sigma_i/\beta_n) \to 0$ für $n \to \infty$ ist hinreichend für die Infinitesimalität oder 'unendliche Kleinheit' der Zufallsgrößen $(X_i - \mu_i)/\beta_n$ für $n \to \infty$. Letztere Eigenschaft sowie die Lindebergsche Bedingung beinhalten, dass jeder unabhängige Summand zur Summe nur einen kleinen Teil beiträgt, also kein Summand dominierend ist.

Beispiel 1.38 Der Kern eines Transformators besteht aus 50 Blechen, die durch Isolierschichten getrennt sind. Die Dicken der Bleche und Isolierschichten seien unabhängige Zufallsgrößen X_i bzw. Y_j; $i = 1, 2, ..., 50$; $j = 1, 2, ..., 49$; mit

$$E(X_1) = 0,8\,mm,\ E(Y_1) = 0,2\,mm,\ Var(X_1) = 0,0016\,mm^2,\ Var(Y_1) = 0,0009\,mm^2.$$

Wie groß ist die Wahrscheinlichkeit dafür, dass der Kern nicht dicker ist als die Spulenöffnung von $50,6\,mm$? Die zufällige Dicke des Kerns ist

$$Z_{99} = (X_1 + Y_1) + (X_2 + Y_2) + \cdots + (X_{49} + Y_{49}) + X_{50}$$

mit $\alpha_{99} = E(Z_{99}) = (50 \cdot 0,8 + 49 \cdot 0,2)\,mm = 49,8\,mm$, $\beta_{99}^2 = Var(Z_{99}) = 0,124\,mm^2$.

Daher beträgt die gesuchte Wahrscheinlichkeit

$$P(Z_{99} \le 50,6) \approx \Phi\left(\frac{50,6 - 49,8}{\sqrt{0,1241}}\right) = \Phi(2,271) = 0,9884. \qquad \Box$$

Satz 1.13 (Zentraler Grenzwertsatz von Lindeberg und Lèvy) Für eine Folge unabhängiger, identisch verteilter Zufallsgrößen $\{X_1, X_2, ...\}$ mit den Parametern $E(X_i) = \mu$ und $Var(X_i) = \sigma^2 > 0$ gilt gleichmäßig für alle $x \in (-\infty, +\infty)$

$$\lim_{n \to \infty} P\left(\frac{Z_n - n\mu}{\sigma\sqrt{n}} \le x\right) = \frac{1}{\sqrt{2\pi}} \int_{-\infty}^{x} e^{-u^2/2}\,du = \Phi(x)$$

oder, gleichbedeutend,

$$\lim_{n \to \infty} P\left(\frac{\bar{X}_n - \mu}{\sigma/\sqrt{n}} \le x\right) = \frac{1}{\sqrt{2\pi}} \int_{-\infty}^{x} e^{-u^2/2}\,du = \Phi(x) \qquad \blacksquare$$

Die Existenz einer positiven Varianz $\sigma^2 = Var(X_1)$ reicht somit für die Gültigkeit des Satzes 1.13 aus. Unter den Voraussetzungen dieses Satzes ist $\bar{X}_n$ für große n näherungsweise normalverteilt mit dem Erwartungswert μ und der Standardabweichung $\sigma/\sqrt{n}$. Äquivalent: die standardisierte Zufallsgröße $(Z_n - n\mu)/(\sigma\sqrt{n})$ ist für $n \to \infty$ asymptotisch standardnormalverteilt.

Fortsetzung von Beispiel 1.37 B_n hat die Struktur $B_n = X_1 + X_2 + \cdots + X_n$ (Abschn. 1.3.3), wobei die unabhängigen Zufallsgrößen X_i gegeben sind durch

$$X_i = \begin{cases} 1 & \text{mit Wahrscheinlichkeit } 1/6 \\ 0 & \text{mit Wahrscheinlichkeit } 5/6 \end{cases}.$$

Somit ist wegen Satz 1.13 bei den zu erwartenden großen Werten von n die Zufallsgröße B_n in guter Näherung normalverteilt mit $E(B_n) = n/6$ und $Var(B_n) = 5n/36$. Daher gilt

$$P\left(\left\{\left|\tfrac{1}{n}B_n - 1/6\right| \geq 0,01\right\}\right) = P\left(\left|\frac{B_n - n/6}{\sqrt{5n}/6}\right| \geq \frac{0,06n}{\sqrt{5}}\right) \approx 2\left(1 - \Phi\left(0,06\sqrt{n/5}\right)\right).$$

Infolgedessen ist die Beziehung

$$P\left(\left\{\left|\tfrac{1}{n}B_n - 1/6\right| \geq 0,01\right\}\right) \leq 0,05 \qquad\qquad (1.116)$$

näherungsweise äquivalent zu $\Phi(0,06\sqrt{n/5}) \geq 0,975$. Das kleinste $n = n_{\min}$, das dieser Ungleichung genügt, beträgt $n_{\min} = 5336$. Demgegenüber lieferte die Anwendung der Tschebyschevschen Ungleichung einen Mindeststichprobenumfang von $n_0 = 27778$, um die Gültigkeit von (1.116) für $n \geq n_0$ zu gewährleisten. □

Die Approximation der Binomialverteilung durch die Normalverteilung, von der eben Gebrauch gemacht wurde, geht auf *Moivre* (1730) und *Laplace* (1812) zurück. Ihr Ergebnis soll noch einmal explizit formuliert werden.

Satz 1.14 (Grenzwertsatz von Moivre-Laplace) B_n sei eine binomialverteilte Zufallsgröße mit den Parametern n und p. Dann gilt für beliebige x,

$$\lim_{n \to \infty} P\left(\frac{B_n - np}{\sqrt{np(1-p)}} \leq x\right) = \frac{1}{\sqrt{2\pi}} \int_{-\infty}^{x} e^{-u^2/2}\, du = \Phi(x). \qquad ∎$$

Folgerung Für große n gilt in guter Näherung

$$P(B_n \leq m) \approx \Phi\left(\frac{m - np}{\sqrt{np(1-p)}}\right); \quad m = 0,1,2,\ldots,n.$$

Da die Verteilungsfunktion von B_n stückweise konstant mit Sprüngen in $m = 0,1,2,\ldots,n$ ist, kann ihre Approximation durch die Normalverteilung mit einer *Stetigkeitskorrektur* wie folgt verbessert werden:

$$P(B_n \leq m) \approx \Phi\left(\frac{m + 1/2 - np}{\sqrt{np(1-p)}}\right).$$

Beispiel 1.39 Eine ideale Münze wird 100 mal geworfen. B_{100} sei die Anzahl des Auftretens von "Zahl" bei 100 Würfen. B_{100} ist binomialverteilt mit den Parametern $n = 100$ und $p = 1/2$, so dass $E(B_{100}) = 50$ und $Var(B_{100}) = 25$ gilt. Ohne Stetigkeitskorrektur ist

$$P(50 < B_{100} \leq 59) \approx P(0 < (B_{100} - 50)/5 \leq 1,8)$$

$$\approx \Phi(1,8) - \Phi(0) = 0,46425.$$

Mit Stetigkeitskorrektur ist

$$P(50 < B_{100} \leq 59) \approx \Phi((59,5 - 50)/5) - \Phi((50,5 - 50)/5) = 0,43145.$$

Der exakte Wert ist $P(50 < B_{100} \leq 59) = 0,43176$. □

Fehlerabschätzungen im zentralen Grenzwertsatz Unter den Voraussetzungen von Satz 1.12 lassen sich die Abweichungen der exakten Verteilung der standardisierten Zufallsgröße

$$(Z_n - \alpha_n)/\beta_n$$

von der standardisierten Normalverteilung abschätzen. Ist

$$L_n(s) = \beta_n^{-s} \sum_{i=1}^{n} E(|X_i - \mu_i|^s), \quad s > 2,$$

der *Ljapunovsche Bruch der Ordnung s*, so gilt die *Ungleichung von Berry-Esseen*:

$$\sup_x \left| P\left(\frac{Z_n - \alpha_n}{\beta_n} \le x \right) - \Phi(x) \right| \le C L_n(3) \text{ für ein } C \text{ mit } C \le 0,7915.$$

Für identisch verteilte Zufallsgrößen X_i folgt für ein C^* mit $C^* \le 0,7655$

$$\sup_x \left| P\left(\frac{Z_n - n\mu}{\sigma \sqrt{n}} \le x \right) - \Phi(x) \right| \le C^* \frac{E\left(|X_1 - \mu|^3\right)}{\sigma^3 \sqrt{n}}.$$

Ungleichmäßige (von x abhängige) Abschätzungen liefert die *Ungleichung von Bikelis*:

$$\left| P\left(\frac{Z_n - \alpha_n}{\beta_n} \le x \right) - \Phi(x) \right| \le K \frac{L_n(2 + \delta)}{1 + |x|^{2+\delta}}, \quad 0 < \delta \le 1.$$

Folglich gilt der Zentrale Grenzwertsatz von Lindeberg-Feller, wenn ein $\delta \in (0,1]$ existiert, so dass

$$\lim_{n \to \infty} L_n(2 + \delta) = 0$$

gilt. Im Fall $\delta = 1$ ist $K \le 31,935$.

Für identisch verteilte Zufallsgrößen ergibt sich die *Ungleichung von Nagaev*:

$$\left| P\left(\frac{Z_n - n\mu}{\sigma \sqrt{n}} \le x \right) - \Phi(x) \right| \le K^* \frac{E\left(|X_1 - \mu|^3\right)}{\sigma^3 \sqrt{n} \, (1 + |x|^3)}$$

für ein K^* mit $K^* = C + 8(1 + e) \le 30,53..$.

Die absoluten Konstanten K und K^* wurden von *Michel* (1981) und *Paditz* (1989) bestimmt. Man beachte, dass gilt

$$K^*(1 + |x|^3)^{-1} \le C^* \text{ für } |x| \ge 3,387.$$

Somit sind diese ungleichmäßigen Abschätzungen für praktische Zwecke weniger geeignet, da die approximierende Normalverteilung schon für $|x| = 3,387$ eine Wahrscheinlichkeit von

$$\Phi(-3,387) = 1 - \Phi(3,387) = 0,000353$$

angibt. Daher liefern die ungleichmäßigen Abschätzungen erst für sehr große n sinnvolle Fehlerabschätzungen. Jedoch sind sie theoretisch bedeutsam.

1.10.4 Lokale Grenzwertsätze

Der zentrale Grenzwertsatz beschäftigt sich mit der Konvergenz der Verteilungsfunktion einer Summe von Zufallsgrößen gegen eine Grenzverteilungsfunktion. Demgegenüber sind lokale Grenzwertsätze Aussagen über die Konvergenz von Einzelwahrscheinlichkeiten von Summen diskreter Zufallsgrößen bzw. Aussagen über die Konvergenz der Dichten von Summen stetiger Zufallsgrößen. Diese 'lokalen' Konvergenzaussagen sind von erheblichem eigenständigen Interesse, da sie sich im allgemeinen nicht aus den 'globalen' Konvergenzaussagen für Verteilungsfunktionen, die etwa der zentrale Grenzwertsatz liefert, ergeben.

Satz 1.15 (Gnedenko) Es sei $\{X_1, X_2, ...\}$ eine Folge unabhängiger, identisch verteilter stetiger Zufallsgrößen mit beschränkter Dichte, dem Erwartungswert $E(X_i) = 0$ und endlicher, positiver Varianz $Var(X_i) = \sigma^2$. Bezeichnet $f_n(x)$ die Dichtefunktion von

$$\frac{1}{\sigma\sqrt{n}} \sum_{i=1}^{n} X_i,$$

dann konvergiert $f_n(x)$ gleichmäßig in x gegen die Dichte der Standardnormalverteilung:

$$\lim_{n\to\infty} f_n(x) = \frac{1}{\sqrt{2\pi}} e^{-x^2/2}. \qquad \blacksquare$$

Zur Formulierung von Satz 1.16 (wie auch zur Formulierung von Ergebnissen der Erneuerungstheorie in Kapitel 2.6) wird folgende Definition benötigt.

Definition 1.20 Eine diskrete Zufallsgröße X, die für gegebene reelle Zahlen a und h, $h > 0$, nur Werte der Form

$$x_k = a + hk; \ k = 0, \pm 1, \pm 2, ...; \qquad (1.117)$$

annehmen kann, heißt *gitterförmig*. Die zugehörige Wahrscheinlichkeitsverteilung von X ist eine *gitterförmige Verteilung*. Das größte h, das die angegebene Darstellung aller Werte von X ermöglicht, ist die *Gitterkonstante* von X bzw. der Wahrscheinlichkeitsverteilung von X. $\qquad \bullet$

Satz 1.16 (Gnedenko) $\{X_1, X_2, ...\}$ sei eine Folge unabhängiger, identisch gitterförmig verteilter Zufallsgrößen mit den Werten (1.117). Ferner existieren

$$E(X_i) = \mu \text{ und } Var(X_i) = \sigma^2 > 0.$$

Mit der Bezeichnung

$$P_n(m) = P(X_1 + X_2 + \cdots + X_n = na + mh); \ m = 0, \pm 1, \pm 2, ...$$

gilt die Beziehung

$$\lim_{n\to\infty} \left\{ \frac{\sigma\sqrt{n}}{h} P_n(m) - \frac{1}{\sqrt{2\pi}} \exp\left[-\frac{1}{2}\left(\frac{an + mh - \mu n}{\sigma\sqrt{n}}\right)^2 \right] \right\} = 0$$

genau dann gleichmäßig bezüglich m, wenn h die Gitterkonstante der X_i ist. $\qquad \blacksquare$

Satz 1.17 (Moivre-Laplace) X sei binomialverteilt mit den Parametern n und p, das heißt es ist

$$P_n(m) = P(X = m) = \binom{n}{m} p^m (1-p)^{n-m}; \quad m = 0, 1, 2, \ldots, n.$$

Dann gilt gleichmäßig für alle m

$$\lim_{n \to \infty} \left\{ \sqrt{np(1-p)}\, P_n(m) - \frac{1}{\sqrt{2\pi}} \exp\left[-\frac{1}{2}\left(\frac{m-np}{\sqrt{np(1-p)}} \right)^2 \right] \right\} = 0. \quad \blacksquare$$

Dieser Satz rechtfertigt die Approximation von Einzelwahrscheinlichkeiten der Binomialverteilung vermittels der Dichte der Normalverteilung. Dabei ist zu beachten, dass diese Approximation umso schlechter wird, je mehr die Wahrscheinlichkeit p vom Wert $1/2$ abweicht.

Ungleichung von LeCam und Grenzwertsatz von Poisson Die Zufallsgrößen X_i seien unabhängig und zweipunktverteilt (Abschn. 1.3.3) mit

$$P(X_i = 1) = p_i, \quad P(X_i = 0) = 1 - p_i, \quad 0 < p_i < 1.$$

Dann genügt die Summe $Z_n = X_1 + X_2 + \cdots + X_n$ einer *verallgemeinerten Binomialverteilung* mit den Parametern $p_1, p_2, \ldots, p_n$ und n. Für große Anzahlen n und kleine Werte von $(p_1 + p_2 + \cdots + p_n)/n$ lassen sich die Einzelwahrscheinlichkeiten

$$p_n(m) = P(Z_n = m); \quad m = 0, 1, \ldots, n;$$

gut durch die Einzelwahrscheinlichkeiten einer Poissonverteilung mit dem Parameter $\lambda = p_1 + p_2 + \cdots + p_n$ approximieren. Es gilt nämlich gleichmäßig für alle m die *Ungleichung von LeCam*:

$$\left| p_n(m) - \frac{\lambda^m}{m!} e^{-\lambda} \right| \le p_1^2 + p_2^2 + \cdots + p_n^2.$$

Für $p_1 = p_2 = \cdots = p_n = p$, $0 < p < 1$, ist Z_n binomialverteilt mit den Parametern n und p sowie dem Erwartungswert $E(Z_n) = np$. In diesem Spezialfall ergibt die Ungleichung von LeCam mit $\lambda = np$ für große n und kleine p die in m gleichmäßige Abschätzung

$$\left| \binom{n}{m} p^m (1-p)^{n-m} - \frac{\lambda^m}{m!} e^{-\lambda} \right| \le np^2 = \frac{\lambda^2}{n}.$$

Hieraus folgt der klassische *Grenzwertsatz von Poisson*:

$$\lim_{\substack{n \to \infty \\ np \to \lambda}} \binom{n}{m} p^m (1-p)^{n-m} = \frac{\lambda^m}{m!} e^{-\lambda}; \quad m = 0, 1, \ldots$$

Von diesem Grenzwertsatz wurde bereits im Abschnitt 1.3.3 bei der Approximation der Binomialverteilung durch die Poissonverteilung Gebrauch gemacht.

Literatur: *Petrow* (1995), *Lin, Lu* (1996), *Gnedenko, Kolmogorov* (1960).

1.11   Charakteristische Funktionen

1.11.1 Komplexe Zufallsgrößen

Charakteristische Funktionen sind wichtige analytische Hilfsmittel der Stochastik, etwa zum Beweis von Grenzwertsätzen in der Wahrscheinlichkeitstheorie und der Mathematischen Statistik und bei der Analyse und Charakterisierung stochastischer Prozesse. Ihre Behandlung erfordert die Einführung komplexwertiger Zufallsgrößen.

Eine komplexe Zahl z ist mit reellen x und y sowie $i = \sqrt{-1}$ gegeben durch

$$z = x + iy.$$

Hierbei ist $x = Re(z)$ der *Realteil* und $y = Im(z)$ der *Imaginärteil* von z. *Die zu z konjugiert komplexe Zahl* ist $\bar{z} = x - iy$. Der *Betrag* von z ist $|z| = \sqrt{z\bar{z}} = \sqrt{x^2 + y^2}$. Eine *komplexe Zufallsgröße Z* ist gegeben durch

$$Z = X + iY,$$

wobei X und Y reelle Zufallsgrößen sind. Eine komplexe Zufallsgröße ist somit vollständig bestimmt durch die Wahrscheinlichkeitsverteilung des zufälligen Vektors (X, Y), also durch die gemeinsame Verteilungsfunktion bzw. die gemeinsame Dichte von (X, Y).

Die zu Z *konjugiert komplexe Zufallsgröße* ist $\bar{Z} = X - iY$. Es gilt

$$|Z| = \sqrt{Z\bar{Z}} = \sqrt{X^2 + Y^2}.$$

Der Erwartungswert von Z ist definiert durch

$$E(Z) = E(X) + iE(Y).$$

Somit kann der Erwartungswert von Z bei Kenntnis der Randverteilungsfunktionen $F_X(x)$ und $F_Y(y)$ von (X, Y) bestimmt werden. Aus der Schwarzschen Ungleichung (Abschnitt 1.9.2) folgt

$$|E(Z)| \leq E(|Z|).   \tag{1.118}$$

Zwei Zufallsgrößen $Z_1 = X_1 + iY_1$ und $Z_2 = X_2 + iY_2$ sind *unabängig*, wenn die zufälligen Vektoren (X_1, Y_1) und (X_2, Y_2) unabhängig sind. In diesem Fall gilt

$$E(Z_1 Z_2) = E(Z_1) E(Z_2).$$

Die komplexen Zufallsgrößen $\{Z_k = X_k + iY_k; \, k = 1, 2, ..., n\}$; sind (*vollständig*) *unabhängig*, wenn die n Vektoren $(X_1, Y_1), (X_2, Y_2), ..., (X_n, Y_n)$ (vollständig) unabhängig sind. Bei Unabhängigkeit der $Z_1, Z_2, ..., Z_n$ gilt

$$E(Z_1 Z_2 \cdots Z_n) = E(Z_1) E(Z_2) \cdots E(Z_n).   \tag{1.119}$$

Die *Kovarianz* zweier komplexer Zufallsgrößen Z_1 und Z_2 ist definiert durch

$$Cov(Z_1, Z_2) = E([Z_1 - E(Z_1)][\overline{Z_2 - E(Z_2)}]).   \tag{1.120}$$

Zwei komplexe Zufallsgrößen Z_1 und Z_2 heißen *unkorreliert*, wenn gilt

$$Cov(Z_1, Z_2) = 0.$$

1.11.2 Eigenschaften charakteristischer Funktionen

Unter der *charakteristischen Funktion* $\psi(t)$ einer reellen Zufallsgröße X versteht man den Erwartungswert der komplexen Zufallsgröße $Z = e^{itX}$, wobei t ein beliebiger reeller Parameter ist. Also gilt

$$\psi(t) = E(e^{iX}).\tag{1.121}$$

Ist X eine stetige Zufallsgröße mit der Dichte $f(x)$, gilt

$$\psi(t) = \int_{-\infty}^{+\infty} e^{itx} f(x)\, dx.\tag{1.122}$$

Existiert die Dichte nicht, dann bezieht sich die folgende Schreibweise des Erwartungswerts (1.121) auf das Riemann–Stieltjes Integral

$$\psi(t) = \int_{-\infty}^{+\infty} e^{itx}\, dF(x),\tag{1.123}$$

wobei $F(x)$ die Verteilungsfunktion von X ist. Elementare Eigenschaften von $\psi(t)$ sind:

1) $\psi(0) = 1$,

2) $|\psi(t)| \leq 1$ für alle $t \in (-\infty, +\infty)$.

Eigenschaft 2) folgt wegen

$$\left| e^{itX} \right| = |\cos(tX) + i\sin(tX)| = \cos^2(tX) + \sin^2(tX) = 1$$

aus der Abschätzung (1.118). Wegen 2) ist die Existenz der charakteristischen Funktion generell gesichert. (Das ist ein Vorzug gegenüber der im Abschn. 1.4.5 definierten momenterzeugenden Funktion von X.)

Ist X symmetrisch verteilt bezüglich $x = 0$, das heißt gilt $F(x) = 1 - F(-x + 0)$, dann besteht die Beziehung $\psi(t) = \psi(-t) = \overline{\psi(t)}$. Sie folgt aus der Tatsache, dass in diesem Fall X und $-X$ identisch verteilt sind, so dass gilt

$$\psi(t) = E(e^{itX}) = E(e^{-itX}) = \psi(-t) = \overline{\psi}(t).$$

Daher sind die charakteristischen Funktionen symmetrisch verteilter Zufallsgrößen reelle, gerade Funktionen.

Momente Es lässt sich zeigen, dass $\psi(t)$ überall gleichmäßig stetig in t ist. Daher existiert die erste Ableitung

$$\frac{d}{dt}\psi(t) = \psi'(t) = i\int_{-\infty}^{+\infty} x\, e^{itx} f(x)\, dx.$$

n-malige Differentiation ergibt

$$\frac{d^n}{dt^n}\psi(t) = \psi^{(n)}(t) = i^n \int_{-\infty}^{+\infty} x^n\, e^{itx} f(x)\, dx.$$

Somit ist wegen (1.118)

$$\left| \frac{d^n}{dt^n}\psi(t) \right| \leq \left| \int_{-\infty}^{+\infty} x^n\, e^{itx} f(x)\, dx \right| \leq \int_{-\infty}^{+\infty} |x^n|\, f(x)\, dx = E(|X|^n).$$

Also existiert die n-te Ableitung von $\psi(t)$, wenn das n-te absolute Moment von X existiert.

In diesem Fall erhält man die ersten n gewöhnlichen Momente von X vermittels

$$\left.\frac{d^k}{dt^k}\,\psi(t)\right|_{t=0} = \psi^{(k)}(0) = i^k \int_{-\infty}^{+\infty} x^k f(x)\,dx = i^k E(X^k); \quad k = 1, 2, \dots, n;$$

zu

$$E(X^k) = i^{-k}\,\psi^{(k)}(0); \quad k = 1, 2, \dots, n. \tag{1.124}$$

Insbesondere gelten

$$E(X) = -i\,\psi'(0), \quad E(X^2) = -\psi''(0),$$

$$Var(X) = (\psi'(0))^2 - \psi''(0).$$

Beispiel 1.40 X sei exponentialverteilt mit der Dichte $f(x) = \lambda e^{-\lambda x}$, $x \geq 0$. Dann ist

$$\psi(t) = \int_0^\infty e^{itx}\lambda e^{-\lambda x}\,dx = \lambda \int_0^\infty e^{-(\lambda - it)x}\,dx.$$

Es folgt

$$\psi(t) = \lambda/(\lambda - it). \qquad \square$$

Beispiel 1.41 Die Zufallsgröße X genüge einer Normalverteilung mit den Parametern μ und σ^2. Dann gilt

$$\psi(t) = \frac{1}{\sqrt{2\pi}\,\sigma} \int_{-\infty}^{+\infty} e^{itx}\varphi\left(\frac{x-\mu}{\sigma}\right)dx$$

$$= \frac{1}{\sqrt{2\pi}\,\sigma} \int_{-\infty}^{+\infty} \exp\left\{-\left(\frac{1}{2}\left(\frac{x-\mu}{\sigma}\right)^2 - itx\right)\right\}dx.$$

Die Substitution $z = \frac{x-\mu}{\sigma} - it\sigma$ liefert

$$\psi(t) = e^{i\mu t - \frac{\sigma^2 t^2}{2}}\,\frac{1}{\sqrt{2\pi}} \int_{-\infty}^{+\infty} e^{-z^2/2}\,dz.$$

Das Integral auf der rechten Seite dieser Beziehung ist gleich $\sqrt{2\pi}$. Daher lautet die charakteristische Funktion der Normalverteilung

$$\psi(t) = e^{i\mu t - \sigma^2 t^2/2}. \qquad \square$$

Charakteristische Funktion einer Summe Es seien $X_1, X_2, \dots, X_n$ unabhängige reelle Zufallsgrößen, $Z = X_1 + X_2 + \cdots + X_n$ und $\psi_{X_1}, \psi_{X_2}, \dots, \psi_{X_n}, \psi_Z$ die zugehörigen charakteristischen Funktionen. Dann gilt

$$E(e^{itZ}) = E(e^{it(X_1 + X_2 + \cdots + X_n)}) = E(e^{itX_1})E(e^{itX_2})\cdots E(e^{itX_n}).$$

Somit ist

$$\psi_Z(t) = \psi_{X_1}(t)\,\psi_{X_2}(t)\cdots\psi_{X_n}(t). \tag{1.125}$$

Die charakteristische Funktion einer Summe unabhängiger Zufallsgrößen ist gleich dem Produkt der charakteristischen Funktionen dieser Zufallsgrößen.

Inversionsformeln Ist $\psi(t)$ die charakteristische Funktion einer Zufallsgröße mit der Verteilungsdichte $f(x)$, dann lautet die *Umkehrformel* von (1.122):

$$f(x) = \frac{1}{2\pi} \int_{-\infty}^{+\infty} \psi(t)\, e^{-ixt} dt. \tag{1.126}$$

Ist $\psi(t)$ die charakteristische Funktion einer Zufallsgröße mit der Verteilungsfunktion $F(x)$, dann ist für alle Stetigkeitspunkte a und b von $F(x)$ die *Umkehrformel* von (1.123) gegeben durch:

$$F(b) - F(a) = \frac{1}{2\pi} \int_{-\infty}^{+\infty} \psi(t) \frac{e^{-ita} - e^{-itb}}{it} dt. \tag{1.127}$$

Es genügt sogar, in (1.127) nur über den Realteil des Integranden zu integrieren:

$$F(b) - F(a) = \frac{1}{2\pi} \int_{-\infty}^{+\infty} Re\left\{ \psi(t) \frac{e^{-ita} - e^{-itb}}{it} \right\} dt. \tag{1.128}$$

Ist a kein Stetigkeitspunkt von $F(x)$, dann gelten die Umkehrformeln (1.127) bzw. (1.128), wenn dort $F(a)$ durch $\frac{1}{2}[F(a+0) - F(a-0)]$ ersetzt wird. Die entsprechende Modifikation von (1.127) bzw. (1.128) wird vorgenommen, wenn b kein Stetigkeitspunkt von $F(x)$ ist.

Die Umkehrformeln (1.126)-(1.128) sind prinzipiell aus der Theorie der Fourier-Transformation bekannt. Sie beweisen den umkehrbar eindeutigen Zusammenhang zwischen einer Verteilungsdichte bzw. Verteilungsfunktion und ihrer charakteristischen Funktion.

Definition 1.21 Eine komplexwertige Funktion $h(t)$ der reellen Veränderlichen t heißt *positiv definit* auf $(-\infty, +\infty)$, wenn für alle n-Tupel von reellen Zahlen $(t_1, t_2, ..., t_n)$ und für alle n-Tupel von komplexen Zahlen $(z_1, z_2, ..., z_n)$ sowie für alle $n \geq 1$ die Ungleichung

$$\sum_{r=1}^{n} \sum_{s=1}^{n} h(t_r - t_s) z_r \bar{z}_s \geq 0$$

gilt. ●

Positiv definite Funktionen haben die für charakteristische Funktionen nachgewiesenen Eigenschaften $h(0) = 1$ und $|h(t)| \leq 1$. Charakteristische Funktionen sind positiv definit; denn es gilt

$$\sum_{r=1}^{n} \sum_{s=1}^{n} \psi(t_r - t_s) z_r \bar{z}_s = E\left(\left| \sum_{k=1}^{n} z_k e^{it_k X} \right|^2 \right).$$

Es gilt aber auch die Umkehrung:

Satz 1.18 (Bochner) Es sei $\chi(t)$ eine stetige Funktion, die der Bedingung $\chi(0) = 1$ genügt. Dann ist $\chi(t)$ genau dann charakteristische Funktion einer Zufallsgröße X, wenn $\chi(t)$ positiv definit ist. ∎

1.11.3 Charakteristische Funktion diskreter Zufallsgrößen

Ist X eine diskrete Zufallsgröße, die die Werte $x_0, x_1, \ldots$ mit den Wahrscheinlichkeiten $p_0, p_1, \ldots$ annimmt, dann ist die charakteristische Funktion von X definiert durch

$$\psi(t) = \sum_{k=0}^{\infty} p_k e^{itx_k}.$$

Wiederum gelten $\psi(0) = 1$ und $|\psi(t)| \le 1$. Nimmt X nur die ganzen Zahlen 0, 1, ... an und wird $z = e^{it}$ gesetzt, erhält $\psi(t)$ die Form:

$$\psi(t) = \sum_{k=0}^{\infty} p_k e^{itk} \quad \text{bzw.} \quad \psi(z) = \sum_{k=0}^{\infty} p_k z^k.$$

Somit ist in diesem Fall die charakteristische Funktion gleich der im Abschn. 1.3.4 behandelten momenterzeugenden Funktion $M(z)$ auf dem Rand des Einheitskreises. Die Momente von X lassen sich wiederum vermittels der Formeln (1.124) berechnen. Ebenso ist die charakteristische Funktion einer Summe diskreter Zufallsgrößen gleich dem Produkt der charakteristischen Funktionen dieser Zufallsgrößen. Ferner gilt der

Satz 1.19 Eine Zufallsgröße X mit der charakteristischen Funktion $\psi(t)$ hat genau dann eine gitterförmige Verteilung (Definition 1.20), wenn ein t_0, $t_0 \ne 0$, mit der Eigenschaft $|\psi(t_0)| = 1$ existiert. ∎

Beispiel 1.42 X sei poissonverteilt mit dem Parameter λ. Dann ist

$$\psi(t) = \sum_{k=0}^{\infty} \frac{\lambda^k}{k!} e^{-\lambda} e^{itk}$$

$$= e^{-\lambda} \sum_{k=0}^{\infty} \frac{(\lambda e^{it})^k}{k!} = e^{-\lambda} e^{+\lambda e^{it}}.$$

Also gilt

$$\psi(t) = e^{+\lambda(e^{it}-1)}. \qquad \square$$

Beispiel 1.43 X genüge einer Binomialverteilung mit den Parametern n und p. Dann hat X die Darstellung $X = X_1 + X_2 + \cdots + X_n$, wobei die X_k unabhängig und identisch verteilt sind gemäß

$$X_k = \begin{cases} 1 & \text{mit Wahrscheinlichkeit } p \\ 0 & \text{mit Wahrscheinlichkeit } 1-p \end{cases}.$$

Die charakteristische Funktion eines solchen X_k ist

$$\psi_{X_k}(t) = (1-p)e^{it0} + p e^{it}$$

$$= 1 - p + p e^{it}.$$

Wegen (1.125) lautet die charakteristische Funktion von X

$$\psi(t) = (1 - p + p e^{it})^n. \qquad \square$$

2 Stochastische Prozesse

2.1 Einführung

Eine Zufallsgröße X ist das Ergebnis eines Zufallsexperiments unter vorgegebenen Bedingungen. Ändern sich diese Bedingungen, so wird dies im Allgemeinen Einfluss auf das Ergebnis des Zufallsexperiments, also auf die Wahrscheinlichkeitsverteilung von X, haben. Die Berücksichtigung der sich ändernden Bedingungen durch Betrachtung von Zufallsgrößen $X = X(t)$, die von einem deterministischen Parameter t abhängen, führt zu allgemeineren Zufallsexperimenten als den bisher betrachteten.

Beispiel 2.1 a) Täglich wird an ein und demselben Messpunkt und stets um 7^{00} Uhr die Temperatur gemessen. Neben den zufallsbedingten Schwankungen der Temperatur hängen die Messergebnisse auch von einem deterministischen Parameter, nämlich der Zeit, ab. Es ist völlig klar, dass es sich bei den Ergebnissen von Temperaturmessungen in Mitteleuropa etwa am 01.01. und am 01.07. eines Jahres um Werte verschieden verteilter Zufallsgrößen handelt. Die am i-ten Tag eines Jahres gemessene Temperatur bezeichnet man daher genauer mit X_i. Erstrecken sich die Temperaturmessungen aber nur über einen relativ kurzen Zeitraum, etwa auf die ersten 5 Tage eines Jahres, so kann man in ausreichender Näherung davon ausgehen, dass die an den 5 Tagen gemessenen Temperaturen Realisierungen identisch wie X verteilter Zufallsgrößen $X_1, X_2, ..., X_5$ sind. Trotzdem kann auf die Indizierung der an den Wochentagen gemessenen Temperaturen nicht verzichtet werden, da die wahrscheinlichkeitstheoretische Modellierung der ohne Zweifel vorhandenen Abhängigkeiten zwischen den X_i die Kenntnis der gemeinsamen Wahrscheinlichkeitsverteilung des zufälligen Vektors $(X_1, X_2, ..., X_5)$ erfordert.

b) Werden die Temperaturen nicht nur an diskreten Zeitpunkten erfasst, sondern während eines ganzen Jahres durch einen Sensor kontinuierlich gemessen und in Form eines Graphs aufgezeichnet, so führt dies zu einer Zufallsgröße, die von einem stetigen Parameter t abhängt und die im Folgenden mit $X(t)$ bezeichnet wird. Jedes Jahr erhält man so den Temperaturverlauf als deterministische Funktion der Zeit: $x = x(t)$, $0 \leq t \leq 1$. In dieser Schreibweise ist $x(t)$ für gegebenes t als ein Wert der Zufallsgröße $X(t)$ zu verstehen. Man wird in jedem Jahr einen anderen Verlauf beobachten. Diese unterschiedlichen Verläufe sind jedoch rein zufallsbedingt, wenn der Einfluss längerfristiger zyklischer Klimaschwankungen vernachlässigt wird. Es liegt daher nahe, das verallgemeinerte Zufallsexperiment 'Kontinuierliches Messen der Temperatur über ein Jahr' einzuführen und mit $\{X(t),\ 0 \leq t \leq 1\}$ zu bezeichnen. Die Notwendigkeit der Kenntnis der gemeinsamen Verteilungen aller zufälligen Vektoren $\{X(t_1), X(t_2), ..., X(t_n)\}$ mit $0 \leq t_1 < t_2 < \cdots < t_n \leq 1$ und $n = 1, 2, ...$ zur Charakterisierung des verallgemeinerten Zufallsexperiments ist hier besonders augenfällig, da für eng zusammenliegende Messpunkte t_i und t_{i+1}, also für Differenzen $t_{i+1} - t_i$ im Minuten- oder gar Sekundenbereich, eine starke Abhängigkeit zwischen $X(t_i)$ und $X(t_{i+1})$ besteht. $\square$

Im Unterschied zu den im Kapitel 1 betrachteten Zufallsexperimenten (Zufallsgrößen), deren Ergebnisse (Werte) reelle Zahlen waren, treten im Beispiel 2.1 verallgemeinerte Zufallsexperimente auf, deren Ergebnisse reelle Funktionen sind. Man nennt solche verallgemeinerten Zufallsexperimente daher auch *zufällige Funktionen*. Jedoch wird anstelle dieser inhaltlich und anschaulich ebenfalls gerechtfertigten Bezeichnung zumeist der Begriff *stochastischer Prozess* bzw. *zufälliger Prozess* verwendet. In diesem Buch wird generell nur von stochastischen Prozessen gesprochen. Zwecks ihrer genaueren Charakterisierung ist die Einführung einiger weiterer Bezeichnungen erforderlich. Die interessierende Zufallsgröße X hänge von einem Parameter t ab, der Werte aus einer vorgegebenen Menge **T** annehmen kann: $X = X(t)$, $t \in$ **T**. Zur Vereinfachung der Sprechweise und im Hinblick auf die Mehrheit der Anwendungen wird im Folgenden der Parameter t bei der Darstellung der theoretischen Grundlagen als Zeit interpretiert. Somit ist $X(t)$ die interessierende Zufallsgröße zum Zeitpunkt t, während **T** den gesamten Betrachtungszeitraum umfasst. Für das Anliegen dieses Buches reicht die folgende Erklärung eines stochastischen Prozesses aus.

Stochastischer Prozess Unter einem *stochastischen Prozess* mit dem *Parameterraum* **T** und dem *Zustandsraum* **Z** versteht man eine Familie von Zufallsgrößen $\{X(t),\ t \in$ **T**$\}$, wobei **Z** die Menge aller *Zustände* (*Werte*) bezeichnet, die die $X(t)$ für alle $t \in$ **T** annehmen können.

Ist die Parametermenge endlich oder abzählbar unendlich, spricht man von einem *stochastischen Prozess mit diskreter Zeit*. Derartige Prozesse lassen sich in Form einer Folge von Zufallsgrößen aufschreiben: $\{X_1, X_2, ...\}$ (Beispiel 2.1 a). Umgekehrt lässt sich jede Folge von Zufallsgrößen als stochastischer Prozess mit diskreter Zeit interpretieren. Ist **T** ein Intervall, dann spricht man von einem *stochastischen Prozess mit stetiger Zeit*. Der stochastische Prozess $\{X(t),\ t \in$ **T**$\}$ heißt *diskret*, wenn sein Zustandsraum **Z** eine endliche oder eine abzählbar unendliche Menge ist. Dagegen liegt ein *stetiger stochastischer Prozess* vor, wenn **Z** ein Intervall ist. (Mit Ausnahme von Abschnitt 2.8 wird in diesem Buch stets vorausgesetzt, dass **Z** eine Teilmenge der reellen Achse ist.) Es gibt also diskrete stochastische Prozesse mit diskreter Zeit, diskrete stochastische Prozesse mit stetiger Zeit, stetige stochastische Prozesse mit diskreter Zeit sowie stetige stochastische Prozesse mit stetiger Zeit. Beobachtet man den Prozess $\{X(t),\ t \in$ **T**$\}$ über den gesamten Zeitraum **T**, erfasst man also die Werte der $X(t)$ für alle $t \in$ **T**, so erhält man eine reelle Funktion $x = x(t)$, $t \in$ **T**. Eine solche Funktion heißt *Trajektorie* oder *Realisierung* (*trajectory*, *sample path*) des stochastischen Prozesses. Die Trajektorien eines stochastischen Prozesses mit diskreter Zeit sind somit Folgen reeller Zahlen, während die Trajektorien eines stetigen stochastischen Prozesses mit stetiger Zeit beliebige (stetige oder unstetige) Funktionen sein können. Bei einem diskreten stochastischen Prozess mit stetiger Zeit kommen als Trajektorien nur Treppenfunktionen in Frage.

In den Anwendungen treten parameter- und insbesondere zeitabhängige zufällige Erscheinungen, die sich durch stochastische Prozesse modellieren lassen, sehr häufig auf. So ist es in einem elektrischen Schaltkreis nicht möglich, die Spannung zeitlich absolut

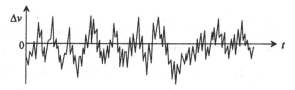

Bild 2.1 Spannungsschwankungen durch thermisches Rauschen bei hoher Temperatur

konstant zu halten; denn sie unterliegt unvorhersehbaren Fluktuationen, die zum Beispiel durch *thermisches Rauschen* hervorgerufen werden (Bild 2.1). Die zum Zeitpunkt t gemessene Spannung $v(t)$ ist daher Realisierung der zufällig zum Zeitpunkt t anliegenden Spannung $V(t)$, so dass es sich bei der Funktion $v = v(t)$ um eine Trajektorie des stochastischen Prozesses $\{V(t), t \geq 0\}$ handelt. Produzenten und Nutzer von Radar- bzw. satellitengestützten Kommunikationssystemen haben das sogenannte *Fading* zu berücksichtigen. Damit bezeichnet man die zufälligen Schwankungen der Energie empfangener Signale, die durch Streuung der Radiowellen wegen Inhomogenitäten der Atmosphäre sowie durch metereologische und industrielle Einflüsse verursacht werden. Stochastische Prozesse spielen auch in den Wirtschaftswissenschaften eine wichtige Rolle. Beispiele sind die zeitliche Entwicklung von Aktienkursen, Renditen oder Preise von Edelmetallen. Bekannt ist das bereits 'klassische' Beispiel der von *Beveridge* (1921) veröffentlichten Entwicklung der Weizenpreise in West- und Mitteleuropa (Bild 2.2). In der Medizin liefern zeitdiskrete oder kontinuierliche Messungen des Blutdrucks oder der Hirnströme eines Patienten Trajektorien entsprechender stochastischer Prozesse.

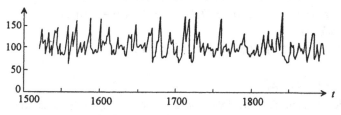

Bild 2.2 Fluktuation der Weizenpreise von 1500 bis 1869 nach Beveridge (1921) (Währungsschwankungen eliminiert)

2.2 Kenngrößen stochastischer Prozesse

Die wohl wichtigsten Funktionen in Verbindung mit stochastischen Prozessen sind die Verteilungsfunktionen der $X(t)$, $t \in T$:

$$F_t(x) = P(X(t) \leq x). \tag{2.1}$$

Durch Vorgabe der Menge der Verteilungsfunktionen $\{F_t(x), t \in T\}$ ist ein stochastischer Prozess wegen der Abhängigkeit der $X(t)$, $t \in T$, nicht eindeutig bestimmt (siehe

Beispiel 2.1). Die vollständige Charakterisierung stochastischer Prozesse erfordert für alle $n = 1, 2, \ldots$ und für alle n-Tupel $\{t_1, t_2, \ldots, t_n\}$ mit $t_i \in \mathbf{T}$ die Angabe der gemeinsamen Verteilungsfunktion des n-dimensionalen zufälligen Vektors $(X(t_1), X(t_2), \ldots, X(t_n))$:

$$F_{t_1, t_2, \ldots, t_n}(x_1, x_2, \ldots, x_n) = P(X(t_1) \leq x_1, X(t_2) \leq x_2, \ldots, X(t_n) \leq x_n). \qquad (2.2)$$

Die Gesamtheit dieser gemeinsamen Verteilungsfunktionen bestimmt die *Wahrscheinlichkeitsverteilung* des stochastischen Prozesses. Für diskrete stochastische Prozesse ist es im Allgemeinen einfacher, seine Wahrscheinlichkeitsverteilung für alle $t_1, t_2, \ldots, t_n$ mit $t_i \in \mathbf{T}$ und $A_i \subseteq \mathbf{Z}$; $i = 1, 2, \ldots, n$; durch Angabe der folgenden Wahrscheinlichkeiten zu charakterisieren:

$$P(X(t_1) \in A_1, X(t_2) \in A_2, \ldots, X(t_n) \in A_n)$$

Trend Unter dem *Trend* bzw. der *Trendfunktion* eines stochastischen Prozesses versteht man im Fall seiner Existenz den Erwartungswert von $X(t)$ als Funktion der Zeit:

$$m(t) = E(X(t)), \quad t \in \mathbf{T}.$$

Die Trendfunktion beschreibt demnach die durchschnittliche Entwicklung des stochastischen Prozesses in der Zeit. Existieren die Dichten

$$f_t(x) = dF_t(x)/dx, \quad t \in \mathbf{T},$$

so gilt

$$m(t) = \int_{-\infty}^{\infty} x f_t(x)\, dx, \quad t \in \mathbf{T}.$$

Kovarianz- und Korrelationsfunktion Unter der *Kovarianzfunktion* eines stochastischen Prozesses $\{X(t), t \in \mathbf{T}\}$ versteht man die Kovarianz zwischen den Zufallsgrößen $X(s)$ und $X(t)$ als Funktion der Zeitpunkte s und t (Abschn. 1.8.1.5):

$$K(s,t) = Cov(X(s), X(t)) = E([X(s) - m(s)]\,[X(t) - m(t)]); \quad s, t \in \mathbf{T}$$

oder, äquivalent dazu,

$$K(s,t) = E(X(s)X(t)) - m(s)m(t); \quad s, t \in \mathbf{T}. \qquad (2.3)$$

Insbesondere ist

$$K(t,t) = Var(X(t)).$$

Analog bezeichnet man als *Korrelationsfunktion* von $\{X(t), t \in \mathbf{T}\}$ den Korrelationskoeffizienten $\rho(s,t) = \rho(X(s), X(t))$ zwischen $X(s)$ und $X(t)$ als Funktion von s und t:

$$\rho(s,t) = \frac{Cov(X(s), X(t))}{\sqrt{Var(X(s))}\,\sqrt{Var(X(t))}}.$$

Die Kovarianzfunktion eines stochastischen Prozesses heißt auch *Autokovarianzfunktion* und die Korrelationsfunktion dementsprechend *Autokorrelationsfunktion*, um darauf hinzuweisen, dass Abhängigkeiten innerhalb eines stochastischen Prozesses interessieren. Sind zwei stochastische Prozesse $\{X(t), t \in \mathbf{T}_1\}$ und $\{Y(t), t \in \mathbf{T}_2\}$ gegeben, dann betrachtet man auch das Verhalten von Kovarianzfunktionen der Art

$$K_{X,Y}(s,t) = Cov(X(s), Y(t)), \quad s \in \mathbf{T}_1, t \in \mathbf{T}_2.$$

2.3 Eigenschaften stochastischer Prozesse

Von besonderer Bedeutung sind diejenigen stochastischen Prozesse, bei denen die gemeinsamen Verteilungsfunktionen (2.2) nicht von den Absolutwerten der t_j abhängen, sondern nur von den Abständen zwischen den t_j.

Definition 2.1 (*stationär im engeren Sinn*) Ein stochastischer Prozess $\{X(t),\ t \in \mathbf{T}\}$ ist *stationär im engeren Sinn* oder *stark stationär*, wenn für alle $n = 1, 2, \ldots$, für beliebige h, für alle n-Tupel $\{t_1, t_2, \ldots, t_n\}$ mit $t_j \in \mathbf{T}$ und $t_j + h \in \mathbf{T}$, sowie für alle $\{x_1, x_2, \ldots, x_n\}$ die Beziehung

$$F_{t_1, t_2, \ldots, t_n}(x_1, x_2, \ldots, x_n) = F_{t_1 + h, t_2 + h, \ldots, t_n + h}(x_1, x_2, \ldots, x_n) \qquad (2.4)$$

gilt.   ●

Die Wahrscheinlichkeitsverteilung im engeren Sinne stationärer Prozesse ist also invariant gegen absolute Zeitverschiebungen. Insbesondere folgt für $n = 1$, dass die (eindimensionalen) Verteilungsfunktionen $F_t(x)$ der $X(t)$ von t nicht abhängen:

$$F_t(x) \equiv F(x). \qquad (2.5)$$

Die $X(t)$ sind infolgedessen für alle t aus $\mathbf{T}$ identisch verteilt, so dass insbesondere die Trendfunktion stationärer Prozesse identisch konstant ist und auch die Varianzen der $X(t)$ im Falle ihrer Existenz nicht von t abhängen:

$$m(t) = E(X(t)) \equiv m, \quad Var(X(t)) \equiv \text{konstant.} \qquad (2.6)$$

Die Trendfunktion stationärer Prozesse verläuft also parallel zur Zeitachse und die Fluktuation ihrer Trajektorien um die Trendfunktion wird mit wachsendem t keine signifikanten Änderungen erfahren. Die Trajektorien in den Bildern 2.1 und 2.2 haben etwa diese Eigenschaften. Ferner folgt aus (2.4) mit $n = 2$ und $t_1 = 0$, $t_2 = t - s$ sowie $h = s$, dass

$$F_{0, t-s}(x_1, x_2) = F_{s, t}(x_1, x_2) \qquad (2.7)$$

für alle $s < t$ sowie x_1 und x_2 gilt. Die gemeinsame Verteilungsfunktion des zufälligen Vektors (X_s, X_t) hängt also von s und t nur über die Differenz $\tau = t - s$ ab. Daher hängt auch der Erwartungswert $E[X(s)X(t)]$ und damit wegen

$$K(s, t) = E[X(s)X(t)] - m^2$$

auch die Kovarianzfunktion nur von der Differenz $\tau = t - s$ ab. Somit lässt sich die Kovarianzfunktion von im engeren Sinne stationären Prozessen in folgender Form schreiben:

$$K(s, t) = K(s, s + \tau) = K(0, \tau).$$

Man setzt daher $K(\tau) = K(0, \tau)$ und erhält für alle $s \in \mathbf{T}$ und τ mit $s + \tau \in \mathbf{T}$

$$K(\tau) = Cov(X(s), X(s + \tau)). \qquad (2.8)$$

Wegen der Symmetrie der Kovarianzfunktion $K(s, t)$ in s und t gilt für im engeren Sinne stationäre Prozesse $K(\tau) = K(-\tau)$, bzw., damit gleichbedeutend,

$$K(\tau) = K(|\tau|).$$

Da die Kovarianz ein Abhängigkeitsmaß ist, erwartet man die Gültigkeit von

$$\lim_{|\tau|\to\infty} K(\tau) = 0. \qquad\qquad (2.9)$$

Bild 2.3 zeigt den typischen Verlauf der Kovarianzfunktion eines stationären stochastischen Prozesses.

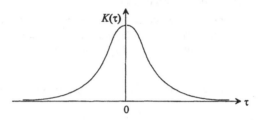

Bild 2.3 Typischer Verlauf der Kovarianzfunktion eines stationären Prozesses

In praktischen Situationen ist es im allgemeinen nicht oder nur mit unverhältnismäßig hohem Aufwand möglich, alle endlichdimensionalen Verteilungsfunktionen eines stochastischen Prozesses zu ermitteln, um dessen Stationärität im engeren Sinne nachzuprüfen. Man begnügt sich daher häufig mit dem Nachweis der Beziehung (2.8) und dem Nachweis der Konstanz der Trendfunktion. Dies führt zu einem teilweise abgeschwächten Stationaritätsbegriff. Die 'teilweise Abschwächung' bezieht sich darauf, dass hierbei stets ein stochastischer Prozess zweiter Ordnung $\{X(t),\ t \in \mathbf{T}\}$ vorausgesetzt wird.

Stochastischer Prozess zweiter Ordnung $\{X(t),\ t \in \mathbf{T}\}$ ist ein *stochastischer Prozess zweiter Ordnung*, wenn gilt

$$E(X^2(t)) < \infty \text{ für alle } t \in \mathbf{T}.$$

Es wird also die Existenz der zweiten Momente aller $X(t)$ vorausgesetzt. Damit existieren auch die Erwartungswerte $E(X(t))$, die Varianzen $Var(X(t))$ sowie die Kovarianzfunktion $K(s, t)$.

Definition 2.2 (*stationär im weiteren Sinn*) Ein stochastischer Prozess zweiter Ordnung ist *stationär im weiteren Sinn* oder *schwach stationär*, wenn seine Trendfunktion identisch konstant ist und seine Kovarianzfunktion die Bedingung (2.13) erfüllt.   ●

Aus der Stationarität im engeren Sinne eines stochastischen Prozesses folgt nicht notwendig, dass er auch stationär im weiteren Sinn ist; denn stationär im engeren Sinn können auch Prozesse sein, die nicht zweiter Ordnung sind. Jedoch ist ein stochastischer Prozess zweiter Ordnung, der stationär im engeren Sinn ist, auch stationär im weiteren Sinn.

Neben der Stationarität beziehen sich weitere wichtige Eigenschaften stochastischer Prozesse auf ihre Zuwächse.

Zuwachs Unter dem *Zuwachs* eines stochastischen Prozesses $\{X(t),\ t \in \mathbf{T}\}$ im Intervall $[t_1, t_2]$; $t_1 < t_2$; $t_1, t_2 \in \mathbf{T}$; versteht man die zufällige Differenz $X(t_2) - X(t_1)$.

Zuwächse können natürlich auch negativ sein.

Homogene Zuwächse Ein stochastischer Prozess $\{X(t), t \in \mathbf{T}\}$ hat *homogene bzw. stationäre Zuwächse*, wenn die Zuwächse $X(t_2 + \tau) - X(t_1 + \tau)$ für alle τ mit $t_1 + \tau \in \mathbf{T}$ und $t_2 + \tau \in \mathbf{T}$ die gleiche Wahrscheinlichkeitsverteilung haben; t_1, t_2 beliebig, aber fest.

Eine äquivalente Erklärung von Prozessen mit homogenen Zuwächsen ist die folgende: $\{X(t), t \geq 0\}$ hat *homogene bzw. stationäre Zuwächse*, wenn die Wahrscheinlichkeitsverteilung von $X(t + \tau) - X(t)$ für beliebige, aber feste τ nicht von t abhängt. Ein stochastischer Prozess mit homogenen (stationären) Zuwächsen muss nicht notwendig stationär im engeren oder weiteren Sinne sein.

Unabhängige Zuwächse Ein stochastischer Prozess $\{X(t), t \in \mathbf{T}\}$ hat *unabhängige Zuwächse*, wenn für alle $n = 3, 4, ...$ und alle n-Tupel $\{t_1, t_2, ..., t_n\}$ mit $t_1 < t_2 < ... < t_n$, $t_i \in \mathbf{T}$, die Zuwächse $X(t_2) - X(t_1)$, $X(t_3) - X(t_2)$, ..., $X(t_n) - X(t_{n-1})$ unabhängig t sind.

Der Zuwachs, den ein stochastischer Prozess mit unabhängigen Zuwächsen in einem Intervall erfährt, beeinflusst also dessen Zuwächse in dazu disjunkten Intervallen nicht.

Definition 2.3 (*Markov-Eigenschaft*) Ein stochastischer Prozess $\{X(t); t \in \mathbf{T}\}$ hat die *Markov-Eigenschaft*, wenn für alle $n = 2, 3, ...$, alle $(n + 1)$-Tupel $\{t_1, t_2, ..., t_{n+1}\}$ mit $t_1 < t_2 < ... < t_{n+1}$ und $t_i \in \mathbf{T}$ sowie für beliebige $A_i \subseteq \mathbf{Z}$; $i = 1, 2, ..., n + 1$; gilt:

$$P(X(t_{n+1}) \in A_{n+1} | X(t_n) \in A_n, X(t_{n-1}) \in A_{n-1}, ..., X(t_1) \in A_1)$$
$$= P(X(t_{n+1}) \in A_{n+1} | X(t_n) \in A_n). \qquad \bullet$$

Deutet man t_{n+1} als einen Zeitpunkt, der in der Zukunft liegt, t_n als die Gegenwart und dementsprechend die $t_1, t_2, ..., t_{n-1}$ als Zeitpunkte, die in der Vergangenheit liegen, so hängt die künftige Entwicklung eines Prozesses, der die Markov-Eigenschaft hat, nur von seinem gegenwärtigen Zustand ab, aber nicht davon, wie sich der Prozess in der Vergangenheit entwickelt hat. Prozesse, die die Markov-Eigenschaft haben, werden *Markovsche Prozesse genannt*. Markovsche Prozesse mit endlichem oder abzählbar unendlichem Zustandsraum heißen *Markovsche Ketten*. Ist auch $\mathbf{T}$ endlich oder abzählbar unendlich, spricht man von *diskreten Markovschen Ketten* und sonst von *stetigen Markovschen Ketten*. Prozesse mit unabhängigen Zuwächsen sind stets Markovsch.

Satz 2.1 Ein Markovscher Prozess ist genau dann im engeren Sinne stationär, wenn seine eindimensionalen Wahrscheinlichkeitsverteilungen nicht von der Zeit abhängen; wenn also eine Verteilungsfunktion $F(x)$ existiert mit

$$F_t(x) = P(X(t) \leq x) = F(x) \quad \text{für alle } t \in \mathbf{T}. \qquad \blacksquare$$

Definition 2.4 (*Stetigkeit im Quadratmittel*) Ein stochastischer Prozess zweiter Ordnung $\{X(t); t \in \mathbf{T}\}$ ist im Punkt t_0 *im Quadratmittel stetig*, wenn gilt

$$\lim_{h \to 0} E([X(t_0 + h) - X(t_0)]^2) = 0.$$

Der Prozess $\{X(t); t \in \mathbf{T}\}$ ist im Bereich $\mathbf{T}_0 \subseteq \mathbf{T}$ *im Quadratmittel stetig*, wenn er für alle $t \in \mathbf{T}_0$ diese Eigenschaft hat. $\bullet$

Das dieser Definition zugrunde liegende Konvergenzverhalten heißt *Konvergenz im Quadratmittel*. Für die Stetigkeit im Quadratmittel gibt es ein einfaches Kriterium:

Satz 2.2 Ein stochastischer Prozess zweiter Ordnung $\{X(t), t \in \mathbf{T}\}$ ist genau dann im Punkt t_0 im Quadratmittel stetig, wenn seine Kovarianzfunktion $K(s,t)$ in $(s,t) = (t_0,t_0)$ und seine Trendfunktion $m(t)$ in $t = t_0$ stetig sind.   ∎

Folgerung Ein im weiteren Sinne stationärer Prozess $\{X(t), t \in \mathbf{T}\}$ ist genau dann für alle $t \in \mathbf{T}$ im Quadratmittel stetig, wenn er im Punkt $t = 0$ diese Eigenschaft hat.

Definition 2.5 (*Gaußscher Prozess*) Ein stochastischer Prozess $\{X(t), t \in \mathbf{T}\}$ heißt *Gaußscher Prozess*, wenn die zufälligen Vektoren $(X(t_1), X(t_2), ..., X(t_n))$ für alle n-Tupel $(t_1, t_2, ..., t_n)$, $n = 1, 2, ...$, einer n-dimensionalen Normalverteilung (Gaußverteilung) genügen.   ●

Gaußsche Prozesse sind Prozesse zweiter Ordnung. Sie sind durch ihre Trend- und Kovarianzfunktion eindeutig bestimmt. Andererseits gilt: Zu einer vorgegebenen Trendfunktion und einer vorgegebenen Kovarianzfunktion gibt es stets einen Gaußschen Prozess mit eben dieser Trend- und Kovarianzfunktion.

2.4 Spezielle stochastische Prozesse

In diesem Abschnitt werden Beispiele für einfach strukturierte stochastische Prozesse gegeben, die aber in zahlreichen Anwendungen von Bedeutung sind. Man beachte: Aussagen zur Stationarität beziehen sich stets auf die Stationarität im weiteren Sinn.

2.4.1 Stochastische Prozesse mit stetiger Zeit

Kosinusschwingung mit zufälliger Amplitude und zufälliger Phase Es sei

$$X(t) = A\cos(\omega t + \Phi),$$

wobei A eine nichtnegative Zufallsgröße mit endlichem Erwartungswert und endlicher Varianz sowie Φ eine in $[0, 2\pi]$ gleichverteilte Zufallsgröße sind. A und Φ seien voneinander unabhängig. Der stochastische Prozess $\{X(t), t \in (-\infty, +\infty)\}$ kann etwa als Output eines aus einer größeren Anzahl von gleichartigen Oszillatoren zufällig herausgegriffenen angesehen werden, wenn diese zu unterschiedlichen, rein zufälligen Zeitpunkten in Betrieb genommen worden sind. Wegen

$$E(\cos(\omega t + \Phi)) = \frac{1}{2\pi}\int_0^{2\pi}\cos(\omega t + \phi)\,d\phi = \frac{1}{2\pi}[\sin(\omega t + \phi)]_0^{2\pi} = 0$$

ist die Trendfunktion des Prozesses identisch 0: $m(t) \equiv 0$. Daher gilt

$$K(s,t) = E\{[A\cos(\omega s + \Phi)][A\cos(\omega t + \Phi)]\}$$

$$= E(A^2)\frac{1}{2\pi}\int_0^{2\pi}\cos(\omega s + \phi)\cos(\omega t + \phi)\,d\phi$$

$$= E(A^2)\frac{1}{2\pi}\int_0^{2\pi}\frac{1}{2}\{\cos\omega(t - s) + \cos[\omega(s + t) + 2\phi]\}\,d\phi.$$

Der erste Summand im Integranden der letzten Zeile ist bezüglich der Integration eine Konstante. Da das Integral über den zweiten Summanden gleich 0 ist, hängt die Kovarianzfunktion nur von der Differenz $\tau = t - s$ ab:

$$K(\tau) = \frac{1}{2} E(A^2) \cos w\tau.$$

Der Prozess ist somit stationär.

Überlagerung von Sinus- und Kosinusschwingung A und B seien zwei unkorrelierte Zufallsgrößen mit

$$E(A) = E(B) = 0 \quad \text{und} \quad Var(A) = Var(B) = \sigma^2 < \infty.$$

Der stochastische Prozess $\{X(t), \ t \in (-\infty, +\infty)\}$ sei durch

$$X(t) = A \cos \omega t + B \sin \omega t$$

gegeben. Wegen $Var(X(t)) = \sigma^2 < \infty$ handelt es sich um einen Prozess zweiter Ordnung. Seine Trendfunktion ist konstant 0:

$$m(t) = E(A) \cos \omega t + E(B) \sin \omega t = 0 \cos \omega t + 0 \sin \omega t = 0,$$

so dass $K(s,t) = E(X(s)X(t))$ gilt. Aus der Unkorreliertheit von A und B folgt ferner $E(AB) = E(A)E(B) = 0$. Daher ist

$$\begin{aligned} K(s,t) = & \ E(A^2 \cos \omega s \cos \omega t + B^2 \sin \omega s \sin \omega t) \\ & + E(AB \cos \omega s \sin \omega t + AB \sin \omega s \cos \omega t) \\ = & \ \sigma^2 (\cos \omega s \cos \omega t + \sin \omega s \sin \omega t) \\ & + E(AB)(\cos \omega s \sin \omega t + \sin \omega s \cos \omega t) \\ = & \ \sigma^2 \cos \omega (t - s). \end{aligned}$$

Somit hängt die Korrelationsfunktion nur von $\tau = t - s$ ab:

$$K(\tau) = \sigma^2 \cos \omega \tau.$$

Der Prozess ist also stationär.

Die beiden eben betrachteten Prozesse haben eine wesentliche Gemeinsamkeit: Sind erst einmal die Werte der eingehenden Zufallsgrößen A, B und Φ 'ausgewürfelt', dann entwickelt sich der Prozess streng deterministisch weiter, der Zufall hat keine weitere Angriffsmöglichkeit. Praktisch bedeutet dies, dass bereits aus der Analyse des Prozesses in einem beliebig kleinen Zeitintervall mit absoluter Sicherheit auf seine künftige Entwicklung geschlossen werden kann. Unter dieser Bedingung ist es nicht möglich, dass $X(s)$ und $X(t)$ für $|\tau| = |t - s| \to \infty$ unabhängig werden. Daher wird auch verständlich, dass keiner der betrachteten Prozesse die Eigenschaft (2.9) hat. Die eigentlich interessanten Probleme entstehen dort, wo der Zufall kontinuierlich oder zumindest wiederholt in den Ablauf eines Prozesses eingreifen kann. Zu dieser Kategorie gehören alle im Weiteren betrachteten stochastischen Prozesse. Der folgende Prozess hat zwar auch eine recht einfache Struktur, der Zufall greift jedoch wiederholt in das Geschehen ein. Zudem ist er unter anderem in der Physik, der Informationsübertragung und den Wirtschaftswissenschaften von Bedeutung.

Schrotrauschen An zufälligen Zeitpunkten T_n werden *Impulse* (*Pulse*) der Stärke A_n ausgelöst. Die Folge $\{T_1, T_2, ...\}$ sei unbeschränkt wachsend und die $A_1, A_2, ...$ seien unabhängige, identisch verteilte Zufallsgrößen mit beschränktem Erwartungswert. Die Folge $\{(T_n, A_n); \ n = 0, \pm 1, \pm 2, ...\}$ bildet einen *Impulsprozess.* Sind die A_n identisch konstant, dann reduziert sich der Impulsprozess auf $\{T_n; n = 0, \pm 1, \pm 2, ...\}$. Kann die *Antwort* (*Reaktion*) eines Systems auf einen Impuls durch eine reelle Funktion der Zeit $h(t)$ mit den Eigenschaften

$$h(t) = 0 \ \text{für} \ t < 0 \quad \text{und} \quad \lim_{t \to \infty} h(t) = 0$$

quantifiziert werden, dann heisst der durch

$$X(t) = \sum_{n=-\infty}^{\infty} A_n h(t - T_n) \tag{2.10}$$

definierte stochastische Prozess $\{X(t), \ t \in (-\infty, +\infty)\}$ *Schrotrauschen.* Er modelliert die additive Überlagerung der Reaktionen des Systems auf die Impulse.

Das wohl bekannteste Beispiel für das Auftreten des Schrotrauschens ist die Fluktuation des Anodenstroms in Vakuumröhren (Röhrenrauschen). Diese resultiert aus den zufälligen Stromimpulsen, die zu den Zeitpunkten T_n der Emission von Elektronen aus der Kathode ausgelöst werden (*Schottky-Effekt*). Die Bezeichnung *Schrotrauschen* (*shot noise*) rührt daher, dass man die Wirkung des Beschusses einer Metallplatte mit Schrotkörnern ebenfalls vermittels des Ansatzes (2.10) modellieren kann.

Pulskodemodulation Eine Quelle erzeugt nach jeweils T Zeiteinheiten unabhängig voneinander eines der Zeichen 1 bzw. 0 mit den Wahrscheinlichkeiten $1 - p$ bzw. p. Die Übertragung einer 1 bzw. einer 0 erfolgt in der Weise, dass nach jeweils T Zeiteinheiten ein Puls mit der Amplitude a bzw. nichts gesendet wird. Das so modulierte Signal lässt sich formal durch einen stochastischen Prozess $\{X(t), \ t \in (-\infty, +\infty)\}$ der Form (2.10) mit $T_n = nT$ und

$$A_n = \begin{cases} 0 & \text{mit Wahrscheinlichkeit} \quad p \\ a & \text{mit Wahrscheinlichkeit} \quad 1 - p \end{cases}, \quad h(t) = \begin{cases} 1 & \text{für } 0 \le t < T \\ 0 & \text{sonst} \end{cases}$$

darstellen. Zum Beispiel erzeugt die Teilfolge eines Signals ...1 0 1 1 0 1 ... die im Bild 2.4 dargestellten Trajektorie $x = x(t)$ dieses Prozesses. Der Zeitpunkt $t = 0$ ist dabei so gewählt, dass er mit dem Beginn des Sendens eines Zeichens zusammenfällt.

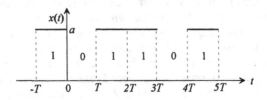

Bild 2.4 Pulskodemodulation

Die Trendfunktion des Prozesses ist konstant:
$$m(t) = a P(X(t) = a) + 0 P(X(t) = 0) = a(1-p).$$
Für $nT \leq s, t < (n+1)T;\ n = 0, \pm1, \pm2, \dots$ gilt
$$E(X(s)X(t)) = E(X(s)X(t)|X(s) = a) P(X(s) = a)$$
$$+ E(X(s)X(t)|X(s) = 0) P(X(s) = 0)$$
$$= a^2(1-p).$$
Für $mT \leq s < (m+1)T$ und $nT \leq t < (n+1)T$ mit $m \neq n$ sind $X(s)$ und $X(t)$ unabhängig. Daher lautet die Kovarianzfunktion des Prozesses
$$K(s,t) = \begin{cases} a^2 p(1-p) & \text{für } nT \leq s, t < (n+1)T;\ n = 0, \pm1, \pm2, \dots \\ 0 & \text{sonst} \end{cases}.$$
Der Prozess $\{X(t),\ t \in (-\infty, +\infty)\}$ ist also nicht stationär.

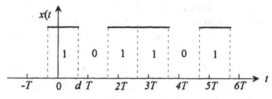

Bild 2.5 Verzögerte Pulskodemodulation

Verzögerte Pulskodemodulation Ausgehend vom Prozess der Pulskodemodulation $\{X(t),\ t \in (-\infty, +\infty)\}$ wird der Prozess $\{Y(t),\ t \in (-\infty, +\infty)\}$ vermittels
$$Y(t) = X(t-D),$$
definiert, wobei D eine im Intervall $[0, T]$ gleichverteilte Zufallsgröße ist. Praktisch bedeutet dies, dass die um D Zeiteinheiten nach rechts verschobenen Trajektorien des stochastischen Prozesses $\{X(t),\ t \in (-\infty, +\infty)\}$ die entsprechenden Trajektorien des Prozesses $\{Y(t),\ t \in (-\infty, +\infty)\}$ sind. Zum Beispiel ergibt die Rechtsverschiebung der Trajektorie von Bild 2.4 um $D = d$ Zeiteinheiten die im Bild 2.5 dargestellte Trajektorie des Prozesses $\{Y(t),\ t \in (-\infty, +\infty)\}$. Sie entstünde bei Übertragung von ... 1 0 1 1 0 1 ... unter der Bedingung $D = d$. Die Trendfunktion des Prozesses lautet wieder
$$m(t) = a(1-p).$$
$X(s)$ und $X(t)$ sind genau dann unabhängig, wenn die Ungleichung $|t - s| > T$ erfüllt ist oder s und t durch einen Schaltpunkt $nT+D;\ n = 0, \pm1, \pm2,\dots;$ getrennt sind. In diesen Fällen ist $K(s,t) = 0$. Unter der Bedingung $|t - s| \leq T$ sind $X(s)$ und $X(t)$ nur dann unabhängig, wenn s und t durch einen Schaltpunkt $nT+D;\ n = 0, \pm1, \pm2,\dots;$ getrennt sind. Dieses zufällige Ereignis wird mit B bezeichnet. Das dazu komplementäre Ereignis unter der gleichen Bedingung sei $\bar{B}$. Die zugehörigen Wahrscheinlichkeiten sind
$$P(B) = \frac{|t-s|}{T}, \quad P(\bar{B}) = 1 - \frac{|t-s|}{T}.$$

Also hat man für die Kovarianzfunktion des Prozesses unter der Bedingung $|t - s| \leq T$:

$$K(s,t) = E(X(s)X(t)|B)\,P(B) + E(X(s)X(t)|\bar{B})\,P(\bar{B}) - m(s)\,m(t)$$

$$= E(X(s))\,E(X(t))\,P(B) + E([X(s)]^2)\,P(\bar{B}) - m(s)\,m(t)$$

$$= [a(1-p)]^2\,\frac{|t-s|}{T} + a^2(1-p)\left(1 - \frac{|t-s|}{T}\right) - [a(1-p)]^2\,.$$

Insgesamt ergibt sich die Kovarianzfunktion mit $\tau = t - s$ zu

$$K(\tau) = \begin{cases} a^2 p(1-p)\left(1 - \frac{|\tau|}{T}\right) & \text{für } |\tau| \leq T \\ 0 & \text{sonst} \end{cases}.$$

Der Prozess zweiter Ordnung $\{Y(t),\ t \in (-\infty, +\infty)\}$ ist demnach stationär.

2.4.2 Stochastische Prozesse mit diskreter Zeit

Stochastische Prozesse mit diskreter Zeit sind Folgen von Zufallsgrößen. Sie werden daher auch *zufällige Folgen* genannt. In diesem Abschnitt werden nur *stationäre zufällige Folgen* auftreten. Sie spielen vor allem in der Informationsübertragung als stochastische Modelle für *zufällige Signale* sowie in der Zeitreihenanalyse zur Prognose der zeitlichen Entwicklung von stationären zufälligen Vorgängen eine wichtige Rolle.

Rein zufällige Folge Es sei $\{...X_{-2}, X_{-1}, X_0, X_1, X_2, ...\}$ eine doppelt unendliche Folge unkorrelierter, identisch wie X verteilter Zufallsgrößen mit

$$E(X) = 0 \text{ und } Var(X) = \sigma^2 < \infty. \tag{2.11}$$

(Im Fall zufälliger Folgen wird der Parameter wie üblich als Index geschrieben.) Wegen der beschränkten Varianz der X_i liegt ein Prozess zweiter Ordnung vor. Seine Trendfunktion ist identisch konstant 0. Daher gilt $K(s,t) = E(X_s)E(X_t) = 0$ für $s \neq t$ und $K(s,t) = E(X^2) = \sigma^2$ für $s = t$. Insgesamt lautet die Kovarianzfunktion $K(s,t) = K(\tau)$ mit ganzzahligem $\tau = t - s$ der so definierten *rein zufälligen Folge*:

$$K(\tau) = \begin{cases} \sigma^2 & \text{für } \tau = 0 \\ 0 & \text{für } \tau \neq 0 \end{cases}. \tag{2.12}$$

Neben der Stationarität der rein zufälligen Folge ist auch klar, dass sie unabhängige Zuwächse hat. Man nennt eine rein zufällige Folge auch *diskretes weißes Rauschen*.

Folge gleitender Summen der Ordnung n Die doppelt unendliche Folge zufälliger Größen $\{...Y_{-2}, Y_{-1}, Y_0, Y_1, Y_2, ...\}$ sei definiert durch

$$Y_t = \sum_{i=0}^{n} c_i X_{t-i}; \quad t = 0, \pm 1, \pm 2, ...; \tag{2.13}$$

wobei $\{X_i\}$ eine rein zufällige Folge mit den Parametern (2.11) ist.

Die natürliche Zahl n und die Folge beschränkter reeller Zahlen $c_0, c_1, ..., c_n$ sind vorgegeben. Zur Konstruktion von Y_t werden also neben dem 'gegenwärtigen' X_t noch die n 'vorangegangenen' $X_{t-1}, X_{t-2}, ..., X_{t-n}$ verwendet. Diese Konstruktionsvorschrift ist als

Prinzip der gleitenden Summen oder, obwohl nur in Spezialfällen präzis, als *Prinzip der gleitenden Mittelwerte* bekannt. Wegen

$$Var(Y_t) = \sigma^2 \sum_{i=0}^n c_i^2 < \infty; \quad t = 0, \pm 1, \pm 2, \ldots;$$

ist $\{Y_t; \ t = 0, \pm 1, \pm 2, \ldots\}$ ein stochastischer Prozess zweiter Ordnung. Seine Trendfunktion ist identisch 0: $m(t) = E(Y_t) = 0$ für $t = 0, \pm 1, \pm 2, \ldots$ Ferner gilt

$$K(s,t) = E(Y_s Y_t) = E\left(\left[\sum_{i=0}^n c_i X_{s-i}\right]\left[\sum_{j=0}^n c_j X_{t-j}\right]\right)$$

$$= E\left(\sum_{i=0}^n \sum_{j=0}^n c_i c_j X_{s-i} X_{t-j}\right),$$

wobei s und t ganzzahlig sind. Wegen $E(X_{s-i} X_{t-j}) = 0$ für $s - i \neq t - j$ ist die Doppelsumme stets 0, wenn die Ungleichung $|t - s| > n$ gilt. Anderenfalls existieren i und j, die $s - i = t - j$ erfüllen. Die Doppelsumme wird dann eine einfache Summe:

$$K(s,t) = E(\sum_{\substack{0 \le i \le n \\ 0 \le |t-s|+i \le n}} c_i c_{|t-s|+i} X_{s-i}^2) = \sigma^2 \sum_{i=0}^{n-|t-s|} c_i c_{|t-s|+i}.$$

Insgesamt ergibt sich die Kovarianzfunktion $K(s,t) = K(\tau)$ mit $\tau = t - s$ zu

$$K(\tau) = \begin{cases} \sigma^2(c_0 c_{|\tau|} + c_1 c_{|\tau|+1} + \cdots + c_{n-|\tau|} c_n) & \text{für } 0 \le |\tau| \le n \\ 0 & \text{für } |\tau| > n \end{cases}.$$

Die Folge der gleitenden Summen $\{Y_t; \ t = 0, \pm 1, \pm 2, \ldots\}$ ist somit stationär.

Folge gleitender Mittel der Ordnung n - MA(n)) Wird in 2.13 speziell

$$c_i = 1/(n+1); \quad i = 0, 1, \ldots, n;$$

gesetzt, erhält man die *Folge der gleitenden Mittel*:

$$Y_t = \frac{1}{n+1} \sum_{i=0}^n X_{t-i}; \quad t = 0, \pm 1, \pm 2, \ldots$$

Ihre Kovarianzfunktion ergibt sich zu

$$K(\tau) = \begin{cases} \frac{\sigma^2}{n+1}\left(1 - \frac{|\tau|}{n+1}\right) & \text{für } 0 \le |\tau| \le n \\ 0 & \text{sonst} \end{cases} ; \quad \tau = 0, \pm 1, \pm 2, \ldots$$

Folgen gleitender Mittel -und manchmal auch Folgen gleitender Summen- werden in der Literatur mit *MA* bezeichnet (*moving average*). Bei Berücksichtigung der Ordnung n der Folgen schreibt man genauer *MA(n)*.

Folgen gleitender Summen unbeschränkter Ordnung Es sei

$$Y_t = \sum_{i=0}^\infty c_i X_{t-i}; \quad t = 0, \pm 1, \pm 2, \ldots, \tag{2.14}$$

wobei $\{X_i\}$ eine rein zufällige Folge mit den Parametern (2.11) ist und die c_i reelle Zahlen sind. Die so definierte zufällige Folge $\{\ldots, Y_{-2}, Y_{-1}, Y_0, Y_1, Y_2, \ldots\}$ wird auch als *linearer Prozess* bezeichnet. Um die Konvergenz der Reihe (2.14) für alle beschränkten Werte der X_i zu gewährleisten, müssen die Koeffizienten c_i der Bedingung

$$\sum_{i=0}^{\infty} c_i^2 < \infty \qquad (2.15)$$

genügen. Die Kovarianzfunktion lautet

$$K(\tau) = \sigma^2 \sum_{i=0}^{\infty} c_i c_{|\tau|+i}; \quad \tau = 0, \pm 1, \pm 2, \dots \qquad (2.16)$$

Speziell gilt für alle ganzzahligen t

$$Var(Y_t) = K(0) = \sigma^2 \sum_{i=0}^{\infty} c_i^2.$$

Ist eine doppelt unendliche Folge $\{c_i; \; i = 0, \pm 1, \pm 2, \dots\}$ gegeben, die der Bedingung

$$\sum_{i=-\infty}^{+\infty} c_i^2 < \infty$$

genügt, so ist die vermittels

$$Y_t = \sum_{i=-\infty}^{+\infty} c_i X_{t-i}; \quad t = 0, \pm 1, \pm 2, \dots, \qquad (2.17)$$

definierte doppelt unendliche Folge $\{\dots, Y_{-2}, Y_{-1}, 0, Y_{+1}, Y_{+2}, \dots\}$ ebenfalls stationär und hat die Kovarianzfunktion

$$K(\tau) = \sigma^2 \sum_{i=-\infty}^{+\infty} c_i c_{|\tau|+i}; \quad \tau = 0, \pm 1, \pm 2, \dots \qquad (2.18)$$

Zur Unterscheidung bezeichnet man zufällige Folgen der Strukturen (2.14) und (2.17) als *einseitige* bzw. *zweiseitige Folgen gleitender Summen (Mittel)*.

Autoregressive Folge erster Ordnung - AR (1)   Es sei

$$Y_t = a Y_{t-1} + b X_t; \quad t = 0, \pm 1, \pm 2, \dots \qquad (2.19)$$

mit $|a| < 1$ und b beschränkt sowie $\{X_i\}$ eine rein zufällige Folge mit den Parametern (2.11). Der 'gegenwärtige' Zustand Y_t der Folge hängt also nur vom unmittelbar vorangegangenen Zustand Y_{t-1} und einer zufälligen Störgröße $b X_t$ mit dem Erwartungswert 0 und der Varianz $b^2 \sigma^2$ ab. Die n-fache Anwendung von (2.19) liefert

$$Y_t = a^n Y_{t-n} + b \sum_{i=0}^{n-1} a^i X_{t-i}. \qquad (2.20)$$

Aus dieser Beziehung wird ersichtlich, dass der Einfluss des vergangenen Zustands Y_{t-n} auf den gegenwärtigen Y_t durchschnittlich umso geringer ausfällt, je größer der zeitliche Abstand n ist. Also ist zu erwarten, dass eine stationäre zufällige Folge existiert, die Lösung der rekursiven Beziehung (2.19) ist. Man erhält sie durch den Grenzübergang $n \to \infty$ in (2.20): Wegen $\lim_{n \to \infty} a^n = 0$ ergibt sich

$$Y_t = b \sum_{i=0}^{\infty} a^i X_{t-i}; \quad t = 0, \pm 1, \pm 2, \dots \qquad (2.21)$$

Die so definierte zufällige Folge $\{Y_t; \; t = 0, \pm 1, \pm 2, \dots\}$ heißt *autoregressive Folge erster Ordnung* (Abkürzung: *AR (1)*). Offenbar handelt es sich um einen Spezialfall der durch (2.14) erzeugten zufälligen Folge; denn setzt man $c_i = b a^i$, so ergibt sich neben der formalen Übereinstimmung die Gültigkeit von (2.15):

$$b \sum_{i=0}^{\infty} (a^i)^2 = b \sum_{i=0}^{\infty} a^{2i} = b/(1 - a^2) < \infty.$$

Somit ist die autoregressive Folge erster Ordnung eine stationäre zufällige Folge, deren Kovarianzfunktion mit $c_i = b a^i$ durch (2.16) gegeben ist:

$$K(\tau) = (b\,\sigma)^2 \sum_{i=0}^{\infty} a^i\, a^{|\tau|+i} = a^{|\tau|} (b\sigma)^2 \sum_{i=0}^{\infty} a^{2i}$$

oder, nach Summation,

$$K(\tau) = \frac{(b\,\sigma)^2}{1-a^2}\, a^{|\tau|}; \quad \tau = 0, \pm 1, \pm 2, \ldots$$

Autoregressive Folge der Ordnung r - $AR(r)$ Ist in Verallgemeinerung von (2.19) eine zufällige Folge $\{Y_t; \ t = 0, \pm 1, \pm 2, \ldots\}$ für reelle Zahlen $a_1, a_2, \ldots, a_r$ gegeben durch

$$Y_t + a_1 Y_{t-1} + a_2 Y_{t-2} + \cdots + a_r Y_{t-r} = b X_t, \tag{2.22}$$

wobei $\{X_i\}$ eine rein zufällige Folge mit den Parametern (2.11) ist, so heißt sie *autoregressive Folge der Ordnung r*. Analog zu (2.21) liegt es nahe zu prüfen, ob ein Ansatz der Form

$$Y_t = \sum_{i=0}^{\infty} c_i X_{t-i} \quad \text{mit} \quad \sum_{i=0}^{\infty} c_i^2 < \infty \tag{2.23}$$

zu einer stationären zufälligen Folge führt, die Lösung von (2.22) ist. Wird (2.23) formal in (2.22) eingesetzt, ergibt sich ein lineares Gleichungssystem für die Konstanten c_i:

$$c_0 = b$$
$$c_1 + a_1 c_0 = 0$$
$$c_2 + a_1 c_1 + a_2 c_0 = 0$$
$$c_r + a_1 c_{r-1} + \cdots + a_r c_0 = 0$$
$$c_i + a_1 c_{i-1} + \cdots + a_r c_{i-r} = 0; \quad i = r+1, r+2, \ldots$$

Eine nichttriviale Lösung dieses Gleichungssystems existiert, wenn die $a_1, a_2, \ldots, a_r$ so beschaffen sind, dass die Lösungen $y_1, y_2, \ldots, y_r$ der algebraischen Gleichung

$$y^r + a_1 y^{r-1} + \cdots + a_{r-1} y + a_r = 0 \tag{2.24}$$

dem Betrage nach alle kleiner als 1 sind (s. etwa *Andél* (1984)). In diesem Fall ist die gemäß (2.23) gebildete zufällige Folge $\{Y_t; \ t = 0, \pm 1, \pm 2, \ldots\}$ eine stationäre Lösung von (2.22). Liegt speziell eine autoregressive Folge zweiter Ordnung ($r = 2$) vor und sind λ_1 und λ_2 die Lösungen von

$$y^2 + a_1 y + a_2 = 0, \tag{2.25}$$

so lautet ihre Kovarianzfunktion für $\lambda_1 \neq \lambda_2$

$$K(\tau) = K(0) \frac{(1-\lambda_1^2)\lambda_2^{|\tau|+1} - (1-\lambda_2^2)\lambda_1^{|\tau|+1}}{(\lambda_2 - \lambda_1)(1 + \lambda_1 \lambda_2)}; \quad \tau = 0, \pm 1, \pm 2, \ldots \tag{2.26}$$

und für $\lambda_1 = \lambda_2 = \lambda$

$$K(\tau) = K(0)\left(1 + \frac{1-\lambda^2}{1+\lambda^2}|\tau|\right)\lambda^{|\tau|}; \quad \tau = 0, \pm 1, \pm 2, \ldots \tag{2.27}$$

Hierbei ist $K(0) = Var(Y_t)$ gegeben durch

$$K(0) = \frac{1+a_2}{(1-a_2)\left[(1+a_2)^2 - a_1^2\right]}(b\,\sigma)^2\,.$$

Sind λ_1 und λ_2 komplex, existieren λ und ω mit $\lambda_1 = \lambda\,e^{i\omega}$ und $\lambda_2 = \lambda\,e^{-i\omega}$. In diesem Fall hat man anstelle von (2.26) die praktikablere Darstellung

$$K(\tau) = K(0)\,\alpha\,\lambda^{|\tau|}\,\sin(\omega|\tau| + \beta)\,; \quad \tau = 0, \pm 1, \pm 2, \dots\,,$$

wobei α und β gegeben sind durch

$$\alpha = \frac{1}{\sin\beta}, \quad \beta = \arctan\left(\frac{1+\lambda^2}{1-\lambda^2}\,\tan\omega\right)\,.$$

Für $\lambda_1 = \lambda_2 = \lambda$ fällt diese Darstellung mit (2.27) zusammen.

Beispiel 2.2 Als numerisches Beispiel wird eine autoregressive Folge der Form

$$Y_t - 0,6\,Y_{t-1} + 0,05\,Y_{t-2} = 2X_t\,; \quad t = 0, \pm 1, \pm 2, \dots \tag{2.28}$$

mit $Var(X_t) = 1$ betrachtet. Man erkennt, dass der Einfluss des Zustands der Folge zum Zeitpunkt $t-2$ auf Y_t gering ist gegenüber dem Einfluss des Zustands der Folge zum Zeitpunkt $t-1$. Die zugehörige algebraische Gleichung (2.25) lautet

$$y^2 - 0,6\,y + 0,05 = 0\,.$$

Die Lösungen sind $\lambda_1 = 0,1$ und $\lambda_2 = 0,5$. Sie sind betragsmäßig kleiner als 1, so dass die gemäß (2.28) erzeugte Folge stationär ist und die Kovarianzfunktion (2.26) hat. Diese errechnet sich leicht zu

$$K(\tau) = 7,017 \cdot (0,5)^{|\tau|} - 1,063 \cdot (0,1)^{|\tau|}\,; \quad \tau = 0, \pm 1, \pm 2, \dots$$

Speziell ist $K(0) = Var(Y_t) = 5,954$. $\qquad\qquad\qquad\qquad\qquad\qquad\qquad$ $\square$

ARMA (r,s) **- Modelle** In Verallgemeinerung des Ansatzes (2.22) interessieren auch stationäre zufällige Folgen $\{Y_t;\ t = 0, \pm 1, \pm 2, \dots\}$, die definiert sind durch

$$Y_t + a_1 Y_{t-1} + a_2 Y_{t-2} + \cdots + a_r Y_{t-r} = b_0 X_t + b_1 X_{t-1} + \cdots + b_s X_{t-s}\,, \tag{2.29}$$

wobei $\{X_i\}$ eine rein zufällige Folge mit den Parametern (2.11) ist. Offenbar handelt es sich um eine Kombination des Prinzips der gleitenden Summen mit dem autoregressiven Ansatz. Man nennt daher so erzeugte zufällige Folgen *autoregressive gleitende Summen der Ordnung* (r,s) (*ARMA* (r,s)). Auch dieser verallgemeinerte Ansatz liefert stationäre Folgen, wenn die Lösungen der algebraischen Gleichung (2.24) betragsmäßig alle kleiner als 1 sind.

ARMA-Modelle dienen in der Praxis zur Modellierung von Zeitreihen. Dabei versteht man unter einer *Zeitreihe* eine Folge reeller Zahlen, die durch Beobachtung eines Vorgangs an diskreten Zeitpunkten gewonnen wird. Mit dem bisher verwendeten Sprachgebrauch ist also eine Zeitreihe weiter nichts als eine Realisierung eines stochastischen Prozesses mit diskretem Parameterbereich, also Realisierung einer zufälligen Folge. Aber auch die Beobachtung von stochastischen Prozessen mit stetigem Parameterbereich führt zu Zeitreihen, wenn die Trajektorien dieser Prozesse nur an diskreten Zeitpunkten 'abgetastet' werden. Das Ziel einer Zeitreihenanalyse besteht im wesentlichen darin, ausgehend von endlich vielen Beobachtungswerten auf die Eigenschaften der unterliegenden Zeitreihe zu schließen, also etwa darauf, ob eine autoregressive Abhängigkeit besteht oder ob gleitende Summen der Entwicklung der Zeitreihe zugrunde liegen. Hat man darüber Information, so lassen sich statistisch gesicherte Aussagen über die künftige Entwicklung der Zeitreihe machen. Gleichzeitig hat man dadurch die Voraussetzung für eine Computersimulation der Zeitreihe geschaffen, womit sich weitere, eventuell aufwendige, direkte Beobachtungen des Vorgangs erübrigen oder reduzieren lassen. Zeitreihen, die sich nicht als Realisierungen stationärer zufälliger Folgen $\{Y_t, t = 0, \pm 1, \pm 2, ...\}$ erweisen, können in vielen Fällen durch die Transformation

$$Z_t = Y_t - m(t) \quad \text{mit} \quad m(t) = E(Y_t)$$

in eine zumindest näherungsweise stationäre zufällige Folge $\{Z_t, t = 0, \pm 1, \pm 2, ...\}$ überführt werden. Deren Trendfunktion ist auf jeden Fall konstant, nämlich gleich 0.

Für die numerische Arbeit mit *ARMA*-Modellen stehen Computerprogramme zur Verfügung. Diese finden sich in allen größeren Programmpaketen zur Mathematischen Statistik. Wichtige Aufgaben sind die Schätzung der Parameter a_i und b_i in den Ansätzen (2.22) bzw. (2.29), die Schätzung der Trendfunktion, die Erkennung und Quantifizierung eventuell auftretender periodischer (saisonaler) Schwankungen sowie Prognosen zur weiteren Entwicklung der Zeitreihe.

2.5 Poissonsche Prozesse

2.5.1 Homogener Poissonprozess

2.5.1.1 Definition und Eigenschaften

In zahlreichen praktischen Situationen ist man an der Häufigkeit und an den Zeitpunkten des Eintretens eines bestimmten Typs zufälliger Ereignisse in zeitlichen oder geometrischen Bereichen interessiert. Insbesondere ist die zufällige Entwicklung dieser Häufigkeiten bei sich verändernden Bereichsgrößen von Interesse. Als Beispiele mögen dienen: 1) Anzahl von Kunden, die je Tag einen bestimmten Dienstleistungsbetrieb aufsuchen, 2) Anzahl von α-Partikeln, die je Zeiteinheit durch eine radioaktive Substanz emittiert werden, 3) Anzahl der Pflanzen einer bestimmten Spezies, die sich in einem fixierten Areal befinden, 4) Anzahl von Bakterien in einem Kubikmillimeter Nährlösung. Das allgemeine Modell zur Beschreibung derartiger Situationen ist der Punktprozess.

Definition 2.6 (*Punktprozess, Zählprozess*) Ein stochastischer Prozess $\{N(t), t \geq 0\}$ mit dem Zustandsraum $\mathbf{Z} = \{0, 1, ...\}$ heißt *Punkt*- oder *Zählprozess*, wenn er folgende Eigenschaften hat:

1) $N(s) \leq N(t)$ für $s \leq t$.

2) Für $s < t$ ist der Zuwachs $N(t) - N(s)$ gleich der zufälligen Anzahl der Ereignisse des interessierenden Typs, die im Intervall $(s, t]$ eintreten. ●

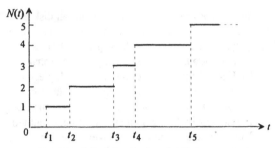

Bild 2.6 Trajektorie eines Punktprozesses

Die Trajektorien von Punktprozessen sind nichtfallende Treppenfunktionen mit der Sprunghöhe 1, wenn an einem Zeitpunkt höchstens ein Ereignis eintreten kann (Bild 2.6).

Definition 2.7 (*homogener Poissonprozess*) Ein Punktprozess $\{N(t), \, t \geq 0\}$ ist ein *homogener Poissonscher Prozess* mit der Intensität $\lambda > 0$, wenn er folgende Eigenschaften hat:

1) $N(0) = 0$,

2) $\{N(t), \, t \geq 0\}$ ist ein stochastischer Prozess mit unabhängigen Zuwächsen.

3) Die Zuwächse des Prozesses in einem beliebigen Intervall $[s, t]$, $s < t$, genügen einer Poissonverteilung mit dem Parameter $\lambda(t - s)$.   ●

Wegen Eigenschaft 3 eines homogenen Poissonschen Prozesses gilt

$$P(N(t) - N(s) = i) = \frac{[\lambda(t-s)]^i}{i!} e^{-\lambda(t-s)}; \quad i = 0, 1, \dots.$$

oder, damit gleichbedeutend, wenn $\tau = t - s$ die Länge des Intervalls $[s, t]$ bezeichnet,

$$P(N(s + \tau) - N(s) = i) = P(N(\tau) = i) = \frac{(\lambda\tau)^i}{i!} e^{-\lambda\tau}; \quad i = 0, 1, \dots. \tag{2.30}$$

Da s und t beliebig sind, folgt aus (2.30) sofort, dass ein homogener Poissonprozess homogene Zuwächse hat.

Satz 2.3 Ein Punktprozess $\{N(t), t \geq 0\}$ mit $N(0) = 0$ ist genau dann ein homogener Poissonprozess mit der Intensität λ, wenn er folgende Eigenschaften hat:

(1) $\{N(t), t \geq 0\}$ hat homogene und unabhängige Zuwächse.

(2) $P(N(t + h) - N(t) = 1) = \lambda h + o(h)$.

(3) Der Prozess ist *ordinär*, das heißt, es gilt $P(N(t + h) - N(t) \geq 2) = o(h)$.   ■

Hinweis Das *Landausche Ordnungssymbol* $o(x)$ steht für eine beliebige Funktion mit der Eigenschaft

$$\lim_{x \to x_0} \frac{o(x)}{x} = 0.$$

In diesem Buch wird $o(x)$ nur im Zusammenhang mit dem Grenzübergang $x \to 0$ verwendet ($x_0 = 0$).

Die praktische Bedeutung von Satz 2.3 liegt darin, dass über die Gültigkeit der Eigenschaften (1) bis (3) im Allgemeinen ohne quantitative Untersuchungen allein aus der Natur des Prozesses befunden werden kann. Insbesondere besagt die *Ordinarität* des Prozesses, dass in hinreichend kleinen Zeitintervallen mehr als ein Ereignis des interessierenden Typs nur mit vernachlässigbar kleiner Wahrscheinlichkeit eintreten kann. Die Möglichkeit des gleichzeitigen Eintretens von mehr als einem Ereignis wird damit faktisch ausgeschlossen.

Vereinbarung Die durch einen Poissonprozess $\{N(t), \ t \geq 0\}$ gezählten Ereignisse werden im Folgenden, um sie von beliebigen zufälligen Ereignissen zu unterscheiden, *Poissonereignisse* genannt.

Es sei T_n; $n = 1, 2, ...$; der zufällige Zeitpunkt, an dem das n-te Poissonereignis stattfindet. Diesen Zufallsgrößen kommt in den weiteren Ausführungen eine besondere Bedeutung zu. Da das zufällige Ereignis $T_n \leq t$ genau dann eintritt, wenn $N(t) \geq n$ ist, gilt

$$P(T_n \leq t) = P(N(t) \geq n).$$

Somit hat T_n die Verteilungsfunktion

$$F_{T_n}(t) = P(N(t) \geq n) = \sum_{i=n}^{\infty} \frac{(\lambda t)^i}{i!} e^{-\lambda t}; \quad n = 1, 2, ... \tag{2.31}$$

Differentiation nach t liefert die Verteilungsdichte von T_n:

$$f_{T_n}(t) = \lambda \frac{(\lambda t)^{n-1}}{(n-1)!} e^{-\lambda t}; \ t \geq 0, \ n = 1, 2, ... \tag{2.32}$$

Somit genügt T_n einer Erlangverteilung mit den Parametern n und λ.

Es sei $Y_i = T_i - T_{i-1}$; $i = 1, 2, ...$; $T_0 = 0$, die Zeitspanne zwischen dem Eintreffen des $(i-1)$-ten und des i-ten Poissonereignisses. Man nennt die Y_i *Pausenzeiten*. Wegen der Unabhängigkeit der Y_i und aufgrund von

$$T_n = \sum_{i=1}^{n} Y_i$$

folgt aus der Tatsache, dass T_n einer Erlangverteilung genügt, eine wichtige Eigenschaft Poissonscher Prozesse:

> *Ein homogener Poissonscher Prozess mit der Intensität λ hat unabhängige, identisch exponential mit dem Parameter λ verteilte Pausenzeiten.*

Aufgrund der Gedächtnislosigkeit der Exponentialverteilung (Formel (1.37)) ist der homogene Poissonprozess durch diese Eigenschaft sogar charakterisiert:

Satz 2.4 Ein Punktprozess $\{N(t), \ t \geq 0\}$ ist genau dann ein homogener Poissonprozess mit der Intensität λ, wenn seine Pausenzeiten unabhängige, identisch exponential mit dem Parameter λ verteilte Zufallsgrößen sind.   ∎

Wegen der statistischen Äquivalenz der drei Prozesse $\{N(t), t \geq 0\}$, $\{T_1, T_2, ...\}$ und $\{Y_1, Y_2, ...\}$ werden die letzteren gelegentlich auch Poissonprozesse genannt.

Satz 2.5 Ist $\{T_1, T_2, ...\}$ ein homogener Poissonprozess, dann hat der zufällige Vektor $\{T_1, T_2, ..., T_n\}$ die gemeinsame Verteilungsdichte

$$f(t_1, t_2, ..., t_n) = \begin{cases} \lambda^n e^{-\lambda t_n} & \text{für } 0 \le t_1 < t_2 < ... < t_n \\ 0 & \text{sonst} \end{cases} \qquad \blacksquare$$

Der Beweis dieses Satzes kann leicht induktiv geführt werden.

Im folgenden Beispiel treten die Hyperbelfunktionen *Sinus hyperbolicus* und *Cosinus hyperbolicus* auf:

$$\sinh x = (e^x - e^{-x})/2, \quad \cosh x = (e^x + e^{-x})/2, \quad x \in (-\infty, +\infty).$$

Beispiel 2.3 (*zufälliges Telegraphensignal*) Das zufällige Signal $X(t)$ habe die Struktur

$$X(t) = Y(-1)^{N(t)}, \quad t \ge 0,$$

wobei $\{N(t), t \ge 0\}$ ein homogener Poissonprozess mit der Intensität λ und Y eine von $N(t)$ unabhängige, binäre Zufallsgröße mit $P(Y = 1) = P(Y = -1) = 1/2$ sind. (Signale dieser Art spielen eine wichtige Rolle bei der Konstruktion von Zufallssignalgeneratoren.) Somit ist $X(t) = 1$ oder $X(t) = -1$. Bild 2.7 zeigt eine Trajektorie $x = x(t)$ des stochastischen Prozesses $\{X(t), t \ge 0\}$ unter den Bedingungen $T_n = t_n; n = 1, 2, ...$ und $Y = 1$. Es soll gezeigt werden, dass $\{X(t), t \ge 0\}$ im weiteren Sinne stationär ist. Aufgrund von $|X(t)|^2 = 1 < \infty$ handelt es sich um einen Prozess zweiter Ordnung. Wird $I(t) = (-1)^{N(t)}$ gesetzt, lässt sich seine Trendfunktion in der Form $m(t) = E(X(t)) = E(Y)E(I(t))$ schreiben. Wegen $E(Y) = 0$ ist $m(t) \equiv 0$. Somit bleibt noch zu zeigen, dass die Kovarianzfunktion $K(s,t)$ des Prozesses von s und t nur über die absolute Differenz $|t - s|$ abhängt. Dazu ist zunächst die Wahrscheinlichkeitsverteilung von $I(t)$ zu ermitteln: Ein Übergang von -1 zu +1 bzw. umgekehrt von +1 zu -1 findet an den Zeitpunkten statt, an denen Poissonereignisse eintreten, also dort, wo $N(t)$ Sprünge aufweist. Daher gelten

$$P(I(t) = 1) = P(\text{gerade Anzahl von Sprüngen in } [0, t])$$

$$= e^{-\lambda t} \sum_{i=0}^{\infty} \frac{(\lambda t)^{2i}}{(2i)!} = e^{-\lambda t} \cosh \lambda t,$$

$$P(I(t) = -1) = P(\text{ungerade Anzahl von Sprüngen in } [0, t])$$

$$= e^{-\lambda t} \sum_{i=0}^{\infty} \frac{(\lambda t)^{2i+1}}{(2i+1)!} = e^{-\lambda t} \sinh \lambda t.$$

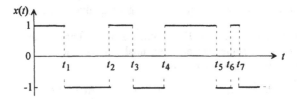

Bild 2.7 Trajektorie des zufälligen Telegraphensignals

Somit ergibt sich für den Erwartungswert von $I(t)$:

$$E[I(t)] = 1 \cdot P(I(t) = 1) + (-1) \cdot P(I(t) = -1) = e^{-\lambda t}[\cosh \lambda t - \sinh \lambda t]$$
$$= e^{-2\lambda t}.$$

Wegen $K(s,t) = Cov[X(s),X(t)] = E[(X(s)X(t))] = E[YI(s)\, YI(t)]$ und $E(Y^2) = 1$ ist

$$K(s,t) = E[I(s)I(t)].$$

Daher ist die gemeinsame Verteilung des zufälligen Vektors $(I(s),I(t))$ zu berechnen: Für $s < t$ gilt wegen der Homogenität der Zuwächse des Prozesses $\{N(t),\ t \geq 0\}$

$$p_{1,1} = P(I(s) = 1,\ I(t) = 1) = P(I(s) = 1)P(I(t) = 1\,|\,I(s) = 1)$$
$$= e^{-\lambda s}\cosh \lambda s\, P(\text{gerade Anzahl von Sprüngen in } (s,t])$$
$$= e^{-\lambda s}\cosh \lambda s\, e^{-\lambda(t-s)}\cosh \lambda(t-s)$$
$$= e^{-\lambda t}\cosh \lambda s\, \cosh \lambda(t-s).$$

Analog erhält man

$$p_{1,-1} = P(I(s) = 1, I(t) = -1) = e^{-\lambda t}\cosh \lambda s\, \sinh \lambda(t-s),$$
$$p_{-1,1} = P(I(s) = -1, I(t) = 1) = e^{-\lambda t}\sinh \lambda s\, \sinh \lambda(t-s),$$
$$p_{-1,-1} = P(I(s) = -1, I(t) = -1) = e^{-\lambda t}\sinh \lambda s\, \cosh \lambda(t-s).$$

Wegen $E[I(s)I(t)] = p_{1,1} + p_{-1,-1} - p_{1,-1} - p_{-1,1}$ folgt $K(s,t) = e^{-2\lambda(t-s)}$, $s < t$. Da die Rollen von s und t vertauscht werden können, gilt generell

$$K(s,t) = e^{-2\lambda|t-s|}. \qquad \square$$

Beispiel 2.4 $\{N(t),\ t \geq 0\}$ sei ein Poissonprozess mit der Intensität λ. Es sind die Wahrscheinlichkeiten dafür zu berechnen, dass im Intervall $[0,s]$ genau i Ereignisse stattfinden unter der Bedingung, dass im Intervall $[0,t]$ genau n Ereignisse eintreten; $s < t$; $i = 0, 1, ..., n$. Wegen (1.5) und der Homogenität und Unabhängigkeit der Zuwächse eines homogenen Poissonprozesses gilt

$$P(N(s) = i\,|\,N(t) = n) = \frac{P(N(s) = i, N(t) = n)}{P(N(t) = n)} = \frac{P(N(s) = i, N(t) - N(s) = n - i)}{P(N(t) = n)}$$

$$= \frac{P(N(s) = i)P(N(t) - N(s) = n - i)}{P(N(t) = n)} = \frac{\dfrac{(\lambda s)^i}{i!}e^{-\lambda s}\dfrac{[\lambda(t-s)]^{n-i}}{(n-i)!}e^{-\lambda(t-s)}}{\dfrac{(\lambda t)^n}{n!}e^{-\lambda t}}$$

$$= \binom{n}{i}\left(\frac{s}{t}\right)^i\left(1 - \frac{s}{t}\right)^{n-i};\ i = 0, 1, ..., n.$$

Das ist eine Binomialverteilung mit den Parametern $p = s/t$ und n. Insbesondere impliziert dieser Sachverhalt, dass unter der Bedingung "$N(t) = 1$" die zufällige Zeit X_1 bis zum Eintreten des ersten Ereignisses im Intervall $[0,t]$ gleichverteilt ist:

$$P(X_1 \leq s\,|\,X_1 \leq t) = P(N(s) = 1\,|\,N(t) = 1) = s/t. \qquad \square$$

2.5.1.2 Homogener Poissonprozess und Gleichverteilung

Satz 2.6 $\{N(t),\ t \geq 0\}$ sei ein homogener Poissonprozess mit der Intensität λ und T_i sei der Zeitpunkt, an dem das i-te Poissonereignis stattfindet; $i = 1, 2, \ldots; T_0 = 0$. Unter der Bedingung $N(t) = n$ mit $t > 0$ und $n = 1, 2, \ldots$ hat der zufällige Vektor $\{T_1, T_2, \ldots, T_n\}$ die gemeinsame Verteilungsdichte

$$f(t_1, t_2, \ldots, t_n | N(t) = n) = \begin{cases} n!/t^n, & 0 \leq t_1 < t_2 < \cdots < t_n \leq t \\ 0 & \text{sonst} \end{cases}. \quad (2.33)$$

∎

Die Funktion (2.33) ist aus der Theorie der geordneten Stichproben bekannt: Ist nämlich $(X_1, X_2, \ldots, X_n)$ ein zufälliger Vektor, dessen Komponenten unabhängige, im Intervall $[0, t]$ gleichverteilte Zufallsgrößen sind, dann ist (2.33) die gemeinsame Verteilungsdichte des zugehörigen geordneten Vektors $(X_1^*, X_2^*, \ldots, X_n^*)$.

Folgerung Unter der Bedingung $N(t) = n$ sind die $T_1, T_2, \ldots, T_n$ unabhängige, in $[0, t]$ gleichverteilte Zufallsgrößen.

Die aufgezeigte Verbindung zwischen homogenen Poissonprozessen und der Gleichverteilung motiviert die häufig gebrauchte Phrase, dass ein homogener Poissonprozess ein *rein zufälliger Prozess* ist; denn bei gegebenem $N(t) = n$ sind die Zeitpunkte des Eintretens der n Poissonereignisse in $[0, t]$ 'auf gut Glück' verteilt. Das in Beispiel 2.4 erzielte Ergebnis folgt somit unmittelbar aus Satz 2.6.

Beispiel 2.5 Eine Lichtquelle beginnt zum Zeitpunkt $t = 0$ mit der Strahlung auf die Kathode des Schaltkreises von Bild 2.8. Ein Stromstoß wird ausgelöst, sobald die Kathode infolge der Lichteinwirkung ein Fotoelektron freisetzt. Ein solcher Stromstoß kann durch eine Funktion $h(t)$ mit den Eigenschaften

$$h(t) \geq 0, \quad h(t) = 0 \text{ für } t < 0 \quad \text{sowie} \quad \int_0^\infty h(t)\, dt < \infty$$

beschrieben werden. Es seien $T_1, T_2, \ldots$ die zufällige Folge der Zeitpunkte, an denen Fotoelektronen freigesetzt werden, und $N(t) = \max(n, T_n \leq t)$. Dann beträgt der zur Zeit t im Schaltkreis fließende Strom

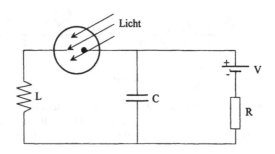

Bild 2.8 Lichtelektrischer Schaltkreis (Beispiel 2.5)

$$X(t) = \sum_{i=1}^{N(t)} h(t - T_i) = \sum_{i=1}^{\infty} h(t - T_i).$$

Damit ist $\{X(t), t \geq 0\}$ ein Spezialfall des durch (2.10) eingeführten *Schrotrauschens*. Im Einklang mit den bei der Emission von Fotoelektronen beobachteten statistischen Gesetzmäßigkeiten wird $\{N(t), t \geq 0\}$ als homogener Poissonprozess vorausgesetzt. Gemäß Satz 2.6 kann bei der Berechnung des bedingten Erwartungswertes $E(X(t)|N(t) = n)$ von n unabhängigen, identisch in $[0, t]$ gleichverteilten T_i ausgegangen werden:

$$E(X(t)|N(t) = n) = \sum_{i=1}^{n} E(h(t - T_i)) = \left(\frac{1}{t} \int_0^t h(x)\,dx\right) n.$$

Die Anwendung der Formel der totalen Wahrscheinlichkeit (1.9) liefert

$$E(X(t)) = \sum_{i=0}^{\infty} E(X(t)|N(t) = n)\,P(N(t) = n) = \frac{1}{t} \int_0^t h(x)\,dx \sum_{i=1}^{n} n \frac{(\lambda t)^n}{n!} e^{-\lambda t}$$

$$= \left(\frac{1}{t} \int_0^t h(x)\,dx\right)(\lambda t),$$

wobei λ die Intensität von $\{N(t), t \geq 0\}$ ist. Somit hat der Prozess die Trendfunktion

$$m(t) = E(X(t)) = \lambda \int_0^t h(x)\,dx.$$

Der Erwartungswert des Produkts $X(s)X(t)$ ist wie folgt darstellbar:

$$E[X(s)X(t)] = \sum_{i=1}^{\infty} E[h(s - T_i)h(t - T_i)] + \sum_{i,j=1,\,i \neq j}^{\infty} E[h(s - T_i)h(t - T_j)].$$

Unter der Bedingung "$N(t) = n$" erstrecken sich die Summen von $i = 1$ bis n und die T_k sind unabhängig sowie in $[0, t]$ gleichverteilt. Daher folgt für $s < t$

$$E(X(s)X(t)|N(t) = n) = \left(\frac{1}{t} \int_0^s h(s - x)h(t - x)dx\right) n$$

$$+ \left(\frac{1}{t} \int_0^s h(s - x)dx\right)\left(\frac{1}{t} \int_0^t h(t - x)\,dx\right)(n - 1)n.$$

Analog zur Berechnung der Trendfunktion folgt

$$E(X(s)X(t)) = \left(\frac{1}{t} \int_0^s h(x)h(t - s + x)\,dx\right) E(N(t))$$

$$+ \left(\frac{1}{t} \int_0^s h(x)dx\right)\left(\frac{1}{t} \int_0^t h(x)\,dx\right)\left[E(N^2(t)) - E(N(t))\right].$$

Wegen $E(N^2(t)) = \lambda t(\lambda t + 1)$ gilt für beliebige s, t

$$K(s,t) = \lambda \int_0^s h(x)h(|t - s| + x)\,dx, \quad Var(X(t)) = \lambda \int_0^t h^2(x)\,dx.$$

Man erkennt, dass sich für $s \to \infty$ der Prozess in ein stationäres Regime (im weiteren Sinne) 'einschwingt'; denn die Trendfunktion wird konstant und die Kovarianzfunktion hängt nur von der beim Grenzübergang konstant zu haltenden Differenz $\tau = t - s$ ab:

$$m = \lambda \int_0^{\infty} h(x)\,dx, \quad K(\tau) = \lambda \int_0^{\infty} h(x)h(|\tau| + x)\,dx. \tag{2.34}$$

Das sind die *Campellschen Formeln*.   □

Beispiel 2.6 In einem Dienstleistungsbetrieb (= Bedienungssystem) treffen Forderungen entsprechend einem homogenen Poissonprozess $\{N(t), t \geq 0\}$ mit der Intensität λ ein (*Poissonscher Forderungsstrom.*) Die Anzahl der Bedienstellen im System sei so groß, dass jede eintreffende Forderung sofort bedient werden kann. Im mathematischen Modell müssen also unendlich viele Bedienstellen vorausgesetzt werden. Sofort nach Abschluss der Bedienung verlässt die Forderung das System. Die zufälligen Zeiten zur Bedienung von Forderungen seien unabhängige, identisch wie B verteilte Zufallsgrößen. Ihre Verteilungsfunktion sei $G(y) = P(B \leq y)$. Ferner sei $X(t)$ die zufällige Anzahl von Forderungen, die sich zum Zeitpunkt t im System befinden, $X(0) = 0$.

Gesucht sind die *Zustandswahrscheinlichkeiten* des Systems:

$$p_i(t) = P(X(t) = i); \quad i = 0, 1, \ldots; \quad t \geq 0.$$

Wegen der Formel der totalen Wahrscheinlichkeit (1.9) gilt

$$p_i(t) = \sum_{i=0}^{\infty} P(X(t) = i | N(t) = n) P(N(t) = n).$$

Eine Forderung, die zum Zeitpunkt x in das System eintrifft, befindet sich zur Zeit t mit $t > x$ mit Wahrscheinlichkeit $1 - G(t - x)$ immer noch im System. Ihre Bedienung ist also zum Zeitpunkt t noch nicht abgeschlossen. Unter der Bedingung $N(t) = n$ sind die Ankunftszeitpunkte $T_1, T_2, \ldots, T_n$ dieser n Forderungen unabhängige, in $[0, t]$ gleichverteilte, geordnete Zufallsgrößen. Bezüglich der Berechnung der Zustandswahrscheinlichkeiten spielt die Ordnung der T_i keine Rolle. Also beträgt die Wahrscheinlichkeit dafür, dass sich eine beliebige der n Forderungen zur Zeit t noch im System befindet

$$p(t) = \int_0^t (1 - G(t - x)) \frac{dx}{t} = \frac{1}{t} \int_0^t (1 - G(x)) \, dx.$$

Da die Bedienstellen unabhängig voneinander arbeiten, gilt

$$P(X(t) = i | N(t) = n) = \binom{n}{i} [p(t)]^i [1 - p(t)]^{n-i}; \quad i = 0, 1, \ldots, n.$$

Somit ist

$$p_i(t) = \sum_{i=1}^{n} \binom{n}{i} [p(t)]^i [1 - p(t)]^{n-i} \cdot \frac{(\lambda t)^n}{n!} e^{-\lambda t}.$$

Es folgt

$$p_i(t) = \frac{[\lambda t p(t)]^i}{i!} \cdot e^{-\lambda t p(t)}; \quad i = 0, 1, \ldots$$

Das ist eine Poissonverteilung mit der Intensität $E(X(t)) = \lambda t p(t)$. Somit hat der diskrete stochastische Prozess $\{X(t), t \geq 0\}$ die Trendfunktion

$$m(t) = \lambda \int_0^t (1 - G(x)) \, dx.$$

Mit $\mu = E(B) = \int_0^{\infty} (1 - G(x)) \, dx$ und $\rho = E(B)/E(Y) = \lambda/\mu$ gilt $\lim_{t \to \infty} E(X(t)) = \rho$. Daher lauten die *stationären Zustandswahrscheinlichkeiten* des Prozesses $\{X(t), t \geq 0\}$

$$p_i = \lim_{t \to \infty} p_i(t) = \frac{\rho^i}{i!} e^{-\rho}; \quad i = 0, 1, \ldots \qquad \square$$

2.5.2 Inhomogener Poissonprozess

Es interessiert jetzt die Struktur desjenigen stochastischen Prozesses, der außer der Homogenität der Zuwächse alle im Satz 2.3 aufgeführten Eigenschaften hat.

Definition 2.8 (inhomogener Poissonprozess) Ein Punktprozess $\{N(t), t \geq 0\}$ mit $N(0) = 0$ ist ein *inhomogener Poissonprozess* mit der *Intensitätsfunktion* $\lambda(t)$, wenn er folgende Eigenschaften hat:

(1) $\{N(t), t \geq 0\}$ hat unabhängige Zuwächse,

(2) $P(N(t+h) - N(t) = 1) = \lambda(t)h + o(h)$,

(3) $P(N(t+h) - N(t) \geq 2) = o(h)$. ●

Wahrscheinlichkeitsverteilung Es sei

$$p_i(s,t) = P(N(t) - N(s) = i); \quad s < t, \ i = 0, 1, \ldots$$

Wegen der Unabhängigkeit der Zuwächse gilt

$$\begin{aligned}
p_0(s, t+h) &= P(N(t+h) - N(s) = 0) \\
&= P(N(t) - N(s) = 0, \ N(t+h) - N(t) = 0)) \\
&= P(N(t) - N(s) = 0) \cdot P(N(t+h) - N(t) = 0) \\
&= p_0(s,t)[1 - \lambda(t)h + o(h)].
\end{aligned}$$

Es folgt

$$\frac{p_0(s, t+h) - p_0(s,t)}{h} = -\lambda(t)p_0(s,t) + \frac{o(h)}{h}.$$

Für $h \to 0$ ergibt sich die partielle Differentialgleichung erster Ordnung

$$\frac{\partial}{\partial t} p_0(s,t) = -\lambda(t)p_0(s,t).$$

Die Lösung ist wegen der Anfangsbedingung $P(N(0) = 0) = 1$ bzw. $p_0(0,0) = 1$

$$p_0(s,t) = e^{-[\Lambda(t)-\Lambda(s)]} \quad \text{mit} \quad \Lambda(y) = \int_0^y \lambda(x)\,dx.$$

Analog erhält man

$$p_i(s,t) = \frac{[\Lambda(t)-\Lambda(s)]^i}{i!} e^{-[\Lambda(t)-\Lambda(s)]}; \quad i = 0, 1, 2, \ldots$$

Die absoluten Zustandswahrscheinlichkeiten $p_i(t) = p_i(0,t) = P(N(t) = i)$ zur Zeit t sind

$$p_i(t) = \frac{[\Lambda(t)]^i}{i!} e^{-\Lambda(t)}; \quad i = 0, 1, 2, \ldots$$

Pausenzeitverteilung Es sei T_i der Zeitpunkt, an dem das i-te Poissonereignis (jetzt bezüglich des inhomogenen Poissonprozesses definiert) eintritt; $i = 1, 2, \ldots$ Dann gilt

$$p_0(t) = p_0(0,t) = P(T_1 > t) = 1 - F_{T_1}(t) = e^{-\Lambda(t)}.$$

Somit ist

$$F_{T_1}(t) = 1 - e^{-\int_0^t \lambda(x)\,dx}, \quad f_{T_1}(t) = \lambda(t)e^{-\int_0^t \lambda(x)\,dx}, \quad t \geq 0. \tag{2.35}$$

Daher ist die Intensitätsfunktion des inhomogenen Poissonprozesses $\lambda(t)$ mit der zu T_1 gehörigen Ausfallrate identisch (Abschnitt 1.5.3). Allgemeiner besteht wegen der Gültigkeit von $F_{T_n}(t) = P(T_n \le t) = P(N(t) \ge n)$ die Beziehung:

$$F_{T_n}(t) = \sum_{i=n}^{\infty} \frac{[\Lambda(t)]^i}{i!} e^{-\Lambda(t)}, \quad n = 1, 2, \ldots$$

Differentiation nach t liefert die Verteilungsdichte von T_n zu

$$f_{T_n}(t) = \frac{[\Lambda(t)]^{n-1}}{(n-1)!} \lambda(t) e^{-\Lambda(t)} f_{T_n}(t) = \frac{[\Lambda(t)]^{n-1}}{(n-1)!} f_{T_1}(t), \quad t \ge 0, \quad n = 1, 2, \ldots$$

Den Erwartungswert von T_n erhält man vermittels (1.35) zu

$$E(T_n) = \int_0^{\infty} (1 - F_{T_n}(t)) \, dt = \int_0^{\infty} e^{-\Lambda(t)} \left(\sum_{i=0}^{n-1} \frac{[\Lambda(t)]^i}{i!} \right) dt.$$

Daher hat die zufällige Pausenzeit zwischen dem $(n-1)$-ten und dem n-ten Poissonereignis $Y_n = T_n - T_{n-1}$ den Erwartungswert

$$E(Y_n) = \frac{1}{(n-1)!} \int_0^{\infty} [\Lambda(t)]^{n-1} e^{-\Lambda(t)} \, dt; \quad n = 1, 2, \ldots$$

Als Spezialfälle ergeben sich für $\lambda(x) \equiv \lambda$ und $\Lambda(x) \equiv \lambda x$ die entsprechenden Kenngrößen für den homogenen Poissonprozess.

Gemeinsame Verteilung Die bedingte Verteilungsfunktion von T_2 unter der Bedingung $T_1 = t_1$, nämlich $F_{T_2}(t_2 | T_1 = t_1) = P(T_2 \le t_2 | T_1 = t_1)$, ist gleich der Wahrscheinlichkeit dafür, dass im Intervall $(t_1, t_2]$, $t_1 < t_2$, mindestens ein Poissonereignis stattfindet. Daher ist

$$F_{T_2}(t_2 | T_1 = t_1) = 1 - p_0(t_1, t_2) = 1 - e^{-[\Lambda(t_2) - \Lambda(t_1)]}.$$

Differentiation nach t_2 liefert die zugehörige bedingte Verteilungsdichte:

$$f_{T_2}(t_2 | t_1) = \lambda(t_2) e^{-[\Lambda(t_2) - \Lambda(t_1)]}.$$

Die gesuchte gemeinsame Dichte von (T_1, T_2) ergibt sich wegen (1.59) zu

$$f(t_1, t_2) = \begin{cases} \lambda(t_1) f_{T_1}(t_2), & t_1 < t_2, \\ 0, & \text{sonst} \end{cases}.$$

Induktiv gelangt man zur gemeinsamen Verteilungsdichte von $(T_1, T_2, \ldots, T_n)$:

$$f(t_1, t_2, \ldots, t_n) = \begin{cases} \lambda(t_1) \lambda(t_2) \cdots \lambda(t_{n-1}) f_{T_1}(t_n) & \text{für } t_1 < t_2 < \cdots < t_n, \\ 0, & \text{sonst} \end{cases}.$$

Im Fall eines homogenen Poissonprozesses mit der Intensität λ ist das die bereits von Satz 2.5 bekannte Dichte.

2.6 Erneuerungsprozesse

Gegenstand der *Erneuerungstheorie* ist das Studium von Erneuerungsprozessen. Erneuerungsprozesse modellieren die einfachste Instandsetzungstrategie: Ein System wird nach einem Ausfall durch ein statistisch äquivalentes neues ersetzt. Gleichzeitig bildet die Erneuerungstheorie eine wichtige theoretische Grundlage zur Berechnung des Verhaltens komplizierter Systeme, in denen die prinzipielle Erneuerungsproblematik 'eingebettet' ist. Heute spielen Erneuerungsprozesse nicht nur in technischen Anwendungen eine Rolle, sondern auch in den Natur- und Sozialwissenschaften und der Versicherungsmathematik (Partikelzählungen, Populationsentwicklungen, Modellierung von Forderungsströmen).

2.6.1 Grundlagen

Definition 2.9 (*Erneuerungsprozess*) Ein *Erneuerungsprozess* ist eine Folge nichtnegativer, vollständig unabhängiger Zufallsgrößen $\{Y_i;\ i = 1, 2, ...\}$, wobei die Y_i für $i \geq 2$ identisch verteilt sind. ●

Die Zufallsgröße Y_i bezeichnet für $i \geq 2$ die zufällige Lebensdauer des Systems nach der $(i-1)$-ten Erneuerung (Bild 2.9). Sinngemäß werden die Y_i auch *Pausenzeiten* genannt. Wenn der Vorgang der Erneuerung ausgefallener Systeme bereits vor dem Zeitpunkt $t = 0$ des Beginns der Betrachtung eingesetzt hat und bei $t = 0$ kein neues bzw. erneuertes System in Betrieb genommen wird, handelt es sich bei Y_1 um eine 'restliche Lebensdauer' im Sinne von Abschn. 1.4.3. (Allerdings muss das Alter des zum Zeitpunkt $t = 0$ bereits arbeitenden Systems nicht bekannt sein.)
Die Y_i seien für $i > 1$ identisch wie Y mit der Verteilungsfunktion $F(t) = P(Y \leq t)$ verteilt, während Y_1 die Verteilungsfunktion $F_1(t) = P(Y_1 \leq t)$ habe.

Definition 2.10 Ein Erneuerungsprozess heißt *verzögert* oder *modifiziert*, wenn $F_1(t) \not\equiv F(t)$ gilt und *gewöhnlich* oder *einfach*, wenn $F_1(t) \equiv F(t)$ ist. ●

Da Erneuerungen nach Voraussetzung in vernachlässigbar kleinen Zeiten erfolgen, ist der Zeitpunkt, an dem der n-te Ausfall (die n-te Erneuerung) stattfindet, gegeben durch

$$T_n = \sum_{i=1}^{n} Y_i;\quad n = 1, 2, ...$$

Die T_n heißen *Erneuerungspunkte*. Oft wird auch $\{T_n;\ n = 1, 2, ...\}$ Erneuerungsprozess genannt; denn die Prozesse $\{Y_i;\ i = 1, 2, ...\}$ und $\{T_n;\ n = 1, 2, ...\}$ sind statistisch äquivalent. Die Zeitintervalle zwischen zwei benachbarten Erneuerungen heißen *Erneuerungszyklen*. Besondere Bedeutung hat der *Erneuerungszählprozess* $\{N(t),\ t \geq 0\}$ mit

$$N(t) = \begin{cases} \max(n;\ T_n \leq t) \\ 0 \quad \text{für} \quad t < T_1 \end{cases}.$$

$N(t)$ ist also die zufällige Anzahl der im Intervall $(0, t]$ stattfindenden Erneuerungen. Gelegentlich wird in der Fachliteratur auch $t = 0$ zum Erneuerungspunkt erklärt und demzufolge $N(0) = 1$ gesetzt.

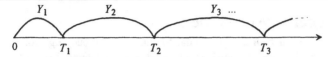

Bild 2.9 Veranschaulichung eines Erneuerungsprozesses

Da $N(t) \geq n$ genau dann gilt, wenn $T_n \leq t$ ist, besteht die Beziehung

$$F_{T_n}(t) = P(T_n \leq t) = P(N(t) \geq n), \tag{2.36}$$

wobei $F_{T_n}(t)$ aufgrund der Unabhängigkeit der Y_i durch die Faltung von F_1 mit der $(n-1)$-ten Faltungspotenz von F gegeben ist (siehe dazu Abschn. 1.8.2.2):

$$F_{T_n}(t) = F_1 * F^{*(n-1)}(t), \quad F^{*(0)}(t) \equiv 1, \quad t \geq 0; \quad n = 1, 2, \ldots$$

Existieren die Dichten $f_1(t) = F_1'(t)$ und $f(t) = F'(t)$, so ist die Dichte von T_n durch

$$f_{T_n}(t) = f_1 * f^{*(n-1)}(t), \quad f^{*(0)}(t) \equiv 1, \quad t \geq 0; \quad n = 1, 2, \ldots$$

gegeben. Wegen (2.36) und $P(N(t) \geq n) = P(N(t) = n) + P(N(t) \geq n+1)$ gilt

$$P(N(t) = n) = F_{T_n}(t) - F_{T_{n+1}}(t), \quad F_{T_0}(t) \equiv 1; \quad n = 0, 1, \ldots. \tag{2.37}$$

Die Beziehung (2.36) ist Ausgangspunkt zur Lösung des folgenden Problems: Wieviel Reservesysteme (etwa Ersatzteile) werden mindestens benötigt, damit mit einer vorgegebenen Wahrscheinlichkeit $1 - \alpha$ der Erneuerungsvorgang im Intervall $[0, t]$ nicht zum Erliegen kommt? Gesucht ist also das kleinste $n = n_{\min}$, das $1 - F_{T_n}(t) \geq 1 - \alpha$ erfüllt.

Beispiel 2.7 Es liege ein gewöhnlicher Erneuerungsprozess mit exponentialverteilten Pausenzeiten vor: $F(t) = 1 - e^{-\lambda t}$, $t \geq 0$. Gemäß Satz 2.4 ist der zugehörige Erneuerungszählprozess der homogene Poissonprozess mit der Intensität λ. Die Erneuerungspunkte T_n genügen somit einer Erlangverteilung der Ordnung n mit dem Parameter λ. Daher ist

$$P(N(t) = n) = F_{T_n}(t) - F_{T_{n+1}}(t) = \frac{(\lambda t)^n}{n!} e^{-\lambda t}; \quad n = 0, 1, \ldots$$

Man rechnet leicht nach, dass für $\lambda = 0,05$; $t = 200$ und $1 - \alpha = 0,99$ das kleinste n mit der Eigenschaft $1 - F_{T_n}(200) \geq 0,99$ durch $n_{\min} = 18$ gegeben ist. □

Die exakte Bestimmung der Verteilung von $N(t)$ gemäß (2.37) ist nur für Verteilungsfunktionen F möglich, deren Faltungspotenzen $F^{*(n)}$ explizit angegeben werden können. Das trifft allerdings nur für wenige Verteilungen zu. Neben dem im Beispiel behandelten Fall der Exponentialverteilung gehören dazu die Normal- und die Erlangverteilung.

Normalverteilung Da die Summe von unabhängigen normalverteilten Zufallsgrößen wiederum normalverteilt ist, wobei sich Erwartungswerte und Varianzen entsprechend addieren, gilt für $F(t) = \Phi((t - \mu)/\sigma)$

$$F^{*(n)}(t) = P(N(t) \geq n) = \Phi\left(\frac{t - n\mu}{\sigma\sqrt{n}}\right).$$

(Wegen der speziellen Anwendung ist $\mu \geq 3\sigma$ vorauszusetzen.) Für $t > 0$ gilt

$$P(N(t) = 0) = 1 - \Phi\left(\frac{t-\mu}{\sigma}\right),$$

$$P(N(t) = n) = \Phi\left(\frac{t-n\mu}{\sigma\sqrt{n}}\right) - \Phi\left(\frac{t-(n+1)\mu}{\sigma\sqrt{n+1}}\right); \quad n = 1, 2, \dots$$

Erlangverteilung Ist $F(t)$ die zu einer Erlangverteilung der Ordnung m mit dem Parameter λ gehörige Verteilungsfunktion, so ist $F^{*(n)}$ die Verteilungsfunktion einer Summe von mn unabhängigen, identisch exponential mit dem Parameter λ verteilten Zufallsgrößen (Beispiel 1.35). Daher gilt

$$F^{*(n)}(t) = e^{-\lambda t} \sum_{i=mn}^{\infty} \frac{(\lambda t)^i}{i!}, \quad P(N(t) = n) = e^{-\lambda t} \sum_{i=mn}^{m(n+1)-1} \frac{(\lambda t)^i}{i!}.$$

2.6.2 Erneuerungsfunktion

2.6.2.1 Erneuerungsgleichungen

Von besonderer Bedeutung ist die mittlere Anzahl von Erneuerungen, die in einem gegebenen Zeitabschnitt stattfinden.

Erneuerungsfunktion Der Erwartungswert $H_1(t)$ der zufälligen Anzahl $N(t)$ der im Intervall $[0, t]$ stattfindenden Erneuerungen als Funktion von t heißt *Erneuerungsfunktion*:

$$H_1(t) = E(N(t)).$$

Die Erneuerungsfunktion ermittelt man am einfachsten vermittels der Formel (1.12) für den Erwartungswert einer nichtnegativen diskreten Zufallsgröße:

$$H_1(t) = \sum_{n=1}^{\infty} P(N(t) \ge n).$$

Wegen (2.36) folgt

$$H_1(t) = \sum_{n=1}^{\infty} F_1 * F^{*(n-1)}(t) \tag{2.38}$$

bzw., nach Definition der Faltungspotenz gemäß (1.47),

$$H_1(t) = \sum_{n=1}^{\infty} F_1 * F^{*(n)}(t) = F_1(t) + \sum_{n=1}^{\infty} \int_0^t F_1 * F^{*(n-1)}(t-x)\,dF(x)$$

$$= F_1(t) + \int_0^t \sum_{n=1}^{\infty} \left(F_1 * F^{*(n-1)}(t-x)\right) dF(x).$$

Da der Integrand wegen (2.38) gleich $H_1(t-x)$ ist, genügt die Erneuerungsfunktion der Integralgleichung

$$H_1(t) = F_1(t) + \int_0^t H_1(t-x)\,dF(x). \tag{2.39}$$

Geht man von der Darstellung

$$H_1(t) = F_1(t) + \sum_{n=1}^{\infty} \int_0^t F^{*(n)}(t-x)\,dF_1(x)$$

$$= F_1(t) + \int_0^t \left(\sum_{n=1}^{\infty} F^{*(n)}(t-x)\right) dF_1(x)$$

aus, erhält man eine Integralgleichung für die Erneuerungsfunktion in der Form

$$H_1(t) = F_1(t) + \int_0^t H(t-x)\,dF_1(x),\tag{2.40}$$

wobei $H(t)$ die Erneuerungsfunktion des gewöhnlichen Erneuerungsprozesses ist. $H(t)$ selbst genügt der Integralgleichung

$$H(t) = F(t) + \int_0^t H(t-x)\,dF(x).\tag{2.41}$$

Die Integralgleichungen (2.39) bis (2.41) heißen *Erneuerungsgleichungen*. Sie sind eindeutig lösbar. Falls $f_1(t)$ und $f(t)$ existieren, erhält man durch Differentiation von (2.38) die Summendarstellung der *Erneuerungsdichte* $h_1(t) = dH_1(t)/dt$:

$$h_1(t) = \sum_{n=1}^\infty f_1 * f^{*(n-1)}(t).$$

Aus dieser Darstellung folgt eine nützliche wahrscheinlichkeitstheoretische Interpretation der Erneuerungsdichte: Bei hinreichend kleinem Δt ist $h_1(t)\,\Delta t$ in guter Näherung gleich der Wahrscheinlichkeit für das Auftreten einer Erneuerung im Intervall $[t, t + \Delta t]$.

Durch Differentiation der Erneuerungsgleichungen erhält man für $h_1(t)$ und speziell für die Erneuerungsdichte $h(t) = dH(t)/dt$ des gewöhnlichen Erneuerungsprozesses die Integralgleichungen

$$h_1(t) = f_1(t) + \int_0^t h_1(t-x)f(x)\,dx,$$

$$h_1(t) = f_1(t) + \int_0^t h(t-x)f_1(x)\,dx,\tag{2.42}$$

$$h(t) = f(t) + \int_0^t h(t-x)f(x)\,dx.$$

Die Lösung dieser und der Erneuerungsgleichungen kann im Allgemeinen nur mit numerischen Methoden erfolgen. Da aber wegen des Faltungssatzes die Laplace-Transformierte der Faltung zweier Funktionen gleich dem Produkt der Laplace-Transformierten dieser Funktionen ist, ist es leicht möglich, die Erneuerungsgleichungen im Bildraum der Laplace-Transformation zu lösen. Bezeichnen $\hat{h}_1(s)$, $\hat{h}(s)$, $\hat{f}_1(s)$ und $\hat{f}(s)$ die Laplace-Transformierten von $h_1(t)$, $h(t)$, $f_1(t)$ und $f(t)$, so erhält man durch Anwendung der Laplace-Transformation auf die erste und dritte der Integralgleichungen (2.42) für $\hat{h}_1(s)$ und $\hat{h}(s)$ die Gleichungen

$$\hat{h}_1(s) = \hat{f}_1(s) + \hat{h}_1(s) \cdot \hat{f}(s) \quad \text{bzw.} \quad \hat{h}(s) = \hat{f}(s) + \hat{h}(s) \cdot \hat{f}(s).$$

Die Lösungen sind

$$\hat{h}_1(s) = \frac{\hat{f}_1(s)}{1 - \hat{f}(s)}, \qquad \hat{h}(s) = \frac{\hat{f}(s)}{1 - \hat{f}(s)}.$$

Für gewöhnliche Erneuerungsprozesse gibt es somit eine eineindeutige Zuordnung zwischen Erneuerungsfunktion und Pausenzeitverteilung. Wegen des Integrationssatzes lauten die Laplace-Transformierten der zugehörigen Erneuerungsfunktionen:

$$\hat{H}_1(s) = \frac{\hat{f}_1(s)}{s\,(1 - \hat{f}(s))}, \qquad \hat{H}(s) = \frac{\hat{f}(s)}{s\,(1 - \hat{f}(s))}.$$

Beispiel 2.8 Es sei $F_1(t) = F(t) = (1 - e^{-\lambda t})^2$, $t \geq 0$. Das ist die Verteilungsfunktion der Lebensdauer eines zuverlässigkeitstheoretischen Parallelsystems, das aus zwei Teilsystemen besteht, deren Lebensdauern unabhängige, identisch exponential mit dem Parameter λ verteilte Zufallsgrößen sind. Die zugehörige Verteilungsdichte und ihre Laplace-Transformierte sind

$$f(t) = 2\lambda (e^{-\lambda t} - e^{-2\lambda t}) \quad \text{und} \quad \hat{f}(s) = \frac{2\lambda^2}{(s+\lambda)(s+2\lambda)}.$$

Die Laplace-Transformierte der zugehörigen Erneuerungsdichte lautet

$$\hat{h}(s) = \frac{2\lambda^2}{s(s+3\lambda)}.$$

Die Rücktransformation liefert nach Partialbruchzerlegung

$$h(t) = \frac{2}{3}\lambda (1 - e^{-3\lambda t}).$$

Integration ergibt die Erneuerungsfunktion:

$$H(t) = \frac{2}{3}\lambda \left[t + \frac{1}{3\lambda}\left(e^{-3\lambda t} - 1 \right) \right]. \qquad \square$$

Im Folgenden werden für gewöhnliche Erneuerungsprozesse einige Pausenzeitverteilungen betrachtet, die direkte Aussagen über die Erneuerungsfunktion erlauben.

Exponentialverteilung Es sei $f(t) = \lambda e^{-\lambda t}$, $t \geq 0$. Dann ist $\hat{f}(s) = \lambda/(s+\lambda)$ und somit

$$\hat{H}(s) = \frac{\lambda}{s+\lambda} \left/ \left(s - \frac{\lambda s}{s+\lambda} \right) \right. = \frac{\lambda}{s^2}.$$

Das zugehörige Urbild ist $H(t) = \lambda t$. Demnach liegt genau dann ein gewöhnlicher Erneuerungsprozess mit exponential mit dem Parameter λ verteilten Pausenzeiten vor, wenn seine Erneuerungsfunktion durch $H(t) = \lambda t$ gegeben ist.

Erlangverteilung Die Pausenzeit genüge einer Erlangverteilung der Ordnung m mit dem Parameter λ. Die zugehörige Erneuerungsfunktion lässt sich wiederum vermittels ihrer Laplace-Transformierten berechnen:

$$H(t) = e^{-\lambda t} \sum_{n=1}^{\infty} \sum_{i=mn}^{\infty} \frac{(\lambda t)^i}{i!}.$$

Insbesondere gelten:

$$H(t) = \lambda t \quad \text{für} \quad m = 1 \qquad \text{(homogener Poissonprozess)}$$

$$H(t) = \frac{1}{2}\left[\lambda t - \frac{1}{2} + \frac{1}{2} e^{-2\lambda t} \right] \qquad \text{für} \quad m = 2,$$

$$H(t) = \frac{1}{3}\left[\lambda t - 1 + \frac{2}{\sqrt{3}} e^{-1.5\lambda t} \sin\left(\frac{\sqrt{3}}{2}\lambda t + \frac{\pi}{3} \right) \right] \qquad \text{für} \quad m = 3,$$

$$H(t) = \frac{1}{4}\left[\lambda t - \frac{3}{2} + \frac{1}{2} e^{-2\lambda t} + \sqrt{2} e^{-\lambda t} \sin\left(\lambda t + \frac{\pi}{4} \right) \right] \qquad \text{für} \quad m = 4.$$

Normalverteilung Die Pausenzeiten seien normalverteilt mit dem Erwartungswert μ und der Varianz σ^2, $\mu > 3\sigma$. Die Erneuerungsfunktion ist

$$H(t) = \sum_{n=1}^{\infty} \Phi\left(\frac{t - n\mu}{\sigma\sqrt{n}}\right).$$

Diese Summendarstellung eignet sich gut für numerische Abschätzungen, da bereits wenige Summanden eine ausreichende Genauigkeit garantieren.

Es wurde gezeigt, dass ein gewöhnlicher Erneuerungsprozess genau dann die Erneuerungsfunktion $H(t) = \lambda t = t/\mu$ hat, wenn $f(t) = \lambda e^{-\lambda t}$, $t \geq 0$, ist. Es liegt die Frage nahe, ob bei gegebenem $F(t)$ ein verzögerter Erneuerungsprozess existiert, der ebenfalls die Erneuerungsfunktion $H_1(t) = t/\mu$ hat. Die Antwort darauf gibt

Satz 2.7 Es sei $\mu = E(Y) = \int_0^{\infty} \overline{F}(t)\,dt < \infty$. Dann gilt

$$H_1(t) = t/\mu$$

genau dann, wenn $f_1(t) \equiv f_S(t)$ bzw. $F_1(t) \equiv F_S(t)$ mit

$$f_S(t) = \frac{1}{\mu}(1 - F(t)) \quad \text{bzw.} \quad F_S(t) = \frac{1}{\mu}\int_0^t (1 - F(x))\,dx, \; t \geq 0, \qquad (2.43)$$

ist. ∎

Die Zufallsgröße Y_S mit der durch (2.43) gegebenen Wahrscheinlichkeitsverteilung hat die ersten beiden Momente

$$E(Y_S) = \frac{\mu^2 + \sigma^2}{2\mu} \quad \text{und} \quad E(Y_S^2) = \frac{\mu_3}{3\mu}$$

mit $\sigma^2 = Var(Y)$ und $\mu_3 = E(Y^3)$.

Neben dem ersten Moment von $N(t)$, also der Erneuerungsfunktion, sind auch die höheren Momente von $N(t)$ von Interesse. Sie spielen vor allem bei der Untersuchung des Verhaltens der Erneuerungsfunktion für $t \to \infty$ eine Rolle. Im Falle gewöhnlicher Erneuerungsprozesse empfiehlt es sich, bei der Berechnung der höheren Momente von den Binomialmomenten auszugehen. Das *Binomialmoment n-ter Ordnung* von $N(t)$ ist (Abschn. 1.5.2)

$$E\binom{N(t)}{n} = \frac{1}{n!} E\{[N(t)][N(t) - 1] \cdots [N(t) - (n - 1)]\}.$$

Für gewöhnliche Erneuerungsprozesse ist es gleich der n-ten Faltungspotenz der Erneuerungsfunktion:

$$E\binom{N(t)}{n} = H^{*(n)}(t).$$

Insbesondere ergibt sich wegen (1.34) aus der Beziehung

$$E\binom{N(t)}{2} = \frac{1}{2} E\{[N(t)][N(t) - 1]\} = \frac{1}{2}\left\{E[N(t)]^2 - H(t)\right\} = H^{*(2)}(t)$$

die Varianz von $N(t)$ zu

$$Var(N(t)) = 2 \int_0^t H(t-x)\,dH(x) + H(t) - [H(t)]^2 \,.$$

Da für $0 \le x \le t$ stets $H(t-x) \le H(t)$ gilt, folgt eine Abschätzung für $Var(N(t))$:

$$Var(N(t)) \le [H(t)]^2 + H(t) \,.$$

2.6.2.2 Abschätzungen der Erneuerungsfunktion

Da eine explizite Angabe der Erneuerungsfunktion für die Mehrzahl der praktisch bedeutsamen Pausenzeitverteilungen nicht möglich ist, sind Abschätzungen von Bedeutung. Im Folgenden werden für gewöhnliche Erneuerungsprozesse einige einfache Abschätzungen von $H(t)$ angegeben.

Elementare Schranken Aus der evidenten Ungleichung

$$\max_{1 \le i \le n} Y_i \le \sum_{i=1}^{\infty} Y_i = T_n$$

folgt

$$F^{*(n)}(t) = P(T_n \le t) \le P(\max_{1 \le i \le n} Y_i \le t) = [F(t)]^n \,.$$

Wird auf beiden Seiten dieser Ungleichungskette jeweils von $n = 1$ bis ∞ summiert, ergibt sich aufgrund von (2.38) und der geometrischen Reihe eine Abschätzung für $H(t)$, die allerdings nur für kleine t brauchbare Schranken liefert:

$$F(t) \le H(t) \le \frac{F(t)}{1-F(t)} \,.$$

Lineare Schranken von *Marshall* Es seien $\overline{F}(t) = 1 - F(t)$, $\mathbf{F} = \{t;\ t \ge 0, F(t) < 1\}$, $\mu = E(Y)$ sowie

$$a_0 = \inf_{t \in \mathbf{F}} \frac{F(t) - F_S(t)}{\overline{F}(t)}, \qquad a_1 = \sup_{t \in \mathbf{F}} \frac{F(t) - F_S(t)}{\overline{F}(t)},$$

wobei $F_S(t)$ durch (2.43) gegeben ist. Dann gilt

$$\frac{t}{\mu} + a_0 \le H(t) \le \frac{t}{\mu} + a_1 \,. \tag{2.44}$$

Da stets $F_S(t) - F(t) \le F_S(t)\overline{F}(t) \le \overline{F}(t)$ gilt, folgen die unteren Schranken von *Butterworth* und *Marshall* :

$$\frac{t}{\mu} - 1 \le \frac{t}{\mu} - F_S(t) \le H(t) \,.$$

Es bezeichne $\lambda_S(t)$ die zu $F_S(t)$ gehörende Ausfallrate:

$$\lambda_S(t) = f_S(t)/\overline{F}_S(t) = \frac{\overline{F}(t)}{\int_t^{\infty} \overline{F}(x)\,dx} \,.$$

Damit folgt aus (2.44)

$$\frac{t}{\mu} + \frac{1}{\mu} \inf_{t \in \mathbf{F}} \frac{1}{\lambda_S(t)} - 1 \le H(t) \le \frac{t}{\mu} + \frac{1}{\mu} \sup_{t \in \mathbf{F}} \frac{1}{\lambda_S(t)} - 1 \,. \tag{2.45}$$

Eine Abschwächung dieser Abschätzung ist

$$\frac{t}{\mu} + \frac{1}{\mu} \inf_{t \in \mathbf{F}} \frac{1}{\lambda(t)} - 1 \le H(t) \le \frac{t}{\mu} + \frac{1}{\mu} \sup_{t \in \mathbf{F}} \frac{1}{\lambda(t)} - 1 \,.$$

Beispiel 2.9 Es sei $F(t) = (1 - e^{-t})^2$, $t \ge 0$. Dann sind

$$\mu = \int_0^\infty \overline{F}(t)\, dt = 3/2 \,,$$

$$\overline{F}_S(t) = 1 - \frac{1}{\mu} \int_0^t \overline{F}(t)\, dt$$

$$= \frac{2}{3}\left(2 - \frac{1}{2} e^{-t}\right) e^{-t} \,, \quad t \ge 0$$

und

$$\lambda(t) = \frac{2(1 - e^{-t})}{2 - e^{-t}} \,, \qquad \lambda_S(t) = 2 \frac{2 - e^{-t}}{4 - e^{-t}} \,, \quad t \ge 0 \,.$$

Beide Ausfallraten sind streng monoton wachsend in t, und es gelten (Bild 2.10a)

$$\lambda(0) = 0, \ \lambda(\infty) = 1$$

sowie

$$\lambda_S(0) = 2/3, \ \lambda_S(\infty) = 1 \,.$$

Somit lauten die Schranken (2.45)

$$\frac{2}{3} t - \frac{1}{3} \le H(t) \le \frac{2}{3} t \,.$$

Bild 2.10b vergleicht diese Schranken mit dem exakten Verlauf der Erneuerungsfunktion (Beispiel 2.5). Für $t > 4$ ist die Abweichung der unteren Schranke von $H(t)$ vernachlässigbar klein.   □

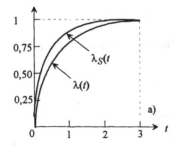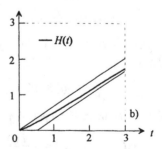

Bild 2.10 Ausfallraten a) und Abschätzungen der Erneuerungsfunktion b) im Beispiel 2.9

Schranken von *Siegel* und *Wünsche* Mit den eingeführten Bezeichnungen gilt

$$t \inf_{0 \le x \le t} \lambda(x) \le \frac{t}{\mu} \inf_{0 \le x \le t} \frac{F(x)}{F_S(x)} \le H(t) \le \frac{t}{\mu} \sup_{0 \le x \le t} \frac{F(x)}{F_S(x)} \le t \sup_{0 \le x \le t} \lambda(x)$$

Obere Schranke von *Lorden* Ist μ_2 das zu $F(t)$ gehörige zweite Moment, so gilt

$$H(t) \le \frac{t}{\mu} + \frac{\mu_2}{\mu^2} - 1.$$

Obere Schranke von *Brown* Gehört zu $F(t)$ eine nichtfallende Ausfallrate, so gilt in Verschärfung der oberen Schranke von *Lorden*

$$H(t) \le \frac{t}{\mu} + \frac{\mu_2}{2\mu^2} - 1.$$

Schranken von *Barlow* und *Proschan* Gehört zu $F(t)$ eine nichtfallende Ausfallrate, gilt

$$\frac{t}{\int_0^t \overline{F}(x)\,dx} - 1 \le H(t) \le \frac{t F(t)}{\int_0^t \overline{F}(x)\,dx}.$$

2.6.3 Rekurrenzzeiten

Mit einem Erneuerungsprozess $\{Y_n; n = 1, 2, \ldots\}$ sind neben dem Prozess der Erneuerungszeitpunkte $\{T_n; n = 1, 2, \ldots\}$ und dem Erneuerungszählprozess $\{N(t), t \ge 0\}$ noch die stochastischen Prozesse $\{R(t), t \ge 0\}$ und $\{V(t), t \ge 0\}$ verbunden, wobei

$$R(t) = t - T_{N(t)}$$

Rückwärtsrekurrenzzeit und

$$V(t) = T_{N(t)+1} - t$$

Vorwärtsrekurrenzzeit heißen. $R(t)$ ist das Alter und $V(t)$ die restliche Lebensdauer des zur Zeit t arbeitenden Systems (Bild 2.11). Alle vier aus dem Erneuerungsprozess abgeleiteten Prozesse sind diesem statistisch im folgenden Sinn äquivalent: Aus der Trajektorie eines dieser Prozesse lassen sich umkehrbar eindeutig die zugehörigen vier Trajektorien der anderen konstruieren. Die Verteilungsfunktion der Rückwärtsrekurrenzzeit ist

$$F_{R(t)}(x) = \begin{cases} \int_{t-x}^t \overline{F}(t-u)\,dH_1(u) & \text{für} \quad 0 \le x \le t \\ 1 & \text{für} \quad t > x \end{cases} \tag{2.46}$$

Die zugehörige Verteilungsdichte lautet

$$f_{R(t)}(x) = \begin{cases} \overline{F}(x)\,h_1(t-x) & \text{für} \quad 0 \le x \le t \\ 0, & \text{sonst} \end{cases}$$

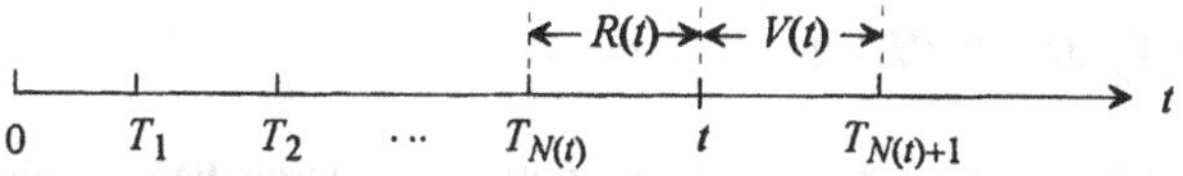

Bild 2.11 Veranschaulichung der Rekurrenzzeiten

Die Verteilungsfunktion $F_{V(t)}(x)$ der Vorwärtsrekurrenzzeit ist Lösung der Integralgleichung

$$F_{V(t)}(x) = F_1(t+x) - \int_0^t \overline{F}(t+x-u)\,dH_1(u).$$
 (2.47)

Die zugehörige Verteilungsdichte ist Lösung der Integralgleichung

$$f_{V(t)}(x) = f_1(t+x) - \int_0^t f(t+x-u)h_1(u)\,du.$$

Der Erwartungswert der Vorwärtsrekurrenzzeit ist

$$E(V(t)) = E(Y_1) + \mu H_1(t) - t.$$

Insbesondere ergibt sich für gewöhnliche Erneuerungsprozesse

$$E(V(t)) = \mu[H(t)+1] - t.$$

Berechnet man die Dichten der Rück- und Vorwärtsrekurrenzzeit eines gewöhnlichen Erneuerungsprozesses mit $f(t) = \lambda e^{-\lambda t}$, $t \geq 0$, so erhält man

$$f_{R(t)}(x) = f_{V(t)}(x) = \lambda e^{-\lambda x}, \; x \geq 0.$$

Die Verteilungen der Pausenzeit sowie der Rück- und Vorwärtsrekurrenzzeiten sind also im Fall exponentialverteilter Pausenzeiten identisch. Aufgrund der 'Gedächtnislosigkeit' der Exponentialverteilung (Abschn. 1.5.3) ist diese Tatsache nicht verwunderlich.

Intervallzuverlässigkeit $\overline{F}_{V(t)}(x) = 1 - F_{V(t)}(x)$ ist die Wahrscheinlichkeit dafür, dass das zum Zeitpunkt t arbeitende System im Intervall $(t, t+x]$ nicht ausfällt. Daher nennt man $\overline{F}_{V(t)}(x)$ *Intervallzuverlässigkeit*.

2.6.4 Asymptotisches Verhalten

In diesem Abschnitt wird das Verhalten des Erneuerungszählprozesses $\{N(t), t \geq 0\}$ und insbesondere der zugehörigen Erneuerungsfunktion $H_1(t)$ für $t \to \infty$ untersucht. Die dabei erzielten Ergebnisse erlauben es, für große t Näherungen für $H_1(t)$ sowie für die Verteilung von $N(t)$ anzugeben. Dabei wird stets $E(Y_1) < \infty$ vorausgesetzt.

Satz 2.8 (*Elementares Erneuerungstheorem*) Für beliebige $F_1(t)$ gilt

$$\lim_{t \to \infty} \frac{H_1(t)}{t} = \frac{1}{\mu}.$$ ■

Die diesem Satz entsprechende Aussage für die Erneuerungsdichte ist

$$\lim_{t \to \infty} h_1(t) = \frac{1}{\mu}.$$

Satz 2.9 (*Fundamentales Erneuerungstheorem, Satz von Smith*) Ist $F(t)$ nicht gitterförmig und $g(t)$ auf $[0, \infty)$ integrierbar, dann gilt für alle $F_1(t)$

$$\lim_{t \to \infty} \int_0^t g(t-x)\,dH_1(x) = \frac{1}{\mu} \int_0^\infty g(x)\,dx.$$ ■

(Wegen *gitterförmiger Verteilung* siehe Definition 1.20.) Durch die spezielle Wahl

$$g(x) = \begin{cases} 1 & \text{für } 0 \leq x \leq h \\ 0 & \text{sonst} \end{cases}$$

erhält man aus dem fundamentalen Erneuerungstheorem ein Theorem von *Blackwell*.

Satz 2.10 (*Blackwellsches Erneuerungstheorem*) Ist $F(t)$ nicht gitterförmig, dann gilt für beliebige $F_1(t)$ und $h > 0$

$$\lim_{t \to \infty} [H_1(t+h) - H_1(t)] = \frac{h}{\mu}. \qquad \blacksquare$$

Während das elementare Erneuerungstheorem ein 'globales' Einschwingen des Erneuerungsprozesses in die zeitunabhängige (stationäre) Phase ausdrückt, beinhaltet das Erneuerungstheorem von Blackwell das entsprechende 'lokale' (auf ein Intervall der Länge h bezogene) Verhalten.

Satz 2.11 Es sei $\sigma^2 = Var(Y) < \infty$. Ist $F(t)$ nicht arithmetisch, gilt

$$\lim_{t \to \infty} \left(H_1(t) - \frac{t}{\mu} \right) = \frac{\sigma^2}{2\mu^2} - \frac{E(Y_1)}{\mu} + \frac{1}{2}. \qquad \blacksquare$$

Unmittelbar aus dem fundamentalen Erneuerungstheorem folgt auch die Tatsache, dass $F_S(x)$, definiert durch (2.43), die Grenzverteilungsfunktion der Verteilungsfunktionen sowohl der Rück- als auch der Vorwärtsrekurrenzzeit für $t \to \infty$ ist:

$$\lim_{t \to \infty} F_{R(t)}(x) = F_S(x) = \lim_{t \to \infty} F_{V(t)}(x) = F_S(x). \qquad (2.48)$$

Wegen der inhaltlichen Bedeutung der Vorwärtsrekurrenzzeit erwartet man, dass gilt

$$\lim_{t \to \infty} E(V(t)) = \mu/2.$$

Jedoch ist

$$\lim_{t \to \infty} E(V(t)) = E(Y_S) = \int_0^\infty \overline{F}_S(t)\,dt = \frac{\mu + \sigma^2}{2\mu} > \frac{\mu}{2}.$$

Diese Tatsache ist als *Paradoxon der Erneuerungstheorie* bekannt. Man erklärt sich diesen Sachverhalt inhaltlich so, dass der Bezugszeitpunkt t mit höherer Wahrscheinlichkeit in Erneuerungszyklen größerer Länge als in Erneuerungszyklen kleinerer Länge fällt.

Der folgende Satz besagt, dass $N(t)$ für große t näherungsweise normalverteilt ist mit dem Erwartungswert t/μ und der Varianz $\sigma^2 t/\mu^3$.

Satz 2.12 Unter den Voraussetzungen $E(Y_1) < \infty$ und $\mu < \infty$ gilt

$$\lim_{t \to \infty} P\left(\frac{N(t) - t/\mu}{\sigma\sqrt{t\mu^{-3}}} \leq x \right) = \Phi(x). \qquad \blacksquare$$

Dieser Satz erlaubt nun als praktisch bedeutsames Ergebnis die Konstruktion approximativer Abschätzungen für die Anzahl $N(t)$ der Erneuerungen im Intervall $(0, t]$, wenn t hinreichend groß ist:

$N(t)$ erfüllt für große t mit Wahrscheinlichkeit $1 - \alpha$ in guter Näherung die Ungleichung

$$\frac{t}{\mu} - z_{\alpha/2}\, \sigma \sqrt{t\, \mu^{-3}} \le N(t) \le \frac{t}{\mu} + z_{\alpha/2}\, \sigma \sqrt{t\, \mu^{-3}} \; , \cdot$$

wobei $z_{\alpha/2}$ gemäß (1.40) das $(1 - \alpha/2)$-Quantil der standardisierten Normalverteilung ist.
Die Kenntnis der asymptotischen Verteilung von $N(t)$ ermöglicht die Beantwortung der
im Abschn. 2.6.1 gestellten Frage nach der minimalen Anzahl von Reservesystemen, die
notwendig ist, um den Erneuerungsvorgang mit vorgegebener Wahrscheinlichkeit $1 - \alpha$
im Intervall $(0, t]$ aufrecht erhalten zu können: Für eine beliebige Wahrscheinlichkeitsverteilung von Y mit $E(Y) < \infty$ gilt mit Wahrscheinlichkeit $1 - \alpha$ näherungsweise

$$\frac{N(t) - t/\mu}{\sigma \sqrt{t\, \mu^{-3}}} \le z_\alpha \, .$$

Daher ist die gesuchte Anzahl $n_{\min}$ für hinreichend große t in guter Näherung durch

$$n_{\min} \approx \frac{t}{\mu} + z_\alpha \sigma \sqrt{t\, \mu^{-3}}$$

gegeben. Es ergibt sich etwa mit den Zahlenwerten von Beispiel 2.7: $n_{\min} = 17$.

2.6.5 Stationäre Erneuerungsprozesse

Um die Stationarität im engeren Sinne von Erneuerungsprozessen unmittelbar vermittels
Definition 2.2 einführen zu können, wird zunächst von den zum Erneuerungsprozess
$\{Y_1, Y_2, ...\}$ statistisch äquivalenten Prozess der Vorwärtsrekurrenzzeiten $\{V(t), t \ge 0\}$
ausgegangen.

Definition 2.11 Ein Erneuerungsprozess $\{Y_1, Y_2, ...\}$ heißt *stationär*, wenn der zugehörige stochastische Prozess der Vorwärtsrekurrenzzeiten $\{V(t), t \ge 0\}$ stationär im engeren Sinne ist.   ●

Hinweis Äquivalent zu Definition 2.11 ist, die Stationarität des zugehörigen Prozesses der Rückwärts-
rekurrenzzeiten zu fordern. Ein Erneuerungsprozess ist überdies genau dann stationär, wenn der zugehörige Erneuerungszählprozess $\{N(t), t \ge 0\}$ stationäre (homogene) Zuwächse hat.

Der Prozess $\{V(t), t \ge 0\}$ ist Markovsch. Daher ist er nach Satz 2.1 bereits dann stationär, wenn seine eindimensionalen Verteilungsfunktionen $F_{V(t)}(x)$ nicht von t abhängen:

$$F_{V(t)}(x) = F_V(x) \quad \text{für alle } t \ge 0.$$

Satz 2.13 Gilt $\mu = \int_0^\infty \overline{F}(t)\, dt < \infty$ und ist $F(t)$ nicht gitterförmig, so ist der durch $F_1(t)$
und $F(t)$ bestimmte Erneuerungsprozess genau dann stationär, wenn gilt

$$H_1(t) = t/\mu \, .$$

Folgerung *Wegen Satz 2.6 ist ein Erneuerungsprozess genau dann stationär, wenn gilt*

$$F_1(t) = F_S(t) = \frac{1}{\mu} \int_0^t \overline{F}(x)\, dx \, .$$

Beweis Gilt $H_1(t) = t/\mu$, so folgt aus (2.47)

$$F_{V(t)}(x) = \frac{1}{\mu}\int_0^{t+x} \overline{F}(u)\,du - \frac{1}{\mu}\int_0^t \overline{F}(t+x-u)\,du$$

$$= \frac{1}{\mu}\int_0^{t+x} \overline{F}(u)\,du - \frac{1}{\mu}\int_x^{t+x} \overline{F}(u)\,du = \frac{1}{\mu}\int_0^x \overline{F}(u)\,du,$$

so dass $F_{V(t)}(x)$ nicht von t abhängt. Hängt umgekehrt $F_{V(t)}(x)$ nicht von t ab, so gilt wegen Satz 2.9

$$F_{V(t)}(x) = \lim_{t\to\infty} F_{V(t)}(x) = F_S(x).$$ ∎

Dieser Satz erlaubt nun im Nachhinein eine inhaltliche Deutung des elementaren Erneuerungstheorems: Nach einer hinreichend großen Zeitspanne ('Einschwingphase') verhält sich jeder Erneuerungsprozess mit nichtgitterförmigem $F(t)$ wie ein stationärer. Ist $\{N_S(t), t \geq 0\}$ der zu einem stationären Erneuerungsprozess gehörige Erneuerungszählprozess, so lauten seine Binomialmomente

$$E\binom{N_S(t)}{n} = \frac{1}{\mu}\int_0^t H^{*(n-1)}(x)\,dx; \quad n = 1,2,...; \quad H^{*(0)} \equiv 1.$$

Hieraus erhält man die Varianz von $N_S(t)$ zu

$$Var(N_S(t)) = \frac{2}{\mu}\int_0^t H(x)\,dx + \frac{t}{\mu}\left(1 - \frac{t}{\mu}\right).$$

Ferner gilt mit $\mu_i = E(Y^i)$, $i = 2,3$, die Abschätzung

$$\frac{\mu_2 t}{\mu^3} - \frac{t}{\mu} - \frac{4\mu_3}{3\mu^3} \leq Var(N_S(t)) \leq \frac{\mu_2 t}{\mu^3} - \frac{t}{\mu} + \frac{\mu_2^2}{4\mu^4}.$$

2.6.6 Alternierende Erneuerungsprozesse

Bisher wurde vorausgesetzt, dass Erneuerungen ausgefallener Systeme Zeiten beanspruchen, die gegenüber den Lebensdauern (Pausenzeiten) vernachlässigbar klein sind. Jetzt wird die folgende Situation modelliert: Das erste System fällt nach einer zufälligen Zeitspanne Y_1 aus und wird dann in der zufälligen Zeit Z_1 vollständig erneuert. Das erneuerte System wird nach Abschluß der Erneuerung sofort in Betrieb genommen; nach Ablauf seiner zufälligen Lebensdauer Y_2 wird es in der zufälligen Zeit Z_2 vollständig erneuert u.s.w. Daher sind die *Ausfall-* bzw. *Erneuerungszeitpunkte* gegeben durch

$$S_1 = Y_1; \quad S_n = \sum_{i=1}^{n-1}(Y_i + Z_i) + Y_n; \quad n = 2,3,...$$

bzw.

$$T_n = \sum_{i=1}^n (Y_i + Z_i); \quad n = 1,2,...$$

Definition 2.12 Sind $\{Y_1, Y_2,...\}$ und $\{Z_1, Z_2,...\}$ und zwei unabhängige Folgen von unabhängigen Zufallsgrößen, so heißt die Folge $\{(Y_i, Z_i); i = 1,2,...\}$ *alternierender Erneuerungsprozess*. ●

Gelegentlich wird auch die Folge $\{(S_1, T_1), (S_2, T_2), ...\}$ als alternierender Erneuerungsprozess bezeichnet. Beide Erklärungen sind einander äquivalent.

Ordnet man einem System, dessen Betriebsprozess durch einen alternierenden Erneuerungsprozess beschrieben werden kann, den Zustand 0 zu, wenn es erneuert wird, und den Zustand 1, wenn es arbeitet, dann führt dies zu der binären Indikatorvariablen des Systemzustands

$$X(t) = \begin{cases} 0, & \text{falls} \quad t \in [S_n, T_n), \quad n = 1, 2, ... \\ 1, & \text{sonst} \end{cases}. \tag{2.49}$$

Auch der stochastische Prozess $\{X(t), t \geq 0\}$ ist der gegebenen Definition des alternierenden Erneuerungsprozesses äquivalent: Jeder Trajektorie dieses Prozesses entspricht genau eine Realisierung des alternierenden Erneuerungsprozesses gemäß Definition 2.12 und umgekehrt (Bild 2.12).

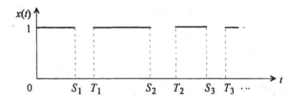

Bild 2.12 Trajektorie eines alternierenden Erneuerungsprozesses

Es seien alle Y_i wie Y und alle Z_i wie Z verteilt, und zwar mit den Verteilungsfunktionen $F(y) = P(Y \leq y)$ und $G(z) = P(Z \leq z)$. Aus der gegebenen Definition des alternierenden Erneuerungsprozesses folgt, dass zum Zeitpunkt $t = 0$ stets ein neues System in Betrieb genommen wird: $P(X(+0) = 1) = 1$.

In Verallgemeinerung des verzögerten Erneuerungsprozesses gemäß Definition 2.10 wäre es naheliegend, der zufälligen Lebens- bzw. Erneuerungsdauer Y_1 bzw. Z_1 eine Sonderstellung durch Vorgabe von zu $F(y)$ bzw. $G(z)$ verschiedenen Verteilungsfunktionen $F_1(y)$ bzw. $G_1(z)$ zuzubilligen. Auf diese Problematik wird jedoch im Folgenden nicht eingegangen, obwohl damit keine prinzipiellen Schwierigkeiten verbunden sind.

$N_a(t)$ bzw. $N_e(t)$ seien die zufälligen Anzahlen von Ausfall- bzw. Erneuerungszeitpunkten in $(0, t]$. Da die S_n und T_n Summen unabhängiger Zufallsgrößen sind, gelten

$$F_{S_n}(t) = P(S_n \leq t) = P(N_a(t) \geq n) = F * (G * F)^{*(n-1)}(t)$$

$$F_{T_n}(t) = P(T_n \leq t) = P(N_e(t) \geq n) = (F * G)^{*(n)}(t)$$

Mit $(F * G)^{*(0)}(t) \equiv 1$ hat man für $H_a(t) = E(N_a(t))$ und $H_e(t) = E(N_e(t))$ gemäß (2.38) die Summendarstellungen

$$H_a(t) = \sum_{n=1}^{\infty} F * (G * F)^{*(n-1)}(t),$$

$$H_e(t) = \sum_{n=1}^{\infty} (F * G)^{*(n)}(t).$$

Die Erwartungswerte $H_a(t)$ und $H_e(t)$ sind die *Erneuerungsfunktionen* des alternierenden Erneuerungsprozesses. Sie erfüllen Integralgleichungen, die analog zu (2.39) bzw. (2.40) gebildet werden.

Hinweis Man beachte, dass es sich bei dem zu $H_a(t)$ gehörigen alternierenden Erneuerungsprozess formal um einen verzögerten Erneuerungsprozess im Sinne von Definition 2.10 handelt, dessen erste Systemlebensdauer gemäß $F(x)$ verteilt ist, während die folgenden 'Systemlebensdauern' identisch wie $Y + Z$ verteilte Zufallsgrößen mit der Verteilungsfunktion $(F * G)(t)$ sind. Dahingegen lässt sich $H_e(t)$ als Erneuerungsfunktion eines gewöhnlichen Erneuerungsprozesses mit der Verteilungsfunktion der Systemlebensdauer $(F * G)(t)$ deuten.

$V_a(t)$ sei die restliche Lebensdauer eines Systems, das sich zur Zeit t im Arbeitszustand befindet. Dann ist $P(X(t) = 1, V_a(t) > x)$ die Wahrscheinlichkeit dafür, dass das System zum Zeitpunkt t arbeitet und im Intervall $[t, t+x]$ nicht ausfällt. Man nennt diese Wahrscheinlichkeit ebenfalls *Intervallzuverlässigkeit* (Abschn. 2.6.3). Sie ist gegeben durch

$$P(X(t) = 1, \ V_a(t) > x) = \overline{F}(t+x) + \int_0^t \overline{F}(t+x-u)\,dH_e(u) \qquad (2.50)$$

Die Wahrscheinlichkeit $A(t) = P(X(t) = 1)$ dafür, dass das System zum Zeitpunkt t arbeitet, ist die *Momentanverfügbarkeit* des Systems. Man erhält sie aus (2.50) dadurch, dass dort $x = 0$ gesetzt wird:

$$A(t) = \overline{F}(t) + \int_0^t \overline{F}(t-u)\,dH_e(u).$$

$A(t)$ ist gleich dem Erwartungswert der Indikatorvariablen für den Systemzustand:

$$A(t) = E(X(t)).$$

Die *durchschnittliche Verfügbarkeit* des Systems im Intervall $[0, t]$ ist

$$\overline{A}(t) = \frac{1}{t} \int_0^t A(x)\,dx.$$

Bezeichnet $U(t)$ die zufällige *Gesamtarbeitszeit* des Systems im Intervall $[0, t]$, so ist

$$U(t) = \int_0^t X(x)\,dx.$$

Durch Vertauschung der Integrationsreihenfolge ergibt sich

$$E(U(t)) = E\left(\int_0^t X(x)\,dx \right) = \int_0^t E(X(x))\,dx.$$

Somit ist

$$E(U(t)) = \int_0^t A(x)\,dx = t\,\overline{A}(t).$$

Der folgende Satz gibt Auskunft über das Grenzverhalten der Intervallzuverlässigkeit und der Momentanverfügbarkeit, wenn t unbeschränkt wächst.

Satz 2.14 Die Verteilungsfunktion $(F * G)(t)$ von $Y + Z$ sei nicht gitterförmig, und es sei $E(Y) + E(Z) < \infty$. Dann gelten

$$A_x = \lim_{t \to \infty} P(X(t) = 1, \ V_a(t) > x) = \frac{1}{E(Y) + E(Z)} \int_x^\infty \overline{F}(u)\,du,$$

$$A = \lim_{t \to \infty} A(t) = \lim_{t \to \infty} \overline{A}(t) = \frac{E(Y)}{E(Y) + E(Z)}. \qquad \blacksquare$$

A_X ist die *stationäre Intervallzuverlässigkeit* und A die *Dauer-* oder *stationäre Verfügbarkeit*. Offenbar gilt $A = A_0$. Bezeichnet man die Zeitspanne zwischen zwei benachbarten Erneuerungszeitpunkten als *Erneuerungszyklus*, so ist die Dauerverfügbarkeit gleich dem mittleren Anteil an Arbeitszeit bezogen auf die mittlere Zykluslänge. Die im Satz 2.14 gegebene Darstellung von A gilt auch dann, wenn <u>innerhalb</u> der Erneuerungszyklen Y_i und Z_i voneinander abhängig sind. Im Allgemeinen sind numerische Methoden anzuwenden, wenn vermittels der angegebenen Formeln Intervallzuverlässigkeit bzw. Momentanverfügbarkeit berechnet werden sollen. Jedoch können diese Formeln auch zu approximativen Rechnungen benutzt werden, wenn von den in den Abschnitten 2.6.2.2 und 2.6.4 gegebenen Abschätzungen bzw. Näherungen für $H(t)$ Gebrauch gemacht wird.

2.6.7 Kumulative stochastische Prozesse

Kumulative stochastische Prozesse entstehen durch additive Überlagerung einer zufälligen Anzahl von zufälligen Größen an zufälligen Zeitpunkten.

Definition 2.13 (*kumulativer stochastischer Prozess*) Es sei $\{N(t),\ t \geq 0\}$ ein Zählprozess mit der Folge der Sprungpunkte $T_1, T_2, \ldots$ Jeder Sprungpunkt T_i wird mit einer Zufallsgröße C_i bewertet. Dann ist $\{X(t),\ t \geq 0\}$ mit

$$X(t) = \sum_{i=1}^{N(t)} C_i \tag{2.51}$$

ein *kumulativer stochastischer Prozess*.   ●

Bei $X(t)$ kann es sich je nach der inhaltlichen Bedeutung der C_i um eine beliebige Gewinn-, Verlust- oder sonstige Kennziffer handeln, etwa um den Gesamtbetrag, den ein Versicherungsunternehmen im Intervall $[0, t]$ an Versicherte auszuzahlen hat oder um den totalen Verschleiss, den ein Bauteil im Intervall $[0, t]$ erfahren hat. Der Zuwachs von $X(t)$ geschieht an den Zeitpunkten T_i, an denen das unterliegende System (im allgemeinsten Sinn) 'Schocks' mit den 'Wirkungen' C_i ausgesetzt ist. Kumulative Prozesse werden in diesem Abschnitt unter folgenden Voraussetzungen betrachtet:

1) $\{N(t),\ t \geq 0\}$ ist der zu einem gewöhnlichen Erneuerungsprozess $\{Y_1, Y_2, \ldots\}$ gehörige Zählprozess mit der Erneuerungsfunktion $H(t)$.

2) Die $C_1, C_2, \ldots$ sind voneinander unabhängig. Ebenso werden Y_i und C_j für alle i und j mit $i \neq j$ als voneinander unabhängig vorausgesetzt.

3) Die zufälligen Vektoren (Y_i, C_i) sind für alle $i = 1, 2, \ldots$ identisch wie (Y, C) verteilt. Y und C haben positive und beschränkte Erwartungswerte und Varianzen.

Unter diesen Voraussetzungen erhält man aus der Waldschen Identität sofort die Trendfunktion $m(t) = E(X(t))$ des kumulativen stochastischen Prozesses:

$$m(t) = E(C)\,E(N(t)) = E(C)\,H(t).$$

Hieraus folgt wegen des elementaren Erneuerungstheorems eine wichtige asymptotische Eigenschaft kumulativer stochastischer Prozesse:

$$\lim_{t \to \infty} \frac{E(X(t))}{t} = \frac{E(C)}{E(Y)}.$$

Im Allgemeinen ist die Wahrscheinlichkeitsverteilung von $X(t)$ nicht explizit angebbar. Daher ist das Verhalten dieser Wahrscheinlichkeitsverteilung für $t \to \infty$ von Bedeutung.

Satz 2.15 Es sei $v = E(C)$ und $\mu = E(Y)$. Wird $\gamma^2 = Var(\mu C - vY) > 0$ vorausgesetzt, gilt

$$\lim_{t \to \infty} P\left(\frac{X(t) - \frac{v}{\mu} t}{\mu^{-3/2} \gamma \sqrt{t}} \le x \right) = \Phi(x). \qquad \blacksquare$$

Eine äquivalente Formulierung der Aussage dieses Satzes ist: $X(t)$ genügt für große t näherungsweise einer Normalverteilung mit $E(X(t)) = vt/\mu$ und $Var(X(t)) = \mu^{-3} \gamma^2 t$:

$$X(t) \approx N\left(\frac{v}{\mu} x, \ \mu^{-3} \gamma^2 t \right).$$

Sind Y und C unabhängig, so ist die Voraussetzung des Satzes 2.15 stets erfüllt; denn in diesem Fall ist $\gamma^2 = \mu^2 Var(C) + v^2 Var(Y) > 0$. Die Bedingung $\gamma^2 > 0$ schließt ohnehin nur den Fall $\gamma^2 = 0$, also die lineare Abhängigkeit zwischen Y und C, aus.

Niveauüberschreitung Es sei $L = L(x)$ der Zeitpunkt, an dem der Prozess $\{X(t), t \ge 0\}$ erstmals einen vorgegebenen Schwellwert x erreicht oder überschreitet:

$$L(x) = \inf_t \{t, X(t) \ge x\}.$$

Ist etwa $X(t)$ der totale Verschleiß eines Bauteils in $[0, t]$ und x die kritische Verschleißgrenze, so kann das Überschreiten von x als Driftausfall des Bauteils interpretiert werden. Ein offensichtlicher Zusammenhang zwischen den Wahrscheinlichkeitsverteilungen der *Ersterreichungszeit* $L(x)$ und $X(t)$ besteht, wenn $X(t)$ nichtfallende Trajektorien hat, wenn die C_i also nichtnegative Zufallsgrößen sind:

$$P(L(x) \le t) = P(X(t) > x).$$

Im Allgemeinen ist die Wahrscheinlichkeitsverteilung von $L(x)$ nicht explizit angebbar. Daher ist der folgende Satz von Bedeutung, der das Analogon zu Satz 2.15 darstellt.

Satz 2.16 Unter der Voraussetzung $\gamma^2 = Var(\mu C - vY) > 0$ gilt

$$\lim_{x \to \infty} P\left(\frac{L(x) - \frac{\mu}{v} x}{v^{-3/2} \gamma \sqrt{x}} \le u \right) = \Phi(u). \qquad \blacksquare$$

Der Satz gilt auch, wenn die Y_i und C_i (jeweils gleiche Indizees) voneinander abhängig sind. Äquivalent zur Aussage von Satz 2.16 ist die folgende: Für große x gilt näherungsweise:

$$L(x) \approx N\left(\frac{\mu}{v} x, \ v^{-3} \gamma^2 x \right). \qquad (2.52)$$

Der durch (2.52) gegebene Verteilungstyp heißt *Birnbaum-Saunders-Verteilung*.

Beispiel 2.10 Bezüglich eines gegebenen Portfolios beschreibe der Erneuerungsprozess $\{Y_1, Y_2, ...\}$ die Pausenzeiten zwischen dem Eintreffen finanzieller Forderungen an ein Versicherungsunternehmen und C_i sei die Höhe der i-ten Forderung (in *Euro*). Ist $\{N(t), t \geq 0\}$ der zu $\{Y_1, Y_2, ...\}$ gehörige Erneuerungszählprozess, dann ist $X(t)$ gleich der Summe der finanziellen Forderungen an das Unternehmen in $[0, t]$. Die $C_1, C_2, ...$ sowie Y_i und C_j werden für alle i, j als unabhängig vorausgesetzt. Die zufälligen Vektoren (Y_i, C_i) seien identisch verteilt wie (Y, C) mit

$$\mu = E(Y) = 2\,[h], \quad \nu = E(C) = 900\,[Euro], \quad Var(Y) = 3, \quad Var(C) = 360\,000.$$

1) Welches Prämieneinkommen je Zeiteinheit $\kappa_{min,\alpha}$ muss das Versicherungsunternehmen mindestens haben, um mit Wahrscheinlichkeit $\alpha = 0,95$ in einem Zeitintervall der Länge 10000 $[h]$ einen Gewinn von mindestens 1 000 000 $[Euro]$ zu erzielen? Der zufällige Gewinn $G(t)$ nach t Zeiteinheiten ist $G(t) = t\kappa_{min,\alpha} - C(t)$. Wegen $\gamma = 11967,2$ gilt nach Satz 2.15

$$P(G(10000) \geq 10^6) = P(C(t) < 10^4(\kappa_{min,\alpha} - 100)) = \Phi\left(\frac{\kappa_{min,\alpha} - 550}{6,955}\right).$$

Wegen $z_{0,95} = \dfrac{\kappa_{min,\alpha} - 550}{6,955} = 1.64$ ist $\kappa_{min,0,95} = 561,4\,[Euro/h]$.   □

2.6.8 Regenerative stochastische Prozesse

Die Erneuerungstheorie ist neben ihrer eigenständigen Bedeutung auch theoretische Grundlage für die Analyse des Verhaltens komplizierter Systeme. Das ist immer dann der Fall, wenn im Betriebsablauf dieser Systeme *Regenerationspunkte* auftreten. Regenerationspunkte sind dadurch gekennzeichnet, dass der Betriebsablauf eines Systems nach einem Regenerationspunkt unabhängig von dem Geschehen vor dem Regenerationspunkt ist und nach jedem Regenerationspunkt nach den gleichen statistischen Gesetzmäßigkeiten abläuft. Somit sind Regenerationspunkte nichts anderes als Erneuerungspunkte im Betriebsablauf des Systems und erzeugen daher einen Erneuerungsprozess. Jedoch interessieren jetzt nicht nur die Abstände zwischen den Regenerationspunkten, sondern auch das Verhalten des Systems zwischen diesen Punkten.

Zur genaueren Beschreibung eines regenerativen stochastischen Prozesses wird zunächst ein gewöhnlicher Erneuerungsprozess $\{L_1, L_2, ...\}$ eingeführt, wobei die L_i identisch wie L verteilt seien. L_i bezeichnet die zufällige Länge des i-ten Regenerationszyklus, so dass $\{T_1, T_2, ...\}$ mit

$$T_n = \sum_{i=1}^{n} L_i$$

die Folge der Regenerationspunkte ist. $\{N(t), t \geq 0\}$ sei der zugehörige Erneuerungszählprozess. Ein *Regenerationszyklus* ist durch $\{[L, W(x)], 0 \leq x < L\}$ gegeben, wobei $W(x)$ den Zustand des Systems zum Zeitpunkt x (bezogen auf den vorangegangenen Regenerationspunkt) bezeichnet. Durch den Erneuerungsprozess $\{L_1, L_2, ...\}$ ist die Folge der Regenerationszyklen definiert:

$$\{\{[L_i, W_i(x)], 0 \le x < L_i\}; \; i = 1, 2, ...\}.$$

Die Erneuerungszyklen sind voneinander unabhängig und identisch wie der *typische Regenerationszyklus* $\{[L, W(x)], 0 \le x < L\}$ verteilt. Die Wahrscheinlichkeitsverteilung des typischen Regenerationszyklus heißt *Zyklusverteilung*.

Definition 2.14 Mit den eingeführten Bezeichnungen und Voraussetzungen ist der stochastische Prozess $\{X(t), t \ge 0\}$ mit

$$X(t) = W_{N(t)}(t - T_{N(t)}) \qquad (2.53)$$

ein *regenerativer (stochastischer) Prozess.* Die T_n; $n = 1, 2, ...$; sind seine *Regenerationspunkte.*   ●

Anschaulich beinhaltet der Ansatz (2.53) den bereits erläuterten Sachverhalt, dass der vor t liegende Regenerationspunkt $T_{N(t)}$ zum neuen Nullpunkt erklärt wird und danach wiederum der stochastische Prozess $\{W(x), x \ge 0\}$ mit $x = t - T_{N(t)}$ abläuft, und zwar von $x = 0$ bis $x = L_{N(t)+1} = T_{N(t)+1} - T_{N(t)}$.

Beispiel 2.11 Der alternierende Erneuerungsprozess $\{(Y_i, Z_i); i = 1, 2, ...\}$ ist das wohl einfachste Beispiel für einen regenerativen Prozess. Nach jeder Inbetriebnahme des erneuerten Systems beginnt alles 'von neuem'. In diesem Fall sind die L_i durch $L_i = Y_i + Z_i$ gegeben, wobei die zufälligen Vektoren (Y_i, Z_i) voneinander unabhängig und identisch wie (Y, Z) verteilt sind. Der einzuführende Zustandsprozess $\{W(x), x \ge 0\}$ charakterisiert Arbeits- und Erneuerungsphase in einem Zyklus durch

$$W(x) = \begin{cases} 1 & \text{für} & 0 \le x < Y \\ 0 & \text{für} & Y \le x < Y + Z \end{cases}.$$

Damit ist der typische Regenerationszyklus $\{[L, W(x)], 0 \le x < L\}$ mit $L = Y + Z$ vollständig charakterisiert und der Ansatz (2.53) bestimmt den zugehörigen regenerativen stochastischen Prozess. Man erkennt den Unterschied zum gewöhnlichen Erneuerungsprozess: Es sind nicht nur die Längen L_i der Regenerationszyklen von Interesse, sondern es wird auch erfasst, in welchem Verhältnis Arbeits- und Erneuerungsphasen in einem Zyklus zueinander stehen.   □

Zwecks Darstellung der eindimensionalen Verteilung eines regenerativen stochastischen Prozesses werden die Erneuerungsfunktion $H(t)$ des gewöhnlichen Erneuerungsprozesses $\{L_1, L_2, ...\}$ sowie die Wahrscheinlichkeit $Q(x, B) = P(W(x) \in B, L > x)$ eingeführt, wobei B eine Teilmenge des Zustandsraums von $\{W(x), x \ge 0\}$ ist. $Q(x, B)$ befriedigt die Integralgleichung vom Erneuerungstyp

$$P(X(t) \in B) = Q(t, B) + \int_0^t Q(t - x, B) \, dH(x).$$

Der folgende Satz gibt Auskunft über das Verhalten dieser Wahrscheinlichkeiten für große t.

Satz 2.17 (Satz von *Smith*) Ist L nicht gitterförmig und $E(L) > 0$, dann gilt

$$\lim_{t \to \infty} P(X(t) \in B) = \frac{1}{E(L)} \int_0^\infty Q(x, B)\, dx.$$

Für beliebige L mit $E(L) > 0$ gilt die etwas schwächere Aussage

$$\lim_{t \to \infty} \frac{1}{t} \int_0^t P(X(x) \in B)\, dx = \frac{1}{E(L)} \int_0^\infty Q(x, B)\, dx. \qquad \blacksquare$$

Beispiel 2.12 (*altersabhängige Erneuerung*) Ein System wird nach Ausfällen erneuert. Wenn es ohne auszufallen eine vorgegebene Zeitspanne τ gearbeitet hat, wird nach Ablauf dieser Zeitspanne mit der prophylaktischen Erneuerung des Systems begonnen. Man unterscheidet daher zwischen *Havarieerneuerungen* und *prophylaktischen Erneuerungen*. Sowohl Havarie- als auch prophylaktische Erneuerungen versetzen das System in den Neuzustand. Sie erfordern die konstanten Zeiten d_h bzw. d_p. Es sei $F(t) = P(T \le t)$ die Verteilungsfunktion der zufälligen Lebensdauer T des Systems und $\overline{F}(t) = 1 - F(t)$.

Als Regenerationspunkte im Betriebsprozess des Systems werden diejenigen Zeitpunkte gewählt, an denen die Wiederinbetriebnahme des erneuerten Systems erfolgt. Die zufällige Länge L eines Regenerationszyklus hat daher die Struktur

$$L = \min(T, \tau) + Z,$$

wobei die zufällige Erneuerungsdauer Z durch

$$Z = \begin{cases} d_h & \text{für } T < \tau \\ d_p & \text{für } T \ge \tau \end{cases}$$

gegeben ist. Somit beträgt die mittlere Länge eines Regenerationszyklus

$$E(L) = \int_0^\tau \overline{F}(x)\, dx + d_h F(\tau) + d_p \overline{F}(\tau).$$

$W(x)$ sei genau dann 1, wenn das System zum Zeitpunkt x arbeitet, und ansonsten 0. Dann gilt mit $B = \{1\}$

$$Q(x, B) = P(W(x) = 1, L > x) = \begin{cases} 0 & \text{für } \tau < x \le L \\ P(T > x) & \text{für } 0 \le x \le \tau \end{cases}.$$

Somit ist

$$\int_0^\infty Q(x, B)\, dx = \int_0^\tau P(T > x)\, dx = \int_0^\tau \overline{F}(x)\, dx.$$

Satz 2.17 liefert nun sofort die Dauerverfügbarkeit $A = A(\tau)$ des Systems:

$$A(\tau) = \lim_{t \to \infty} P(X(t) = 1) = \frac{\int_0^\tau \overline{F}(x)\, dx}{\int_0^\tau \overline{F}(x)\, dx + d_h F(\tau) + d_p \overline{F}(\tau)}. \qquad \square$$

Hinweis Die beschriebene Erneuerungssituation lässt sich auch als alternierender Erneuerungsprozess interpretieren. Dann führt die Anwendung von Satz 2.13 zum gleichen Resultat.

Literatur: *Alsmeyer* (1991), *Beichelt, Franken* (1984), *Beichelt* (1993).

2.7 Markovsche Ketten mit diskreter Zeit

2.7.1 Grundlagen und Beispiele

Wie im vorangegangenen Kapitel werden wieder Folgen von Zufallsgrößen $\{X_0, X_1, ...\}$ den Ausgangspunkt der Untersuchungen bilden. Jedoch wird auf die vollständige Unabhängigkeit der X_n verzichtet. Statt dessen wird nur gefordert, dass die Zufallsgröße X_{n+1} bei gegebenem $X_n = i_n$ nicht von den $X_0, X_1, ..., X_{n-1}$ abhängt; $n \geq 1$. Ferner wird vorausgesetzt, dass die X_n diskrete Zufallsgrößen sind, die nur nichtnegative ganze Zahlen annehmen können. Anderenfalls werden den tatsächlichen Werten eineindeutig nichtnegative ganze Zahlen zugeordnet.

Definition 2.15 Ein stochastischer Prozess $\{X_0, X_1, ...\}$ mit diskreter Zeit und mit dem Zustandsraum $\mathbf{Z} = \{0, +1, +2, ...\}$ heißt *Markovsche Kette mit diskreter Zeit* (auch: *diskrete Markovsche Kette*), wenn für ein beliebiges $n = 1, 2, ...$ und eine beliebige Folge $i_0, i_1, ..., i_{n+1}$ mit $i_k \in \mathbf{Z}$ folgende Beziehung gilt:

$$P(X_{n+1} = i_{n+1} | X_n = i_n, ..., X_1 = i_1, X_0 = i_0) = P(X_{n+1} = i_{n+1} | X_n = i_n).\quad \bullet$$

Deutet man $t = n$ als den gegenwärtigen Zeitpunkt, erlaubt Definition 2.15 folgende Interpretation:

> *Die künftige Entwicklung einer Markovschen Kette mit diskreter Zeit hängt nur vom gegenwärtigen Zustand ab, aber nicht von der Vergangenheit.*

Man beachte, dass ohne Vorgabe der Bedingung $X_n = i_n$ durchaus eine Abhängigkeit zwischen X_{n+1} und X_{n-1} bestehen kann. Die im Folgenden entwickelten Formeln und Zusammenhänge können leicht auf den Zustandsraum $\{0, \pm1, \pm2, ...\}$ übertragen werden (siehe Beispiel 2.16). Die hier vorgenommene Beschränkung auf den Zustandsraum $\mathbf{Z} = \{0, +1, +2, ...\}$ dient lediglich der bezeichnungstechnischen Vereinfachung.

Die bedingten Wahrscheinlichkeiten

$$p_{ij}(n) = P(X_{n+1} = j | X_n = i); \quad n = 0, 1, ...; \quad i, j \in \mathbf{Z}$$

sind die (*einstufigen*) *Übergangswahrscheinlichkeiten* der Markovschen Kette. Eine Markovsche Kette heißt *homogen*, wenn ihre Übergangswahrscheinlichkeiten nicht vom Zeitpunkt n abhängen:

$$p_{ij}(n) = p_{ij} \quad \text{für alle } n = 0, 1, ...$$

In diesem Kapitel werden ausschließlich homogene Markovsche Ketten mit diskreter Zeit betrachtet. Der Kürze halber wird aber nur von *Markovschen Ketten* die Rede sein.

Die Übergangswahrscheinlichkeiten werden zweckmäßigerweise in der *Matrix der* (*einstufigen*) *Übergangswahrscheinlichkeiten* bzw. der (*einstufigen*) *Übergangsmatrix* $\mathbf{P}$ zusammengefasst:

$$\mathbf{P} = ((p_{ij})), \quad i, j \in \mathbf{Z}.$$

p_{ij} ist die Wahrscheinlichkeit dafür, dass die Markovsche Kette in einer Zeiteinheit, (in einem Schritt, bei einem Sprung), vom Zustand i in den Zustand j übergeht. Jedoch besteht mit Wahrscheinlichkeit p_{ii} die Möglichkeit, dass die Markovsche Kette eine weitere Zeiteinheit im Zustand i verweilt. Es gilt stets

$$p_{ij} \geq 0; \quad i,j = 0,1,...; \quad \sum_{j \in \mathbf{Z}} p_{ij} = 1; \quad i \in \mathbf{Z}.$$

Von Bedeutung sind aber auch die *mehrstufigen Übergangswahrscheinlichkeiten*:

$$p_{ij}^{(m)} = P(X_{n+m} = j | X_n = i); \quad m = 1,2,...$$

$p_{ij}^{(m)}$ ist die (bedingte) Wahrscheinlichkeit dafür, dass sich die Markovsche Kette, ausgehend vom Zustand i in einem beliebigen Zeitpunkt $t = n$, nach m Zeiteinheiten im Zustand j befindet. Man nennt die $p_{ij}^{(m)}$ genauer *m-stufige Übergangswahrscheinlichkeiten*. Sie werden in der *Matrix der m-stufigen Übergangswahrscheinlichkeiten* bzw., kürzer, in der *m-stufigen Übergangsmatrix* $\mathbf{P}^{(m)}$ zusammengefasst:

$$\mathbf{P}^{(m)} = \left(\left(p_{ij}^{(m)} \right) \right); \quad m = 1,2,...; \quad i,j \in \mathbf{Z}.$$

Formel von Chapman-Kolmogorov Zwischen den mehrstufigen Übergangswahrscheinlichkeiten besteht der Zusammenhang

$$p_{ij}^{(m)} = \sum_{k \in \mathbf{Z}} p_{ik}^{(r)} p_{kj}^{(m-r)} \quad \text{mit } p_{ij} = p_{ij}^{(1)}; \quad r = 1,2,...,m-1. \tag{2.54}$$

Diese Beziehung heißt *Formel von Chapman-Kolmogorov*. Ihr Beweis ist vermittels Formel der totalen Wahrscheinlichkeit (1.9) unter Ausnutzung der Markov-Eigenschaft leicht erbracht. Aus (2.54) folgt induktiv

$$\mathbf{P}^{(m)} = \mathbf{P}^m \quad \text{mit } \mathbf{P}^{(1)} = \mathbf{P} \text{ und } m = 1,2,...$$

Die Matrix der m-stufigen Übergangswahrscheinlichkeiten ergibt sich also durch m-malige Multiplikation der Matrix der einstufigen Übergangswahrscheinlichkeiten $\mathbf{P}$ mit sich selbst. Also lautet die Formel von Chapman-Kolmogorov in Matrizenschreibweise

$$\mathbf{P}^{(m)} = \mathbf{P}^{(r)} \mathbf{P}^{(m-r)},$$

wobei das Produkt im Sinne der Matrizenmultiplikation zu verstehen ist.

Absolute und stationäre Verteilung Unter einer *Anfangsverteilung* $\mathbf{p}^{(0)}$ einer Markovschen Kette versteht man eine Wahrscheinlichkeitsverteilung von X_0:

$$\mathbf{p}^{(0)} = \left\{ p_i^{(0)} = P(X_0 = i), \; i \in \mathbf{Z}; \; \textstyle\sum_{i \in \mathbf{Z}} p_i^{(0)} = 1 \right\}.$$

Bei gegebener Anfangsverteilung $\mathbf{p}^{(0)}$ und bekannter Matrix der Übergangswahrscheinlichkeiten $\mathbf{P}$ ist die Markovsche Kette vollständig bestimmt. Es lassen sich nämlich alle n-dimensionalen Verteilungen der Markovschen Kette vermittels $\mathbf{p}^{(0)}$ und $\mathbf{P}$ berechnen:

$$P(X_0 = i_0, X_1 = i_1, ..., X_n = i_n) = p_{i_0}^{(0)} \cdot p_{i_0 i_1} \cdot p_{i_1 i_2} \cdots p_{i_{n-1} i_n}. \tag{2.55}$$

Ist $\mathbf{p}^{(0)} = \left\{ p_i^{(0)}, i \in \mathbf{Z} \right\}$ eine Anfangsverteilung der Markovschen Kette, erhält man deren *absolute (eindimensionale) Verteilung nach m Schritten* $\left\{ p_j^{(m)} = P(X_m = j), j \in \mathbf{Z} \right\}$ vermittels der Formel der totalen Wahrscheinlichkeit zu

$$p_j^{(m)} = \sum_{i \in \mathbf{Z}} p_i^{(0)} p_{ij}^{(m)}, \quad j \in \mathbf{Z}, \ m = 1, 2, \ldots \tag{2.56}$$

Definition 2.16 (*Stationäre Anfangsverteilung*) $\pi^{(0)} = \{ \pi_i = P(X_0 = i); \ i \in \mathbf{Z} \}$ ist eine *stationäre Anfangsverteilung*, wenn sie dem linearen Gleichungssystem

$$\pi_j = \sum_{i \in \mathbf{Z}} \pi_i p_{ij}; \quad j \in \mathbf{Z} \tag{2.57}$$

genügt. ●

Beim Vergleich von (2.56) und (2.57) wird die inhaltliche Bedeutung dieser Definition deutlich: Die absoluten Zustandswahrscheinlichkeiten nach einer Zeiteinheit sind die gleichen wie die durch die Anfangsverteilung vorgegebenen Zustandswahrscheinlichkeiten bei $t = 0$. Induktiv zeigt man, dass in diesem Fall auch die (absoluten) Zustandswahrscheinlichkeiten nach m Zeiteinheiten $p_j^{(m)}$ die gleichen sind wie zu Beginn:

$$p_j^{(m)} = \sum_{i \in \mathbf{Z}} \pi_i p_{ij}^{(m)} = \pi_j, \quad m = 1, 2, \ldots$$

Die π_i sind also die *stationären Zustandswahrscheinlichkeiten* der Markovschen Kette schlechthin. Aus (2.57) folgt im Spezialfall die Behauptung des Satzes 2.1 (Abschn. 2.3):

Hängen die absoluten Zustandswahrscheinlichkeiten einer Markovschen Kette nicht von der Zeit ab, so ist die Markovsche Kette im engeren Sinn stationär.

Beispiel 2.13 (*zufällige Irrfahrt mit spiegelnden Wänden*) Ein physikalisches Teilchen bewegt sich je Zeiteinheit längs einer Geraden zu jeweils benachbarten Punkten aus der Menge $\mathbf{Z} = \{ 0, 1, \ldots, 2s \}$ mit den Übergangswahrscheinlichkeiten

$$p_{ij} = \begin{cases} \dfrac{2s-i}{2s} & \text{für } j = i+1 \\[2mm] \dfrac{i}{2s} & \text{für } j = i-1 \\[2mm] 0 & \text{sonst} \end{cases} \tag{2.58}$$

Man erkennt: je größer die absolute Entfernung des Teilchens vom Mittelpunkt $x = s$ des Intervalls ist, desto größer ist die Wahrscheinlichkeit, dass es sich beim nächsten Sprung in Richtung des Nullpunkts bewegt. Befindet sich das Teilchen insbesondere an den Randpunkten $x = 0$ bzw. $x = 2s$, wird es mit Wahrscheinlichkeit 1 zu den Stellen $x = 1$ bzw. $x = 2s - 1$ zurückgeschickt. Befindet sich das Teilchen bei $x = s$, dann sind die Wahrscheinlichkeiten dafür, beim nächsten Schritt nach rechts bzw. links zu springen, gleich groß, nämlich gleich 1/2. In diesem Sinne befindet sich das Teilchen bei $x = s$ im Gleichgewichtszustand. Man interpretiert diese Situation so, dass sich im Mittelpunkt des Intervalls eine 'Zentralkraft' befindet, deren anziehende Wirkung auf das Teilchen umso stärker wird, je weiter es sich vom Mittelpunkt entfernt. Wegen dieser physikalischen Deutung überrascht nicht, dass *P.* und *T. Ehrenfest* bereits 1907 auf diese zufällige Irrfahrt stießen, als sie folgendes Diffusionsmodell untersuchten: Ein geschlossener Behälter, in dem sich insgesamt $2s$ Moleküle eines Typs befinden, wird vermittels einer Membran, die für diese Moleküle durchlässig ist, in zwei identische Teile getrennt. Bezeichnet X_n die Anzahl der Moleküle in einem spezifizierten Teilbereich nach insgesamt n Übergängen (irgend-) eines Moleküls von einem Teilbereich in den anderen, dann beschreiben die Übergangswahrscheinlichkeiten (2.58) in guter Näherung die stochastische Entwicklung der Anzahl der Moleküle in dem ausgewählten Teibereich (und damit, wegen der konstanten Gesamtanzahl von $2s$ Molekülen in dem Behälter, auch in dem anderen). Je mehr Moleküle sich in einem Teilbereich befinden, desto stärker 'drängen' sie in den anderen. Das zugehörige Gleichungssystem (2.57) für die stationären Zustandswahrscheinlichkeiten lautet

$$\pi_0 = \pi_1 p_{10},$$
$$\pi_j = \pi_{j-1} p_{j-1\,j} + \pi_{j+1} p_{j+1\,j}; \quad j = 1, 2, ..., 2s-1,$$
$$\pi_{2s} = \pi_{2s-1} p_{2s-1\,2s}.$$

Die Lösung ist

$$\pi_j = \binom{2s}{j} 2^{-2s}; \quad j = 0, 1, ..., 2s.$$

Erwartungsgemäß hat der Zustand s die größte stationäre Wahrscheinlichkeit. □

2.7.2 Klassifikation der Zustände

2.7.2.1 Abgeschlossene Zustandsmengen

Eine Teilmenge $C \subseteq \mathbf{Z}$ des Zustandsraums $\mathbf{Z}$ einer Markovschen Kette heißt *abgeschlossen*, wenn gilt

$$\sum_{j \in \mathbf{C}} p_{ij} = 1 \quad \text{für alle } i \in \mathbf{C}. \tag{2.59}$$

Befindet sich die Markovsche Kette in einer abgeschlossenen Zustandsmenge, so kann sie diese nicht verlassen. Die Bedingung (2.59) ist äquivalent zu

$$p_{ij} = 0 \quad \text{für alle } i \in \mathbf{C}, j \notin \mathbf{C}.$$

Induktiv zeigt man vermittels der Formel von Chapman-Kolmogorov, dass sogar gilt

$$p_{ij}^{(m)} = 0 \text{ für alle } i \in \mathbf{C}, j \notin \mathbf{C} \text{ und } m \geq 1.$$

Eine abgeschlossene Zustandsmenge heißt *minimal*, wenn sie keine abgeschlossene echte Teilmenge enthält. Insbesondere ist eine Markovsche Kette *irreduzibel*, wenn ihr Zustandsraum $\mathbf{Z}$ minimal ist. Anderenfalls ist sie *reduzibel*.

Ein Zustand i ist *absorbierend*, wenn $p_{ii} = 1$ ist. Wenn eine Markovsche Kette einen absorbierenden Zustand angenommen hat, bleibt sie in diesem Zustand. Ein absorbierender Zustand bildet also eine minimale abgeschlossene Zustandsmenge.

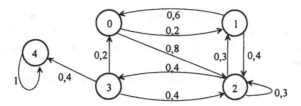

Bild 2.13 Übergangsgraph der Markovschen Kette von Beispiel 2.14

Beispiel 2.14 Es seien $\mathbf{Z} = \{0, 1, 2, 3, 4\}$ und

$$\mathbf{P} = \begin{pmatrix} 0 & 0,2 & 0,8 & 0 & 0 \\ 0,6 & 0 & 0,4 & 0 & 0 \\ 0 & 0,3 & 0,3 & 0,4 & 0 \\ 0,2 & 0 & 0,4 & 0 & 0,4 \\ 0 & 0 & 0 & 0 & 1 \end{pmatrix}.$$

Zur Veranschaulichung der Übergänge zwischen den Zuständen in einer Markovschen Kette dienen *Übergangsgraphen*. Deren Knoten stellen die Zustände der Markovschen Kette dar. Es wird genau dann eine gerichtete Kante vom Knoten i zum Knoten j gezeichnet, wenn $p_{ij} > 0$ ist, also der direkte Übergang vom Zustand i zum Zustand j möglich ist. Die Kanten werden mit den zugehörigen Übergangswahrscheinlichkeiten bewertet. Bild 2.13 zeigt, dass $\{0, 1, 2, 3\}$ keine abgeschlossene Zustandsmenge ist, da die Bedingung (2.59) zwar für $i = 0, 1, 2$ erfüllt ist, aber nicht für $i = 3$. Der Zustand 4 ist absorbierend und bildet infolgedessen eine minimale abgeschlossene Teilmenge. Daher ist diese Markovsche Kette reduzibel. □

2.7.2.2 Äquivalenzklassen

Der Zustand j ist aus dem Zustand i *erreichbar*, wenn ein $m \geq 1$ mit der Eigenschaft $p_{ij}^{(m)} > 0$ existiert. Ist j aus i erreichbar, schreibt man $i \Rightarrow j$. Die Relation " $\Rightarrow$ " ist transitiv; denn gelten $i \Rightarrow k$ und $k \Rightarrow j$, so existieren $m > 0$ und $n > 0$ mit $p_{ik}^{(m)} > 0$ und $p_{kj}^{(n)} > 0$. Daher ist

$$p_{ij}^{(m+n)} = \sum_{r \in \mathbf{Z}} p_{ir}^{(m)} p_{rj}^{(n)} \geq p_{ik}^{(m)} p_{kj}^{(n)} > 0.$$

Infolgedessen folgt aus $i \Rightarrow k$ und $k \Rightarrow j$ die Gültigkeit von $i \Rightarrow j$, also die *Transitivität*. Die Menge $\mathbf{M}(i) = \{k, \ i \Rightarrow k\}$ aller aus i erreichbaren Zustände ist abgeschlossen. Zum Nachweis dieser Behauptung ist zu zeigen: $k \in \mathbf{M}(i)$ und $j \notin \mathbf{M}(i)$ impliziert, dass $k \Rightarrow j$ nicht gelten kann. Der Nachweis wird indirekt geführt: Gilt unter den gemachten Voraussetzungen $k \Rightarrow j$, dann müsste wegen $i \Rightarrow k$ und der Transitivität auch $i \Rightarrow j$ gelten. Das ist aber ein Widerspruch zur Definition von $\mathbf{M}(i)$.

Zwei Zustände i und j sind (*echt*) *verbunden* bzw. *wechselseitig erreichbar*, wenn sowohl i aus j als auch j aus i erreichbar sind, also sowohl $i \Rightarrow j$ als auch $j \Rightarrow i$ gelten. Sind i und j verbunden, dann wird dieser Sachverhalt im Folgenden kürzer in der Form $i \Leftrightarrow j$ geschrieben.

Die Relation " $\Leftrightarrow$ " erfüllt die drei charakteristischen Eigenschaften einer *Äquivalenzrelation*:

(1) $i \Leftrightarrow i$ *Reflexivität*

(2) Gilt $i \Leftrightarrow j$, dann auch $j \Leftrightarrow i$ *Kommutativität*

(3) Gelten $i \Leftrightarrow j$ und $j \Leftrightarrow k$, dann gilt auch $i \Leftrightarrow k$.   *Assoziativität*

Durch die Äquivalenzrelation " $\Leftrightarrow$ " wird die Menge der Zustände **Z** einer Markovschen Kette auf folgende Weise in Klassen eingeteilt: *Zwei Zustände i und j gehören genau dann zu einer Klasse, wenn sie verbunden sind.* Die so definierten Klassen müssen nicht abgeschlossen sein.

Diejenige Klasse, die den Zustand i enthält, wird im Folgenden mit $C(i)$ bezeichnet. Offenbar ist es gleichgültig, welcher Zustand aus einer Klasse zu ihrer Charakterisierung herangezogen wird. Die weiteren noch einzuführenden Eigenschaften von Zuständen werden alle *Klasseneigenschaften* sein; das heisst, hat ein Mitglied der Klasse die betreffende Eigenschaft, dann haben alle anderen Mitglieder ebenfalls diese Eigenschaft.

2.7.2.3 Periodizität

Der größte gemeinsame Teiler d_i derjenigen m, die $p_{ii}^{(m)} > 0$ erfüllen, heißt *Periode* von i. Die Periode ist offenbar nur für solche i definiert, die $i \Rightarrow i$ erfüllen. Ein Zustand heißt *aperiodisch*, wenn er die Periode 1 hat.

Hat ein Zustand i die Periode d_i, so gilt genau dann $p_{ii}^{(m)} > 0$, wenn m die Struktur $m = n d_i$; $n = 1, 2, ...$; hat. Ausgehend vom Zustand i ist also eine Rückkehr nach i nur in einer solchen Anzahl von Schritten möglich, die Vielfaches von d_i ist.

Die Periodizität ist eine Klasseneigenschaft; denn es lässt sich zeigen, dass innerhalb einer Klasse alle Zustände die gleiche Periode haben.

Beispiel 2.15 Gegeben sei eine Markovsche Kette mit **Z** = $\{0, 1, ..., 6\}$ und der Übergangsmatrix

$$\mathbf{P} = \begin{pmatrix} 1/3 & 2/3 & 0 & 0 & 0 & 0 & 0 \\ 1/3 & 1/3 & 1/3 & 0 & 0 & 0 & 0 \\ 1 & 0 & 0 & 0 & 0 & 0 & 0 \\ 0 & 1/3 & 0 & 1/3 & 1/3 & 0 & 0 \\ 0 & 0 & 0 & 0 & 1 & 0 & 0 \\ 0 & 0 & 0 & 0 & 0 & 1/2 & 1/2 \\ 0 & 0 & 0 & 0 & 1/2 & 0 & 1/2 \end{pmatrix}.$$

Die Zustände 0, 1 und 2 bilden eine abgeschlossene Klasse. Hat die Markovsche Kette erst einmal einen Zustand aus dieser Klasse angenommen, kann sie diese nicht mehr verlassen. Der Zustand 4 ist absorbierend und bildet daher eine einelementige abgeschlossene Zustandsmenge. Alle Zustände haben die Periode 1. Lediglich beim Zustand 2 entsteht zunächst der Verdacht, dass er die Periode 2 hat, weil $p_{22}^{(1)} = p_{22}^{(2)} = 0$ ist. Jedoch gilt schon $p_{22}^{(m)} > 0$ für alle $m > 2$. Aber auch diese Überlegungen waren überflüssig, da ja die Aperiodizität eine Klasseneigenschaft ist und die Zustände 0 und 1 offensichtlich aperiodisch sind. $\square$

Satz 2.18 (*Chung*) Der Zustandsraum Z einer irreduziblen Markovschen Kette mit der Periode $d > 1$ kann so in disjunkte Mengen $Z_1, Z_1, ..., Z_d$ aufgeteilt werden, dass gilt

$$Z = \bigcup_{k=1}^{d} Z_k.$$

Bei einem Übergang in einem Schritt, ausgehend von einem $i \in Z_k$, kann nur ein Zustand aus Z_{k+1} (bzw. aus Z_1, wenn $i \in Z_d$) erreicht werden. $\blacksquare$

Dieser Satz impliziert eine charakteristische Struktur der einstufigen und d-stufigen Übergangsmatrizen periodischer Markovscher Ketten. Zum Beispiel haben im Fall $d = 3$ die einstufige Übergangsmatrix P und die d-stufige Übergangsmatrix $P^{(d)}$ folgendes prinzipielle Aussehen:

$$P = \begin{array}{c} \\ Z_1 \\ Z_2 \\ Z_3 \end{array} \begin{array}{ccc} Z_1 & Z_2 & Z_3 \\ \left(\begin{array}{ccc} 0 & Q_1 & 0 \\ 0 & 0 & Q_2 \\ Q_3 & 0 & 0 \end{array} \right) \end{array}, \quad P^{(d)} = \begin{array}{c} \\ Z_1 \\ Z_2 \\ Z_3 \end{array} \begin{array}{ccc} Z_1 & Z_2 & Z_3 \\ \left(\begin{array}{ccc} R_1 & 0 & 0 \\ 0 & R_2 & 0 \\ 0 & 0 & R_3 \end{array} \right) \end{array}.$$

In diesen Darstellungen symbolisieren die Q_i, die R_i und die Nullen quadratische Teilmatrizen. Die Diagonalstruktur von $P^{(d)}$ ist darauf zurückzuführen, dass man, ausgehend von einem Zustand in Z_i, nach d Schritten wiederum in Z_i ist. Dieser Sachverhalt erlaubt folgende Interpretation: Wird in einer Markovschen Kette mit der Periode d zur Zeiteinheit (bzw. Schrittlänge oder Sprunggröße) d übergegangen, so entsteht eine Markovsche Kette mit den abgeschlossenen Äquivalenzklassen $Z_1, Z_1, ..., Z_d$.

2.7.2.4 Rekurrenz und Transienz

Die folgenden Ausführungen beziehen sich auf die Rückkehr der Markovschen Kette zu einem Ausgangszustand. Dazu werden die *Ersterreichungswahrscheinlichkeiten*

$$f_{ij}^{(n)} = P(X_n = j; X_k \neq j; k = 1, 2, ..., n - 1 | X_0 = i)$$

eingeführt. $f_{ij}^{(n)}$ ist die Wahrscheinlichkeit dafür, dass die Markovsche Kette, ausgehend vom Zustand i zum Zeitpunkt $t = 0$, den Zustand j _erstmals_ nach n Schritten erreicht.

Infolgedessen gilt

$$f_{ij}^{(1)} = p_{ij}^{(1)} = p_{ij}.$$

Allgemein liefert die Formel der totalen Wahrscheinlichkeit unter Ausnutzung der Markov-Eigenschaft sofort einen Zusammenhang zwischen den mehrstufigen Übergangswahrscheinlichkeiten und den Ersterreichungswahrscheinlichkeiten:

$$p_{ij}^{(n)} = \sum_{k=1}^{n} f_{ij}^{(k)} p_{jj}^{(n-k)},$$

wobei $p_{jj}^{(0)} = 1$ für alle $j \in Z$ gesetzt wird. Aus dieser Beziehung ergibt sich eine rekursive Vorschrift zur Bestimmung der $f_{ij}^{(n)}$:

$$f_{ij}^{(n)} = p_{ij}^{(n)} - \sum_{k=1}^{n-1} f_{ij}^{(k)} p_{jj}^{(n-k)}; \quad n = 2, 3, \ldots$$

$\left\{ f_{ij}^{(n)}; n = 1, 2, \ldots \right\}$ ist die Wahrscheinlichkeitsverteilung der zufälligen Zeit Y_{ij}, vom Ausgangszustand i erstmals den Zustand j zu erreichen. Infolgedessen ist der Erwartungswert $\mu_{ij} = E(Y_{ij})$ gegeben durch

$$\mu_{ij} = \sum_{n=1}^{\infty} n f_{ij}^{(n)}.$$

Die Wahrscheinlichkeit dafür, ausgehend vom Zustand i überhaupt einmal den Zustand j zu erreichen, beträgt

$$f_{ij}^{*} = \sum_{n=1}^{\infty} f_{ij}^{(n)}.$$

f_{ii}^{*} ist die *Rückkehrwahrscheinlichkeit* der Markovschen Kette in den Zustand i.

Der Zustand i ist *rekurrent*, wenn $f_{ii}^{*} = 1$ ist und *transient*, falls $f_{ii}^{*} < 1$ ausfällt. Offenbar gilt, wenn i ein transienter Zustand ist, $\mu_{ii} = \infty$. Aber auch für rekurrente i kann $\mu_{ii} = \infty$ sein. Man unterscheidet daher bei rekurrenten Zuständen genauer zwischen Nullrekurrenz und positiver Rekurrenz:

Ein rekurrenter Zustand i heißt *positiv rekurrent*, wenn $\mu_{ii} < \infty$ ist; er heißt *nullrekurrent*, wenn $\mu_{ii} = \infty$ ist. Ein positiv rekurrenter, aperiodischer Zustand heißt *ergodisch*.

Die zufälligen Zeitpunkte $T_{i,n}$; $n = 1, 2, \ldots$; an denen die n-te Rückkehr in den Ausgangszustand i erfolgt, sind *Regenerationspunkte* der Markovschen Kette im Sinne von Abschn. 2.6.8. Die zugehörigen Pausenzeiten $T_{i,n} - T_{i,n-1}$; $n = 1, 2, \ldots$; mit $T_{i,0} = 0$ heißen *Rekurrenzzeiten*. Sie sind voneinander unabhängig und identisch wie Y_{ii} verteilt. Daher bilden sie einen gewöhnlichen Erneuerungsprozess.

Rekurrenz und Transienz sind Klasseneigenschaften. Man spricht daher man im Fall irreduzibler Markovscher Ketten schlechthin von *rekurrenten* bzw. *transienten Markovschen Ketten*.

Elementar, aber wichtig ist der folgende Sachverhalt:

| *Eine irreduzible Markovsche Kette mit endlichem Zustandsraum ist stets rekurrent.*

Zur Formulierung von Satz 2.19 werden folgende Bezeichnungen benötigt:

$$N_i(t) = \max\left(n; T_{i,n} \le t\right), \quad H_i(t) = E(N_i(t)), \quad N_i(\infty) = \lim_{t \to \infty} N_i(t), \quad H_i(\infty) = \lim_{t \to \infty} H_i(t).$$

Satz 2.19 Der Zustand i ist genau dann rekurrent, wenn eine der beiden folgenden Bedingungen erfüllt ist:

1) $H_i(\infty) = \infty$, 2) $\sum_{m=1}^{\infty} p_{ii}^{(m)} = \infty$ ■

Folgerung *Ist der Zustand j transient, dann gilt für beliebige $i \in \mathbf{Z}$*

$$\sum_{m=1}^{\infty} p_{ij}^{(m)} < \infty \quad \text{und somit} \quad \lim_{m \to \infty} p_{ij}^{(m)} = 0.$$

Beispiel 2.16 (*unbeschränkte zufällige Irrfahrt*) Ausgehend vom Nullpunkt springe ein Teilchen auf der x-Achse je Zeiteinheit mit Wahrscheinlichkeit p um eine Einheit nach rechts und mit Wahrscheinlichkeit $1 - p$ um eine Einheit nach links, wobei die Übergänge unabhängig voneinander erfolgen. X_n bezeichne den Ort des Teilchens nach dem n-ten Sprung. Die Markovsche Kette $\{X_0, X_1, X_2, \ldots\}$ mit $X_0 = 0$ hat, wie unmittelbar aus den Bewegungsfreiheiten des Teilchens resultiert, die Periode $d = 2$. Daher gilt

$$p_{00}^{(2m+1)} = 0; \quad m = 0, 1, \ldots$$

Um nach $2m$ Schritten wieder im Punkt $x = 0$ zu sein, muss das Teilchen m Sprünge nach links und m nach rechts machen. Bezüglich der Reihenfolge dieser Schritte gibt es $\binom{2m}{m}$ Möglichkeiten. Daher ist

$$p_{00}^{(2m)} = \binom{2m}{m} p^m (1-p)^m; \quad m = 1, 2, \ldots$$

und somit

$$\sum_{m=1}^{\infty} p_{00}^{(m)} = \sum_{m=1}^{\infty} \binom{2m}{m} [p(1-p)]^m = \frac{1}{|1 - 2p|} - 1, \quad p \ne 1/2.$$

Diese Reihensumme ist für $p \ne 1/2$ stets beschränkt. Daher ist in diesem Fall der Zustand 0 transient. Weil eine irreduzible Markovsche Kette vorliegt, ist die Markovsche Kette transient. Für $p = 1/2$ ist

$$\sum_{m=1}^{\infty} p_{00}^{(m)} = \lim_{p \to 1/2} \frac{1}{|1 - 2p|} - 1 = \infty,$$

so dass in diesem Fall der *symmetrischen Irrfahrt* alle Zustände rekurrent sind. □

Die unabhängige, symmetrische zufällige Irrfahrt auf der Geraden lässt sich leicht auch auf höherdimensionale Räume verallgemeinern. In der Ebene bedeutet dies, dass sich ein Teilchens jeweils mit Wahrscheinlichkeit 1/4 nach Westen, Süden, Osten oder Norden bewegt. Im dreidimensionalen Raum beinhaltet die symmetrische Irrfahrt, dass sich ein Teilchen jeweils mit Wahrscheinlichkeit 1/6 nach Westen, Süden, Osten oder Norden sowie nach unten oder oben bewegt. Analysiert man diese Irrfahrten analog zum eindimensionalen Fall, so stößt man auf eine interessante Erscheinung: die zweidimensionale symmetrische Irrfahrt ist, ebenso wie die eindimensionale, noch rekurrent, aber alle höherdimensionalen symmetrischen Irrfahrten sind transient. Wer also in einem dreidimensionalen Labyrinth bei jedem Schritt jeweils eine der 6 Optionen auf gut Glück wählt, der kehrt mit positiver Wahrscheinlichkeit nie zum Ausgangspunkt zurück.

Beispiel 2.17 Unabhängig von den vorangegangenen Bewegungen springe ein Teilchen je Zeiteinheit von $x = i$, $i = 0, 1, 2, \ldots$; mit Wahrscheinlichkeit p_i zu $x = 0$ oder mit Wahrscheinlichkeit $1 - p_i$ zu $i + 1$, $0 < p_i < 1$. Ist X_n der Ort des Teilchens nach dem n-ten Sprung, dann hat die Markovsche Kette $\{X_0, X_1, \ldots\}$ die Übergangsmatrix

$$\mathbf{P} = \begin{pmatrix} p_0 & 1-p_0 & 0 & 0 & 0 & \cdots & 0 & 0 & \cdots \\ p_1 & 0 & 1-p_1 & 0 & 0 & \cdots & 0 & 0 & \cdots \\ p_2 & 0 & 0 & 1-p_2 & 0 & \cdots & 0 & 0 & \cdots \\ \cdot & \cdot & & \cdot & \cdot & \cdot & 0 & 0 & \cdots \\ p_i & 0 & \cdot & \cdot & 0 & & 1-p_i & 0 & \cdots \\ & \cdot & & & \cdot & & \cdot & & \cdot \end{pmatrix}.$$

Somit liegt eine irreduzible, aperiodische Markovsche Kette vor. Die Rekurrenz bzw. Transienz dieser Kette wird anhand des Zustands 0 untersucht.

$$f_{00}^{(1)} = p_0$$

$$f_{00}^{(n)} = \left(\prod_{i=0}^{n-2} (1 - p_i) \right) p_{n-1}, \quad n = 2, 3, \ldots$$

Wird der Faktor p_{n-1} durch $(1 - (1 - p_{n-1}))$ ersetzt, erhält man

$$f_{00}^{(n)} = \left(\prod_{i=0}^{n-2} (1 - p_i) \right) - \left(\prod_{i=0}^{n-1} (1 - p_i) \right) \quad n = 2, 3, \ldots$$

Daher ist

$$\sum_{n=1}^{m+1} f_{00}^{(n)} = 1 - \left(\prod_{i=0}^{m} (1 - p_i) \right), \quad m = 1, 2, \ldots$$

Infolgedessen ist der Zustand 0 genau dann rekurrent, wenn gilt

$$\lim_{m \to \infty} \prod_{i=0}^{m} (1 - p_i) = 0.$$

Diese Bedingung ist genau dann erfüllt, wenn gilt

$$\sum_{i=0}^{\infty} p_i = \infty. \tag{2.60}$$

Die eine Richtung dieses Sachverhalts folgt aus den Abschätzungen $1 - p_i \le e^{-p_i}$; $i \ge 0$, die andere beweist man leicht indirekt. Somit ist der Zustand 0 und damit die Markovsche Kette genau dann rekurrent, wenn (2.60) erfüllt ist. Das ist etwa für $p_i = p > 0$; $i = 0, 1, \ldots$; der Fall. $\qquad \square$

2.7.3 Grenzwertsätze und stationäre Verteilung

Dieser Abschnitt bringt wichtige Aussagen über das Grenzverhalten der m-stufigen Übergangswahrscheinlichkeiten und Zusammenhänge zur stationären Verteilung.

Satz 2.20 Es sei $i \Leftrightarrow j$. Dann gilt

$$\lim_{n \to \infty} \frac{1}{n} \sum_{m=1}^{n} p_{ij}^{(m)} = \frac{1}{\mu_{jj}} . \qquad \blacksquare$$

Die Behauptung dieses Satzes ist anschaulich, da $\sum_{m=1}^{n} p_{ij}^{(m)}$ die mittlere Anzahl derjenigen Zeitpunkte in $(0, n]$ ist, an denen die Markovsche Kette den Zustand j annimmt.

Satz 2.21 Für eine irreduzible, aperiodische Markovsche Kette gilt für alle $i, j \in \mathbf{Z}$

$$\lim_{m \to \infty} p_{ij}^{(m)} = \frac{1}{\mu_{jj}} .$$

Ist eine irreduzible, aperiodische Markovsche Kette transient oder nullrekurrent, dann gilt für alle $i, j \in \mathbf{Z}$

$$\lim_{m \to \infty} p_{ij}^{(m)} = 0 . \qquad \blacksquare$$

Betrachtet man die Zustandsänderungen einer irreduziblen Markovschen Kette mit der Periode d nach jeweils d Zeiteinheiten, so gelangt man gemäß Satz 2.18 zu d abgeschlossenen, aperiodischen Äquivalenzklassen. Daher resultiert aus Satz 2.21: Für irreduzible Markovsche Ketten mit der Periode d gilt

$$\lim_{m \to \infty} p_{ij}^{(md)} = \frac{d}{\mu_{jj}} .$$

Satz 2.22 Gegeben sei eine irreduzible, aperiodische Markovsche Kette. Dann gibt es zwei Möglichkeiten: (1) Die Markovsche Kette ist transient oder nullrekurrent. In beiden Fällen existiert keine stationäre Anfangsverteilung. (2) Die Markovsche Kette ist positiv rekurrent. In diesem Fall ist $\{\pi_j, j \in \mathbf{Z}\}$ mit

$$\pi_j = \lim_{m \to \infty} p_{ij}^{(m)} = 1/\mu_{jj}$$

die einzige stationäre Anfangsverteilung. $\qquad \blacksquare$

Beispiel 2.18 Ein Teilchen bewegt sich in Sprüngen der Länge 1 auf den ganzen Zahlen des Intervalls $[0, \infty)$. Ausgehend vom Ort $i = 1, 2, ...$ gelangt es mit Wahrscheinlichkeit p zum Ort $i + 1$ und mit Wahrscheinlichkeit $q = 1 - p$ zum Ort $i - 1$. Gelangt das Teilchen einmal nach 0, dann bleibt es beim nächsten Sprung dort mit Wahrscheinlichkeit q oder springt mit Wahrscheinlichkeit p zum Ort 1. X_n sei der Ort des Teilchens nach dem n-ten Sprung. Wegen $p_{00} = q$, $p_{i\,i+1} = p$ und $p_{i\,i-1} = q$; $i = 1, 2, ...$; $q = 1 - p$, lautet das lineare Gleichungssystem (2.57) für die stationären Zustandswahrscheinlichkeiten

$$\pi_0 = \pi_0 q + \pi_1 q; \quad \pi_i = \pi_{i-1} p + \pi_{i+1} q; \quad i = 1, 2, ...$$

Die rekursive Lösung liefert

$$\pi_i = (p/q)^i \pi_0; \quad i = 0, 1, ...$$

Um die Normierungsbedingung $\sum_{i=0}^{\infty} \pi_i = 1$ zu gewährleisten, ist $p < q$ bzw., damit gleichbedeutend, $p < 1/2$ vorauszusetzen. Es folgt

$$\pi_i = \frac{q-p}{q}\left(\frac{p}{q}\right)^i; \quad i = 0, 1, \ldots$$

Die Voraussetzung $p < 1/2$ für die Existenz einer stationären Verteilung ist einleuchtend; denn anderenfalls würde das Teilchen in der Tendenz nach ∞ driften. Ein zeitinvariantes Verhalten könnte sich dann nicht einstellen.   □

Satz 2.23 $\{X_0, X_1, \ldots\}$ sei eine irreduzible, rekurrente Markovsche Kette mit dem Zustandsraum **Z** und den stationären Zustandswahrscheinlichkeiten π_i, $i \in$ **Z**. Ferner sei $g(i)$ eine beschränkte Funktion auf **Z**. Dann gilt

$$\lim_{n \to \infty} \frac{1}{n} \sum_{k=0}^{n} g(X_k) = \sum_{i \in \mathbf{Z}} \pi_i \, g(i). \qquad \blacksquare$$

Beispiel 2.19 Ein System kann sich in drei Zuständen befinden: Im Zustand 1 erreicht es seine volle Leistung, im Zustand 2 ist die Produktivität geringer und 3 ist der Ausfallzustand. Zustandsänderungen können nach Ablauf von jeweils einer Zeiteinheit stattfinden. Der Übergang in den gleichen Zustand ist möglich. Bezeichnet $X(t)$ den Zustand des Systems zur Zeit t, so sei $\{X(t), t \geq 0\}$ eine Markovsche Kette mit der Übergangsmatrix

$$\mathbf{P} = \begin{pmatrix} 0,8 & 0,1 & 0,1 \\ 0 & 0,6 & 0,4 \\ 0,8 & 0 & 0,2 \end{pmatrix}.$$

Die stationären Zustandswahrscheinlichkeiten erfüllen das lineare Gleichungssystem

$$\begin{aligned} \pi_1 &= 0,8\,\pi_1 & + 0,8\,\pi_3 \\ \pi_2 &= 0,1\,\pi_1 + 0,6\,\pi_2 \\ 1 &= \pi_1 + \pi_2 + \pi_3 \end{aligned}$$

Die Lösung ist

$$\pi_1 = 4/6, \quad \pi_2 = \pi_3 = 1/6.$$

In den Zuständen 1 und 2 bringt das System je Zeiteinheit die Gewinne $g(1) = 1000$ bzw. $g(2) = 600\,Euro$, während im Zustand 3 je Zeiteinheit ein Verlust von $g(3) = -100$ $Euro$ entsteht (Instandsetzungskosten). Damit ergibt sich gemäß Satz 2.23 bei hinreichend langer Betriebszeit des Systems der mittlere Gewinn je Zeiteinheit zu

$$\sum_{i=1}^{3} \pi_i g(i) = 1000 \cdot \frac{4}{6} + 600 \cdot \frac{1}{6} - 100 \cdot \frac{1}{6} = 250.$$

Es sei nun Y die zufällige Zeit, in der sich das System in einem der 'gewinnbringenden Zustände' 1 oder 2 befindet, und Z sei die zufällige Zeit, in der sich das System im Ausfallzustand 3 befindet (jeweils beginnend mit dem Zeitpunkt, in dem es erstmals einen solchen Zustand erreicht und bis zu dem Zeitpunkt, in dem die Zustandsklassen $\{1, 2\}$ bzw. $\{3\}$ verlassen werden). Gesucht sind die Erwartungswerte $E(Y)$ und $E(Z)$. Wegen der vorausgesetzten unbeschränkten Betriebszeit des Systems bildet (Y, Z) den 'typischen Zyklus' eines alternierenden Erneuerungsprozesses. Somit ist gemäß Satz 2.14 der Quotient $E(Y)/[E(Y) + E(Z)]$ gleich dem mittleren Zeitanteil, in dem sich das System im Zustand 1 oder 2 befindet. Daher muss gelten

$$E(Y)/[E(Y) + E(Z)] = \pi_1 + \pi_2 .$$

Da durchschnittlich aller $E(Y) + E(Z)$ Zeiteinheiten ein Übergang in den Ausfallzustand 3 stattfindet, ist $1/[E(Y) + E(Z)]$ die Rate, mit der Ausfälle stattfinden. Andererseits ist diese Rate durch $\pi_1 p_{13} + \pi_2 p_{23}$ gegeben. Also gilt

$$1/[E(Y) + E(Z)] = \pi_1 p_{13} + \pi_2 p_{23} .$$

Es folgt

$$E(Y) = \frac{\pi_1 + \pi_2}{\pi_1 p_{13} + \pi_2 p_{23}}, \quad E(Z) = \frac{\pi_3}{\pi_1 p_{13} + \pi_2 p_{23}} .$$

Mit den berechneten Zahlenwerten der π_i erhält man $E(Y) = 6,25$ und $E(Z) = 1,25$. □

2.7.4 Geburts- und Todesprozesse

In den bislang betrachteten Beispielen für diskrete Markovsche Ketten waren häufig direkte Übergänge nur in 'benachbarte' Zustände möglich. Genauer, ausgehend vom Zustand i konnte je Zeiteinheit bzw. je Sprung nur der ·Zustand $i - 1$ bzw. $i + 1$ erreicht werden, oder es fand kein Zustandswechsel statt. In diesen Fällen haben die Übergangswahrscheinlichkeiten die prinzipielle Struktur

$$p_{i\,i+1} = p_i , \quad p_{i\,i-1} = q_i , \quad p_{ii} = r_i \quad \text{mit} \quad p_i + q_i + r_i = 1. \tag{2.61}$$

Diskrete Markovsche Ketten mit derartigen Übergangswahrscheinlichkeiten und dem Zustandsraum $Z = \{0, 1, ...\}$ heißen *Geburts- und Todesprozesse*. Dieser Zustandsraum impliziert $q_0 = 0$.

Beispiel 2.20 (*zufällige Irrfahrt mit absorbierenden Wänden*) Eine diskrete Markovsche Kette $\{X_0, X_1, ...\}$ mit dem Zustandsraum $Z = \{0, 1, ..., s\}$ ist eine *zufällige Irrfahrt mit den absorbierenden Wänden* 0 *und* s, wenn ihre Übergangswahrscheinlichkeiten zusätzlich zu (2.61) die Bedingungen

$$r_0 = r_s = 1 ; \quad p_i > 0 \ \text{und} \ q_i > 0 \ \text{für} \ i = 1, 2, ..., s - 1$$

erfüllen. Somit ist diese zufällige Irrfahrt ein spezieller Geburts- und Todesprozess mit den absorbierenden Zuständen 0 und s. Es sei $p(k)$ die Wahrscheinlichkeit dafür, dass die Markovsche Kette den Zustand 0 erreicht, wenn sie vom Zustand k aus startet, $k = 1$, 2, ..., s - 1. Da der Zustand s absorbierend ist, kann die Markovsche Kette, wenn sie den Zustand 0 erreicht, den Zustand s vorher nicht angenommen haben. Aufgrund der Formel der totalen Wahrscheinlichkeit (1.9) gilt

$$p(k) = p_k \, p(k + 1) + q_k \, p(k - 1) + r_k \, p(k)$$

bzw., wegen $r_k = 1 - p_k - q_k$ damit gleichbedeutend,

$$p(k) - p(k+1) = \frac{q_k}{p_k}[p(k-1) - p(k)]; \quad k = 1, 2, \ldots, s-1.$$

Unter Berücksichtigung von $p(0) = 1$ sowie $p(s) = 0$ liefert die wiederholte Anwendung dieser Differenzengleichung

$$p(j) - p(j+1) = Q_j[1 - p(1)]; \quad j = 0, 1, \ldots, s-1, \tag{2.62}$$

wobei Q_j gegeben ist durch

$$Q_j = \frac{q_j \, q_{j-1} \cdots q_1}{p_j \, p_{j-1} \cdots p_1}; \quad j = 1, 2, \ldots, s-1; \quad Q_0 = 1.$$

Durch Summation der Gleichungen (2.62) von $j = k$ bis $j = s-1$ ergibt sich

$$p(k) = \sum_{j=k}^{s-1}[p(j) - p(j+1)] = [1 - p(1)]\sum_{j=k}^{s-1} Q_j.$$

Insbesondere erhält man für $k = 0$

$$1 = [1 - p(1)]\sum_{j=0}^{s-1} Q_j.$$

Durch Kopplung der beiden letzten Gleichungen ergeben sich die gewünschten Absorptionswahrscheinlichkeiten im Zustand 0 zu

$$p(k) = \frac{\sum_{j=k}^{s-1} Q_j}{\sum_{j=0}^{s-1} Q_j}; \quad k = 0, 1, \ldots, s-1; \quad p(s) = 0.$$

Neben der Deutung des behandelten Geburts- und Todesprozesses als zufällige Irrfahrt ist auch die folgende interessant: Ein Spieler beginnt ein Glücksspiel mit einem Kapital von k *Euro* und sein Gegner mit dem Kapital $s - k$ *Euro*. Nach jedem Zug kann er mit den gegebenen Übergangswahrscheinlichkeiten einen *Euro* gewinnen oder verlieren oder sein Kapital bleibt erhalten. Das Spiel bricht ab, wenn der Spieler den Einsatz $s - k$ seines Gegners gewonnen hat oder alles verspielt hat. Die behandelte Problematik wird daher auch als *Ruinproblem* bezeichnet (*gambler's ruin*).   □

Um die Irreduzibilität eines Geburts- und Todesprozesses zu sichern, werden die Voraussetzungen (2.61) an die Übergangswahrscheinlichkeiten um die folgenden ergänzt:

$$p_i > 0 \text{ für } i = 0, 1, \ldots; \quad q_i > 0 \text{ für } i = 1, 2, \ldots \tag{2.63}$$

Satz 2.24 Unter den zusätzlichen Vorausetzungen (2.63) an die Übergangswahrscheinlichkeiten ist ein Geburts- und Todesprozess genau dann rekurrent, wenn gilt

$$\sum_{j=1}^{\infty} \frac{q_j \, q_{j-1} \cdots q_1}{p_j \, p_{j-1} \cdots p_1} = \infty. \quad ∎$$

Ihren Namen haben Geburts- und Todesprozesse wegen ihrer Anwendung bei der Modellierung von Populationsentwicklungen. In diesem Zusammenhang ist X_n die Anzahl der Individuen in einer Population nach n Zeiteinheiten, wenn vorausgesetzt wird, dass je Zeiteinheit maximal ein Individuum geboren werden bzw. sterben kann. Die p_i bzw. q_i heißen sinngemäß *Geburts-* bzw. *Sterbewahrscheinlichkeiten*. Eine größere praktische Bedeutung haben Geburts- und Todesprozesse bei stetiger Zeit (Abschn. 2.8.6).

2.8 Markovsche Ketten mit stetiger Zeit

In diesem Kapitel werden Markovsche Ketten mit dem Parameterbereich $T = [0, \infty)$ betrachtet. Der Zustandsraum Z ist stets $\{0, \pm1, \pm2, ...\}$ oder eine Teilmenge davon.

2.8.1 Grundlagen

Definition 2.17 Ein stochastischer Prozess $\{X(t), t \geq 0\}$ mit dem diskreten Zustandsraum Z und dem Parameterbereich T ist eine *Markovsche Kette mit stetiger Zeit* (auch: *stetige Markovsche Kette*), wenn für beliebige Folgen $\{t_0, t_1, ..., t_{n+1}\}$ mit $t_j \in T$, $n \geq 1$, und sowie Zustandsmengen $\{i_0, i_1, ..., i_{n+1}\}$ gilt

$$P(X(t_{n+1}) = i_{n+1} | X(t_n) = i_n, ..., X(t_1) = i_1, X(t_0) = i_0)$$
$$= P(X(t_{n+1}) = i_{n+1} | X(t_n) = i_n). \qquad \bullet$$

Entsprechend Definition 2.3 handelt es sich also bei einer Markovschen Kette mit stetiger Zeit um einen Markovschen Prozess mit stetiger Zeit und mit diskretem Zustandsraum. Die bedingten Wahrscheinlichkeiten

$$p_{ij}(s, t) = P(X(t) = j | X(s) = i); \quad s < t; \ i, j \in Z;$$

sind die *Übergangswahrscheinlichkeiten* der Markovschen Kette. Eine stetige Markovsche Kette ist *homogen*, wenn die $p_{ij}(s,t)$ für alle $s, t \in T$ von s und t nur über die Differenz $t - s$ abhängen:

$$p_{ij}(s, t) = p_{ij}(0, t - s)$$

In diesem Fall hängen die Übergangswahrscheinlichkeiten letztlich nur von einem Parameterwert ab. Man schreibt sie daher in der Form

$$p_{ij}(t) = p_{ij}(0, t).$$

In diesem Kapitel werden ausschließlich homogene Markovsche Ketten betrachtet. Es kann daher nicht zu Verwechslungen führen, wenn nur von *Markovschen Ketten* die Rede sein wird. Die Übergangswahrscheinlichkeiten werden in der *Matrix der Übergangswahrscheinlichkeiten* bzw. der *Übergangsmatrix* zusammengefasst:

$$\mathbf{P}(t) = ((p_{ij}(t))); \quad i, j \in Z.$$

Neben $p_{ij}(t) \geq 0$ wird von den Übergangswahrscheinlichkeiten im Allgemeinen gefordert, dass sie folgender Bedingung genügen:

$$\sum_{j \in Z} p_{ij}(t) = 1; \quad t \geq 0, \ i \in Z. \qquad (2.64)$$

Bemerkung Theoretisch kann auch die Gültigkeit der Ungleichungen

$$\sum_{j \in Z} p_{ij}(t) < 1; \quad t \geq 0, \ i \in Z$$

nicht ausgeschlossen werden. In diesem Fall finden in dem endlichen Intervall $[0, t)$ mit positiver Wahrscheinlichkeit $1 - \sum_{j \in Z} p_{ij}(t)$ unendlich viele Zustandsänderungen der Markovschen Kette statt. Diese Situation ist näherungsweise bei nuklearen Kettenreaktionen und bei der massenhaften Vermehrung von Insektenpopulationen gegeben.

In Zukunft wird die Gültigkeit von

$$\lim_{t \to +0} p_{ii}(t) = 1$$

vorausgesetzt. Gilt (2.64), ist diese Voraussetzung äquivalent zu

$$p_{ij}(0) = \lim_{t \to +0} p_{ij}(t) = \delta_{ij}; \quad i,j \in \mathbf{Z}; \tag{2.65}$$

wobei δ_{ij} das *Kronecker-Symbol* bezeichnet:

$$\delta_{ij} = \begin{cases} 1 & \text{für } i = j \\ 0 & \text{für } i \neq j \end{cases}. \tag{2.66}$$

Formel von Chapman-Kolmogorov Für $t \geq 0$ und $\tau > 0$ gilt

$$p_{ij}(t + \tau) = \sum_{k \in \mathbf{Z}} p_{ik}(t) p_{kj}(\tau). \tag{2.67}$$

Absolute und stationäre Verteilung Es sei $p_i(t) = P(X(t) = i)$ die Wahrscheinlichkeit dafür, dass sich die Markovsche Kette zum Zeitpunkt t im Zustand i befindet. Man nennt die $p_i(t)$ *absolute Zustandswahrscheinlichkeiten*. Demzufolge ist $\{p_i(t), i \in \mathbf{Z}\}$ die *eindimensionale* oder *absolute Verteilung* der Markovschen Kette zum Zeitpunkt t. Speziell ist $\{p_i(0); i \in \mathbf{Z}\}$ eine *Anfangsverteilung* der Markovschen Kette. Vermittels Anfangsverteilung und Übergangswahrscheinlichkeiten ist die absolute Verteilung zur Zeit t gegeben durch

$$p_j(t) = \sum_{i \in \mathbf{Z}} p_i(0) \, p_{ij}(t), \quad j \in \mathbf{Z}. \tag{2.68}$$

Will man die *n-dimensionalen Verteilungen* der Markovschen Kette für beliebige Folgen $t_0, t_1, \ldots, t_n$ mit $0 \leq t_0 < t_1 < \ldots < t_n < \infty$ berechnen, muss ihre absolute Verteilung zum Zeitpunkt t_0 bekannt sein. Denn es gilt, wie man durch wiederholte Anwendung der Formel der bedingten Wahrscheinlichkeit unter Ausnutzung der Homogenität nachweist,

$$P(X(t_0) = i_0, X(t_1) = i_1, \ldots, X(t_n) = i_n)$$
$$= p_{i_0}(t_0) p_{i_0 i_1}(t_1 - t_0) p_{i_1 i_2}(t_2 - t_1) \ldots p_{i_{n-1} i_n}(t_n - t_{n-1}). \tag{2.69}$$

Definition 2.18 Eine Anfangsverteilung $\{\pi_i = p_i(0), i \in \mathbf{Z}\}$ heißt *stationär*, wenn gilt

$$\pi_i = p_i(t) \quad \text{für alle } t \geq 0 \text{ und } i \in \mathbf{Z} \qquad \bullet$$

Wird also zum Zeitpunkt $t = 0$ der Anfangszustand entsprechend einer stationären Anfangsverteilung 'ausgewürfelt', so hängen die absoluten Zustandswahrscheinlichkeiten der Markovschen Kette und damit ihre eindimensionalen Verteilungen nicht von der Zeit ab. Daher sind im Fall der Existenz einer stationären Anfangsverteilung die Wahrscheinlichkeiten π_i die *stationären Zustandswahrscheinlichkeiten* der Markovschen Kette schlechthin. Aus (2.69) folgt darüberhinaus, dass ausgehend von einer stationären Anfangsverteilung alle *n*-dimensionalen Verteilungen des Prozesses

$$\{P(X(t_1 + h) = i_1, X(t_2 + h) = i_2, \ldots, X(t_n + h) = i_n)\}$$

unabhängig von h sind; das heißt, die Markovsche Kette ist im engeren Sinne stationär. Damit bestätigt sich im Spezialfall die allgemeinere Aussage des Satzes 2.1.

Homogener Poissonprozess Der homogene Poissonprozess $\{N(t),\ t \geq 0\}$ mit der Intensität λ ist eine (homogene stetige) Markovsche Kette mit dem Zustandsraum $Z = \{0, 1, \dots\}$. Seine Übergangswahrscheinlichkeiten sind

$$p_{ij}(t) = \frac{(\lambda t)^{j-i}}{(j-i)!} e^{-\lambda t}; \quad i \leq j.$$

Beispiel 2.21 Eine Population besteht aus Individuen mit unabhängigen, exponentiell mit dem Parameter λ verteilten Lebensdauern. Zur Zeit $t = 0$ leben n Individuen. Es sei $X(t)$ die Anzahl der zum Zeitpunkt t noch lebenden Individuen. (Geburten finden nicht statt oder werden nicht berücksichtigt.) Dann ist $\{X(t),\ t \geq 0\}$ eine Markovsche Kette mit dem Zustandsraum $Z = \{0, 1, \dots, n\}$, der Anfangsverteilung $P(X(0) = n) = 1$ und den Übergangswahrscheinlichkeiten

$$p_{ij}(t) = \binom{i}{i-j}(1 - e^{-\lambda t})^{i-j} e^{-\lambda t j}, \quad n \geq i \geq j \geq 0.$$

Diese Struktur der Übergangswahrscheinlichkeiten beruht auf der 'Gedächtnislosigkeit' der Exponentialverteilung (Abschn. 1.4.3). Diese Markovsche Kette kann keine stationäre Anfangsverteilung haben.   □

Zustandsklassifikation Die Übertragung der bereits für diskrete Markovsche Ketten eingeführten Begriffe auf stetige Markovsche Ketten erfolgt in naheliegender Weise und soll hier nur skizziert werden. Eine Zustandsmenge $C \subseteq Z$ heißt *abgeschlossen*, wenn

$$p_{ij}(t) = 0 \text{ für alle } t > 0,\ i \in C \text{ und } j \notin C$$

gilt. Insbesondere ist ein Zustand i *absorbierend*, wenn $\{i\}$ abgeschlossen ist. Der Zustand j ist aus i *erreichbar*, wenn ein t mit $p_{ij}(t) > 0$ existiert. Damit sind *Erreichbarkeit*, *Äquivalenzklassen* sowie *irreduzible* und *reduzible Markovsche Ketten* wie im Abschnitt 2.7.2 definiert. Der Zustand i ist *rekurrent (transient)*, wenn das Integral

$$\int_0^\infty p_{ii}(t)\, dt$$

divergiert (konvergiert). Ein rekurrenter Zustand i ist *positiv rekurrent*, wenn der Erwartungswert seiner *Rekurrenzzeit* (Zeitspanne zwischen zwei benachbarten Zeitpunkten der Annahme des Zustands i durch die Markovsche Kette) endlich ist. Da sich zeigen lässt, dass im Fall $p_{ij}(t_0) > 0$ auch $p_{ij}(t) > 0$ für alle $t > t_0$ gilt, ist die Einführung des Begriffs der Periode eines Zustands analog zu Abschnitt 2.7.2.3 nicht sinnvoll.

2.8.2 Kolmogorovsche Gleichungen

In diesem Abschnitt werden wichtige strukturelle Eigenschaften stetiger Markovscher Ketten aufgezeigt, die für die mathematische Modellierung realer Systeme von entscheidender Bedeutung sind. Eine wichtige Rolle spielt hierbei der folgende Satz.

Satz 2.25 Unter der Voraussetzung (2.65) sind die Übergangswahrscheinlichkeiten $p_{ij}(t)$ für alle $i, j \in Z$ in $(0, \infty)$ differenzierbar.   ■

Übergangsraten Grundlegend für die weiteren Ausführungen sind die Grenzwerte

$$q_i = \lim_{h \to 0} \frac{1 - p_{ii}(h)}{h}, \quad q_{ij} = \lim_{h \to 0} \frac{p_{ij}(h)}{h}, \quad i \neq j; \; i,j \in \mathbf{Z}. \tag{2.70}$$

Wegen (2.65) hat man für q_i und q_j die äquivalenten Darstellungen

$$p_{ii}'(0) = \left. \frac{dp_{ii}(t)}{dt} \right|_{t=0} = -q_i, \quad p_{ij}'(0) = \left. \frac{dp_{ij}(t)}{dt} \right|_{t=0} = q_{ij}, \quad i \neq j. \tag{2.71}$$

Daher ist aufgrund der Differenzierbarkeit der $p_{ij}(t)$ die Existenz der Grenzwerte q_i und q_{ij} gesichert. Die Beziehungen (2.70) bzw. (2.71) sind für $h \to 0$ äquivalent zu

$$p_{ii}(h) = 1 - q_i h + o(h), \quad p_{ij}(h) = q_{ij} h + o(h), \quad i \neq j. \tag{2.72}$$

Die Parameter q_i und q_{ij} sind die *Übergangsraten* oder *Übergangsintensitäten* der Markovschen Kette. Genauer ist q_i die *unbedingte Übergangsrate*, ausgehend vom Zustand i in einen beliebigen anderen überzugehen, also die Intensität einer Zustandsänderung schlechthin, während q_{ij} die *bedingte Übergangsrate* ist, ausgehend vom Zustand i in den Zustand j überzugehen. Gemäß (2.64) gilt

$$\sum_{\{j, j \neq i\}} q_{ij} = q_i, \quad i \in \mathbf{Z}. \tag{2.73}$$

Kolmogorovsche Gleichungen Ausgangspunkt für die Ableitung der Kolmogorovschen Gleichungen ist die Gleichung von Chapman und Kolmogorov in der Form

$$p_{ij}(t+h) = \sum_{k \in \mathbf{Z}} p_{ik}(h) p_{kj}(t).$$

Es folgt

$$\frac{p_{ij}(t+h) - p_{ij}(t)}{h} = \sum_{k \neq i} \frac{p_{ik}(h)}{h} p_{kj}(t) - \frac{1 - p_{ii}(h)}{h} p_{ij}(t).$$

Nach Ausführung des Grenzüberganges $h \to 0$ erhält man unter Berücksichtigung von (2.71) die *Kolmogorovschen Rückwärtsgleichungen*

$$p_{ij}'(t) = \sum_{k \neq i} q_{ik} p_{kj}(t) - q_i p_{ij}(t), \quad t \geq 0.$$

Analog ergeben sich aus

$$p_{ij}(t+h) = \sum_{k \in \mathbf{Z}} p_{ik}(t) p_{kj}(h)$$

die *Kolmogorovschen Vorwärtsgleichungen*

$$p_{ij}'(t) = \sum_{k \neq j} p_{ik}(t) q_{kj} - q_j p_{ij}(t), \quad t \geq 0.$$

Es sei $\{p_i(0), \; i \in \mathbf{Z}\}$ eine Anfangsverteilung der Markovschen Kette. Werden die Kolmogorovschen Vorwärtsgleichungen mit $p_i(0)$ multipliziert und wird anschließend über alle $i \in \mathbf{Z}$ summiert, ergibt sich wegen (2.68) ein Differentialgleichungssystem für die absoluten Zustandswahrscheinlichkeiten:

$$p_j'(t) = \sum_{k \neq j} q_{kj} p_k(t) - q_j p_j(t), \quad t \geq 0, \quad j \in \mathbf{Z}. \tag{2.74}$$

Die absoluten Zustandswahrscheinlichkeiten mögen neben diesem Differentialgleichungssystem noch der Normierungsbedingung genügen:

$$\sum_{i \in \mathbf{Z}} p_i(t) = 1. \tag{2.75}$$

Diese Bedingung ist bei endlichem Zustandsraum stets erfüllt.

Hinweis Wenn eine Anfangsverteilung der Form $p_i(0) = 1$, $p_j(0) = 0$ für $j \neq i$ vorliegt, dann sind die absoluten Zustandswahrscheinlichkeiten $\{p_j(t), j \in \mathbf{Z}\}$ als Lösung von (2.74) mit den Übergangswahrscheinlichkeiten $\{p_{ij}(t), j \in \mathbf{Z}\}$ identisch.

Pausenzeiten und Übergangsraten Die vollständige Modellierung realer Systeme vermittels stetiger homogener Markovscher Ketten ist nur dann möglich, wenn die Zeitspannen zwischen den Zustandsänderungen der Systeme ('Pausenzeiten') exponentialverteilt sind; denn die 'Gedächtnislosigkeit' der Exponentialverteilung impliziert die Markov-Eigenschaft. Haben aber die Pausenzeiten bekannte Exponentialverteilungen, so ist die Bestimmung der Übergangsraten leicht möglich. Genügt zum Beispiel die Aufenthaltsdauer der Markovschen Kette im Zustand 0 einer Exponentialverteilung mit dem Parameter λ_0, dann beträgt die unbedingte Rate, den Zustand 0 zu verlassen, gemäß (2.70)

$$q_0 = \lim_{h \to 0} \frac{1 - p_{00}(h)}{h} = \lim_{h \to 0} \frac{1 - e^{-\lambda_0 h}}{h} = \lim_{h \to 0} \frac{\lambda_0 h + o(h)}{h} = \lambda_0 + \lim_{h \to 0} \frac{o(h)}{h}.$$

Also ist $q_0 = \lambda_0$. Das System verweile nun eine zufällige Zeit $Y_0 = \min(Y_{01}, Y_{02})$ im Zustand 0. Ist $Y_{01} < Y_{02}$, geht es vom Zustand 0 in den Zustand 1 über und im Fall $Y_{01} > Y_{02}$ in den Zustand 2. Sind die Zufallsgrößen Y_{01} und Y_{02} voneinander unabhängig und exponential mit den Parametern λ_1 bzw. λ_2 verteilt, hat man für die bedingte Übergangsrate vom Zustand 0 in den Zustand 1 gemäß (2.70)

$$q_{01} = \lim_{h \to 0} \frac{p_{01}(h)}{h} = \lim_{h \to 0} \frac{(1 - e^{-\lambda_1 h}) e^{-\lambda_2 h} + o(h)}{h} = \lim_{h \to 0} \frac{\lambda_1 h (1 - \lambda_2 h) + o(h)}{h}.$$

Insgesamt ergeben sich wegen der Vertauschbarkeit von Y_{01} und Y_{02}

$$q_{01} = \lambda_1, \quad q_{02} = \lambda_2, \quad q_0 = \lambda_1 + \lambda_2.$$

Diese Ergebnisse werden im Abschnitt 2.8.4 verallgemeinert.

Übergangsgraphen In konkreten Modellen kann man sich die Erstellung der Kolmogorovschen Differentialgleichungssysteme vermittels *Übergangsgraphen* erleichtern. Diese werden analog zu den Übergangsgraphen für diskrete Markovsche Ketten konstruiert: Die Knoten der Übergangsgraphen symbolisieren die Zustände der Markovschen Kette. Es gibt genau dann eine gerichtete Kante vom Knoten i zum Knoten j, wenn $q_{ij} > 0$ ist. Die Kanten werden mit den zugehörigen Übergangsraten bewertet. Somit existieren zu jedem Knoten i zwei Mengen von Kanten (eventuell leere), die jeweils zu i hinführen bzw. von i wegführen. Die unbedingte Übergangsrate q_i ergibt sich gemäß (2.73) als Summe aller derjenigen Übergangsraten, die zu Kanten gehören, die vom Knoten i wegführen. Führt zwar eine Kante in den Knoten i hinein, aber keine heraus, so ist der Zustand i absorbierend.

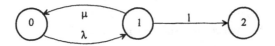

Bild 2.14 Übergangsgraph für Beispiel 2.22a

Beispiel 2.22 (*doubliertes System, kalte Reserve*) Ein System besteht aus zwei Elementen. Für die Funktionstüchtigkeit des Systems ist die Funktionstüchtigkeit bereits eines Elements ausreichend. Sind beide Elemente funktionstüchtig, so befindet sich eines im Reservezustand. In diesem Zustand kann es weder ausfallen noch altern. Nach dem Ausfall eines Elements übernimmt sofort das andere seine Rolle, und es wird mit der vollständigen Erneuerung des ausgefallenen Elements begonnen. Das erneuerte Element geht in den Reservezustand, falls das andere noch arbeitet. Die zufälligen Lebens- und Erneuerungsdauern der Elemente L_1 und L_2 bzw. Z_1 und Z_2 seien voneinander unabhängig und identisch wie L bzw. Z verteilt. L und Z und genügen Exponentialverteilungen mit den Parametern λ bzw. μ. Es sei L_S die zufällige Zeit bis zum Systemausfall. Dieser tritt ein, wenn während der Erneuerung eines Elements das andere ausfällt.

Eine Markovsche Kette $\{X(t), t \geq 0\}$ mit dem Zustandsraum $\mathbf{Z} = \{0, 1, 2\}$ wird folgendermaßen eingeführt: $X(t) = i$, wenn zum Zeitpunkt t genau i Elemente funktionsuntüchtig sind. Ferner bezeichne Y_i die absolute Verweildauer des Systems im Zustand i und Y_{ij} die bedingte Verweildauer des Systems im Zustand i, wenn es von i in den Zustand j übergeht. Da das System vom Zustand 0 zwangsläufig in den Zustand 1 übergeht, gilt $Y_0 = Y_{01} = L$. Demzufolge beträgt die zugehörige Übergangsrate $q_0 = q_{01} = \lambda$. Geht das System vom Zustand 1 in den Zustand 2 über, so ist seine Verweilzeit im Zustand 1 durch $Y_{12} = L$ gegeben, während beim Übergang von 1 nach 0 die Verweilzeit $Y_{10} = Z$ auftritt. Die unbedingte Verweildauer des Systems im Zustand 1 ist $Y_1 = \min(L, Z)$. Daher betragen die zugehörigen Übergangsraten $q_{12} = \lambda$, $q_{10} = \mu$ sowie $q_0 = \lambda + \mu$. Kehrt das System vom Zustand 1 in den Zustand 0 zurück, so hat es dort wieder die Verweildauer L, weil wegen der Gedächtnislosigkeit der Exponentialverteilung das bereits arbeitende Element an jedem Zeitpunkt, an dem es arbeitet, 'so gut wie neu' ist.

a) *Überlebenswahrscheinlichkeit* In diesem Fall interessiert nur die Zeitspanne $[0, L_S]$ bis zum Erreichen des (Ausfall-) Zustands 2. Somit ist der Zustand 2 als absorbierend zu behandeln und daher $q_{20} = q_{21} = 0$ zu setzen (Bild 2.14). Mit diesen Prämissen hat die Überlebenswahrscheinlichkeit des Systems die Struktur

$$\bar{F}(t) = P(L_S > t) = p_0(t) + p_1(t).$$

Das Differentialgleichungssystem (2.74) lautet:

$$p_0'(t) = -\lambda p_0(t) + \mu p_1(t)$$
$$p_1'(t) = +\lambda p_0(t) - (\lambda + \mu)p_1(t)$$
$$p_2'(t) = +\lambda p_1(t)$$

Die Lösung erfolgt unter der Voraussetzung, dass zur Zeit $t = 0$ beide Elemente funktionstüchtig sind. Durch Kopplung der beiden ersten Differentialgleichungen erhält man eine homogene Differentialgleichung 2. Ordnung mit konstanten Koeffizienten für $p_1(t)$:

$$p_1''(t) + (2\lambda + \mu)p_1'(t) + \lambda^2 p_1(t) = 0.$$

Wegen $p_1(0) = 0$ lautet die Lösung mit einer noch zu bestimmenden Konstanten a:

$$p_1(t) = a \sinh \frac{c}{2}t \quad \text{mit } c = \sqrt{4\lambda\mu + \mu^2}, \quad t \geq 0.$$

Wegen $p_0(0) = 1$ liefert die erste Differentialgleichung $a = 2\lambda/c$ sowie

$$p_0(t) = e^{-\frac{2\lambda+\mu}{2}t}\left(\frac{\mu}{c}\sinh\frac{c}{2}t + \cosh\frac{c}{2}t\right), \quad t \geq 0.$$

Die Überlebenswahrscheinlichkeit des Systems beträgt daher

$$\bar{F}(t) = e^{-\frac{2\lambda+\mu}{2}}\left[\cosh\frac{c}{2}t + \frac{2\lambda+\mu}{c}\sinh\frac{c}{2}t\right], \quad t \geq 0.$$

(Wegen der Definition der Hyperbelfunktionen sinh und cosh siehe Seite 126.) Der Erwartungswert der Lebensdauer L_S des Systems errechnet sich zu

$$E(L_S) = \frac{2}{\lambda} + \frac{\mu}{\lambda^2}.$$

Im Fall ohne Erneuerung ($\mu = 0$) genügt L_S einer Erlangverteilung mit den Parametern $n = 2$ und λ:

$$\bar{F}(t) = (1 + \lambda t)e^{-\lambda t}, \quad E(L_S) = 2/\lambda.$$

b) *Verfügbarkeit* Wird der Erneuerungsvorgang auch nach einem Systemausfall fortgesetzt, so ist die Verfügbarkeit des Systems die vordergründig interessierende Kenngröße. Die Übergangsrate vom Zustand 2 in den Zustand 1 ist also jetzt positiv. Sie hängt davon ab, ob $r = 1$ oder $r = 2$ Mechaniker zur Verfügung stehen. Wird vorausgesetzt, dass ein Mechaniker nicht gleichzeitig zwei Elemente erneuern kann, gilt $q_2 = q_{21} = r\mu$ (Bild 2.15). Für $r = 2$ ist die Verweildauer des Systems im Zustand 2 durch $Y_2 = \min(Z_1, Z_2)$ gegeben, wobei Z_1 und Z_2 unabhängig und identisch wie Z verteilt sind; denn beginnt die Erneuerung des zweiten ausgefallenen Elements, so kann wegen der Gedächtnislosigkeit

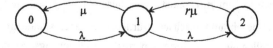

Bild 2.15 Übergangsgraph für Beispiel 2.22 b

der Exponentialverteilung unterstellt werden, dass auch die restliche Erneuerungszeit des bereits in Erneuerung befindlichen Elements wie Z verteilt ist. Ferner ist $Y_1 = \min(L, Z)$ die Verweildauer des Systems im Zustand 1; und zwar unabhängig davon, ob der Zustand 1 vom Zustand 0 oder vom Zustand 2 aus erreicht wurde. Daher sind die Übergangsraten q_{10} und q_{12} die gleichen wie unter a). Das Differentialgleichungssystem (2.74) lautet, wenn die dritte Gleichung durch die Normierungsbedingung ersetzt wird:

$$p_0'(t) = -\lambda p_0(t) + \mu p_1(t)$$
$$p_1'(t) = +\lambda p_0(t) - (\lambda + \mu) p_1(t) + r \mu p_2(t)$$
$$1 = \quad p_0(t) + \quad p_1(t) + \quad p_2(t) \qquad\qquad \square$$

2.8.3 Stationäre Zustandswahrscheinlichkeiten

Hat die Markovsche Kette eine stationäre Zustandsverteilung $\{\pi_j, j \in \mathbf{Z}\}$, dann muss diese spezielle absolute Zustandsverteilung auch das lineare Differentialgleichungssystem (2.74) erfüllen. Da die π_j konstant sind, stehen aber in diesem Fall auf der linken Seite dieses Systems nur Nullen. Also vereinfacht sich (2.74) zu einem linearen algebraischen Gleichungssystem für die π_j:

$$\sum_{k \in \mathbf{Z}, k \neq j} q_{kj} \pi_k - q_j \pi_j = 0, \quad j \in \mathbf{Z}.$$

Dieses Gleichungssystem schreibt man auch häufig in der äquivalenten Form

$$q_j \pi_j = \sum_{k \in \mathbf{Z}, k \neq j} q_{kj} \pi_k, \quad j \in \mathbf{Z}. \tag{2.76}$$

In dieser Form erkennt man besonders augenfällig, dass stationäre Zustandswahrscheinlichkeiten einen *Gleichgewichtszustand* beschreiben: Die mittlere Intensität je Zeiteinheit, den Zustand j zu verlassen (nämlich $q_j \pi_j$), ist gleich der mittleren Intensität je Zeiteinheit, den Zustand j zu erreichen. Im Folgenden interessieren nur solche Lösungen von (2.76), die der Normierungsbedingung genügen:

$$\sum_{j \in \mathbf{Z}} \pi_j = 1 \tag{2.77}$$

Angenommen, es existieren erstens eine stationäre Anfangsverteilung $\{\pi_j, j \in \mathbf{Z}\}$, die in Verbindung mit (2.77) eindeutige Lösung des Gleichungssystems (2.76) ist, und zweitens existieren für beliebige Anfangsverteilungen die Grenzwerte der $p_j(t)$ für $t \to \infty$. Dann sind diese Grenzwerte gleich π_j:

$$\pi_j = \lim_{t \to \infty} p_j(t), \quad j \in \mathbf{Z}.$$

Dies folgt unmittelbar durch Ausführung des Grenzübergangs $t \to \infty$ in (2.74); denn wenn die Grenzwerte $\lim_{t \to \infty} p_j(t)$ existieren, muss $\lim_{t \to \infty} p_j'(t) = 0$ gelten, da sonst die $p_j(t)$ für $t \to \infty$ unbeschränkt wachsen würden. Das aber stünde im Widerspruch zu $p_j(t) \leq 1$. Also erfüllen die Grenzwerte $\lim_{t \to \infty} p_j(t)$ das Gleichungssystem (2.76) und diese

Grenzwerte sind wegen dessen vorausgesetzter eindeutiger Lösbarkeit gleich den stationären Zustandswahrscheinlichkeiten der Markovschen Kette. Inhaltlich bedeutet die Existenz der Grenzwerte $\lim\limits_{t\to\infty} p_j(t)$, dass sich die Markovsche Kette unabhängig vom Ausgangszustand mit der Zeit in ein zeitunabhängiges (stationäres) Regime 'einschwingt'.

Hinreichend für die Existenz einer eindeutigen stationären Anfangsverteilung sind:

1) Bei endlichem Zustandsraum: die Markovsche Kette ist irreduzibel (und damit positiv rekurrent).

2) Bei abzählbar unendlichem Zustandsraum: die Markovsche Kette ist irreduzibel und positiv rekurrent.

Eine genaue Diskussion der Lösbarkeit von (2.76) im Zusammenhang mit der Existenz stationärer Anfangsverteilungen findet man in *Feller* (1968).

Fortsetzung von Beispiel 2.22 b   Die stationären Zustandswahrscheinlichkeiten π_j erfüllen folgendes Gleichungssystem (Übergangsraten wie in Bild 2.15):

$$-\lambda\,\pi_0 + \mu\,\pi_1 = 0$$
$$+\lambda\,\pi_0 - (\lambda+\mu)\,\pi_1 + r\,\pi_2 = 0$$
$$\pi_0 + \pi_1 + \pi_2 = 0$$

Man erhält für $r = 1$ die Lösung

$$\pi_0 = \frac{\mu^2}{(\lambda+\mu)^2 - \lambda\mu}, \quad \pi_1 = \frac{\lambda\mu}{(\lambda+\mu)^2 - \lambda\mu}, \quad \pi_2 = \frac{\lambda^2}{(\lambda+\mu)^2 - \lambda\mu}.$$

Da das System genau dann funktionstüchtig ist, wenn mindestens ein Element arbeitet, hat die stationäre Verfügbarkeit des Systems die Struktur $A = \pi_0 + \pi_1$. Daher ist

$$A = \frac{\mu^2 + \lambda\mu}{(\lambda+\mu)^2 - \lambda\mu}. \qquad \square$$

2.8.4 Konstruktion Markovscher Systeme

Es ist naheliegend, unter einem *Markovschen System* ein solches zu verstehen, dessen zeitliche Veränderung der Zustände durch einen Markovschen Prozess beschrieben werden kann. Markovsche Systeme, deren unterliegender Prozess eine homogene Markovsche Kette mit stetiger Zeit ist, lassen sich häufig auf folgendes Grundmodell zurückführen, in das auch alle bisher in den Beispielen betrachteten Systeme passen: Unmittelbar nach dem Erreichen des Zustands i beginnen genau n_i unabhängige, exponential mit den Parametern $\lambda_{i1}, \lambda_{i2}, ..., \lambda_{in_i}$ verteilte Zufallsgrößen Y_{ij} abzulaufen und die nächste Zustandsänderung findet zum Zeitpunkt

$$Y_i = \min(Y_{i1}, Y_{i2}, ..., Y_{in_i})$$

statt (bezogen auf den Zeitpunkt der vorangegangenen Zustandsänderung). Dabei erfolgt der Übergang in den Zustand j, wenn $Y_i = Y_{ij}$ gilt. Somit sind die Y_i die *unbedingten*

Verweilzeiten und Y_{ij} die *bedingten Verweilzeiten* im Zustand *i*. Wegen der Gedächtnislosigkeit der Exponentialverteilung lässt sich leicht zeigen, dass die so definierte zeitliche Veränderung der Zustände durch eine homogene Markovsche Kette beschrieben werden kann, deren Übergangsraten gegeben sind durch

$$q_{ij} = \lim_{h \to 0} \frac{p_{ij}(h)}{h} = \lambda_{ij}, \quad q_i = \sum_{j=1}^{n_i} \lambda_{ij}.$$

Die Darstellung von q_i entspricht inhaltlich der Tatsache, dass Y_i als Minimum von unabhängigen, exponential verteilten Zufallsgrößen ebenfalls exponentialverteilt ist, und zwar mit einem Parameter, der sich durch Addition der Parameter der Exponentialverteilungen der Summanden ergibt.

2.8.5 Erlangsche Phasenmethode

Auf die im vorangegangenen Abschnitt eingeführten Markovschen Systeme lassen sich unter sonst gleichen Vorausetzungen auch Systeme zurückführen, deren Pausenzeiten nicht exponential-, sondern erlangverteilt sind. Genügt etwa eine Pausenzeit Y einer Erlangverteilung der Ordnung n mit dem Parameter μ, so lässt sich Y als Summe von n unabhängigen, exponential mit dem Parameter μ verteilten Zufallsgrößen darstellen (Beispiel 1.35). Also liegt es nahe, eine so verteilte Pausenzeit in n Phasen zu unterteilen, deren Längen voneinander unabhängig und identisch exponential mit dem Parameter μ verteilt sind. Werden gleichzeitig neue, fiktive Systemzustände eingeführt, die angeben, welche Phase gerade läuft, so liegt wieder ein Markovsches System vor. Statt das Vorgehen zu formalisieren, soll das Prinzip an einem Beispiel illustriert werden.

Beispiel 2.23 (*doubliertes System*) Es interessiert die stationäre Verfügbarkeit des bereits im Beispiel 2.22 betrachteten doublierten Systems mit kalter Reserve. Die Lebensdauern der Elemente seien identisch exponential wie L mit dem Parameter λ verteilt, während die Erneuerungszeiten der Elemente identisch wie Z verteilt sind, wobei Z einer Erlangverteilung mit den Parametern $n = 2$ und μ genügt. Alle sonstigen Modellannahmen bleiben erhalten. Es stehe $r = 1$ Mechaniker zur Verfügung. Folgende Systemzustände werden eingeführt:

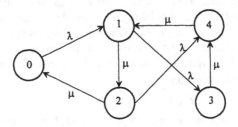

Bild 2.16 Übergangsgraph zu Beispiel 2.23

0   beide Elemente arbeiten,

1   ein Element arbeitet, Erneuerung in Phase 1

2   ein Element arbeitet, Erneuerung in Phase 2

3   kein Element arbeitet, Erneuerung in Phase 1

4   kein Element arbeitet, Erneuerung in Phase 2

Mit den im Bild 2.16 gegebenen Übergangsraten lautet das Gleichungssystem (2.74):

$$\lambda \pi_0 = \mu \pi_2$$

$$(\lambda + \mu)\pi_1 = \lambda \pi_0 + \mu \pi_4$$

$$(\lambda + \mu)\pi_2 = \mu \pi_1$$

$$\mu \pi_3 = \lambda \pi_1$$

$$\mu \pi_4 = \lambda \pi_2 + \mu \pi_3$$

Die Lösung ist

$$\pi_1 = \frac{\lambda(\lambda + \mu)}{\mu^2}\pi_0, \quad \pi_2 = \frac{\lambda}{\mu}\pi_0, \quad \pi_3 = \frac{\lambda^2(\lambda + \mu)}{\mu^3}\pi_0, \quad \pi_4 = \frac{\lambda^2(\lambda + 2\mu)}{\mu^3}\pi_0.$$

Die Wahrscheinlichkeit π_0 ergibt sich aus der Normierungsbedingung.   □

2.8.6   Geburts- und Todesprozesse

2.8.6.1 Zeitabhängige Zustandswahrscheinlichkeiten

Analog zu den im Abschnitt 2.7.4 betrachteten Geburts- und Todesprozessen in diskreter Zeit wird jetzt der Fall gesondert untersucht, dass bei einer Zustandsänderung ein Übergang nur in den jeweils 'benachbarten' Zustand erfolgen kann. Die meisten der bisher in diesem Kapitel betrachteten Anwendungen stetiger Markovscher Ketten gehören in diese Kategorie.

Definition 2.19 (*Geburts- und Todesprozess*)   Eine Markovsche Kette mit dem Zustandsraum $Z = \{0, 1, ..., n\}$ bzw. $Z = \{0, 1, ...\}$ heißt *Geburts- und Todesprozess*, wenn ausgehend von einem beliebigen Zustand $i \in Z$ nur ein Übergang nach $i - 1$ bzw. $i + 1$ erfolgen kann, falls $i - 1$ bzw. $i + 1$ Elemente von Z sind.   •

Daher erfüllen die Übergangsraten eines Geburts- und Todesprozesses die Bedingungen

$$q_{i,i+1} > 0 \text{ und } q_{i,i-1} > 0 \text{ für } i = 1, 2, ...; \quad q_{ij} = 0 \text{ für } |i - j| > 1.$$

Hierbei sind $\lambda_i = q_{i,i+1}$ die *Geburtsraten* und $\mu_i = q_{i,i-1}$ die *Todesraten* (Bild 2.17). Generell gilt $\mu_0 = 0$ sowie $\lambda_n = 0$ im Fall $n < \infty$.

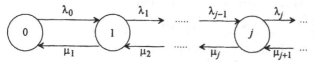

Bild 2.17 Übergangsgraph eines Geburts- und Todesprozesses

Den ersten Anstoß zur Beschäftigung mit Geburts- und Todesprozessen gaben die Versuche, Populationsentwicklungen von Organismen quantitativ zu beschreiben, insbesondere zu prognostizieren. Beim Erreichen des Zustands 0 ist die Population ausgestorben. Ohne die Möglichkeit der Immigration (Zuwachs aus Fremdpopulationen) ist der Zustand 0 in dieser speziellen Anwendung absorbierend, so dass $\lambda_0 = 0$ zu setzen wäre. In der Zwischenzeit haben sich diese Prozesse auch bei der Modellierung zuverlässigkeits- und bedienungstheoretischer Systeme bewährt. In den Wirtschaftswissenschaften sind sie ein geeignetes Instrumentarium zur Beschreibung der zahlenmäßigen Entwicklung von Unternehmen in einem Territorium. In der Physik werden sie bei der Modellierung physikalischer Teilchenströme (radioaktiver Zerfall, kosmische Strahlung) angewendet.

Ist $\{X(t),\, t \geq 0\}$ ein Geburts- und Todesprozess, so erfüllen seine absoluten Zustandswahrscheinlichkeiten $p_j(t) = P(X(t) = j)$ gemäß (2.74) das Differentialgleichungssystem

$$p_0'(t) = -\lambda_0 p_0(t) + \mu_1 p_1(t)$$

$$p_j'(t) = +\lambda_{j-1} p_{j-1}(t) - (\lambda_j + \mu_j) p_j(t) + \mu_{j+1} p_{j+1}(t), \quad j = 1, 2, \dots \qquad (2.78)$$

$$p_n'(t) = +\lambda_{n-1} p_{n-1}(t) - \mu_n p_n(t), \quad n < \infty.$$

Reine Geburtsprozesse Ein Geburts- und Todesprozess ist ein *(reiner) Geburtsprozess*, wenn seine Todesraten gleich 0 sind. Die Trajektorien eines solchen Prozesses sind also nichtfallende Treppenfunktionen. Der homogene Poissonprozess mit der Intensität λ ist das einfachste Beispiel für einen reinen Geburtsprozess. In diesem Fall gilt $\lambda_j = \lambda$, $j = 0, 1, \dots$ Unter der Anfangsbedingung $p_m(0) = 1$ sind die absoluten Zustandswahrscheinlichkeiten $p_j(t)$ eines reinen Geburtsprozesses gleich den Übergangswahrscheinlichkeiten $p_{mj}(t)$. Diese sind gleich 0 für $m > j$ und erfüllen für $m \leq j$ gemäß (2.78) das Differentialgleichungssystem

$$p_m'(t) = -\lambda_m p_m(t),$$

$$p_j'(t) = +\lambda_{j-1} p_{j-1}(t) - \lambda_j p_j(t); \quad j = m+1, m+2, \dots,$$

$$p_n'(t) = +\lambda_{n-1} p_{n-1}(t), \quad n < \infty.$$

Man beachte, dass im Fall des endlichen Zustandsraums $\mathbf{Z} = \{m, m+1, \dots, n\}$ der Zustand n absorbierend ist; $0 \leq m < n$. Aus der ersten Differentialgleichung folgt

$$p_m(t) = e^{-\lambda_m t}, \quad t \geq 0.$$

Die mittlere Differentialgleichung ist äquivalent zu

$$\frac{d}{dt}\left(e^{\lambda_j t} p_j(t)\right) = \lambda_{j-1} e^{\lambda_j t} p_{j-1}(t).$$

Durch beiderseitige Integration erhält man

$$p_j(t) = \lambda_{j-1} e^{-\lambda_j t} \int_0^t e^{\lambda_j x} p_{j-1}(x)\, dx.$$

Ausgehend von $p_m(t)$ erlauben diese Beziehungen die rekursive Bestimmung der $p_j(t)$ für $j = m + 1, m + 2, \dots$ Speziell ergibt sich für $m = 0$, also unter der Anfangsbedingung $p_0(0) = 1$, sowie für $\lambda_0 \neq \lambda_1$, $\lambda_0 > 0$,

$$p_1(t) = \lambda_0 e^{-\lambda_1 t} \int_0^t e^{\lambda_1 x} e^{-\lambda_0 x} dx$$

$$= \frac{\lambda_0}{\lambda_0 - \lambda_1} \left(e^{-\lambda_1 t} - e^{-\lambda_0 t} \right), \quad t \geq 0.$$

Davon ausgehend erhält man unter der zusätzlichen Voraussetzung, dass alle Geburtsraten voneinander verschieden sind, induktiv die allgemeine Lösung

$$p_j(t) = \sum_{i=0}^{j} C_{ij} \lambda_i e^{-\lambda_i t}, \, j = 0, 1, \dots,$$

$$C_{ij} = \frac{1}{\lambda_i} \prod_{\{\{k=0, k \neq i\}\}}^{j} \frac{\lambda_k}{\lambda_k - \lambda_i}; \; 0 \leq i \leq j; \; C_{00} = 1.$$

Beispiel 2.24 (*Linearer Geburtsprozess*) Ein (reiner Geburtsprozess) heißt *linear* oder oder auch *Yule-Furry-Prozess*, wenn seine Geburtsraten folgende Struktur haben:
$$\lambda_j = j\lambda; \; j = 1, 2, \dots$$
Ein solcher Prozess liegt vor, wenn sich jedes Mitglied der Population (physikalisches Teilchen, Bakterium) im Intervall $[t, t + h]$ mit Wahrscheinlichkeit $\lambda h + o(h)$ spaltet (exponentiell verteilte Lebensdauern mit dem Parameter λ) und kein 'Todesfall' eintritt bzw. gezählt wird. Wird von $X(0) = 1$ ausgegangen, lautet das System (2.78):
$$p_j'(t) = -\lambda \big[j p_j(t) - (j-1) p_{j-1}(t) \big]; \quad j = 1, 2, \dots$$
Unter der Anfangsbedingung $p_1(0) = 1$ hat dieses Differentialgleichungssystem die Lösung
$$p_j(t) = e^{-\lambda t} (1 - e^{-\lambda t})^{j-1}; \quad j = 1, 2, \dots$$
Somit hat $X(t)$ eine geometrische Verteilung mit dem Parameter $p = e^{-\lambda t}$. Daher hat der lineare Geburtsprozess die Trendfunktion
$$m(t) = e^{\lambda t}, \quad t \geq 0. \qquad \square$$

Bei endlichem Zustandsraum **Z** existiert stets eine Lösung von (2.78), die der Normierungsbedingung (2.77) genügt. Bei unbeschränktem Zustandsraum $\mathbf{Z} = \{0, 1, \dots \}$ gilt der folgende Satz, der hier ohne Beschränkung der Allgemeinheit unter der Voraussetzung $p_0(0) = 1$ formuliert wird.

Satz 2.26 (*Feller-Lundberg*) Es sei $p_0(0) = 1$. Eine Lösung $\{p_0(t), p_1(t), \dots\}$ von (2.78) erfüllt genau dann für alle $t \geq 0$ die Normierungsbedingung (2.77), wenn die Reihe

$$\sum_{j=0}^{\infty} 1/\lambda \qquad (2.79)$$

divergiert. $\blacksquare$

Entsprechend diesem Satz besteht theoretisch die Möglichkeit, dass innerhalb eines endlichen Intervalls $[0, t]$ die Population mit positiver Wahrscheinlichkeit $1 - \sum_{i=0}^{\infty} p_i(t)$ über alle Grenzen wächst, wenn nur die Geburtsraten hinreichend schnell wachsen. Das ist etwa für $\lambda_j = j^2 \lambda$; $j = 1, 2, \ldots$ der Fall; denn es gilt

$$\sum_{j=1}^{\infty} \frac{1}{\lambda_j} = \frac{1}{\lambda} \sum_{j=1}^{\infty} \frac{1}{j^2} = \frac{\pi^2}{6\lambda} < \infty.$$

Man spricht in diesen Fällen von einem *explosiven Wachstum*. Verblüffend ist, dass dieses explosive Wachstum in einem beliebig kleinen Intervall stattfindet, da das Kriterium, nämlich die Konvergenz der Reihe (2.79), nicht von t abhängt.

Reine Todesprozesse Ein Geburts- und Todesprozess ist ein *(reiner) Todesprozess*, wenn seine Geburtsraten gleich 0 sind. Die Trajektorien eines solchen Prozesses sind demnach nichtsteigende Treppenfunktionen. Das Differentialgleichungssystem (2.78) lautet in diesem Fall mit $\mu_0 = 0$ und der Anfangsbedingung $p_n(0) = 1$:

$$p_n'(t) = -\mu_n p_n(t)$$

$$p_j'(t) = -\mu_j p_j(t) + \mu_{j+1} p_{j+1}(t); \quad j = n-1, n-2, \ldots, 1, 0$$

Aus der ersten Differentialgleichung folgt

$$p_n(t) = e^{-\mu_n t}, \quad t \geq 0.$$

Ausgehend von $p_n(t)$ lässt sich die Lösung des Differentialgleichungssystems analog zu den reinen Geburtsprozessen rekursiv vermittels der Vorschrift

$$p_j(t) = \mu_{j+1} e^{-\mu_j t} \int_0^t e^{\mu_j t} p_{j+1}(x)\, dx; \quad j = n-1, n-2, \ldots, 1, 0$$

berechnen. Induktiv erhält man nun unter der Voraussetzung, dass alle Todesraten voneinander verschieden sind, die allgemeine Lösung

$$p_j(t) = \sum_{i=j}^{n} D_{ij} \mu_i e^{-\mu_i t}, \quad 0 \leq j \leq n,$$

$$D_{ij} = \frac{1}{\mu_j} \prod_{\{k=j,\, k \neq i\}}^{n} \frac{\mu_k}{\mu_k - \mu_i}, \quad j \leq i \leq n.$$

Beispiel 2.25 (*linearer Todesprozess*) Ein (reiner) Todesprozess $\{X(t), t \geq 0\}$ heißt *linear*, wenn seine Todesraten folgende Struktur haben:

$$\mu_j = j\mu; \quad j = 0, 1, \ldots, n.$$

Eine solche Situation liegt vor, wenn eine Population zum Zeitpunkt $t = 0$ aus n Individuen besteht, die unabhängige, exponential verteilte Lebensdauern mit dem Parameter μ haben. $X(t)$ ist in diesem Fall die Anzahl der zur Zeit t noch lebenden Individuen. (Nachkommen werden nicht produziert oder nicht gezählt.) Wegen $p_n(0) = 1$ gilt

$$p_n(t) = e^{-n\mu t}, \quad t \geq 0.$$

Damit erhält man induktiv oder direkt aus der allgemeinen Lösung:

$$p_j(t) = \binom{n}{j} e^{-j\mu t} (1 - e^{-\mu t})^{n-j}; \quad j = 0, 1, ..., n.$$

Somit genügt $X(t)$ einer Binomialverteilung mit den Parametern $p = e^{-\mu t}$ und n (siehe Beispiel 2.21). Daher ist die Trendfunktion des linearen Todesprozesses gegeben durch

$$m(t) = n e^{-\mu t}, \quad t \geq 0. \qquad \Box$$

Der im folgenden Beispiel betrachtete Geburts- und Todesprozess ist vor allem in der Bedienungstheorie von Interesse. Seine Zustandsverteilung $\{p_0(t), p_1(t), ...\}$ wird vermittels der momenterzeugenden Funktion (Definition 1.8, Abschn. 1.4.4) berechnet:

$$M(t,z) = \sum_{i=0}^{\infty} p_i(t) z^i,$$

wobei die Anfangsbedingung $p_1(0) = 1$ bzw., dazu äquivalent, $M(0,z) \equiv z$, vorausgesetzt wird. Die partiellen Ableitungen von $M(t,z)$ bezüglich t bzw. z sind:

$$\frac{\partial M(t,z)}{\partial t} = \sum_{i=0}^{\infty} p_i'(t) z^i, \quad \frac{\partial M(t,z)}{\partial z} = \sum_{i=0}^{\infty} i p_i(t) z^{i-1}.$$

Beispiel 2.26 Es seien $\lambda_j = \lambda$, $\mu_j = j\mu$; $j = 0, 1, ...$ und $X(0) = 0$. Das zugehörige Differentialgleichungssystem (2.78) lautet

$$p_0'(t) = \mu p_1(t) - \lambda p_0(t)$$

$$p_j'(t) = \lambda p_{j-1}(t) - (\lambda + j\mu) p_j(t) + (j+1)\mu p_{j+1}(t); \quad j = 1, 2, ...$$

Multipliziert man die j-te Gleichung mit z^j und summiert anschließend die Gleichungen von $j = 0$ bis ∞, so ergibt sich folgende homogene lineare partielle Differentialgleichung für $M(t,z)$:

$$\frac{\partial M(t,z)}{\partial t} + \mu(z-1) \frac{\partial M(t,z)}{\partial z} = \lambda(z-1) M(t,z). \qquad (2.80)$$

Die zugehörigen charakteristischen Differentialgleichungen sind

$$\frac{dz}{dt} = \mu(z-1), \quad \frac{dM(t,z)}{dt} = \lambda(z-1) M(t,z).$$

Die erste Differentialgleichung liefert nach Trennung der Variablen und Integration

$$c_1 = \ln(z-1) - \mu t,$$

wobei c_1 eine beliebige Konstante ist. Durch Kopplung beider Differentialgleichungen ergibt sich

$$\frac{dM(t,z)}{M(t,z)} = \frac{\lambda}{\mu} dz.$$

Integration liefert mit einer beliebigen Konstanten c_2

$$c_2 = \ln M(t,z) - \frac{\lambda}{\mu} z.$$

Gemäß dem Schema der Charakteristikenmethode erfüllt $M(t,z)$ als Lösung von (2.80) mit einer beliebigen stetig differenzierbaren Funktion f die Bedingung $c_2 = f(c_1)$ bzw.

$$\ln M(t,z) - \frac{\lambda}{\mu} z = f(\ln(z-1) - \mu t)$$

Es folgt

$$M(t,z) = \exp\left\{f(\ln(z-1) - \mu t) + \frac{\lambda}{\mu}z\right\}.$$

Entsprechend der Anfangsbedingung $M(0,z) \equiv 1$ muss f so beschaffen sein, dass gilt

$$f(\ln(z-1)) = -\frac{\lambda}{\mu}z \text{ bzw., gleichbedeutend, } f(x) = -\frac{\lambda}{\mu}(e^x + 1).$$

Also ist

$$M(t,z) = \exp\left\{-\frac{\lambda}{\mu}\left(e^{\ln(z-1)-\mu t} + 1\right) + \frac{\lambda}{\mu}z\right\}$$

bzw.

$$M(t,z) = e^{-\frac{\lambda}{\mu}(1-e^{-\mu t})} \cdot e^{+\frac{\lambda}{\mu}(1-e^{-\mu t})z}.$$

Die Entwicklung von $M(t, z)$ in eine Potenzreihe nach z liefert die gewünschten Wahrscheinlichkeiten $p_j(t)$ als Koeffizienten der z^j:

$$p_j(t) = \frac{\left(\frac{\lambda}{\mu}(1 - e^{-\mu t})\right)^j}{j!} e^{-\frac{\lambda}{\mu}(1-e^{-\mu t})}; \quad j = 0, 1, \ldots$$

Das ist eine Poissonverteilung mit der Intensitätsfunktion $\frac{\lambda}{\mu}(1 - e^{-\mu t})$. Der Geburts- und Todesprozess hat daher die Trendfunktion

$$m(t) = \frac{\lambda}{\mu}(1 - e^{-\mu t}). \hspace{3cm} \Box$$

2.8.6.2 Stationäre Zustandswahrscheinlichkeiten

Die stationären Zustandswahrscheinlichkeiten eines Geburts- und Todesprozesses

$$\pi_j = \lim_{t \to \infty} p_j(t)$$

befriedigen gemäß (2.76) das lineare Gleichungssystem

$$0 = \lambda_0 \pi_0 - \mu_1 \pi_1$$
$$0 = \lambda_{j-1} \pi_{j-1} - (\lambda_j + \mu_j)\pi_j + \mu_{j+1}\pi_{j+1}; \quad j = 1, 2, \ldots \hspace{2cm} (2.81)$$
$$0 = \lambda_{n-1} \pi_{n-1} - \mu_n \pi_n, \quad n < \infty$$

Im Unterschied zum Differentialgleichungssystem (2.78) für die zeitabhängigen Zustandswahrscheinlichkeiten existiert eine explizite allgemeine Lösung dieses algebraischen Gleichungssystems. Zu ihrer Bestimmung wird folgende Bezeichnung eingeführt:

$$h_j = -\lambda_j \pi_j + \mu_{j+1}\pi_{j+1}; \quad j = 0, 1, \ldots$$

Damit erhält das Gleichungssystem (2.81) die Gestalt

$$0 = h_0$$
$$0 = h_j - h_{j-1}, \quad j = 1, 2, \ldots$$
$$0 = h_{n-1}, \quad n < \infty.$$

Daher ist

$$\pi_j = \prod_{i=1}^{j} \frac{\lambda_{i-1}}{\mu_i} \pi_0 \, ; \quad j = 1, 2, \dots \tag{2.82}$$

Im Fall $n < \infty$ ergibt sich π_0 aus der Normierungsbedingung $\sum_{i=0}^{n} \pi_i = 1$ zu

$$\pi_0 = \left[1 + \sum_{j=1}^{n} \prod_{i=1}^{j} \frac{\lambda_{i-1}}{\mu_i} \right]^{-1}. \tag{2.83}$$

Aus dieser Darstellung von π_0 wird deutlich, dass für $n = \infty$ die Konvergenz der Reihe

$$\sum_{j=1}^{\infty} \prod_{i=1}^{j} \frac{\lambda_{i-1}}{\mu_i} \tag{2.84}$$

für die Existenz einer stationären Anfangsverteilung $\{\pi_0, \pi_1, \dots\}$ notwendig ist. Hinreichend für die Konvergenz dieser Reihe ist die Existenz einer natürliche Zahl N, so dass

$$\lambda_{i-1}/\mu_i \leq \alpha < 1 \text{ für alle } i > N$$

erfüllt ist. Anschaulich ist diese Bedingung klar; denn wenn die Geburtsraten größer sind als die Todesraten, wird der Prozess gegen $+\infty$ driften.

Satz 2.27 Die Konvergenz der Reihe (2.84) und die Divergenz der Reihe

$$\sum_{j=1}^{\infty} \prod_{i=1}^{j} \frac{\mu_i}{\lambda_i} \tag{2.85}$$

sind hinreichend für die Existenz einer stationären Zustandsverteilung. Die Divergenz der Reihe (2.85) ist zudem hinreichend für die Existenz einer solchen zeitabhängigen Lösung $\{p_0(t), p_1(t), \dots\}$ des Systems der zeitabhängigen Zustandswahrscheinlichkeiten (2.78), die der Normierungsbedingung $\sum_{j=0}^{\infty} p_j(t) = $ für alle $t \geq 0$ genügt. ∎

Beispiel 2.27 (*Mehrmaschinenbedienung*) Zum Zeitpunkt $t = 0$ werden n Maschinen mit den zufälligen Lebensdauern $L_1, L_2, \dots, L_n$ in Betrieb genommen. Die L_i sind unabhängige, identisch exponential mit dem Parameter λ verteilte Zufallsgrößen. Für die Reparatur ausgefallener Maschinen stehen r, $1 \leq r \leq n$, Mechaniker zur Verfügung, wobei ein Mechaniker nicht mehrere Maschinen gleichzeitig reparieren kann. Sind also x mit $x < r$ Maschinen im Ausfallzustand, dann sind $r - x$ Mechaniker untätig. Nach jeder Reparatur sind die Maschinen 'so gut wie neu'; sie haben also die gleiche Lebensdauerverteilung wie zu Betriebsbeginn. Alle Reparaturdauern sind unabhängige, identisch exponential mit dem Parameter μ verteilte Zufallsgrößen. Lebens- und Reparaturdauern sind ebenfalls voneinander unabhängig. Nach Abschluss von Reparaturen werden die Maschinen sofort wieder in Betrieb genommen. Damit liegt ein Markovsches System mit dem Zustandsprozess $\{X(t), t \geq 0\}$ vor, wobei $X(t)$ die Anzahl der zum Zeitpunkt t ausgefallenen Maschinen bezeichnet. $\{X(t), t \geq 0\}$ ist ein Geburts- und Todesprozess mit dem Zustandsraum $\mathbf{Z} = \{0, 1, \dots, n\}$ und den Geburts- und Todesraten

$$\lambda_j = (n-j)\lambda, \ 0 \leq j \leq n; \quad \mu_j = \begin{cases} j\mu, & 0 \leq j \leq r \\ r\mu, & r < j \leq n \end{cases}.$$

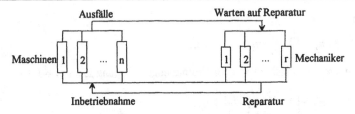

Bild 2.18 Schema der Mehrmaschinenbedienung

Damit erhält man aus (2.82) und (2.83) durch Einführung des Quotienten $\rho = \lambda/\mu$ die stationären Zustandswahrscheinlichkeiten zu

$$
\pi_j = \begin{cases} \dbinom{n}{j} \rho^j \pi_0 \,; & 1 \le j \le r \\[2mm] \dfrac{n!}{r^{j-r}\, r!\,(n-j)!} \rho^j \pi_0 \,; & r \le j \le n \end{cases}
$$

$$
\pi_0 = \left[\sum_{j=0}^{r} \binom{n}{j} \rho^j + \sum_{j=r+1}^{n} \frac{n!}{r^{j-r}\, r!\,(n-j)!} \rho^j \right]^{-1}. \qquad\qquad \square
$$

2.8.6.3 Verweildauern

In den vorangegangenen Beispielen wurde davon Gebrauch gemacht, dass unabhängige, exponential verteilte Verweildauern in den Zuständen zu homogenen Markovschen Ketten führen. Es lässt sich aber auch zeigen, dass die Verweildauer Y_i einer beliebigen homogenen Markovschen Kette $\{X(t), t \ge 0\}$ im Zustand i exponential mit dem Parameter q_i für alle $i \in \mathbf{Z}$ verteilt ist:

$$
P(Y_i > t \,|\, X(0) = i) = P(X(s) = i,\ 0 < s \le t \,|\, X(0) = i)
$$

$$
= \lim_{n \to \infty} P\left(X\!\left(\frac{k}{n}t\right) = i;\ k = 1, 2, \ldots, n \,\Big|\, X(0) = i \right)
$$

$$
= \lim_{n \to \infty} \left[p_{ii}\!\left(\frac{1}{n}t\right) \right]^n = \lim_{n \to \infty} \left[1 - q_i \frac{t}{n} + o\!\left(\frac{t}{n}\right) \right]^n,
$$

wobei von (2.69) und (2.72) Gebrauch gemacht wurde. Wegen der Darstellung der Zahl e durch den Grenzwert $e = \lim\limits_{x \to \infty} (1 + 1/x)^x$ folgt

$$
P(Y_i > t \,|\, X(0) = i) = e^{-q_i t}, \quad t \ge 0. \tag{2.86}
$$

Allgemeiner gilt für homogene Markovsche Ketten:

$$
P(X(Y_i) = j,\ Y_i > t \,|\, X(0) = i) = \frac{q_{ij}}{q_i} e^{-q_i t}\,; \quad i \ne j;\ i, j \in \mathbf{Z}.
$$

Durch Summation dieser Gleichungen über alle j aus $\mathbf{Z}$ (Übergang zur Randverteilung von Y_i) folgt (2.86). Weitere wichtige Folgerungen sind:

1) Die Wahrscheinlichkeit des Übergangs vom Zustand i in den Zustand j ist

$$p_{ij} = P(X(Y_i) = j | X(0) = i) = \frac{q_{ij}}{q_i}.$$

Diese Beziehung erhält man durch die spezielle Wahl $t = 0$. Somit ist $\{q_{ij}/q_i ; j \in Z\}$ die Wahrscheinlichkeitsverteilung des auf i folgenden Zustands.

2) Der auf i folgende Zustand ist unabhängig von Y_i (und natürlich unabhängig von der 'Vorgeschichte' der Markovschen Kette bis zum Erreichen des Zustands i).

Eingebettete Markovsche Kette Die Kenntnis der Übergangswahrscheinlichkeiten p_{ij} legt nahe, die (stetige) Markovsche Kette $\{X(t), t \geq 0\}$ nur an ihren 'Sprungzeitpunkten', also an den Zeitpunkten, an denen Zustandsänderungen stattfinden, zu beobachten. Es sei X_n der Zustand von $\{X(t), t \geq 0\}$ unmittelbar nach der n-ten Zustandsänderung und $X_0 = X(0)$. Dann ist $\{X_0, X_1, ...\}$ eine diskrete homogene Markovsche Kette mit den Übergangswahrscheinlichkeiten p_{ij}, die für beliebige n in der Form

$$p_{ij} = P(X_n = j | X_{n-1} = i); \quad n = 1, 2, ...$$

geschrieben werden können. Man nennt $\{X_0, X_1, ...\}$ eine in die stetige Markovsche Kette $\{X(t), t \geq 0\}$ *eingebettete diskrete Markovsche Kette.* Eingebettete diskrete Markovsche Ketten können sich auch in nichtmarkovschen Prozessen finden. Häufig sucht man bewusst nach eingebetteten Markovschen Ketten, um mit deren Hilfe analytische Auswertungen zu erleichtern oder überhaupt erst möglich zu machen.

2.8.7 Semi-Markovsche Prozesse

Entsprechend dem vorangegangenen Abschnitt werden die Übergänge zwischen den Zuständen einer stetigen homogenen Markovschen Kette durch die Übergangsmatrix einer diskreten homogenen Markovschen Kette gesteuert. Die Verweildauer in einem Zustand ist exponentialverteilt und hängt nicht vom Folgezustand ab. Da man in den Anwendungen nicht immer von exponentialverteilten Verweildauern in den Zuständen ausgehen kann, liegt es nahe, unter Beibehaltung des Übergangsmechanismus zwischen den Zuständen, beliebig verteilte Verweildauern in den Zuständen zuzulassen. Man gelangt auf diese Weise zu den *semi-Markovschen Prozessen.* Die zeitliche Entwicklung eines semi-Markovschen Prozesses $\{X(t), t \geq 0\}$ verläuft folgendermaßen: Die Übergänge zwischen den Zuständen werden durch eine diskrete homogene Markovsche Kette $\{X_0, X_1, ...\}$ mit dem Zustandsraum $Z = \{0, 1, ...\}$ und der Übergangsmatrix $P = ((p_{ij}))$ bestimmt. Startet der Prozess im Zustand i_0, so wird zunächst entsprechend der Übergangsmatrix P der Folgezustand 'ausgewürfelt'. Ist dies der Zustand i_1, so verbleibt der Prozess im Zustand i_1 die zufällige Zeit $Y_{i_0 i_1}$. Danach wird der auf i_1 folgende Zustand i_2 'ausgewürfelt' u.s.w. Die Y_{ij} sind die *bedingten Verweildauern* des Prozesses im Zustand i unter der Bedingung, dass auf i der Zustand j folgt. $\{X_0, X_1, ...\}$ ist ein in dem stochastischen Prozess mit stetiger Zeit $\{X(t), t \geq 0\}$ *eingebetteter stochastischer Prozess mit diskreter*

Zeit, genauer, eine *eingebettete diskrete Markovsche Kette*. Sie beschreibt das Verhalten des semi-Markovschen Prozesses $\{X(t), t \geq 0\}$ an seinen Sprungpunkten, an denen also ein Übergang in einen anderen Zustand stattfindet. Jedoch ist auch der Übergang von i nach i möglich, wenn $p_{ii} > 0$ ist. Bezeichnet $T_0, T_1, \ldots$ die Folge der Sprungpunkte von $\{X(t), t \geq 0\}$, so gilt $X_n = X(T_n)$, $n = 0, 1, \ldots$, wobei $X_0 = X(0)$ der Anfangszustand ist. Die Übergangswahrscheinlichkeiten p_{ij} lassen sich also in folgender Form schreiben:

$$p_{ij} = P(X(T_{n+1}) = j \,|\, X(T_n) = i)\,; \quad n = 0, 1, \ldots$$

Die weitere Entwicklung eines semi-Markovschen Prozesses nach einem Sprung bei T_n hängt nur vom Zustand $X(T_n)$ ab, aber nicht von der 'Vorgeschichte' des Prozesses bis zum Zeitpunkt T_n.

Es bezeichne $F_{ij}(t) = P(Y_{ij} \leq t)$ die Verteilungsfunktion der bedingten Verweildauer Y_{ij} des semi-Markovschen Prozesses im Zustand i. Die Verteilungsfunktion der *unbedingten Verweildauer* Y_i eines semi-Markovschen Prozesses im Zustand i ist wegen der Formel der totalen Wahrscheinlichkeit gegeben durch

$$F_i(t) = P(Y_i \leq t) = \sum_{j \in \mathbf{Z}} p_{ij} F_{ij}(t), \quad i \in \mathbf{Z}.$$

In diesem Abschnitt werden semi-Markovsche Prozesse unter folgenden Zusatzvoraussetzungen betrachtet:

1) Die eingebettete diskrete Markovsche Kette $X_0, X_1, \ldots$ habe eine stationäre Zustandsverteilung $\{\pi_0, \pi_1, \ldots\}$. Gemäß (2.57) ist sie Lösung des Gleichungssystems

$$\sum_{i \in \mathbf{Z}} p_{ij} \pi_i = \pi_j, j \in \mathbf{Z},, \quad \sum_{i \in \mathbf{Z}} \pi_i = 1. \tag{2.87}$$

Im Fall eines endlichen Zustandsraums reicht die Irreduzibilität der diskreten Markovschen Kette $X_0, X_1, \ldots$ aus, um die Existenz einer stationären Zustandsverteilung zu gewährleisten.

2) Die Verteilungsfunktionen $F_i(t) = P(Y_i \leq t)$ der Verweildauern des Prozesses in den Zuständen i, $i \in \mathbf{Z}$, seien nicht gitterförmig (Definition 1.20 in Abschnitt 1.10.4).

3) Die mittleren Verweildauern $\mu_i = E(Y_i)$ des Prozesses in den Zuständen i seien beschränkt:

$$\mu_i = \int_0^\infty (1 - F_i(t)) \, dt < \infty, \quad i \in \mathbf{Z}.$$

Ein Übergang des semi-Markovschen Prozesses in den Zustand i wird im Folgenden als *i-Übergang* bezeichnet. Die zufällige Anzahl der i-Übergänge, die im Intervall $[0, t]$ stattfinden, sei $N_i(t)$. Dementsprechend ist $H_i(t) = E(N_i(t))$ die mittlere Anzahl der i-Übergänge in $[0, t]$. Dann gilt in Verallgemeinerung des Blackwellschen Erneuerungstheorems (Satz 2.10) für ein beliebiges $t > 0$ (*Matthes* (1962))

$$\lim_{t \to \infty} (H_i(t + \tau) - H_i(\tau)) = \frac{\tau \pi_i}{\sum_{j \in \mathbf{Z}} \pi_j \mu_j}, \quad i \in \mathbf{Z}. \tag{2.88}$$

Nach einer hinreichend langen Zeitspanne hängt also die mittlere Anzahl der i-Übergänge in einem Zeitintervall nicht mehr von der Lage dieses Intervalls ab, sondern nur von seiner Länge. Der semi-Markovsche Erneuerungsprozess 'schwingt sich in ein stationäres Regime ein'. Die folgenden Ausführungen und Anwendungen semi-Markovscher Prozesse beziehen sich nur auf das stationäre Regime. Entsprechend (2.88) treten je Zeiteinheit im Mittel

$$U_i = \frac{\pi_i}{\sum_{j \in \mathbf{Z}} \pi_j \mu_j}$$

i-Übergänge auf. Daher beträgt der Zeitanteil, in dem sich der Prozess in i befindet,

$$A_i = \frac{\pi_i \mu_i}{\sum_{j \in \mathbf{Z}} \pi_j \mu_j}.$$

Infolgedessen ist

$$A_{\mathbf{Z}_0} = \frac{\sum_{i \in \mathbf{Z}_0} \pi_i \mu_i}{\sum_{j \in \mathbf{Z}} \pi_j \mu_j} \tag{2.89}$$

der Zeitanteil, in dem sich der Prozess in einer Zustandsmenge $\mathbf{Z}_0 \subseteq \mathbf{Z}$ befindet. Mit anderen Worten, $A_{\mathbf{Z}_0}$ ist die Wahrscheinlichkeit dafür, den Prozess in einem Zustand aus $\mathbf{Z}_0$ vorzufinden. Sind ferner c_i die mittleren Kosten, die mit einem i-Übergang verbunden sind, so betragen die mittleren totalen (Übergangs-) Kosten je Zeiteinheit

$$K = \frac{\sum_{j \in \mathbf{Z}} \pi_i c_i}{\sum_{j \in \mathbf{Z}} \pi_j \mu_j}.$$

Man beachte, dass die angegebenen Beziehungen nur von unbedingten mittleren Verweildauern μ_j in den Zuständen abhängen, was ihre praktische Anwendung im Allgemeinen sehr erleichtert.

Alternierender Erneuerungsprozess Ein alternierender Erneuerungsprozess (Definition 2.12) ist ein semi-Markovscher Prozess mit dem Zustandsraum $\mathbf{Z} = \{0, 1\}$. Hierbei bezeichnet '0' die Erneuerungs- und '1' die Arbeitsphase des Systems. Die Übergangswahrscheinlichkeiten sind

$$p_{00} = 0, \; p_{01} = 1, \; p_{10} = 1 \text{ und } p_{11} = 0.$$

Das zugehörige Gleichungssystem (2.87) (eine Gleichung ist überflüssig und wird weggelassen) lautet

$$0 \cdot \pi_0 + 1 \cdot \pi_1 = \pi_0$$
$$\pi_0 + \quad \pi_1 = 1$$

Es folgt $\pi_0 = \pi_1 = 1/2$. Daher ist gemäß (2.89) die Wahrscheinlichkeit dafür, dass sich der Prozess im Arbeitszustand befindet, gegeben durch (siehe auch Satz 2.14 im Abschnitt 2.6.6)

$$A_1 = \frac{\mu_1}{\mu_0 + \mu_1}.$$

Beispiel 2.28 Ein System bestehe aus den n Elementen $e_1, e_2, \ldots, e_n$, die alle gleichzeitig, aber unabhängig voneinander arbeiten. Die Lebensdauern $L_1, L_2, \ldots, L_n$ der Elemente seien exponentialverteilt mit den Parametern $\lambda_1, \lambda_2, \ldots, \lambda_n$. Ihre Verteilungsfunktionen und Verteilungsdichten sind also gegeben durch

$$G_i(t) = 1 - e^{-\lambda_i t}, \quad g_i(t) = \lambda_i e^{-\lambda_i t}, \quad t \geq 0; \quad i = 1, 2, \ldots, n.$$

Fällt ein Element aus, unterbricht das System seine Arbeit. Das ausgefallene Element wird erneuert und unmittelbar nach Abschluss der Erneuerung wird das System wieder in Betrieb genommen. Eine Erneuerung von e_i erfordere im Mittel μ_i Zeiteinheiten. Während der Erneuerung eines Elements können die anderen nicht ausfallen. Wird $X(t) = 0$ gesetzt, wenn das System arbeitet und $X(t) = i$, wenn e_i erneuert wird, ist $\{X(t), t \geq 0\}$ ein semi-Markovscher Prozess mit dem Zustandsraum $Z = \{0, 1, \ldots, n\}$. (Eine Markovsche Kette liegt vor, wenn auch die Erneuerungszeiten der Elemente exponentialverteilt sind.) Seine bedingten Verweilzeiten im Zustand 0 sind $Y_{0i} = L_i$ mit den Verteilungsfunktionen $F_{0i}(t) = G_i(t)$; $i = 0, 1, \ldots, n$. Die unbedingte zufällige Verweilzeit des Prozesses im Zustand 0 ist $Y_0 = \min\{L_1, L_2, \ldots, L_n\}$ mit der Verteilungsfunktion

$$F_0(t) = P(Y_0 \leq t) = 1 - \bar{G}_1(t) \cdot \bar{G}_2(t) \cdots \bar{G}_n(t).$$

Mit $\lambda = \lambda_1 + \lambda_2 + \cdots + \lambda_n$ folgen

$$F_0(t) = 1 - e^{-\lambda t}, \quad t \geq 0, \text{ und } \mu_0 = E(Y_0) = 1/\lambda.$$

Der Übergang vom Zustand 0 in den Zustand i erfolgt mit Wahrscheinlichkeit

$$p_{0i} = P(Y_0 = L_i) = \int_0^\infty \bar{G}_1(x) \cdot \bar{G}_2(x) \cdots \bar{G}_{i-1}(x) \cdot \bar{G}_{i+1}(x) \cdots \bar{G}_n(x) g_i(x) \, dx$$

$$= \int_0^\infty e^{-(\lambda_1 + \lambda_2 + \cdots + \lambda_{i-1} + \lambda_{i+1} + \cdots + \lambda_n)x} \lambda_i e^{-\lambda_i x} \, dx = \lambda_i \int_0^\infty e^{-\lambda x} \, dx.$$

Daher lauten die Übergangswahrscheinlichkeiten

$$p_{0i} = \lambda_i/\lambda, \quad p_{i0} = 1; \quad i = 1, 2, \ldots, n.$$

Somit hat das Gleichungssystem (2.87) (ohne Normierungsbedingung) die Gestalt

$$\pi_0 = \pi_1 + \pi_2 + \ldots + \pi_n$$

$$\pi_i = \frac{\lambda_i}{\lambda} \pi_0; \quad i = 1, 2, \ldots, n.$$

Die Lösung ist wegen der Normierungsbedingung $\pi_0 + \pi_1 + \pi_2 + \ldots + \pi_n = 1$

$$\pi_0 = 1/2; \quad \pi_i = \lambda_i/2\lambda; \quad i = 1, 2, \ldots, n.$$

Gemäß (2.89) beträgt die Wahrscheinlichkeit dafür, das System im stationären Regime im Arbeitszustand vorzufinden, also seine Dauerverfügbarkeit,

$$A_0 = \frac{1}{1 + \sum_{i=1}^{n} \lambda_i \mu_i}. \qquad \square$$

Literatur (auch zur Modellierung des zeitlichen Verhaltens von Semi-Markovschen Prozessen): *Brandt, Franken, Lisek* (1990), *Gaede* (1977), *Nollau* (1980).

2.9 Martingale

Martingale sind wichtige Hilfmittel zur Lösung anspruchsvoller Probleme der Wahrscheinlichkeitstheorie, wie sie etwa bei der Analyse zufälliger Irrfahrten, in der Mathematischen Statistik, bei Punktprozessen und in der Finanzmathematik auftreten. Anschaulich entsprechen sie der Vorstellung von einem 'fairen Spiel', in denen also Spieler und Casino die gleichen Chancen haben. Insbesondere ist *Martingal* das französische Wort für dasjenige faire Spiel, das in der sukzessiven Verdoppelung der Wetteinsätze bis zum erstmaligen Gewinn besteht. Martingale wurden von *J. Ville* und *P. Levy* in die Wahrscheinlichkeitstheorie eingeführt. Es war jedoch *J. L. Doob* (1953), der mit ihrer systematischen Erforschung begann und ihre theoretische und praktische Bedeutung erkannte.

2.9.1 Martingale in diskreter Zeit

Definition 2.20 Ein stochastischer Prozess in diskreter Zeit $\{X_0, X_1, ...\}$ mit dem Zustandsraum $\mathbf{Z}$, der $E(|X_n|) < \infty$, $n = 0, 1, 2, ...$, erfüllt, ist ein *Martingal*, wenn

$$E(X_{n+1} | X_n = x_n, ..., X_1 = x_1, X_0 = x_0) = x_n \qquad (2.90)$$

für alle Vektoren $(x_0, x_1, ..., x_n)$ mit $x_i \in \mathbf{Z}$ und beliebige $n = 0, 1, ...$ gilt. Unter den gleichen Voraussetzungen ist $\{X_0, X_1, ...\}$ ein *Supermartingal*, wenn gilt

$$E(X_{n+1} | X_n = x_n, ..., X_1 = x_1, X_0 = x_0) \le x_n,$$

und ein *Submartingal*, wenn gilt

$$E(X_{n+1} | X_n = x_n, ..., X_1 = x_1, X_0 = x_0) \ge x_n. \qquad \bullet$$

Äquivalent zu (2.90) ist

$$E(X_{n+1} - X_n | X_n = x_n, ..., X_1 = x_1, X_0 = x_0) = 0. \qquad (2.91)$$

Wird X_n als das zufällige Vermögen eines Spielers zum Zeitpunkt n interpretiert und ist $X_n = x_n$, dann beträgt sein bedingtes mittleres Vermögen zum Zeitpunkt $n+1$, also $E(X_{n+1} | X_n = x_n)$, ebenfalls x_n, und zwar unabhängig davon, wie sich die Vermögensentwicklung vor dem Zeitpunkt n vollzog (*faires Spiel*).

Hinweis Im Folgenden werden Martingale in diskreter Zeit auch mit $\{X_1, X_2, ...\}$ bezeichnet.

Die Trendfunktion eines Martingals ist identisch konstant:

$$E(X_n) = E(X_0); \quad n = 0, 1, ... \qquad (2.92)$$

Ungeachtet der Konstanz ihrer Trendfunktion sind Martingale im allgemeinen keine stationären Prozesse.

Beispiel 2.29 (*Summenmartingal*) $\{Y_0, Y_1, ...\}$ sei eine Folge unabhängiger Zufallsgrößen mit $E(Y_i) = 0$. Dann ist $\{X_0, X_1, ...\}$ mit $X_n = Y_0 + Y_1 + \cdots + Y_n$ ein Martingal:

$$E(X_{n+1} | X_n = x_n, ..., X_1 = x_1, X_0 = x_0)$$
$$= E(X_n + Y_{n+1} | X_n = x_n, ..., X_1 = x_1, X_0 = x_0)$$
$$= x_n + E(Y_{n+1}) = x_n.$$

Man beachte, dass $\{X_0, X_1, ...\}$ als zufällige Irrfahrt interpretiert werden kann: X_n ist die Position eines Teilchens nach dem n-ten Sprung (bzw. zum Zeitpunkt n). $\square$

Beispiel 2.30 (*Produktmartingal*) $\{Y_0, Y_1, ...\}$ sei eine Folge unabhängiger, identisch verteilter positiver Zufallsgrößen mit $\mu = E(Y_i) < \infty$ für $i = 1, 2, ...$, und $X_n = Y_0 Y_1 ... Y_n$. Es gilt:

$$E(X_{n+1} | X_n = x_n, ..., X_1 = x_1, X_0 = x_0)$$
$$= E(X_n Y_{n+1} | X_n = x_n, ..., X_1 = x_1, X_0 = x_0)$$
$$= x_n E(Y_{n+1} | X_n = x_n, ..., X_1 = x_1, X_0 = x_0)$$
$$= x_n E(Y_{n+1}) = x_n \mu.$$

Die Folge $\{X_0, X_1, ...\}$ ist ein Supermartingal für $\mu < 1$ und ein Submartingal für $\mu > 1$. Sie ist genau dann ein Martingal, wenn $\mu = 1$ ist. Dieses Martingal ist ein realistischer Ansatz zur Modellierung von Aktienpreisen (oder Derivaten davon); denn ist X_n der Preis einer Aktie zum Zeitpunkt n, dann gewährleistet der Produktansatz einerseits positive Preise und trägt andererseits der Tatsache Rechnung, dass Schwankungen im Aktienpreis näherungsweise proportional dem Istpreis sind. Spezialfälle des Preismodells sind:

1) *Diskretes Black-Scholes-Modell*:

$$Y_i = N(\mu, \sigma^2); \quad \mu \geq 3\sigma^2, \quad i = 1, 2, ...$$

2) *Binomialmodell*:

$$Y_i = \begin{cases} a & \text{mit Wahrscheinlichkeit } p \\ 1/a & \text{mit Wahrscheinlichkeit } 1 - p \end{cases} ; \quad i = 1, 2, ...; \quad a > 0, \quad a \neq 1.$$

X_n hat die Struktur

$$X_n = Y_0 a^m; \quad n = 1, 2, ...;$$

wobei m eine ganzzahlige Zufallsgröße mit $|m| \leq n$ ist. Für $p = 1/(a+1)$ ist $E(Y_i) = 1$ und somit $\{X_0, X_1, ...\}$ ein Martingal. $\square$

Definition 2.21 Es sei $\{Y_0, Y_1, ...\}$ eine (nicht unbedingt homogene) diskrete Markovsche Kette mit dem Zustandsraum $\mathbf{Z} = \{..., -1, 0, +1, ...\}$ und den Übergangswahrscheinlichkeiten

$$p_n(i, j) = P(Y_{n+1} = j | Y_n = i); \quad i, j \in \mathbf{Z}; \quad n = 0, 1, ...$$

Eine Funktion $h(i, n)$; $i \in \mathbf{Z}$, $n = 0, 1, ...$; heißt *konkordant* bezüglich $\{Y_0, Y_1, ...\}$, wenn sie folgende Bedingung erfüllt:

$$h(i, n) = \sum_{j \in \mathbf{Z}} p_n(i, j) h(j, n + 1). \qquad \bullet$$

Satz 2.28 $\{Y_0, Y_1, ...\}$ sei eine diskrete Markovsche Kette und $h(i, n)$ eine bezüglich dieser Kette beschränkte, konkordante Funktion. Dann ist die durch $X_n = h(Y_n, n)$ erzeugte Folge $\{X_0, X_1, ...\}$ ein Martingal. ∎

Definition 2.22 Es seien $\{X_0, X_1, ...\}$ und $\{Y_0, Y_1, ...\}$ zwei stochastische Prozesse in diskreter Zeit mit den Zustandsräumen $\mathbf{Z}_X$ bzw. $\mathbf{Z}_Y$. Gilt $E(|X_n|) < \infty$ für alle $n \geq 0$, dann ist $\{X_0, X_1, ...\}$ ein *Martingal bezüglich* $\{Y_0, Y_1, ...\}$, wenn für alle Vektoren $(y_0, y_1, ..., y_n)$ mit $y_i \in \mathbf{Z}_Y$ und beliebige $n = 0, 1, ...$ gilt

$$E(X_{n+1} - X_n | Y_n = y_n, ..., Y_1 = y_1, Y_0 = y_0) = 0.$$

Unter sonst gleichen Voraussetzungen ist $\{X_0, X_1, ...\}$ ist ein *Supermartingal bezüglich* $\{Y_0, Y_1, ...\}$, wenn gilt

$$E(X_{n+1} - X_n | Y_n = y_n, ..., Y_1 = y_1, Y_0 = y_0) \leq 0$$

und ein *Submartingal bezüglich* $\{Y_0, Y_1, ...\}$, wenn gilt

$$E(X_{n+1} - X_n | Y_n = y_n, ..., Y_1 = y_1, Y_0 = y_0) \geq 0. \qquad \bullet$$

Satz 2.29 Die gemäß Satz 2.28 erzeugte Folge $\{X_0, X_1, ...\}$ ist ein Martingal bezüglich $\{Y_0, Y_1, ...\}$.

Beweis Wegen $h(y_n, n) = x_n$ gilt

$$E(X_{n+1} - X_n | Y_n = y_n, ..., Y_1 = y_1, Y_0 = y_0)$$

$$= E(X_{n+1} | Y_n = y_n, ..., Y_1 = y_1, Y_0 = y_0) - E(X_n | Y_n = y_n, ..., Y_1 = y_1, Y_0 = y_0)$$

$$= E(h(Y_{n+1}, n+1) | Y_n = y_n) - E(h(Y_n, n) | Y_n = y_n)$$

$$= \sum_{y \in \mathbf{Z}_Y} p_n(y_n, y) h(y, n+1) - h(y_n, n) = x_n - x_n = 0.$$

Damit ist der Satz bewiesen. ∎

Satz 2.29 impliziert leicht die Aussage von Satz 2.28, dass $\{X_0, X_1, ...\}$ ein Martingal ist.

Beispiel 2.31 (*Varianzmartingal*) $Z_1, Z_2, ...$ seien unabhängige, ganzzahlige Zufallsgrößen mit $E(Z_i) = 0$ und $E(Z_i^2) = \sigma_i^2$. Ferner sei z_0 eine ganzzahlige Konstante und

$$Y_n = z_0 + Z_1 + \cdots + Z_n.$$

Dann ist $E(Y_n) = z_0$ für alle $n = 0, 1, ...$ und

$$Var(Y_n) = \sum_{i=1}^{n} \sigma_i^2 \quad \text{für alle } n = 1, 2, ...$$

Die Funktion $h(i, n) = i^2 - \sum_{i=1}^{n} \sigma_i^2$ ist bezüglich der Markovschen Kette $\{Y_0, Y_1, ...\}$ konkordant. Um dies nachzuweisen, werden mit $p_n(i, j)$ die Übergangswahrscheinlichkeiten dieser Kette bezeichnet. Ist $\left\{..., q_{-1}^{(k)}, q_0^{(k)}, q_1^{(k)}, ...\right\}$ die Wahrscheinlichkeitsverteilung von Z_k, dann gilt

$$p_k(i, j) = P(Z_{k+1} = j - i) = q_{j-i}^{(k+1)}.$$

Somit ist mit $N = \{\cdots, -1, 0, +1, \cdots\}$

$$\sum_{j \in N} q_{j-i}^{(n)} h(j, n+1) = \sum_{j \in N} q_{j-i}^{(n+1)} \left(j^2 - \sum_{i=1}^{n+1} \sigma_i^2 \right)$$

$$= \sum_{j \in N} q_{j-i}^{(n+1)} (j-i)^2 + 2i \sum_{j \in N} q_{j-i}^{(n+1)} j - \sum_{j \in N} q_{j-i}^{(n+1)} i^2 - \sum_{i=1}^{n+1} \sigma_i^2$$

$$= \sum_{j \in N} q_{j-i}^{(n+1)} (j-i)^2 + i^2 - \sum_{i=1}^{n+1} \sigma_i^2 = i^2 - \sum_{i=1}^{n} \sigma_i^2 = h(i, n).$$

Daher ist gemäß Satz 2.28 $\{X_0, X_1, ...\}$ mit $X_n = Y_n^2 - Var(Y_n)$ ein Martingal. $\square$

Beispiel 2.32 (*Exponentialmartingal*) Es sei $Z_1, Z_2, ...$ eine Folge unabhängiger, identisch wie Z verteilter Zufallsgrößen und θ eine reelle Zahl mit

$$m(\theta) = E(e^{\theta Z}) < \infty \quad \text{sowie} \quad Y_n = Y_0 + Z_1 + \cdots + Z_n; \ n = 1, 2, ...$$

Dann ist $\{X_0, X_1, ...\}$ mit $X_0 = e^{\theta Y_0}$ und

$$X_n = \frac{1}{(m(\theta))^n} e^{\theta Y_n} = e^{\theta Y_0} \prod_{i=1}^{n} \left(\frac{e^{\theta Z_i}}{m(\theta)} \right); \ n = 1, 2, ...;$$

ein Martingal. Der Nachweis ist leicht erbracht; denn es gilt

$$E(X_{n+1} | X_n = x_n, X_{n-1} = x_{n-1}, ..., X_0 = x_0)$$

$$= x_n E\left(\frac{e^{\theta Z_{n+1}}}{m(\theta)} \right) = x_n E\left(\frac{e^{\theta Z}}{m(\theta)} \right) = x_n \frac{m(\theta)}{m(\theta)} = x_n.$$

Speziell seien die $Z_1, Z_2, ...$ binäre, wie Z verteilte Zufallsgrößen der Struktur

$$Z = \begin{cases} 1 & \text{mit Wahrscheinlichkeit } p \\ -1 & \text{mit Wahrscheinlichkeit } 1-p \end{cases}.$$

Dann beschreibt $\{Y_0, Y_1, ...\}$ eine zufällige Irrfahrt mit der Schrittweite 1 und dem zufälligen Startpunkt Y_0. Es gilt $m(\theta) = E(e^{\theta Z}) = p e^{\theta} + (1-p) e^{-\theta}$. Wird θ so gewählt, dass $e^{\theta} = (1-p)/p$ erfüllt ist, gilt $m(\theta) = 1$ und das Exponentialmartingal erhält die Struktur

$$X_n = [(1-p)/p]^{Y_n} \quad \text{mit} \quad E(X_n) = E\left([(1-p)/p]^{Y_0} \right); \ n = 0, 1, ... \qquad \square$$

Definition 2.23 (*Stoppzeit*) Eine nichtnegative, ganzzahlige Zufallsgröße τ ist eine *Stoppzeit* für den stochastischen Prozess in diskreter Zeit $\{X_0, X_1, ...\}$, wenn das Eintreten des Ereignisses "$\tau \leq n$" vollständig durch die $X_0, X_1, ..., X_n$ bestimmt ist, und demzufolge nicht von den $X_{n+1}, X_{n+2}, ...$ abhängt. $\bullet$

Man beachte, dass jede nichtnegative, ganzzahlige Zufallsgröße τ eine Stoppzeit für den Prozess $\{X_0, X_1, ...\}$ ist, wenn sie unabhängig von allen X_i ist.

Gelegentlich spricht man in der Literatur anstelle von *Stoppzeit* von *Markov-Zeit* und bezeichnet als Stoppzeiten nur endliche Markov-Zeiten τ. (Eine Zufallsgröße τ ist *endlich*, wenn sie der Bedingung $P(\tau < \infty) = 1$ genügt.)

Definition 2.24 Es sei τ eine Stoppzeit für den stochastischen Prozesses $\{X_0, X_1, ...\}$. Dann heißt der durch

$$X_n^{(s)} = X_{\min(n,\tau)} = \begin{cases} X_n & \text{für } n \le \tau \\ X_\tau & \text{für } n > \tau \end{cases}$$

definierte Prozess $\{X_0^{(s)}, X_1^{(s)}, ...\}$ der zu $\{X_0, X_1, ...\}$ und τ *gehörige gestoppte stochastische Prozess.* ●

Satz 2.30 Es sei $\{X_0, X_1, ...\}$ ein Martingal und τ eine endliche Stoppzeit für dieses Martingal. Dann ist der zugehörige gestoppte zufällige Prozess $\{X_0^{(s)}, X_1^{(s)}, ...\}$ ebenfalls ein Martingal. ■

Interpretation Wird die zeitliche Entwicklung des Vermögens eines Spielers durch ein Martingal bestimmt, dann kann er durch keine noch so geschickt gewählte Stoppstrategie, die den gesamten bisherigen Verlauf des Spiels berücksichtigt, ein faires Spiel bezüglich der mittleren Vermögensentwicklung zu seinen Gunsten gestalten. Genauer, es existiert keine Stoppzeit mit der Eigenschaft, dass der zu einem Martingal gehörige gestoppte Prozess ein Submartingal ist.

Der folgende Satz erlaubt prinzipiell die gleiche Interpretation wie Satz 2.30.

Satz 2.31 (*Stoppsatz für Martingale in diskreter Zeit*) Ist τ eine endliche Stoppzeit für das Martingal $\{X_0, X_1, ...\}$ und C eine endliche Konstante mit $\left| X_{\min(\tau,n)} \right| < C$ für alle $n = 0, 1, ...$, dann gilt

$$E(X_\tau) = E(X_0).$$
■

Beim Vergleich der Aussage dieses Satzes mit (2.92) beachte man, dass τ eine Zufallsgröße ist. Satz 2.31 gilt ebenso wie Satz 2.30 auch für Martingale $\{X_0, X_1, ...\}$ bezüglich einer Folge von Zufallsgrößen $\{Y_0, Y_1, ...\}$.

Waldsche Identität Es sei $Y_1, Y_2, ...$ eine Folge unabhängiger, identisch wie Y verteilter Zufallsgrößen mit $E(Y) < \infty$. Ist τ eine Stoppzeit für diese Folge, dann gilt die *Waldsche Identität*:

$$E\left(\sum_{i=1}^{\tau} Y_i \right) = E(\tau) E(Y).$$

Da die durch $X_n = \sum_{i=1}^{n}(Y_i - E(Y))$ definierte Folge $\{X_1, X_2, ...\}$ ein Martingal mit $E(X_i) = 0$ ist, gilt wegen Satz 2.31 die Beziehung $E(X_\tau) = E(X_1) = 0$. Andererseits ist

$$E(X_\tau) = E\left(\sum_{i=1}^{\tau}(Y_i - E(Y)) \right) = E\left(\sum_{i=1}^{\tau} Y_i - \tau E(Y) \right) = E\left(\sum_{i=1}^{\tau} Y_i \right) - E(\tau) E(Y).$$

Damit ist die Waldsche Identität bewiesen.

Beispiel 2.33 (*faires Spiel*) $\{Z_1, Z_2, ...\}$ sei eine Folge unabhängiger, identisch wie Z verteilter Zufallsgrößen:

$$Z = \begin{cases} 1 & \text{mit Wahrscheinlichkeit } P(Z = 1) = 1/2 \\ -1 & \text{mit Wahrscheinlichkeit } P(Z = -1) = 1/2 \end{cases}.$$

Gemäß Beispiel 2.29 ist die Folge $\{Y_1, Y_2, ...\}$ mit

$$Y_n = Z_1 + Z_2 + \cdots + Z_n; \quad n = 1, 2, ...$$

ein Martingal. Y_n wird als der kumulative Gewinn eines Spielers nach dem n-ten Spiel interpretiert, wobei er in jedem Spiel einen *Euro* mit gleicher Wahrscheinlichkeit gewinnt bzw. verliert. Der Spieler bricht das Spiel ab, sobald er a *Euro* gewonnen oder b *Euro* verloren hat. Das heißt, das Spiel wird abgebrochen zum Zeitpunkt

$$\tau = \min\{n; \ Y_n = a \text{ oder } Y_n = -b\}. \tag{2.93}$$

$P(Y_\tau = -b)$ ist die *Ruinwahrscheinlichkeit* des Spielers. τ ist eine Stoppzeit des Martingals $\{Y_1, Y_2, ...\}$. Da sie endlich ist (wird hier nicht bewiesen), gilt nach Satz 2.31

$$0 = E(Z_1) = E(Y_1) = E(Y_\tau) = a P(Y_\tau = a) + (-b) P(Y_\tau = -b).$$

In Verbindung mit $P(Y_\tau = a) + P(Y_\tau = -b) = 1$ erhält man

$$P(Y_\tau = a) = \frac{b}{a+b}, \quad P(Y_\tau = -b) = \frac{a}{a+b}.$$

Zur Bestimmung der mittleren Spieldauer $E(\tau)$ wird das durch $X_n = Y_n^2 - n$ definierte Martingal $\{X_1, X_2, ...\}$ eingeführt (Beispiel 2.31). Die Anwendung von Satz 2.31 auf dieses Martingal liefert

$$0 = E(X_1) = E(X_\tau) = E(Y_\tau^2) - E(\tau) = 0.$$

Daher ist

$$E(\tau) = E(Y_\tau^2) = a^2 P(Y_\tau = a) + b^2 P(Y_\tau = -b).$$

Es folgt

$$E(\tau) = a^2 \frac{b}{a+b} + b^2 \frac{a}{a+b} = ab. \qquad \square$$

Beispiel 2.34 (*unfaires Spiel*) Es wird prinzipiell die gleiche Situation wie im vorangegangenen Beispiel betrachtet; jedoch sind die Gewinn- und Verlustchancen des Spielers in einem Spiel nicht mehr einander gleich:

$$Z_i = \begin{cases} 1 & \text{mit Wahrscheinlichkeit } p \\ -1 & \text{mit Wahrscheinlichkeit } 1-p \end{cases}, \ p \neq 1/2.$$

Vermittels $Y_n = Z_1 + Z_2 + \cdots + Z_n$ wird das Martingal $\{X_1, X_2, ...\}$ wie folgt definiert:

$$X_n = \sum_{i=1}^{n} (Z_i - E(Z_i)); \ n = 1, 2, ...$$

(Dieses Martingal leistete bereits beim Beweis der Waldschen Identität gute Dienste.) Die Stoppzeit τ ist wiederum durch (2.93) definiert. Da sie endlich ist für $p = 1/2$, ist sie es erst recht für $p \neq 1/2$. Wegen $E(Z_i) = 2p - 1$ folgt aus Satz 2.31

$$0 = E(X_\tau) = E\left(\sum_{i=1}^{\tau} (Z_i - E(Z_i))\right) = E(Y_\tau) - (2p-1)E(\tau)$$

bzw.

$$0 = a P(Y_\tau = a) + (-b) P(Y_\tau = -b) - (2p-1)E(\tau).$$

Zur Aufstellung einer weiteren Gleichung für die drei Unbekannten wird das Exponentialmartingal (Beispiel 2.32) herangezogen. Es sei $\theta = \ln\left[(1-p)/p\right]$. Dann gilt

$$E\left(e^{\theta Z_i}\right) = p\,e^{\theta} + (1-p)\,e^{-\theta} = 1$$

und die durch

$$U_n = \prod_{i=1}^{n} e^{\theta Z_i} = e^{\theta \sum_{i=1}^{n} Z_i} = e^{\theta Y_n}; \quad n = 1, 2, \ldots;$$

definierte Folge $\{U_1, U_2, \ldots\}$ ist ein Martingal. Wegen Satz 2.31 gilt

$$1 = E(U_1) = E(U_\tau) = e^{\theta a}\,P(Y_\tau = a) + e^{-\theta b}\,P(Y_\tau = -b).$$

Unter Beachtung von $P(Y_\tau = a) + P(Y_\tau = -b) = 1$ folgt

$$P(Y_\tau = a) = \frac{1 - \left(\frac{p}{1-p}\right)^b}{\left(\frac{1-p}{p}\right)^a - \left(\frac{p}{1-p}\right)^b}, \quad P(Y_\tau = -b) = \frac{\left(\frac{1-p}{p}\right)^a - 1}{\left(\frac{1-p}{p}\right)^a - \left(\frac{p}{1-p}\right)^b}.$$

Mit diesen Wahrscheinlichkeiten ergibt sich die mittlere Spieldauer zu

$$E(\tau) = \frac{a\,P(Y_\tau = a) - b\,P(Y_\tau = -b)}{2p - 1}. \qquad \square$$

Beispiel 2.35 Es sei Y_i der zufällige Preis einer Aktieneinheit zum Zeitpunkt i, und A_i sei diejenige Menge an Aktieneinheiten, die ein Investor im Intervall $[i-1, i)$ hält; $i = 1, 2, \ldots$ Der Wert seiner Aktienheiten zum Zeitpunkt $t = 0$ des Beginns der Investition beträgt daher $A_1 Y_0$, und sein Profit im Intervall $[i-1, i)$ ist $A_i(Y_i - Y_{i-1})$. Zum Zeitpunkt n hat er den totalen Profit

$$X_n = \sum_{i=1}^{n} A_i(Y_i - Y_{i-1}); \quad n = 1, 2, \ldots; \qquad (2.94)$$

'erwirtschaftet'. Die Festlegung der A_i erfolgt durch den Investor zu Beginn jedes Zeitabschnitts $[i-1, i]$. Daher ist es realistisch vorauszusetzen, dass die A_i nur von den $Y_0, Y_1, \ldots, Y_{i-1}$ abhängen, also nicht von der künftigen Entwicklung der Aktienpreise. Unter dieser Voraussetzung ist, falls $\{Y_0, Y_1, \ldots\}$ ein Martingal (Supermartingal) ist, die Folge $\{X_1, X_2, \ldots\}$ ein Martingal (Supermartingal) bezüglich $\{Y_0, Y_1, \ldots\}$; denn es gilt

$$E(X_{n+1} - X_n | Y_n = y_n, \ldots, Y_1 = y_1, Y_0 = y_0)$$

$$= E(A_{n+1}(Y_{n+1} - Y_n) | Y_n = y_n, \ldots, Y_1 = y_1, Y_0 = y_0)$$

$$= A_{n+1} E(Y_{n+1} - Y_n | Y_n = y_n, \ldots, Y_1 = y_1, Y_0 = y_0)$$

$$= (\leq) A_{n+1} E(Y_{n+1} - Y_n | Y_n = y_n) = (\leq)\, 0.$$

Der Ansatz (2.94) enthält als Spezialfall das Modell der 'Verdoppelungsstrategie', zum Beispiel die folgende Variante: Ein Spieler setzt im ersten Spiel einen Euro ($A_1 = 1$). Er verliert diesen Euro mit Wahrscheinlichkeit $1 - p$ und gewinnt einen Euro dazu mit Wahrscheinlichkeit p. Gewinnt er bereits im ersten Spiel, beendet er das Spiel. Verliert

er im ersten Spiel, verdoppelt er im zweiten Spiel seinen Einsatz auf zwei Euro ($A_2 = 2$).
Er gewinnt zwei Euro dazu mit Wahrscheinlichkeit p und verliert zwei Euro mit Wahrscheinlichkeit $1 - p$. Gewinnt der Spieler, bricht er das Spiel ab usw. (um eventuell erneut zu beginnen). Beim Abbruch des Spiels hat er jeweils einen (totalen) Profit von einem Euro erzielt. In dieser Anwendung ist die Differenz $Z_i = Y_i - Y_{i-1}$ gleich -1, wenn
der Spieler die ersten i Spiele verloren hat. Gewinnt er im n–ten Spiel, ist $Y_n - Y_{n-1} = 1$.
Somit haben bei dieser Interpretation die $Y_1, Y_2, \ldots$ die Struktur $Y_n = Z_1 + Z_2 + \cdots + Z_n$,
wobei die Z_i unabhängige, binäre Zufallsgrößen sind:

$$Z_i = \begin{cases} +1 & \text{mit Wahrscheinlichkeit} \quad p \\ -1 & \text{mit Wahrscheinlichkeit} \ 1 - p \end{cases} ; \ i = 1, 2, \ldots$$

$\{Y_1, Y_2, \ldots\}$ ist ein Martingal (Supermartingal), wenn $p = 1/2$ ($p < 1/2$) ausfällt. In diesen Fällen kann der Spieler im Mittel keinen Vermögenszuwachs erwarten. Dieses Resultat ist auf den ersten Blick nicht einleuchtend, da sich wegen der positiven Gewinnwahrscheinlichkeit früher oder später der Gewinn von einem Euro einstellen wird. Jedoch ist, um die Verdoppelungsstrategie durchstehen zu können, unbeschränkte Zeit und
unbeschränktes Anfangskapital erforderlich (und das Casino muss beliebig hohe Einsätze
erlauben). Wegen dieser nichtrealisierbaren Voraussetzungen entwickelt sich das Vermögen des Spielers bei Anwendung der Verdoppelungsstrategie letztlich entsprechend
einem Martingal. Die Gewinnwahrscheinlichkeit kann aber durch Erhöhung des Anfangskapitals bei gleichbleibendem angestrebten Gewinn beliebig groß gemacht werden. $\quad \Box$

Für Martingale in diskreter Zeit $\{X_0, X_1, \ldots\}$ wurden eine Reihe von Grenzwertaussagen
und Ungleichungen bewiesen. Wichtige Resultate sind:

1) Es sei $E(|X_n|) < C < \infty$ für $n = 0, 1, \ldots$ Dann existiert eine Zufallsgröße X_∞ mit der
Eigenschaft, dass die Folge $X_0, X_1, \ldots$ sowohl mit Wahrscheinlichkeit 1 als auch im Mittel gegen X_∞ konvergiert (wegen Konvergenzbegriffe siehe Abschnitt 1.10.1):

$$P\left(\lim_{n \to \infty} X_n = X_\infty \right) = 1, \quad \lim_{n \to \infty} E(|X_n - X_\infty|) = 0.$$

2) Es sei $\sup_n E(X_n^2) < \infty$. Dann existiert eine Zufallsgröße X_∞ mit der Eigenschaft, dass
die Folge $X_0, X_1, \ldots$ im Quadratmittel gegen X_∞ konvergiert:

$$\lim_{n \to \infty} E((X_n - X_\infty)^2) = 0.$$

3) *(Azumas Ungleichung)* Es existieren nichtnegative Zahlen α_i und β_i mit

$$-\alpha_i \le X_{i+1} - X_i \le \beta_i ; \quad i = 0, 1, \ldots$$

Wird $\mu = E(X_i)$; $i = 1, 2, \ldots$; und $X_0 = \mu$ gesetzt, dann gilt für alle $n = 1, 2, \ldots$ und $\varepsilon > 0$,

$$P(X_n - \mu \ge +\varepsilon) \le \exp \left\{ -2\varepsilon^2 \Big/ \textstyle\sum_{i=1}^{n} (\alpha_i + \beta_i)^2 \right\},$$

$$P(X_n - \mu \le -\varepsilon) \le \exp \left\{ -2\varepsilon^2 \Big/ \textstyle\sum_{i=1}^{n} (\alpha_i + \beta_i)^2 \right\}.$$

Wenn also die Zuwächse der Zufallsgrößen X_i gegebene Schranken nicht überschreiten können, ist die Abschätzung nützlicher Wahrscheinlichkeiten möglich.

4) (*Ungleichungen von Doob*) Die Folge von Zufallsgrößen $\{X_0, X_1, ...\}$ sei ein Martingal. Dann gilt für alle $N = 1, 2, ...$ sowie für jedes $\alpha \geq 1$ und $\lambda > 0$ (die Existenz der auftretenden Erwartungswerte vorausgesetzt)

$$\lambda^\alpha P(\max_{n=0,1,...,N} |X_n| \geq \lambda) \leq E(|X_N|^\alpha).$$

Für alle $\alpha > 1$ gilt

$$E(|X_N|^\alpha) \leq E\left(\max_{n=0,1,...,N} |X_n|^\alpha\right) \leq \left(\frac{\alpha}{\alpha-1}\right)^\alpha E(|X_N|^\alpha).$$

Insbesondere folgt für quadratisch integrierbare Martingale ($\alpha = 2$)

$$E(X_N^2) \leq E(\max_{n=0,1,...,N} X_n^2) \leq 4 E(X_N^2)$$

2.9.2 Martingale in stetiger Zeit

Die folgende Definition für Martingale in stetiger Zeit ist etwas allgemeiner als die für Martingale in diskreter Zeit gegebene. Sie bezieht sich zur Vereinfachung der Schreibweise und im Hinblick auf Anwendungen auf den im folgenden Kapitel behandelten Wiener Prozess stets auf den Parameterraum $T = [0, \infty)$.

Definition 2.25 Ein stochastischer Prozess $\{X(t), t \geq 0\}$ mit $E(|X(t)|) < \infty$ für alle $t \geq 0$ ist ein *Martingal*, wenn für jedes $n = 0, 1, ...$, jede nichtfallende Folge $t_0, t_1, ..., t_n$ mit $0 \leq t_0 < t_1 < \cdots < t_n$, sowie jedes t mit $t > t_n$ die Beziehung

$$E(X(t)|X(t_n), \cdots, X(t_1), X(t_0)) = X(t_n) \tag{2.95}$$

mit Wahrscheinlichkeit 1 gilt. ●

Also: Der Verlauf des Prozesses $\{X(t), t \geq 0\}$ vor dem Zeitpunkt t_n hat auf den bedingten Erwartungswert $E(X(t)|X(t_n))$ keinen Einfluss. Man beachte, dass (2.95) eine Relation zwischen Zufallsgrößen ist. (Die Berechnung der bedingten Erwartungswerte (2.95) bei gegebener mehrdimensionaler Verteilung des Prozesses wurde im Abschn. 1.8.2 erläutert.) Eine Kurzschreibweise für die charakteristische Eigenschaft (2.95) der Martingale ist

$$E(X(t)|X(y), y \leq s) = X(s), \quad s < t.$$

$\{X(t), t \geq 0\}$ ist ein *Supermartingal* (*Submartingal*), wenn in (2.95) das Gleichheitszeichen durch '$\leq$' ('$\geq$') ersetzt wird.

Die Trendfunktion eines Martingals ist identisch konstant:

$$m(t) = E(X(t)) \equiv m(0).$$

Definition 2.26 (*Stoppzeit*) Die Zufallsgröße τ ist eine *Stoppzeit* bez. eines (beliebigen) stochastischen Prozesses $\{X(t), t \geq 0\}$, wenn für alle $s > 0$ das Eintreten des Ereignisses "$\tau \leq s$" vollständig vom Verlauf des Prozesses bis zum Zeitpunkt s bestimmt ist. ●

Somit wird das Eintreten des Ereignisses "$\tau \leq s$" nicht durch den Verlauf des Prozesses nach dem Zeitpunkt s, also durch die $X(t)$ mit $t > s$, beeinflusst.

Satz 2.32 (*Stoppsatz für Martingale in stetiger Zeit*) $\{X(t), t \geq 0\}$ sei ein Martingal mit stetigen Trajektorien und τ eine Stoppzeit bezüglich $\{X(t), t \geq 0\}$, die $P(\tau < \infty) = 1$ und $E(|X(\tau)|) < \infty$ erfüllt. Dann gilt

$$E(X(\tau)) = E(X(0)).$$ ■

Im Folgenden werden einige wichtige Grenzwertaussagen und Ungleichungen für Martingale in stetiger Zeit mit stetigen Trajektorien aufgelistet. (Es genügt jedoch die Voraussetzung, dass die Trajektorien mit Wahrscheinlichkeit 1 von rechts stetig sind.) Die Analogie zu entsprechenden Aussagen für Martingale in diskreter Zeit ist offensichtlich. Die Existenz der auftretenden Erwartungswerte wird vorausgesetzt.

1) Gilt $\sup_t E(|X_t|) < \infty$, dann konvergiert das Martingal für $t \to \infty$ gegen eine Zufallsgröße X_∞ bezüglich der fast sicheren Konvergenz und der Konvergenz im Mittel:

$$P(\lim_{t \to \infty} X_t = X_\infty) = 1, \quad \lim_{t \to \infty} E(|X_t - X_\infty|) = 0.$$

2) Gilt $\sup_t E(X_t^2) < \infty$, dann konvergiert das Martingal im Quadratmittel gegen X_∞:

$$\lim_{t \to \infty} E((X_t - X_\infty)^2) = 0.$$

3) Es sei $[a, b] \subseteq [0, \infty)$. Für $\lambda > 0$ gilt

$$\lambda P(\sup_{t \in [a,b]} X(t) \geq \lambda) \leq E(X(a) + E(\max[0, -X(b)]),$$

$$\lambda P(\inf_{t \in [a,b]} X(t) \leq -\lambda) \leq E(|X(b)|).$$

4) (*Ungleichungen von Doob*) Es sei $[a, b] \subseteq [0, \infty)$.

Für jedes $\lambda > 0$ und $\alpha \geq 1$ gilt

$$\lambda^\alpha P(\sup_{t \in [a,b]} |X(t)| \geq \lambda) \leq E(|X(b)|^\alpha).$$

Für $\alpha > 1$ gilt

$$E(|X(b)|^\alpha) \leq E([\sup_{t \in [a,b]} |X(t)|]^\alpha) \leq \left(\frac{\alpha}{\alpha - 1}\right)^\alpha E(|X(b)|^\alpha).$$

Insbesondere ist

$$E(X(b)^2) \leq E([\sup_{t \in [a,b]} X(t)]^2) \leq 4 E(X(b)^2).$$

Literatur: *Durrett* (1999), *Rolski* et al. (1999), *Paul, Baschnagel* (2000).

2.10   Wiener Prozess

2.10.1 Definition und Eigenschaften

Im Jahre 1828 veröffentlichte der englische Botaniker *R. Brown* seine Beobachtungen über die Bewegung von mikroskopisch kleinen Teilchen in Flüssigkeiten. (Ursprünglich war er nur an dem Verhalten von Pollen in Flüssigkeiten interessiert, um den Befruchtungsvorgang von Blütenpflanzen zu erforschen.) Er stellte stets fest, dass die Teilchen -unabhängig von ihrer Beschaffenheit- in ständiger, scheinbar völlig regelloser Bewegung begriffen waren. Infolgedessen vermutete Brown anfangs sogar, dass er eine elementare Form von Leben gefunden hat, die allen Teilchen gemeinsam ist. Obwohl die 'Irrfahrt' von Partikelchen in Flüssigkeiten bereits vor Brown beobachtet wurde, spricht man in diesem Zusammenhang generell von *Brownscher Bewegung*.

Die ersten Ansätze zur mathematischen Modellierung der Brownschen Bewegung machten *Bachelier* (1900) und *Einstein* (1905). Beide stießen auf die Normalverteilung als adäquates Modell zur Beschreibung der eindimensionalen Brownschen Bewegung und wiesen erstmals auf den physikalischen Hintergrund der beobachteten Erscheinung hin: Sie erklärten die 'chaotische' Bewegung mikroskopisch kleiner Teilchen in Flüssigkeiten, aber auch in Gasen, durch das massenhafte Bombardement der Teilchen durch die umgebenden Moleküle. (Bei durchschnittlichen Größen-, Druck- und Temperaturverhältnissen erfährt ein Teilchen etwa 10^{21} (!) Kollisionen je Sekunde mit den umgebenden Molekülen.) Die streng mathematische Analyse und Formulierung der Brownschen Bewegung als stochastischen Prozess begann mit den Arbeiten von *N. Wiener* (1918). Die zugehörige Klasse von stochastischen Prozessen wird daher vornehmlich in der deutschsprachigen Literatur nach ihm benannt, während man in der englischsprachigen Literatur zumeist schlechthin von *Brownscher Bewegung* (*Brownian motion*) spricht. Dieses Kapitel beschäftigt sich nur mit dem eindimensionalen Wiener Prozess.

Definition 2.27 (*Wiener Prozess*) Ein stochastischer Prozess $\{X(t),\ t \geq 0\}$ mit stetiger Zeit und mit dem Zustandsraum $\mathbf{Z} = (-\infty,\ +\infty)$ heißt *Wiener Prozess* (*Brownian motion process*), wenn er neben $X(0) = 0$ folgende Eigenschaften hat:

1) $\{X(t),\ t \geq 0\}$ hat stationäre und unabhängige Zuwächse.

2) Für jedes $t > 0$ ist $X(t)$ normalverteilt mit $E(X(t)) = 0$ und $Var(X(t)) = \sigma^2 t$.   ●

Wegen der Stationarität der Zuwächse genügt die Differenz $X(t+h) - X(t)$ einer Normalverteilung mit dem Erwartungswert 0 und der Varianz $\sigma^2 |h|$:

$$X(t+h) - X(t) = N(0, \sigma^2 |h|) . \tag{2.96}$$

Aufgrund der Unabhängigkeit seiner Zuwächse ist der Wiener Prozess *Markovsch*. Im Fall $\sigma = 1$ spricht man vom *standardisierten Wiener Prozess*. Dieser wird im Folgenden mit $\{S(t),\ t \geq 0\}$ bezeichnet. Offenbar ist $X(t) = \sigma S(t)$.

Wegen $X(t) = N(0, \sigma^2 t)$ hat $X(t)$ die momenterzeugende Funktion (Beispiel 1.21)

$$M(s) = E(e^{sX(t)}) = e^{s^2 \sigma^2 t/2} . \tag{2.97}$$

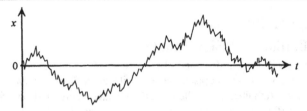

Bild 2.19 Eindimensionale Brownsche Bewegung

Stetigkeit und Differenzierbarkeit Wegen (2.96) gilt

$$\lim_{h \to 0} E(|X(t+h) - X(t)|^2) = \lim_{h \to 0} \sigma^2 |h| = 0.$$

Also ist der Wiener Prozess im Quadratmittel stetig. Es lässt sich sogar zeigen, dass die Menge derjenigen Trajektorien $x = x(t)$ eines Wiener Prozesses, die Unstetigkeitsstellen haben (im Sinne der Unstetigkeit bzw. Stetigkeit von reellen Funktionen), die Wahrscheinlichkeit 0 hat. Eine äquivalente Formulierung dieses Sachverhalts ist: Fast alle Trajektorien eines Wiener-Prozesses sind stetig. Man wird also praktisch eine Trajektorie mit Unstetigkeitsstellen nicht beobachten. Jedoch gilt:

| *Fast alle Trajektorien eines Wiener-Prozesses sind nirgends differenzierbar.*

Diesen Sachverhalt kann man sich vermittels (2.96) veranschaulichen: Für eine beliebige Trajektorie $x = x(t)$ ist die Differenz $x(t+h) - x(h)$ etwa von der Größenordnung $\sigma \sqrt{h}$. Infolgedessen gilt

$$\frac{dx(t)}{dt} = \lim_{h \to 0} \frac{x(t+h) - x(t)}{h} \approx \lim_{h \to 0} \frac{\sigma \sqrt{h}}{h} = \infty.$$

Unter der *Variation* einer Trajektorie (bzw. einer beliebigen Funktion) $x = x(t)$ im Intervall $[0, \tau]$ versteht man den Grenzwert

$$\lim_{n \to \infty} \sum_{k=1}^{2^n} \left| x\left(\frac{k\tau}{2^n}\right) - x\left(\frac{(k-1)\tau}{2^n}\right) \right|.$$

Aus der Nichtdifferenzierbarkeit der Trajektorien folgt, dass dieser Grenzwert nicht beschränkt sein kann: Die Trajektorien sind von *unbeschränkter Variation* bezüglich jedes Intervalls endlicher Länge. Somit ist die Bogenlänge der Trajektorien in jedem beschränkten Intervall (auch wenn dessen Länge noch so klein ist) unendlich groß. Die Trajektorien eines Wiener Prozesses müssen also -im Sinne der Struktur von Blatträndern- stark gezähnt, gesägt bzw. ähnlich beschaffen sein, aber diese Strukturierung muss sich bis ins Infinitesimale fortsetzen, was natürlich graphisch nicht darstellbar ist. Das massenhafte und schnelle Bombardement von Teilchen in Flüssigkeiten oder Gasen durch die Moleküle des umgebenden Mediums lassen eine 'glatte' Bewegungsbahn der Teilchen allerdings auch nicht erwarten. Jedoch impliziert die unbeschränkte Variation der Trajektorien, dass sich die Teilchen im Medium mit unendlich großer Geschwindigkeit bewegen, was Zweifel daran erwecken muss, ob der Wiener Prozess ein adäquates Modell zur mathematischen Beschreibung der Brownschen Bewegung darstellt. Die praktische Bedeutung des Wiener Prozesses ist allerdings auch nicht vordergründig darauf zurückzuführen, dass er ursächlich als mathematisches Modell der Brownschen Bewegung entwickelt wurde. Wichtiger sind seine Anwendungen in der Zeitreihenanalyse zur Prognose wirtschaftlicher, technischer, soziologischer und anderer Vorgänge; etwa im Finanzwesen (Modellierung der zufälligen Schwankungen von Aktienkursen), in der Zuverlässigkeitstheorie (Verschleißmodellierung) und in der Kommunikationstheorie (Modellierung von speziellen stochastischen Signalen, insbesondere von Rauschvorgängen). Die theoretische Bedeutung des Wiener Prozesses in der Theorie der stochastischen Prozesse und in der stochastischen Infinitesimalrechnung kann mit der der Normalverteilung in der Wahrscheinlichkeitstheorie verglichen werden.

Wiener Prozess und zufällige Irrfahrt Im Hinblick auf den physikalischen Hintergrund des Wiener Prozesses ist es kaum verwunderlich, dass er im engen Zusammenhang mit der zufälligen Irrfahrt eines Teilchens auf der reellen Achse steht. In Modifikation der im Beispiel 2.13 beschriebenen zufälligen Irrfahrt wird nun angenommen, dass ausgehend von $x = 0$ ein Teilchen nach jeweils Δt Zeiteinheiten um Δx Längeneinheiten nach rechts bzw. links springt; und zwar jeweils mit Wahrscheinlichkeit 1/2. Ist $X(t)$ die Lage des Teilchens zur Zeit t, so gelten bei diesem Bewegungsablauf $X(0) = 0$ sowie $X(t) = (X_1 + X_2 + \cdots + X_{[t/\Delta t]})\Delta x$ mit

$$X_i = \begin{cases} +1, & \text{wenn der } i\text{-te Sprung nach rechts erfolgt} \\ -1, & \text{wenn der } i\text{-te Sprung nach links erfolgt} \end{cases}.$$

($[t/\Delta t]$ ist die größte ganze Zahl kleiner oder gleich $t/\Delta t$.) Die X_i sind unabhängig und gemäß $P(X_i = 1) = P(X_i = -1) = 1/2$ verteilt. Wegen $E(X_i) = 0$ und $Var(X_i) = 1$ gilt

$$E(X(t)) = 0; \quad Var(X(t)) = (\Delta x)^2 [t/\Delta t]. \tag{2.98}$$

Das Ziel besteht nun darin, das Verhalten des Prozesses $\{X(t), t \geq 0\}$ für $\Delta x \to 0$ sowie $\Delta t \to 0$ zu untersuchen. Um ein sinnvolles Ergebnis zu erhalten, werden Δx und Δt so gewählt, dass für eine positive Konstante σ die Beziehung $\Delta x = \sigma\sqrt{\Delta t}$ gilt. Dann hat der aus dem Grenzübergang $\Delta t \to 0$ resultierende stochastische Prozess $\{X(t), t \geq 0\}$ gemäß (2.98) die Eigenschaften

$$E(X(t)) = 0, \quad Var(X(t)) = \sigma^2 t.$$

Ferner hat er aufgrund seiner Konstruktion unabhängige und homogene Zuwächse. Wegen des zentralen Grenzwertsatzes ist $X(t)$ für alle $t > 0$ normalverteilt. Infolgedessen ist der Prozess $\{X(t), t \geq 0\}$ der 'infinitesimalen zufälligen Irrfahrt' ein Wiener Prozess.

Satz 2.33 Der Wiener Prozess $\{X(t), t \geq 0\}$ ist ein Martingal, das heisst, er genügt für alle $s < t$ der Bedingung

$$E(X(t)|X(y), y \leq s) = X(s).$$

Der Nachweis ist wegen der Unabhängigkeit der Zuwächse leicht erbracht:

$$E(X(t)|X(y),\ y \le s) = E(X(s) + X(t) - X(s)|X(y),\ y \le s)$$
$$= X(s) + E(X(t) - X(s)|X(y),\ y \le s)$$
$$= X(s) + 0 = X(s) \qquad\blacksquare$$

Satz 2.34 Es sei $\{S(t),\ t \ge 0\}$ der standardisierte Wiener Prozess. Dann sind die für $\alpha > 0$ wie folgt definierten stochastischen Prozesse $\{Y(t),\ t \ge 0\}$ Martingale:

1) $Y(t) = e^{\alpha S(t) - \alpha^2 t/2}$ (*Exponentialmartingal*),

2) $Y(t) = S^2(t) - t,\quad Y(t) = S^3(t) - 3t\,S(t),\quad Y(t) = S^4(t) - 6t\,S^2(t) + 3t^2.$

Zum Nachweis von 1) wird von (2.97) Gebrauch gemacht:

$$E(e^{\alpha S(t)}|S(y),\ y \le s) = E(e^{\alpha(S(s) + S(t) - S(s))}|S(y),\ y \le s)$$
$$= e^{\alpha S(s)} E(e^{\alpha(S(t) - S(s))}|S(y),\ y \le s))$$
$$= e^{\alpha S(s) + \alpha^2(t-s)/2},\quad s < t,$$

Multiplikation mit $e^{-\alpha^2 t/2}$ liefert das gewünschte Resultat:

$$E(e^{\alpha S(t) - \alpha^2 t/2}|S(y),\ y \le s) = e^{\alpha S(s) - \alpha^2 s/2}.$$

Zwei-, drei- bzw. viermalige Differentiation dieser Beziehung nach α und anschließendes Setzen von $\alpha = 0$ liefert die unter 2) angegebenen Martingale. Auf diese Weise können weitere Martingale erzeugt werden, die Potenzen $S^k(t)$ für $k > 4$ enthalten. (Auf die Rechtfertigung dieser Konstruktionsvorschrift wird hier nicht eingegangen.) $\blacksquare$

Mehrdimensionale und bedingte Verteilungen Es sei $\{X(t),\ t \ge 0\}$ ein Wiener Prozess. Seine eindimensionalen Verteilungsdichten, also die Dichten von $X(t)$, sind für alle $t > 0$ gegeben durch (Definition 2.27, Eigenschaft 2)

$$f_t(x) = \frac{1}{\sqrt{2\pi t}\ \sigma}\, e^{-x^2/(2\sigma^2 t)},\quad t > 0. \qquad (2.99)$$

Hieraus und aus der Unabhängigkeit der Zuwächse ergibt sich die gemeinsame Verteilungsdichte des zufälligen Vektors $(X(s), X(t))$, $0 < s < t$, zu

$$f_{s,t}(x_1, x_2) = \frac{1}{2\pi\sigma^2 \sqrt{s(t-s)}}\ \exp\left\{ -\frac{1}{2\sigma^2 s(t-s)}\left(t x_1^2 - 2s x_1 x_2 + s x_2^2 \right) \right\}.$$

Vergleicht man diese Dichte mit der der zweidimensionalen Normalverteilung (1.78), so folgt für $0 < s < t$: Der zufällige Vektor $(X(s), X(t))$ genügt einer zweidimensionalen Normalverteilung mit der Korrelationsfunktion $\rho = +\sqrt{s/t}$. Daher ist seine Kovarianzfunktion (siehe Abschnitt 1.8.1.5) gegeben durch

$$K(s,t) = Cov(X(s), X(t)) = \sigma^2 s,\quad 0 < s \le t. \qquad (2.100)$$

Die Kovarianzfunktion des Wiener Prozesses lässt sich allerdings leichter direkt berechnen: Wegen der Unabhängigkeit der Zuwächse gilt nämlich $Cov(X(s), X(t) - X(s)) = 0$ für $0 < s < t$. Daher ist

$$Cov(X(s), X(t)) = Cov(X(s), X(s) + X(t) - X(s))$$
$$= Cov(X(s), X(s)) + Cov(X(s), X(t) - X(s))$$
$$= Cov(X(s), X(s)) = Var(X(s)) = \sigma^2 s.$$

Es seien $0 < s < t$ und $X(t) = b$. Dann erhält man die bedingte Dichte von $X(s)$ unter der Bedingung $X(t) = b$ gemäß (1.59) zu

$$f_{X(s)}(x|X(t) = b) = \frac{1}{\sqrt{2\pi \frac{s}{t}(t-s)}\,\sigma} \exp\left\{-\frac{1}{2\sigma^2 \frac{s}{t}(t-s)}\left(x - \frac{s}{t}b\right)^2\right\}.$$

Das ist aber die Dichte einer normalverteilten Zufallsgröße mit den Parametern

$$E(X(s)|X(t) = b) = \frac{s}{t}b \quad \text{und} \quad Var(X(s)|X(t) = b) = \sigma^2 \frac{s}{t}(t - s).$$

Man erkennt, dass die bedingte Varianz ihr Maximum bei $s = t/2$ annimmt.

Es sei nun $0 < t_1 < t_2 < ... < t_n < \infty$. Die n-dimensionale Verteilungsdichte des zufälligen Vektors $(X(t_1), X(t_2), ..., X(t_n))$ lautet

$$f_{t_1,t_2,...,t_n}(x_1, x_2, ..., x_n) = \frac{\exp\left\{-\frac{1}{2}\left[\frac{x_1^2}{t_1} + \frac{(x_2-x_1)^2}{t_2-t_1} + \cdots + \frac{(x_n-x_{n-1})^2}{t_n-t_{n-1}}\right]\right\}}{(2\pi)^{n/2}\,\sigma^n\,\sqrt{t_1(t_2-t_1)\cdots(t_n-t_{n-1})}}.$$

Durch Umformung dieser Dichte und Vergleich mit (1.105) überzeugt man sich davon, dass $(X(t_1), X(t_2), ..., X(t_n))$ einer n-dimensionalen Normalverteilung genügt. Man kann sich aber den damit verbundenen Rechenaufwand ersparen; denn dieser Sachverhalt folgt unmittelbar aus Satz 1.6 (Abschn. 1.8.2.3), weil sich jedes $X(t_i)$ als Summe unabhängiger, normalverteilter Zufallsgrößen (Zuwächse) in folgender Weise darstellen lässt:

$$X(t_i) = X(t_1) + (X(t_2) - X(t_1)) + ... + (X(t_i) - X(t_{i-1})); \quad i = 2, 3, ..., n.$$

Daher ist der Wiener Prozess ein *Gaußscher Prozess* (Definition 2.5). Da ein Gaußscher Prozess durch seine Trend- und Kovarianzfunktion eindeutig bestimmt ist und die Trendfunktion des Wiener Prozesses identisch 0 ist, gilt:

Der Wiener Prozess ist durch seine Kovarianzfunktion vollständig charakterisiert.

Brownsche Brücke Unter der *Brownschen Brücke* $\{X(t), t \in [0,1]\}$ versteht man den auf den Parameterbereich $T = [0 \leq t \leq 1]$ beschränkten Wiener Prozess, der neben der Bedingung $X(0) = 0$ auch die Bedingung $X(1) = 1$ erfüllt. Es handelt sich hierbei um einen Gaußschen Prozess mit den eindimensionalen Verteilungsdichten

$$f_{X(t)}(x) = \frac{1}{\sqrt{2\pi t(1-t)}\,\sigma} \exp\left\{-\frac{x^2}{2\sigma^2 t(1-t)}\right\}, \quad 0 < t < 1.$$

Somit ist $X(t)$ normalverteilt mit

$$E(X(t)) = 0, \quad Var(X(t)) = \sigma^2 t(1-t), \quad 0 \leq t \leq 1.$$

Die zweidimensionale Verteilungsdichte der Brownschen Brücke ist

$$f_{s,t}(x_1,x_2) = \frac{\exp\left\{-\frac{1}{2}\left[\frac{t}{s(t-s)}x_1^2 - \frac{2}{t-s}x_1x_2 + \frac{1-s}{(t-s)(1-t)}x_2^2\right]\right\}}{2\pi\sigma^2\sqrt{s(t-s)(1-t)}}, \quad 0 < s < t < 1.$$

Durch Vergleich mit (1.78) stellt man fest: Korrelationsfunktion und Kovarianzfunktion der Brownschen Brücke lauten

$$\rho(s,t) = \frac{s(1-t)}{t(1-s)}, \quad K(s,t) = \sigma^2 s(1-t), \quad 0 < s < t < 1.$$

Wegen $m(t) = E(X(t)) \equiv 0$ ist die Brownsche Brücke wie auch der Wiener Prozess durch die Kovarianzfunktion eindeutig bestimmt.

2.10.2 Niveauüberschreitung

Der Wiener-Prozess startet definitionsgemäß stets bei $X(0) = 0$. Es sei $L(a)$ der zufällige Zeitpunkt, an dem der Wiener Prozess erstmals den Wert a annimmt. $L(a)$ heißt *Ersterreichungszeit*. (Eine solche wurde bereits im Abschnitt 2.6.7 für kumulative stochastische Prozesse betrachtet.) Somit ist $X(L(a)) = a$. Wegen der Stetigkeit der Trajektorien ist das Tupel $(a, L(a))$ eindeutig bestimmt (Bild 2.20). Das Ziel besteht in der Bestimmung der Verteilungsfunktion von $L(a)$. Wegen der Formel der totalen Wahrscheinlichkeit gilt für $a > 0$

$$P(X(t) \geq a) = P(X(t) \geq a | L(a) \leq t) P(L(a) \leq t)$$
$$+ P(X(t) \geq a | L(a) > t) P(L(a) > t).$$

Der zweite Summand verschwindet, da infolge der Definition von $L(a)$ die bedingte Wahrscheinlichkeit $P(X(t) \geq a | L(a) > t)$ für alle $t > 0$ gleich 0 sein muss. Ferner gilt

$$P(X(t) \geq a | L(a) \leq t) = 1/2 ,$$

denn wegen $X(L(a)) = a$ befindet sich der Wiener Prozess nach dem Zeitpunkt $L(a)$ aus Symmetriegründen mit gleicher Wahrscheinlichkeit über oder unter der Geraden $x(t) \equiv a$ (Bild 2.20)). Diese (heuristische) Art der Beweisführung ist als *Spiegelungsprinzip* oder *Reflexionsprinzip* bekannt. Es folgt

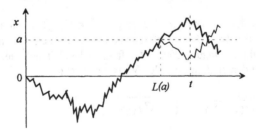

Bild 2.20 Veranschaulichung von Ersterreichungszeit und Spiegelungsprinzip

$$F_{L(a)}(t) = P(L(a) \le t) = 2 P(X(t) \ge a) = \frac{2}{\sqrt{2\pi t}\,\sigma} \int\limits_{a}^{\infty} e^{-\frac{x^2}{2\sigma^2 t}} dx \, .$$

Da aus Symmetriegründen $P(L(a) \le t) = P(L(-a) \le t)$ gelten muss, gilt allgemein

$$F_{L(a)}(t) = \frac{2}{\sqrt{2\pi t}\,\sigma} \int\limits_{|a|}^{\infty} e^{-\frac{x^2}{2\sigma^2 t}} dx, \quad t > 0 \, .$$

Der durch diese Verteilungsfunktion definierte Verteilungstyp ist ein Spezialfall der *inversen Gaußverteilung*, dessen allgemeine Struktur im Abschnitt 2.10.3.3 eingeführt wird. Der Zusammenhang zur Normalverteilung ist

$$F_{L(a)}(t) = 2 \left[1 - \Phi\!\left(\frac{|a|}{\sigma\sqrt{t}} \right) \right], \quad t > 0 \, . \tag{2.101}$$

Als Folgerung aus diesem Ergebnis erhält man die Wahrscheinlichkeitsverteilung von

$$M(t) = \max \{X(s), \, 0 \le s \le t\}$$

auf folgende Weise:

$$1 - F_{M(t)}(x) = P(M(t) \ge x) = P(L(x) \le t)$$
$$= 2[(1 - \Phi(x/(\sigma\sqrt{t}))], \quad x \ge 0, \, t > 0.$$

Also lauten Verteilungsfunktion und Verteilungsdichte von $M(t)$ für gegebenes $t > 0$:

$$F_{M(t)}(x) = 2\,\Phi\!\left(\frac{x}{\sigma\sqrt{t}} \right) - 1 \, , \tag{2.102}$$

$$f_{M(t)}(x) = \frac{2}{\sqrt{2\pi t}\,\sigma} e^{-x^2/(2\sigma^2 t)}, \quad x \ge 0 \, .$$

Eine Folgerung aus (2.102) ist

$$\lim_{t \to \infty} P(M(t) < a) = 0 \text{ für alle } a. \tag{2.103}$$

Der Wiener Prozess bleibt also mit Wahrscheinlichkeit 1 nicht ober- oder unterhalb eines endlichen Schwellwertes, wie klein bzw. groß dieser Wert auch sei. Die zufälligen Zeiten, die der Wiener Prozess bis zum Über- oder Unterschreiten eines gegebenen Wertes benötigt, sind daher mit Wahrscheinlichkeit 1 endlich.

Beispiel 2.36 Ein Sensor zur Messung hoher Temperaturen zeigt im Mittel die wahre Temperatur an. Im Laufe der Nutzungsdauer verschlechtert sich jedoch die Anzeigegenauigkeit, die zu Beginn fast 100%-ig ist. Es sei $X(t)$ die zufällige Abweichung der zum Zeitpunkt t angezeigten Temperatur von der tatsächlichen Temperatur. Statistische Untersuchungen haben gezeigt, dass $\{X(t), \, t \ge 0\}$ in ausreichender Näherung durch einen Wiener Prozess mit $\sigma = \sqrt{Var(X(1))} = 0,1 \left[{}^{0}C/\sqrt{24h} \right]$ modelliert werden kann. Es ist zu berechnen, mit welcher Wahrscheinlichkeit die Abweichung des Messergebnisses von der wahren Temperatur den kritischen Wert -5 ^{0}C im Verlaufe eines Jahres (Garantiezeitraum) erreicht. Mit der Ersterreichungszeit $L(-5)$ des kritischen Wertes ist die gesuchte Wahrscheinlichkeit gemäß (2.101) gegeben durch

$$P(L(-5) < 365) = P(L(5) < 365) = F_{L(5)}(365)$$

$$= 2[(1 - \Phi(50/\sqrt{365})] = 2[1 - \Phi(2,617)] = 0,009.$$

Der Sensor ist nach einer Zeit $t_{0,05}$ auszutauschen, wenn er vor diesem Zeitpunkt mit Wahrscheinlichkeit 0,05 den kritischen Wert -5 ^0C erreicht. $t_{0,05}$ erfüllt die Gleichung

$$2[1 - \Phi(50/\sqrt{t_{0,05}})] = 0,05 \quad \text{bzw.} \quad 50/\sqrt{t_{0,05}} = \Phi^{-1}(0,975) = 1,96.$$

Es folgt $t_{0,05} = 651$ [*Tage*].   □

Beispiel 2.37 $\{X(t), t \geq 0\}$ sei ein Wiener Prozess und $L(a,b)$ die Zeit, bis der Prozess erstmals einen Wert a oder $-b$ erreicht:

$$L(a,b) = \min_t \{t, \ X(t) = a \ \text{or} \ X(t) = -b\}; \ a, b > 0.$$

Gesucht ist die Wahrscheinlichkeit

$$p_{a,b} = P(L(a) < L(-b)) = P(L(a, b) = L(a)).$$

$L(a, b)$ ist eine Stoppzeit für den Wiener Prozess. Wegen (2.103) ist sie endlich. Daher liefert Satz 2.31

$$0 = E(X(L(a, b))) = a p_{a,b} + (-b)(1 - p_{a,b}).$$

Daher beträgt die Wahrscheinlichkeit, dass der Prozess den Wert a vor $-b$ erreicht,

$$p_{a,b} = P(L(a) < L(-b)) = b/(a + b). \tag{2.104}$$

Gibt etwa $X(t)$ den kumulativen Gewinn bzw. Verlust eines Spielers an, den er nach t Zeiteinheiten erzielt hat und bricht er das Spiel bei einem Gewinn von a bzw. bei einem Verlust von b Geldeinheiten ab, so ist (2.104) die Wahrscheinlichkeit dafür, dass er das Spiel mit dem Gewinn a beendet. Bezüglich des Beispiels 2.36: Die Wahrscheinlichkeit dafür, dass der Sensor zuerst $10^0 C$ mehr anzeigt bevor er $2^0 C$ zuwenig anzeigt, ist $2/(10+2) = 1/6$.

Zur Berechnung des Erwartungswerte $E(L(a, b))$ wird ausgenutzt, dass $\{Y(t), t \geq 0\}$ mit $Y(t) = \frac{1}{\sigma^2} X^2(t) - t$ ein Martingal ist (Satz 2.34). Daher liefert Satz 2.32 mit der Stoppzeit $L(a,b)$:

$$0 = E(\frac{1}{\sigma^2} X^2(L(a,b)) - L(a,b)).$$

Es folgt

$$E(L(a, b)) = \frac{1}{\sigma^2} E(X^2(L(a,b))) = \frac{1}{\sigma^2}\left[p_{a,b} a^2 + (1 - p_{a,b}) b^2 \right].$$

Wegen (2.104) ergibt sich

$$E(L(a, b)) = a b/\sigma^2.$$

Im Unterschied zu den Erwartungswerten von $L(a)$ und $L(b)$ existiert also der Erwartungswert von $L(a,b)$.   □

Verwandt mit der Niveauüberschreitung sind die folgenden Aussagen, die für den standardisierten Wiener Prozess $\{S(t), t \geq 0\}$ formuliert werden:

1) Es sei $0 \leq t_1 \leq t_2 \leq \cdots \leq t_n$. Dann gelten

$$P(\max_{i=0,1,\ldots,n} S(t_i) > a) \leq 2P(S(t_n) > a),$$

$$P(\max_{i=0,1,\ldots,n} |S(t_i)| > a) \leq 2P(|S(t_n)| > a).$$

2) (*Arcussinusgesetz*) Die Wahrscheinlichkeit $p_{(a,b)}$ dafür, dass $\{S(t), t \geq 0\}$ im Intervall (a, b), $0 \leq a < b$, mindestens einmal die t-Achse schneidet, ist

$$p_{(a,b)} = \frac{2}{\pi} \arccos \sqrt{a/b}.$$

Folgerung: Bezeichnet τ die zufällige Lage der größten Nullstelle des standardisierten Wiener Prozesses in $(0, T]$, gilt

$$P(\tau < x) = \frac{2}{\pi} \arcsin \sqrt{x/T}.$$

2.10.3 Transformationen des Wiener Prozesses

2.10.3.1 Elementare Transformationen

Durch Transformation des Wiener Prozesses gelangt man zu stochastischen Prozessen, die zum Teil eine erhebliche eigenständige Bedeutung haben. Interessant sind aber auch Transformationen, die wiederum zum Wiener Prozess führen. Der folgende Satz fasst drei derartige Transformationen zusammen. Sein Beweis ist durch Nachweis der Eigenschaften 1) und 2) in Definition 2.27 leicht erbracht.

Satz 2.35 Ist $\{S(t), t \geq 0\}$ ein standardisierter Wiener Prozess, so sind auch die folgenden stochastischen Prozesse standardisierte Wiener Prozesse:

(1) $\{S_1(t), t \geq 0\}$ mit $S_1(t) = cS(t/c^2)$, $c > 0$;

(2) $\{S_2(t), t \geq 0\}$ mit $S_2(t) = S(t+h) - S(h)$, $h > 0$;

(3) $\{S_3(t), t \geq 0\}$ mit $S_3(t) = \begin{cases} tS(1/t) & \text{für} \quad t > 0 \\ 0 & \text{für} \quad t = 0 \end{cases}$. ■

Ist $\{X(t), t \geq 0\}$ ein Wiener Prozess, dann gilt mit Wahrscheinlichkeit 1

$$\lim_{t \to \infty} \frac{1}{t} X(t) = 0. \tag{2.105}$$

Wegen dieses Sachverhalts muss der Wiener Prozess $\{X(t), t \geq 0\}$ mit Wahrscheinlichkeit 1 in jedem Intervall $[a \leq t < \infty)$ mindestens einmal (und daher sogar abzählbar unendlich oft) die x-Achse schneiden. Da aber $\{tX(1/t), t \geq 0\}$ auch ein Wiener-Prozess ist, hat er die gleiche Eigenschaft. Infolgedessen muss $\{X(t), t \geq 0\}$ in jeder noch so kleinen Umgebung $(0 < t \leq \varepsilon]$ des Nullpunkts die x-Achse ebenfalls abzählbar unendlich oft schneiden. Wird in (2.105) t durch $1/t$ substituiert, so ist der Grenzübergang $t \to \infty$ dem

Grenzübergang $t \to 0$ äquivalent. Also gilt mit Wahrscheinlichkeit 1

$$\lim_{t \to 0} t\, X(1/t) = 0.$$

Gespiegelter Wiener Prozess Ist $\{X(t),\, t \geq 0\}$ ein Wiener Prozess, dann heißt der durch $Y(t) = |X(t)|$ definierte Prozess $\{Y(t),\, t \geq 0\}$ *gespiegelter Wiener Prozess*. Seine Trend- und Varianzfunktion ist

$$m(t) = E(Y(t)) = \sigma\sqrt{2t/\pi}, \quad Var(Y(t)) = \sigma^2 t\,(1 - 2/\pi).$$

$\{Y(t),\, t \geq 0\}$ ist ein homogener Markovscher Prozess mit dem Zustandsraum $Z = [0, \infty)$ und den Übergangswahrscheinlichkeiten

$$p_{xy}(t) = \sqrt{\frac{1}{2\pi t}} \left\{ \exp\left[-\frac{(y-x)^2}{2t}\right] + \exp\left[+\frac{(y+x)^2}{2t}\right] \right\}; \quad t > 0;\ x, y \in Z.$$

2.10.3.2 Ornstein-Uhlenbeck-Prozess

Da die Trajektorien eines Wiener Prozesses nirgends differenzierbar sind, haben Teilchen, wenn ihre Bewegung im umgebenden Medium Flüssigkeit oder Gas durch einen Wiener Prozess modelliert wird, theoretisch eine unendlich große Geschwindigkeit. Zur Überwindung dieser Situation entwickelten *Ornstein* und *Uhlenbeck* ein stochastisches Modell speziell für die Geschwindigkeit der Teilchen. Es spielt daher in der statistischen Mechanik eine gewisse Rolle.

Definition 2.28 $\{X(t),\, t \geq 0\}$ sei ein Wiener Prozess mit dem Parameter σ. Der durch

$$U(t) = e^{-\alpha t} X(e^{2\alpha t})$$

mit $\alpha > 0$ definierte stochastische Prozess $\{U(t),\, -\infty < t < \infty\}$ heißt *Ornstein-Uhlenbeck-Prozess*. ●

Vermittels (1.47) rechnet man leicht nach, dass $U(t)$ folgende Dichte hat:

$$f_{U(t)}(x) = \frac{1}{\sqrt{2\pi}\,\sigma} e^{-x^2/(2\sigma^2)}, \quad -\infty < x < \infty.$$

Somit genügt $U(t)$ einer Normalverteilung mit den Parametern

$$E(U(t)) = 0, \quad Var(U(t)) = \sigma^2. \tag{2.106}$$

Insbesondere genügt $U(t)$ einer standardisierten Normalverteilung, wenn ein standardisierter Wiener Prozess zugrunde liegt.

Da $\{X(t),\, t \geq 0\}$ ein Gaußscher Prozess ist, gehört auch der Ornstein-Uhlenbeck-Prozess zu dieser Klasse. Somit sind die mehrdimensionalen Verteilungen des Ornstein-Uhlenbeck-Prozesses mehrdimensionale Normalverteilungen. Ferner besteht eine eineindeutige Korrespondenz zwischen den Trajektorien des Wiener Prozesses mit dem zugehörigen Ornstein-Uhlenbeck-Prozess. Infolgedessen ist mit dem Wiener Prozess auch der Ornstein-Uhlenbeck-Prozess Markovsch. Seine Kovarianzfunktion lautet

$$K(s, t) = \sigma^2 e^{-2\alpha(t-s)}, \quad s \leq t.$$

Dies zeigt die folgende Rechnung:

$$K(s,t) = Cov(U(s), U(t)) = E(U(s)U(t))$$
$$= e^{-\alpha(s+t)}Cov(X(e^{2\alpha s}), X(e^{2\alpha t}))$$
$$= e^{-\alpha(s+t)}\sigma^2 e^{2\alpha s} = \sigma^2 e^{\alpha(t-s)}.$$

In der ersten Zeile wurde davon Gebrauch gemacht, dass die Trendfunktion des Ornstein-Uhlenbeck-Prozesses gemäß (2.106) konstant 0 ist, und beim Übergang von der vorletzten zur letzten Zeile wurde die Kovarianzfunktion des Wiener Prozesses (2.100) berücksichtigt. Der Ornstein-Uhlenbeck-Prozess ist also stationär im weiteren Sinn. Als Gaußscher Prozess ist er damit auch stationär im engeren Sinn. Der Ornstein-Uhlenbeck-Prozess ist ein aus dem instationären Wiener Prozess durch Zeittransformation und Skalierung (Normierung) hervorgegangener stationärer Prozess. Wesentliche Unterschiede zum Wiener Prozess sind die folgenden: 1) Der Ornstein-Uhlenbeck-Prozess hat keine unabhängigen Zuwächse. 2) Die Trajektorien des Ornstein-Uhlenbeck-Prozesses sind bezüglich der Konvergenz im Quadratmittel überall differenzierbar.

2.10.3.3 Wiener Prozess mit Drift

Definition 2.29 Ein stochastischer Prozess $\{W(t), t \geq 0\}$ mit stetiger Zeit und dem Zustandsraum $Z = (-\infty, +\infty)$ heißt *Wiener Prozess mit Drift*, wenn er neben $W(0) = 0$ folgende Eigenschaften hat:

1) $\{W(t), t \geq 0\}$ hat unabhängige, stationäre Zuwächse.

2) Jeder Zuwachs $W(t) - W(s)$ ist normalverteilt mit dem Erwartungswert $\mu(t-s)$ und der Varianz $\sigma^2|t-s|$. ●

Eine äquivalente Erklärung ist die folgende: $\{W(t), t \geq 0\}$ ist ein Wiener Prozess mit Drift, wenn $W(t)$ die Struktur

$$W(t) = \mu t + X(t) \quad \text{bzw.} \quad W(t) = \mu t + \sigma S(t)$$

hat, wobei $\{X(t), t \geq 0\}$ ein Wiener Prozess mit $\sigma^2 = Var(X(1))$ ist und $\{S(t), t \geq 0\}$ ist der standardisierte Wiener Prozess. Der Parameter μ heißt *Driftparameter*. Ein Wiener Prozess mit Drift entsteht also durch additive Überlagerung des Wiener Prozesses mit einem linear wachsenden bzw. fallenden Term. Dieser deterministische Term ist mit der Trendfunktion des Prozesses identisch:

$$m(t) = E(W(t)) \equiv \mu t.$$

Die eindimensionalen Verteilungsdichten des Wiener-Prozesses mit Drift sind

$$f_{W(t)}(x) = \frac{1}{\sqrt{2\pi t}\,\sigma} \exp\left\{-\frac{(x-\mu t)^2}{2\sigma^2 t}\right\}; \quad -\infty < x < \infty, \ t > 0.$$

Wiener Prozesse mit Drift treten dort auf, wo die zeitliche Entwicklung einer von der Sache her linear wachsenden bzw. fallenden (driftenden) Kenngröße durch zufällige Einflüsse ständig gestört wird. Beispiele hierfür können sein: Verschleißparameter, Kapitalzuwächse, Produktivitätsentwicklungen sowie physikalische Rauschvorgänge.

Wegen der genannten Anwendungsmöglichkeiten spielen Probleme der Niveauüberschreitung bei Wiener Prozessen mit Drift eine große Rolle. Ist $a > 0$ ein vorgegebener Wert und $\mu > 0$, so sei $L(a)$ die Ersterreichungszeit des Wertes a durch einen Wiener-Prozess mit Drift. Da es sich um einen Gaußschen Prozess mit unabhängigen, stationären Zuwächsen handelt, besteht der folgende, prinzipielle Zusammenhang zwischen den Verteilungsdichten von $W(t)$ und $L(a)$, siehe *Franz* (1977):

$$f_{L(a)}(t) = \frac{a}{t} f_{W(t)}(a) .$$

Also lautet die Verteilungsdichte von $L(a)$:

$$f_{L(a)}(t) = \frac{a}{\sqrt{2\pi}\, \sigma\, t^{3/2}} \exp\left\{ -\frac{(a - \mu t)^2}{2\sigma^2 t} \right\}, \quad t > 0 . \tag{2.107}$$

Aus Symmetriegründen erhält man die Dichte der Ersterreichungszeit $L(a; w)$ des Wertes a unter der Bedingung $W(0) = w$ mit $a > w$ aus (2.107) einfach dadurch, dass dort a durch $a - w$ ersetzt wird. (2.107) ist die Dichte der *inversen Gaußverteilung* mit den Parametern μ, σ^2, und a. Sind $a < 0$ und $\mu < 0$, so hat $L(a)$ die Dichte (2.107), wenn dort a und μ durch $|a|$ bzw. $|\mu|$ ersetzt werden.

Erwartungswert und Varianz der invers gaußverteilten Zufallsgröße $L(a)$ sind

$$E(L(a)) = \frac{a}{\mu} , \qquad Var(L(a)) = \frac{a\sigma^2}{\mu^3} . \tag{2.108}$$

Im Unterschied zur Ersterreichungszeit von a durch den Wiener Prozess, also im Fall $\mu = 0$, existieren jetzt Erwartungswert und Varianz von $L(a)$. Ist $F_{L(a)}(t)$ die Verteilungsfunktion von $L(a)$ und $\bar{F}_{L(a)}(t) = 1 - F_{L(a)}(t)$, dann liefert die Integration der Dichte (2.108) für $a > 0$ und $\mu > 0$:

$$\bar{F}_{L(a)}(t) = \Phi\left(\frac{a - \mu t}{\sqrt{t}\,\sigma} \right) - e^{-2a\mu}\, \Phi\left(-\frac{a + \mu t}{\sqrt{t}\,\sigma} \right), \quad t > 0 . \tag{2.109}$$

Für $\mu = 0$ ergibt sich der bereits bekannte Spezialfall (2.102). Ist der zweite Summand in (2.109) im Vergleich zum ersten vernachlässigbar klein, so erhält man ein interessantes Ergebnis: Die bereits im Abschn. 2.6.7 im Zusammenhang mit der Niveauüberschreitung kumulativer stochastischer Prozesse aufgetretene Birnbaum-Saunders-Verteilung (2.52) stimmt in diesem Fall näherungsweise mit der inversen Gaußverteilung überein.

Die Laplace-Transformierte von $f_{L(a)}(t)$ errechnet sich zu

$$E(e^{-sL(a)}) = \int_0^\infty e^{-st} f_{L(a)}(t)\, dt = \exp\left\{ -\frac{a}{\sigma^2}\left(\sqrt{2\sigma^2 s + \mu^2} - \mu \right) \right\} . \tag{2.110}$$

Es sei M das absolute Maximum des Wiener Prozesses mit Drift in $(0, \infty)$:

$$M = \max_{t \in (0, \infty)} W(t) .$$

Dann gelten $P(M > a) = 1$ für $a > 0$ und $\mu > 0$ und

$$P(M > a) = e^{-2|\mu|\, a/\sigma^2} \text{ für } a > 0 \text{ und } \mu < 0 . \tag{2.111}$$

Im letzteren Fall ist M also exponential mit dem Parameter $\lambda = 2|\mu|/\sigma^2$ verteilt.

Beweis von (2.11): Das Exponentialmartingal (Satz 2.34) wird zur Zeit $t = L(a)$ gestoppt. Wegen $\mu L(a) + \sigma S(L(a)) = a$ gilt

$$\exp\left\{\tfrac{\alpha}{\sigma}[a - \mu L(a)] - \alpha^2 L(a)/2\right\} = \exp\left\{\tfrac{\alpha}{\sigma}a - \left[\tfrac{\alpha}{\sigma}\mu + \alpha^2/2\right]L(a)\right\}.$$

Somit ist

$$E\left(\exp\left\{\tfrac{\alpha}{\sigma}[a - \mu L(a)] - \alpha^2 L(a)/2\right\}\right)$$

$$= e^{\frac{\alpha}{\sigma}a}E(\exp\left\{\tfrac{\alpha}{\sigma}|\mu| - \alpha^2/2)L(a)\right\}|L(a) < \infty)P(L(a) < \infty)$$

$$+ e^{\frac{\alpha}{\sigma}a}E(\exp\left\{\tfrac{\alpha}{\sigma}|\mu| - \alpha^2/2)L(a)\right\}|L(a) = \infty)P(L(a) = \infty).$$

Es sei $\alpha < 2|\mu|/\sigma$. Dann verschwindet der zweite Term und Satz 2.32 liefert

$$1 = e^{\frac{\alpha}{\sigma}a}E\left(\exp\left\{\tfrac{\alpha}{\sigma}|\mu| - \alpha^2/2)L(a)\right\}\right)P(L(a) < \infty).$$

Durch Ausführung des Grenzüberganges $\lim\limits_{\alpha\uparrow 2|\mu|/\sigma}$, das heißt, α strebt 'von unten' gegen $2|\mu|/\sigma$, folgt Formel (2.111). (Man beachte, dass $P(M > a) = P(L(a) < \infty)$ ist.) ∎

Die folgende Beziehung lässt sich ebenfalls mit Hilfe von Satz 2.32 beweisen: Unter der Bedingung $W(0) = w$ mit $b < w < a$ gilt für alle $\mu \neq 0$

$$P(L(a) < L(b)|W(0) = w) = \frac{e^{-2\mu w/\sigma^2} - e^{-2\mu b/\sigma^2}}{e^{-2\mu a/\sigma^2} - e^{-2\mu b/\sigma^2}}. \tag{2.112}$$

Strebt b gegen $-\infty$, so konvergiert (2.112) gegen die Wahrscheinlichkeit des Ereignisses "$M > a$", also gegen (2.111).

Geometrischer Wiener Prozess mit Drift Es sei $\{W(t), t \geq 0\}$ ein Wiener Prozess mit Drift. Dann ist $\{Z(t), t \geq 0\}$ mit

$$Z(t) = e^{W(t)}$$

ein *geometrischer Wiener Prozess mit Drift*. Da das s-te Moment von $Z(t)$ gleich der momenterzeugenden Funktion von $W(t)$ ist, gilt gemäß (2.97)

$$E(Z^s(t)) = E\left(e^{sW(t)}\right) = \exp\left\{st\left(\mu + \tfrac{1}{2}\sigma^2 s\right)\right\}.$$

Insbesondere betragen Erwartungswert und Varianz von $Z(t)$

$$E(Z(t)) = e^{t(\mu+\sigma^2/2)},$$

$$Var(Z(t)) = e^{t(2\mu+\sigma^2)}(e^{t\sigma^2} - 1).$$

Der geometrische Wiener Prozess mit Drift ist in finanzmathematischen Anwendungen bei der Modellierung der zeitlichen Entwicklung des Wertes von Finanzgütern (etwa Aktienanteilen) beliebt. In diesem Zusammenhang heißt der Parameter σ *Volatilität*.

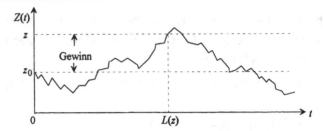

Bild 2.21 Gewinnrealisierung durch zufällige Kursschwankungen

Beispiel 2.38 Ein Finanzgut koste zum Zeitpunkt t

$$Z(t) = z_0 e^{W(t)} \qquad (2.113)$$

Euro, wobei $\{W(t),\ t \geq 0\}$ ein Wiener Prozess mit Drift mit negativem Driftparameter μ und der Volatilität σ ist. Der Anfangspreis ist also $Z(0) = z_0$. Ein Kapitalanleger erwirbt zum Zeitpunkt $t = 0$ das Recht, an einem beliebigen späteren, von ihm zu bestimmenden Zeitpunkt das Finanzgut für z_0 *Euro* zu kaufen, und zwar unabhängig vom jeweiligen Marktwert. Die Frage ist, wann bzw. ob er von dieser Option Gebrauch machen soll, wobei keine zeitlichen Restriktionen gegeben sind. In der Sprache der Finanzmärkte hat der Anleger eine *amerikanische Call Option* mit dem *Ausübungspreis* z_0 erworben. Obwohl der Wert des Finanzgutes in der Tendenz fallend ist, hofft der Anleger, von zufälligen Schwankungen nach oben profitieren zu können. Wenn der Anleger das Finanzgut an dem Zeitpunkt kauft, an dem dieses zum erstenmal z *Euro* kostet, $z > z_0$, erzielt er den Gewinn $z - z_0$. (Hierbei wird unterstellt, dass er das Finanzgut gleich weiterverkauft.) Bei dieser Strategie beträgt sein mittlerer Gewinn

$$G(z) = (z - z_0)p(z) + 0 \cdot (1 - p(z)) = (z - z_0)p(z),$$

wobei $p(z)$ die Wahrscheinlichkeit dafür ist, dass der Preis überhaupt einmal das Niveau z erreicht. Das Ereignis "$Z(t) \geq z$" mit $z > z_0$ ist äquivalent zu $W(t) \geq \ln(z/z_0)$. Daher ist diese Wahrscheinlichkeit wegen der unbeschränkten Laufzeit der Option durch (2.111) mit $a = \ln(z/z_0)$ gegeben. Also ist, wenn $\lambda = 2|\mu|/\sigma^2$ gesetzt wird,

$$p(z) = e^{-\lambda \ln(z/z_0)} = (z_0/z)^\lambda, \quad G(z) = (z - z_0)(z_0/z)^\lambda.$$

Aus der Bedingung $dG(z)/dz = 0$ erhält man das optimale $z = z^*$ und den zugehörigen maximalen mittleren Gewinn zu

$$z^* = \frac{\lambda}{\lambda - 1} z_0, \quad G(z^*) = z_0 (\lambda - 1)^{\lambda - 1} \lambda^{-\lambda}. \qquad (2.114)$$

Um $z^* > z_0$ zu gewährleisten, ist $\lambda > 1$ vorauszusetzen. Je größer die Volatilität σ^2 und je kleiner der mittlere Wertverlust je Zeiteinheit μ ausfallen, umso höher ist der zu erwartende mittlere Gewinn. Praktisch wird der mittlere Gewinn $G(z^*)$ jedoch nicht realisiert, da auch der Erwerb des Rechts auf Kauf des Finanzgutes zum Ausübungspreis seinen Preis hat. (Dieser wird in der Größenordnung von $G(z^*)$ liegen, s. Beispiel 2.39.)

Diskontierter Gewinn Ist ein Diskontfaktor $r > 0$ zu berücksichtigen, das heißt Verzinsung geht in die Kalkulationen ein, hat ein Euro zum Zeitpunkt t den gleichen Wert wie e^{-rt} Euro zum Zeitpunkt $t = 0$. Also hat der Gewinn $z - z_0$ des Anlegers, wenn er ihn nach t Zeiteinheiten realisiert, den gegenwärtigen Wert $e^{-rt}(z - z_0)$. Bei der hier diskutierten Option fällt der Gewinn $z - z_0$ genau dann an, wenn der Preis des Finanzgutes erstmals den Wert z erreicht. Dies geschieht zum zufälligen Zeitpunkt $L(a)$ mit $a = \ln(z/z_0)$, an dem $Z(t)$ erstmals den Wert z annimmt. Also beträgt der zufällige diskontierte Gewinn $(z - z_0) e^{-rL(a)}$, so dass der mittlere diskontierte Gewinn

$$G_r(z) = (z - z_0) \int_0^\infty e^{-rt} f_{L(a)}(t)\, dt$$

beträgt, wobei $f_{L(a)}(t)$ durch (2.107) gegeben ist. Das Integral in dieser Beziehung ist formal die Laplace-Transformierte von $f_{L(a)}(t)$ mit $s = r$. Daher ist gemäß (2.110)

$$G_r(z) = (z - z_0) \exp\left\{-\frac{z - z_0}{\sigma^2}\left(\sqrt{2\sigma^2 r + \mu^2} - \mu\right)\right\}.$$

Da $G(z)$ und $G_r(z)$ die gleichen funktionellen Strukturen haben, sind die bezüglich $G_r(z)$ optimalen Parameter wieder durch (2.114) gegeben, wenn dort λ ersetzt wird durch

$$\gamma = \frac{1}{\sigma^2}\left(\sqrt{2\sigma^2 r + \mu^2} - \mu\right).$$

Um die Forderung $\gamma > 1$ zu gewährleisten, ist $2(r - \mu) > \sigma^2$ vorauszusetzen. Bei Diskontierung muss jedoch der Fall $\mu > 0$ nicht generell ausgeschlossen werden. $\square$

Beispiel 2.39 (*Formel von Black-Scholes*) Es wird eine europäische Call Option mit dem Ausübungspreis K und der Laufzeit T betrachtet. Das der Option zugrunde liegende Finanzgut kann also nur zum Zeitpunkt T und zwar zum Preis K gekauft werden, unabhängig von seinem tatsächlichen Marktwert zur Zeit T. Der Preis des Finanzgutes entwickele sich, ausgehend von z_0, wie im Beispiel 2.38 entsprechend einem geometrischen Wiener Prozess der Struktur (2.113) mit $W(t) = N(\mu t, \sigma^2 t)$. Ist $Z(T) > K$, kauft der Inhaber der Option das Finanzgut, anderenfalls verzichtet er auf den Kauf. Bei einem konstanten (risikofreien) Diskontfaktor r beträgt sein mittlerer diskontierter Gewinn

$$G(T; r, \mu, \sigma) = E\left(\max\left[e^{-rT}(Z(T) - K), 0\right]\right).$$

Wegen $W(T) = N(\mu T, \sigma^2 T)$ ist

$$G(T; r, \mu, \sigma) = e^{-rT} \int_{\ln(K/z_0)}^\infty (z_0 e^w - K) \frac{1}{\sqrt{2\pi\sigma^2 T}} \exp\left\{-\frac{1}{2T}\left(\frac{w - \mu T}{\sigma}\right)^2\right\} dw.$$

Die Substitution $x = \dfrac{w - \mu T}{\sigma\sqrt{T}}$ liefert

$$G(T; r, \mu, \sigma) = z_0 e^{(\mu - r)T} \frac{1}{\sqrt{2\pi}} \int_c^\infty e^{x\sigma\sqrt{T}} e^{-x^2/2} dx - K e^{-rT} \frac{1}{\sqrt{2\pi}} \int_c^\infty e^{-x^2/2} dx,$$

wobei $c = [\ln(K/z_0) - \mu T]/\sigma\sqrt{T}$ gesetzt wurde. Die Substitution $x = y + \sigma\sqrt{T}$ liefert

$$\int_c^\infty e^{x\sigma\sqrt{T}} e^{-x^2/2} dx = e^{\sigma^2 T/2} \int_{c-\sigma\sqrt{T}}^\infty e^{-y^2/2} dy.$$

Damit ist

$$G(T; r, \mu, \sigma) = z_0 e^{(\mu - r + \sigma^2/2)T} \frac{1}{\sqrt{2\pi}} \int_{c-\sigma\sqrt{T}}^\infty e^{-y^2/2} dy - Ke^{-rT} \frac{1}{\sqrt{2\pi}} \int_c^\infty e^{-x^2/2} dx$$

$$= z_0 e^{(\mu - r + \sigma^2/2)T} \Big(\Phi(\sigma\sqrt{T} - c) \Big) - Ke^{-rT} (\Phi(-c)).$$

Der diskontierte Preis des Finanzgutes zum Zeitpunkt t beträgt

$$\tilde{Z}(t) = e^{-rt} Z(t) = z_0 e^{-(r-\mu)t + \sigma S(t)}.$$

Wegen Satz 2.33 (Exponentialmartingal) ist $\{\tilde{Z}(t), t \geq 0\}$ genau dann ein Martingal, wenn $r - \mu = \sigma^2/2$ gilt. Unter dieser Bedingung ist der mittlere diskontierte Gewinn des Inhabers der Option gegeben durch die *Formel von Black-Scholes-Merton*

$$\tilde{G}(T; r, \sigma) = z_0 \Phi(\sigma\sqrt{T} - c) - Ke^{-rT} \Phi(-c) \tag{2.115}$$

(*Black, Scholes* (1973), *Merton* (1973)). In dieser Formel wurde der Einfluss des Drift-parameters μ auf die Preisfestsetzung durch die Voraussetzung eliminiert, dass sich der diskontierte Preis des Finanzgutes entsprechend einem Martingal entwickelt. Daher nennt man $\tilde{G}(T; r, \sigma)$ den 'fairen Preis', den ein Kunde zu zahlen hat, um Inhaber der Option zu werden.

Die Gültigkeit von (2.115) ist an die Voraussetzung gebunden, dass der Preis des unter-liegenden Finanzgutes nur durch zufällige Marktschwankungen bestimmt wird, insbeson-dere also keine Arbitragemöglichkeit (Möglichkeit risikolosen Gewinns) besteht.   □

Weiterführende Literatur: *Capinski, Zastawniak* (2001), *Hunt, Kennedy* (2000), *Irle* (1998), *Neftci* (2000), *Shafer, Vovk* (2001), *Bouchaud, Potters* (2000).

2.10.3.4 Integraltransformationen

Integrierter Wiener Prozess Ist $\{X(t), t \geq 0\}$ ein Wiener Prozess, so sind fast alle sei-ne Trajektorien $x = x(t)$ im Quadratmittel stetig. Infolgedessen existieren für fast alle Trajektorien $x = x(t)$ die (Riemannschen) Integrale $u(t) = \int_0^t x(y)\, dy$. Diese sind Realisie-rungen des *zufälligen Integrals*

$$U(t) = \int_0^t X(y)\, dy.$$

$\{U(t), t \geq 0\}$ heißt *integrierter Wiener Prozess*. Für praktische Anwendungen kann er dann in Betracht gezogen werden, wenn beobachtete Trajektorien 'geglätteter' erscheinen als die des Wiener Prozesses.

$U(t)$ ist für alle n-Tupel $(t_0, t_1, \ldots, t_n)$ mit $0 = t_0 < t_1 < \cdots < t_n = t$ und $\Delta t_i = t_i - t_{i-1}$; $i = 1, 2, \ldots, n$; wie folgt definiert:

$$U(t) = \lim_{\substack{n \to \infty \\ \Delta t_i \to 0}} \left\{ \sum_{i=1}^{n} [X(t_i) - X(t_{i-1})] \, \Delta t_i \right\}.$$

Das zufällige Integral $U(t)$ ist eine Zufallsgröße und als Grenzwert einer Summe unabhängiger, normalverteilter Zufallsgrößen selbst normalverteilt. Allgemeiner gilt wegen Satz 1.6 (Abschnitt 1.8.3) sogar, dass der *integrierte Wiener Prozess* $\{U(t), t \geq 0\}$ ein Gaußscher Prozess ist. (Grenzübergänge beziehen sich hier und im Folgenden auf Konvergenz im Quadratmittel.) Infolgedessen ist der integrierte Wiener Prozess durch seine Trend- und Kovarianzfunktion eindeutig bestimmt. Seine Trendfunktion ist identisch 0:

$$m(t) = E\left(\int_0^t X(y) \, dy \right) = \int_0^t E(X(y)) \, dy \equiv 0.$$

Für die Kovarianzfunktion ergibt sich im Fall $s \leq t$ unter Beachtung von (2.100)

$$Cov(U(s), U(t)) = E\left\{ \int_0^s X(z) \, dz \int_0^t X(y) \, dy \right\} = \int_0^s \int_0^t E(X(z) X(y)) \, dy \, dz$$

$$= \int_0^s \int_0^t Cov(X(y), X(z)) \, dy \, dz$$

$$= \sigma^2 \int_0^s \int_0^t \min(y, z) \, dy \, dz$$

$$= \sigma^2 \int_0^s \tfrac{1}{2} y^2 \, dy + \sigma^2 \int_0^s y(t - y) \, dy.$$

Es folgt

$$Cov(U(s), U(t)) = \frac{\sigma^2}{6} (3t - s) s^2, \quad s \leq t.$$

Insbesondere ergibt sich für $s = t$ die Varianz von $U(t)$ zu

$$Var(U(t)) = \sigma^2 t^3 / 3.$$

Der integrierte Wiener Prozess ist also nicht stationär. Jedoch lässt sich zeigen, dass der Prozess $\{V(t), t \geq 0\}$ mit $V(t) = U(t + \tau) - U(\tau)$ für alle $\tau > 0$ diese Eigenschaft hat. (Bei Gaußschen Prozessen sind Stationarität im engeren sowie im weiteren Sinn äquivalent.)

Weißes Rauschen Da fast alle Trajektorien des Wiener Prozesses nirgends differenzierbar sind, kann ein stochastischer Prozess der Form $\{Z(t), t \geq 0\}$ mit

$$Z(t) = dX(t)/dt \quad \text{bzw.} \quad dX(t) = Z(t) \, dt$$

nicht über einen (zufälligen) Differentialquotienten eingeführt werden. Eine sinnvolle Erklärung ist jedoch vermittels Integration möglich: Man geht aus von einer beliebigen, im Intervall $[a, b]$ stetig differenzierbaren Funktion $f(t)$ und einer Zerlegung dieses Intervalls durch eine Folge $t_0, t_1, \ldots, t_n$ mit

$$a = t_0 < t_1 < \cdots < t_n = b \quad \text{und} \quad \Delta t_i = t_i - t_{i-1}; \quad i = 1, 2, \ldots, n.$$

Das *stochastische Integral* $\int_a^b f(t) \, dX(t)$ wird durch folgenden Grenzwert definiert:

$$\int_a^b f(t)\,dX(t) = \lim_{\substack{n\to\infty \\ \Delta t_i \to 0}} \left\{ \sum_{i=1}^n f(t_{i-1})\,[X(t_i) - X(t_{i-1})] \right\} \tag{2.116}$$

(Konvergenz im Quadratmittel). Die Summe auf der rechten Seite dieses Grenzwertes kann folgendermaßen geschrieben werden:

$$\sum_{i=1}^n f(t_{i-1})\,(X(t_i) - X(t_{i-1})) = f(b)X(b) - f(a)X(a) - \sum_{i=1}^n X(t_i)\,[f(t_i) - f(t_{i-1})].$$

Der Grenzübergang auf beiden Seiten entsprechend (2.116) liefert

$$\int_a^b f(t)\,dX(t) = f(b)X(b) - f(a)X(a) - \int_a^b X(t)\,df(t).$$

Diese Darstellung des stochastischen Integrals erinnert an die Formel der partiellen Integration des Riemannschen Integrals. Sie wird häufig als Definition des stochastischen Integrals gegenüber (2.116) bevorzugt. Als Grenzwert einer Summe unabhängiger, normalverteilter Zufallsgrößen genügt auch das stochastische Integral einer Normalverteilung. Sein Erwartungswert ist wegen $E(X(t)) = 0$ ebenfalls gleich 0:

$$E\!\left(\int_a^b f(t)\,dX(t) \right) = 0.$$

Ferner gilt wegen $Var(X(t) - X(s)) = \sigma^2 |t - s|$:

$$Var\!\left(\sum_{i=1}^n f(t_{i-1})\,[X(t_i) - X(t_{i-1})] \right) = \sum_{i=1}^n f^2(t_{i-1})\,Var(X(t_i) - X(t_{i-1}))$$

$$= \sigma^2 \sum_{i=1}^n f^2(t_{i-1})(t_i - t_{i-1}) = \sigma^2 \sum_{i=1}^n f^2(t_{i-1})\,\Delta t_i.$$

Der Grenzübergang wie in (2.116) liefert die Varianz des stochastischen Integrals zu

$$Var\!\left(\int_a^b f(t)\,dX(t) \right) = \sigma^2 \int_a^b f^2(t)\,dt.$$

Definition 2.30 (*Weißes Rauschen*) Ein stochastischer Prozess $\{Z(t),\ t \geq 0\}$ heißt *weißes Rauschen*, wenn er auf beliebige, in beliebigen Intervallen $[a,b] \subseteq [0,\infty)$ stetig differenzierbare Funktionen $f(t)$ wie folgt wirkt:

$$\int_a^b f(t)\,Z(t)\,dt = f(b)X(b) - f(a)X(a) - \int_a^b X(t)\,df(t). \tag{2.117}$$

Hierbei ist $\{X(t),\ t \geq 0\}$ der Wiener Prozess.   ●

Würde die erste Ableitung von $X(t)$ existieren, so wäre die Beziehung (2.117) mit $Z(t) = dX(t)/dt$, bzw. $dX(t) = Z(t)\,dt$ ohnehin erfüllt. Das in Definition 2.30 auftretende $Z(t)$ ist somit als 'verallgemeinerte Ableitung' von $X(t)$ interpretierbar; denn diese existiert auch dann, wenn der Differentialquotient nicht existiert. Zur Förderung des inhaltlichen Verständnisses für das weiße Rauschen wird dessen Kovarianzfunktion berechnet. Dazu erweist sich die Einführung zweier spezieller Funktionen als zweckmäßig:

Die *Diracsche Deltafunktion* $\delta(t)$ ist definiert durch

$$\delta(t) = \lim_{h\to 0} \begin{cases} 1/h & \text{für } -h/2 \leq t \leq +h/2 \\ 0 & \text{sonst} \end{cases}. \tag{2.118}$$

Die Diracsche Deltafunktion hat eine wichtige Eigenschaft, die ebenfalls ihrer Definition zugrunde gelegt werden kann: Für eine beliebige stetige Funktion $f(t)$ gilt

$$\int_{-\infty}^{+\infty} f(t)\,\delta(t - t_0)\,dt = f(t_0)\,.$$ (2.119)

Die *Heavyside-Funktion* $H(t)$ ist definiert durch

$$H(t) = \begin{cases} 1 & \text{für } t \geq 0 \\ 0 & \text{für } t < 0 \end{cases}.$$

Somit kann die Diracsche Deltafunktion formal als erste Ableitung der Heavyside-Funktion betrachtet werden, wenn einer Sprungstelle ein unbeschränkter Anstieg zugeordnet wird: $\delta(t) = dH(t)/dt$. Unterstellt man, dass auch bei verallgemeinerten ersten Ableitungen die Reihenfolge von Differentiation und Integration vertauscht werden kann, gilt

$$Cov(Z(s), Z(t)) = Cov\left(\frac{\partial X(s)}{\partial s}, \frac{\partial X(t)}{\partial t}\right) = \frac{\partial}{\partial s}\frac{\partial}{\partial t} Cov(X(s), X(t))$$

$$= \frac{\partial}{\partial s}\frac{\partial}{\partial t} \min(s, t) = \frac{\partial}{\partial s} H(s - t).$$

Folglich ist

$$K(s, t) = Cov(Z(s), Z(t)) = \delta(s - t).$$

Da $K(s, t)$ ein Maß für die statistische Abhängigkeit zwischen $Z(s)$ und $Z(t)$ ist, gibt es also auch für noch so kleine positive Abstände $|s - t|$ keine Abhängigkeit zwischen $Z(s)$ und $Z(t)$. Infolgedessen kann in der Praxis ein solch 'rein zufälliger Prozess' in stetiger Zeit nicht existieren. (Siehe aber das *diskrete weiße Rauschen* bzw. die *rein zufällige Folge* in Abschn. 2.4.2.) Als approximatives Modell findet das weiße Rauschen jedoch vielfach Anwendung, insbesondere bei der Modellierung zufälliger Störungen.

Beispiel 2.40 In einer Vakuumröhre wird ein Stromstoß induziert, sobald die Kathode ein Elektron emittiert. Ist e die Ladung eines Elektrons und z die Zeit vom Übergang eines Elektrons von der Kathode zur Anode, so beträgt der induzierte Stromstoß

$$h(t) = \begin{cases} \dfrac{\alpha e}{z^2} t & \text{für } 0 \leq t \leq z \\ 0 & \text{sonst} \end{cases},$$

wobei α eine röhrenspezifische Konstante ist. Daher ist $R(t) = \sum_{i=1}^{N(t)} h(t - T_i)$ der zum Zeitpunkt t in der Röhre insgesamt fließende Strom. Unter der Voraussetzung, dass $\{N(t), t \geq 0\}$ ein homogener Poissonprozess mit dem Parameter λ ist, liefern die Campbellschen Formeln (2.34) die Kovarianzfunktion des Prozesses $\{R(t), t \geq 0\}$ zu

$$K(s, t) = \begin{cases} \dfrac{\lambda(\alpha e)^2}{3z}\left[1 - \dfrac{3|s-t|}{2z} + \dfrac{|s-t|^3}{2z^3}\right] & \text{für } |s - t| \leq z \\ 0 & \text{sonst} \end{cases}.$$

Wegen $\lim K(s, t) = \delta(s - t)$ für $z \to 0$ verhält sich dieses Schrotrauschen für hinreichend kleine Übergangszeiten z näherungsweise wie ein weißes Rauschen.   □

Literatur *Durrett* (1999), *Irle* (1998), *Lawler* (1995), *Rolski et al.* (1999)

2.11 Spektralanalyse stationärer Prozesse

2.11.1 Grundbegriffe

Ein stationärer stochastischer Prozess zweiter Ordnung und seine Kovarianzfunktion lassen sich vermittels Spektralfunktion bzw. Spektraldichte darstellen. Diese Darstellungen haben sich in zahlreichen technisch-physikalischen Anwendungen als außerordentlich nützliche analytische Hilfsmittel erwiesen. Zudem liefern sie einen leistungsfähigen Zugang zur Modellierung von stationären Zeitreihen. Aus inhaltlichen und formalen Gründen ist es in diesem Kapitel zweckmäßig, komplexe stochastische Prozesse zu betrachten. (Bezüglich komplexer Zufallsgrößen siehe Abschnitt 1.11.1.)

Komplexer stochastischer Prozess Ein stochastischer Prozess $\{X(t), t \in \mathbf{T}\}$ mit der Parametermenge $\mathbf{T} = (-\infty, +\infty)$ ist ein *komplexer stochastischer Prozess*, wenn $X(t)$ mit $i = \sqrt{-1}$ die Struktur

$$X(t) = Y(t) + i\,Z(t)$$

hat. Hierbei sind $\{Y(t), t \in \mathbf{T}\}$ und $\{Z(t), t \in \mathbf{T}\}$ zwei reellwertige stochastische Prozesse. Die Wahrscheinlichkeitsverteilung von $X(t)$ ist also durch die gemeinsame Wahrscheinlichkeitsverteilung des zufälligen Vektors $(Y(t), Z(t))$ gegeben. Trend- und Kovarianzfunktion des Prozesses $\{X(t), t \in \mathbf{T}\}$ sind definiert durch

$$m(t) = E(X(t)) = E(Y(t)) + i\,E(Z(t)),$$

$$K(s,t) = Cov(X(s), X(t)),$$

wobei die Kovarianz $Cov(X(s), X(t))$ gemäß (1.20) wie folgt definiert ist:

$$Cov(X(s), X(t)) = E([X(s) - E(X(s))][\overline{X(t) - E(X(t))}]).$$

Ein *komplexer stochastischer Prozess zweiter Ordnung* liegt vor, wenn $E(|X(t)|^2) < \infty$ für alle $t \in \mathbf{T}$ gilt.

Ein komplexer stochastischer Prozess zweiter Ordnung $\{X(t), t \in \mathbf{T}\}$ ist *stationär im weiteren Sinne*, wenn er mit einer komplexen Konstanten m die beiden Eigenschaften

$$m(t) \equiv m \quad \text{und} \quad K(s,t) = K(0, t-s)$$

hat. In diesem Fall werden wie bei reellen Prozessen $\tau = t - s$ sowie $K(\tau) = K(0, t - s)$ gesetzt. Man beachte, dass im Unterschied zu den Kovarianzfunktionen reeller stochastischer Prozesse nun im Allgemeinen $K(\tau) \neq K(-\tau)$ ist.

Vereinbarung In diesem Abschnitt werden ausschließlich im weiteren Sinne stationäre Prozesse zweiter Ordnung betrachtet. Auf das Attribut 'im weiteren Sinne' wird daher stets verzichtet. Die Trendfunktion aller auftretenden Prozesse ist überdies identisch 0.

Wegen dieser Vereinbarung vereinfacht sich die Kovarianzfunktion zu

$$K(\tau) = K(t, t + \tau) = E(X(t)\,\overline{X(t + \tau)}).$$

Da τ beliebig ist, wird in Zukunft die Kovarianzfunktion stationärer Prozesse in folgender Form verwendet:

$$K(\tau) = K(t + \tau, t) = E(X(t + \tau)\,\overline{X(t)}). \tag{2.120}$$

Ferner werden die *Eulerschen Formeln* benötigt:

$$e^{+ix} = \cos x + i \sin x, \quad e^{-ix} = \cos x - i \sin x.$$

Auflösung nach $\sin x$ und $\cos x$ ergibt

$$\sin x = \frac{1}{2i}\left(e^{ix} - e^{-ix}\right), \quad \cos x = \frac{1}{2}\left(e^{ix} + e^{-ix}\right). \tag{2.121}$$

2.11.2 Prozesse mit diskretem Spektrum

Beginnend mit dem einfachsten Fall wird in diesem Abschnitt an die allgemeine Struktur stationärer Prozesse mit diskretem Spektrum herangeführt.

Es sei $\{X(t),\ t \in \mathbf{T}\}$ ein stochastischer Prozess der Struktur

$$X(t) = X\Omega(t), \tag{2.122}$$

wobei X eine komplexe Zufallsgröße und $\Omega(t)$ eine komplexe Funktion ist. Damit eine echte Zeitabhängigkeit vorhanden ist, wird $\Omega(t)$ als nicht identisch konstant vorausgesetzt. Daher sind für die Stationarität des Prozesses die Bedingungen

$$E(X) = 0 \quad \text{und} \quad E(|X|^2) < \infty$$

notwendig. Ferner darf $E(X(t+\tau)\overline{X(t)}) = \Omega(t+\tau)\overline{\Omega(t)}E(|X|^2)$ wegen (2.120) nicht von t abhängen. Für $\tau = 0$ folgt daraus, dass $\Omega(t)\overline{\Omega(t)} = |\Omega|^2$ konstant sein muss. Infolgedessen hat $\Omega(t)$ die Struktur

$$\Omega(t) = |\Omega|\, e^{i\omega(t)},$$

wobei $\omega(t)$ eine reelle Funktion mit der Eigenschaft ist, dass $\omega(t+\tau) - \omega(t)$ nicht von t abhängen darf. Daher muss $\omega(t)$ mit zwei Konstanten ω und φ die Struktur $\omega(t) = \omega t + \varphi$ haben. Es folgt

$$\Omega(t) = |\Omega|\, e^{i(\omega t + \varphi)}.$$

Wird im Ansatz (2.122) die Zufallsgröße X mit der Konstanten $|\Omega|e^{i\varphi}$ multipliziert und die entstandene Zufallsgröße $X|\Omega|e^{i\varphi}$ wiederum mit X bezeichnet, erhält man das gewünschte Resultat in der folgenden Form:

Ein stochastischer Prozess $\{X(t),\ t \in \mathbf{T}\}$ der Struktur (2.122) ist genau dann stationär, wenn

$$X(t) = Xe^{i\omega t} \tag{2.123}$$

mit $E(X) = 0$ und $E(|X|^2) < \infty$ gilt.

Die zugehörige Kovarianzfunktion lautet, wenn $s = E(|X|^2)$ gesetzt wird,

$$K(\tau) = s\, e^{i\omega \tau}.$$

(Physikalisch gesehen ist der Parameter s bis auf einen von der jeweiligen Schwingung unabhängigen Proportionalitätsfaktor gleich der mittleren Energie (Leistung) der Schwingung je Zeiteinheit.)

Der Realteil $Y(t)$ eines stochastischen Prozesses $\{X(t), t \in \mathbf{T}\}$ der Form (2.123) beschreibt eine Kosinusschwingung, deren Amplitude und Phase zufällig sind. Seine Trajektorien haben daher die Struktur $y(t) = a\cos(\omega t + \varphi)$, wobei a und φ Werte von eventuell abhängigen Zufallsgrößen A und Φ sind. Der Parameter ω ist die *Kreisfrequenz* der Schwingung.

Es liege nun eine Linearkombination zweier Prozesse der Struktur (2.123) vor:

$$X(t) = X_1 e^{i\omega_1 t} + X_2 e^{i\omega_2 t}. \tag{2.124}$$

Hierbei sind X_1 und X_2 zwei komplexe Zufallsgrößen mit dem Erwartungswert 0 und ω_1 und ω_2 zwei konstante Parameter mit $\omega_1 \neq \omega_2$. Die Kovarianzfunktion des stochastischen Prozesses $\{X(t), t \in \mathbf{T}\}$ der Form (2.124) ist

$$K(t+\tau, t) = E(X(t+\tau)\overline{X(t)})$$

$$= E([X_1 e^{i\omega_1(t+\tau)} + X_2 e^{i\omega_2(t+\tau)}][\bar{X}_1 e^{-i\omega_1 t} + \bar{X}_2 e^{-i\omega_2 t}])$$

$$= E([X_1 \bar{X}_1 e^{i\omega_1 \tau} + X_2 \bar{X}_2 e^{i\omega_2 \tau}])$$

$$+ E([X_2 \bar{X}_1 e^{i(\omega_2-\omega_1)t + i\omega_2\tau} + X_1 \bar{X}_2 e^{i(\omega_1-\omega_2)t + i\omega_1\tau}]).$$

Somit ist der Prozess $\{X(t), t \in \mathbf{T}\}$ genau dann stationär, wenn X_1 und X_2 unkorreliert sind (siehe Abschnitt 1.11.1). Seine Kovarianzfunktion lautet in diesem Fall

$$K(\tau) = s_1 e^{iw_1\tau} + s_2 e^{iw_2\tau} \quad \text{mit } s_1 = E(|X_1|^2), \quad s_2 = E(|X_2|^2).$$

Reeller stationärer Prozess Im Unterschied zu einem stationären stochastischen Prozess der Struktur (2.123), der stets komplex ist, kann ein stationärer Prozess der Struktur (2.124) auch reell sein. Um dies zu erkennen, werden

$$X_1 = \frac{1}{2}(A + iB) \quad \text{und} \quad X_2 = \bar{X}_1 = \frac{1}{2}(A - iB) \quad \text{sowie} \quad \omega_1 = -\omega_2 = \omega$$

gesetzt, wobei A und B zwei reelle Zufallsgrößen mit dem Erwartungswert 0 sind. Dann folgt durch Einsetzen in (2.124) unter Berücksichtigung von (2.121)

$$X(t) = A\cos\omega t - B\sin\omega t.$$

Sind A und B unkorreliert, lautet die Kovarianzfunktion dieses Prozesses

$$K(\tau) = 2s\cos\omega\tau \quad \text{mit } s = E(|X_1|^2) = E(|X_2|^2).$$

Allgemeiner wird nun ein stochastischer Prozess $\{X(t), t \in \mathbf{T}\}$ der Struktur

$$X(t) = \sum_{k=1}^{n} X_k e^{i\omega_k t} \tag{2.125}$$

mit $\omega_j \neq \omega_k$ für $j \neq k$; $i, j = 1, 2, ..., n$; betrachtet. Sind die X_k paarweise unkorreliert und haben sie den Erwartungswert 0, dann zeigt man, ausgehend von dem eben erzielten Resultat induktiv, dass $\{X(t), t \in \mathbf{T}\}$ stationär ist und folgende Kovarianzfunktion hat:

$$K(\tau) = \sum_{k=1}^{n} s_k e^{i\omega_k \tau} \quad \text{mit } s_k = E(|X_k|^2); k = 1, 2, ..., n. \tag{2.126}$$

Insbesondere gilt

$$K(0) = E|X(t)|^2) = \sum_{k=1}^{n} s_k .$$ (2.127)

Die Schwingung $X(t)$ ist eine additive Überlagerung von n harmonischen Schwingungen. Ihre mittlere Energie je Zeiteinheit $K(0)$ ist gleich der Summe der mittleren Energien je Zeiteinheit der Einzelschwingungen. Damit ein Ansatz der Form (2.125) reell ist, müssen n eine gerade Zahl und je zwei der X_k einander konjugiert komplex sein.

Im Ansatz (2.125) ist der Fall $n = \infty$ zugelassen. In diesem Fall ist unter sonst gleichen Bedingungen der Prozess $\{X(t),\ t \in \mathbf{T}\}$ stationär, wenn zusätzlich

$$\sum_{k=1}^{\infty} s_k < \infty$$ (2.128)

vorausgesetzt wird. Die Menge $\{\omega_1, \omega_2, ..., \omega_n\}$ bildet das *Spektrum* des durch (2.125) definierten stochastischen Prozesses $\{X(t),\ t \in \mathbf{T}\}$. Liegen die ω_k alle dicht an einem Wert ω, so spricht man von einem *Schmalband-Prozess* (Bild 2.22), streuen sie aber in einem weiten Bereich, liegt ein *Breitband-Prozess* vor (Bild 2.23).

Die Kovarianzfunktion stationärer Prozesse mit diskretem Spektrum hat nicht die im Bild 2.3 gezeigte Eigenschaft, für $|\tau| \to \infty$ gegen 0 zu streben. Man kann jedoch zeigen, dass sich bezüglich der Konvergenz im Quadratmittel ein beliebiger stationärer Prozess $\{X(t),\ t \in \mathbf{T}\}$ in einem noch so großen endlichen Intervall $[-T \le t \le +T]$ beliebig gut durch einen stationären Prozess der Struktur (2.125), also durch additive Überlagerung unkorrelierter zufälliger harmonischer Schwingungen, approximieren läßt.

Die Kovarianzfunktion (2.126) kann, wenn von der Eigenschaft (2.119) der Diracschen Deltafunktion $\delta(t)$ Gebrauch gemacht wird, auch in folgender Form geschrieben werden:

$$K(\tau) = \sum_{k=1}^{\infty} s_k \int_{-\infty}^{+\infty} e^{i\omega\tau} \delta(\omega - \omega_k)\, d\omega .$$

Also gilt

$$K(\tau) = \int_{-\infty}^{+\infty} e^{i\omega\tau} s(\omega)\, d\omega ,$$ (2.129)

wenn $s(\omega)$ formal wie folgt definiert ist:

$$s(\omega) = \sum_{k=1}^{\infty} s_k\, \delta(\omega - \omega_k) .$$

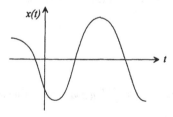

Bild 2.22 Trajektorie eines reellen
Schmalbandprozesses

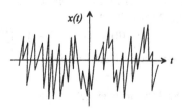

Bild 2.23 Trajektorie eines reellen Breit-
bandprozesses für große n

Die 'verallgemeinerte' Funktion $s(\omega)$ ist die *Spektraldichte* des stationären Prozesses. $K(\tau)$ ist formal die Fourier-Transformierte von $s(\omega)$. Im folgenden Abschnitt werden stationäre Prozesse behandelt, deren Kovarianzfunktionen die Struktur (2.129) mit einer stetigen oder wenigstens stückweise stetigen Funktion $s(\omega)$ haben.

2.11.3 Prozesse mit stetigem Spektrum

2.11.3.1 Spektralzerlegung der Kovarianzfunktion

$\{X(t),\ t \in T\}$ sei ein komplexer stationärer Prozess mit der Kovarianzfunktion $K(\tau)$. Dann existiert eine reelle, nichtfallende und beschränkte Funktion $S(\omega)$ derart, dass sich $K(\tau)$ in folgender Form darstellen läßt:

$$K(\tau) = \int_{-\infty}^{+\infty} e^{i\omega\tau}\, dS(\omega).$$

Diese grundlegende Beziehung ist mit den Namen *Bochner, Khinchin* und *Wiener* verknüpft. $S(\omega)$ heißt *Spektralfunktion* des Prozesses. Es gilt für alle t

$$K(0) = S(\infty) - S(-\infty) = E(|X(t)|^2) < \infty.$$

Die Spektralfunktion ist bis auf eine additive Konstante c eindeutig bestimmt. Gewöhnlich wird c so gewählt, dass $S(-\infty) = 0$ gilt. Die erste Ableitung $s(\omega) = dS(\omega)/d\omega$ der Spektralfunktion ist, im Falle ihrer Existenz, die *Spektraldichte* des Prozesses. Die Kovarianzfunktion eines stationären Prozesses ist somit -eventuell bis auf eine Konstante- gegeben durch

$$K(\tau) = \int_{-\infty}^{+\infty} e^{i\omega\tau} s(\omega)\, d\omega. \qquad (2.130)$$

Da $S(\omega)$ nichtfallend und beschränkt ist, hat $s(\omega)$ die Eigenschaften

$$s(\omega) \geq 0, \quad \int_{-\infty}^{+\infty} s(\omega)\, d\omega < \infty. \qquad (2.131)$$

Umgekehrt läßt sich zeigen, dass es zu jeder Funktion $s(\omega)$ mit diesen Eigenschaften einen stationären Prozess gibt, dessen Spektraldichte $s(\omega)$ ist.

Die Menge $\{\omega,\ s(\omega) > 0\}$ einschließlich ihrer Randpunkte bildet das *Spektrum* des Prozesses. Genauer spricht man auch von einem *stetigen* bzw. *kontinuierlichen Spektrum*. Analog zu (2.127) ist bis auf den Faktor $1/\pi$ die durchschnittliche Leistung der Schwingung gegeben durch

$$K(0) = S(+\infty) - S(-\infty) = \int_{-\infty}^{+\infty} s(\omega)\, d\omega.$$

Häufig wird auch die Funktion

$$f(\omega) = s(\omega)/\pi$$

als Spektraldichte eingeführt. In diesem Fall ist das Integral $\int_{-\infty}^{+\infty} f(\omega)d\omega$ ohne Einschränkung die durchschnittliche Leistung der Schwingung.

In der Praxis bereitet die Bestimmung der Kovarianzfunktion im Allgemeinen weniger Schwierigkeiten als die der Spektraldichte. Daher ist die Inversion der Beziehung (2.130) von Bedeutung. Die Inversion ist stets möglich, wenn folgende, aus der Theorie der Fourier-Transformation bekannte Bedingung, erfüllt ist:

$$\int_{-\infty}^{+\infty} |K(t)|\, dt < \infty. \qquad (2.132)$$

Inhaltlich besagt diese Bedingung, dass $K(\tau)$ für $|\tau| \to \infty$ hinreichend schnell gegen 0 gehen muss. Unter der Voraussetzung (2.132) gilt

$$s(\omega) = \frac{1}{2\pi} \int_{-\infty}^{+\infty} e^{-i\omega t} K(t)\, dt. \qquad (2.133)$$

Integration dieser Beziehung über das Intervall $[\omega_1, \omega_2]$, $\omega_1 < \omega_2$, liefert

$$S(\omega_2) - S(\omega_1) = \frac{i}{2\pi} \int_{-\infty}^{+\infty} \frac{e^{-i\omega_2 t} - e^{-i\omega_1 t}}{t} K(t)\, dt.$$

Diese Formel gilt auch dann, wenn die Spektraldichte nicht existiert; allerdings uneingeschränkt nur mit der Zusatzvereinbarung, dass an einer Sprungstelle ω_0 der Spektralfunktion der Wert $S(\omega_0)$ wie folgt definiert ist:

$$S(\omega_0) = \frac{1}{2}[S(w_0 + 0) - S(\omega_0 - 0)].$$

Reeller stationärer Prozess Da für reelle Prozesse $K(\tau) = K(-\tau)$ ist, gilt

$$K(\tau) = \frac{1}{2}[K(\tau) + K(-\tau)]$$

Wird in diese Beziehung die Darstellung (2.130) der Kovarianzfunktion eingesetzt und von (2.121) Gebrauch gemacht, ergibt sich

$$K(\tau) = \int_{-\infty}^{+\infty} \cos \omega\tau\, s(\omega)\, d\omega.$$

Wegen $\cos \omega t = \cos(-\omega t)$ lässt sich diese Beziehung etwas vereinfachen:

$$K(\tau) = 2 \int_{0}^{+\infty} \cos \omega\tau\, s(\omega)\, d\omega. \qquad (2.134)$$

Analog erhält man aus (2.133) die Spektraldichte in der Form

$$s(\omega) = \frac{1}{2\pi} \int_{-\infty}^{+\infty} \cos \omega t\, K(t)\, dt,$$

bzw., wegen $s(\omega) = s(-\omega)$ damit gleichbedeutend,

$$s(\omega) = \frac{1}{\pi} \int_{0}^{+\infty} \cos \omega t\, K(t)\, dt. \qquad (2.135)$$

Für den Anwender ist die wie folgt definiert *Korrelationszeit* τ_0 von Interesse:

$$\tau_0 = \frac{1}{K(0)} \int_{0}^{+\infty} K(t)\, dt \quad \text{bzw.} \quad \tau_0 = \frac{\pi s(0)}{2 \int_{0}^{\infty} s(\omega)\, d\omega}.$$

Für $|\tau| \leq \tau_0$ gibt es eine nennenswerte Korrelation (Abhängigkeit) zwischen $X(t)$ und $X(t + \tau)$. Die Korrelation zwischen $X(t)$ und $X(t + \tau)$ klingt für wachsende $|\tau|$ mit $|\tau| > \tau_0$ rasch ab.

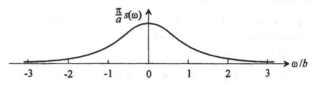

Bild 2.24 Verlauf der Spektraldichte von Beispiel 2.41

Beispiel 2.41 Es sei (Bild 2.24)

$$K(\tau) = ae^{-b|\tau|}, \quad a > 0, \ b > 0.$$

Beispiel 2.3 (zufälliges Telegraphensignal) zeigt, dass stationäre Prozesse mit einer Kovarianzfunktion dieser Struktur existieren. Da die Bedingung (2.132) erfüllt ist, kann die zugehörige Spektraldichte $s(\omega)$ vermittels (2.133) berechnet werden:

$$s(\omega) = \frac{1}{2\pi} \int_0^{+\infty} e^{-i\omega t} ae^{-b|t|} \, dt$$

$$= \frac{a}{2\pi} \left\{ \int_0^{+\infty} e^{(b-i\omega)t} dt + \int_0^{+\infty} e^{-(b+i\omega)t} dt \right\}$$

$$= \frac{a}{2\pi} \left\{ \frac{1}{b - i\omega} + \frac{1}{b + i\omega} \right\}.$$

Also ist die Spektraldichte gegeben durch

$$s(\omega) = \frac{ab}{\pi(\omega^2 + b^2)}.$$

In den Anwendungen wird die in diesem Beispiel betrachtete Kovarianzfunktion wegen ihrer einfachen Struktur häufig auch dann unterstellt, wenn sie nur näherungsweise den Gegebenheiten entspricht.   □

Beispiel 2.42 Es sei

$$K(\tau) = \begin{cases} a(T - |\tau|) & \text{für} \ |\tau| \le T \\ 0 & \text{für} \ |\tau| > T \end{cases}, \quad a > 0, \ T > 0.$$

Eine Kovarianzfunktion dieser Struktur trat im Fall der verzögerten Pulskodemodulation auf (Abschnitt 2.4.1). Die zugehörige Spektraldichte wird vermittels (2.133) berechnet:

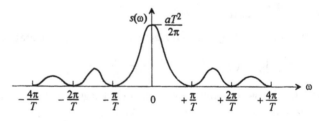

Bild 2.25 Verlauf der Spektraldichte von Beispiel 2.42

$$s(\omega) = \frac{a}{2\pi} \int_{-T}^{+T} e^{-i\omega t} (T - |t|) \, dt$$

$$= \frac{a}{2\pi} \left\{ T \int_{-T}^{+T} e^{-i\omega t} \, dt - \int_0^T t \, e^{+i\omega t} \, dt - \int_0^T t \, e^{-i\omega t} \, dt \right\}$$

$$= \frac{a}{2\pi} \left\{ \frac{2T}{\omega} \sin \omega T - 2 \int_0^T t \cos \omega t \, dt \right\}.$$

Somit ist (Bild 2.25)

$$s(\omega) = \frac{a}{\pi} \frac{1 - \cos \omega T}{\omega^2}.$$ $\square$

Nicht jede Funktion $K(\tau)$, die für $|\tau| \to \infty$ gegen 0 strebt, ist Kovarianzfunktion eines stationären Prozesses. Eine leichte Modifikation der im Beispiel 2.42 betrachteten Kovarianzfunktion liefert schon ein Gegenbeispiel:

$$K(\tau) = \begin{cases} a(T - \tau^2) & \text{für} \quad |\tau| \le T \\ 0 & \text{für} \quad |\tau| > T \end{cases}, \quad a > 0, \ T > 0.$$

Die gemäß (2.133) gebildete Funktion $s(\omega)$ hat nicht die Eigenschaften (2.131) und kann somit nicht Spektraldichte eines stationären Prozesses sein.

Weißes Rauschen Definition 2.30 führte zu der Schlussfolgerung, dass es sich beim weißen Rauschen um einen reellen stationären Prozess mit stetiger Zeit $\{Z(t), t \ge 0\}$ handelt, dessen Kovarianzfunktion bis auf einen konstanten Faktor c, der hier mit $2\pi s_0$ bezeichnet wird, die Diracsche Deltafunktion ist:

$$K(\tau) = 2\pi s_0 \, \delta(\tau).$$

Damit liefern die Beziehungen (2.133) und (2.119) die zugehörige Spektraldichte zu

$$s(\omega) = \int_{-\infty}^{+\infty} e^{-i\omega t} 2\pi s_0 \, \delta(t) \, dt \equiv s_0.$$

Hieraus ergibt sich eine weitere Möglichkeit der Definition des weißen Rauschens:

> Das weiße Rauschen ist ein reeller stationärer Prozess, dessen Spektraldichte konstant ist.

Die Spektraldichte des weißen Rauschens erfüllt demnach nur die erste der Bedingungen (2.131). Infolgedessen kann der stationäre Prozess des weißen Rauschens in der Praxis nicht existieren; denn seine durchschnittliche Leistung wäre wegen $\int_{-\infty}^{+\infty} s(\omega) \, d\omega = \infty$ unendlich groß. Trotzdem hat das weiße Rauschen eine große praktische Bedeutung bei der approximativen quantitativen Beschreibung zahlreicher physikalischer und technischer stochastischer Vorgänge. Man kann den Begriff des Rauschens in seiner Bedeutung etwa vergleichen mit dem auch nur in der Theorie existierenden physikalischen Begriff der Punktmasse.

Wegen $K(\tau) = c \, \delta(\tau)$ besteht auch für noch so kleine $|\tau|$ keine Korrelation zwischen $Z(t)$ und $Z(t + \tau)$. Somit ist das weiße Rauschen als 'vollkommen zufälliger' stochastischer Prozess das stetige Analogon zur 'rein zufälligen Folge', die bereits im Abschnitt 2.4.2 als *diskretes weißes Rauschen* bezeichnet wurde und die ebenfalls eine konstante Spektraldichte hat.

Die Bezeichnung 'weißes Rauschen' resultiert aus einem nicht voll gerechtfertigten Vergleich mit dem Spektrum des weißen Lichts. Dieses hat zwar eine Breitbandstruktur, aber die Frequenzen sind allenfalls näherungsweise gleichmäßig über die Bandbreite verteilt. Ein stationärer Prozess $\{Z(t),\ t \geq 0\}$ kann immer dann näherungsweise als weißes Rauschen angesehen werden, wenn die Kovarianz zwischen $Z(t)$ und $Z(t+\tau)$ für wachsende $|\tau|$ extrem schnell gegen 0 strebt. Man kann sich das weiße Rauschen als Folge von extrem spitzen Pulsen vorstellen, die in kürzesten zufälligen Zeitabständen aufeinander folgen und unabhängige, identisch verteilte Amplituden haben. Die Zeiten, in denen die Pulse steigen bzw. fallen, sind für Messinstrumente zu kurz, um registriert werden zu können. Darüberhinaus sind die Reaktionszeiten der Messinstrumente so groß, dass bereits während einer Reaktionszeit eine riesige Anzahl nichtregistrierbarer Pulse auftritt.

Beispiel 2.43 (*bandbegrenztes weißes Rauschen*) Ein stationärer Prozess mit konstanter Spektraldichte

$$s(\omega) = s_0 \text{ für alle } \omega \in (-\infty, +\infty)$$

kann, wie bereits ausgeführt, nicht existieren. Wohl aber ist ein stationärer Prozess mit folgender Spektraldichte möglich (Bild 2.26a):

$$s(\omega) = \begin{cases} s_0 & \text{für} \quad -w/2 \leq \omega \leq +w/2 \\ 0 & \text{sonst} \end{cases}.$$

Die zugehörige Kovarianzfunktion ist gemäß (2.133) gegeben durch

$$K(\tau) = \int_{-w/2}^{+w/2} e^{i\omega\tau} s_0\, d\omega.$$

Es folgt (Bild 2.26b)

$$K(\tau) = 2\, s_0\, \frac{1}{\tau} \sin \frac{w\tau}{2}.$$

Die durchschnittliche Leistung dieses Prozesses ist proportional zu

$$K(0) = s_0 w.$$

Der Parameter w ist die *Bandbreite* des Prozesses. Das weiße Rauschen erweist sich als Grenzprozess des bandbeschränkten weißen Rauschens für $w \to \infty$.   □

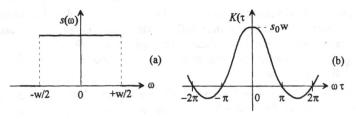

Bild 2.26 Spektraldichte (a) und Kovarianzfunktion (b) des bandbeschränkten weißen Rauschens

2.11.3.2 Spektralzerlegung des Prozesses

Neben seiner Kovarianzfunktion erlaubt auch der stationäre Prozess selbst eine Spektralzerlegung. Dazu wird eine bislang noch nicht eingeführte Eigenschaft stochastischer Prozesse benötigt.

Definition 2.31 Ein stochastischer Prozess $\{Y(x), x \in \mathbf{T}\}$ mit $\mathbf{T} = \{-\infty, +\infty\}$ hat *orthogonale Zuwächse*, wenn für alle sich nicht überschneidenden Intervalle $[x_1, x_2)$ und $[x_3, x_4)$ folgende Beziehung gilt:

$$E\Big([Y(x_2) - Y(x_1)]\big[\overline{Y(x_4) - Y(x_3)}\big]\Big) = 0 .$$ •

Ein reeller stochastischer Prozess mit unabhängigen Zuwächsen, dessen Trendfunktion identisch 0 ist, hat stets orthogonale Zuwächse.

Es sei nun wie bisher $\{X(t), t \in \mathbf{T}\}$ mit $\mathbf{T} = \{-\infty, +\infty\}$ ein stationärer komplexer Prozess zweiter Ordnung, dessen Trendfunktion identisch 0 ist. Dann existiert ein Prozess zweiter Ordnung $\{U(\omega), \omega \in \mathbf{T}\}$ mit orthogonalen Zuwächsen, so dass sich $X(t)$ folgendermaßen darstellen lässt:

$$X(t) = \int_{-\infty}^{+\infty} e^{i\omega t}\, dU(\omega) . \tag{2.136}$$

Der Prozess $\{U(\omega), \omega \in \mathbf{T}\}$ ist der zu $\{X(t), t \in \mathbf{T}\}$ gehörige *Spektralprozess*. Er ist bis auf eine additive Konstante eindeutig bestimmt. Wird diese Konstante so gewählt, dass

$$P(U(-\infty) = 0) = 1$$

gilt, dann bestehen folgende Zusammenhänge zwischen dem Prozess $\{U(\omega), \omega \in \mathbf{T}\}$ und der Spektralfunktion $S(\omega)$:

$$E(U(\omega)) \equiv 0,$$

$$E(|(U(\omega)|^2) = S(\omega),$$

$$E(|(dU(\omega)|^2) = dS(\omega) .$$

Die Struktur (2.136) stationärer Prozesse und ihr Zusammenhang zur Spektralanalyse der Kovarianzfunktion wurden zuerst von *A. N. Kolmogorov* aufgezeigt. Man erkennt die Analogie zwischen den Darstellungen (2.125) für $n = \infty$ und (2.136):

$$X(t) = \sum_{k=1}^{\infty} e^{i\omega_k t} X_k ,$$

$$X(t) = \int_{-\infty}^{+\infty} e^{i\omega t}\, dU(\omega) .$$

Der Orthogonalität des Prozesses $\{U(t), t \geq 0\}$ entspricht im Fall des diskreten Spektrums die Unkorreliertheit der X_k.

Das *stochastische Fourier-Stieltjes-Integral* (2.136) ist wie folgt definiert: Ein endliches Intervall $[a, b]$ wird vermittels der Folge

$$a = \omega_0 < \omega_1 < \cdots < \omega_n = b$$

partitioniert, und es wird

$$\Delta\omega_k = \omega_k - \omega_{k-1}; \quad k = 1, 2, \ldots, n;$$

gesetzt. Dann gilt bezüglich der Konvergenz im Quadratmittel

$$\int_{-\infty}^{+\infty} e^{i\omega t} \, dU(\omega) = \lim_{\substack{a \to -\infty \\ b \to +\infty}} \lim_{\substack{n \to +\infty \\ \Delta\omega_k \to 0}} \sum_{k=1}^{n} e^{i\omega_{k-1}t} [U(\omega_k) - U(\omega_{k-1})].$$

Man erkennt aus dieser Grenzbeziehung die Struktur eines stationären Prozesses: Er resultiert aus der additiven Überlagerung harmonischer Schwingungen, wobei die Anteile der Schwingungen in den Frequenzbereichen zufällig sind und durch den Spektralprozess $\{U(\omega), \omega \in \mathbf{T}\}$ bestimmt werden. (Die Frequenz ω_{k-1}, die stellvertretend für alle Frequenzen des Bereichs $[\omega_{k-1}, \omega_k)$ steht, erhält das zufällige Gewicht $U(\omega_k) - U(\omega_{k-1})$.)

Durch Inversion der Darstellung (2.136) ergibt sich der Spektralprozess in Abhängigkeit vom Ausgangsprozess in der Form

$$U(\omega_2) - U(\omega_1) = \frac{i}{2\pi} \int_{-\infty}^{+\infty} \frac{e^{-i\omega_2 t} - e^{-i\omega_1 t}}{t} X(t) \, dt.$$

Ist $\{X(t), t \geq 0\}$ ein reeller stationärer stochastischer Prozess, dann erlaubt er eine Spektraldarstellung in folgender Form:

$$X(t) = \int_0^\infty \cos\omega t \, dU(\omega) + \int_0^\infty \sin\omega t \, dV(\omega).$$

Hierbei sind $\{U(t), t \geq 0\}$ und $\{V(t), t \geq 0\}$ voneinander unabhängige Prozesse zweiter Ordnung mit orthogonalen Zuwächsen, deren Trendfunktion identisch 0 ist. Bezüglich der Konvergenz im Quadratmittel sind sie gegeben durch

$$U(\omega) = \frac{1}{2\pi} \int_{-\infty}^{+\infty} \frac{\sin\omega t}{t} X(t) \, dt,$$

$$V(\omega) = \frac{1}{2\pi} \int_{-\infty}^{+\infty} \frac{1 - \cos\omega t}{t} X(t) \, dt.$$

Praktische Bedeutung hat die Spektraldarstellung stochastischer Prozesse vor allem dann, wenn $\{X(t), t \in \mathbf{T}\}$ Eingangssignal eines linearen Filters ist sowie bei der Prognose der zeitlichen Entwicklung von stationären Prozessen.

Literatur: *Cramer, Leadbetter* (1967), *Jaglom* (1987)

3 Mathematische Statistik

In den Teilen 1 und 2 dieses Buches wurden auf der Grundlage der als bekannt vorausgesetzten Wahrscheinlichkeitsverteilungen zufälliger Größen und Vektoren oder nur auf
der Grundlage einiger Verteilungsparameter wahrscheinlichkeitstheoretische Modelle
konstruiert und analysiert. Die praktische Nutzung dieser Modelle ist jedoch erst dann
möglich, wenn die benötigte Information über die auftretenden Wahrscheinlichkeitsverteilungen vorliegt. Die Beschaffung dieser Information auf der Basis von Stichproben gehört zum Gegenstand der Mathematischen Statistik. Teil 3 dieses Buches beschäftigt
sich mit folgenden Themen, auf die sich die Grundausbildung Stochastik für Anwender
im allgemeinen beschränkt: Schätzung von Verteilungsparametern, Prüfen von Hypothesen über Verteilungsparameter und Verteilungstypen, Prüfen von Hypothesen über Abhängigkeit und Unabhängigkeit von Zufallsgrößen, Korrelations- und Regressionsrech-
nung, multivariate Verfahren, statistische Versuchsplanung sowie statistische Prozesskontrolle. Theoretische Erörterungen werden auf den Umfang beschränkt, der für das inhaltliche Verstehen mathematisch-statistischer Methoden erforderlich ist. Damit liefert
insbesondere dieser Teil das Rüstzeug zur erfolgreichen Anwendung der vorhandenen
statistischen Softwarepakete; denn nichts kann dem angestrebten Erkenntnisgewinn ab-
träglicher sein als ein rezeptmäßiges, formales Anwenden mathematisch-statistischer
Prozeduren ohne ein Mindestmaß an inhaltlichem Verständnis. Hinweise auf Softwarepakete zur Mathematischen Statistik und einführende Literatur in dieselbigen werden am
Schluss des Literaturteils gegeben.

3.1 Stichproben und ihre empirische Auswertung

3.1.1 Stichproben

Mit dem Begriff der Stichprobe verbindet man gewöhnlich folgende Vorstellung: Eine
Menge von Objekten, genannt *Grundgesamtheit* (*population*), wird bezüglich eines interessierenden Merkmals untersucht. Bei einer Menge von Bauteilen kann dieses Merkmal die Funktionstüchtigkeit sein, bei einer Menge von Autofahrern der Promillespiegel,
bei einer Menge von Organismen ihr Gewicht usw. Wenn die Grundgesamtheit so um-
fangreich ist, dass aus Kosten- oder Zeitgründen nicht jedes einzelne ihrer Elemente bezüglich seines Merkmalwertes geprüft werden kann, werden diese Untersuchungen nur
für eine gewisse Teilmenge von n Elementen der Grundgesamtheit durchgeführt. Diese
Teilmenge wird *Stichprobe* (*sample*) genannt und n ist ihr *Umfang* (*size*). Aus den Merkmalswerten der Stichprobe will man nun möglichst zuverlässig auf die Verteilung der
Merkmalswerte in der Grundgesamtheit schließen. Diese Problemstellung ist nur sinnvoll, wenn es zufällige Unterschiede zwischen den Merkmalswerten der Elemente der
Grundgesamtheit gibt. Das Merkmal selbst wird daher als Zufallsgröße X aufgefaßt, und
der spezielle Merkmalswert, den ein Element der Grundgesamtheit aufweist, ist ein möglicher Wert (eine Realisierung) von X. Durch die Ermittlung der Merkmalswerte der

Elemente der Stichprobe hat man sich also n Werte von X verschafft. Die Zielsetzung, vermittels dieser Werte auf die Verteilung des Merkmals in der Grundgesamtheit zu schließen, beinhaltet daher weiter nichts, als Information über die Wahrscheinlichkeitsverteilung einer Zufallsgröße X zu erhalten. Letztlich kann man daher die Grundgesamtheit mit der Zufallsgröße X identifizieren und somit auf den Begriff der Grundgesamtheit generell verzichten. Die Situation lässt sich infolgedessen mit Hilfe der bereits früher eingeführten Begriffe wie folgt beschreiben: Das Zufallsexperiment, als dessen Ergebnis X gedeutet werden kann, wird n mal unter identischen Bedingungen wiederholt, und es wird jeweils das Ergebnis registriert. Auf diese Weise erhält man n Werte von X. Diese bilden eine Stichprobe vom Umfang n. (Somit entspricht das i-te Zufallsexperiment der Ermittlung des Merkmalwerts des i-ten Elements der Stichprobe.) Aus der Stichprobe ist Information über die Wahrscheinlichkeitsverteilung der Zufallsgröße X zu gewinnen. Manchmal interessieren auch nur numerische Kenngrößen von X, vor allem Erwartungswert und Varianz.

Für die weiteren Ausführungen macht sich eine detailliertere Erklärung des Begriffs der Stichprobe erforderlich: Das Zufallsexperiment mit dem zufälligen Ergebnis X wird n mal unabhängig voneinander unter gleichen Bedingungen durchgeführt. Die zugehörigen zufälligen Ergebnisse seien $X_1, X_2, ..., X_n$. Da stets ein und dasselbe Zufallsexperiment abläuft, sind die $X_1, X_2, ..., X_n$ unabhängige, identisch wie X verteilte Zufallsgrößen.

Mathematische Stichprobe Unter einer *mathematischen Stichprobe* aus (der Grundgesamtheit) X versteht man einen zufälligen Vektor $\{X_1, X_2, ..., X_n\}$ mit unabhängigen, identisch wie X verteilten Komponenten X_i.

Konkrete Stichprobe Nach Ablauf des i-ten Versuchs hat man einen Wert (Realisierung) x_i von X_i ermittelt: $X_i = x_i$. Der Vektor $\{x_1, x_2, ..., x_n\}$ heißt *konkrete Stichprobe* aus (der Grundgesamtheit) X.

Somit ist eine konkrete Stichprobe $\{x_1, x_2, ..., x_n\}$ eine Realisierung des zufälligen Vektors $\{X_1, X_2, ..., X_n\}$. In beiden Fällen ist n der *Umfang* der Stichprobe. Der Anwender ist mit der konkreten Stichprobe zufrieden, und zieht aus ihr die interessierenden Schlussfolgerungen über die zugrunde liegende Wahrscheinlichkeitsverteilung von X. Der Theoretiker benötigt jedoch den abstrakteren Begriff der *mathematischen Stichprobe*, um dem Anwender nachweisen zu können, dass die von ihm gezogenen Schlussfolgerungen vertrauenswürdig sind. Mathematische wie auch konkrete Stichproben werden im Allgemeinen nicht unmittelbar genutzt, sondern über Stichprobenfunktionen:

Stichprobenfunktionen Unter einer (*zufälligen*) *Stichprobenfunktion* (*statistic*) versteht man eine reelle Funktion der mathematischen Stichprobe $\{X_1, X_2, ..., X_n\}$:

$$Y = h(X_1, X_2, ..., X_n).$$

Wird die gleiche reelle Funktion h auf die konkrete Stichprobe $(x_1, x_2, ..., x_n)$ angewendet, spricht man von einer *konkreten Stichprobenfunktion*:

$$y = h(x_1, x_2, ..., x_n).$$

Sind keine Verwechslungen möglich, spricht man anstelle von zufälliger bzw. konkreter Stichprobenfunktion generell von *Stichprobenfunktion*. Beispiele für Stichprobenfunktionen sind

$\overline{X} = \frac{1}{n} \sum_{i=1}^{n} X_i$ (Stichprobenmittel), $S^2 = \frac{1}{n-1} \sum_{i=1}^{n} (X_i - \overline{X})^2$ (Stichprobenvarianz),

$\max \{X_1, X_2, ..., X_n\}$ und $\min \{X_1, X_2, ..., X_n\}$.

Entsprechend sind die zugehörigen konkreten Stichprobenfunktionen definiert.

Zur Bezeichnung Der Wertebereich einer diskreten Zufallsgröße X wurde bislang mit $\{x_0, x_1, x_2, ...\}$ bezeichnet. Andererseits ist $\{x_1, x_2, ..., x_n\}$ vereinbarungsgemäß eine konkrete Stichprobe vom Umfang n aus einer (beliebigen) Zufallsgröße X. Also haben in beiden Fällen die x_i eine unterschiedliche Bedeutung. Diesen Nachteil nimmt man in Kauf, da sonst der Bezeichnungsaufwand wesentlich steigen würde.

Geordnete Stichprobe Gegeben sei die konkrete Stichprobe $\{x_1, x_2, ..., x_n\}$. Werden die x_i in der Reihenfolge $\{x_1^*, x_2^*, ..., x_n^*\}$ mit $x_1^* \le x_2^* \le ... \le x_n^*$ angeordnet, dann heißt das n-Tupel $\{x_1^*, x_2^*, ..., x_n^*\}$ *geordnete konkrete Stichprobe*. $\{x_1^*, x_2^*, ..., x_n^*\}$ ist eine Realisierung der *geordneten mathematischen Stichprobe* $\{X_1^*, X_2^*, ..., X_n^*\}$, das heißt X_i^* hat den Wert x_i^* angenommen; $i = 1, 2, ..., n$.

Empirische Verteilungsfunktion Die *empirische Verteilungsfunktion* $S_n = S_n(x)$ einer Zufallsgröße X bezüglich der geordneten Stichprobe $\{x_1^*, x_2^*, ..., x_n^*\}$ ist für $x_i^* < x_{i+1}^*$; $i = 1, 2, ..., n-1$; definiert durch

$$S_n(x) = \begin{cases} 0 & \text{für } x < x_1^*, \\ i/n & \text{für } x_i^* \le x < x_{i+1}^*, \quad i = 1, 2, ..., n-1. \\ 1 & \text{für } x \ge x_n^*, \end{cases}$$

Die empirische Verteilungsfunktion bezüglich einer Stichprobe vom Umfang n springt also an den Stellen x_i^* um $1/n$ Einheiten nach oben. Tritt ein Wert x_i^* genau k mal auf, dann springt die empirische Verteilungsfunktion an der Stelle x_i^* vereinbarungsgemäß um k/n Einheiten nach oben. In diesem Fall ist die gegebene Definition der empirischen Verteilungsfunktion entsprechend zu modifizieren. Zwar ist im Fall stetiger Zufallsgrößen (Merkmale) X die Wahrscheinlichkeit dafür, dass ein Wert x_i in der Stichprobe mehrmals auftritt gleich 0, aber in der Praxis tritt dieser Fall wegen beschränkter Messgenauigkeiten auf.

Satz 3.1 (Gliwenko) Die empirische Verteilungsfunktion $S_n(x)$ strebt für $n \to \infty$ mit Wahrscheinlichkeit Eins gleichmäßig für alle x gegen die (theoretische) Verteilungsfunktion $F(x) = P(X \le x)$ der Zufallsgröße X:

$$F(x) = \lim_{n \to \infty} S_n(x) \qquad \blacksquare$$

Daher ist $S_n(x)$ für große n eine geeignete *Schätzfunktion* für $F(x)$.

3.1.2 Häufigkeits- und Summenhäufigkeitsverteilung

Vor Beginn numerischer Rechnungen sollte eine zweckmäßige Aufbereitung und graphische Darstellung des Datenmaterials erfolgen. Es ist nicht möglich, hier die Fülle der diesbezüglichen Methoden darzustellen, die auch unter dem Sammelbegriff 'Beschreibende Statistik' bekannt sind, und problemlos und schnell mit Hilfe von Softwarepaketen zur Statistik genutzt werden können (*Lehn u.a.* (2000)). Unter all diesen Methoden kommt der Häufigkeits- und Summenhäufigkeitsverteilung die mit Abstand größte praktische Bedeutung zu. Sie stehen am engsten im Zusammenhang mit der Zielsetzung, vermittels einer Stichprobe erste Schlußfolgerungen über den Verteilungstyp von X zu ziehen, um künftige analytische Untersuchungen in eine erfolgversprechende Richtung zu lenken.

Diskrete Verteilung Im Fall einer diskreten Zufallsgröße X werden beim Erheben einer Stichprobe im Allgemeinen mehrere Werte von X wiederholt als Ergebnis des Zufallsexperiments auftreten. In einer Stichprobe vom Umfang n trete der Wert x_i genau n_i mal auf; $i = 1, 2, ..., m$. Dann ist $n_1 + n_2 + \cdots + n_m = n$. Der Quotient n_i/n ist die relative Häufigkeit für das Eintreten des Ereignisses "$X = x_i$". Im Sinne der Konvergenz in Wahrscheinlichkeit gilt (Abschnitt 1.10.1)

$$\lim_{n \to \infty} (n_i/n) = P(X = x_i); \quad i = 1, 2, ..., m.$$

Für große n ist somit n_i/n ein geeigneter Schätzwert für $P(X = x_i)$.

Die Menge der relativen Häufigkeiten $\{n_1/n, n_2/n, ..., n_m/n\}$ heißt *Häufigkeitsverteilung* von X (bezüglich der vorliegenden Stichprobe). Ferner seien

$$s_1 = \frac{n_1}{n}, s_2 = s_1 + \frac{n_2}{n}, ..., s_3 = s_2 + \frac{n_3}{n}, ..., s_m = s_{m-1} + \frac{n_m}{n},$$

wobei $s_m = 1$ ist. s_i gibt den Anteil der Wertemenge $\{x_1, x_2, ..., x_i\}$ an der konkreten Stichprobe an. Die Menge $\{s_1, s_2, ..., s_m\}$ ist die *Summenhäufigkeitsverteilung* von X (bezüglich der gegebenen Stichprobe). Werden die x_i, wie allgemein üblich, der Größe nach geordnet, ist s_i eine geeigneter Schätzwert für die Wahrscheinlichkeit $P(X \le x_i)$; denn dann gilt bezüglich der schwachen Konvergenz

$$\lim_{n \to \infty} s_i = P(X \le x_i) = P(X = x_1) + P(X = x_2) + \cdots + P(X = x_i).$$

i	x_i	n_i	n_i/n	s_i
1	x_1	n_1	n_1/n	s_1
2	x_2	n_2	n_2/n	s_2
.	.	.	.	.
m	x_m	n_m	n_m/n	$s_m = 1$

$i = x_i$	n_i	n_i/m	s_i
0	3	0,010	0,010
1	6	0,020	0,030
2	35	0,117	0,147
3	107	0,357	0,504
4	119	0,396	0,900
5	28	0,093	0,993
6	2	0,007	1

Tafel 3.1 Häufigkeitstabelle   Tafel 3.2 Häufigkeitstabelle in Beispiel 3.1

Es ist zweckmäßig, Häufigkeits- und Summenhäufigkeitsverteilung in Tabellen darzu-stellen (Tafel 3.1).

Beispiel 3.1 An $n = 300$ Tagen wurden Rotwildzählungen in einem Gebiet der Größe von $50 km^2$ vorgenommen, jeweils zur gleichen Zeit. Es sei X die zufällige Anzahl der an einem Tag im Gebiet vorhandenen (und mit Sicherheit erfassten) Stücke. Tafel 3.2 zeigt die erhobene Stichprobe vom Umfang n aus X sowie ihre Häufigkeits- und Sum-menhäufigkeitsverteilung. Für die graphische Darstellung der Häufigkeitsverteilung er-weist sich das *Histogramm* bzw. *Staffelbild* als eine geeignete Möglichkeit, während die Summenhäufigkeitsverteilung graphisch als *Treppenfunktion* erscheint (Bild 3.1). □

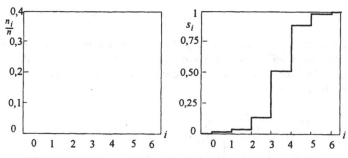

Bild 3.1 Häufigkeits- und Summenhäufigkeitsverteilung für Beispiel 3.1

Wenn alle oder wenigstens einige der Stichprobenwerte in kleinen Anzahlen vorhanden sind (meistens sind dies die kleinsten bzw. größten Werte) oder eine große Anzahl von-einander verschiedener Werte auftritt (großes m), dann empfiehlt es sich, die Werte in *Klassen* zusammenzufassen und die relativen Häufigkeiten bezüglich dieser Klassen zu berechnen. Unbedingt notwendig ist die Klassenbildung im Fall stetiger Zufallsgrößen X.

Stetige Verteilung In diesem Fall werden gleiche Werte von X nur wegen beschränkter Messgenauigkeit beobachtet. Um trotzdem zu einer Häufigkeitsverteilung zu gelangen, wird X künstlich diskretisiert, das heißt der Wertebereich von X wird in Klassen einge-teilt. Diejenigen Elemente der konkreten Stichprobe, die in ein und derselben Klasse lie-gen, werden identifiziert. Letztlich wird von den tatsächlichen Werten der einzelnen Ele-mente der Stichprobe abgesehen, und es wird nur gezählt, wie viele in den jeweiligen Klassen liegen. Damit können die Begriffe und Bezeichnungen vom diskreten Fall übernommen werden. Das Vorgehen wird an einem Beispiel erläutert.

Beispiel 3.2 Zwecks Einschätzung der Effektivität eines Versicherungsunternehmens wurden deren wöchentlichen Produktivitätskoeffizienten gemessen. Diese sind definiert durch die Anzahl der je Woche (vollständig) bearbeiteten Forderungen bezogen auf die totale Länge der Zeit (in *Stunden*), die zu ihrer Bearbeitung aufgewendet wurde. Die Messungen wurden in $n = 103$ Wochen vorgenommen. Tafel 3.3 zeigt die erhaltenen Werte; nicht in chronologischer Reihenfolge, sondern der Größe nach geordnet. Somit zeigt Tafel 3.3 eine geordnete Stichprobe, wenn die wöchentlichen Produktivitätskennziffern Werte unabhängiger, identisch verteilter Zufallsgrößen sind.

3,23	4,02	4,24	4,26	4,28	4,55	4,85	5,07	5,09	5,15	5,21	5,27	5,33	5,40	5,43
5,48	5,56	5,58	5,64	5,66	5,77	5,78	5,80	5,81	5,83	5,90	5,92	5,95	5,99	5,99
6,00	6,01	6,02	6,04	6,05	6,06	6,07	6,08	6,09	6,11	6,19	6,23	6,23	6,32	6,33
6,35	6,40	6,41	6,41	6,43	6,44	6,46	6,56	6,59	6,62	6,65	6,65	6,68	6,71	6,74
6,77	6,77	6,81	6,85	6,86	6,87	6,88	6,90	6,90	6,91	6,92	6,92	6,97	6,97	6,97
6,99	7,01	7,03	7,05	7,08	7,09	7,10	7,10	7,11	7,12	7,20	7,23	7,28	7,30	7,32
7,43	7,44	7,49	7,52	7,55	7,60	7,69	7,81	7,86	7,87	8,97				

Tafel 3.3 Produktivitätskennziffern im Beispiel 3.2

Die Werte werden in 10 Klassen der Länge 0,60 [*Forderungen je Stunde*] eingeteilt. Damit ergibt sich die Häufigkeits- und Summenhäufigkeitsverteilung von Tafel 3.4, wobei n_i die Anzahl der Werte bezeichnet, die in der Klasse i enthalten sind. Bild 3.2 zeigt das zugehörige Histogramm. □

i	Klasse i	n_i	n_i/n	s_i
1	(3,00, 3,60]	1	0,010	0,010
2	(3,60, 4,20]	1	0,010	0,020
3	(4,20, 4,80]	4	0,038	0,058
4	(4,80, 5,40]	8	0,078	0,136
5	(5,40, 6,00]	17	0,165	0,301
6	(6,00, 6,60]	23	0,223	0,524
7	(6,60, 7,20]	33	0,320	0,844
8	(7,20, 7,80]	12	0,117	0,961
9	(7,80, 8,40]	3	0,029	0,990
10	(8,40, 9,00]	1	0,010	1

Tafel 3.4 Häufigkeitstabelle zu Beispiel 3.2

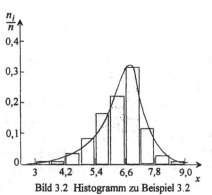

Bild 3.2 Histogramm zu Beispiel 3.2

Gleicht man die 'Dächer' der Säulen im Histgramm durch eine Funktion geeignet aus, so erhält man eine Schätzung der Verteilungsdichte von X (Bild 3.2). Voraussetzung ist aber, dass die Höhe der Säulen über den Klassen auf die jeweilige Klassenbreite bezogen wird; denn die Wahrscheinlichkeit dafür, dass X einen Wert aus einer vorgegebenen Klasse i annimmt, ist gleich der Fläche zwischen dem Intervall auf der x-Achse, das durch diese Klasse eingenommen wird, und der Verteilungsdichte. Diese Fläche wird aber durch den Flächeninhalt der jeweiligen Säule geschätzt, so dass dieser für Klasse i gleich n_i/n sein muss. Sind alle Klassenbreiten gleich 1, ist diese Voraussetzung von selbst erfüllt. Analog dazu ist die Treppenfunktion der Summenhäufigkeitsverteilung eine

Approximation der Verteilungsfunktion von X. Das Histogramm ermöglicht die Aufstellung begründeter Hypothesen über Eigenschaften der unterliegenden Wahrscheinlichkeitsdichte (Symmetrie, Modalwerte, Monotonie u.a.). Zum Beispiel besteht Grund zur Annahme, dass die durch das Histogramm von Bild 3.2 geschätzte Verteilungsdichte schiefsymmetrisch ist und ihr Modalwert etwa bei 6,9 liegt. Die Klassenbildung kann nicht willkürlich erfolgen; denn zu kleine ebenso wie zu große Klassenbreiten bezüglich eines gegebenen Stichprobenumfangs verwischen die Eigenschaften der unterliegenden Verteilung. Vor allem bei kleinem Stichprobenumfang hat die Klassenbreite großen Einfluss auf die Struktur des Histogramms. Als Faustregel empfiehlt sich, die Anzahl der Klassen etwa gleich der Quadratwurzel aus dem Stichprobenumfang zu wählen. Ausgehend von dieser Klassenanzahl experimentiere man mit den Möglichkeiten, die die Softwarepakete zur Statistik bieten, um eine eventuell noch günstigere Anzahl zu finden. Die Anwendung gleicher Klassenbreiten muss nicht die günstigste Variante sein.

3.1.3 Empirische Punktschätzung

Das ursächliche Problem der *Punktschätzung* (*point estimation*) ist, ausgehend von einer konkreten Stichprobe, möglichst gute Näherungswerte für unbekannte Parameter der unterliegenden Wahrscheinlichkeitsverteilung, zum Beispiel Erwartungswert, Varianz und Quantile, zu konstruieren. Die 'Konstruktion' dieser Näherungswerte geschieht mit Hilfe von Stichprobenfunktionen. Dienen Stichprobenfunktionen zur Punktschätzung eines beliebigen, unbekannten Parameters θ, heißen sie *Schätzfunktionen*, *Punktschätzungen* (*point estimates*), oder kurz *Schätzungen für* θ. Die Anwendung einer Schätzfunktion auf eine konkrete Stichprobe $\{x_1, x_2, ..., x_n\}$ liefert einen *Schätzwert* für θ, der mit $\hat{\theta} = \hat{\theta}(x_1, x_2, ..., x_n)$ bezeichnet wird. Dieser Schätzwert ist der gesuchte Näherungswert für θ. Formal ist er eine Realisierung der Schätzfunktion $\hat{\theta} = \hat{\theta}(X_1, X_2, ..., X_n)$, die eine Zufallsgröße ist. Es ist auch üblich, die zu schätzenden, wahren Verteilungsparameter mit griechischen Buchstaben zu bezeichnen (wie das bislang zumeist geschehen ist) und die zugehörigen Schätzwerte mit den entsprechenden lateinischen Buchstaben.

Im Folgenden werden einige empirisch motivierte Schätzfunktionen angegeben. Sie lassen sich in die beiden Gruppen *Mittelwertsmaße* und *Streuungsmaße* einteilen. Die unterliegende konkrete Stichprobe $\{x_1, x_2, ..., x_n\}$ wird stets der Zufallsgröße (Grundgesamtheit) X entnommen.

3.1.3.1 Mittelwertsmaße

Mittelwertsmaße können unter verschiedenen Gesichtspunkten eingeführt werden. Die weitaus größte Bedeutung hat jedoch die Schätzung des Erwartungswerts von X.

Arithmetisches Mittel Das *arithmetische Mittel* ist definiert durch

$$\bar{x} = \frac{1}{n} \sum_{i=1}^{n} x_i.$$

Das arithmetische Mittel ist ein Schätzwert für $E(X)$.

Empirischer Median Der Median ist das 0,5-Quantil $x_{0,5}$ einer Verteilung (Abschnitt 1.5.2). Eine stetige Zufallsgröße X nimmt also links und rechts vom Median Werte jeweils mit Wahrscheinlichkeit 1/2 an. Man erwartet daher, dass in einer konkreten Stichprobe links und rechts vom Median etwa die gleiche Anzahl von Werten auftreten. Daher wird der Median $x_{0,5}$ durch den *empirischen Median* $\hat{x}_{0,5}$ auf folgende Weise geschätzt: Ist der Stichprobenumfang n ungerade, so ist der empirische Median $\hat{x}_{0,5}$ der Wert, der sich in der Mitte der geordneten Stichprobe $\{x_1^*, x_2^*, ..., x_n^*\}$ befindet. Für gerade n ist $\hat{x}_{0,5}$ das arithmetische Mittel derjenigen zwei Werte, die die Mitte der geordneten Stichprobe bilden. Genauer gilt:

$$\hat{x}_{0,5} = \begin{cases} x_{(n+1)/2}^*, & \text{falls } n \text{ ungerade} \\ \frac{1}{2}(x_{n/2}^* + x_{(n/2)+1}^*), & \text{falls } n \text{ gerade} \end{cases}$$

Ist die Wahrscheinlichkeitsverteilung von X symmetrisch bezüglich $E(X)$, so fällt ihr Median mit $E(X)$ zusammen. Der empirische Median ist dann auch ein Schätzwert für $E(X)$.

Empirischer Modalwert Im Falle bezüglich $E(X)$ symmetrischer Wahrscheinlichkeitsverteilungen ist auch der empirische Modalwert der Verteilung (Abschnitt 1.5.2) ein geeigneter Schätzwert für $E(X)$. Für diskrete Verteilungen ist er durch den Stichprobenwert mit der größten relativen Häufigkeit gegeben und für stetige Verteilungen durch die Klassenmitte derjenigen Klasse, die die größte relative Häufigkeit aufweist.

3.1.3.2 Streuungsmaße

Die wichtigste wahrscheinlichkeitstheoretische Kenngröße zur Charakterisierung des Streuverhaltens einer Zufallsgröße ist ihre Varianz und die daraus abgeleiteten Parameter Standardabweichung und Variationskoeffizient (Abschnitte 1.4.2 und 1.5.2).

Empirische Varianz Die Varianz $\sigma^2 = E(X - E(X))^2$ der Zufallsgröße X ist deren mittlere quadratische Abweichung von ihrem Erwartungswert. Um einen Schätzwert σ^2 zu konstruieren, geht man wie folgt vor: $E(X)$ wird durch das arithmetische Mittel $\bar{x}$ geschätzt. Die quadratische Abweichung des Stichprobenwerts x_i von $\bar{x}$ ist $(x_i - \bar{x})^2$. Der mittleren quadratischen Abweichung σ^2 entspricht daher das Mittel der $(x_i - \bar{x})^2$:

$$s_n^2 = \frac{1}{n} \sum_{i=1}^{n} (x_i - \bar{x})^2. \tag{3.1}$$

Dementsprechend heißt s_n^2 die *empirische mittlere quadratische Abweichung*. Für s_n^2 hat man auch die äquivalente Darstellung

$$s_n^2 = \frac{1}{n} \sum_{i=1}^{n} x_i^2 - \bar{x}^2.$$

Als Schätzwert für die Varianz wird jedoch im Allgemeinen nicht s_n^2 verwendet, sondern die *empirische Varianz* s^2:

$$s^2 = \frac{1}{n-1} \sum_{i=1}^{n} (x_i - \bar{x})^2.$$

Der Grund für die Bevorzugung von s^2 gegenüber s_n^2 wird im Abschnitt 3.3.1 gegeben.

Empirische Standardabweichung: Die Wurzel aus der empirischen Varianz ist die *empirische Standardabweichung:*

$$s = \sqrt{s^2}.$$

Die empirische Standardabweichung ist ein Schätzwert für σ.

Empirischer Variationskoeffizient Der *empirische Variationskoeffizient* ist definiert als Quotient aus der empirischen Standardabweichung s und dem arithmetischen Mittel $\bar{x}$, falls dieses verschieden von 0 ist:

$$v = \frac{s}{\bar{x}} \quad \text{bzw.} \quad v = \frac{s}{\bar{x}} \cdot 100 \, [\%].$$

Er ist ein Schätzwert für den (theoretischen) Variationskoeffizienten $V(X) = \sigma/E(X)$.

Spannweite Die *Spannweite* oder *Variationsbreite* w ist die Differenz zwischen dem kleinsten und dem größten Wert der konkreten Stichprobe $\{x_1, x_2, ..., x_n\}$:

$$w = \max\{x_1, x_2, ..., x_n\} - \min\{x_1, x_2, ..., x_n\}.$$

Mit der zugehörigen geordneten Stichprobe $\{x_1^*, x_2^*, ..., x_n^*\}$ gilt

$$w = x_n^* - x_1^*.$$

Die Spannweite gibt also an, in welchem Bereich die Stichprobenwerte liegen.

Hinweis Sind in der Stichprobe die x mit den Anzahlen n_i vertreten, $i = 1, 2, ..., m$ liegt die Stichprobe also in der Form von Tafel 3.1 vor, dann kann man arithmetische Mittel und empirische Varianz mit $n = n_1 + n_2 + \cdots + n_m$ folgendermaßen schreiben:

$$\bar{x} = \frac{1}{n} \sum_{i=1}^{m} n_i x_i, \quad s^2 = \frac{1}{n-1} \sum_{i=1}^{m} n_i (x_i - \bar{x})^2.$$

Ist die Ausgangsstichprobe nicht mehr vorhanden, sondern nur noch eine Einteilung in m Klassen der in Tafel 3.4 gezeigten Art, dann werden arithmetisches Mittel und empirische Varianz wie folgt geschätzt:

$$\bar{x} = \frac{1}{n} \sum_{i=1}^{m} n_i y_i, \quad s^2 = \frac{1}{n-1} \sum_{i=1}^{m} n_i (y_i - \bar{x})^2,$$

wobei die y_i die jeweiligen Klassenmitten sind. Hierbei ist vorauszusetzen, dass die Klassenbreiten beschränkt sind. Da der Übergang von der erhobenen konkreten Stichprobe zur Klasseneinteilung mit Informationsverlust verbunden ist, sollte die Schätzung wahrscheinlichkeitstheoretischer Parameter stets auf der Grundlage der ursprünglichen Stichprobe erfolgen.

Beispiel 3.3 Gegeben sei die in Tafel 3.3 gezeigte Stichprobe vom Umfang $m = 103$. Dann erhält man arithmetisches Mittel und Median zu

$$\bar{x} = 6,39 \, [Forderungen \, je \, Stunde], \quad \hat{x}_{0,5} = 6,46.$$

Die Abweichung des arithmetischen Mittels vom empirischen Median stützt die Vermutung, dass die unterliegende Wahrscheinlichkeitsverteilung nicht symmetrisch ist. Die zugehörigen Streuungsmaße sind

$$s_{103}^2 = 0,8660, \quad s^2 = 0,8745 \, [Forderungen \, je \, Stunde]^2,$$

$$s = 0,9351, \quad v \, [\%] = 14,63\%, \quad w = 5,74. \qquad \qquad \Box$$

3.1.4 Graphische Anpassung einer empirischen Verteilung an eine theoretische Verteilung

Vor allem aus dem Bild der Häufigkeitsverteilung erhält man schon erste Anhaltspunkte über den Verteilungstyp der Zufallsgröße X, aus der die Stichprobe gezogen wurde. Fundiertere Information über die Verteilung von X bekommt man jedoch, wenn die Summenhäufigkeitsverteilung oder, noch besser, die empirische Verteilungsfunktion in einem *Wahrscheinlichkeitspapier* dargestellt werden. Seine Achsen sind so skaliert, dass die Verteilungsfunktion einer Zufallsgröße, im 'richtigen' Wahrscheinlichkeitspapier eingetragen, als Gerade erscheint. Dementsprechend werden Summenhäufigkeitsverteilung und empirische Verteilungsfunktion in dem Wahrscheinlichkeitspapier, das dem Typ der Wahrscheinlichkeitsverteilung derjenigen Zufallsgröße entspricht, aus der die Stichprobe gezogen wurde, näherungsweise als Gerade erscheinen. Gibt es jedoch wesentliche Abweichungen von der Geraden, so wurde das 'falsche' Wahrscheinlichkeitspapier verwendet. Empirisch bleibt die Entscheidungsfindung über den zugrunde liegenden Verteilungstyp aber allemal, weil über die Relevanz der Abweichung von einer Geraden subjektiv entschieden wird. Wahrscheinlichkeitspapier ist für alle wichtigen Verteilungstypen, etwa Normal-, Lognormal- und Weibullverteilung, erhältlich. Jedoch ist im Hinblick auf praktische Anwendungen der tatsächliche Gebrauch von Wahrscheinlichkeitspapier nicht mehr notwendig, wenn mit Softwarepaketen zur Mathematischen Statistik gearbeitet wird. Diese nehmen einen 'automatischen Eintrag' der Daten in das gewünschte Wahrscheinlichkeitspapier vor und liefern die zugehörige graphische Darstellung der Daten in diesem Wahrscheinlichkeitspapier. Im Folgenden werden die Prinzipien der Arbeit mit Wahrscheinlichkeitspapier am Beispiel der Normalverteilung erläutert.

Die Zufallsgröße X sei normalverteilt mit dem Erwartungswert μ und der Varianz σ. Ihre Verteilungsfunktion $F(x)$ hat daher die Form $y = F(x) = \Phi\left(\frac{x-\mu}{\sigma}\right)$. Somit ist

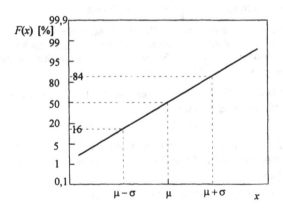

Bild 3.3 Wahrscheinlichkeitspapier der Normalverteilung

$$\Phi^{-1}(y) = \frac{x-\mu}{\sigma} = \frac{1}{\sigma}x - \frac{\mu}{\sigma} . \tag{3.2}$$

Wird also auf der Ordinate $\Phi^{-1}(y(x))$ anstelle von $y = F(x)$ in Abhängigkeit von x eingetragen, so muss sich eine Gerade ergeben. Genau diese Skalierung der Ordinate wurde im Bild 3.3 vorgenommen. Zum Beispiel gehört an die Stelle der Ordinate, wo 95% steht, eigentlich das 0,95-Quantil: $x_{0,95} = \Phi^{-1}(0,95) = 1,64$.

Bild 3.3 zeigt auch, wie man Erwartungswert und Standardabweichung von X ablesen kann: Da im Fall der Normalverteilung Erwartungswert und Median übereinstimmen, sucht man den x-Wert, der $F(x) = 0,5 \doteq 50\%$ erfüllt. Das ist bei $x = \mu$ der Fall. Gemäß Bild 1.14 gilt ferner $P(\mu - \sigma \leq X \leq \mu + \sigma) \approx 0,68 \doteq 68\%$. Also sucht man sich den zum Ordinatenwert 84% gehörigen Abszissenwert. Das ist der x-Wert $\mu + \sigma$.

Wahrscheinlichkeitspapier der Normalverteilung kann man sich vermittels der durch (3.2) gegebenen Vorschrift in seinem Grundaufbau leicht selbst herstellen. Es empfiehlt sich, in diesem Fall die Ordinate direkt auf der Basis der Quantile der standardisierten Normalverteilung zu skalieren, da eine lineare Skalierung das Eintragen der Daten erleichtert. Der jedem Messwert x_i (bzw. jeder Klasse i) zugehörigen Summenhäufigkeit s_i wird auf der Ordinate das entsprechende s_i- Quantil $x_{s_i} = \Phi^{-1}(s_i)$ der standardisierten Normalverteilung zugeordnet. (x_{s_i} ist also so zu bestimmen, dass $s_i = \Phi(x_{s_i})$ gilt.) Zur Erhöhung der Genauigkeit sollten jedoch die Summenhäufigkeiten s_i folgendermassen modifiziert werden ('Stetigkeitskorrektur'):

$$s_i = \frac{1}{m}(n_1 + n_2 + \cdots + n_i - 0,5); \quad i = 1, 2, ..., m.$$

i	x_i	$\frac{(i-0,5)}{10}$	q_i
1	19,6	0,05	-1,64
2	20,3	0,15	-1,04
3	20,5	0,25	-0,67
4	21,0	0,35	-0,39
5	21,1	0,45	-0,13
6	21,2	0,55	0,13
7	22,1	0,65	0,39
8	22,5	0,75	0,67
9	23,4	0,85	1,04
10	24,0	0,95	1,64

Tafel 3.5 Daten zu Beispiel 3.4

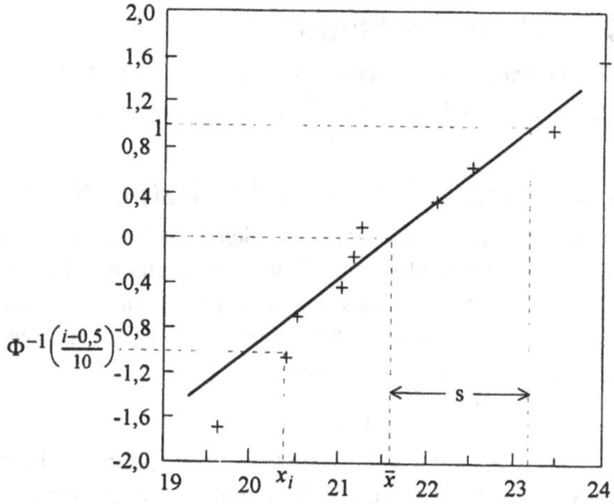

Bild 3.4 Graphische Anpassung an die Normalverteilung im Beispiel 3.4

Beispiel 3.4   Die an einem meteorologischen Beobachtungspunkt in den Jahren von 1991 bis 2000 jeweils am 25. 09. um 12:00 Uhr gemessene Temperatur [in ^0C] lieferte in bereits geordneter (nicht chronologischer) Reihenfolge die Werte

$$19,6;\ 20,3;\ 20,5;\ 21,0;\ 21,1;\ 21,2;\ 22,1;\ 22,5;\ 23,4\ \text{und}\ 24,0.$$

Es ist graphisch zu prüfen, ob die zufällige Temperatur X am 25. 09. um 12:00 Uhr am gegebenen Ort einer Normalverteilung genügen könnte. Dabei ist von der empirischen Verteilungsfunktion auszugehen. (Jeder Messwert bildet eine Klasse.) Tafel 3.5 enthält die zur graphischen Darstellung der empirischen Verteilungsfunktion notwendigen Daten. Bild 3.4 zeigt, dass die Messwerte in etwa auf einer Geraden liegen. Daher kann für X Normalverteilung unterstellt werden. (Wenn an den Rändern merkliche Abweichungen von der Geraden auftreten, so ist dies weniger problematisch, als wenn diese im Zentrum zu beobachten sind.) Da das 0,5-Quantil der standardisierten Normalverteilung gleich 0 ist, entspricht der 0 auf der Ordinate das arithmetische Mittel auf der Abszisse. Man liest $\bar{x} \approx 21,6$ ab. Um die Standardabweichung ablesen zu können, ist zu berücksichtigen, dass das 0,84-Quantil der standardisierten Normalverteilung etwa 1 ist. Daher liefert Bild 3.4 die empirische Standardabweichung näherungsweise zu $s \approx 1,6$.   □

Der Hauptzweck von Wahrscheinlichkeitspapier besteht darin, möglichst schnell eine Vorinformation über die Wahrscheinlichkeitsverteilung einer Zufallsgröße X zu bekommen. Eine daraus abgeleitete Vermutung über den Verteilungstyp kann mit Hilfe analytischer Verfahren (Abschnitt 3.5) mit vorgegebener Irrtumswahrscheinlichkeit bestätigt oder verworfen werden.

3.2   Punktschätzung

Vereinbarung   Im Folgenden sei $\{X_1, X_2, ..., X_n\}$ eine mathematische Stichprobe aus X mit $E(X) = \mu$ und $Var(X) = \sigma^2$ sowie $\{x_1, x_2, ..., x_n\}$ eine konkrete Stichprobe aus X.

3.2.1   Eigenschaften von Schätzfunktionen

Im allgemeinen gibt es mehrere Schätzfunktionen für Parameter von Wahrscheinlichkeitsverteilungen. Um deren 'Güte' bezüglich ein oder mehrerer Kriterien vergleichen zu können, ist von den konkreten Schätzfunktionen zu den (*zufälligen*) *Schätzfunktionen* bzw. (*zufälligen*) *Punktschätzungen* für den zu schätzenden Parameter θ überzugehen.

Man erwartet von einer Schätzfunktion

$$\hat{\theta} = \hat{\theta}(X_1, X_2, ..., X_n)$$

für einen Parameter θ, dass sie keine systematischen Fehler macht, dass also ihre Werte im Mittel um den 'wahren' Parameter θ streuen und nicht etwa tendenzielle einseitige Abweichungen nach unten bzw. oben auftreten. Dies führt zum Begriff der *Erwartungstreue* bzw. *asymptotischen Erwartungstreue* von Schätzfunktionen.

Erwartungstreue Eine Schätzfunktion $\hat{\theta}_n = \hat{\theta}_n(X_1, X_2, ..., X_n)$ für θ heißt *erwartungstreu*, wenn sie die Eigenschaft

$$E(\hat{\theta}_n(X_1, X_2, ..., X_n)) = \theta$$

hat. Sie heißt *asymptotisch erwartungstreu*, wenn gilt

$$\lim_{n \to \infty} E(\hat{\theta}_n(X_1, X_2, ..., X_n)) = \theta.$$

Man erwartet aber generell, dass für $n \to \infty$ nicht nur der Erwartungswert der Schätzfunktion, sondern diese selbst gegen θ strebt. Diese wünschenswerte Eigenschaft einer Schätzfunktion heißt *Konsistenz*.

Konsistenz Eine Schätzfunktion $\hat{\theta}_n = \hat{\theta}_n(X_1, X_2, ..., X_n)$ für θ heißt *schwach konsistent*, wenn sie für $n \to \infty$ in Wahrscheinlichkeit gegen θ konvergiert, wenn also für alle noch so kleinen positiven Zahlen ε gilt

$$\lim_{n \to \infty} P\left(\left| \hat{\theta}_n(X_1, X_2, ..., X_n) - \theta \right| \geq \varepsilon \right) = 0.$$

Eine Schätzfunktion $\hat{\theta}_n = \hat{\theta}(X_1, X_2, ..., X_n)$ für θ heißt *stark konsistent*, wenn sie für $n \to \infty$ mit Wahrscheinlichkeit 1 gegen θ konvergiert:

$$P\left(\lim_{n \to \infty} \hat{\theta}_n(X_1, X_2, ..., X_n) = \theta \right) = 1.$$

(Wegen der Konvergenzarten siehe Abschnitt 1.10.1.)

Satz 3.2 Eine Schätzfunktion $\hat{\theta}_n = \hat{\theta}_n(X_1, X_2, ..., X_n)$ ist schwach konsistent für den Parameter θ, wenn sie asymptotisch erwartungstreu ist und ihre Varianz bei unbeschränkt wachsendem Stichprobenumfang gegen 0 strebt, das heißt, wenn die beiden folgenden Bedingungen erfüllt sind:

$$\lim_{n \to \infty} E(\hat{\theta}_n) = \theta, \quad \lim_{n \to \infty} Var(\hat{\theta}_n) = 0.$$

Beweis Analog zum Beweis der Tschebyschevschen Ungleichung (1.108) beweist man die Beziehung

$$P\left(\left| \hat{\theta}_n - \theta \right| \geq \varepsilon \right) \leq \frac{1}{\varepsilon^2} E(\hat{\theta}_n - \theta)^2.$$

Identische Umformungen des Erwartungswertes auf der rechten Seite ergeben

$$E(\hat{\theta}_n - \theta)^2 = E\left(\hat{\theta}_n - E(\hat{\theta}_n) + E(\hat{\theta}_n) - \theta \right)^2$$

$$= E\left\{ \left[\hat{\theta}_n - E(\hat{\theta}_n) \right]^2 + \left[E(\hat{\theta}_n) - \theta \right]^2 \right\} + 2E\left\{ \left[\hat{\theta}_n - E(\hat{\theta}_n) \right]\left[E(\hat{\theta}_n) - \theta \right] \right\}$$

$$= E(\hat{\theta}_n - E(\hat{\theta}_n))^2 + (E(\hat{\theta}_n) - \theta)^2$$

$$= Var(\hat{\theta}_n) + (E(\hat{\theta}_n) - \theta)^2.$$

Hieraus folgt aus den Voraussetzungen des Satzes die Konsistenz. ∎

Wenn zwei erwartungstreue Schätzfunktionen zur Schätzung desselben Parameters θ zur Verfügung stehen, etwa

$$\hat{\theta}_{n,1} = \hat{\theta}_{n,1}(X_1, X_2, ..., X_n) \text{ und } \hat{\theta}_{n,2} = \hat{\theta}_{n,2}(X_1, X_2, ..., X_n),$$

dann wird man diejenige vorziehen, die durchschnittlich am wenigsten um den zu schätzenden Parameter streut. Diese Tatsache motiviert die Einführung des Begriffs der *Wirksamkeit*.

Wirksamkeit $\hat{\theta}_{n,1}$ und $\hat{\theta}_{n,2}$ seien erwartungstreue Schätzfunktionen für θ. Dann heißt $\hat{\theta}_{n,1}$ *besser* oder *wirksamer* als $\hat{\theta}_{n,2}$, wenn $Var(\hat{\theta}_{n,1}) < Var(\hat{\theta}_{n,2})$ ist. Der Quotient

$$\eta = Var(\hat{\theta}_{n,1})\Big/ Var(\hat{\theta}_{n,2})$$

heißt *Wirkungsgrad* von $\hat{\theta}_{n,2}$ bezüglich $\hat{\theta}_{n,1}$. Eine erwartungstreue Schätzfunktion $\hat{\theta}_n$ für θ heißt *höchstwirksam* oder *effektiv*, wenn sie die kleinstmögliche Varianz überhaupt hat. Sie heißt *asymptotisch höchstwirksam (effektiv)*, wenn sie für unbeschränkt wachsende n dieser Eigenschaft beliebig nahe kommt.

Ungleichung von Rao-Cramer Die bei gegebener Verteilung und gegebenem Stichprobenumfang kleinstmögliche Varianz einer Schätzfunktion kann angegeben werden. Es sei $X_1, X_2, ..., X_n$ eine mathematische Stichprobe aus X sowie $\hat{\theta}_n = \hat{\theta}_n(X_1, X_2, ..., X_n)$ eine erwartungstreue Schätzfunktion für den unbekannten Verteilungsparameter θ. Ist X eine stetige Zufallsgröße mit der Dichte $f(x; \theta)$, dann gilt die *Ungleichung von Rao-Cramer*:

$$Var(\hat{\theta}_n) \geq \left[n \int_{-\infty}^{+\infty} \left(\frac{\partial \ln f(x; \theta)}{\partial \theta} \right)^2 f(x; \theta)\, dx \right]^{-1}.$$

Genau genommen gilt diese Ungleichung nur unter gewissen *Regularitätsvoraussetzungen*, die hier aber nicht aufgelistet werden.

Ist X eine diskrete Zufallsgröße mit $p_i = p_i(\theta) = P(X = x_i; \theta)$; $i = 0, 1, ...$; dann lautet die *Ungleichung von Rao-Cramer*

$$Var(\hat{\theta}_n) \geq \left[n \sum_{i=0}^{\infty} \left(\frac{d \ln p_i(\theta)}{d\theta} \right)^2 p_i(\theta) \right]^{-1}.$$

Eine Schätzfunktion für θ ist genau dann höchstwirksam, wenn ihre Varianz gleich der rechten Seite der Ungleichung von Rao-Cramer ist. Höchstwirksame Schätzfunktionen für ein gegebenes Schätzproblem müssen nicht existieren.

Höchstwirksame Schätzfunktionen für θ sind zugleich erschöpfend für θ. Heuristisch formuliert ist eine Schätzfunktion *erschöpfend (hinreichend, suffizient) für* θ, wenn der (stets auftretende) Informationsverlust beim Übergang von der Stichprobe zur Schätzfunktion keinen negativen Einfluss auf die Schätzung von θ hat. Mit anderen Worten: Bezüglich der Schätzung von θ enthält die Schätzfunktion den vollen Informationsgehalt der Stichprobe.

Asymptotische Normalverteilung Eine Schätzfunktion $\hat{\theta}_n = \hat{\theta}_n(X_1, X_2, \ldots, X_n)$ ist *asymptotisch normalverteilt für* $n \to \infty$, wenn die Verteilungsfunktion der standardisierten Schätzfunktion

$$Y_n = \frac{\hat{\theta}_n - E(\hat{\theta}_n)}{\sqrt{Var(\hat{\theta}_n)}}$$

gegen die der standardisierten Normalverteilung strebt:

$$\lim_{n \to \infty} P(Y_n \le x) = \Phi(x), \quad x \in (-\infty, +\infty).$$

Beispiel 3.5 (*Stichprobenmittel*) Das *Stichprobenmittel* (*zufällige arithmetische Mittel*)

$$\overline{X} = \frac{1}{n} \sum_{i=1}^{n} X_i$$

ist eine erwartungstreue Schätzfunktion für $\mu = E(X)$; denn es gilt

$$E(\overline{X}) = \frac{1}{n} \sum_{i=1}^{n} E(X_i) = \frac{1}{n}(n\mu) = \mu.$$

Wegen $Var(\overline{X}) = \sigma^2/n$ ist $\overline{X}$ darüberhinaus schwach konsistent für μ; denn die Voraussetzungen des Satzes 3.2 sind erfüllt. Jedoch ist $\overline{X}$ auch stark konsistent für μ. Wegen des zentralen Grenzwertsatzes (Satz 1.13) ist $\overline{X}$ asymptotisch normalverteilt.

Ist X normalverteilt, dann kann die Schätzung von μ einmal auf der Grundlage des Stichprobenmittels $\overline{X}$ mit der Varianz $Var(\overline{X}) = \sigma^2/n$ erfolgen, und zum anderen durch den Stichprobenmedian $\hat{X}_{0,5}$ mit der hier ohne Beweis angegebenen Varianz

$$Var(\hat{X}_{0,5}) = \pi \sigma^2/(2n).$$

Daher beträgt der Wirkungsgrad von $\hat{X}_{0,5}$ bezüglich $\overline{X}$

$$\eta = \frac{Var(\overline{X})}{Var(\hat{X}_{0,5})} = \frac{\sigma^2/n}{\pi\sigma^2/(2n)} = \frac{2}{\pi} \approx 0,637.$$

Der Vorteil der Anwendung des arithmetischen Mittels gegenüber dem empirischen Median zur Gewinnung eines Schätzwertes für μ ist also offenkundig. Zusammenfassend gilt:

| *Das arithmetische Mittel $\overline{X}$ ist eine erwartungstreue, konsistente, effektive und asymptotisch normalverteilte Schätzfunktion für den Erwartungswert.*

Da die relative Häufigkeit eines Ereignisses A als arithmetisches Mittel von Stichprobenvariablen, nämlich von Indikatorvariablen für das Eintreten von A, dargestellt werden kann, folgt für die relative Häufigkeit:

| *Die relative Häufigkeit $\hat{p}_n(A)$ des Eintretens des Ereignisses A in einer Serie von n unabhängigen Versuchen ist eine erwartungstreue, konsistente, effektive und asymptotisch normalverteilte Schätzfunktion für $P(A)$.* $\qquad \square$

Beispiel 3.6 (*Stichprobenvarianz*) Die *Stichprobenvarianz* oder *zufällige empirische Varianz*

$$S^2 = \frac{1}{n-1} \sum_{i=1}^{n} (X_i - \overline{X})^2$$

ist eine erwartungstreue Schätzfunktion für σ^2; denn es gilt:

$$(n-1)E(S^2) = E\left(\sum_{i=1}^{n} (X_i - \overline{X})^2 \right)$$

$$= \sum_{i=1}^{n} E(X_i^2) - 2 \sum_{i=1}^{n} E(X_i \overline{X}) + n E(\overline{X}^2).$$

Da alle X_i wie X verteilt sind, erhält man

$$(n-1)E(S^2) = n E(X^2) - 2\left[(n-1)\mu^2 + E(X^2) \right] + \left[(n-1)\mu^2 + E(X^2) \right].$$

Somit folgt wegen (1.34) die Behauptung:

$$E(S^2) = \sigma^2.$$

Damit ist gleichzeitig bewiesen, dass die *mittlere quadratische Stichprobenabweichung*

$$S_n^2 = \frac{1}{n} \sum_{i=1}^{n} (X_i - \overline{X})^2$$

keine erwartungstreue Schätzfunktion für die Varianz $\sigma^2 = Var(X)$ ist, sondern folgenden Erwartungswert hat:

$$E(S_n^2) = \frac{n-1}{n} \sigma^2$$

Diese Tatsache ist der Grund dafür, dass als Schätzwert für die Varianz im Allgemeinen die empirische Varianz s^2 verwendet wird und nicht die empirische mittlere quadratische Abweichung s_n^2, wie sie durch (3.1) gegeben ist. Jedoch ist S_n^2 eine asymptotisch erwartungstreue Schätzfunktion für σ^2.

Ohne Beweis sei mitgeteilt, dass die Stichprobenvarianz S^2 keine effektive Schätzfunktion für σ^2 ist. Sie ist aber asymptotisch effektiv .   □

S^2 ist zwar erwartungstreu für σ^2, aber die Stichprobenstandardabweichung $S = \sqrt{S^2}$ ist keine erwartungstreue Schätzfunktion für die Standardabweichung σ. Zum Beispiel gilt für normalverteilte X

$$E(S) = a_n \sigma \quad \text{mit} \quad a_n = \sqrt{\frac{2}{n-1}} \frac{\Gamma(n/2)}{\Gamma((n-1)/2)}.$$

Da $a_n < 1$ für alle $n = 2, 3, \dots$ gilt, wird vermittels S die Standardabweichung im Mittel kleiner geschätzt als sie ist. Jedoch ist wegen

$$\lim_{n \to \infty} a_n = 1$$

die Stichprobenstandardabweichung S asymptotisch erwartungstreu für σ.

Die bislang verwendeten Schätzfunktionen für jeweils interessierende Verteilungsparameter wurden aufgrund heuristischer Überlegungen gewonnen. Im Folgenden werden zwei theoretisch fundierte Methoden zur Gewinnung von Schätzfunktionen vorgestellt.

3.2.2 Schätzmethoden

3.2.2.1 Maximum-Likelihood-Methode

Diskrete Verteilung Ist θ der zu schätzende Parameter der Verteilung von X, dann hängen die Einzelwahrscheinlichkeiten $p(x) = P(X = x)$ für alle x von θ ab:

$$p(x) = p(x; \theta) = P(X = x; \theta).$$

Likelihood-Funktion Unter der *Likelihood-Funktion* $L(\theta) = L(x_1, x_2, ..., x_n; \theta)$ der konkreten Stichprobe $\{x_1, x_2, ..., x_n\}$ aus X versteht man das Produkt

$$L(\theta) = p(x_1; \theta) \cdot p(x_2; \theta) \cdots p(x_n; \theta) = \prod_{i=1}^{n} p(x_i; \theta). \tag{3.3}$$

Wegen der Unabhängigkeit der Stichprobenvariablen X_i in der zugehörigen mathematischen Stichprobe $\{X_1, X_2, ..., X_n\}$ ist die Likelihood-Funktion die Wahrscheinlichkeit dafür, dass als Realisierung des zufälligen Vektors $\{X_1, X_2, ..., X_n\}$ gerade die gezogene konkrete Stichprobe $\{x_1, x_2, ..., x_n\}$ auftritt. Das Prinzip der Maximum-Likelihood-Schätzung besteht darin, den Parameter θ so zu bestimmen, dass diese Wahrscheinlichkeit maximal wird. Man steht dabei auf dem Standpunkt, dass es am sinnvollsten ist anzunehmen, nicht irgendeine Stichprobe gezogen zu haben (womöglich eine recht unwahrscheinliche), sondern gerade diejenige, die unter den gegebenen Bedingungen am wahrscheinlichsten ist. Also ist der Parameter θ so zu bestimmen, dass $L(\theta)$ maximal wird. Das führt auf die notwendige Bedingung

$$dL(\theta)/d\theta = 0. \tag{3.4}$$

Da die Likelihood-Funktion als Produkt vorliegt, ist es häufig leichter und führt zum gleichen Ergebnis, wenn ihr natürlicher Logarithmus differenziert und 0 gesetzt wird. Es gilt

$$\ln L(\theta) = \sum_{i=1}^{n} \ln p(x_i; \theta).$$

Daher ist (3.4) äquivalent zu

$$\frac{d \ln L(\theta)}{d\theta} = \sum_{i=1}^{n} \frac{d \ln p(x_i; \theta)}{d\theta} = 0 .$$

Beispiel 3.7 X sei eine binomialverteilte Zufallsgröße mit den Parametern m und p. Der Parameter m sei bekannt, wähend $\theta = p$ unbekannt und vermittels der erhobenen konkreten Stichprobe $\{x_1, x_2, ..., x_n\}$ zu schätzen ist. Die x_i sind natürliche Zahlen zwischen 0 und m. X_i nimmt den Wert x_i mit Wahrscheinlichkeit

$$p(x_i; p) = \binom{m}{x_i} p^{x_i} (1 - p)^{m - x_i}; \quad i = 0, 1, ..., n;$$

an. (Die Binomialverteilung wird hier mit dem Parameter m eingeführt wird, da n schon für den Stichprobenumfang verbraucht ist.) Die Likelihood-Funktion lautet

$$L(p) = \prod_{i=1}^{n} \binom{m}{x_i} p^{x_i} (1 - p)^{m - x_i}.$$

Damit liefert die Bedingung (3.4) die Bestimmungsgleichung für das optimale p zu

$$\left(\sum_{i=1}^{n} x_i\right)\frac{1}{p} - \left(mn - \sum_{i=1}^{n} x_i\right)\frac{1}{1-p} = 0.$$

Die Auflösung nach p ergibt für p den Schätzwert

$$\hat{p} = \frac{1}{mn}\sum_{i=1}^{n} x_i = \frac{1}{m}\bar{x} .$$

Dieses Ergebnis ist offenbar das empirische Analogon zu $E(X) = mp$. (Genau genommen hätte man schon in der gesamten Rechnung p durch $\hat{p}$ ersetzen müssen. Diese Bemerkung trifft analog auch auf die weiteren Beispiele zu.)   ☐

Beispiel 3.8 Die Zufallsgröße X genüge einer Poissonverteilung mit dem Parameter λ. Auf der Basis der konkreten Stichprobe $\{x_1, x_2, ..., x_n\}$ ist ein Schätzwert für λ zu konstruieren. (Die x_i sind natürliche Zahlen.) X_i nimmt den Wert x_i mit Wahrscheinlichkeit

$$p(x_i; \lambda) = \frac{\lambda^{x_i}}{x_i!}e^{-\lambda}; \quad i = 0, 1, ...$$

an. Daher lautet die Likelihood-Funktion

$$L(\lambda) = \prod_{i=1}^{n}\left(\frac{\lambda^{x_i}}{x_i!}e^{-\lambda}\right) \quad \text{bzw.} \quad L(\lambda) = \frac{1}{\prod_{i=1}^{n} x_i!}\cdot\lambda^{\sum_{i=1}^{n} x_i}\cdot e^{-n\lambda}.$$

Die Lösung der zugehörigen Gleichung (3.4) ergibt den Maximum-Likelihood-Schätzwert für λ zu

$$\hat{\lambda} = \frac{1}{n}\sum_{i=1}^{n} x_i .$$

Dieser Schätzwert kommt nicht überraschend; denn λ ist der Erwartungswert von X und dieser wird am besten durch das arithmetische Mittel geschätzt.   ☐

Stetige Verteilung Die Verteilungsdichte $f(x)$ der Zufallsgröße X enthalte den unbekannten, zu schätzenden Parameter θ: $f(x) = f(x; \theta)$.

Likelihood-Funktion Unter der *Likelihood-Funktion* $L(\theta) = L(x_1, x_2, ..., x_n; \theta)$ der konkreten Stichprobe $\{x_1, x_2, ..., x_n\}$ versteht man das Produkt

$$L(\theta) = f(x_1; \theta)\cdot f(x_2; \theta)\cdots f(x_n; \theta). \tag{3.5}$$

Wie im diskreten Fall besteht das Schätzprinzip darin, den Schätzwert $\hat{\theta}$ für θ so zu bestimmen, dass die Likelihood-Funktion an der Stelle $\theta = \hat{\theta}$ ihr absolutes Maximum annimmt. Auch die Motivation dieser Vorschrift ist die gleiche; denn $f(x_i; \theta)\Delta x$ ist näherungsweise die Wahrscheinlichkeit dafür, dass X_i einen Wert aus einer Δx–Umgebung von x_i annimmt. Somit ist

$$\prod_{i=1}^{n} [f(x_i; \theta)\Delta x] = L(\theta)\cdot(\Delta x)^n$$

die Wahrscheinlichkeit dafür, dass eine Stichprobe gezogen wird, die 'in der Nähe' der vorliegenden Stichprobe $\{x_1, x_2, ..., x_n\}$ liegt. Diese Wahrscheinlichkeit ist aber bei festem Δx genau dann maximal, wenn $L(\theta)$ maximal ist. Die Bestimmungsgleichung für einen Schätzwert $\hat{\theta}$ für θ ist wiederum durch (3.4) gegeben. Geht man zur logarithmierten

Likelihood-Funktion über, kann man sie auch in folgender Form schreiben:

$$\frac{d\ln L(\theta)}{d\theta} = \sum_{i=1}^{n} \frac{d\ln f(x_i; \theta)}{d\theta} = 0.$$

Beispiel 3.9 Die Bruchfestigkeit von Hartziegeln (in $10^5 Pa$) genüge einer Erlangverteilung der Ordnung 2 mit dem unbekannten Parameter λ (Abschn. 1.4.4.5). Es wurden 5 Bruchfestigkeitsproben durchgeführt und folgende Werte gemessen:

$$x_1 = 2,7, \quad x_2 = 3,4, \quad x_3 = 3,2, \quad x_4 = 2,9, \quad x_5 = 2,5.$$

Die Dichte der Bruchfestigkeit ist $f(x; \lambda) = \lambda^2 x e^{-\lambda x}$, $x \geq 0$. Der Maximum-Likelihood-Schätzwert für λ ist zu ermitteln. Die zugehörige Likelihood-Funktion ist

$$L(\lambda) = \prod_{i=1}^{5} \left[\lambda^2 x_i e^{-\lambda x_i} \right] = \lambda^{10} \left(\prod_{i=1}^{5} x_i \right) e^{-\lambda \sum_{i=1}^{n} x_i}.$$

Durch Einsetzen der Zahlenwerte ergibt sich $L(\lambda) = 212,976 \cdot \lambda^{10} e^{-14,7\lambda}$. Die notwendige Bedingung $dL(\lambda)/d\lambda = 0$ bzw. $10 - 14,7\lambda = 0$ liefert den gesuchten Schätzwert zu $\hat{\lambda} = 0,680$. □

Zwei unbekannte Parameter Das Maximum-Likelihood-Schätzprinzip bleibt auch dann erhalten, wenn in den Einzelwahrscheinlichkeiten bzw. Verteilungsdichten mehr als ein Parameter zu schätzen ist. Gibt es etwa die unbekannten Parameter θ_1 und θ_2, dann ist die Likelihood-Funktion wiederum durch (3.3) bzw. (3.5) gegeben, wenn dort der Parameter θ durch den Vektor $\theta = (\theta_1, \theta_2)$ ersetzt wird. Die nun erforderlichen zwei Bestimmungsgleichungen für die Ermittlung der Schätzwerte ergeben sich dadurch, dass die partiellen Ableitungen der Likelihood-Funktion nach θ_1 und θ_2 gleich 0 gesetzt werden.

Beispiel 3.10 Es sind die Maximum-Likelihood-Schätzwerte für die Parameter μ und σ^2 einer gemäß $N(\mu, \sigma^2)$-verteilten Zufallsgröße X in Abhängigkeit von der konkreten Stichprobe $\{x_1, x_2, ..., x_n\}$ zu bestimmen. Wegen (1.38) lautet die Likelihood-Funktion

$$L(\mu, \sigma^2) = \prod_{i=1}^{n} \left[f(x_i; \mu, \sigma^2) \right] = \frac{1}{\left(\sqrt{2\pi\sigma^2} \right)^n} \exp\left\{ -\frac{1}{2\sigma^2} \sum_{i=1}^{n} (x_i - \mu)^2 \right\}.$$

Logarithmieren liefert

$$\ln L(\mu, \sigma^2) = -\frac{1}{2\sigma^2} \sum_{i=1}^{n} (x_i - \mu)^2 - n \ln\left(\sqrt{2\pi\sigma^2} \right).$$

Die partiellen Ableitungen von $\ln L(\mu, \sigma^2)$ nach μ und σ^2 gleich 0 gesetzt, ergibt

$$\frac{1}{\sigma^2} \sum_{i=1}^{n} (x_i - \mu) = 0, \quad \frac{1}{2\sigma^4} \sum_{i=1}^{n} (x_i - \mu)^2 - \frac{n}{2\sigma^2} = 0.$$

Aus der ersten Gleichung erhält man für μ der Schätzwert

$$\hat{\mu} = \bar{x} = \frac{1}{n} \sum_{i=1}^{n} x_i.$$

Die zweite Gleichung liefert in Verbindung mit der Lösung der ersten

$$\hat{\sigma}^2 = s_n^2 = \frac{1}{n} \sum_{i=1}^{n} (x_i - \bar{x})^2 .$$

Beide Schätzwerte sind schon früher aufgetreten: μ wird durch das arithmetische Mittel geschätzt und die Varianz durch die zunächst vermittels heuristischer Überlegungen gewonnene empirische mittlere quadratische Abweichung (3.1). □

Werden in den Maximum-Likelihood-Schätzwerten für die jeweiligen Parameter die konkreten Zahlenwerte x_i durch die zufälligen Stichprobenvariablen X_i ersetzt, erhält man die entsprechenden zufälligen Schätzfunktionen. Diese sind im Allgemeinen asymptotisch erwartungstreu, konsistent, asymptotisch effektiv und asymptotisch normalverteilt. Eine nützliche Eigenschaft der Maximum-Likelihood-Schätzwerte ist auch ihre im folgenden Sinne zu verstehende *Invarianz*: Ist $\hat{\theta}$ der Maximum-Likelihood-Schätzwert von θ und ist $y = h(x)$ eine umkehrbar eindeutige Funktion, dann ist $h(\hat{\theta})$ der Maximum-Likelihood-Schätzwert von $h(\theta)$. Kennt man zum Beispiel den Maximum-Likelihood-Schätzwert von σ^2 der Normalverteilung, also s_n^2, dann liefert die Beziehung

$$\sigma = \sqrt{\sigma^2} = h(\sigma^2)$$

ohne die sonst aufwendige Rechnung sofort den Maximum-Likelihood-Schätzwert für σ:

$$s_n = \sqrt{s_n^2} = \sqrt{\frac{1}{n} \sum_{i=1}^{n} (x_i - \bar{x})^2} .$$

In den genannten Eigenschaften des Maximum-Likelihood-Schätzprinzips liegt seine große praktische Bedeutung.

3.2.2.2 Momentenmethode

Die Momentenmethode zur Schätzung der Parameter von Wahrscheinlichkeitsverteilungen ist wegen ihrer Einfachheit beliebt. Das Prinzip dieser Methode besteht darin, die Momente von X ihren entsprechenden Schätzwerten gleichzusetzen und aus diesen Gleichungen die unbekannten Parameter zu ermitteln. Im Folgenden wird vorausgesetzt, dass alle benötigten Momente existieren. Eine erwartungstreue Schätzfunktion für das k-te Moment $E(X^k)$, $k = 1, 2, ...$, ist gegeben durch

$$M_k = \frac{1}{n} \left(X_1^k + X_2^k + \cdots + X_n^k \right) ;$$

denn es gilt

$$E(M_k) = \frac{1}{n} \left[E(X_1^k) + E(X_2^k) + \cdots + E(X_n^k) \right] = \frac{1}{n} \cdot n E(X^k) = E(X^k).$$

Das k-te Moment wird daher durch das k-te *empirische Moment* m_k geschätzt:

$$m_k = \frac{1}{n} \left(x_1^k + x_2^k + \cdots + x_n^k \right).$$

Enthält die Wahrscheinlichkeitsverteilung von X genau $r \geq 1$ zu schätzende Parameter, so werden Schätzwerte für diese Parameter aus folgenden Gleichungen ermittelt:

$$E(X) = m_1, \ E(X^2) = m_2, \ \cdots, \ E(X^r) = m_r.$$

Enthält die Verteilung von X nur einen zu schätzenden Parameter, so berechnet man seinen Schätzwert aus der ersten Gleichung. Diese lautet wegen $m_1 = \bar{x}$

$$E(X) = \bar{x}.$$

Sind zwei Schätzwerte zu ermitteln, so sind diese aus den Gleichungen

$$E(X) = m_1 = \bar{x} \quad \text{und} \quad E(X^2) = m_2 = \frac{1}{n} \sum_{i=1}^{n} x_i^2$$

zu berechnen. Aus diesen beiden Gleichungen erhält man als Schätzwert für die Varianz die bereits wohlbekannte empirische mittlere quadratische Abweichung (3.1):

$$s_n^2 = \frac{1}{n} \sum_{i=1}^{n} x_i^2 - \bar{x}^2.$$

Entsprechend dem vorangegangenen Beispiel stimmt im Fall eines normalverteilten X dieser Schätzwert mit dem Maximum-Likelihood-Schätzwert für die Varianz überein.

Beispiel 3.11 Die maximale Spannungsschwankung, der ein elektronisches Gerät im betrachteten Fall täglich ausgesetzt ist, genügt einer *Pareto-Verteilung* mit der Dichte

$$f(x; \alpha, \beta) = \frac{\alpha}{\beta} (\beta/x)^{\alpha+1}, \quad x \geq \beta, \ \alpha > 2.$$

Um die Parameter α und β mit der Momentenmethode zu schätzen, wurden an sechs aufeinanderfolgenden Tagen die maximalen Spannungsschwankungen ermittelt (in *Volt*):

$$x_1 = 10, \ x_2 = 11, \ x_3 = 13, \ x_4 = 23, \ x_5 = 40, \ x_6 = 59.$$

Hieraus ergeben sich für das erste und das zweite Moment die Schätzwerte

$$m_1 = \bar{x} = \frac{1}{6} \sum_{i=1}^{6} x_i = 26, \quad m_2 = \frac{1}{6} \sum_{i=1}^{6} x_i^2 = 1000.$$

Die beiden ersten Momente von X betragen

$$E(X) = \alpha\beta/(\alpha - 1), \quad E(X^2) = \alpha\beta^2/(\alpha - 2).$$

Daher sind die Gleichungen

$$\alpha\beta/(\alpha - 1) = \bar{x}, \quad \alpha\beta^2/(\alpha - 2) = m_2 \tag{3.6}$$

nach α und β aufzulösen. Eliminiert man β aus der ersten Gleichung und setzt dieses β in die zweite Gleichung ein, erhält man eine quadratische Gleichung für α. Ihre Lösung ist

$$\hat{\alpha} = \sqrt{c/(c - 1)} + 1 \quad \text{mit} \quad c = m_2/(\bar{x})^2.$$

Damit ergibt sich aus der ersten Gleichung von (3.6)

$$\hat{\beta} = (\alpha - 1)\bar{x}/\alpha.$$

Werden die Zahlenwerte der konkreten Stichprobe eingesetzt, erhält man die gewünschten Schätzwerte zu $\hat{\alpha} = 2,7568$ und $\hat{\beta} = 16,5688$. $\square$

Die zufälligen Schätzfunktionen, die durch die Momentenmethode erzeugt werden, sind stets schwach konsistent und asymptotisch normalverteilt. (Die erste Behauptung folgt leicht aus Satz 3.1 und die zweite aus dem zentralen Grenzwertsatz.) Sie müssen jedoch nicht asymptotisch effektiv sein.

3.2.3 Wahrscheinlichkeitsverteilungen von Schätzfunktionen

Bei der Punktschätzung von Parametern von Wahrscheinlichkeitsverteilungen, ebenso wie anderen Teilgebieten der Statistik, treten Klassen von stetigen Wahrscheinlichkeitsverteilungen auf, die bisher noch nicht behandelt wurden. Es sind dies die *Stichprobenverteilungen* und die *Extremwertverteilungen*.

3.2.3.1 Stichprobenverteilungen

Chi-Quadrat-Verteilung   Eine Zufallsgöße χ_n^2 genügt einer *Chi-Quadrat-Verteilung* (χ^2*-Verteilung*) mit n *Freiheitsgraden* (auch *Helmert-Pearson-Verteilung*), wenn gilt

$$\chi_n^2 = X_1^2 + X_2^2 + \cdots + X_n^2, \tag{3.7}$$

wobei die $X_1, X_2, ..., X_n$ unabhängige, identisch $N(0,1)$-verteilte Zufallsgrößen sind. Aus der Struktur (3.7) von χ_n^2 resultiert die Bezeichnung *Freiheitsgrad* für den Parameter n der Chi-Quadrat-Verteilung: Es gibt n voneinander unabhängige Einflussmöglichkeiten auf die Zufallsgröße χ_n^2. Die Chi-Quadrat-Verteilung ist ein Spezialfall der Gamma-Verteilung (Abschnitt 1.4.4). Wegen $E(X_1^2) = 1$ und $Var(X_1^2) = 2$ gelten $E(\chi_n^2) = n$ und $Var(\chi_n^2) = 2n$. Daher ist aufgrund des zentralen Grenzwertsatzes χ_n^2 für $n \to \infty$ asymptotisch $N(n, 2n)$-verteilt. Für $n > 100$ hat man daher für die Quantile der Chi-Quadrat-Verteilung die Näherungsformeln

$$\chi_{n,\alpha}^2 = \frac{1}{2}(\sqrt{2n-1} - z_\alpha)^2 \quad \text{und} \quad \chi_{n,1-\alpha}^2 = \frac{1}{2}(\sqrt{2n-1} + z_\alpha)^2.$$

Bezüglich der Quantile für $n = 1, 2, ..., 100$ siehe Tafel III im Anhang. Die Dichte der Chi-Quadrat-Verteilung ist asymmetrisch und identisch 0 für $x < 0$ (Bild 3.5). Die Darstellung (3.7) impliziert, dass die Summe zweier unabhängiger, gemäß χ_m^2 bzw. χ_n^2 verteilter Zufallsgrößen auch Chi-Quadrat-verteilt ist, und zwar mit $m + n$ Freiheitsgraden.

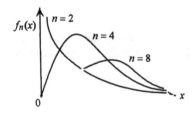

Bild 3.5 Qualitativer Verlauf der Dichte der Chi-Quadrat-Verteilung

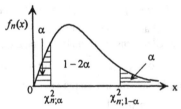

Bild 3.6 Bezeichnung der Quantile der Chi-Quadrat-Verteilung ($0 < \alpha < 1/2$)

t-Verteilung   Eine Zufallsgröße T_n genügt einer *t-Verteilung* oder *Student-Verteilung*, wenn sie mit zwei unabhängigen Zufallsgrößen $N(0,1)$ und χ_n^2 folgende Struktur hat:

$$T_n = N(0,1) \Big/ \sqrt{\chi_n^2/n} \ .$$

Die Dichte von $f_{T_n}(x;n)$ (Bild 3.7) strebt für $n \to \infty$ gegen die der standardisierten Normalverteilung. Da $f_{T_n}(x;n)$ symmetrisch bezüglich des Nullpunktes ist, sind Erwartungswert, Median und Modalwert gleich 0. Tafel II im Anhang enthält Quantile von $n = 2$ bis $n = 100$. Analog zu (1.40) erweist sich wegen der Symmetrie der Dichte bezüglich $x = 0$ folgende Bezeichnung der Quantile als zweckmäßig (Bild 3.8):

$$t_{n,\alpha} = x_{n;1-\alpha} = -x_{n;\alpha} \quad \text{für } 0 < \alpha < 1/2 \,. \tag{3.8}$$

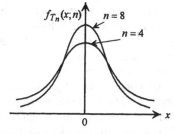

Bild 3.7 Qualitativer Verlauf der Dichte der t-Verteilung

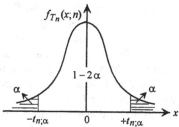

Bild 3.8 Bezeichnung der Quantile der t-Verteilung ($0 < \alpha < 1/2$)

F-Verteilung Eine Zufallsgröße $F_{m,n}$ genügt einer *F-Verteilung* mit (m,n) *Freiheitsgraden*, wenn sie mit unabhängigen Zufallsgrößen χ_m^2 und χ_n^2 folgende Struktur hat:

$$F_{m,n} = \frac{\chi_m^2 / m}{\chi_n^2 / n} \,.$$

Die Dichte $f_{m,n}(x)$ der F-Verteilung mit (m,n) Freiheitsgraden ist asymmetrisch und identisch 0 für $x < 0$ (Bild 3.9). Die Tabellierung der Quantile $x_\alpha = F_{m,n;\alpha}$ der F-Verteilung ist etwas aufwendig, da sie von den drei Parametern m, n und α abhängen. Offenbar gilt: Genügt $F_{m,n}$ einer F-Verteilung mit (m,n) Freiheitsgraden, dann ist $1/F_{m,n}$ ebenfalls F-verteilt, aber mit (n,m) Freiheitsgraden. Zwischen den α- und $(1 - \alpha)$- Quantilen besteht infolgedessen der Zusammenhang $F_{m,n;\alpha} = 1/F_{n,m;1-\alpha}$. Daher sind die Quantile der F- Verteilung zumeist nur für $1/2 \le \alpha < 1$ tabelliert (Bild 3.10 und Tafeln IV im Anhang).

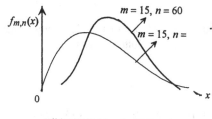

Bild 3.9 Dichten der F-Verteilung

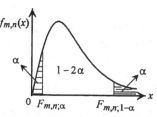

Bild 3.10 Quantile der F-Verteilung ($0 < \alpha < 1/2$)

3.2.3.2 Extremwertverteilungen

Bei zahlreichen praktischen Problemen interessieren häufig nicht alle Messwerte in einer Stichprobe, sondern nur die kleinsten und/oder größten Werte. Will man etwa in einem Gebiet die Gefahr des Eintretens von Orkanen abschätzen, muss man Information über die Wahrscheinlichkeitsverteilung der dort auftretenden maximalen Windgeschwindigkeit haben. Für den Betreiber von Windkraftwerken ist auch die Verteilung der minimalen Windgeschwindigkeit von Bedeutung. Beim Entwurf von Talsperren ist die Kenntnis der Verteilung der maximalen Wasserführung des gestauten Flusses notwendig, um Überflutungen der Sperrmauer möglichst ausschliessen zu können. Um Schadstoffemissionen einer chemischen Fabrik unter vorgegebenen Richtwerten einhalten zu können, muss Information über die maximal auftretende Schadstoffemission vorliegen u.s.w. Die zur Schätzung der Verteilung von Extremwerten notwendige Stichprobe hat, etwa im Beispiel der Windgeschwindigkeiten, folgende Struktur: Windgeschwindigkeiten werden täglich gemessen. Auf der Grundlage dieser Messungen wird über einen Zeitraum von n Jahren die maximale (minimale) jährliche Windgeschwindigkeit ermittelt. Basierend auf dieser Stichprobe vom Umfang n werden mit den üblichen graphischen oder analytischen Methoden (Kapitel 3.3 - 3.5) Verteilungstyp und Verteilungsparameter der Wahrscheinlichkeitsverteilung der extremalen Windgeschwindigkeiten geschätzt. Da die jährlichen maximalen (minimalen) Windgeschwindigkeiten ermittelt wurden, kann man davon ausgehen, dass diese Realisierungen unabhängiger Zufallsgrößen $X_1, X_2, ..., X_n$ sind.

Die Aufstellung begründeter Vermutungen über den vorliegenden Verteilungstyp der Extremwerte wird durch theoretische Ergebnisse aus der *Extremwertstatistik* erleichtert. Es seien $X_1, X_2, ..., X_n$ unabhängige, identisch mit der Verteilungsfunktion $F(x)$ verteilte Zufallsgrößen und

$$M(n) = \max \{X_1, X_2, ..., X_n\}.$$

Ferner seien $\{a_1, a_2, ...\}$ und $\{b_1, b_2, ...\}$, $b_i > 0$, Folgen reeller Zahlen mit der Eigenschaft, dass für $n \to \infty$ die Folge der 'normierten Maxima'

$$\left\{ \frac{M(n) - a_n}{b_n} ; n = 1, 2, ... \right\} \tag{3.9}$$

in Verteilung (Abschnitt 10.1.1) gegen eine Zufallsgröße Y mit positiver Varianz strebt. Wegen $P(M(n) \le x) = P(X_1 \le x, X_2 \le x, \cdots, X_n \le x)$ hat $M(n)$ die Verteilungsfunktion

$$G_n(x) = P(M(n) \le x) = (F(x))^n.$$

Bezeichnet $G(y) = P(Y \le y)$ die Verteilungsfunktion von Y, dann ist die Konvergenz der Folge (3.9) in Verteilung gegen Y gleichbedeutend mit der Gültigkeit von

$$\lim_{n \to \infty} \left(F\left(\frac{x}{a_n} + b_n\right) \right)^n = G(x) \tag{3.10}$$

in allen Stetigkeitspunkten von $G(x)$.

Sprechweise Existieren Zahlenfolgen $\{a_i\}$ und $\{b_i\}$, so dass (3.9) bzw. (3.10) gilt, sagt man, *die Verteilungsfunktion $F(x)$ liegt im (max-) Anziehungsbereich von $G(x)$*.

Satz 3.3 Die Verteilungsfunktion $G(x) = P(Y \leq x)$ gehört zu einem der folgenden drei Typen von Wahrscheinlichkeitsverteilungen (*Extremwertverteilungen*):

Typ 1 (*doppelte Exponentialverteilung, Gumbel-Verteilung*):

$$G_1(x) = \exp\left(-\exp\left(\tfrac{x-\mu}{\sigma}\right)\right), \quad -\infty < x < +\infty.$$

Typ 2 (*Fréchet-Verteilung*):

$$G_2(x) = \begin{cases} 0 & \text{für } x \leq \mu \\ \exp\left(-\left(\tfrac{x-\mu}{\sigma}\right)^{-\alpha}\right) & \text{für } x > \mu \end{cases}, \quad \alpha > 0.$$

Typ 3 (*modifizierte Weibullverteilung*)

$$G_3(x) = \begin{cases} \exp\left(-\left(\tfrac{\mu-x}{\sigma}\right)^{\alpha}\right) & \text{für } x \leq \mu \\ 1 & \text{für } x > \mu \end{cases}.$$

Der Typ der Wahrscheinlichkeitsverteilung von Y ist vollständig durch die Verteilungsfunktion $F(x)$ der X_i bestimmt. ∎

Hinweise 1) Liegt $F(x)$ im Anziehungsbereich einer der drei in Satz 3.3 spezifizierten Extremwertverteilungen, können die Folgen $\{a_1, a_2, ...\}$ und $\{b_1, b_2, ...\}$ so gewählt werden, dass $\mu = 0$ und $\sigma = 1$ gelten.

2) Wegen $\min\{X_1, X_2, ..., X_n\} = \max\{-X_1, -X_2, ..., -X_n\}$ erhält man analoge Aussagen für $m(n) = \min\{X_1, X_2, ..., X_n\}$: Tritt $G_i(x)$ als Grenzwertverteilungsfunktion der Folge der normierten Maxima (3.9) auf, dann hat die zugehörige Folge der normierten Minima $\{(m(n) - a_n)/b_n; n = 1, 2, ...\}$ die Grenzverteilungsfunktion $1 - G_i(-x)$. F liegt dann entsprechend im (*min-*) Anziehungsbereich von $1 - G_i(-x)$; $i = 1, 2, 3$.

3) Hat Y die Verteilungsfunktion $G_3(x)$, dann genügt die Zufallsgröße $-Y + 2\mu$ einer *dreiparametrigen* bzw. *verschobenen Weibullverteilung* (Abschnitt 1.5.4.4).

4) Im Unterschied zu den im Kapitel 1.10 betrachteten Grenzwertsätzen, die im wesentlichen Aussagen über die Konvergenz des arithmetischen Mittels von Zufallsgrößen waren, ist Satz 3.3 eine Aussage über das Konvergenzverhalten des Maximums bzw. Minimums von Zufallsgrößen.

Spezialfälle

1) Sind die X_i exponentialverteilt gemäß $F(t) = 1 - e^{-\lambda t}$, erkennt man durch Wahl von $a_n = \lambda$ und $b_n = \frac{1}{\lambda} \ln n$, dass F zum Anziehungsbereich von G_1 gehört. Auch bei normalverteilten X_i gehört F zum Anziehungsbereich von G_1.

2) Es sei $F(x) = 1 - 1/x$ für $x \geq 1$ (Pareto-Verteilung). Durch Wahl von $a_n = 1/n$ und $b_n = 0$ wird deutlich, dass F zum Anziehungsbereich von G_2 gehört.

Literatur *Gumbell* (1967), *Leadbetter* u.a. (1983), *Pfeifer* (1989), *Reiß* (1989)

3.3 Intervallschätzung

3.3.1 Grundlagen

Punktschätzungen weichen mehr oder weniger vom wahren Wert des zu schätzenden Parameters ab. Vor allem bei kleinen Stichprobenumfängen können erhebliche Abweichungen auftreten. Man kann also über die 'Genauigkeit' einer Punktschätzung zunächst keine Aussage machen. Diesem Mangel kann weitgehend durch Konstruktion von *Intervallschätzungen* abgeholfen werden.

Angenommen, es interessiert der Parameter θ der Wahrscheinlichkeitsverteilung einer Zufallsgröße X. Das Ziel besteht darin, auf der Grundlage einer mathematischen Stichprobe $\{X_1, X_2, ..., X_n\}$ aus X zufällige untere und obere Schranken

$$G_u = G_u(X_1, X_2, ..., X_n), \quad G_o = G_o(X_1, X_2, ..., X_n)$$

für θ mit der Eigenschaft zu konstruieren, dass $G_u \leq \theta \leq G_o$ mit einer vorgegebenen Wahrscheinlichkeit $1 - \alpha$ gilt. Mit anderen Worten: Der Parameter θ soll mit Wahrscheinlichkeit $1 - \alpha$ im Intervall $[G_u, G_o]$ liegen.

Konfidenzintervall Ein endliches Intervall $[G_u, G_o]$ mit der Eigenschaft

$$P(G_u \leq \theta \leq G_o) = 1 - \alpha \tag{3.11}$$

heißt *zufälliges zweiseitiges Konfidenz-* oder *Vertrauensintervall* für den Parameter θ zum *Konfidenzniveau* $1 - \alpha$. Die Intervallgrenzen G_u und G_o sind die *untere bzw. obere zufällige Konfidenz-* bzw. *Vertrauensgrenze* für θ. Intervalle der Struktur $(-\infty, G_o]$ bzw. $[G_u, +\infty)$ mit der Eigenschaft

$$P(-\infty \leq \theta \leq G_0) = 1 - \alpha \quad \text{bzw.} \quad P(G_u \leq \theta < +\infty) = 1 - \alpha$$

heißen *zufällige obere einseitige* bzw. *zufällige untere einseitige Konfidenzintervalle* für θ zum Konfidenzniveau $1 - \alpha$.

Entsprechend der Aufgabenstellung wird man Konfidenzniveaus wählen, die nahe an 1 liegen. Üblich sind $1 - \alpha = 0,9$; $1 - \alpha = 0,95$ und $1 - \alpha = 0,99$.

Praktisch hat man keine mathematische, sondern eine konkrete Stichprobe der Form $\{x_1, x_2, ..., x_n\}$ erhoben. Sie liefert Zahlenwerte bzw. Realisierungen der zufälligen Konfidenzgrenzen zum vorgegebenen Konfidenzniveau $1 - \alpha$:

$$g_u = G_u(x_1, x_2, ..., x_n); \quad g_o = G_o(x_1, x_2, ..., x_n).$$

Damit konstruiert man die entsprechenden *konkreten ein-* bzw. *zweiseitigen Konfidenzintervalle* $(-\infty, g_o]$, $[g_u, +\infty)$ bzw. $[g_u, g_o]$. Inhaltlich sind die konkreten Konfidenzintervalle folgendermaßen zu deuten (Bild 3.11):

> *Durchschnittlich $100(1 - \alpha)\%$ der konkreten Konfidenzintervalle, die für ein und denselben Parameter zum Konfidenzniveau $1 - \alpha$ unter den gleichen Voraussetzungen berechnet werden, haben die Eigenschaft, den wahren Wert des Parameters tatsächlich zu enthalten. Dementsprechend werden durchschnittlich $\alpha\%$ der konkreten Konfidenzintervalle den wahren Parameter nicht enthalten.*

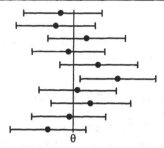

Bild 3.11 Wiederholte Konstruktion von 10 Konfidenzintervallen für den Parameter θ zum Konfidenzniveau $0,9$ ($\bullet$ Punktschätzung für θ)

Unter diesem Aspekt nennt man $1 - \alpha$ auch *Sicherheitswahrscheinlichkeit* und α *Irrtumswahrscheinlichkeit*. Man beachte: Ein $100\,(1 - \alpha)\,\%$ konkretes Konfidenzintervall enthält den unbekannten Parameter nicht mit Wahrscheinlichkeit $1 - \alpha$; denn es enthält ihn oder enthält ihn nicht. Nur beim zufälligen Konfidenzintervall ist es korrekt, davon zu sprechen, dass es den wahren Wert des Parameters mit der vorgegebenen Sicherheitswahrscheinlichkeit $1 - \alpha$ enthält. Ob nun konkretes oder zufälliges Konfidenzintervall, unanfechtbar ist die folgende Formulierung: ein $100(1 - \alpha)\,\%$- Konfidenzintervall für den Parameter θ wurde konstruiert. In jedem Fall bekommt man aber durch die konkreten Konfidenzgrenzen eine Vorstellung davon, in welchem Bereich der unbekannte Parameter erwartet werden kann. Konfidenzintervalle für θ werden mit Hilfe zufälliger Stichprobenfunktionen $\hat{\theta} = \hat{\theta}(X_1, X_2, ..., X_n)$ konstruiert. Im Unterschied zu den Punktschätzungen ist bei der Konstruktion von Konfidenzintervallen stets die Kenntnis der Wahrscheinlichkeitsverteilung der jeweils verwendeten Stichprobenfunktion erforderlich.

3.3.2 Konfidenzintervalle für Parameter der Normalverteilung

Die Zufallsgröße X sei gemäß $N(\mu, \sigma^2)$-verteilt. Ferner sei $\{X_1, X_2, ..., X_n\}$ eine mathematische Stichprobe aus X. Die X_i sind demnach unabhängig und identisch verteilt wie X, so dass gelten $E(X_i) = E(X) = \mu$ und $Var(X_i) = Var(X) = \sigma^2$. Ausgangspunkt für die Konstruktion von Konfidenzintervallen für μ und σ sind das Stichprobenmittel und die Stichprobenvarianz

$$\bar{X} = \frac{1}{n} \sum_{i=1}^{n} X_i, \quad S^2 = \frac{1}{n-1} \sum_{i=1}^{n} (X_i - \bar{X})^2.$$

3.3.2.1 Konfidenzintervall für den Erwartungswert (Varianz bekannt)

Grundlage für die Intervallschätzung des Erwartungswertes ist das Stichprobenmittel $\bar{X}$, dessen Erwartungswert und Varianz gegeben sind durch

$$E(\bar{X}) = \mu, \quad Var(\bar{X}) = \sigma^2/n.$$

Letztere Beziehung folgt aus (1.95) mit $\alpha_i = 1/n$. Gemäß Beispiel 1.36 ist $\bar{X}$ darüberhinaus normalverteilt. Also gilt

$$\overline{X} = N(\mu, \sigma^2/n).$$

Wegen Satz 1.1 im Abschnitt 1.5.4.1 ist die standardisierte Zufallsgröße

$$T = \frac{\overline{X} - \mu}{\sqrt{\sigma^2/n}} = \frac{\overline{X} - \mu}{\sigma}\sqrt{n} \qquad (3.12)$$

ebenfalls normalverteilt. Demnach ist $Z = N(0,1)$. Daher gilt

$$P(-z_{\alpha/2} < \frac{\overline{X} - \mu}{\sigma}\sqrt{n} < +z_{\alpha/2}) = 1 - \alpha,$$

wobei von der Bezeichnungsweise (1.40) der Quantile der standardisierten Normalverteilung Gebrauch gemacht wurde (Bild 3.12). Identische Umformung liefert

$$P\left(\overline{X} - z_{\alpha/2}\frac{\sigma}{\sqrt{n}} < \mu < \overline{X} + z_{\alpha/2}\frac{\sigma}{\sqrt{n}}\right) = 1 - \alpha.$$

Beim Vergleich mit (3.11) wird deutlich, dass damit ein *zweiseitiges zufälliges Konfidenzintervall* $[G_u, G_o]$ für $\theta = \mu$ mit der unteren bzw. oberen zufälligen Grenze

$$G_u = \overline{X} - z_{\alpha/2}\frac{\sigma}{\sqrt{n}} \quad \text{bzw.} \quad G_o = \overline{X} + z_{\alpha/2}\frac{\sigma}{\sqrt{n}}$$

konstruiert wurde. Das zugehörige $(1-\alpha)100\%$ konkrete Konfidenzintervall ist

$$[\overline{x} - z_{\alpha/2}\frac{\sigma}{\sqrt{n}}; \ \overline{x} + z_{\alpha/2}\frac{\sigma}{\sqrt{n}}].$$

Seine Länge beträgt

$$L = 2z_{\alpha/2}\sigma\frac{\sigma}{\sqrt{n}}. \qquad (3.13)$$

Da $z_{\alpha/2}$ mit wachsendem Konfidenzniveau $1 - \alpha$ wächst, nimmt die Länge des zweiseitigen Konfidenzintervalls mit steigendem Konfidenzniveau zu. Zum Beispiel gelten für die üblichen Konfidenzniveaus 0,90; 0,95 und 0,99 (siehe Tafel I im Anhang)

$$z_{0,05} = 1,64; \quad z_{0,025} = 1,96 \quad \text{und} \quad z_{0,005} = 2,58.$$

Zunehmendes Konfidenzniveau erhöht zwar die Aussagesicherheit, jedoch wird der Informationsgehalt der Konfidenzintervalle über den interessierenden Parameter geringer.

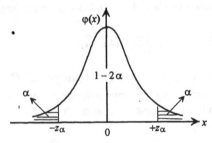

Bild 3.12 Bezeichnung der Quantile der standardisierten
Normalverteilung $(0 < \alpha < 1/2)$

Stichprobenumfang Die Länge des zweiseitigen Konfidenzintervalls kann durch eine Erhöhung des Stichprobenumfangs reduziert werden. In diesem Zusammenhang ist folgende Frage von Interesse: Welchen Umfang $n = n_{min}$ muss die Stichprobe mindestens haben, damit bei gegebenem Konfidenzniveau $1 - \alpha$ die Länge des Konfidenzintervalls eine vorgegebene maximale Länge $L = L_{max}$ nicht übersteigt? Gemäß (3.13) ist also das kleinste n gesucht, das der Bedingung

$$2 z_{\alpha/2} \frac{\sigma}{\sqrt{n}} \leq L_{max}$$

genügt. Es folgt, dass n_{min} die kleinste ganze Zahl n ist, die erfüllt

$$4 \left(\frac{\sigma z_{\alpha/2}}{L_{max}} \right)^2 \leq n. \qquad (3.14)$$

Einseitige Konfidenzintervalle Die zugehörigen einseitigen konkreten Konfidenzintervalle folgen aus den Beziehungen

$$P\left(\frac{\bar{X}-\mu}{\sigma} \sqrt{n} < z_\alpha \right) = 1 - \alpha \quad \text{bzw.} \quad P\left(-z_\alpha < \frac{\bar{X}-\mu}{\sigma} \sqrt{n} \right) = 1 - \alpha.$$

Unteres einseitiges $(1 - \alpha)100\%$ Konfidenzintervall: $[\bar{x} - z_\alpha \frac{\sigma}{\sqrt{n}}; \; +\infty)$.

Oberes einseitiges $(1 - \alpha)100\%$ Konfidenzintervall: $(-\infty; \; \bar{x} + z_\alpha \frac{\sigma}{\sqrt{n}}]$.

Einseitige Konfidenzintervalle sind anzuwenden, wenn Abweichungen des Parameters vom Schätzwert nach unten bzw. oben ohne Bedeutung sind und/oder wenn ihre Berücksichtigung sogar zur Verzerrung des eigentlich interessierenden Sachverhalts führt. Die entsprechenden unteren bzw. oberen (endlichen) Schranken sind dann größer bzw. kleiner und damit 'günstiger' als die der zweiseitigen Konfidenzintervalle bei gleichem Konfidenzniveau.

Beispiel 3.12 Ein Hersteller produziert Platten, deren Dicke $10\,mm$ betragen soll. Technologisch unvermeidbare Schwankungen bewirken, dass die Dicke X einer beliebigen Platte eine normalverteilte Zufallsgröße mit der Standardabweichung $\sigma = 0,15\,mm$ ist. Die Messung der Dicke von 15 zufällig ausgewählten Platten ergab das arithmetische Mittel $\bar{x} = 10,24\,mm$. Das 95%-Konfidenzintervall für die 'wahre' mittlere Dicke μ der produzierten Platten ist zu konstruieren. Wegen $z_{0,025} = 1,96$ lautet dieses Intervall

$$[10,24 - \frac{1,96}{\sqrt{15}} 0,15; \; 10,24 + \frac{1,96}{\sqrt{15}} 0,15] = [10,164; \; 10,316].$$

Die Länge dieses Intervalls ist gleich $L = 0,152\,mm$.

Wie groß muss der Stichprobenumfang mindestens sein, damit die Länge eines 95%-Konfidenzintervalls kleiner oder gleich $0,1\,mm$ ist? Die Ungleichung (3.14) lautet

$$n \geq 4 \left(\frac{0,15 \cdot 1,96}{0,1} \right)^2 = 34,6.$$

Daher ist $n_{min} = 35$.   □

3.3.2.2 Konfidenzintervall für den Erwartungswert (Varianz unbekannt)

Bei unbekanntem σ geht man von folgender Stichprobenfunktion aus:

$$T_{n-1} = \frac{\bar{X} - \mu}{S/\sqrt{n}} = \frac{\bar{X} - \mu}{S} \sqrt{n} . \tag{3.15}$$

Die Zufallsgröße T_{n-1} genügt, wie hier ohne Beweis mitgeteilt wird, einer t-Verteilung mit $n - 1$ Freiheitsgraden. Daher gilt

$$P(-t_{n-1;\alpha/2} < \frac{\bar{X} - \mu}{S} \sqrt{n} < t_{n-1;\alpha/2}) = 1 - \alpha,$$

wobei $t_{n-1,\alpha/2}$ durch Formel (3.8) bzw Bild 3.8 definiert ist. (Wegen der numerischen Werte siehe Tafel II im Anhang.) Ausgehend von dieser Beziehung erfolgt die Konstruktion von Konfidenzintervallen analog zum Fall der bekannten Varianz.

Zweiseitiges $(1 - \alpha)100\%$–Konfidenzintervall für μ

$$\left[\bar{x} - t_{n-1;\alpha/2} \cdot \frac{s}{\sqrt{n}} ; \; \bar{x} + t_{n-1;\alpha/2} \cdot \frac{s}{\sqrt{n}} \right] .$$

Die Länge dieses Intervalls beträgt

$$L = 2 t_{n-1;\alpha/2} \cdot \frac{s}{\sqrt{n}} .$$

Wegen

$$\lim_{n \to \infty} t_{n,\alpha} = z_\alpha \text{ und } \lim_{n \to \infty} s = \sigma$$

strebt die Länge des zweiseitigen Konfidenzintervalls bei unbekannter Varianz gegen die Länge desjenigen bei bekannter Varianz. Um zu gewährleisten, dass ein zweiseitiges $100(1 - \alpha)\%$–Konfidenzintervall für μ eine vorgegebene Länge L_{max} nicht übersteigt, muss n die Bedingung

$$4 \left(\frac{s\, t_{n-1;\alpha/2}}{L_{max}} \right)^2 \leq n \tag{3.16}$$

erfüllen. Man beachte hierbei, dass auf der linken Seite dieser Abschätzung sowohl s als auch $t_{n-1,\alpha/2}$ von n abhängen. Daher kann diese Abschätzung nur zu Überschlagsrechnungen genutzt werden. Für große n ist die empirische Standardabweichung s keinen größeren Schwankungen mehr unterworfen, so dass in diesem Fall (3.16) hinreichend genaue untere Schranken für n liefert.

Unteres einseitiges $(1 - \alpha)100\%$– Konfidenzintervall:

$$\left[\bar{x} - t_{n-1;\alpha} \cdot \frac{s}{\sqrt{n}} ; \; +\infty \right) ,$$

Oberes einseitiges $(1 - \alpha)100\%$– Konfidenzintervall:

$$\left(-\infty ; \; \bar{x} + t_{n-1;\alpha} \cdot \frac{s}{\sqrt{n}} \right] .$$

Beispiel 3.13 Der zufällige wöchentliche Produktivitätskoeffizient X, aus dem die konkrete Stichprobe von Tafel 3.3 entnommen wurde, sei gemäß $N(\mu, \sigma^2)$ verteilt. Da es nicht sinnvoll ist, die Produktivität nach oben einzuschränken, wird das untere einseitige 99%-Konfidenzintervall für den mittleren wöchentlichen Produktionskoeffizienten $\mu = E(X)$ berechnet. Wegen $\bar{x} = 6,39$, $s = 0,8745$ und $t_{102;0,01} = 2,36$ lautet dieses Konfidenzintervall

$$\left[6,39 - 2,36 \frac{0,8745}{\sqrt{103}}; \; +\infty \right) = [6.19; \; +\infty).$$ □

3.3.2.3 Konfidenzintervall für die Varianz

Wie hier ohne Beweis mitgeteilt wird, genügt die zufällige Stichprobenfunktion

$$\chi_{n-1}^2 = \frac{(n-1)S^2}{\sigma^2} \tag{3.17}$$

einer Chi-Quadrat-Verteilung mit $(n-1)$ Freiheitsgraden. Daher gilt (Bezeichnung der Quantile wie in Bild 3.6, numerische Werte in Tafel III im Anhang))

$$P\left(\chi_{n-1;\alpha/2}^2 \leq \frac{(n-1)S^2}{\sigma^2} \leq \chi_{n-1;1-\alpha/2}^2 \right) = 1 - \alpha.$$

Hieraus ergeben sich analog zu den beiden vorangegangenen Fällen für die Varianz σ^2 bzw. für die Standardabweichung σ die *zweiseitigen* $(1-\alpha)100\%-Konfidenzintervalle$

$$\left[\frac{(n-1)s^2}{\chi_{n-1;1-\alpha/2}^2}; \; \frac{(n-1)s^2}{\chi_{n-1;\alpha/2}^2} \right] \quad \text{bzw.} \quad \left[s\sqrt{\frac{(n-1)}{\chi_{n-1;1-\alpha/2}^2}}; \; s\sqrt{\frac{(n-1)}{\chi_{n-1;\alpha/2}^2}} \right].$$

Unteres einseitiges konkretes $100(1-\alpha)\%-Konfidenzintervall$:

$$\left[\frac{(n-1)s^2}{\chi_{n-1;1-\alpha}^2}; \; \infty \right),$$

Oberes einseitiges konkretes $100(1-\alpha)\%- Konfidenzintervall$:

$$\left[0; \; \frac{(n-1)s^2}{\chi_{n-1;\alpha}^2} \right].$$

Fortsetzung von Beispiel 3.13 Das zweiseitige 90% Konfidenzintervall für σ ist zu bestimmen. Wegen $s = 0,8745$ sowie

$$\chi_{102;0,05}^2 = 79,5 \text{ und } \chi_{102;0,95}^2 = 126,1$$

ist dieses Intervall gegeben durch $[0,7865; \; 0,9905]$. □

3.3.3 Approximative Konfidenzintervalle

3.3.3.1 Konfidenzintervall für eine Wahrscheinlichkeit

Für die Wahrscheinlichkeit $p = P(A)$ eines zufälligen Ereignisses A ist ein Konfidenzintervall zu konstruieren. Letztlich geht es wie in den vorangegangenen Abschnitten um die Konstruktion eines Konfidenzintervalls für einen Parameter der Wahrscheinlichkeitsverteilung einer Zufallsgröße X, wobei X jetzt die zufällige Indikatorvariable für das Eintreten des Ereignisses A ist:

$$X = \begin{cases} 1, & \text{wenn } A \text{ eingetreten ist,} \\ 0, & \text{sonst} \end{cases}.$$

X genügt einer $(0,1)$–Verteilung mit (siehe Formeln (1.18))

$$P(X = 1) = P(A) = p, \quad P(X = 0) = P(\overline{A}) = 1 - p,$$

$$E(X) = p, \quad Var(X) = p(1 - p).$$

Ist $X_1, X_2, ..., X_n$ eine mathematische Stichprobe aus X und $\hat{p} = \overline{X} = \frac{1}{n} \sum_{i=1}^{n} X_i$, so gelten gemäß (1.22)

$$E(\hat{p}) = p, \quad Var(\hat{p}) = p(1 - p)/n.$$

$\hat{p} = \hat{p}_n(A)$ ist die relative Häufigkeit des Eintretens des Ereignisses A bei n unabhängigen Versuchen. Gemäß dem zentralen Grenzwertsatz der Wahrscheinlichkeitstheorie ist $\hat{p}$ für hinreichend große n näherungsweise normalverteilt. Dann ist nach Satz 1.1 auch die zu $\hat{p}$ gehörige standardisierte Zufallsgröße annähernd normalverteilt:

$$N(0,1) \approx \frac{\hat{p} - p}{\sqrt{p(1-p)/n}}. \tag{3.18}$$

Somit gilt

$$P\left(-z_{\alpha/2} < \frac{\hat{p} - p}{\sqrt{p(1-p)/n}} < +z_{\alpha/2}\right) \approx 1 - \alpha.$$

Nach etwas aufwendigen Umformungen, die auf eine quadratische Gleichung führen, erkennt man, dass diese Beziehung äquivalent ist zu

$$P(p_u \leq p \leq p_o) \approx 1 - \alpha$$

mit

$$p_{u,o} = \frac{1}{1 + \frac{1}{n} z_{\alpha/2}^2} \left[\hat{p} + \frac{1}{2n} z_{\alpha/2}^2 \pm \frac{1}{\sqrt{n}} z_{\alpha/2} \sqrt{\hat{p}(1 - \hat{p}) + \frac{1}{4n} z_{\alpha/2}^2} \right].$$

Daher ist $[p_u, p_o]$ näherungsweise ein *zweiseitiges* $(1 - \alpha) \, 100\%$–*Konfidenzintervall* für p. Für hinreichend große n reicht im Allgemeinen die folgende Vereinfachung der unteren bzw. oberen Konfidenzgrenze p_u bzw. p_o aus:

$$p_u = \hat{p} - \frac{1}{\sqrt{n}} z_{\alpha/2} \sqrt{\hat{p}(1 - \hat{p})}, \quad p_o = \hat{p} + \frac{1}{\sqrt{n}} z_{\alpha/2} \sqrt{\hat{p}(1 - \hat{p})}. \tag{3.19}$$

Wird $\hat{p}$ als Wert der konkreten Stichprobenfunktion interpretiert, dann erhält man die folgenden konkreten Konfidenzintervalle für p:

Zweiseitiges $(1 - \alpha)100\%-Konfidenzintervall$:

$$[p_u, p_o].$$

Unteres einseitiges $(1 - \alpha)100\%-Konfidenzintervall$:

$$\left[\frac{1}{1 + \frac{1}{n}z_\alpha^2}\left(\hat{p} + \frac{1}{2n}z_\alpha^2 - \frac{1}{\sqrt{n}}z_\alpha\sqrt{\hat{p}(1-\hat{p}) + \frac{1}{4n}z_\alpha^2} \right), \ 1 \right].$$

Oberes einseitiges $(1 - \alpha)100\%-Konfidenzintervall$:

$$\left[0, \ \frac{1}{1 + \frac{1}{n}z_\alpha^2}\left(\hat{p} + \frac{1}{2n}z_\alpha^2 + \frac{1}{\sqrt{n}}z_\alpha\sqrt{\hat{p}(1-\hat{p}) + \frac{1}{4n}z_\alpha^2} \right) \right].$$

Für n hinreichend groß ist eine Vereinfachung der einseitigen Konfidenzintervalle analog zu (3.17) gerechtfertigt.

Beispiel 3.14 Einer großen Population von Organismen wurde eine Stichprobe vom Umfang $n = 200$ entnommen. Davon erwiesen sich 16 als Träger des Gens D. Das 99%-Konfidenzintervall für den Anteil der Träger des Gens in der Population ist zu ermitteln. In diesem Fall ist A das Ereignis, dass ein auf gut Glück der Population entnommener Organismus Träger des Gens D ist. Entsprechend der erhobenen konkreten Stichprobe ist $\hat{p} = 16/200 = 0,08$ eine Punktschätzung für $P(A)$, das heißt 8% der Organismen in der Stichprobe sind Träger des Gens D. Wegen $z_{0,005} = 2,58$ lautet das vereinfachte zweiseitige 99%-Konfidenzintervall für $P(A)$

$$[0,08 - \frac{2,58}{\sqrt{200}}\sqrt{0,08 \cdot 0,92}, \ 0,08 + \frac{2,58}{\sqrt{200}}\sqrt{0,08 \cdot 0,92}] = [0,0305; \ 0,1295].$$

Das 99% Konfidenzintervall für den Anteil der Träger des Gens D in der Population ist somit [3,05%; 12,95%]. Das Konfidenzintervall zeigt, wie wenig Information die Punktschätzung über den wahren Anteil der Träger des Gens D in der Population enthält. $\square$

Wegen eines neuen, leistungsfähigeren Zugangs zur Intervallschätzung einer Wahrscheinlichkeit und den zugehörigen Algorithmen siehe *von Collani, Dräger* (2000).

3.3.3.2 Konfidenzintervall für den Erwartungswert einer poissonverteilten Zufallsgröße

Als Folgerung aus dem zentralen Grenzwertsatz wurde im Abschnitt 1.10.3 nachgewiesen, dass jede Zufallsgröße X, die einer Poissonverteilung mit dem Parameter λ genügt und demnach den Erwartungswert $E(X) = \lambda$ sowie die Varianz $Var(X) = \lambda$ hat, näherungsweise normalverteilt ist. Für die zugehörige standardisierte Zufallsgröße gilt daher

$$(X - \lambda)/\sqrt{\lambda} \approx N(0, 1) \cdot$$

Wird nun eine mathematische Stichprobe $X_1, X_2, ..., X_n$ vom Umfang n aus X erhoben und das zufällige arithmetische Mittel $\hat{\lambda} = \overline{X}$ gebildet, so gilt $\hat{\lambda} \approx N(\lambda, \lambda/n)$. Daher ist

$$\frac{\hat{\lambda} - \lambda}{\sqrt{\lambda/n}} \approx N(0,1).$$

Somit gilt

$$P(-z_{\alpha/2} < \frac{\hat{\lambda} - \lambda}{\sqrt{\lambda/n}} < z_{\alpha/2}) \approx 1 - \alpha.$$

Diese Beziehung ist äquivalent zu $P(p_u \leq p \leq p_o) \approx 1 - \alpha$ mit

$$p_{u,o} = \hat{\lambda} + \frac{1}{2n} z_{\alpha/2}^2 \pm \frac{1}{\sqrt{n}} z_{\alpha/2} \sqrt{\hat{\lambda} + \frac{1}{4n} z_{\alpha/2}^2},$$

wobei für hinreichend große n folgende Näherung für die Konfidenzgrenzen ausreicht:

$$p_{u,o} = \hat{\lambda} \pm \frac{1}{\sqrt{n}} z_{\alpha/2} \sqrt{\hat{\lambda}}.$$

Insgesamt ergeben sich die konkreten Konfidenzintervalle ($\hat{\lambda}$ ist im Folgenden der Wert der konkreten Stichprobenfunktion):

Zweiseitiges $(1 - \alpha)100\% -$ *Konfidenzintervall für* λ:

$$[p_u; p_o].$$

Unteres einseitiges $(1 - \alpha)100\% -$ *Konfidenzintervall für* λ:

$$\left[\hat{\lambda} + \frac{1}{2n} z_\alpha^2 - \frac{1}{\sqrt{n}} z_\alpha \sqrt{\hat{\lambda} + \frac{1}{4n} z_\alpha^2}, \infty \right).$$

Oberes einseitiges $(1 - \alpha)100\% -$ *Konfidenzintervall für* λ:

$$\left[0, \hat{\lambda} + \frac{1}{2n} z_\alpha^2 + \frac{1}{\sqrt{n}} z_\alpha \sqrt{\hat{\lambda} + \frac{1}{4n} z_\alpha^2} \right].$$

Beispiel 3.15 Die zufällige Anzahl X schwerer Havarien von Hochseeschiffen, die weltweit je Monat stattfinden, genügt erfahrungsgemäß einer Poissonverteilung mit dem Parameter $\lambda = E(X)$. Aus einer Stichprobe vom Umfang $n = 24$ Monate wurde das arithmetische Mittel $\hat{\lambda} = \overline{x} = 4,28$ ermittelt. Das zweiseitige und das obere einseitige 95%-Konfidenzintervall für λ ist zu konstruieren.

Wegen $z_{0,025} = 1,96$ lautet das zweiseitige 95%-Konfidenzintervall

$$\left[4,28 + \frac{1,96^2}{48} - \frac{1,96}{\sqrt{24}} \sqrt{4,28 + \frac{1,96^2}{96}}, \ 4,28 + \frac{1,96^2}{48} + \frac{1,96}{\sqrt{24}} \sqrt{4,28 + \frac{1,96^2}{96}} \right]$$

$$= [3,53; \ 5,19].$$

Das obere einseitige 95%-Konfidenzintervall ist $[0; 5,03]$.   □

3.4 Parametertests

3.4.1 Grundlagen

An 11 aufeinanderfolgenden Tagen hat ein Abnehmer die Oktanzahlen des gelieferten Treibstoffs gemessen: 95,1; 93,6; 94,1; 95,3; 94,1; 93,7; 93,0; 94,2; 93,4; 93,5; 94,0. Das arithmetische Mittel dieser Oktanzahlen ist 94,0. Der Hersteller behauptet jedoch, vertragsgemäß Treibstoff mit einer mittleren Oktanzahl 95,0 geliefert zu haben. Ist der Abnehmer nun berechtigt, den Vertrag zu kündigen, weil der Hersteller nicht in der vereinbarten Qualität geliefert hat? Oder ist die Differenz von 1,0 zwischen dem arithmetischen Mittel und dem Sollwert auf zufällige Einflüsse zurückzuführen; etwa auf die Zufälligkeit der Stichprobenahme oder auf zufällige Messfehler? Würden andere Stichproben, im gleichen Zeitraum erhoben, nicht vorzugsweise arithmetische Mittel zwischen 94,8 bis 95,2 geliefert haben? Mit anderen Worten: ist die Differenz von 1,0 auf wesentliche, tieferliegende Ursachen zurückzuführen oder ist sie rein zufälliger Natur? Diese wesentlichen, tieferliegenden Ursachen werden in der Mathematischen Statistik *signifikante Ursachen* genannt. Man kann daher das Problem auch so formulieren: Ist der Unterschied zwischen dem arithmetischen Mittel und dem Sollwert signifikant oder zufällig? Im ersteren Fall wäre der Abnehmer des Treibstoffs berechtigt, den Vertrag zu kündigen. Die Antwort auf diese und ähnliche Fragen geben *Parametertests*, oder, allgemeiner, *Signifikanztests*. Parametertests prüfen Mutmaßungen über unbekannte Parameter θ von Wahrscheinlichkeitsverteilungen. Derartige Mutmaßungen werden in der Mathematischen Statistik *Hypothesen* genannt. *Parametertests* ermöglichen mathematisch begründete Aussagen über den Wahrheitsgehalt und damit über die Annahme bzw. Ablehnung von Hypothesen. Hypothesen werden vor allem über Erwartungswerte, Varianzen, Quantile oder spezielle Wahrscheinlichkeiten aufgestellt. Diejenige Hypothese, deren Wahrheitsgehalt vordergründig geprüft werden soll, heißt *Nullhypothese* und wird mit H_0 bezeichnet. Im obigen Beispiel würde man die zugehörige Nullhypothese folgendermaßen aufschreiben: $H_0 : \theta = 95$, wobei θ die mittlere Oktanzahl bezeichnet. Zu jeder Nullhypothese gibt es eine *Alternativ-* oder *Gegenhypothese* H_1. Man spricht dann auch von dem Testproblem 'H_0 gegen H_1'. Im obigen Beispiel wird die Nullhypothese wie folgt zu einem vollständigen Testproblem erweitert: $H_0 : \theta = 95$; $H_1 : \theta \neq 95$.

Allgemeiner wird in diesem Kapitel folgende Situation betrachtet: Die (vom Typ her bekannte) Wahrscheinlichkeitsverteilung der interessierenden Zufallsgröße X (Grundgesamtheit) hänge von dem unbekannten Parameter θ ab. Die praktisch wichtigsten Tests über den Parameter θ sind die folgenden:

1) $H_0 : \theta = \theta_0$, $H_1 : \theta \neq \theta_0$ (zweiseitiger Test),

2) $H_0 : \theta < \theta_0$, $H_1 : \theta \geq \theta_0$ (einseitiger Test),

3) $H_0 : \theta > \theta_0$, $H_1 : \theta \leq \theta_0$ (einseitiger Test).

Da ein Autofahrer im Beispiel der Oktanzahl nichts gegen höhere Oktanzahlen einzuwenden hat, wird er den einseitigen Test 2 durchführen und wünschen, H_0 ablehnen zu können. Diese drei Testvarianten sind Spezialfälle eines allgemeineren Testproblems: Es sei θ die Menge der möglichen Parameterwerte, die wie folgt partitioniert ist:

$$\theta = \theta_0 \cup \theta_1 \text{ und } \theta_0 \cap \theta_1 = \varnothing.$$

Das zugehörige Testproblem lautet:

$$H_0 : \theta \in \theta_0 \quad \text{gegen} \quad H_1 : \theta \in \theta_1. \tag{3.20}$$

Wenn H_1 die zu H_0 komplementäre Aussage darstellt, ist die Angabe von H_1 bei der Formulierung des Tests nicht erforderlich. Besteht θ_0 nur aus einem Element, bezeichnet man H_0 als *einfache Hypothese*, anderenfalls als *zusammengesetzte Hypothese*. Demnach sind die H_0 in den obigen einseitigen Tests zusammengesetzte Hypothesen.

Die theoretische Lösung des Testproblems geschieht auf der Grundlage einer mathematischen Stichprobe $\{X_1, X_2, ..., X_n\}$. Die eigentliche Entscheidung über die Annahme bzw. Ablehnung der Nullhypothese H_0 erfolgt jedoch vermittels einer Stichprobenfunktion $T = T(X_1, X_2, ..., X_n)$, die in Verbindung mit Parametertests *Testfunktion* genannt wird. Die Entscheidungsfindung in einem konkreten Problem beruht wieder auf einer konkreten Stichprobe $\{x_1, x_2, ..., x_n\}$ bzw. auf dem zugehörigen Wert der Testfunktion $T = T(x_1, x_2, ..., x_n)$. Dient dieser Wert als Entscheidungsgrundlage für die Annahme bzw. Ablehnung einer Nullhypothese, so wird er im Folgenden *Testgröße* genannt. Der Wertebereich von T sei W_T. W_T wird zwecks Konstruktion eines Entscheidungskriteriums in geeigneter Weise in zwei disjunkte Teilmengen W_0 und W_1 aufgespalten:

$$W_T = W_0 \cup W_1, \quad W_0 \cap W_1 = \varnothing.$$

Die Nullhypothese wird angenommen, wenn

$$T(X_1, X_2, ..., X_n) \in W_0$$

ist und abgelehnt, wenn

$$T(X_1, X_2, ..., X_n) \in W_1$$

ist. Daher heißt W_0 *Annahmebereich* und W_1 *Ablehnungs- oder kritischer Bereich*. Die Grenzen des Annahmebereiches sind die *kritischen Werte* der Testfunktion.

Eine Entscheidungsvorschrift über die Annahme bzw. Ablehnung der Nullhypothese, die auf einer geeignet zu wählenden Testfunktion $T = T(X_1, X_2, ..., X_n)$ und dem Annahmebereich W_0 bzw. dem kritischen Bereich W_1 beruht, heißt statistischer Test.

Da ein statistischer Test auf Stichproben beruht, sind Fehlentscheidungen über die Annahme bzw. Ablehnung von H_0 nicht auszuschließen. Die möglichen Fehlentscheidungen heißen *Fehler erster Art* und *Fehler zweiter Art* (Tafel 3.6).

	Annahme von H_0	*Ablehnung von H_0*
H_0 *ist richtig*	richtige Entscheidung	Fehler 1. Art
H_0 *ist falsch*	Fehler 2. Art	richtige Entscheidung

Tafel 3.6 Testentscheidungen

Fehler erster Art: *Ein Fehler erster Art wird begangen, wenn die Nullhypothese H_0 abgelehnt wird, obwohl sie richtig ist.*

Die Wahrscheinlichkeit α eines Fehlers erster Art ist somit gleich der bedingten Wahrscheinlichkeit dafür, dass T einen Wert aus W_1 unter der Bedingung annimmt, dass H_0 richtig ist:

$$\alpha = P(Fehler\ erster\ Art) = P(T \in W_1 | H_0).$$

Fehler zweiter Art: *Ein Fehler zweiter Art wird begangen, wenn die Nullhypothese angenommen wird, obwohl sie falsch ist.*

Die Wahrscheinlichkeit β eines Fehlers 2. Art ist somit gleich der bedingten Wahrscheinlichkeit dafür, dass T einen Wert aus W_0 unter der Bedingung annimmt, dass H_0 falsch ist:

$$\beta = P(Fehler\ zweiter\ Art) = P(T \in W_0 | H_1).$$

In treffender Interpretation des Sachverhaltes wird in der statistischen Theorie der Signalerkennung ein Fehler erster Art als *falscher Alarm* und ein Fehler zweiter Art als *versäumter Alarm* bezeichnet.

Die Konstruktion von Parametertests geschieht in allen folgenden Spezialfällen so, dass die Wahrscheinlichkeit α eines Fehlers erster Art vorgegeben wird. Üblich sind die Werte $\alpha = 0,001$; $\alpha = 0,01$; $\alpha = 0,05$ und $\alpha = 0,1$. Die Wahrscheinlichkeit β eines Fehlers zweiter Art kann dann aber nicht willkürlich vorgegeben werden; denn β hängt vom Signifikanzniveau α, vom Stichprobenumfang n und vom wahren Wert des Parameters ab. Das Bestreben bei der Konstruktion von Parametertests geht aber dahin, bei vorgegebenen α und n durch geeignete Wahl des kritischen Bereichs W_1 (bzw. des Annahmebereichs W_0) den Fehler zweiter Art möglichst klein zu halten. Die vorgegebene Wahrscheinlichkeit α heißt *Signifikanzniveau* oder *Irrtumswahrscheinlichkeit*, und $1 - \alpha$ ist die *Sicherheitswahrscheinlichkeit*. Die Wahrscheinlichkeit $1 - \beta$ ist die *Güte* oder die *Trennschärfe* des Tests. Die Bezeichnung 'Signifikanzniveau' für α ist nicht sonderlich glücklich, da man hier, entgegen dem allgemeinen Sprachgebrauch, ein möglichst niedriges Niveau anstrebt.

Man erkennt aus der Beschreibung des Testprinzips, dass die Vermeidung von Fehlern erster Art Priorität hat. Die Wahrscheinlichkeit eines Fehlers zweiter Art liegt im allgemeinen erheblich über den vorgegebenen Werten von α. Jedoch muß man sich vor der Interpretation hüten, dass die Annahme der Nullhypothese gleichbedeutend mit ihrer Richtigkeit ist. Hat man beispielsweise im Falle der Oktanzahl einen Test, der die Nullhypothese $H_0 : \mu = 95$ annimmt, dann ist zu erwarten, dass der gleiche Test eine Nullhypothese der Art $H_0 : \mu = 94,1$, die mehr in Einklang mit den Stichprobendaten ist, ebenfalls annimmt. Wenn überhaupt, dann kann aber nur eine der Hypothesen richtig sein. Die Annahme der Nullhypothese beinhaltet lediglich, dass das vorliegende Stichprobenmaterial keinen Anlass gibt, diese abzulehnen. Man spricht daher anstelle von 'Annahme von H_0' auch genauer von 'Nichtablehnung von H_0'. Praktisch verfährt man allerdings bei Annahme der Nullhypothese so, als wäre sie richtig. Schließlich braucht man für die numerische Arbeit eine konkrete Wahrscheinlichkeitsverteilung und nicht vage Mutmaßungen über ihre Beschaffenheit. Wird die Nullhypothese über einen Parameter nicht abgelehnt, so ist auf jeden Fall der wahre Parameterwert mit hoher Wahrscheinlichkeit nicht 'zu weit' von dem durch die Nullhypothese festgelegten entfernt.

Das allgemeine Vorgehen bei Parametertests auf der Grundlage einer konkreten Stichprobe $\{x_1, x_2, ..., x_n\}$ lässt sich in vier Schritten zusammenfassen:

1) Aufstellen der Nullhypothese H_0 und der Alternativhypothese H_1.

2) Wahl der Testfunktion T und Festlegung des kritischen Bereiches W_1 unter Berücksichtigung des vorgegebenen Konfidenzniveaus α.

3) Berechnung der Testgröße $T(x_1, x_2, ..., x_n)$.

4) Ablehnung von H_0, wenn $T(x_1, x_2, ..., x_n) \in W_1$. Sonst Annahme von H_0.

Operationscharakteristik und Gütefunktion Unter der Voraussetzung einer einfachen Nullhypothese

$$H_0 : \theta = \theta_0$$

sei $O(\theta)$ die Wahrscheinlichkeit der Annahme der Nullhypothese unter der Bedingung, dass θ der wahre Wert des interessierenden Parameters ist, und $G(\theta) = 1 - O(\theta)$ die Wahrscheinlichkeit der Ablehnung von H_0 unter der gleichen Bedingung. In Abhängigkeit vom Parameter θ, $\theta \neq \theta_0$, heißen die Funktionen $O(\theta)$ *Operationscharakteristik* und $G(\theta)$ *Gütefunktion* oder *Machtfunktion* (*power function*) des Tests.

Die Operationscharakteristik (kurz: OC) eines Tests beinhaltet weiter nichts als die funktionelle Abhängigkeit der Wahrscheinlichkeit des Fehlers zweiter Art β vom wahren (aber unbekannten) Wert θ des Parameters:

$$O(\theta) = \beta(\theta) \quad \text{für} \quad \theta \neq \theta_0,$$

während für $\theta = \theta_0$ der Wert von $O(\theta)$ gleich der Sicherheitswahrscheinlichkeit des Tests ist: $O(\theta_0) = 1 - \alpha$. Analog dazu gibt für $\theta \neq \theta_0$ die Gütefunktion eines Tests $G(\theta) = 1 - O(\theta)$ die Abhängigkeit der Trennschärfe des Tests vom wahren Wert des Parameters an.

Ein Test ist ein *gleichmäßig bester Test* zur Prüfung von H_0, wenn er im Vergleich mit allen anderen Tests für alle $\theta \in \theta_1$ die größte Trennschärfe aufweist. Nimmt die Funktion $G(\theta)$ ihr absolutes Minimum bei $\theta = \theta_0$ an und ist $G(\theta_0) = \alpha$, dann heißt der Test *unverfälscht*.

Der ideale Test ist der folgende: Die Nullhypothese wird angenommen, wenn sie richtig ist, und abgelehnt, wenn sie falsch ist. Zu diesem 'idealen Test' gehört der in Bild 3.13 dargestellte 'ideale Verlauf' der Operationscharakteristik. Dieser Verlauf kann bei endlichen Stichproben nie erreicht werden; jedoch nähert sich jede Operationscharakteristik mit zunehmendem Stichprobenumfang diesem Idealbild immer mehr. Bild 3.14 illustriert diesen Sachverhalt für eine vorgegebene Sicherheitswahrscheinlichkeit $1 - \alpha$.

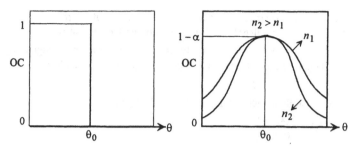

Bild 3.13 Ideale Operationscharakteristik   Bild 3.14 Operationscharakteristik bei
variablem Stichprobenumfang

Die Kenntnis der Operationscharakteristiken gestattet Vergleiche zwischen unterschiedlichen Testfunktionen für ein und dasselbe Testproblem, ermöglicht die Abschätzung des Fehlers zweiter Art sowie die quantitative Untersuchung des Einflusses des
Stichprobenumfangs auf die Entscheidungsfindung. Daher hat die Operationscharakteristik erhebliche praktische Bedeutung, insbesondere in der *statistischen Qualitätskontrolle*. Die Berechnung von $O(\theta)$ erfordert jedoch die Kenntnis der Wahrscheinlichkeitsverteilung von T für beliebige θ (nicht nur für θ_0.)

Auf das Problem, wie bei gegebener Testfunktion T die Mengen W_0 bzw. W_1 zu wählen sind, um Tests mit möglichst großer Trennschärfe zu erhalten, wird im Folgenden
nicht eingegangen. Jedoch wird auf ein allgemeines, von *Neyman* und *Pearson* entwik-
keltes Konstruktionsprinzip für Tests hingewiesen.

Likelihood-Quotienten-Test Es sei $\{x_1, x_2, ..., x_n\}$ eine konkrete Stichprobe aus X mit
der Dichte $f(x; \theta)$, die von dem unbekannten Parameter θ abhängt. Da, wie bislang stets
vorausgesetzt, die konkrete Stichprobe Realisierung einer mathematischen ist, lautet die
zugehörige Likelihood-Funktion mit $\mathbf{x} = (x_1, x_2, ..., x_n)$ (Abschnitt 3.2.2.2)

$$L(\mathbf{x}, \theta) = f(x_1; \theta)f(x_2; \theta) \cdots f(x_n; \theta).$$

Zu testen ist das Problem (3.20) mit den dort gemachten Voraussetzungen:

$$H_0 : \theta \in \theta_0 \quad \text{gegen} \quad H_1 : \theta \in \theta_1.$$

Als Testfunktion dient der *Likelihood-Quotient*

$$T(\mathbf{x}) = \frac{\sup_{\theta \in \theta_0} L(\mathbf{x}; \theta)}{\sup_{\theta \in \theta_1} L(\mathbf{x}; \theta)}. \tag{3.21}$$

Der zugehörige kritische Bereich hat die Struktur

$$W_1 = \{\mathbf{x}, T(\mathbf{x}) < t_\alpha\}.$$

H_0 wird also abgelehnt, wenn $T(\mathbf{x}) < t_\alpha$ ausfällt, und angenommen, wenn $T(\mathbf{x}) \geq t_\alpha$ gilt.
Der kritische Wert t_α der Testfunktion ist dabei so zu bestimmen, dass das vorgegebene
Signifikanzniveau α nicht überschritten wird. Hierbei ist die Kenntnis der Wahrschein-

lichkeitsverteilung der Testfunktion erforderlich, die ihrerseits durch die Verteilung der jeweils unterliegenden Zufallsgröße (Grundgesamtheit) X bestimmt ist.

Sind sowohl H_0 als auch H_1 einfach, bestehen also die Parametermengen θ_0 und θ_1 jeweils nur aus einem Element, etwa θ_0 bzw. θ_1, lautet der Test (3.20)

$$H_0 : \theta = \theta_0, \quad H_1 : \theta = \theta_1. \tag{3.22}$$

In diesem Fall vereinfacht sich die Testfunktion (3.21) zu

$$T(\mathbf{x}) = \frac{L(\mathbf{x}; \theta_0)}{L(\mathbf{x}; \theta_1)}.$$

Die beschriebene Konstruktionsvorschrift für den Annahme- bzw. Ablehnungsbereich bleibt natürlich erhalten. Nach einem Satz von *Neyman-Pearson* (1928) ist der so konstruierte Test der trennschärfste für das Problem (3.22).

Beispiel 3.16 Die Zufallsgröße X genüge einer Exponentialverteilung mit der Dichte $f(x; \lambda) = \lambda e^{-\lambda x}, x \geq 0$.

Die Likelihood-Funktion auf der Basis der konkreten Stichprobe $\mathbf{x} = (x_1, x_2, ..., x_n)$ ist

$$L(\mathbf{x}; \lambda) = \lambda^n e^{-\lambda \sum_{i=1}^n x_i}.$$

Der Parameter λ ist entweder gleich λ_0 oder λ_1, $\lambda_0 < \lambda_1$. Es ist zu testen, welcher Wert der richtige ist, das heißt es ist

$$H_0 : \lambda = \lambda_0 \quad \text{gegen} \quad H_1 : \lambda = \lambda_1 \tag{3.23}$$

zu testen. Die Testfunktion lautet

$$T(\mathbf{x}) = \frac{\lambda_0^n e^{-\lambda_0 \sum_{i=1}^n x_i}}{\lambda_1^n e^{-\lambda_1 \sum_{i=1}^n x_i}} = \left(\frac{\lambda_0}{\lambda_1}\right)^n e^{(\lambda_1 - \lambda_0)\sum_{i=1}^n x_i}.$$

Die Beziehung '$T(\mathbf{x}) < t_\alpha$' ist äquivalent zu

$$\sum_{i=1}^n x_i \leq \frac{1}{\lambda_1 - \lambda_0} \ln\left[t_\alpha \left(\frac{\lambda_1}{\lambda_0}\right)^n \right].$$

Gilt H_0, dann ist $\sum_{i=1}^n x_i$ Realisierung einer erlangverteilten Zufallsgröße mit den Parametern n und λ_0 (Beispiel 1.35 im Abschnitt 1.8.2.2). Bezeichnet $E_{n,\lambda_0;\alpha}$ das α-Quantil dieser Verteilung, erhält man den kritischen Testwert für das Problem (3.23) zu (die rechte Seite der letzten Ungleichung ist gleich $E_{n,\lambda_0;\alpha}$ zu setzen und die entstandene Gleichung nach t_α aufzulösen)

$$t_\alpha = \left(\frac{\lambda_0}{\lambda_1}\right)^n e^{(\lambda_1 - \lambda_0)E_{n,\lambda_0;\alpha}}.$$

Für $n \geq 15$ kann wegen des zentralen Grenzwertsatzes die Summe $\sum_{i=1}^n x_i$ näherungsweise als Realisierung einer gemäß $N\left(n/\lambda_0, n/\lambda_0^2\right)$ verteilten Zufallsgröße vorausgesetzt werden.   □

Bezeichnung Im Folgenden wird zwischen den *zufälligen Testfunktionen* $T(X_1, X_2, ..., X_n)$ und ihren Werten (Realisierungen) $T(x_1, x_2, ..., x_n)$, die sie an konkreten Stichproben $(x_1, x_2, ..., x_n)$ annehmen, kein bezeichnungstechnischer Unterschied gemacht. Beide werden ohne explizite Angabe ihrer Argumente stets mit T bezeichnet, wobei T gelegentlich geeignet indiziert wird. Zum Beispiel kann T_n sowohl eine nach t mit n Freiheitsgraden verteilte Testfunktion bezeichnen als auch die zugehörige Testgröße. Die Beschreibung der praktischen Testvorschriften geschieht stets mit Hilfe der Testgrößen.

3.4.2 Tests über Parameter der Normalverteilung

Es gelten die gleichen Voraussetzungen und Bezeichnungen, die zu Beginn des Abschnitts 3.3.2 gemacht wurden. Insbesondere ist $X = N(\mu, \sigma^2)$.

3.4.2.1 Test über den Erwartungswert bei bekannter Varianz

Zweiseitiger Test Zu prüfen ist bei bekanntem σ die Hypothese

$$H_0 : \mu = \mu_0 \quad \text{gegen} \quad H_1 : \mu \neq \mu_0$$

mit einer Sicherheitswahrscheinlichkeit von $1 - \alpha$. Hierbei ist μ_0 ein Zahlenwert, von dem aus irgendeinem Grund vermutet oder gewünscht wird, der Erwartungswert von X zu sein, oder den man als Erwartungswert von X ausschließen möchte. Der letzteren Zielsetzung wird ein Parametertest besser gerecht; denn wenn die Nullhypothese richtig ist, wird sie nur mit der vorgegebenen kleinen Wahrscheinlichkeit α abgelehnt. Zudem ist die Annahme der Nullhypothese, wie bereits erwähnt, nicht gleichbedeutend mit ihrer Richtigkeit. Als Testfunktion dient wieder die Stichprobenfunktion (3.10):

$$T = \frac{\overline{X} - \mu_0}{\sigma} \sqrt{n} \, .$$

Gilt H_0, so genügt T einer standardisierten Normalverteilung: $T = N(0, 1)$. Daher dient als Annahme- bzw. Ablehnungsbereich (Bild 3.12):

$$W_0 = \left[-z_{\alpha/2}, +z_{\alpha/2} \right] \quad \text{bzw.} \quad W_1 = (-\infty, -z_{\alpha/2}] \cup [z_{\alpha/2}, \infty) \, .$$

Die Testvorschrift lautet also:

H_0 *wird genau dann mit der Sicherheitswahrscheinlichkeit* $1 - \alpha$ *abgelehnt, wenn gilt*

$$\left| \frac{\overline{x} - \mu_0}{\sigma} \sqrt{n} \right| > z_{\alpha/2} \, . \tag{3.24}$$

Unter der Bedingung, dass H_0 richtig ist, würde nämlich das Ereignis (3.24) nur mit der vorgegebenen kleinen Wahrscheinlichkeit α eintreten. Man ist jedoch davon überzeugt, nicht zu den $\alpha\%$ Unglücksraben zu gehören, bei denen der Fall (3.24) eintritt, obwohl H_0 richtig ist. (Diese heuristische Motivation von Parametertests bezieht sich auch auf alle noch folgenden.) Sinngemäß bezeichnet man $z_{\alpha/2}$ im Zusammenhang mit der gegebenen Testvorschrift als *Zufallshöchstwert* für die Testfunktion T oder *Sicherheitspunkt*. Man nennt $z_{\alpha/2}$ aber auch *kritischen Wert* oder *Testschranke*. Äquivalent zur gegebenen Testvorschrift ist die folgende: wenn das arithmetische Mittel um mehr als $z_{\alpha/2}\sigma/\sqrt{n}$

Einheiten nach oben oder unten von μ_0 abweicht, wird die Nullhypothese abgelehnt. Derartig große Abweichungen lassen sich also nicht mehr durch zufällige Schwankungen erklären, sondern es gibt signifikante Differenzen zwischen $\bar{x}$ und μ_0. Infolgedessen ist $z_{\alpha/2}\sigma/\sqrt{n}$ ein *Zufallshöchswert* für die absolute Differenz $|\bar{x} - \mu_0|$.

Beispiel 3.17 Im Rahmen der Qualitätskontrolle wurden die Flughöhen von $n = 30$ Leuchtraketen eines Typs gemessen. Das arithmetische Mittel der Messwerte betrug $\bar{x} = 46,4\,m$. Bezeichnet X die zufällige Flughöhe von Raketen dieses Typs, so sei bekannt, dass X einer Normalverteilung mit der Standardabweichung $\sigma = 6\,m$ genügt. Der Sollwert für die mittlere Flughöhe ist $50\,m$. Daher ist folgender Test angezeigt:

$$H_0 : \mu = 50 \quad \text{gegen } H_1 : \mu \neq 50.$$

Er soll mit der Sicherheitswahrscheinlichkeit $1 - \alpha = 0,95$ erfolgen. Die Testgröße ist

$$T = \left| \frac{47,9-50}{6}\sqrt{30} \right| = 1,92.$$

Wegen $T = 1,92 < z_{0,025} = 1,96$ kann die Nullhypothese auf der Grundlage des vorliegenden Datenmaterials nicht zugunsten von H_1 abgelehnt werden. Die erhobene Stichprobe erlaubt also nicht, dem Hersteller mangelnde Qualität vorzuwerfen.   □

Operationscharakteristik Zur Ableitung der Gütefunktion beim zweiseitigen Test geht man davon aus, dass H_0 genau dann angenommen wird, wenn

$$-z_{\alpha/2} \leq \frac{\bar{X}-\mu_0}{\sigma}\sqrt{n} \leq z_{\alpha/2} \quad \text{bzw.} \quad -z_{\alpha/2} - d \leq \frac{\bar{X}-\mu}{\sigma}\sqrt{n} \leq +z_{\alpha/2} - d$$

mit $d = \frac{\mu-\mu_0}{\sigma}\sqrt{n}$ gilt. Die Zufallsgröße $\frac{\bar{X}-\mu}{\sigma}\sqrt{n}$ ist $N(0,1)-$ verteilt, wenn μ der wahre Parameter ist. Daher lautet die Operationscharakteristik des Tests

$$O(\mu) = \Phi(z_{\alpha/2} - d) - \Phi(-z_{\alpha/2} - d), \tag{3.25}$$

bzw., dazu äquivalent,

$$O(\mu) = \Phi(d + z_{\alpha/2}) - \Phi(d - z_{\alpha/2}). \tag{3.26}$$

Man erkennt: Wegen der Zunahme von $O(\mu)$ mit wachsendem $|d|$ wird seine Trennschärfe sowohl mit wachsendem $|\mu - \mu_0|$ als auch mit wachsendem Stichprobenumfang immer größer. Höhere Trennschärfe kann allerdings auch durch geringere Sicherheitswahrscheinlichkeit erreicht werden. Die Operationscharakteristik nimmt ihr Maximum bei $\mu = \mu_0$ an, und es gilt $O(\mu_0) = 1 - \alpha$. Der Test ist daher unverfälscht.

Stichprobenumfang Wie groß muss der Stichprobenumfang n sein, damit bei gegebenem α der Fehler zweiter Art nicht größer als β_0, $0 < \beta_0 < 1/2$, ausfällt, falls μ mit $\mu \neq \mu_0$ der wahre Wert ist? Ist $d > 0$, folgt aus (3.25)

$$O(\mu) < \Phi(z_{\alpha/2} - d).$$

Die Beziehung $\Phi(z_{\alpha/2} - d) = \beta_0$ ist äquivalent zu $z_{\alpha/2} - d = -z_{\beta_0}$. Auflösung nach n liefert

$$n \approx \left(\frac{(z_{\alpha/2} + z_{\beta_0})\sigma}{\mu - \mu_0} \right)^2 . \qquad (3.27)$$

Diese Näherungsformel ist auch für $d < 0$ gültig. Um dies zu erkennen, ist der zweite Term in (3.26) zu vernachlässigen. Mit diesem n liegt man stets 'auf der sicheren Seite'.

Beispiel 3.18 Die Druckfestigkeit von Stahlbetonträgern eines Typs ist normalverteilt mit der Standardabweichung 8 [*MPa*]. Der Sollwert der Druckfestigkeit beträgt 30 [*MPa*]. Wieviel Träger müssen geprüft werden, um sicher zu sein, dass bei einer Irrtumswahrscheinlichkeit von $\alpha = 0,01$ und der Wahrscheinlichkeit $\beta_0 = 0,15$ eines Fehlers zweiter Art die Nullhypothese $H_0 : \mu_0 = 30$ gegen die Alternativhypothese $H_1 : \mu = 26$ abgelehnt wird, wenn H_1 richtig ist? Wegen $z_{0,005} = 2,58$ und $z_{0,15} = 1,04$ liefert (3.27)

$$n \approx \left(\frac{(2,58+1,04)8}{26-30} \right)^2 = 52,42 \approx 53. \qquad \square$$

Einseitige Tests Zu testen ist die Nullhypothese

$$H_0 : \mu = \mu_0 \text{ gegen } H_1 : \mu < \mu_0.$$

In diesem Fall ist es dem Testproblem nicht angepasst, Abweichungen des arithmetischen Mittels von μ_0 nach oben zu berücksichtigen. H_0 ist vielmehr dann zugunsten von H_1 abzulehnen, wenn $\bar{x}$ signifikant kleiner als μ_0 ist. Man wird also H_0 mit der Sicherheitswahrscheinlichkeit $1 - \alpha$ ablehnen, wenn

$$T = \frac{\bar{x} - \mu_0}{\sigma} \sqrt{n} < -z_\alpha$$

ausfällt. Analog dazu wird im Testproblem

$$H_0 : \mu = \mu_0 \text{ gegen } H_1 : \mu > \mu_0$$

die Nullhypothese zugunsten von H_1 abgelehnt, wenn mit dem gleichen T gilt $T > z_\alpha$.

Fortsetzung von Beispiel 3.17 Beim Einsatz von Leuchtraketen ist der Anwender im Allgemeinen nur bei niedrigen Flughöhen unzufrieden mit dem Hersteller. Dem Problem adäquat ist daher nicht der zweiseitige Test, sondern der einseitige Test

$$H_0 : \mu = 50 \text{ gegen } H_1 : \mu < 50.$$

Wegen $T = -1,92 < -z_{0,05} = -1,64$ wird H_0 zugunsten von H_1 abgelehnt. $\square$

Was im Beispiel 3.17 mit dem zweiseitigen Test nicht möglich war, nämlich die Abweichungen der mittleren Flughöhe vom Sollwert als signifikant zu bestätigen, ist mit dem einseitigen Test bei gleichem Signifikanzniveau und mit dem gleichen Datenmaterial gelungen. Der einseitige Test weist somit im Beispiel eine höhere Trennschärfe auf als der zweiseitige. Diese Tatsache ist jedoch nicht auf das Beispiel beschränkt, sondern bezieht sich generell auf das Verhältnis zwischen zweiseitigen und einseitigen Tests. Weiß man also von vornherein, dass zur Nullhypothese "$\mu = \mu_0$" die Alternativhypothese "$\mu > \mu_0$" (bzw. "$\mu < \mu_0$") gehört, weil "$\mu < \mu_0$" (bzw. "$\mu > \mu_0$") unmöglich oder praktisch bedeutungslos ist, dann sollte der einseitige Test angewendet werden; denn er deckt unter gleichen Voraussetzungen eine falsche Nullhypothese häufiger auf als der zweiseitige.

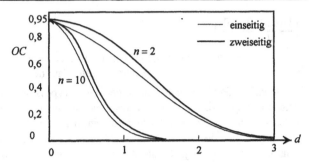

Bild 3.15 Vergleich der Operationscharakteristiken von ein- und zweiseitigen Tests

Operationscharakteristik Diese ist bei gegebener Irrtumswahrscheinlichkeit α für beide Alternativhypothesen "$\mu \leq \mu_0$" und "$\mu \geq \mu_0$" gegeben durch

$$O(\mu) = \Phi(z_\alpha - |d|),$$

wobei die Definitionsbereiche jeweils $\mu \leq \mu_0$ bzw. $\mu \geq \mu_0$ sind. Bild 3.15 vergleicht für $\alpha = 0,05$ diese Operationscharakteristik mit derjenigen für den zweiseitigen Test (Formel (3.25)), jeweils für $n = 2$ und $n = 10$. Es bestätigt sich die bereits erwähnte Eigenschaft, dass der einseitige Test trennschärfer ist als der zweiseitige.

Stichprobenumfang Wie groß muss der Stichprobenumfang n sein, damit bei gegebenem α der Fehler zweiter Art nicht größer als β_0 ausfällt, falls μ mit $\mu \neq \mu_0$ der wahre Erwartungswert ist? Aus $O(\mu) = \Phi(z_\alpha - |d|) = \beta_0$ ergibt sich

$$n \approx \left(\frac{(z_\alpha + z_{\beta_0})\sigma}{\mu - \mu_0} \right)^2 .$$

Abgesehen von Aufrundungen auf die nächstgrößere ganze Zahl ist dieser Wert im Unterschied zu (3.27) exakt.

3.4.2.2 Test über den Erwartungswert bei unbekannter Varianz

Zweiseitiger Test Zu testen ist bei unbekanntem σ die Nullhypothese

$$H_0 : \quad \mu = \mu_0 \quad \text{gegen } H_1 : \mu \neq \mu_0$$

mit der Sicherheitswahrscheinlichkeit $1 - \alpha$. Als Testfunktion dient wieder (3.15):

$$T_{n-1} = \frac{\bar{X} - \mu_0}{S} \sqrt{n} .$$

Unter der Bedingung, dass die Nullhypothese richtig ist, genügt T_{n-1} einer t-Verteilung mit $n - 1$ Freiheitsgraden. Als Annahme bzw. Ablehnungsbereich dient

$$W_0 = [-t_{n-1;\alpha/2}, +t_{n-1;\alpha/2}] \quad \text{bzw.} \quad W_1 = (-\infty, -t_{n-1;\alpha/2}) \cup (t_{n-1;\alpha/2}, \infty),$$

wobei $t_{n-1;\alpha/2}$ durch (3.8) gegeben ist. Somit sind $\pm t_{n-1;\alpha/2}$ die kritischen Werte der Testfunktion. Also hat man die Entscheidungsvorschrift (s ist die empirische Varianz):

H_0 wird mit der Sicherheitswahrscheinlichkeit $1 - \alpha$ abgelehnt, wenn gilt

$$|T_{n-1}| = \left|\frac{\bar{x}-\mu_0}{s}\sqrt{n}\right| > t_{n-1;\alpha/2}.$$

Einseitige Tests Zu testen ist jetzt die Nullhypothese

$$H_0 : \mu = \mu_0 \text{ gegen } H_1 : \mu < \mu_0 \text{ bzw. } H_1 : \mu > \mu_0.$$

H_0 ist zugunsten von H_1 abzulehnen, wenn $\bar{x}$ signifikant kleiner bzw. größer als μ_0 ist:

H_0 wird mit der Sicherheitswahrscheinlichkeit $1 - \alpha$ gegen H_1 abgelehnt, wenn

$$T_{n-1} = \frac{\bar{x}-\mu_0}{s}\sqrt{n} < -t_{n-1;\alpha} \text{ bzw. } T_{n-1} = \frac{\bar{x}-\mu_0}{s}\sqrt{n} > t_{n-1;\alpha}$$

ausfällt.

Zur Illustration kann wieder Beispiel 3.17 dienen, wenn aus der Stichprobe neben $\bar{x} = 46,4\,m$ die empirische Standardabweichung $s = 8$ errechnet wurde.

3.4.2.3 t-Test für verbundene Stichproben

Die Wirksamkeit einer 'Behandlung' im allgemeinsten Sinn ist zu untersuchen. Dazu wird die interessierende Kenngröße an n verschiedenen, aber statistisch äquivalenten Objekten vor und nach der Behandlung gemessen. Im Ergebnis der Messungen erhält man eine konkrete Stichprobe der Form $\{(v_1,w_1), (v_2,w_2),\cdots,(v_n,w_n)\}$. Hierbei ist v_i der Wert der Kenngröße am i-ten Objekt vor der Behandlung und w_i der Wert der Kenngröße am i-ten Objekt nach der Behandlung. Die erhobene konkrete Stichprobe sei Realisierung einer mathematischen Stichprobe

$$\{(V_1,W_1), (V_2,W_2),\cdots,(V_n,W_n)\}$$

aus (V,W). Also sind die Vektoren (V_i,W_i); $i = 1,2,...,n$; voneinander unabhängig und identisch wie (V,W) verteilt, aber entsprechend der Problemstellung können V_i und W_i voneinander abhängig sein; $i = 1,2,...,n$. Ferner wird vorausgesetzt, dass V und W normalverteilt sind. Damit ist auch $V - W$ normalverteilt. Infolgedessen sind alle Differenzen $X_i = V_i - W_i$ unabhängig und identisch normalverteilt wie $X = V - W$. Interessiert der Behandlungseffekt nur bezüglich seines Einflusses auf den Erwartungswert der Kenngröße, ist je nach Problemstellung einer der beiden einseitigen Tests

$$H_0 : E(V) = E(W) \text{ gegen } H_1 : E(V) > E(W) \text{ bzw. } H_1 : E(V) < E(W)$$

durchzuführen. Wegen $X = V - W$ und damit $\mu = E(X) = E(V) - E(W)$ sind diese Tests äquivalent zu

$$H_0 : \mu = 0 \text{ gegen } H_1 : \mu > 0 \text{ bzw. } H_1 : \mu < 0.$$

Unter den getroffenen Voraussetzungen sind das aber genau die einseitigen Tests, die bereits im vorangegangenen Abschnitt behandelt wurden. Die dort auftretenden x_i haben jetzt die Struktur $x_i = v_i - w_i$; $i = 1,2,...,n$.

Person	i	1	2	3	4	5	6	7	8	9	10	11	12	13	14	15
vorher	v_i	67	69	73	62	81	77	69	73	72	79	85	75	77	88	74
danach	w_i	65	63	71	63	79	72	69	70	69	74	80	74	76	82	70
Differenz	x_i	2	6	2	-1	2	5	0	3	3	5	5	1	1	6	4

Tafel 3.7 Konkrete Stichprobe in Beispiel 3.19

Beispiel 3.19 Ein Firma hat eine neue Diät zur Gewichtsabnahme entwickelt. Um deren Wirksamkeit nachzuweisen, wurde das Gewicht von 15 Personen unmittelbar vor Beginn der Diät sowie nach 6 Monaten Einhaltung der Diät gemessen. Tafel 3.7 zeigt die Resultate [in kg]. In dieser Tafel ist v_i das zufällige Gewicht der Person i unmittelbar vor Beginn der Diät und w_i das Gewicht der gleichen Person nach 6 Monaten Einhaltung der Diät. Mit den oben eingeführten Bezeichnungen ist folgender Test auf das Problem zugeschnitten: $H_0 : \mu = 0$ gegen $H_1 : \mu > 0$. Er soll mit der Sicherheitwahrscheinlichkeit 0,99 entschieden werden soll. Die Anwendung des einseitigen Tests von Abschnitt 3.4.2.3: $H_0 : \mu = 0$ gegen $H_1 : \mu > 0$ ($\mu_0 = 0$) liefert wegen $\bar{x} = 2,93$ und $s_x = 2,19$

$$T_{n-1} = \frac{\bar{x} - \mu_0}{s} \sqrt{n} = T_{14} = \frac{2,93}{2,19} \sqrt{14} = 5,006 > t_{14;0,01} = 2,62.$$

Damit wird H_0 zugunsten von H_1 abgelehnt. Infolgedessen kann davon ausgegangen werden, dass die Diät die gewünschte Wirkung zeigt (siehe auch Abschn. 3.5.2.1) $\square$

3.4.2.4 Test auf Gleichheit der Erwartungswerte zweier Zufallsgrößen

Zweiseitiger Test X und Y seien zwei voneinander unabhängige, normalverteilte Zufallsgrößen mit den unbekannten Erwartungswerten μ_x bzw. μ_y sowie gleicher, aber unbekannter Varianz $\sigma^2 = \sigma_x^2 = \sigma_y^2$. Zu prüfen ist die Hypothese

$$H_0 : \mu_x = \mu_y \text{ gegen } H_1 : \mu_x \neq \mu_y.$$

Es seien die mathematischen Stichproben $\{X_1, X_2, ..., X_{n_x}\}$ und $\{Y_1, Y_2, ..., Y_{n_y}\}$ aus X bzw. Y gegeben. Die Konstruktion einer geeigneten Testfunktion erfolgt mit Hilfe der jeweiligen arithmetischen Mittel bzw. empirischen Varianzen

$$\bar{X} = \frac{1}{n_x} \sum_{i=1}^{n_x} X_i; \quad \bar{Y} = \frac{1}{n_y} \sum_{i=1}^{n_y} Y_i$$

$$S_x^2 = \frac{1}{n_x - 1} \sum_{i=1}^{n_x} (X_i - \bar{X})^2; \quad S_y^2 = \frac{1}{n_y - 1} \sum_{i=1}^{n_y} (Y_i - \bar{Y})^2.$$

Als Testfunktion dient

$$T_{n_x + n_y - 2} = \frac{(\bar{X} - \bar{Y})}{S_d} \sqrt{\frac{n_x n_y}{n_x + n_y}} \tag{3.28}$$

mit

$$S_d^2 = \frac{1}{n_x + n_y - 2} \left[(n_x - 1)S_x^2 + (n_y - 1)S_y^2 \right].$$

Für gleiche Stichprobenumfänge $n_x = n_y = n$ vereinfacht sich die Testfunktion (3.28) zu

$$T_{2(n-1)} = \frac{\bar{X} - \bar{Y}}{\sqrt{S_x^2 + S_y^2}} \sqrt{n}.$$

Unter der Voraussetzung, dass die Nullhypothese richtig ist, genügt die Testfunktion $T_{n_x+n_y-2}$ einer t-Verteilung mit $n_x + n_y - 2$ Freiheitsgraden. Daher bietet sich als kritischer Bereich an:

$$W_1 = (-\infty, \; -t_{n_x+n_y-2;\alpha/2}) \cup (t_{n_x+n_y-2;\alpha/2}, \; +\infty)$$

Diesem Bereich entspricht folgende Entscheidungsvorschrift:

H_0 wird genau dann mit der Sicherheitswahrscheinlichkeit $1 - \alpha$ abgelehnt, wenn gilt

$$\left| T_{n_x+n_y-2} \right| > t_{n_x+n_y-2;\alpha/2}.$$

Die gegebene Testvorschrift ist plausibel, da die Ablehnung von H_0 dann erfolgt, wenn die Differenz der arithmetischen Mittel betragsmäßig so groß ist, dass sie nicht mehr allein auf zufällige Ursachen zurückgeführt werden kann.

Einseitige Tests Die Testfunktion (3.28) wird auch bei der Prüfung einseitiger Hypothesen angewendet. Zu testen ist die Nullhypothese

$$H_0 : \; \mu_x = \mu_y \;\; \text{gegen} \;\; H_1 : \mu_x < \mu_y \;\; \text{bzw.} \;\; H_1 : \mu_x > \mu_y.$$

H_0 wird mit der Sicherheitswahrscheinlichkeit $1 - \alpha$ zugunsten von H_1 abgelehnt, wenn $T_{n_x+n_y-2} < -t_{n_x+n_y-2;\alpha}$ bzw. $T_{n_x+n_y-2} > t_{n_x+n_y-2;\alpha}$ gilt.

Beispiel 3.20 Ein Produzent von Haushaltgeräten bezieht von 2 Zulieferern Thermostaten gleichen Typs. Aufgrund von Kundenreklamationen sieht er sich veranlasst, die Qualität der gelieferten Thermostaten zu vergleichen. Im Vergleich wird die zu haltende Temperatur auf $200^0 C$ festgesetzt. X bzw. Y seien die zufälligen, tatsächlich von den Thermostaten der Zulieferer 1 bzw. 2 gehaltenen Temperaturen mit den Erwartungswerten μ_x und μ_y. Ferner sei bekannt, dass $Var(X) = Var(Y)$ gilt. Zu testen ist mit der Sicherheitswahrscheinlichkeit $1 - \alpha = 0,99$:

$$H_0 : \; \mu_x = \mu_y \;\; \text{gegen} \;\; H_1 : \mu_x \neq \mu_y.$$

Dazu wurden $n_x = 24$ Thermostaten des Zulieferers 1 und $n_y = 26$ Thermostaten des Zulieferers 2 geprüft. Aus den zugehörigen konkreten Stichproben ergaben sich

$$\bar{x} = 196,8 \;\; \text{und} \;\; \bar{y} = 203,4 \;\; \text{sowie} \;\; s_x^2 = 146,4, \;\; s_y^2 = 190, \;\; \text{und} \; s_d = 13,01.$$

Damit erhält man die Testgröße (3.28) zu

$$\left| T_{48} \right| = \left| \frac{196,8 - 203,4}{13,01} \right| \sqrt{\frac{24 \cdot 26}{24 + 26}} = 1,79.$$

Wegen

$$|T_{48}| = 1,79 < t_{48;0,005} = 2,68$$

kann auf der Grundlage des vorliegenden Stichprobenmaterials die Nullhypothese nicht mit der Sicherheitswahrscheinlichkeit 0,99 zugunsten von H_1 abgelehnt werden. Wohl aber kann man sie mit der Sicherheitswahrscheinlichkeit 0,90 ablehnen, da

$$|T_{48}| = 1,79 > t_{48;0,05} = 1,68$$

gilt. Der subjektive Faktor, der hier in der Wahl der Sicherheitswahrscheinlichkeit zum Ausdruck kommt, spielt also auch bei den 'statistisch gesicherten Entscheidungen' eine nicht unwesentliche Rolle. Um ihn zu verringern, sollte die Sicherheitswahrscheinlichkeit generell bereits vor dem Erheben der Stichprobe festgelegt werden.   □

Hinweis Man beachte den Unterschied zum t-Test in Abschnitt 3.4.2.3. (Die Rollen von X und Y haben dort V und W.): Es wurde jetzt die Unabhängigkeit aller X_i und Y_j, einschließlich $i = j$, vorausgesetzt, während V_i und W_i abhängig sein können ('verbundene Stichprobe').

3.4.2.5 Test auf Gleichheit der Varianzen

X und Y seien unabhängige, normalverteilte Zufallsgrößen mit den Varianzen σ_x^2 und σ_y^2. Zu testen ist die Nullhypothese

$$H_0 : \ \sigma_x^2 = \sigma_y^2 \ \text{ gegen } \ H_1 : \ \sigma_x^2 \neq \sigma_y^2.$$

Mit den Bezeichnungen des vorangegangenen Abschnitts dient als Testfunktion

$$T_{n_x-1;n_y-1} = S_x^2/S_y^2.$$

Unter der Voraussetzung, dass H_0 richtig ist, genügt die Testfunktion einer F-Verteilung mit (m,n) Freiheitsgraden, wenn $m = n_x - 1$ und $n = n_y - 1$ gesetzt werden. Daher wählt man als Annahmebereich (wegen der Bezeichnung der Quantile siehe Bild 3.10)

$$W_0 = [F_{m,n;\alpha/2}, \ F_{m,n;1-\alpha/2}].$$

Dementsprechend lautet die Entscheidungsvorschrift:

> H_0 *wird genau dann mit der Sicherheitswahrscheinlichkeit* $1 - \alpha$ *abgelehnt, wenn entweder*
> $$T_{m;n} < F_{m,n;\alpha/2} \quad \text{oder} \quad T_{m;n} > F_{m,n;1-\alpha/2}$$
> *ausfällt.*

Fällt die Testgröße

$$T_{m,n} = s_x^2/s_y^2$$

in den kritischen Bereich W_1 an, dann ist sie von 1 so weit entfernt, dass dieser Unterschied nicht nur rein zufällige Ursachen haben kann, sondern signifikant ist. (Man beachte, dass die Nullhypothese in der äquivalenten Form $H_0 : \ \sigma_x^2/\sigma_y^2 = 1$ geschrieben werden kann.)

Wegen

$$F_{m,n;\alpha/2} = 1/F_{n,m;1-\alpha/2} \tag{3.29}$$

sind im allgemeinen nur die Quantile $F_{m,n;\alpha/2}$ oder $F_{m,n;1-\alpha/2}$ tabelliert ($\alpha < 1/2$). Weil für die in Frage kommenden kleinen α-Werte für alle (m,n) stets $F_{m,n;1-\alpha/2} > 1$ ausfällt (Tafeln IV im Anhang) und daher wegen (3.29) auch stets $F_{m,n;\alpha/2} < 1$ ist, gilt im Fall $s_x^2/s_y^2 > 1$ ohnehin $s_x^2/s_y^2 > F_{m,n;\alpha/2}$. Daher lässt sich die gegebene Testvorschrift wie folgt vereinfachen:

1) Die Testgröße $T_{m;n}$ wird mit der größeren empirischen Varianz im Zähler gebildet.

2) Die Nullhypothese wird mit der Sicherheitswahrscheinlichkeit $1 - \alpha$ abgelehnt, wenn $T_{m,n} > F_{m,n;1-\alpha/2}$ ausfällt. Hierbei ist m die Anzahl der zur größeren empirischen Varianz gehörigen Freiheitsgrade.

Einseitige Tests Die Testgröße $T_{m,n} = s_x^2/s_y^2$ liegt auch der Prüfung einseitiger Hypothesen zugrunde. Die Nullhypothese

$$H_0 : \sigma_x^2 = \sigma_y^2$$

wird zugunsten der Alternativhypothese $H_1 : \sigma_x^2 > \sigma_y^2$ abgelehnt, wenn

$$T_{m,n} > F_{m,n;1-\alpha}$$

ausfällt; und sie wird gegen die Alternativhypothese $H_1 : \sigma_x^2 < \sigma_y^2$ abgelehnt, wenn gilt

$$T_{m,n} < F_{m,n;\alpha}.$$

Fortsetzung von Beispiel 3.20 Der Test im Beispiel 3.20 konnte nur unter der Voraussetzung vermittels der Stichprobenfunktion (3.28) erfolgen, dass $\sigma_x^2 = \sigma_y^2$ gilt. Daher wird nun im Nachhinein die Hypothese

$$H_0 : \sigma_x^2 = \sigma_y^2 \quad \text{gegen} \quad H_1 : \sigma_x^2 \neq \sigma_y^2$$

mit $1 - \alpha = 0,95$ getestet. Die empirischen Varianzen $s_x^2 = 146,4$ und $s_y^2 = 190,2$ ergeben die Testgröße

$$T_{23;25} = 146,4/190,2 = 0,770.$$

Tafel IVb entnimmt man

$$F_{23,25;0,975} = 2,25 \text{ und } F_{25,23;0,975} = 2,29.$$

Damit ergibt sich das entsprechende 0,025-Quantil gemäß (3.29) zu

$$F_{23,25;0,025} = 1/F_{25,23;0,975} = 1/2,29 = 0,437.$$

Somit gilt

$$T_{23,25} = 0,770 \in W_0 = [0,437; \ 2,25].$$

Die Nullhypothese kann daher bei einer Sicherheitswahrscheinlichkeit von 0,95 nicht abgelehnt werden.

Die vereinfachte Version des Tests geht von der Testgröße

$$T_{25,23} = 190,2/146,4 = 1,30$$

aus. Diese ist zu vergleichen mit dem kritischen Wert $F_{25,23;0,975} = 2,29$. Die Entscheidung ist die gleiche: Wegen

$$T_{25,23} = 1,30 < F_{25,23;0,975} = 2,29$$

kann die Differenz zwischen den empirischen Varianzen s_x^2 und s_y^2 noch auf zufällige Einflüsse zurückzuführen sein. □

Der beschriebene F-Test ist recht empfindlich gegenüber Abweichungen der Verteilungen von X und Y von der Normalverteilung.

3.4.3 Approximative Tests

3.4.3.1 Test über eine Wahrscheinlichkeit

Zweiseitiger Test Es sei $p = p(A)$ die unbekannte Wahrscheinlichkeit eines zufälligen Ereignisses A. Zu testen ist die Nullhypothese

$$H_0 : p = p_0 \text{ gegen } H_1 : p \neq p_0.$$

Der Test erfolgt auf der Grundlage der bereits im Abschnitt 3.3.3.1 benutzten Stichprobenfunktion (3.16) (siehe dort wegen Details):

$$T = \frac{\hat{p} - p_0}{\sqrt{p_0(1 - p_0)}} \sqrt{n}, \tag{3.30}$$

wobei $\hat{p}$ die relative Häufigkeit des Ereignisses A in einer Serie von n Versuchen ist. Daher hat man für große n wegen $T \approx N(0,1)$ die Entscheidungsvorschrift:

H_0 *wird mit der Sicherheitswahrscheinlichkeit* $1 - \alpha$ *abgelehnt, wenn gilt*

$$\left| \frac{\hat{p} - p_0}{\sqrt{p_0(1 - p_0)}} \sqrt{n} \right| > z_{\alpha/2}.$$

Operationscharakteristik Die Operationscharakteristik des zweiseitigen Tests ist gegeben durch

$$O(p) = \Phi\left(+z_{\alpha/2} \frac{\sqrt{p_0(1 - p_0)}}{\sqrt{p(1 - p)}} - \frac{p - p_0}{\sqrt{p(1 - p)}} \sqrt{n} \right)$$

$$- \Phi\left(-z_{\alpha/2} \frac{\sqrt{p_0(1 - p_0)}}{\sqrt{p(1 - p)}} - \frac{p - p_0}{\sqrt{p(1 - p)}} \sqrt{n} \right).$$

$O(p)$ ist die Wahrscheinlichkeit dafür, H_0 anzunehmen, wenn p die tatsächliche Wahrscheinlichkeit von A ist. Insbesondere gilt

$$O(p_0) = 1 - \alpha,$$

während sich für $p \neq p_0$ die Wahrscheinlichkeit des Fehlers zweiter Art als Funktion von p ergibt: $\beta = \beta(p) = O(p)$.

Um bei vorgegebenem Signifikanzniveau α auch eine vorgegebene Wahrscheinlichkeit des Fehler zweiter Art β_0, $\beta_0 < 1/2$, zu garantieren, ist n so groß zu wählen, dass $O(p) < \beta_0$ gilt. Ein genauer Wert von n mit dieser Eigenschaft ist nicht angebbar. Man liegt jedoch 'auf der sicheren Seite', wenn n so gewählt wird, dass der erste Summand in $O(p)$ kleiner oder gleich β_0 ist. Dies führt zu der Beziehung

$$n \approx \left(\frac{z_{\alpha/2} \sqrt{p_0(1-p_0)} + z_{\beta_0} \sqrt{p(1-p)}}{p - p_0} \right)^2 .$$

Einseitige Tests Zu testen ist

$$H_0 : p = p_0 \text{ gegen } H_1 : p < p_0 \text{ bzw. } H_1 : p > p_0.$$

H_0 wird zugunsten H_1 abgelehnt, wenn gilt

$$\frac{\hat{p} - p_0}{\sqrt{p_0(1-p_0)}} \sqrt{n} < -z_\alpha \text{ bzw. } \frac{\hat{p} - p_0}{\sqrt{p_0(1-p_0)}} \sqrt{n} > z_\alpha.$$

Für beide einseitige Alternativhypothesen lautet die Operationscharakteristik

$$O(p) = \Phi\left(+z_\alpha \frac{\sqrt{p_0(1-p_0)}}{\sqrt{p(1-p)}} - \left| \frac{p - p_0}{\sqrt{p(1-p)}} \right| \sqrt{n} \right),$$

wobei der Definitionsbereich von $O(p)$ jeweils durch $\{p, p \leq p_0\}$ bzw. $\{p, p \geq p_0\}$ gegeben ist. Aus der Gleichung $O(p) = \beta_0$ erhält man den Stichprobenumfang, der bei gegebenem α eine Wahrscheinlichkeit des Fehlers zweiter Art von β_0 gewährleistet, zu

$$n = \left(\frac{z_\alpha \sqrt{p_0(1-p_0)} + z_{\beta_0} \sqrt{p(1-p)}}{p - p_0} \right)^2 . \tag{3.31}$$

Da dieses n im allgemeinen nicht ganzzahlig ist, ist auf die nächstgrößere ganze Zahl aufzurunden.

Beispiel 3.21 Der laufenden Produktion von integrierten Schaltkreisen wurden an zufälligen Zeitpunkten insgesamt $n = 400$ entnommen. Davon erwiesen sich $m = 32$ als defekt. Der Anteil $p[\%]$ defekter Schaltkreise an der Gesamtproduktion darf maximal 5% betragen. Dementsprechend ist die Nullhypothese $H_0 : p = 0,05$ gegen die Alternativhypothese $H_1 : p > 0,05$ zu testen. Als Irrtumswahrscheinlichkeit wird $\alpha = 0,05$ vereinbart. Die Testgröße (3.30) hat infolge von $\hat{p} = 32/400 = 0,08$ den Wert $T = 2,75$. Daher wird H_0 wegen $T = 2,75 > z_{0,05} = 1,64$ zugunsten von H_1 abgelehnt.

Mit welcher Wahrscheinlichkeit wird H_0 angenommen, obwohl $p = 0,08$ der wahre Anteil defekter Schaltkreise ist (Fehler zweiter Art)? Zur Beantwortung dieser Frage ist die Operationscharakteristik $O(p)$ des Tests an der Stelle $p = 0,08$ zu berechnen:

$$O(0,08) = \Phi\left(1,64\frac{\sqrt{0,05 \cdot 0,95}}{\sqrt{0,08 \cdot 0,92}} - \frac{0,08 - 0,05}{\sqrt{0,08 \cdot 0,92}}\sqrt{400}\right) = 0,185.$$

Welcher Stichprobenumfang garantiert in der vorliegenden Situation, dass die Wahrscheinlichkeit eines Fehlers zweiter Art nicht größer als 0,1 ist? Formel (3.31) liefert wegen $z_{0,1} = 1,28$

$$n = \left(\frac{1,64\sqrt{0,05 \cdot 0,95} + 1,28\sqrt{0,08 \cdot 0,92}}{0,08 - 0,05}\right)^2.$$

Daher beträgt der erforderliche Stichprobenumfang $n = 552$.   □

Beim Vergleich der im Abschnitt 3.3 konstruierten Konfidenzintervalle mit den zugehörigen, im Abschnitt 3.4 betrachteten Tests (das heißt Konfidenzintervall und Test beruhen auf der gleichen Stichprobenfunktion, und es entsprechen sich einseitige Konfidenzintervalle und einseitige Tests), fällt folgender Zusammenhang auf:

Bei gegebener Sicherheitswahrscheinlichkeit $1 - \alpha$ wird die Nullhypothese H_0 genau dann abgelehnt, wenn der durch H_0 festgelegte Parameterwert außerhalb des zugehörigen, zum Konfidenzniveau $1 - \alpha$ konstruierten Konfidenzintervalls liegt.

3.4.3.2 Vergleich zweier Wahrscheinlichkeiten

Es seien $p_1 = P(A_1)$ und $p_2 = P(A_2)$ die Wahrscheinlichkeiten zweier zufälliger Ereignisse A_1 und A_2. Die Indikatorvariablen für das Eintreten dieser Ereignisse seien

$$X = \begin{cases} 1, & \text{wenn } A_1 \text{ eingetreten ist,} \\ 0, & \text{sonst,} \end{cases}, \quad Y = \begin{cases} 1, & \text{wenn } A_2 \text{ eingetreten ist,} \\ 0, & \text{sonst.} \end{cases}$$

Ferner seien $\{X_1, X_2, ..., X_{n_1}\}$ und $\{Y_1, Y_2, ..., Y_{n_2}\}$ mathematische Stichproben aus X bzw. Y. Dann ist $\sum_{i=1}^{n_1} X_i$ bzw. $\sum_{i=1}^{n_2} Y_i$ die zufällige Anzahl der Beobachtungen des Ereignisses A_1 bzw. A_2 unter n_1 bzw. n_2 Versuchen. Infolgedessen betragen die relativen Stichprobenhäufigkeiten für das Eintreten von A_1 bzw. A_2

$$\hat{p}_1 = \frac{1}{n_1}\sum_{i=1}^{n_1} X_i \quad \text{bzw.} \quad \hat{p}_2 = \frac{1}{n_2}\sum_{i=1}^{n_2} Y_i.$$

Da $\hat{p}_1$ bzw. $\hat{p}_2$ erwartungstreue Schätzfunktionen für p_1 bzw. p_2 sind, gelten

$$E(\hat{p}_1 - \hat{p}_2) = E(\hat{p}_1) - E(\hat{p}_2) = p_1 - p_2$$

und, wegen der Unabhängigkeit von $\hat{p}_1$ und $\hat{p}_2$,

$$Var(\hat{p}_1 - \hat{p}_2) = Var(\hat{p}_1) + Var(\hat{p}_2) = \frac{1}{n_1}p_1(1 - p_1) + \frac{1}{n_2}p_2(1 - p_2).$$

Bekanntes p Die zu prüfende Nullhypothese

$$H_0 : p_1 = p_2 = p$$

enthält zwei Aussagen: zum einen postuliert sie die Gleichheit von p_1 und p_2, und zum anderen legt sie den gemeinsamen Wert p beider Wahrscheinlichkeiten fest. Unter der Voraussetzung, dass H_0 richtig ist, nimmt die Varianz der Differenz $\hat{p}_1 - \hat{p}_2$ eine einfachere Form an:

$$Var(\hat{p}_1 - \hat{p}_2) = \left(\frac{1}{n_1} + \frac{1}{n_2}\right) p(1-p).$$

Da ferner H_0 die Beziehung $p_1 - p_2 = 0$ impliziert, bietet sich als Testfunktion an:

$$T = \frac{\hat{p}_1 - \hat{p}_2}{\sqrt{(1/n_1 + 1/n_2)p(1-p)}} = \frac{\hat{p}_1 - \hat{p}_2}{\sqrt{p(1-p)}} \sqrt{\frac{n_1 n_2}{n_1 + n_2}}. \tag{3.32}$$

T ist bei Gültigkeit der Nullhypothese eine standardisierte Zufallsgröße. Für hinreichend große n_1 und n_2 ist T überdies näherungsweise normalverteilt, weil dann $\hat{p}_1$ und $\hat{p}_2$ wegen des zentralen Grenzwertsatzes diese Eigenschaft haben. Daher gilt unter den genannten Voraussetzungen $T \approx N(0, 1)$. Wenn der Unterschied zwischen $\hat{p}_1$ und $\hat{p}_2$ groß ist, ist dies ein Indiz dafür, dass die Nullhypothese nicht zutrifft. Damit hat man folgende Entscheidungsregeln für den zweiseitigen und die einseitigen Tests:

> *Die Nullhypothese $H_0 : p_1 = p_2$ wird gegen $H_1 : p_1 \neq p_2$ mit der Sicherheitswahrscheinlichkeit $1 - \alpha$ abgelehnt, wenn $|T| > z_{\alpha/2}$ ausfällt.*

> *Die Hullhypothese $H_0 : p_1 = p_2$ wird gegen $H_1 : p_1 > p_2$ bzw. $H_1 : p_1 < p_2$ mit der Sicherheitswahrscheinlichkeit $1 - \alpha$ abgelehnt, wenn $T > z_\alpha$ bzw. $T < -z_\alpha$ ist.*

Unbekanntes p In vielen Anwendungen interessiert nur die eventuell bestehende Gleichheit der Wahrscheinlichkeiten p_1 und p_2, nicht aber, welchen gemeinsamen Wert p beide haben. In diesem Fall wird p durch die Nullhypothese nicht spezifiziert:

$$H_0 : p_1 = p_2.$$

Zwecks Konstruktion einer geeigneten Testfunktion wird in (3.32) die Wahrscheinlichkeit $p \, (= p_1 = p_2)$ durch ihre Punktschätzung $\hat{p}$ ersetzt:

$$\hat{p} = \frac{\sum_{i=1}^{n_1} X_i + \sum_{i=1}^{n_2} Y_i}{n_1 + n_2}.$$

Hierbei sind $\sum_{i=1}^{n_1} X_i$ und $\sum_{i=1}^{n_2} Y_i$ wiederum die zufälligen Anzahlen dafür, unter n_1 bzw. n_2 Versuchen das Ereignis A_1 bzw. A_2 zu beobachten. Falls die Nullhypothese richtig ist und die Stichprobenumfänge n_1 und n_2 hinreichend groß sind, ist

$$T = \frac{\hat{p}_1 - \hat{p}_2}{\sqrt{\hat{p}(1-\hat{p})}} \sqrt{\frac{n_1 n_2}{n_1 + n_2}} \tag{3.33}$$

näherungsweise standardisiert normalverteilt. Daher lautet der zweiseitige Test:

> H_0 *wird genau dann mit der Sicherheitswahrscheinlichkeit* $1 - \alpha$ *abgelehnt,*
> *wenn gilt* $|T| > z_{\alpha/2}$.

Die Entscheidungsvorschriften für die einseitigen Tests sind:

> *Die Nullhypothese* H_0 : $p_1 = p_2$ *wird mit der Sicherheitswahrscheinlichkeit* $1 - \alpha$
> *gegen* H_1 : $p_1 > p_2$ *bzw.* H_1 : $p_1 < p_2$ *abgelehnt, wenn gilt*
>
> $T > z_\alpha$ *bzw.* $T < -z_\alpha$.

Wegen $z_\alpha < z_{\alpha/2}$ folgt wieder der bereits bekannte Sachverhalt, dass der einseitige Test H_0 bei gleicher Sicherheitswahrscheinlichkeit häufiger ablehnt als der zweiseitige.

Beispiel 3.22 Ein Bauunternehmen hat Anlass, die Qualität der von den Produzenten 1 und 2 gelieferten Ziegelsteine zu vergleichen. Den Lieferungen von Produzenten 1 wurden $n_1 = 300$ Ziegelsteine entnommen. Davon erwiesen sich $m_1 = 60$ als beschädigt. Den Lieferungen von Produzenten 2 wurden $n_2 = 200$ Ziegel entnommen. Davon waren $m_2 = 8$ beschädigt. Damit betragen die relativen Häufigkeiten beschädigter Ziegel der Produzenten 1 bzw. 2

$$\hat{p}_1 = \frac{m_1}{n_1} = \frac{60}{300} = 0,20 \quad \text{bzw.} \quad \hat{p}_2 = \frac{m_2}{n_2} = \frac{8}{200} = 0,04.$$

$\hat{p}_1$ bzw. $\hat{p}_2$ sind Schätzwerte für die Wahrscheinlichkeiten p_1 bzw. p_2 dafür, dass ein vom Produzenten 1 bzw. 2 gelieferter Ziegel beschädigt ist. Mit einer Sicherheitswahrscheinlichkeit von 0,99 ist zu prüfen, ob dieser doch beträchtliche Unterschied zwischen den relativen Häufigkeiten noch rein zufällige Ursachen haben kann oder ob er signifikant ist. Die Antwort darauf gibt der Test der Nullhypothese

$$H_0 : p_1 = p_2 \ (= p) \quad \text{gegen} \quad H_1 : p_1 > p_2.$$

In der Nullhypothese ist der Wert von p nicht spezifiziert, da es auf ihn nicht ankommt, sondern nur auf die eventuellen Unterschiede zwischen den Anteilen p_1 [%] und p_2 [%] beschädigter Ziegel an der Gesamtlieferung, die jeweils vom Produzenten 1 bzw. 2 bereitgestellt wird. Bei Gültigkeit von H_0 ist p die Wahrscheinlichkeit dafür, dass ein beliebiger Ziegel beschädigt ist. Der Schätzwert für p ist

$$\hat{p} = \frac{m_1 + m_2}{n_1 + n_2} = \frac{60 + 8}{300 + 200} = \frac{68}{500} = 0,136.$$

Damit ergibt sich die Testgröße (3.33) zu $T = 5,11$. Wegen $z_{0,01} = 2,32 < T = 5,11$ muss H_0 deutlich zugunsten von $p_1 > p_2$ abgelehnt werden. Auch der zweiseitige Test lehnt H_0 wegen $z_{0,005} = 2,58$ klar ab.   □

Bemerkung Wenn, wie im vorangegangenen Beispiel geschehen, die Nullhypothese aufgrund beträchtlicher Differenzen zwischen Testgröße und Testschranke abgelehnt wird, sagt man, dass die Nullhypothese *hochsignifikant* abgelehnt wird.

3.5 Verteilungsfreie Tests

Die im Abschnitt 3.4 betrachteten *Parametertests* benötigen zur Nachprüfung einer Hypothese über Parameter einer Zufallsgröße X die Kenntnis ihrer Wahrscheinlichkeitsverteilung. Im Unterschied dazu spricht man von einem *verteilungsfreien* (auch, weniger treffend, von einem *parameterfreien oder nichtparametrischen*) Test, wenn die unterliegende Wahrscheinlichkeitsverteilung zur Konstruktion des Tests nicht erforderlich ist. Im Folgenden werden einige verteilungsfreie Anpassungstests, Tests über Parameter sowie Tests auf Unabhängigkeit und identische Verteilung zweier Zufallsgrößen beschrieben. Wie im Kapitel 3.4 werden die zufälligen Testfunktionen mit großen lateinischen Buchstaben und die zugehörigen Testgrößen mit den entsprechenden kleinen Buchstaben bezeichnet. Auch die im Abschn. 3.4.1 eingeführte Terminologie wird übernommen.

3.5.1 Anpassungstests

Im Abschn. 3.4 wurden Hypothesen über Parameter von Wahrscheinlichkeitsverteilungen aufgestellt und bezüglich ihres Wahrheitsgehaltes getestet. Damit wurde im Grunde der zweite Schritt vor dem ersten getan; denn der Typ der unterliegende Wahrscheinlichkeitsverteilung musste bekannt sein. Eine erste Vorstellung davon kann man für wichtige Verteilungstypen durch Nutzung von *Wahrscheinlichkeitspapier* bekommen. Darauf wurde bereits im Abschnitt 3.1.4 eingegangen. Wichtiger, weil genauer und universell anwendbar, sind analytische Methoden zur Nachprüfung von Hypothesen über einen Verteilungstyp. Man nennt Methoden dieser Art *Anpassungstests*, weil getestet wird, ob sich eine aus einer konkreten Stichprobe erhaltene Häufigkeitsverteilung hinreichend gut an eine durch eine Nullhypothese vorgegebene theoretische Verteilung 'anpasst'.

3.5.1.1 Chi-Quadrat-Anpassungstest

Der wohl verbreitetste Test über das Vorliegen einer bestimmten Wahrscheinlichkeitsverteilung ist der *Chi-Quadrat-Anpassungstest*. Ist X eine Zufallsgröße mit der unbekannten Verteilungsfunktion $F(x)$, dann prüft er die Nullhypothese

$$H_0 : F(x) \equiv F_0(x) \tag{3.34}$$

gegen die Alternativhypothese

$$H_1 : F \not\equiv F_0$$

mit einer vorgegebenen *Irrtumswahrscheinlichkeit (Signifikanzniveau)* α bzw. *Sicherheitswahrscheinlichkeit* $1 - \alpha$. Hierbei ist α wiederum die Wahrscheinlichkeit des *Fehlers erster Art*, nämlich Ablehnung der Nullhypothese, obwohl sie richtig ist, und $F_0(x)$ ist diejenige Verteilungsfunktion, von der man vermutet, die Verteilungsfunktion von X zu sein oder die man für weiterführende Untersuchungen wegen ihrer günstigeren rechentechnischen Eigenschaften gern hätte. Bei dieser Zielsetzung ist man weniger daran interessiert, den durch die Nullhypothese fixierten Sachverhalt abzulehnen.

Zur Schreibweise: $F(x) \equiv F_0(x)$ bedeutet: $F(x) = F_0(x)$ für alle x.

Basierend auf einer konkreten Stichprobe $\{x_1, x_2, ..., x_n\}$, die Realisierung einer mathematischen Stichprobe $\{X_1, X_2, ..., X_n\}$ aus derjenigen Zufallsgröße X ist, deren Verteilung interessiert, lässt sich der Test durch 5 Hauptschritte beschreiben:

1) Der Wertebereich von X wird in r disjunkte Klassen A_i zerlegt:

$$W_X = A_1 \cup A_2 \cup ... \cup A_r; \quad A_i \cap A_j = \emptyset, \ i \neq j.$$

Ist X eine stetige Zufallsgröße, dann wählt man die A_i als Intervalle auf der reellen Achse. Zum Beispiel ist für $W_X = (-\infty, +\infty)$ folgende Klasseneinteilung üblich:

$$A_1 = (-\infty, a_1], \ A_i = (a_{i-1}, a_i], \ i = 2, 3, ..., r-1, \ A_r = (a_{r-1}, +\infty).$$

Ist X diskret, so können die einzelnen Werte von X jeweils eine Klasse bilden, oder es werden mehrere Werte zu einer Klasse zusammengefasst. Es sei p_i die Wahrscheinlichkeit dafür, dass X einen Wert aus A_i annimmt:

$$p_i = P(X \in A_i), \quad i = 1, 2, ..., r.$$

Unter der Voraussetzung, dass H_0 richtig ist, betragen die p_i gemäß (1.29):

$$p_i = F_0(a_i) - F_0(a_{i-1}); \quad i = 1, 2, ..., r; \ a_0 = -\infty, \ a_r = +\infty.$$

Existiert die Verteilungsdichte $f_0(x) = F_0'(x)$, dann lassen sich die p_i gemäß (1.31) auch in der Form

$$p_i = \int_{a_{i-1}}^{a_i} f_0(x)dx; \quad i = 1, 2, ..., r,$$

schreiben. Diese Situation ist in Bild 3.16 veranschaulicht. Die Wahl der Klassengröße sollte so erfolgen, dass $np_i \geq 5$ erfüllt ist (Faustregel). Nur in den 'Randklassen' A_1 und A_r ist $np_1 \geq 2$ und $np_r \geq 2$ vertretbar. Anderenfalls könnten dort die Klassenbreiten zu groß werden. Generell ist zu erwarten, dass bei einer zu groben Klasseneinteilung mögliche signifikante Unterschiede zwischen $F_0(x)$ und der empirischen Verteilung verwischt werden. Das aber führt zur Erhöhung der Wahrscheinlichkeit des Fehlers zweiter Art.

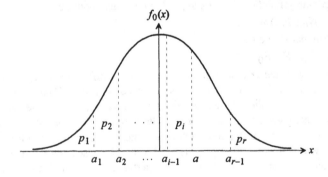

Bild 3.16 Theoretische Verteilung im Chi-Quadrat-Anpassungstest

2) Durch die Einteilung von W_X in r Klassen ist auch eine Zuordnung der Werte der konkreten Stichprobe zu r Klassen 1, 2,..., r gegeben: alle diejenigen Stichprobenwerte gehören zur Klasse i, die in A_i liegen. Damit wird vermittels der A_i eine Häufigkeitsverteilung erzeugt. Es sei n_i die Anzahl der Stichprobenwerte in Klasse i. Wenn H_0 gültig ist, unterliegt die zufällige Anzahl von Stichprobenwerten in Klasse i einer Binomialverteilung mit den Parametern n und p_i. Daher ist np_i die mittlere Anzahl von Stichprobenwerten in Klasse i, falls H_0 richtig ist. Man nennt die n_i die *empirischen Häufigkeiten* und die np_i die *theoretischen Häufigkeiten*.

3) Falls H_0 richtig ist, kann es keine signifikanten Unterschiede zwischen den empirischen und den theoretischen Häufigkeiten geben. Die Grundidee des Tests besteht daher darin, die empirischen und die theoretischen Häufigkeiten miteinander zu vergleichen. Dazu wird für jede Klasse i das normierte Abweichungsquadrat

$$d_i^2 = \frac{(n_i - np_i)^2}{np_i}$$

gebildet. Die Testgröße erhält man durch Summation der d_i^2:

$$t = \sum_{i=1}^{r} \frac{(n_i - np_i)^2}{np_i} = n \sum_{i=1}^{r} \frac{1}{p_i}\left(\frac{n_i}{n} - p_i\right)^2.$$

Überschreitet die Testgröße einen gewissen kritischen Wert, wird man H_0 ablehnen.

4) Bei hinreichend großem Stichprobenumfang n ist t Realisierung einer näherungsweise nach Chi-Quadrat-verteilten Zufallsgröße T. Die Anzahl der Freiheitsgrade dieser Verteilung hängt von der Klassenanzahl r ab, aber nicht nur. Die Postulierung der Nullhypothese erlaubt nämlich zwei Varianten:

a) Die Nullhypothese fixiert neben dem Verteilungstyp auch die numerischen Werte der Parameter, von denen $F_0(x)$ abhängt. Durch den Test wird also außer dem Verteilungstyp auch geprüft, ob die gewählten Parameter richtig sind. Dadurch kann die Situation eintreten, dass man zwar den richtigen Verteilungstyp gewählt hat, durch ungünstige Wahl der Parameter die Nullhypothese aber trotzdem ablehnen muss.

b) Die Nullhypothese fixiert nur den Verteilungstyp, nicht aber die numerischen Werte der Parameter, von denen die Verteilung abhängt. Die Zahlenwerte der Parameter, von denen $F_0(x)$ abhängt, interessieren nicht. Um aber die theoretischen Häufigkeiten p_i berechnen zu können, müssen diesen Parametern trotzdem Zahlenwerte zugeordnet werden. Man nimmt dazu deren aus der Stichprobe ermittelte Maximum-Likelihood-Schätzwerte. Diesen kommt aber nur rechentechnische Bedeutung zu; Aussagen darüber, ob mit diesen Schätzwerten die wahren Werte der Parameter gut getroffen werden, sind in diesem Zusammenhang uninteressant.

Im Fall a) ist t Realisierung einer nach Chi-Quadrat mit $r-1$ Freiheitsgraden und im Fall b) Realisierung einer nach Chi-Quadrat mit $r-m-1$ Freiheitsgraden verteilten Zufallsgröße, wobei m die Anzahl der Parameter ist, die durch ihre Maximum-Likelihood-Schätzwerte ersetzt werden.

5) Die Nullhypothese wird mit der Irrtumswahrscheinlichkeit α abgelehnt, wenn im Fall
a) $t > \chi^2_{r-1;1-\alpha}$ und im Fall b) $t > \chi^2_{r-m-1;1-\alpha}$ ausfallen. (Wegen der Bezeichnung der Quantile siehe Bild 3.6.)

Beispiel 3.23 Ein Produzent behauptet, dass durchschnittlich 10% der von ihm gelieferten Bauteile defekt sind. In einer Stichprobe von $n = 100$ Bauteilen fanden sich jedoch 14 defekte Bauteile. Kann man aufgrund dessen die Behauptung des Produzenten mit einer Sicherheitswahrscheinlichkeit von 0,95 widerlegen? Die zugrunde liegende Zufallsgröße X ist die Indikatorvariable

$$X = \begin{cases} 1, & \text{wenn Bauteil funktionstüchtig,} \\ 0, & \text{sonst.} \end{cases}$$

Zu prüfen ist die Hypothese

$$H_0 : P(X = 0) = 0,1 \text{ gegen } H_1 : P(X = 0) \neq 0,1.$$

Die Nullhypothese fixiert den einzigen Parameter der Verteilung von X, so dass der Fall a) mit $r - 1 = 1$ Freiheitsgraden vorliegt. Die Klasse $A_1 = \{1\}$ entspricht den funktionstüchtigen Bauteilen und die Klasse $A_2 = \{0\}$ den defekten Bauteilen. Gilt H_0, so betragen die theoretischen Wahrscheinlichkeiten $p_1 = 0,9$ und $p_2 = 0,1$. Die zugehörigen theoretischen Häufigkeiten sind $100p_1 = 90$ und $100p_2 = 10$, während die empirischen Häufigkeiten $n_1 = 86$ und $n_2 = 14$ betragen. Daher lautet die Testgröße

$$t = \frac{(86 - 90)^2}{90} + \frac{(14 - 10)^2}{10} = 1,78.$$

Wegen $\chi^2_{1;0,95} = 3,84 > 1,78$ kann die Nullhypothese nicht abgelehnt werden. $\square$

Bemerkung Die Prüfung von H_0 ist auch mit der Testfunktion (3.30) möglich. Der dort beschriebene Test ist für große n dem Chi-Quadrat-Anpassungstest vorzuziehen, da er bei gleicher Sicherheitswahrscheinlichkeit einen kleineren Fehler zweiter Art aufweist. Im Allgemeinen haben bei gleichen zu prüfenden Hypothesen verteilungsfreie Tests einen größeren Fehler zweiter Art verteilungsgebundene, falls für den jeweiligen verteilungsfreien Test der Fehler zweiter Art definiert ist. Dem Testproblem (3.34) lässt sich kein Fehler zweiter Art zuordnen, wenn die zu $F_0(t)$ alternative Verteilungsfunktion nicht spezifiziert wird. Der Vorteil verteilungsfreier Tests liegt darin, dass sie weniger Information erfordern.

Beispiel 3.24 Es ist zu prüfen, ob die unter Stressbedingungen ermittelten Lebensdauern von Transistoren eines Typs einer Normalverteilung genügen. Tafel 3.8 enthält die Ergebnisse von 100 Messungen. Die Ausgangsstichprobe wird nicht angegeben, sondern bereits eine Klasseneinteilung und die für den Anpassungstest erforderlichen Kenngrößen. Da nur getestet werden soll, ob Normalverteilung vorliegt, die Parameter μ und σ^2 dieser Verteilung aber selbst nicht interessieren, wurden sie bei der Berechnung der theoretischen Wahrscheinlichkeiten durch ihre Maximum-Likelihood-Schätzwerte ersetzt. Das sind gemäß Beispiel 3.10 für μ das arithmetische Mittel und für σ^2 die mittlere quadratische Abweichung (3.1), also nicht die empirische Varianz. Aus der Ausgangsstichprobe ergaben sich $\bar{x} = 23,6$ und $s^2_{100} = 39,8$. Dementsprechend wird die Standardabweichung σ durch $s_{100} = 6,3$ geschätzt. Wegen $3s_{100} < \bar{x}$ ist es durchaus sinnvoll, normalverteilte

i	Klasse	n_i	p_i	$100p_i$	d_i^2
1	[... - 15]	10	0,085	8,50	0,265
2	(15 - 20]	16	0,200	20,0	0,800
3	(20 - 25]	36	0,302	30,2	1,114
4	(25 - 30]	23	0,259	25,9	0,325
5	(30 - 35]	10	0,119	11,9	0,303
6	(35 - ...]	5	0,035	3,5	0,643
	Summe	100	1	100	$T = 3,45$

Tafel 3.8 Chi-Quadrat-Test für Beispiel 3.24

Lebensdauern zu vermuten. Da bei der Berechnung der p_i genau $m = 2$ Parameter der durch die Nullhypothese fixierten Normalverteilung durch ihre Maximum-Likelihood-Schätzwerte ersetzt wurden, ist $r - m - 1 = 6 - 2 - 1 = 3$ die Anzahl der Freiheitsgrade. Wird H_0 mit der Sicherheitswahrscheinlichkeit 0,99 geprüft, ist die Testgröße $t = 3,45$ mit $\chi_{3;0,99}^2 = 11,3$ zu vergleichen. Wegen $t = 3,45 < \chi_{3;0,99}^2 = 11,3$ wird die Hypothese H_0 : 'normalverteilte Lebensdauern unter Stressbedingungen' angenommen. □

Hinweis Analog zu den Parametertests des Abschnitts 3.4 ist die Annahme von H_0 nicht gleichbedeutend mit ihrer Richtigkeit. Jedoch ist man bei Annahme von H_0 im Allgemeinen 'nicht allzuweit' von der Wahrheit entfernt, so dass man für die weitere Arbeit die Brauchbarkeit von H_0 unterstellen kann. Beispielsweise würde man mit dem Datenmaterial von Beispiel 3.24 ebenso eine Weibullverteilung annehmen.

3.5.1.2 Kolmogorov-Smirnov-Test

Es wird wiederum das Testproblem

$$H_0 : F(x) \equiv F_0(x) \text{ gegen } H_1 : F \not\equiv F_0$$

betrachtet, wobei F die unbekannte Verteilungsfunktion von X ist. Im Unterschied zu (3.34) wird jetzt jedoch generell vorausgesetzt, dass X eine stetige Zufallsgröße ist und F_0 durch die Nullhypothese vollständig charakterisiert wird (einschließlich numerischer Parameter). Es sei $\{x_1, x_2, \cdots, x_n\}$ eine konkrete Stichprobe aus X, $\{x_1^*, x_2^*, \cdots, x_n^*\}$ die zugehörige geordnete Stichprobe und $S_n(x)$ die entsprechende empirische Verteilungsfunktion (Abschn. 3.1.1). Die Testgröße t_n des Kolmogorov-Smirnov-Tests ist die maximale Abweichung der empirischen Verteilungsfunktion von $F_0(x)$:

$$t_n = \sup_{x \in (-\infty, +\infty)} |F_0(x) - S_n(x)|.$$

Da F_0 nichtfallend ist und $S_n(x)$ eine Treppenfunktion, kann die maximale Abweichung nur an den Sprungpunkten von $S_n(x)$ (also an den Stellen $x = x_i^*$) auftreten. Da man sich den Sprungpunkten 'von links und rechts nähern' kann, ist t_n für alle x_i^* mit $x_{i-1}^* < x_i^*$ die

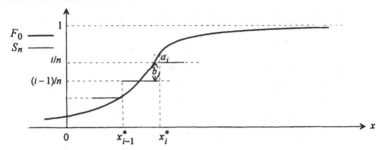

Bild 3.17 Illustration zum Kolmogorov-Smirnov-Test

größte der wie folgt definierten Zahlen a_i und b_i (Bild 3.17)

$$a_i = \left| F_0(x_i^*) - S_n(x_i^*) \right|, \quad b_i = \left| F_0(x_i^*) - S_n(x_{i-1}^*) \right|.$$

Die Testgröße t_n ist Realisierung einer zufälligen Testfunktion T_n mit der Eigenschaft

$$\lim_{n \to \infty} P(\sqrt{n}\, T_n \le y) = \sum_{k=-\infty}^{k=+\infty} (-1)^k e^{-2k^2 y^2} = K(y).$$

$K(y)$ ist die Verteilungsfunktion der *Kolmogorov-Verteilung*. Für hinreichend große n genügt $\sqrt{n}\, T_n$ also näherungsweise einer Kolmogorov-Verteilung.

Um die Nullhypothese mit einer Sicherheitswahrscheinlichkeit von $1 - \alpha$ nachzuprüfen, entnimmt man Tafel V (Anhang) in Abhängigkeit von der Sicherheitswahrscheinlichkeit $1 - \alpha$ und dem Stichprobenumfang n, $4 \le n \le 100$, das entsprechende Quantil $k_{n, 1-\alpha}$ von T_n: Die Nullhypothese H_0 wird abgelehnt, wenn $t_n > k_{n; 1-\alpha}$ ausfällt.

Für $n > 100$ gilt $k_{n; 0,90} \approx 1,224/\sqrt{n}$, $k_{n; 0,95} \approx 1,358/\sqrt{n}$, und $k_{n; 0,99} \approx 1,628/\sqrt{n}$.

3.5.2 Tests auf Homogenität

In diesem Abschnitt werden Tests vorgestellt, die Gemeinsamkeiten von Grundgesamtheiten aufdecken sollen bzw. Argumente für deren Nichtexistenz liefern. Im Extremfall können die die Grundgesamtheiten repräsentierenden Zufallsgrößen identisch verteilt sein, oder es stimmen wenigstens ein oder mehrere ihrer numerischen Parameter überein.

3.5.2.1 Vorzeichentest

Vertauschbarkeit Wie im Abschnitt 3.4.2.3 liegt dem Vorzeichentest eine 'verbundene mathematische Stichprobe' der Struktur $\{(X_i, Y_i);\ i = 1, 2, ..., n\}$ aus (X, Y) zugrunde, das heißt, die n zweidimensionalen zufälligen Vektoren (X_i, Y_i) sind unabhängig und identisch wie (X, Y) verteilt. Jedoch können X_i und Y_i; $i = 1, 2, ..., n$; voneinander abhängig sein. Man kann X etwa als Wert einer zufälligen Kenngröße interpretieren, die an einem Objekt zum Zeitpunkt t_1 gemessen wird, und Y als Wert der gleichen Kenngröße am gleichen Objekt, gemessen zum Zeitpunkt t_2; oder $X(Y)$ ist der Wert einer zufälligen

Kenngröße vor (nach) einer Behandlung, jeweils wieder am gleichen Objekt. Damit ist gesichert, dass X und Y die gleichen Maßeinheiten haben, was für die Bildung der Differenzen $X_i - Y_i$ erforderlich ist. Zwecks Erhebung der Stichprobe werden die Messungen unabhängig voneinander an n statistisch äquivalenten Objekten wiederholt. Im Hinblick auf die letztere Interpretation ist folgendes Problem interessant: Zeigt die Behandlung im Durchschnitt einen Effekt?

Wenn die Behandlung keinen Effekt hat, müssen die zufälligen Vektoren (X, Y) und (Y, X) die gleiche Wahrscheinlichkeitsverteilung aufweisen. Mit anderen Worten: Die Zufallsgrößen X und Y sind *vertauschbar*. Das ist im Falle stetiger Vektoren (X, Y) äquivalent zur Symmetrie der gemeinsamen Dichte von (X, Y) in x und y: $f(x, y) = f(y, x)$. Für diskrete Zufallsgrößen ist die Vertauschbarkeit äquivalent zu $P(X = x, Y = y) = P(X = y, Y = x)$ für alle Realisierungen (x, y) von (X, Y). Die Vertauschbarkeit impliziert die identische Verteilung von X und Y und, wird die Differenz $D = X - Y$ eingeführt, die Symmetrie der Verteilung von D bezüglich des Nullpunkts. Das bedeutet, im Falle einer stetigen Differenz D hat deren Dichte die Eigenschaft $f_D(x) = f_D(-x)$, und im Falle diskreter Differenzen gilt $P(D = -d) = P(D = +d)$ für alle Werte d von D. In beiden Fällen nimmt D positive und negative Werte mit gleicher Wahrscheinlichkeit an, falls die Behandlung keinen Effekt zeigt: $P(D < 0) = P(D > 0)$. Für stetige Zufallsgrößen gilt in diesem Fall sogar $P(D < 0) = P(D > 0) = 1/2$. Daher wird das Testproblem wie folgt formuliert:

$$H_0 : P(D < 0) = P(D > 0) \qquad (3.35)$$

gegen $\quad H_1 : P(D < 0) \neq P(D > 0) \quad$ (zweiseitiger Test) oder

$H_1 : P(D < 0) < P(D > 0)$ bzw. $H_1 : P(D < 0) > P(D > 0)$ (einseitige Tests).

Man beachte, dass die Richtigkeit von H_0 nicht äquivalent zur Vertauschbarkeit von X und Y ist, sondern eine Folge derselben. Die Vertauschbarkeit von X und Y wird beim Zeichentest nicht vorausgesetzt. Die Nullhypothese ist äquivalent zur Annahme, dass der Median von D gleich 0 ist. Unter der zusätzlichen Voraussetzung, dass die Verteilung von D symmetrisch ist, ist der Test (3.35) äquivalent zu

$$H_0 : E(X) = E(Y) \qquad (3.36)$$

gegen $\quad H_1 : E(X) \neq E(Y) \quad$ (zweiseitiger Test) oder

$H_1 : E(X) < E(Y)$ bzw. $H_1 : E(X) > E(Y)$ (einseitige Tests).

Testprinzip Es sei T^+ die Anzahl der positiven Differenzen $D_i = X_i - Y_i$; $i = 1, 2, ..., n$. Ist H_0 richtig, genügt T^+ einer Binomialverteilung mit den Parametern n und $p = 1/2$ sowie dem Erwartungswert $E(T^+) = n/2$. Weicht T^+ zu weit nach oben oder unten von $n/2$ ab, ist die Gültigkeit von H_0 unwahrscheinlich. Auf diesen elementaren Überlegungen beruht der (*Vor-*) *Zeichentest*. Seine praktische Durchführung geschieht wie folgt: Ausgehend von einer konkreten Stichprobe $(x_1, y_1), ..., (x_n, y_n)$ wird die Anzahl t^+ derjenigen Differenzen in der Folge $x_1 - y_1, x_2 - y_2, ..., x_n - y_n$ ermittelt, die positiv sind. Für gegebene α und n wird Tafel 3.9 der zugehörige kritische Wert $t_{n, \alpha}^+$ entnommen.

Zweiseitiger Test H_0 wird mit einer Irrtumswahrscheinlichkeit nicht größer als α abgelehnt, wenn $t^+ \le t_{n,\alpha}^+$ oder $t^+ \ge n - t_{n,\alpha}^+$ ausfällt.

Einseitige Tests H_0 wird abgelehnt mit einer Irrtumswahrscheinlichkeit nicht größer als α gegen $P(D < 0) < P(D > 0)$, wenn $t^+ > n - t_{n,\alpha}^+$ gilt, und gegen $P(D < 0) > P(D > 0)$, wenn $t^+ < t_{n,\alpha}^+$ ausfällt.

Da T^+ ganzzahlig ist, können vorgegebene Irrtumswahrscheinlichkeiten nur in Ausnahmefällen exakt realisiert werden. Tafel 3.9 ist jedoch so ausgelegt, dass die angegebenen kritischen Werte eine Irrtumswahrscheinlichkeit garantieren, die nicht größer ist als die vorgegebene Irrtumswahrscheinlichkeit α. (Beispiel 3.25 demonstriert, wie die jeweils exakten Irrtumswahrscheinlichkeiten zu bestimmen sind.) Sind k der Differenzen gleich 0, werden die entsprechenden Stichprobenwerte gestrichen und der Test wird mit der verbleibenden Stichprobe vom Umfang $n - k$ als 'neuem' n durchgeführt. Im Fall $n < 5$ erlaubt der Test bei den in Tafel 3.9 geforderten Irrtumswahrscheinlichkeiten keinerlei Aussage über die Annahme bzw. Ablehnung von H_0.

Führt man die Anzahl t^- der negativen Differenzen in der konkreten Stichprobe ein und beachtet $t^+ + t^- = n$, lassen sich die gegebenen Testvorschriften teilweise vereinfachen. Auch wird häufig mit der Testgröße $t = \min(t^+, t^-)$ gearbeitet. Die zweiseitige Testvorschrift lautet dann: H_0 wird abgelehnt, wenn $t < t_{n,\alpha}^+$ ist.

Für Stichprobenumfänge $n > 20$ kann man von der Tatsache Gebrauch machen, dass

$$Z = \frac{T^+ - n/2}{\sqrt{n}/2}$$

annähernd $N(0, 1)$ – verteilt ist und die zu (3.35) äquivalente Hypothese

$$H_0 : E(T^+) = n/2$$

testen: H_0 wird abgelehnt mit der Irrtumswahrscheinlichkeit α, wenn gilt

$$\left| \frac{t^+ - n/2}{\sqrt{n}/2} \right| \ge z_{\alpha/2}, \qquad \text{(zweiseitig)}$$

oder gegen $H_1 : P(D < 0) < P(D > 0)$ bzw. $H_1 : P(D < 0) > P(D > 0)$, wenn gilt

$$\frac{t^+ - n/2}{\sqrt{n}/2} \ge z_\alpha \quad \text{bzw.} \quad \frac{t^+ - n/2}{\sqrt{n}/2} \le -z_\alpha. \qquad \text{(einseitig)}$$

Fortsetzung von Beispiel 3.19 Mit den dortigen Bezeichnungen ist $D_i = V_i - W_i$; $i = 1$, 2, ..., 15. Eine der Differenzen ist 0, so dass $n = 14$ der relevante 'Stichprobenumfang' ist. Wegen $t^+ = 13$ kann

$$H_0 : E(V) = E(W) \text{ zugunsten von } H_1 : E(V) > E(W)$$

mit einer Sicherheitswahrscheinlichkeit von 0,95 abgelehnt werden; denn gemäß Tafel 3.9 ist $n - t_{n;0,05}^+ = 14 - 3 = 11$ die entsprechende kritische untere Schranke für t^+. Eine Ablehnung mit einer Sicherheitswahrscheinlichkeit von 0,99, wie es der t-Test ermöglichte, leistet der Vorzeichentest jedoch nicht. Dafür ist er verteilungsfrei.   □

α (einseitig)	0,05	0,025	0,01	0,005		0,05	0,025	0,01	0,005
n α (zweiseitig)	0,1	0,05	0,02	0,01	n	0,1	0,05	0,02	0,01
1	-	-	-	-	11	2	1	1	0
2	-	-	-	-	12	2	2	1	1
3	-	-	-	-	13	3	2	1	1
4	-	-	-	-	14	3	2	2	1
5	0	-	-	-	15	3	3	2	2
6	0	0	-	-	16	4	3	2	2
7	0	0	0	-	17	4	4	3	2
8	1	0	0	0	18	5	4	3	3
9	1	1	0	0	19	5	4	4	3
10	1	1	0	0	20	5	5	4	3

Tafel 3.9 Kritische Werte $t^+_{n,\alpha}$ für den Vorzeichentest

Mediantest Es sei $X_1, X_2, \ldots, X_n$ eine mathematische Stichprobe aus der stetigen Zufallsgröße X und M der Median von X. Der Vorzeichentest kann zur Prüfung von

$$H_0 : M = M_0 \tag{3.37}$$

gegen $H_1 : M \neq M_0$ oder $H_1 : M < M_0$ bzw. $H_1 : M > M_0$ dienen. Dazu werden die Differenzen $D_i = X_i - M_0$; $i = 1, 2, \ldots, n$; eingeführt. Ist H_0 richtig, sind die D_i unabhängig und identisch wie $D = X - M_0$ verteilt, und es gilt $P(D > 0) = P(D < 0) = 1/2$. Damit sind die Voraussetzungen des Vorzeichentests erfüllt.

Beispiel 3.25 Nach einer zweckgerichteten Behandlung wurden die Reaktionszeiten eines Patienten auf einen speziellen Stimulus gemessen. Die Resultate sind [in sec]: 2,4; 2,8; 3,6; 4,1; 3,9; 3,0; 2,2; 3,8. Die Behandlung war erfolgreich, wenn der Median M der Reaktionszeit des Patienten 3 sec nicht überschreitet. Also ist zu testen:

$$H_0 : M = 3 \quad \text{gegen} \quad H_1 : M > 3.$$

Die Wahrscheinlichkeitsverteilung der zufälligen Reaktionszeit X des Patienten nach der Behandlung ist unbekannt. Daher wird der Zeichentest angewendet. Nur 7 der 8 ermittelten Zeitdifferenzen sind relevant. Von diesen sind $t^+ = 4$ positiv. Der kritische Bereich für eine Sicherheitswahrscheinlichkeit von $1 - \alpha = 0,9375$ ist $W_1 = \{6, 7\}$; denn es gilt

$$P(T^+ \geq 6) = \binom{7}{7}\left(\frac{1}{2}\right)^7 + \binom{7}{6}\left(\frac{1}{2}\right)^7 = 0,9375.$$

Wegen $4 \notin W_1$ kann H_0 mit dieser Sicherheitswahrscheinlichkeit nicht abgelehnt werden. Im Fall $n = 7$ beträgt für eine Sicherheitswahrscheinlichkeit von $1 - \alpha \geq 0,95$ der Tafelwert $t^+_{7;0,05} = 0$. Somit ist $7 - t^+_{7;0,05} = 7$ der kritische Wert für t^+. Es müssten also alle 7 Differenzen positiv sein, um H_0 mit einer Irrtumswahrscheinlichkeit kleiner oder gleich 0,05 zugunsten von $H_1 : M > 3$ ablehnen zu können. □

3.5.2.2 Wilcoxon-Vorzeichen-Rang-Test

Wie im vorangegangenen Abschnitt sei eine 'verbundene mathematische Stichprobe'

$$\{(X_1, Y_1), (X_2, Y_2), ..., (X_n, Y_n)\}$$

aus (X, Y) zur Prüfung der Hypothese (3.35) gegeben. Die Verteilung des Vektors (X, Y) muss wiederum nicht bekannt sein. Jedoch sei sie so beschaffen, dass bei Richtigkeit von H_0 die Differenz $D = X - Y$ nullsymmetrisch verteilt ist. Dies folgt, wie im vorangegangenen Abschnitt ausgeführt, etwa aus der Vertauschbarkeit von X und Y unter H_0. Daher sind jetzt die Tests (3.35) und (3.36) äquivalent.

Der Vorzeichentest hat die Absolutwerte der Differenzen D_i nicht berücksichtigt, obwohl diese offenbar auch Information über das Problem enthalten. Wenn in einer Stichprobe vom Umfang $n = 20$ genau 10 der Differenzen $D_i = X_i - Y_i$ negativ sind mit $|D_i| < 0,1$ und die restlichen 10 Differenzen positiv sind mit $D_i > 100$, dann würde der Zeichentest die Hypothese $E(X) = E(Y)$ annehmen, wiewohl an deren Gültigkeit starke Zweifel bestünden. Daher werden nun den D_i *Rangzahlen* in folgender Weise zugeordnet: Die Differenz mit dem kleinsten Absolutwert erhält die Rangzahl 1, die Differenz mit dem nächstgrößeren Absolutwert die Rangzahl 2 usw. Haben zwei oder mehr Differenzen die gleichen Absolutwerte, dann ordnet man jedem dieser D_i das arithmetische Mittel derjenigen Rangzahlen zu, die sie erhalten würden, wenn sie in diesem Komplex unterschiedliche Absolutwerte hätten. Die Rangzahlen der dem Komplex vorangegangenen und folgenden Differenzen werden davon nicht beeinflusst. Folgen etwa auf dem zweitkleinsten Absolutwert zwei (und nicht mehr) von diesem verschiedene gleiche Absolutwerte, erhalten beide der zugehörigen Differenzen die Rangzahl 3,5, die vorangehende Differenz hat die Rangzahl 2 und die folgende die Rangzahl 5, wenn $|D_5| \neq |D_6|$ ist. Bei stetigen Zufallsgrößen X und Y können Differenzen mit $D_i = 0$ theoretisch nicht auftreten. In der Praxis wird dieser Fall aber auch bei stetigen Zufallsgrößen schon wegen beschränkter Messgenauigkeiten auftreten. Es seien

R^+ = "Summe der Rangzahlen aller positiven Differenzen D_i",

R^- = "Summe der Rangzahlen aller negativen Differenzen D_i".

Die Summe aller Rangzahlen ist entsprechend ihrer Konstruktion gleich der Summe der natürlichen Zahlen von 1 bis n:

$$R^+ + R^- = n(n+1)/2 .$$

Gilt H_0, dann lauten Erwartungswert und Varianz von R^+ und R^-:

$$E(R^+) = E(R^-) = \frac{1}{4}n(n+1), \quad Var(R^+) = Var(R^-) = \frac{1}{24}n(n+1)(2n+1).$$

Für $n > 20$ ist die zu R^+ gehörige standardisierte Zufallsgröße

$$Z = \frac{R^+ - E(R^+)}{\sqrt{Var(R^+)}} \tag{3.38}$$

in ausreichender Näherung $N(0, 1)$–verteilt. (R^+ kann durch R^- ersetzt werden.)

Vermittels R^+ und R^- lassen sich zwei- und einseitige Tests des Problems (3.35) analog zum Vorzeichentest konstruieren. Jedoch ist es zweckmäßiger, mit folgender Testfunktion zu arbeiten:

$$T^+ = R^+ - \frac{1}{4}n(n+1) = \frac{1}{4}n(n+1) - R^-.$$

T^+ hat den Vorteil, bei Gültigkeit von H_0 nullsymmetrisch verteilt zu sein. Ausgehend von einer konkreten Stichprobe $\{(x_1,y_1),(x_2,y_2),...,(x_n,y_n)\}$ hat man bei der praktischen Durchführung des Tests folgende Schritte durchzuführen:

1) Es werden die Paare (x_i,y_i) mit $d_i = x_i - y_i = 0$ aus der Stichprobe entfernt und gehen nicht in den Test ein. Es ist das 'neue' n die Anzahl der von 0 verschiedenen Differenzen.

2) Die Summe der Rangzahlen der positiven Differenzen r^+ wird ermittelt und die Testgröße $t^+ = r^+ - n(n+1)/4$ berechnet.

3) *Zweiseitiger Test* Die Nullhypothese $H_0 : E(X) = E(Y)$ wird mit einer Irrtumswahrscheinlichkeit nicht größer als α gegen $H_1 : E(X) \neq E(Y)$ abgelehnt, wenn $|t^+| \geq t^+_{n,\alpha}$ ausfällt, wobei der kritische Wert $t^+_{n,\alpha}$ Tafel 3.10 zu entnehmen ist.

Einseitige Tests Die Nullhypothese $H_0 : E(X) = E(Y)$ wird mit einer Irrtumswahrscheinlichkeit nicht größer als α zugunsten $H_1 : E(X) > E(Y)$ bzw. $H_1 : E(X) < E(Y)$ abgelehnt, wenn $t^+ > t^+_{n,\alpha}$ bzw. $t^+ < -t^+_{n,\alpha}$ ausfällt.

Im Fall $n > 20$ wird man mit der Testfunktion (3.38) arbeiten und H_0 mit der Sicherheitswahrscheinlichkeit $1 - \alpha$ ablehnen, wenn $|Z| > z_{\alpha/2}$ ausfällt (zweiseitiger Test) oder wenn $Z > z_\alpha$ bzw. $Z < -z_\alpha$ gilt (einseitige Tests).

Fortsetzung von Beispiel 3.19 Die folgende Übersicht zeigt noch einmal die Stichprobendifferenzen von Tafel 3.7, ergänzt um deren Absolutwerte und die Rangzahlen der Differenzen. Die Rangzahlen der positiven Differenzen sind unterstrichen.

Differenz	2	6	2	-1	2	5	0	3	3	5	5	1	1	6	4
Absolutwert	2	6	2	1	2	5	-	3	3	5	5	1	1	6	4
Rangzahlen	4	13	5	2	6	10	-	7	8	11	12	2	2	14	9

Eine Differenz ist gleich 0. Daher ist $n = 14$. Wegen $r^+ = 103$ beträgt die Testgröße

$$t^+ = r^+ - n(n+1)/4 = 50,5.$$

Mit $1 - \alpha = 0,99$ entnimmt man Tafel 3.10 den kritischen Wert $t^+_{14;0,99} = 36,5$. Somit wird die Hypothese

$$H_0 : E(V) = E(W)$$

zugunsten der Hypothese einer signifikanten Gewichtsabnahme $H_1 : E(V) > E(W)$ abgelehnt. Was der einfache Vorzeichentest nicht geschafft hat, H_0 mit der Sicherheitswahrscheinlichkeit 0,99 abzulehnen, ist mit dem Vorzeichenrangtest mühelos gelungen. $\square$

α (einseitig)	0,05	0,025	0,01	0,005		0,05	0,025	0,01	0,005
n α (zweiseitig)	0,1	0,05	0,02	0,01	n	0,1	0,05	0,02	0,02
1	-	-	-	-	11	20	23	26	28
2	-	-	-	-	12	22	26	30	32
3	-	-	-	-	13	24,5	28,5	33,5	35,5
4	-	-	-	-	14	27,5	31,5	36,5	39,5
5	7,5	-	-	-	15	30	35	41	44
6	8,5	10,5	-	-	16	33	38	45	48
7	11	12	14	-	17	35,5	41,5	48,5	53,5
8	13	15	17	18	18	38,5	45,5	52,5	57,5
9	14,5	17,5	19,5	20,5	19	42	49	57	62
10	17,5	19,5	22,5	24,5	20	45	53	62	67

Tafel 3.10 Kritische Werte $t_{n,\alpha}^+$ für den Wilcoxon-Vorzeichen-Rangtest

Mediantest Der Test auf einen Median (3.37) kann ebenfalls mit dem Vorzeichenrangtest entschieden werden Es genügt, das Vorgehen an einem Beispiel zu erläutern.

Beispiel 3.26 Entsprechend den Produktionsstandards soll der Median der täglichen Ausbeuten in einem chemischen Prozess 68% nicht unterschreiten. Daher ist zu prüfen

$$H_0 : M = 68 \quad \text{gegen} \quad H_1 : M > 68$$

mit dem Wunsch, H_0 zugunsten von H_1 ablehnen zu können. Die Ausbeuten wurden an 8 aufeinanderfolgenden Tagen gemessen. Die folgende Übersicht zeigt die erhobene Stichprobe sowie die für einen Test über den Median erforderlichen Daten.

Ausbeuten x_i	68,2	65,0	69,3	64,7	70,4	71,6	63,6	71,3
Differenzen $d_i = x_i - 68$	0,2	-3,0	1,3	-3,3	2,4	3,6	-4,4	3,3
Absolutwerte $\lvert d_i \rvert$	0,2	3,0	1,3	3,3	2,4	3,6	4,4	3,3
Rangzahlen	<u>1</u>	4	<u>2</u>	5,5	<u>3</u>	<u>7</u>	8	<u>5,5</u>

Die Wahrscheinlichkeitsverteilung der täglichen Ausbeute muss nicht bekannt sein, doch ist vorauszusetzen, dass sie bei Richtigkeit von H_0 symmetrisch zu 68 ist. In der Übersicht sind die Rangzahlen der positiven Differenzen unterstrichen. Die Summe dieser Rangzahlen ist $r^+ = 18,5$. Daher beträgt die Testgröße $t^+ = 0,5$. Bei einer Irrtumswahrscheinlichkeit von $\alpha = 0,05$ entnimmt man Tafel 3.10 den kritischen Wert für den einseitigen Test $t_{8;0,05} = 13$. Somit kann H_0 nicht abgelehnt werden.   □

Die in diesem und im vorhergehenden Abschnitt betrachteten Vorzeichentests sind auch dann uneingeschränkt anwendbar, wenn unter Beibehaltung der sonstigen Voraussetzungen die zufälligen Vektoren (X_i, Y_i), $i = 1, 2, ..., n$; nicht identisch verteilt sind. In diesem Fall ist $\{(X_i, Y_i); i = 1, 2, ..., n\}$ keine mathematische Stichprobe aus (X, Y).

3.5.2.3 Zweistichproben-Rang-Test von Wilcoxon (-Mann-Whitney)

Den beiden eben betrachteten Vorzeichentests ist gemeinsam, dass die Stichprobenvariablen X_i und Y_i im Sinne der gegebenen Erläuterungen verbunden sind. Demgegenüber wird nun der Fall betrachtet, dass eine mathematische Stichprobe $\{X_1, X_2, ..., X_m\}$ aus X und eine davon unabhängige mathematische Stichprobe $\{Y_1, Y_2, ..., Y_n\}$ aus Y vorliegen. Damit sind insbesondere alle X_i und Y_j voneinander unabhängig. Man kann sich diese Situation dadurch veranschaulichen, dass ein und dasselbe Merkmal in zwei verschiedenen Gesamtheiten gemessen wird. Es interessiert nun, ob beide Gesamtheiten bezüglich dieses Merkmals als homogen angesehen werden können oder, formaler, ob das Merkmal in beiden Gesamtheiten die gleiche Wahrscheinlichkeitsverteilung hat. Bezeichnen $F(x) = P(X \leq x)$ und $G(x) = P(Y \leq y)$ die Verteilungsfunktionen von X bzw. Y, dann lautet das zugehörige Testproblem

$$H_0 : F(x) \equiv G(x) \quad \text{gegen} \quad H_1 : F(x) \not\equiv G(x). \tag{3.39}$$

Grundidee des Tests ist, die beiden mathematischen Stichproben zu einer zufälligen Gesamtstichprobe $\{X_1, X_2, ..., X_m, Y_1, Y_2, ..., Y_n\}$ zu vereinigen. Die Variablen in der Gesamtstichprobe erhalten entsprechend ihrer Größe Rangzahlen. Sind alle Werte verschieden, erhält die kleinste Variable die Rangzahl 1, die zweitkleinste die Rangzahl 2 u.s.w. und schliesslich die größte die Rangzahl $m + n$. Es sei R_x die Summe der Rangzahlen der X_i. Als Testfunktion dient

$$R = R_x - E(R_x) = R_x - m(m + n + 1)/2.$$

Es sei r_{x+y}^2 die Summe der Quadrate aller Rangzahlen in der Gesamtstichprobe. Gilt H_0, dann genügt die zu R gehörige standardisierte Zufallsgröße

$$Z = \frac{R_x - E(R_x)}{\sqrt{Var(R_x)}} = \frac{R_x - m(m + n + 1)/2}{\sqrt{\dfrac{mn}{(m+n)(m+n-1)} r_{x+y}^2 - \dfrac{mn(m+n+1)^2}{4(m+n-1)}}} \tag{3.40}$$

für $m + n \geq 25$ und $\min(m, n) \geq 4$ in guter Näherung einer $N(0, 1)$– Verteilung. Basierend auf den konkreten Stichproben $\{x_1, x_2, ..., x_m\}$ aus X und $\{y_1, y_2, ..., y_n\}$ aus Y mit $m \leq n$ geschieht die praktische Durchführung des Tests wie folgt (Ist $m > n$, werden die Rollen von x und y vertauscht.):

1) Beide konkreten Stichproben werden zu einer Gesamtstichprobe vom Umfang $m + n$ vereinigt. Entsprechend ihrer Größe werden den x_i und y_j Ränge zugeordnet. Sind mehrere der x- bzw. y-Werte einander gleich, werden den entsprechenden Werten mittlere Rangzahlen wie beim Vorzeichen-Rang-Test zugeordnet. Die Summe der Rangzahlen r_x der $x_1, x_2, ..., x_m$ wird ermittelt und die Testgröße $r = r_x - m(m + n + 1)/2$ berechnet.

2) H_0 wird mit der Irrtumswahrscheinlichkeit α abgelehnt, wenn $|r| \geq r_{m,n;\alpha}$ ist. Bei größeren Stichproben wird H_0 abgelehnt, wenn $|Z| \geq z_{\alpha/2}$ ausfällt (zweiseitiger Test). Die kritischen Werte $r_{m,n;\alpha} = r_{n,m;\alpha}$ können für $\alpha = 0,05$ & $0,01$ Tafel VI im Anhang entnommen werden. (Es sind dies die 0,025 bzw. 0,005-Quantile von R_x.)

Vergleich der Erwartungswerte Die Stichprobenfunktion R_x erlaubt unter sonst gleichen Voraussetzungen auch die Prüfung der Hypothese

$$H_0 : E(X) = E(Y) \qquad (3.41)$$

gegen $H_1 : E(X) \neq E(Y)$ (zweiseitiger Test) oder

gegen $H_1 : E(X) < E(Y)$ bzw. $H_1 : E(X) > E(Y)$ (einseitige Tests).

Dieser Test ist ein verteilungsfreies Analogon zu dem im Abschn. 3.4.2.3 beschriebenen Test und steht diesem an Trennschärfe kaum nach. Er ist besonders dann empfehlenswert, wenn zwischen den Verteilungsfunktionen $F(x) = P(X \leq x)$ und $G(y) = P(Y \leq y)$ der Zusammenhang $F(x) = G(x + c)$ mit einer beliebigen Konstanten c besteht.

Einseitige Tests H_0 wird mit der Irrtumswahrscheinlichkeit α gegen $E(X) < E(Y)$ bzw. $E(X) > E(Y)$ abgelehnt, wenn $r < -r_{m,n;\alpha}$ $(Z < -z_\alpha)$ bzw. $r > r_{m,n;\alpha}$ $(Z > z_\alpha)$ ist. Wegen der kritischen Werte $r_{m,n;\alpha}$ für $\alpha = 0,01$ und $\alpha = 0,05$ siehe Tafel VI im Anhang unter 'einseitige Tests'. Der zweiseitige Test erfolgt wie beim Prüfen von (3.39).

Beispiel 3.27 Übersteigt das mittlere Körpergewicht von Nichtvegetariern das von Vegetariern? Es wurde das Körpergewicht von zufällig ausgewählten 7 Vegetariern (X) und das von 9 Nichtvegetariern (Y) gemessen (jeweils unsportliche Männer etwa gleichen Alters und Nichtraucher). Die Messergebnisse sind:

x_i 63,3 84,1 62,8 79,6 58,2 92,7 77,2

y_j 73,3 86,1 93,4 64,2 78,1 104,7 79,6 69,4 82,9

Die Gesamtstichprobe mit Rangzahlen ist:

x_i, y_j	63,3	84,1	62,8	79,6	58,2	92,7	77,2	73,3	86,1	93,4	64,2	78,1	104,7	79,6	69,4	82,9
Rang	3	12	2	9,5	1	14	7	6	13	15	4	8	16	9,5	5	11

Zu prüfen ist mit der Sicherheitswahrscheinlichkeit 0,95 die Hypothese $H_0 : E(X) = E(Y)$ gegen $H_1 : E(X) < E(Y)$. Die Summe der Rangzahlen der x-Werte ist $r_x = 48, 5$ und die Testgröße $r = 48, 5 - 7 \cdot 17/2 = -11$. Mit $m = 7$ und $n = 9$ entnimmt man Tafel VIb die kritische Testgröße $r_{7,9;0,05} = 16,5$. Wegen $r = -11 > -16,5$ kann H_0 auf der Basis dieser Stichprobe nicht zugunsten von H_1 abgelehnt werden. $\square$

Anstelle von R wird beim Zweistichprobentest von Wilcoxon häufig mit der Testfunktion R_x gearbeitet. Dies ist bei der Nutzung von Tabellen der kritischen Testgrößen zu beachten.

U-Test Der *U-Test von Mann-Whitney* prüft ebenfalls die Hypothesen (3.39) bzw. (3.41), und zwar unter den gleichen Voraussetzungen wie der eben betrachtete Zweistichprobentest. Ausgangspunkt der praktischen Durchführung ist wieder die konkrete Gesamtstichprobe $\{x_1, x_2, ..., x_m, y_1, y_2, ..., y_n\}$. Als Testgröße dient jedoch die Anzahl derjenigen Paare (x_i, y_j), für die $x_i < y_j$ gilt. Der U-Test ist äquivalent zum Zweistichprobentest von Wilcoxon, da die zugehörigen Testgrößen voneinander funktionell linear abhängig sind. Daher wird er hier nicht beschrieben.

3.5.2.4 Zwei-Stichproben-Iterationstest von Wald-Wolfowitz

Dieser einfache Test prüft ebenfalls die Hypothese (3.39) der Gleichheit der Wahrscheinlichkeitsverteilungen zweier unabhängiger Zufallsgrößen, hat aber eine vergleichsweise geringe Trennschärfe. Seine Testfunktion beruht auf dem Begriff der *Iteration*.

Iteration Es sei $\{z_1, z_2, ..., z_N\}$ eine Folge von Zahlen, wobei jedes z_i nur die Werte 0 oder 1 annehmen kann. Eine Teilfolge $\{z_{k+1}, z_{k+2}, ..., z_{k+l}\}$ von $\{z_1, z_2, ..., z_N\}$ ist eine *Iteration*, wenn gilt

$$z_k \neq z_{k+1} = z_{k+2} = \cdots = z_{k+l} \neq z_{k+l+1}.$$

Für $k = 0$ bzw. $k + l = N$ entfallen der erste bzw. letzte Term in dieser Beziehungskette. Entsprechend dem Wert, den die $z_{k+1}, z_{k+2}, ..., z_{k+l}$ haben, spricht man von einer 0- bzw. einer 1-*Iteration*. Die Zahl l ist die *Länge* der Iteration.

Der Begriff der Iteration ist selbstverständlich nicht an die speziellen Werte 0 und 1, die laut Vereinbarung die z_i annehmen können, gebunden.

Mit den Voraussetzungen und Bezeichnungen des vorangegangenen Abschnitts geschieht die praktische Durchführung des Tests in folgenden Schritten:

1) Die beiden konkreten Stichproben $\{x_1, x_2, ..., x_m\}$ und $\{y_1, y_2, ..., y_n\}$ aus X bzw. Y werden zu der konkreten Gesamtstichprobe $\{x_1, x_2, ..., x_m, y_1, y_2, ..., y_n\}$ vom Umfang $N = m + n$ vereinigt, $m \leq n$. Die zugehörige, der Größe nach geordnete Gesamtstichprobe sei $\{z_1^*, z_2^*, ..., z_N^*\}$. In dieser geordneten Stichprobe wird jedem x_i eine 0 und jedem y_j eine 1 zugeordnet. Damit erhält man eine Folge von Nullen und Einsen $\{z_1, z_2, ..., z_N\}$.

2) Die Testgröße t ist die Anzahl aller Iterationen (0- und 1-Iterationen) in der Folge $\{z_1, z_2, ..., z_N\}$. Die Gültigkeit von H_0 ist nicht wahrscheinlich, wenn t klein ist.

3) H_0 wird mit der Irrtumswahrscheinlichkeit α abgelehnt, wenn t kleiner oder gleich dem kritischen Wert $t_{m,n;\alpha}$ ist, der Tafel VII im Anhang entnommen werden kann.

Treten Bindungen auf, d. h., existieren Paare x_i und y_j mit $x_i = y_j$, existiert keine eindeutig bestimmte geordnete Gesamtstichprobe. In diesem Fall werden jeweils diejenigen Ordnungen der Gesamtstichprobe konstruiert, die zur kleinsten bzw. größten Anzahl von Iterationen führen, und die Testgröße t ist das arithmetische Mittel beider Anzahlen.

Erwartungswert und Varianz der zufälligen Anzahl T der Iterationen in der zufälligen Gesamtstichprobe (= Testfunktion) sind

$$E(T) = \frac{2mn}{N} + 1, \quad Var(T) = \frac{2mn(2mn - N)}{N^2(N-1)}. \tag{3.42}$$

Die zugehörige standardisierte Stichprobenfunktion

$$Z = \frac{T - E(T)}{\sqrt{Var(T)}} \tag{3.43}$$

ist für $m \geq 10$, $n \geq 10$ näherungsweise $N(0,1)$-verteilt. In diesem Fall wird H_0 mit der Irrtumswahrscheinlichkeit $1 - \alpha$ abgelehnt, wenn $Z < -z_\alpha$ ist.

Beispiel 3.28 Die Leitung eines Unternehmens interessierte sich dafür, welche Temperaturen in den Büroräumen herrschen müssen, um optimale Arbeitsbedingungen zu haben. Dazu wurden 10 männliche und 12 weibliche Büroarbeiter zufällig ausgewählt und diejenigen Temperaturen x_i bzw. y_j ermittelt, die sie für die angenehmsten halten:

x_i [^0C]	24	22	27	26	26	23	25	23	24	25		
y_j [^0C]	25	27	28	29	27	23	28	29	28	29	30	31

Besteht ein signifikanter Unterschied in den optimalen Bürotemperaturen für Frauen und Männer? Zur Beantwortung dieser Frage wird die Hypothese (3.41) gegen $E(X) \neq E(Y)$ getestet. Die Anzahl aller Iterationen ist nicht eindeutig bestimmt, da drei Bindungen auftreten. Bei entsprechender Anordnung der x_i und y_j erzeugt man die minimale bzw. maximale Anzahl von Iterationen 6 bzw. 8. Zum Beispiel liefern folgende Zuordnungen von 0 und 1 die extremalen Anzahlen 6 und 8:

z_i^*:	22	23	23	23	24	24	25	25	25	26	26	27	27	27	28	28	28	29	29	29	30	31
z_i:	0	0	0	1	0	0	0	0	1	0	0	0	0	1	1	1	1	1	1	1	1	1
z_i:	0	0	0	1	0	0	0	0	1	0	0	1	1	0	1	1	1	1	1	1	1	1

Daher ist die Testgröße t gleich 7. Gemäß Tafel VII ist $t_{10,12;0,05} = 7$. Somit kann H_0 mit der Irrtumswahrscheinlichkeit $0,05$ (gerade noch) abgelehnt werden. Weibliche und männliche Angestellte haben unterschiedliche Ansprüche an die Bürotemperatur.   □

Test auf Zufälligkeit Iterationen haben eine weitere Anwendung in *Zufälligkeitstests*. Darunter versteht man Tests, die prüfen, ob die Werte in einer konkreten Stichprobe Resultate unabhängiger Versuche (= Realisierungen unabhängiger Zufallsgrößen) sind. Hier wird der Spezialfall betrachtet, dass eine konkrete Stichprobe $\{x_1, x_2, ..., x_N\}$ aus X vorliegt, wobei X nur die Werte 0 oder 1 annehmen kann. Die Hypothese

H_0 : "Die Reihenfolge der Stichprobenwerte ist zufällig entstanden"

wird getestet gegen H_1 : "Die Reihenfolge der Stichprobenwerte ist nicht zufällig entstanden." Die Zufälligkeit der Reihenfolge der Stichprobenwerte ist in Frage gestellt, wenn einerseits gleiche Werte (0 oder 1) zu häufig nacheinander vorkommen, oder wenn andererseits die Werte zu häufig wechseln. Vorausgesetzt, dass $N \geq 20$ ist, wird als Testgröße (3.43) mit $T = t$ verwendet, wobei t die Anzahl der Iterationen und m (n) die Anzahl der Nullen (Einsen) in der Stichprobe $\{x_1, x_2, ..., x_N\}$ ist, $N = m + n$: H_0 wird mit der Irrtumswahrscheinlichkeit α abgelehnt, wenn $|Z| \geq z_{\alpha/2}$ ist (zweiseitiger Test).

Beispiel 3.29 Ein neuentwickelter Pseudozufallszahlengenerator wurde bezüglich seiner Eignung getestet. Von besonderer Bedeutung ist, dass er die binären Symbole 0 und L unabhängig voneinander erzeugt. Zur Prüfung dieses Sachverhalts wurden $N = 100$ nacheinander erzeugte Symbole registriert:

L L 0 L 0 0 0 L 0 0 L L 0 0 0 0 L L 0 L L 0 0 0 0 0 L L L 0 L 0 0 0 L 0 0 L 0 0 0 0 0 L L L 0 0 0 0

0 0 L L 0 0 L 0 0 0 0 L L L 0 0 0 0 L 0 0 0 0 0 0 L L 0 0 0 L L 0 0 0 0 0 0 L 0 0 0 L L 0 0 0 0 0

In dieser Stichprobe gibt $m = 67$ Nullen, $n = 33$ mal die 'L' und $t = 39$ Iterationen. Damit errechnen sich aus (3.42) $E(T) = 45,22$ und $\sqrt{Var(T)} = 4,394$. Die zugehörige Testgröße ist $z = \dfrac{39-45,22}{4,394} = -1,416$. Wegen $-z_{0,025} = -1,96$ kann H_0 nicht abgelehnt werden.

Somit können, vom Standpunkt der Zufälligkeit der Reihenfolge der 0 und L-Symbole aus, auf der Grundlage dieser konkreten Stichprobe keine Einwände gegen den neuen Zufallszahlengenerator erhoben werden.   □

3.5.2.5 Chi-Quadrat-Homogenitätstest

Zur Prüfung der Hypothese (3.39) für zwei unabhängige Zufallsgrößen X und Y kann auch ein verteilungsfreier Chi-Quadrat-Test eingesetzt werden. Der Test erfolgt auf der Basis konkreter Stichproben $\{x_1, x_2, ..., x_m\}$ und $\{y_1, y_2, ..., y_n\}$ aus X bzw. Y. Die Wertebereiche von X und Y werden in identische Klassen eingeteilt:

$$W_X = W_Y = A_1 \cup A_2 \cup \cdots \cup A_r,$$

$$A_1 = (-\infty, a_1], \quad A_i = (a_{i-1}, a_i], \quad i = 2, 3, ..., r-1, \quad A_r = (a_{r-1}, +\infty).$$

Es seien m_i bzw. n_i die Anzahlen derjenigen x_i bzw. y_i, die in A_i liegen. Dann sind die relativen Häufigkeiten

$$\hat{p}_i = m_i/m \quad \text{bzw.} \quad \hat{q}_i = n_i/n$$

Realisierungen erwartungstreuer Punktschätzungen für die Wahrscheinlichkeiten, dass X bzw. Y einen Wert aus A_i annehmen. Gilt H_0, darf es keine signifikanten Unterschiede zwischen $\hat{p}_i$ und $\hat{q}_i$ geben. In der anzuwendenden Testgröße t spielen daher die Differenzen $\hat{p}_i - \hat{q}_i$ die entscheidende Rolle:

$$t = \sum_{i=1}^{r} d_i^2 = \sum_{i=1}^{r} \frac{mn}{m_i + n_i} (\hat{p}_i - \hat{q}_i)^2. \tag{3.44}$$

Unter der Voraussetzung, dass H_0 richtig ist, ist diese Testgröße Realisierung einer nach Chi-Quadrat mit $r-1$ Freiheitsgraden verteilten zufälligen Testfunktion T. Daher wird H_0 mit der Sicherheitswahrscheinlichkeit $1 - \alpha$ abgelehnt, wenn gilt $t > \chi_{r-1;1-\alpha}^2$.

Der Test ist gleichermaßen für stetige wie diskrete Zufallsgrößen anwendbar. Im letzteren Fall kann jeder Wert eine Klasse bilden.

Beispiel 3.30 Zwei Automaten 1 und 2 produzieren Kugellagerkugeln gleichen Solldurchmessers aus dem gleichen Stahl. Mit einer Sicherheitswahrscheinlichkeit von 0,95 ist zu prüfen, ob die Verteilungen der Druckfestigkeiten der von beiden Automaten produzierten Kugeln identisch sind. Dazu werden aus der Produktion des ersten Automaten $m = 300$ und aus der Produktion des zweiten Automaten $n = 200$ Kugeln entnommen. Die beobachteten Druckfestigkeiten (in kp) werden in $k = 8$ Klassen eingeteilt. (Druckfestigkeiten unter 30 und über 80 sind nicht aufgetreten.) Tafel 3.11 zeigt das bereits aufbereitete Resultat der Untersuchungen. Die letzte Spalte enthält die entsprechenden

i	A_i	m_i	m_i/m	n_i	n_i/n	d_i^2
1	$[30, 40]$	22	0,0733	11	0,0550	0,6089
2	$(40, 45]$	23	0,0767	14	0,0700	0,0728
3	$(45, 50]$	25	0,0833	18	0,0900	0,0626
4	$(50, 55]$	45	0,1500	30	0,1500	0
5	$(55, 60]$	74	0,2467	52	0,2600	0,0842
6	$(60, 65]$	48	0,1600	37	0,1850	0,4412
7	$(65, 70]$	38	0,1267	28	0,1400	0,1608
8	$(70, 80]$	25	0,0833	10	0,0500	1,9010
	Summe	300	1	200	1	3,33

Tafel 3.11 Auswertung der Druckfestigkeiten von Beispiel 3.30

Summanden d_i^2 der Testgröße (3.44). Wegen $t = 3,33 < \chi^2_{7;0,95} = 14,1$ kann H_0 nicht abgelehnt werden. Das Datenmaterial spricht nicht dagegen, dass die Druckfestigkeiten der von beiden Automaten produzierten Kugellagerschalen der gleichen Wahrscheinlichkeitsverteilung genügen. □

3.5.3 Chi-Quadrat-Unabhängigkeitstest

Die Unabhängigkeit zufälliger Größen wurde zwar bislang häufig vorausgesetzt, aber die Beschreibung von Verfahren zur Nachprüfung dieser Eigenschaft stehen noch aus. Von den vorhandenen Tests wird in diesem Abschnitt der Chi-Quadrat-Unabhängigkeitstest behandelt. (Ein weiteres Verfahren wird im Abschn. 3.6.2 beschrieben.)

Gegeben sind zwei Zufallsgrößen X und Y. Zu testen ist

H_0 : "X und Y sind unabhängig" gegen H_1 : "X und Y sind abhängig".

Ausgehend von einer konkreten Stichprobe $\{(x_k, y_k), k = 1, 2, ..., n\}$, die Realisierung einer mathematischen Stichprobe $\{(X_k, Y_k); k = 1, 2, ..., n\}$ aus (X, Y) ist, erfolgt der Test in 5 Hauptschritten:

1) Die Werte von X bzw. Y werden in r bzw. s disjunkte Klassen eingeteilt:

$$W_X = A_1 \cup A_2 \cup \cdots \cup A_r, \quad W_Y = B_1 \cup B_2 \cup \cdots \cup B_s.$$

Die Wahl der Klassen sollte so erfolgen, wie sie in Schritt 1) des Chi-Quadrat-Anpassungstests beschrieben ist (Abschnitt 3.5.1.1).

2) Es sei n_{ij} die Anzahl der Tupel (x_k, y_k), die $x_k \in A_i$ und $y_k \in B_j$ erfüllen. Dann ist

$$n_i. = \sum_{j=1}^{s} n_{ij} \quad \text{bzw.} \quad n._j = \sum_{i=1}^{r} n_{ij}$$

die Anzahl derjenigen x_k mit $x_k \in A_i$ bzw. die Anzahl derjenigen y_k mit $y_k \in B_j$. Diese Anzahlen werden in einer *Kontingenztafel* zusammengestellt (Tafel 3.12).

$\frac{Y}{X}$	B_1	B_2	$\cdots$	B_s	Summe
A_1	n_{11}	n_{12}	$\cdots$	n_{1s}	$n_{1\cdot}$
A_2	n_{21}	n_{22}	$\cdots$	n_{2s}	$n_{2\cdot}$
$\vdots$	$\vdots$	$\vdots$	$\vdots$	$\vdots$	$\vdots$
A_r	n_{r1}	n_{r2}	$\vdots$	n_{rs}	$n_{r\cdot}$
Summe	$n_{\cdot 1}$	$n_{\cdot 2}$	$\cdots$	$n_{\cdot s}$	n

Tafel 3.12 Kontingenztafel

3) Es seien $p_i = P(X \in A_i)$ und $q_j = P(Y \in B_j)$; $i = 1, 2, \ldots, r; j = 1, 2, \ldots, s$. Falls H_0 richtig ist, folgt aus der Definition der Unabhängigkeit von X und Y

$$P(X \in A_i, Y \in B_j) = P(X \in A_i)P(Y \in B_j) = p_i q_j.$$

Infolgedessen müssen bei Gültigkeit von H_0 im Mittel $np_i q_j$ der Tupel (x_k, y_k) sowohl die Eigenschaft $x_k \in A_i$ als auch $y_k \in B_j$ haben. Falls also H_0 gilt, darf es nur zufällige Unterschiede zwischen den empirischen Häufigkeiten n_{ij} und den mittleren theoretischen Häufigkeiten $np_i q_j$ geben. Die anzuwendende Testfunktion beruht daher wesentlich auf den Differenzen zwischen den n_{ij} und $np_i q_j$.

a) Die Wahrscheinlichkeiten p_i und q_j seien bekannt. Dann dient als Testgröße

$$t = \sum_{i=1}^{r} \sum_{j=1}^{s} \frac{(n_{ij} - np_i q_j)^2}{np_i q_j}. \tag{3.45}$$

Gilt H_0, ist diese Testgröße Realisierung einer nach Chi-Quadrat mit $rs - 1$ Freiheitsgraden verteilten Zufallsgröße. Daher wird H_0 mit der Irrtumswahrscheinlichkeit α abgelehnt, wenn gilt $t > \chi^2_{rs-1;1-\alpha}$.

b) Die Wahrscheinlichkeiten p_i und q_j seien unbekannt. Dann werden sie durch ihre relativen Häufigkeiten geschätzt: $\hat{p}_i = n_{i\cdot}/n$, $\hat{q}_j = n_{\cdot j}/n$. In der Testgröße (3.45) werden die p_i und q_j durch ihre relativen Häufigkeiten ersetzt. Man erhält die Testgröße

$$t = n \sum_{i=1}^{r} \sum_{j=1}^{s} \frac{\left(n_{ij} - \frac{n_{i\cdot} n_{\cdot j}}{n}\right)^2}{n_{i\cdot} n_{\cdot j}}. \tag{3.46}$$

Gilt H_0, so ist t Realisierung einer nach Chi-Quadrat mit $(r-1)(s-1)$ Freiheitsgraden verteilten zufälligen Testfunktion T. Daher wird H_0 mit der Irrtumswahrscheinlichkeit α abgelehnt, wenn gilt

$$t > \chi^2_{(r-1)(s-1);1-\alpha}.$$

	Ma 1	Ma 2	Ma 3	Ma 4	Summe $n_{i.}$
Baumwolle	10	6	12	13	41
Schafwolle	10	12	19	21	62
Synth. Faser	13	10	13	18	54
Summe $n_{.j}$	33	28	44	52	$n = 157$

Tafel 3.13 Kontingenztafel für Beispiel 3.31

Beispiel 3.31 In einer Textilfabrik verarbeiten 4 Strickmaschinen in etwa gleichen Anteilen Baumwolle, Schafwolle und synthetische Faser zu Finalprodukten. Es besteht der Verdacht, dass zwischen der Anzahl der Maschinenausfälle und dem zu verarbeitenden Material ein Zusammenhang besteht. Um einen solchen nachzuweisen, werden innerhalb eines Monats die Ausfälle nach der jeweils ausgefallenen Maschine und nach dem zum Zeitpunkt des Ausfalls gerade verarbeiteten Material klassifiziert. Insgesamt wurden $n = 157$ Ausfälle beobachtet. Wie sich diese Ausfälle auf die einzelnen Maschinen und das verarbeitete Material aufteilen, zeigt die Kontingenztafel 3.13. Zu prüfen ist

H_0 : Es gibt keine Abhängigkeit zwischen dem zu verarbeitenden Material X und der Ausfallhäufigkeit der Maschinen Y.

Die Testgröße (3.46) ist $t = 2,02$. Wegen $(r - 1)(s - 1) = 6$ und $t = 2,02 < \chi^2_{6;0,9} = 10,6$ kann die Nullhypothese bei einer Sicherheitswahrscheinlichkeit von $1 - \alpha = 0,9$ nicht abgelehnt werden. Der Verdacht, die Art des zu verarbeitenden Materials beinflusst das Ausfallverhalten der Maschinen, wird durch das Datenmaterial nicht erhärtet.   □

Besonders einfache Verhältnisse liegen vor, wenn X und Y diskret sind und jeweils nur zwei Werte annehmen können, bzw., falls sie stetig sind, ihr Wertebereich jeweils nur in zwei Klassen eingeteilt wird. Dann wird die Kontingenztafel zur *Vierfeldertafel*:

$\dfrac{Y}{X}$	B_1	B_2	Summe
A_1	a	b	a+b
A_2	c	d	c+d
Summe	a+c	b+d	n

Tafel 3.14 Vierfeldertafel

In diesem Fall vereinfacht sich die Testgröße (3.46) zu

$$t = \frac{(ad - bc)^2(a + b + c + d)}{(a + b)(a + c)(b + d)(c + d)}.$$

H_0 wird mit der Sicherheitswahrscheinlichkeit $1 - \alpha$ abgelehnt, wenn gilt $t > \chi^2_{1;1-\alpha}$.

Literatur *Hájek, Sidák* (1999), *Sprent, Smeeton* (2001), *Sheskin* (2000).

3.6 Korrelationsanalyse

3.6.1 Einführung

Sind zwei Zufallsgrößen X und Y unabhängig (Abschn. 1.8.1.2), so gibt es keinerlei Wechselwirkungen zwischen ihnen. Sind sie funktionell in der Form $Y = g(X)$ abhängig, wobei $y = g(x)$ eine umkehrbar eindeutige Funktion ist, so lässt sich aus dem Wert, den eine der beiden Zufallsgrößen angenommen hat, eindeutig der zugehörige Wert der anderen ermitteln. Das ist der maximale Grad der Abhängigkeit. X und Y sind dann vollständig voneinander abhängig. Interessant sind die Zwischenstufen. Zum Beispiel zweifelt niemand daran, dass zwischen dem Heizwert und dem Wassergehalt eines Braunkohlenbriketts, zwischen Körpergewicht und Körperlänge eines Menschen, zwischen dem Kronenvolumen und dem Holzzuwachs eines Baumes u.s.w., Abhängigkeiten bestehen. Aber solcherart Abhängigkeiten erlauben nicht, Aussagen dahingehend zu machen, dass zum Beispiel die jährliche Zunahme des Kronenvolumens eines Baumes um 1% stets zu einer Steigerung des jährlichen Holzzuwachses um genau 0,5% führt. Daher ist in diesen Fällen der 'unvollständigen', eben der *statistischen* bzw. *stochastischen Abhängigkeit* zwischen Zufallsgrößen, folgende Frage von praktischem Interesse: Kann man den Grad der Abhängigkeit zwischen zwei Zufallsgrößen durch eine geeignete numerische Kenngröße quantifizieren? Diese Frage wurde bereits im Abschnitt 1.8.1.5 positiv beantwortet. Im folgenden Abschnitt geht es um die statistische Schätzung des dort eingeführten Korrelationskoeffizienten $\rho = \rho(X, Y)$ zwischen zwei Zufallsgrößen X und Y:

$$\rho(X, Y) = \frac{E[(X - E(X))(Y - E(Y)]}{\sigma_X \sigma_Y} = \frac{E[XY - E(X)E(Y)]}{\sigma_X \sigma_Y}. \qquad (3.47)$$

3.6.2 Einfacher Korrelationskoeffizient

Im Folgenden wird stets vorausgesetzt, dass zwischen den zwei Zufallsgrößen X und Y, deren statistische Abhängigkeit Gegenstand der Untersuchungen ist, die Beziehung

$$E(Y(x)) = E(Y|x) = \beta_0 + \beta_1 x \qquad (3.48)$$

besteht. Hierbei ist $E(Y|x)$ der durch (1.60) definierte bedingte Erwartungswert von Y unter der Bedingung $X = x$, also eine Funktion von x. $Y(x)$ ist somit die Zufallsgröße Y unter der Bedingung, dass X den Wert x angenommen hat. $E(Y(x)) = E(Y|x)$ wurde bereits im Abschnitt 1.8.1.5 als *Regressionsfunktion von Y bezüglich X* bezeichnet. Es wird also vorausgesetzt, dass die durchschnittliche Entwicklung von Y linear von $X = x$ abhängt. Den numerischen Untersuchungen liege eine konkrete Stichprobe aus (X, Y) der Struktur

$$\{(x_1, y_1), (x_2, y_2), \dots (x_n, y_n)\} \qquad (3.49)$$

zugrunde, wobei x_i und y_i Werte von X bzw. Y sind, die diese an ein und demselben Objekt angenommen haben; also etwa Brusthöhendurchmesser und Kronenvolumen ein und desselben Baumes. (In der Terminologie der Abschnitte 3.5.2.1 und 3.5.2.2 sind $\{x_1, x_2, \dots, x_n\}$ und $\{y_1, y_2, \dots, y_n\}$ 'verbundene Stichproben'.) Ob die Voraussetzung

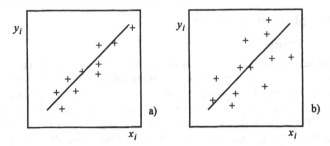

Bild 3.18 Lineare durchschnittliche Abhängigkeit zwischen X und Y

(3.48) erfüllt ist, erkennt man empirisch am einfachsten durch Eintragen der Stichproben-tupel (x_i, y_i) als Punkte in die (x, y)–Ebene. Ist (3.48) erfüllt, so können sich etwa die *Streudiagramme* ('Punktwolken') von Bild 3.18 a) und Bild 3.18 b) ergeben. In beiden Bildern wurden *Ausgleichsgeraden* $\hat{y} = b_1 x + b_0$ eingezeichnet, die als Schätzung für die Gerade (3.48) fungieren. (Ihre analytische Bestimmung erfolgt im Kapitel 3.7.) Obwohl beide Bilder deutlich eine im Mittel lineare Abhängigkeit zwischen X und Y anzeigen, erkennt man doch, dass die Punkte in Bild 3.18 a) weniger um die Ausgleichsgerade streuen als im Bild 3.18 b). Daher weist Bild 3.18 a) auf eine 'stärkere' lineare Abhängigkeit zwischen X und Y hin als im Fall des Bildes 3.18 b).

Um ausgehend von der konkreten Stichprobe (3.49) auf empirischem Wege zu einer Punktschätzung des Korrelationskoeffizienten zu gelangen, schätzt man die Kovarianz im Zähler von (3.47) durch die *empirische Kovarianz*

$$s_{xy} = \frac{1}{n-1} \sum_{i=1}^{n} (x_i - \bar{x})(y_i - \bar{y}) = \frac{1}{n-1}\left(\sum_{i=1}^{n} x_i y_i - n\bar{x}\bar{y} \right) \qquad (3.50)$$

und die Varianzen von X und Y wie üblich durch

$$s_x^2 = \frac{1}{n-1} \sum_{i=1}^{n} (x_i - \bar{x})^2 \quad \text{und} \quad s_y^2 = \frac{1}{n-1} \sum_{i=1}^{n} (y_i - \bar{y})^2. \qquad (3.51)$$

Damit ergibt sich für den Korrelationskoeffizienten $\rho(X, Y)$ der Schätzwert

$$r = \frac{\sum_{i=1}^{n} (x_i - \bar{x})(y_i - \bar{y})}{(n-1)s_x s_y} = \frac{\sum_{i=1}^{n} x_i y_i - n\bar{x}\bar{y}}{(n-1)s_x s_y}$$

bzw., äquivalent,

$$r = \frac{s_{xy}}{s_x s_y}. \qquad (3.52)$$

Der Schätzwert r heißt *empirischer Korrelationskoeffizient*. Er wird auch *Korrelations-koeffizient von Bravais-Pearson* genannt. Wird in (3.52) die konkrete Stichprobe formal durch die mathematische Stichprobe

$$\{(X_1, Y_2), (X_2, Y_2), ..., (X_n, Y_n)\}$$

aus (X, Y) ersetzt, so erhält man als Schätzfunktion für $\rho = \rho(X, Y)$ den *Stichproben-korrelationskoeffizienten* oder *zufälligen empirischen Korrelationskoeffizienten* $\hat{\rho}$:

$$\hat{\rho}(X, Y) = \frac{S_{xy}}{S_x S_y}.$$

$\hat{\rho}(X, Y)$ ist eine asymptotisch erwartungstreue und asymptotisch konsistente Schätzfunktion für ρ. Somit ist für hinreichend große Stichproben der empirische Korrelationskoeffizient r ein vertrauenswürdiger Schätzwert für den theoretischen Korrelationskoeffizienten ρ. Man rechnet leicht nach, dass r analog zu ρ folgende Eigenschaften hat:

1) $|r| \leq 1$

2) $|r| = 1$, falls X und Y linear abhängig sind.

Aber mit Bezug auf die Eigenschaft 1) von ρ (Abschnitt 1.8.1.5), nämlich $\rho(X, Y) = 0$, falls X und Y unabhängig sind, wird auch im Fall unabhängiger X und Y im Allgemeinen $r \neq 0$ ausfallen. Jedoch sind für unabhängige X und Y die Abweichungen des empirischen Korrelationskoeffizienten von 0 zufallsbedingt und daher nicht signifikant. Über die Signifikanz der Abweichungen des empirischen Korrelationskoeffizienten von 0, also über Korreliertheit oder Unkorreliertheit von X und Y, ist durch einen statistischen Test zu entscheiden. Zur Konstruktion dieses und weiterer Tests wird im Folgenden stets vorausgesetzt, dass (X, Y) einer zweidimensionalen Normalverteilung genügt (Abschn. 1.8.1.6).

Test auf Unkorreliertheit Zu testen ist

$$H_0: \rho = 0 \quad \text{gegen} \quad H_1: \rho \neq 0 \quad \text{(zweiseitig)}$$

oder $H_1: \rho > 0$ bzw. $\rho < 0$ (einseitig). Dies kann vermittels der Testfunktion

$$T_{n-2} = \frac{\hat{\rho}}{\sqrt{1 - \hat{\rho}^2}} \sqrt{n-2}$$

erfolgen; denn T_{n-2} genügt bei Gültigkeit von H_0 einer t-Verteilung mit $n-2$ Freiheitsgraden. Daher wird H_0 mit der Irrtumswahrscheinlichkeit α abgelehnt, wenn gilt

$$|t_{n-2}| = \left| \frac{r}{\sqrt{1-r^2}} \sqrt{n-2} \right| > t_{n-2; \alpha/2} \qquad \text{(zweiseitig)}$$

oder

$$t_{n-2} > t_{n-2, \alpha} \quad \text{bzw.} \quad t_{n-2} < t_{n-2, \alpha} \qquad \text{(einseitig)}$$

Dieser Test ist auch unter folgender Voraussetzung anwendbar:

$$Y(x) = N(\beta_1 x + \beta_0, \sigma^2).$$

Beispiel 3.32 In einem Fichtenreinbestand wurden 12 Bäume auf gut Glück ausgewählt und ihre Stammdurchmesser X (in 1,3 m Höhe) sowie die jeweiligen Höhen Y gemessen:

Durchmesser	30	28	22	32	26	36	32	22	24	34	28	20
Höhe	24,6	24,0	21,8	27,1	23,0	28,2	25,6	22,5	23,2	29,4	25,2	18,2

Man erhält $r = 0,94$. Wegen $n = 12$ ist bei einer solchen Größenordnung des empirischen Korrelationskoeffizienten ist nicht zu erwarten, dass seine Abweichung von 0 zufallsbedingt ist. Trotzdem soll der Test auf Unkorreliertheit durchgeführt werden. Da erfahrungsgemäß der zufällige Vektor (X, Y) einer zweidimensionalen Normalverteilung genügt, kann der beschriebene Test angewendet werden. Die Testgröße ist

$$t_{12} = \frac{0,94}{\sqrt{1 - 0,94^2}} \sqrt{10} = 8,71.$$

Wegen $t_{12} = 8,71 > t_{10;0,01} = 2,77$ wird H_0 hochsignifikant mit der Sicherheitswahrscheinlichkeit 0,99 zugunsten von $H_1 : \rho > 0$ abgelehnt. $\qquad\qquad\square$

Man beachte, dass wegen der vorausgesetzten gemeinsamen Normalverteilung von (X, Y) die Gültigkeit von $\rho = 0$ gleichbedeutend ist mit der Unabhängigkeit von X und Y.

Fishersche Z-Transformation Für hinreichend große n (etwa $n \geq 25$) ist die zufällige Stichprobenfunktion

$$T = \frac{1}{2} [\ln(1 + \hat{\rho}) - \ln(1 - \hat{\rho})]$$

(von *Fisher* mit Z bezeichnet) näherungsweise normalverteilt mit

$$E(T) = \frac{1}{2} \ln \frac{1+\rho}{1-\rho} + \frac{\rho}{2(n-1)}, \qquad Var(T) = \frac{1}{n-3}.$$

Somit gilt

$$[T - E(T)] \sqrt{n-3} \approx N(0,1).$$

Hieraus ergibt sich

$$P\left\{ \tanh\left(T - \frac{z_{\alpha/2}}{\sqrt{n-3}} \right) \leq \rho \leq \tanh\left(T + \frac{z_{\alpha/2}}{\sqrt{n-3}} \right) \right\} \approx 1 - \alpha,$$

wobei der *Tangens hyperbolicus* definiert ist durch

$$\tanh x = \frac{e^x - e^{-x}}{e^x + e^{-x}}.$$

Ist t ein auf der Basis der konkreten Stichprobe (3.49) ermittelter Wert von T, dann erhält man aus dieser Beziehung ein konkretes approximatives $100(1 - \alpha)\%$-Konfidenzintervall für ρ:

$$\left[\tanh\left(t - z_{\alpha/2}/\sqrt{n-3} \right), \ \tanh\left(t + z_{\alpha/2}/\sqrt{n-3} \right) \right].$$

Damit ist für große n in Verallgemeinerung des Tests auf Unkorreliertheit auch das Testproblem

$$H_0 : \rho = \rho_0 \text{ gegen } H_1 : \rho \neq \rho_0$$

gelöst: H_0 wird mit der Sicherheitswahrscheinlichkeit $1 - \alpha$ abgelehnt, wenn ρ_0 außerhalb des konkreten Konfidenzintervalls für ρ liegt.

Vergleich zweier Korrelationskoeffizienten Es seien $\hat{\rho}_1$ und $\hat{\rho}_2$ zwei Stichprobenkorrelationskoeffizienten, die vermittels mathematischer Stichproben vom Umfang n_1 bzw. n_2 aus zwei unterschiedlichen, unabhängigen, zweidimensional normalverteilten Vektoren $(X^{(i)}, Y^{(i)})$ mit $\rho_i = \rho_i(X^{(i)}, Y^{(i)})$; $i = 1,2$; gebildet wurden. Zu testen ist

$$H_0 : \rho_1 = \rho_2 \quad \text{gegen} \quad H_1 : \rho_1 \neq \rho_2.$$

Für den Fall, dass H_0 richtig ist, gilt für hinreichend große n

$$T = \frac{T_1 - T_2}{\sqrt{1/(n_1 - 3) + 1/(n_2 - 3)}} \approx N(0, 1)$$

mit

$$T_i = \frac{1}{2}[\ln(1 + \hat{\rho}_i) - \ln(1 - \hat{\rho}_i)]; \quad i = 1,2.$$

Sind t_1 und t_2 vermittels konkreter Stichproben berechnete Werte von T_1 bzw. T_2, dann wird H_0 zugunsten von H_1 mit der Sicherheitswahrscheinlichkeit $1 - \alpha$ abgelehnt, wenn gilt

$$|t| = \left| \frac{t_1 - t_2}{\sqrt{1/(n_1 - 3) + 1/(n_2 - 3)}} \right| > z_{\alpha/2}.$$

Im Falle der einseitigen Alternativhypothesen wird H_0 zugunsten von

$$H_1 : \rho_1 < \rho_2 \quad \text{bzw.} \quad H_1 : \rho_1 > \rho_2$$

abgelehnt, wenn $t < -z_\alpha$ bzw. $t > z_\alpha$ ausfällt.

3.6.3 Rangkorrelationskoeffizient von Spearman

Statistische Aussagen über den einfachen Korrelationskoeffizienten erfordern die Kenntnis der gemeinsamen Wahrscheinlichkeitsverteilung von (X, Y). Das verteilungsfreie Analogon zu diesem Koeffizienten ist der Spearmansche Rangkorrelationskoeffizient.

Ausgangspunkt ist wieder die konkrete Stichprobe (3.49), unter den gleichen Voraussetzungen erhoben. Zunächst wird vorausgesetzt, dass alle x_i und y_j voneinander verschieden sind. Die $x_1, x_2, ..., x_n$ und $y_1, y_2, ..., y_n$ werden getrennt entsprechend ihrer Größe in aufsteigender Reihenfolge geordnet. Die zugehörigen Folgen der Rangzahlen seien $r_1, r_2, ..., r_n$ bzw. $s_1, s_2, ..., s_n$. (Die kleinsten Werte der x_i bzw. y_j erhalten beide die Rangzahl 1 und die größten Werte der x_i bzw. y_j beide die Rangzahl n.) Der *Spearmansche Rangkorrelationskoeffizient* ergibt sich dadurch, dass im einfachen Korrelationskoeffizienten r die Rollen der x_i und y_j von ihren Rangzahlen übernommen werden:

$$r_{sp} = \frac{\sum_{i=1}^{n}(r_i - \bar{r})(s_i - \bar{s})}{\sqrt{\sum_{i=1}^{n}(r_i - \bar{r})^2}\sqrt{\sum_{i=1}^{n}(s_i - \bar{s})^2}}. \tag{3.53}$$

Hierbei sind $\bar{r} = \frac{1}{n}\sum_{i=1}^{n} r_i$ und $\bar{s} = \frac{1}{n}\sum_{i=1}^{n} s_i$. Da $\{r_1, r_2, ..., r_n\}$ und $\{s_1, s_2, ..., s_n\}$ Permutationen der Zahlen $1, 2, ..., n$ sind, gilt

$$\bar{r} = \bar{s} = (n+1)/2.$$

Ferner kann ohne Beschränkung der Allgemeinheit angenommen werden, dass die x_i schon in geordneter Reihenfolge vorliegen, das heißt, dass $r_i = i$; $i = 1, 2, ..., n$; gilt. Damit erhält man nach einigen Umformungen den Spearmanschen Rangkorrelationskoeffizienten in der Form

$$r_{sp} = 1 - \frac{6\sum_{i=1}^{n}(i - s_i)^2}{n^2(n-1)}. \tag{3.54}$$

Aus dieser Darstellung folgen sofort zwei Eigenschaften des Spearmanschen Rangkorrelationskoeffizienten:

1) $r_{sp} = 1$, wenn $r_i = s_i$ ist; $i = 1, 2, ..., n$.

2) $r_{sp} = -1$, wenn $s_i = n + 1 - \hat{r}_i$ ist; $i = 1, 2, ..., n$.

Somit gilt $r_{sp} = 1$, wenn der kleinste x-Wert mit dem kleinsten y-Wert gepaart ist, der zweitkleinste x-Wert mit dem zweitkleinsten y-Wert usw. Ferner gilt $r_{sp} = -1$, wenn der kleinste x-Wert mit dem größten y-Wert gepaart ist, der zweitkleinste x-Wert mit dem zweitgrößten y-Wert usw. ('Gegenläufigkeit der Ränge'.) Die Begriffe *negativ korreliert* und *positiv korreliert* sind analog zum einfachen Korrelationskoeffizienten definiert.

Unabhängigkeitstest Vermittels r_{sp} ist die Hypothese

$$H_0 : \text{"}X \text{ und } Y \text{ sind unabhängig"}$$

zweiseitig gegen H_1 : "X und Y sind abhängig" oder einseitig gegen H_1 : "X und Y sind abhängig und zwar positiv bzw. negativ korreliert" zu testen.

Man wird einseitig testen, wenn aus inhaltlichen Gründen klar ist, dass, wenn X und Y korreliert sind, positive bzw. negative Korrelation vorliegen muss. Gilt H_0, dann haben alle Rangkonstellationen $\{r_1, r_2, ..., r_n\}$ und $\{s_1, s_2, ..., s_n\}$, das heißt alle Permutationen der Zahlen $1, 2, ..., n$, die gleiche Wahrscheinlichkeit, nämlich $1/n!$, und es sind die Rangkonstellationen der x- und y-Werte voneinander unabhängig. Auf dieser Basis lässt sich die Wahrscheinlichkeitsverteilung des Spearmanschen Stichprobenrangkorrelationskoeffizienten R_{sp} $(= \hat{r}_{sp})$ bestimmen. (Dieser wird gemäß (3.53), aber vermittels einer mathematischen Stichprobe aus (X, Y) gebildet.) Die Wahrscheinlichkeitsverteilung von R_{sp} hängt daher nicht von der Verteilung von (X, Y) ab, so dass, wie im Abschnitt 3.5.3, die Konstruktion eines verteilungsfreien Tests auf Unabhängigkeit möglich ist. Da bei Unabhängigkeit von X und Y der Koeffizient r_{sp} nicht signifikant von 0 verschieden ist, wird H_0 abgelehnt, wenn $|r_{sp}|$ einen kritischen Wert überschreitet (zweiseitiger Test) bzw. H_0 wird abgelehnt, wenn r_{sp} einen kritischen Wert überschreitet bzw. unterschreitet (einseitige Tests).

n	$r_{n;0,05}$	$r_{n;0,025}$	$r_{n;0,01}$	$r_{n;0,005}$
4	1			
5	0,900	1	1	
6	0,828	0,886	0,943	1
7	0,714	0,786	0,893	0,929
8	0,643	0,738	0,834	0,882
9	0,600	0,690	0,784	0,834
10	0,564	0,649	0,745	0,794
11	0,532	0,618	0,709	0,755
12	0,504	0,588	0,679	0,727
13	0,483	0,561	0,649	0,704
14	0,464	0,539	0,626	0,680

Tafel 3.15 Quantile der Verteilung des Spearmanschen Rangkorrelationskoeffizienten

Tafel 3.15 enthält kritische Testschranken für die üblichen Sicherheitswahrscheinlichkeiten bis zum Stichprobenumfang $n = 14$. Bei Gültigkeit von H_0 ist die Verteilung von R_{sp} symmetrisch bezüglich des Nullpunkts. Die kritischen Testschranken $r_{n,\alpha}$ in Tafel 3.15 sind wie üblich bei nullsymmetrischen Verteilungen definiert:

$$P(-r_{n,\alpha/2} \leq R_{sp} \leq +r_{n,\alpha/2}) = 1 - \alpha \quad \text{bzw.} \quad P(R_{sp} \leq r_{n,\alpha}) = 1 - \alpha.$$

Für $n \geq 15$ kann man sich bei der Bestimmung der kritischen Testschranken zunutze machen, dass dann R_{sp} näherungsweise normalverteilt ist mit

$$E(R_{sp}) = 0 \quad \text{und} \quad Var(R_{sp}) = 1/(n-1),$$

so dass $R_{sp}\sqrt{n-1} \approx N(0,1)$ gilt. Daher wird H_0 mit der Sicherheitswahrscheinlichkeit $1 - \alpha$ abgelehnt, wenn gilt

$$r_{sp}\sqrt{n-1} > |z_{\alpha/2}|, \qquad \text{(zweiseitiger Test)}$$

$$r_{sp}\sqrt{n-1} > z_\alpha \qquad \text{(positive Korrelation, einseitiger Test)}$$

bzw.

$$r_{sp}\sqrt{n-1} < -z_\alpha. \qquad \text{(negative Korrelation, einseitiger Test)}$$

Sind nun zwei oder mehr der x- bzw. y-Werte einander gleich, dann ordnet man diesen Werten als Rangzahl das arithmetische Mittel derjenigen Rangzahlen zu, die sie erhalten würden, wenn sie verschieden wären, sich aber so wenig unterscheiden, dass die Rangzahlen aller anderen Werte nicht beeinflusst werden. Die Darstellung (3.54) des Spearmanschen Rangkorrelationskoeffizienten kann nur dann verwendet werden, wenn die Werte wenigstens einer der Messreihen $\{x_i\}$ bzw. $\{y_i\}$ alle verschieden sind.

Fortsetzung von Beispiel 3.32   Werden den Stammdurchmessern und Baumhöhen Rangzahlen zugeordnet, ergibt sich unter Beibehaltung der Reihenfolge der (x_i, y_i):

r_i	8	6,5	2,5	9,5	5	12	9,5	2,5	4	11	6,5	1
s_i	7	6	2	10	4	11	9	3	5	12	8	1

Gleiche Werte und damit mittlere Rangzahlen treten nur bei den Stammdurchmessern auf (was sich hätte bei genauerer Messung vermeiden lassen). Werden die Rangzahlen der Baumhöhen der Größe nach geordnet, erhält man

r_i	1	2,5	2,5	5	4	6,5	8	6,5	9,5	9,5	12	11
s_i	1	2	3	4	5	6	7	8	9	10	11	12

Damit ergibt sich vermittels Formel (3.54), wenn dort die Rollen von s_i und r_i vertauscht werden, $r_{sp} = 0,968$. Da entsprechend Tafel 3.15

$$r_{sp} = 0,968 > r_{12;0,01} = 0,679$$

ist, wird die Hypothese der Unabhängigkeit von Brusthöhendurchmesser und Baumhöhe mit einer Sicherheitswahrscheinlichkeit von $0,99$ zugunsten einer positiven Korrelation zwischen beiden Merkmalen verworfen werden, und zwar - als entscheidender Vorteil gegenüber dem im Beispiel 3.32 angewandten Test - unabhängig vom Verteilungstyp von (X, Y).   □

Neben der Verteilungsfreiheit des auf dem Spearmanschen Rangkorrelationskoeffizienten beruhenden Unabhängigkeitstests ist einer seiner weiteren Vorteile, dass die Stichprobe nicht in *metrischer Skalierung*, also als Folge von Zahlenwerten, vorliegen muss, sondern dass eine *ordinale Skalierung*, also eine Rangreihenfolge, ausreicht. Eine wie im Beispiel 3.32 vorliegende metrische Skalierung wird ohnehin in eine ordinale Skalierung überführt.

Kendallscher Rangkorrelationskoeffizient   Mit den eingeführten Bezeichnungen und unter der Voraussetzung, dass alle Ränge voneinander verschieden sind, ist der *Kendallsche Rangkorrelationskoeffizient* gegeben durch

$$r_K = \frac{2q}{n(n-1)},$$

wobei

$$q = \sum_{i,j=1}^{n} a_{ij} b_{ij}$$

mit $a_{ij} = 1$ für $r_i < r_j$ und $a_{ij} = -1$ für $r_i > r_j$ sowie $b_{ij} = 1$ für $s_i < s_j$ und $b_{ij} = -1$ für $s_i > s_j$ ist.

Da der Spearmansche Rangkorrelationskoeffizient im Allgemeinen günstigere statistische Eigenschaften als r_K hat, wird der Kendallsche Rangkorrelationskoeffizient hier nicht weiter diskutiert.

3.7 Regressionsanalyse

3.7.1 Einführung

Wie bei der Korrelationsanalyse interessiert auch in der Regressionsanalyse der wechselseitige stochastische Zusammenhang zwischen zwei oder mehr Zufallsgrößen. Jedoch geht es nicht vordergründig um die Stärke des Zusammenhangs, sondern um die funktionale Modellierung des durchschnittlichen Zusammenhangs.

Bemerkung Der Begriff *Regression* im Zusammenhang mit den folgenden Darlegungen bezieht sich auf eine der ersten Anwendungen. *F. Galton* stellte 1885 im Ergebnis der Auswertung eines umfangreichen Datenmaterials fest, dass Söhne von überdurchschnittlich langen Vätern zwar im Allgemeinen auch überdurchschnittlich lang sind, aber im Mittel doch kürzer sind als ihre Väter (*Regressionseffekt*).

Die Regressionsanalyse ist eines der am meisten benutzten und praktisch bedeutsamsten statistischen Verfahren überhaupt. Es gibt kaum eine Wissenschaftsdisziplin, wo sie nicht eingesetzt wird. Zum Beispiel obliegt dem Demographen, ausgehend vom Alter von Personen auf deren restliche Lebensdauer zu schliessen, der Betriebswirtschaftler möchte den Instandhaltungsaufwand je Zeiteinheit für ein System in Abhängigkeit von dessen Laufzeit kalkulieren, den Landwirt interessiert der quantitative und qualitative Einfluss von Düngemitteln auf den Ertrag, der Verfahrensingenieur möchte den Einfluss von Reaktionszeit und -temperatur auf die Ausbeute modellieren, dem Meteorologen ist die Kenntnis des quantitativen Zusammenhangs zwischen Ozonkonzentration und Parametern wie Temperatur oder Intensität der Sonneneinstrahlung von Bedeutung u.s.w.

Allgemein ist die funktionelle Abhängigkeit einer Zufallsgröße Y von Werten zu untersuchen, die eine oder mehrere Zufallsgrößen $X_1, X_2, ..., X_n$ annehmen. In diesem Zusammenhang nennt man Y auch *Ergebnisgröße*, und die X_i heißen *Einflussgrößen* oder *Regressoren*. Das Problem der Modellierung der funktionellen Abhängigkeit zwischen Y und den X_i ist besonders dann von Bedeutung, wenn die Werte der X_i versuchstechnisch leicht und zudem exakt oder mit vernachlässigbar kleinen Abweichungen bestimmt oder eingestellt werden können, während die genaue Bestimmung von Werten, die Y annimmt, kompliziert und aufwendig ist. Beispielsweise ist es ungleich leichter und obendrein erheblich wirtschaftlicher, anstelle des täglichen Brennstoffbedarfs eines Heizwerkes die Außentemperatur zu messen, anstelle der Holzmasse eines Baumes dessen Stammdurchmesser oder anstelle der Zugfestigkeit eines Seils durch eine Zereißprobe dessen Durchmesser zu ermitteln. In vielen Anwendungen können die Werte der X_i von vornherein festgelegt werden, beispielsweise bei der Untersuchung des Einflusses von Reaktionszeit und -temperatur auf die Ausbeute Y. Interessiert jedoch der funktionelle Zusammenhang zwischen Körperlänge Y und -gewicht X, dann wäre eine a priori Festlegung von X-Werten nicht sinnvoll. Ziel ist in jedem Fall der 'Schluss von bekannten Werten der X_i auf Y'. Dieser Schluss ist immer dann gerechtfertigt, wenn etwa durch eine Korrelationsanalyse oder entsprechende Untersuchungen innerhalb der Regressionsanalyse ein hinreichend starker Zusammenhang zwischen den X_i und Y nachgewiesen werden kann.

3.7.2   Einfache lineare Regression

3.7.2.1 Punktschätzung der Modellparameter

Der Fall der *einfachen linearen Regression* liegt vor, wenn der Zusammenhang zwischen zwei Zufallsgrößen X und Y interessiert, deren Regressionsfunktion linear ist:

$$E(Y(x)) = E(Y|x) = \beta_0 + \beta_1 x. \tag{3.55}$$

Das ist wieder die der linearen Korrelationsanalyse zugrunde liegende Voraussetzung (3.48). $Y(x)$ ist wie dort diejenige Zufallsgröße, die die Wahrscheinlichkeitsverteilung von Y unter der Bedingung $X = x$ hat. Die Funktion

$$y = \beta_0 + \beta_1 x \tag{3.56}$$

heißt *Regressionsgerade* (*von Y bezüglich X*), und die Parameter β_0 und β_1 sind die *Regressionskoeffizienten*. Die Regressionsgerade quantifiziert den durchschnittlichen Einfluss von $X = x$ auf Y. Die Punktschätzung der Regressionskoeffizienten, und damit die Schätzung der Regressionsgeraden, ist Anliegen dieses Abschnitts.

Die Schätzung erfolgt wieder auf der Grundlage der konkreten Stichprobe (3.49), nämlich $\{(x_1, y_1), (x_2, y_2), \ldots (x_n, y_n)\}$, mit der dort gegebenen Erläuterung. Das zugrunde liegende Zufallsexperiment wird so angelegt oder zumindest so interpretiert, dass bei vorgegebenem Wert x_i von X der zugehörige Wert y_i von Y ermittelt wird; $i = 1, 2, \ldots, n$. Genauer ist vorauszusetzen, dass die y_i Werte unabhängiger zufälliger Größen $Y_i = Y(x_i)$ sind. Die der konkreten Stichprobe zugrunde liegende zufällige Stichprobe hat daher die Struktur

$$\{(x_1, Y(x_1)), (x_2, Y(x_2)), \ldots, (x_n, Y(x_n))\} \tag{3.57}$$

mit unabhängigen, aber nicht identisch verteilten $Y(x_1), Y(x_2), \ldots, Y(x_n)$. Die Regressionsgerade (3.56) wird durch die *empirische Regressionsgerade*

$$\hat{y} = b_0 + b_1 x \tag{3.58}$$

geschätzt. Die Parameter b_0 und b_1 als Schätzwerte für die Regressionskoeffizienten β_0 und β_1 sind die *empirische Regressionskoeffizienten*. (In der englischsprachigen Literatur heißt b_0 *intercept* und b_1 heißt *slope*.) Sie sind so zu bestimmen, dass die empirische Regressionsgerade einen möglichst guten 'Ausgleich' des durch die Stichprobe gegebenen Streudiagramms gewährleistet. Daher spricht man in der Literatur auch von *Ausgleichsrechnung* und bezeichnet (3.58) als *Ausgleichsgerade*.

Die Grundidee der Schätzung der Parameter β_0 und β_1 besteht in der Minimierung der Summe der Differenzen zwischen den Stichprobenordinatenwerten y_i und den zugehörigen, durch die empirische Regressionsgerade gegebenen Werten (*predicted values*) $\hat{y}_i = b_0 + b_1 x_i$ (Bild 3.19). Jedoch ist es nicht zweckmäßig, von den absoluten Differenzen $|y_i - \hat{y}_i|$ auszugehen, sondern von den *Abweichungsquadraten* $(y_i - \hat{y}_i)^2$. Die Punktschätzung von Parametern auf der Basis der Minimierung der Summe von Abweichungsquadrate ist als *Methode der kleinsten Quadrate* bekannt. Diese Methode wurde von *Gauss* (1795) und wenig später auch von *Legendre* (1805) entwickelt.

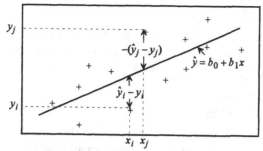

Bild 3.19 Illustration der Methode der kleinsten Quadrate

Die Summe der Abweichungsquadrate ist

$$Q(b_0, b_1) = \sum_{i=1}^n (y_i - \hat{y}_i)^2 = \sum_{i=1}^n (y_i - b_0 - b_1 x_i)^2 .$$

b_0 und b_1 sind so zu bestimmen, dass die Funktion $Q(b_0, b_1)$ ihr absolutes Minimum annimmt. Die notwendigen Bedingungen lauten

$$\frac{\partial Q(b_0, b_1)}{\partial b_i} = 0; \quad i = 0, 1 .$$

Diese Bedingungen liefern das *System der Normalgleichungen* für b_0 und b_1:

$$n b_0 \quad + b_1 \sum_{i=1}^n x_i = \sum_{i=1}^n y_i ,$$

$$b_0 \sum_{i=1}^n x_i + b_1 \sum_{i=1}^n x_i^2 = \sum_{i=1}^n x_i y_i .$$

Die Lösung ist

$$b_1 = \frac{\sum_{i=1}^n (x_i - \bar{x})(y_i - \bar{y})}{\sum_{i=1}^n (x_i - \bar{x})^2}, \quad b_0 = \bar{y} - b_1 \bar{x} .$$

Unter Berücksichtigung der Bezeichnungen (3.50) bis (3.52) lassen sich die empirischen Regressionskoeffizienten wie folgt schreiben:

$$b_1 = \frac{s_{xy}}{s_x^2} = r \frac{s_y}{s_x}, \quad b_0 = \bar{y} - r \frac{s_y}{s_x} \bar{x} . \tag{3.59}$$

Damit erhält die Regressionsgerade die Gestalt

$$\hat{y} = \hat{y}(x) = \bar{y} + r \frac{s_y}{s_x} (x - \bar{x}) .$$

Diese Darstellung enthält nur solche Parameter, die bereits bei der Ermittlung des empirischen Korrelationskoeffizienten zu berechnen waren. Man erkennt ferner, dass der Punkt $(\bar{x}, \bar{y})$ stets auf der Regressionsgeraden liegt. Ist $r = 0$, hat $X = x$ keinen Einfluss auf die durchschnittliche Entwicklung von $Y = Y(x)$, denn die empirische Regressionsgerade verläuft parallel zur x-Achse. Die Differenzen $e_i = y_i - \hat{y}_i$ heißen *Residuen*. Die Regressionsgerade wurde so bestimmt, dass die Quadratsumme der Residuen SS_E (*Restsumme, sum of squared errors*) minimal ist:

$$SS_E = \Sigma_{i=1}^{n}(y_i - \hat{y}_i)^2.$$

SS_E ist offenbar ein Kriterium für die Güte der Anpassung der Regressionsgeraden an die Punktwolke. Die *Gesamtstreuung* (*totale Streuung*) der y-Werte um $\bar{y}$ ist

$$SS_T = \Sigma_{i=1}^{n}(y_i - \bar{y})^2 = (n-1)s_y^2.$$

Es besteht der Zusammenhang

$$SS_T = SS_E + SS_R,$$

wobei $SS_R = \Sigma_{i=1}^{n}(\hat{y}_i - \bar{y})^2$ die *Regressionsstreuung* ist. Je größer der Anteil von SS_R an der Gesamtstreuung ist, umso mehr konzentrieren sich die Punkte um die Regressionsgerade. Daher ist

$$B = \frac{SS_R}{SS_T} = \frac{SS_R}{SS_E + SS_R} \tag{3.60}$$

ein geeignetes Maß, um die Stärke des linearen Zusammenhangs zwischen X und Y zu beurteilen. Es wird (*einfaches*) *Bestimmtheitsmaß* (*coefficient of determination*) genannt. Zwischen Bestimmtheitsmaß und empirischem Korrelationskoeffizienten besteht der Zusammenhang $B = r^2$. Infolgedessen ist B stets positiv, und es gilt $0 \le B \le 1$.

Wird in (3.59) die konkrete Stichprobe durch die zufällige Stichprobe (3.57) ersetzt, erhält man die zufälligen Schätzfunktionen B_0 und B_1 (= *Stichprobenregressionskoeffizienten*) für β_0 bzw. β_1. Also ist, wenn $Y_i = Y(x_i)$ gesetzt wird,

$$B_1 = \frac{1}{s_{xx}} \Sigma_{i=1}^{n}(x_i - \bar{x})(Y_i - \bar{Y}), \quad B_0 = \bar{Y} - B_1 \bar{x} \text{ mit } s_{xx} = (n-1)s_x^2. \tag{3.61}$$

Satz 3.4 B_0 und B_1 sind erwartungstreue Schätzfunktionen für β_0 und β_1. ∎

An diesem leicht zu beweisendem Satz ist interessant, dass er ohne Voraussetzungen über die Wahrscheinlichkeitsverteilung von $Y = Y(x)$ auskommt.

Auch die Varianzen von B_0 und B_1 lassen sich ohne Kenntnis dieser Wahrscheinlichkeitsverteilung berechnen. Jedoch wird vorausgesetzt, dass die Varianz von $Y(x)$ nicht von x abhängt:

$$Var(Y(x)) \equiv \sigma^2. \tag{3.62}$$

Gilt (3.62), dann ist eine erwartungstreue Schätzfunktion für die *Reststreuung* σ^2 durch

$$S^2 = \frac{1}{n-2} \Sigma_{i=1}^{n}(Y_i - \hat{Y}_i)^2 = \frac{1}{n-2} \Sigma_{i=1}^{n}(Y_i - B_0 - B_1 x_i)^2 \tag{3.63}$$

gegeben. Demzufolge lautet der Schätzwert für σ^2:

$$s^2 = \frac{1}{n-2} \Sigma_{i=1}^{n}(y_i - \hat{y}_i)^2 = \frac{1}{n-2} SS_E. \tag{3.64}$$

s^2 ist die *empirische Reststreuung*. Nach elementaren Umformungen erhält man Darstellungen von B_0 und B_1 als Linearkombination der Y_i:

$$B_0 = \Sigma_{i=1}^{n}\left[\frac{1}{n} - \frac{\bar{x}}{s_{xx}}(x_i - \bar{x})\right]Y_i, \quad B_1 = \frac{1}{s_{xx}}\left[\Sigma_{i=1}^{n}(x_i - \bar{x})Y_i\right].$$

Wegen der vorausgesetzten Unabhängigkeit der Y_i ergeben sich hieraus die Varianzen

$$Var(B_0) = (1/n + \bar{x}^2/s_{xx})\sigma^2, \qquad Var(B_1) = \sigma^2/s_{xx}. \tag{3.65}$$

Diese Varianzen sind minimal, wenn s_{xx} am größten ist. Daher lässt sich aus diesen Beziehungen eine für praktische Anwendungen wichtige Schlußfolgerung ableiten:

> *Die x_i sollten, wenn es sich versuchstechnisch einrichten lässt, paritätisch an den Endpunkten des Wertebereichs von X konzentriert werden (also für $n > 2$ Mehrfachmessungen an den Endpunkten).*

Diese Schlußfolgerung kann sicher dann nicht mehr gezogen werden kann, wenn die Linearitätsvoraussetzung (3.55) nicht erfüllt ist. Schätzwerte für die Varianzen (3.65) sind

$$s_0^2 = (1/n + \bar{x}^2/s_{xx})s^2, \qquad s_1^2 = s^2/s_{xx}.$$

Die entsprechenden Schätzwerte für die Standardabweichungen (*standard errors*) von B_0 und B_1 sind

$$s_0 = se(B_0) = s\sqrt{1/n + \bar{x}^2/s_{xx}}, \qquad s_1 = se(B_1) = s\sqrt{1/s_{xx}}. \tag{3.66}$$

3.7.2.2 Konfidenz- und Prognoseintervalle

Die bisherigen Ergebnisse sind durchweg verteilungsunabhängig. Demgegenüber wird ab jetzt die zusätzliche Voraussetzung

$$Y(x) = N(\beta_0 + \beta_1 x, \sigma^2) \tag{3.67}$$

getroffen. Über die Voraussetzungen (3.55) und (3.62) hinaus wird also noch gefordert, dass $Y(x)$ normalverteilt ist. Mit diesen Prämissen lässt sich $Y(x)$ als Summe eines deterministischen Anteils (Regressionsanteil) und eines zufälligen Anteils ε darstellen:

$$Y(x) = \beta_0 + \beta_1 x + \varepsilon \quad \text{mit } \varepsilon = N(0, \sigma^2).$$

ε heißt (eventuell mit dem Attribut *theoretisch* versehen) *Residuum, zufälliger Fehler* oder *Störglied*.

Konfidenzintervalle Die folgenden zweiseitigen Konfidenzintervalle beruhen darauf, dass unter der Voraussetzung (3.67) die zufälligen Stichprobenfunktionen

$$\frac{B_0 - \beta_0}{S\sqrt{1/n + \bar{x}^2/s_{xx}}} \quad \text{und} \quad \frac{B_1 - \beta_1}{S\sqrt{1/s_{xx}}} \tag{3.68}$$

einer t-Verteilung mit $n - 2$ Freiheitsgraden genügen.

$(1 - \alpha)100\% - Konfidenzintervall\ für\ \beta_0$:

$$\left[b_0 - t_{n-2;\alpha/2}\, s_0,\ b_0 + t_{n-2;\alpha/2}\, s_0\right]$$

$(1 - \alpha)100\% - Konfidenzintervall\ für\ \beta_1$:

$$\left[b_1 - t_{n-2;\alpha/2}\, s_1,\ b_1 + t_{n-2;\alpha/2}\, s_1\right]$$

$(1 - \alpha)100\% - Konfidenzintervall \ für \ y(x_0) = \beta_0 + \beta_1 x_0:$

$$\left[\hat{y}_0 - t_{n-2;\alpha/2}\, s \, \sqrt{\frac{1}{n} + \frac{(x_0 - \bar{x})^2}{s_{xx}}} \, , \ \hat{y}_0 + t_{n-2;\alpha/2}\, s \, \sqrt{\frac{1}{n} + \frac{(x_0 - \bar{x})^2}{s_{xx}}} \right], \qquad (3.69)$$

wobei $\hat{y}_0 = b_0 + b_1 x_0$ gesetzt wurde. Das Konfidenzintervall ist am kürzesten für $x_0 = \bar{x}$, während mit wachsendem $|x_0 - \bar{x}|$ auch die Längen der zugehörigen Konfidenz-intervalle wachsen. Die Schätzwerte s, s_0 und s_1 sind durch (3.64) und (3.66) gegeben. Man beachte, dass sie ohne Beobachtungen an der Stelle $x = x_0$ gewonnen wurden. (3.69) ist ein Konfidenzintervall für den Erwartungswert $E(Y(x_0)) = E(Y|x_0)$ (mittleres Ergebnis unter der Bedingung $X = x_0$).

Prognoseintervalle (Vorhersageintervalle)   Im Unterschied zum eben betrachteten Konfidenzintervall interessiert jetzt bei gegebenem $x = x_0$ nicht der zugehörige bedingte Erwartungswert $y(x_0) = E(Y|x_0)$ der Ergebnisgröße, sondern der tatsächliche (zufällige) Wert $Y(x_0)$, den Y unter der Bedingung $X = x_0$ annimmt.

Ein $(1 - \alpha)100\% -$ *Prognoseintervall* für $Y(x_0)$ ist gegeben durch

$$\left[\hat{y}_0 - t_{n-2;\alpha/2}\, s \, \sqrt{1 + \frac{1}{n} + \frac{(x_0 - \bar{x})^2}{s_{xx}}} \, , \ \hat{y}_0 + t_{n-2;\alpha/2}\, s \, \sqrt{1 + \frac{1}{n} + \frac{(x_0 - \bar{x})^2}{s_{xx}}} \right]. \qquad (3.70)$$

Die Ergebnisgröße Y nimmt also unter der Bedingung $X = x_0$ mit Wahrscheinlichkeit $1 - \alpha$ einen Wert aus diesem Intervall an. Hieraus resultiert die praktische Bedeutung von Prognoseintervallen: Wenn es zu beurteilen gilt, ob ein neu beobachteter Wert von Y noch im bisher als zulässig erklärten Streubereich liegt, hat man zu prüfen, ob der neue Wert im entsprechenden Prognoseintervall liegt oder nicht. Liegt er außerhalb des Prognoseintervalls, hätte man ein nur mit Wahrscheinlichkeit α auftretendes Ereignis beobachtet und müsste den Ursachen nachgehe.

Ein $(1 - \alpha)100\% -$ *konkretes Prognoseintervall* für das arithmetische Mittel $\bar{Y}_m$ von m unabhängigen, neuen (zukünftigen) Y-Werten, ermittelt unter der Bedingung $X = x_0$, ist

$$\left[\hat{y}_0 - t_{n-2;\alpha/2}\, s \, \sqrt{\frac{1}{m} + \frac{1}{n} + \frac{(x_0 - \bar{x})^2}{s_{xx}}} \, , \ \hat{y}_0 + t_{n-2;\alpha/2}\, s \, \sqrt{\frac{1}{m} + \frac{1}{n} + \frac{(x_0 - \bar{x})^2}{s_{xx}}} \right]. \qquad (3.71)$$

$\bar{Y}_m$ nimmt also mit Wahrscheinlichkeit $1 - \alpha$ einen Wert aus diesem Intervall an. Entsprechend dem starken Gesetz der großen Zahlen strebt das das arithmetische Mittel $\bar{Y}_m$ für $m \to \infty$ mit Wahrscheinlichkeit 1 gegen seinen Erwartungswert $y(x_0) = E(Y(x_0))$. Daher überrascht nicht, dass unter sonst gleichen Bedingungen für $m \to \infty$ die Länge des Prognoseintervalls für das arithmetische Mittel gegen die Länge des $(1 - \alpha)100\%$ Konfidenzintervalls für $y(x_0) = E(Y(x_0)) = \beta_0 + \beta_1 x_0$ strebt.

3.7.2.3 Tests über Regressionskoeffizienten und Anpassung

Tests über Regressionskoeffizienten Unter der Voraussetzung (3.67) werden auf der Grundlage der Stichprobenfunktionen (3.68) einige Hypothesen über die Regressionskoeffizienten geprüft.

Hypothese $H_0 : \beta_0 = \beta$ Die Nullhypothese wird mit der Irrtumswahrscheinlichkeit α gegen die Alternativhypothese $H_1 : \beta_0 \neq \beta$ abgelehnt, wenn

$$\left| b_0 - \beta \right| > t_{n-2;\alpha/2}\, s_0$$

ausfällt; wenn also β außerhalb des zweiseitigen Konfidenzintervalls für β_0 liegt. H_0 wird mit der Irrtumswahrscheinlichkeit α gegen $H_1 : \beta_0 > \beta$ abgelehnt, wenn gilt

$$b_0 - \beta > t_{n-2;\alpha}\, s_0 .$$

Für $\beta = 0$ wird geprüft, ob die Regressionsgerade durch den Nullpunkt geht.

Hypothese $H_0 : \beta_1 = \beta$ Die Nullhypothese H_0 wird mit der Irrtumswahrscheinlichkeit α gegen die Alternativhypothese $H_1 : \beta_1 \neq \beta$ abgelehnt, wenn

$$\left| b_1 - \beta \right| > t_{n-2;\alpha/2}\, s_1$$

ausfällt; wenn also β außerhalb des zweiseitigen Konfidenzintervalls für β_1 liegt. H_0 wird mit der Irrtumswahrscheinlichkeit α gegen $H_1 : \beta_1 > \beta$ abgelehnt, wenn gilt

$$b_1 - \beta > t_{n-2;\alpha}\, s_1 .$$

Signifikanz der Regression Speziell wird vermittels der Hypothese $H_0 : \beta_1 = 0$ die *Signifikanz der Regression* geprüft; denn im Fall $\beta_1 = 0$ hängt $E(Y(x))$ nicht von x ab. Der Test auf Signifikanz der Regression ist inhaltlich und formal äquivalent dem im Abschnitt 3.6.2 durchgeführten Test auf Unkorreliertheit.

Prüfung der Linearität (lack-of-fit-test) Das lineare Regressionsmodell wird wegen seiner Einfachheit oft kritiklos angewendet, obwohl ein anderer funktioneller Ansatz für die Regressionsfunktion angezeigt wäre (Abschnitt 3.7.3). Daher sollte am Beginn der Regressionsanalyse folgender Sachverhalt geprüft werden:

H_0 : "Das lineare Modell ist dem Datenmaterial angepasst" gegen

H_1 : "Das lineare Modell ist dem Datenmaterial nicht angepasst".

Die Prüfung der Regressionsfunktion auf Linearität mit dem folgenden Test erfordert, für mindestens einen x-Wert mehrere y-Werte zu beobachten. Die erforderliche Stichprobe hat daher folgende Struktur:

$$x_1 : \quad y_{11}, y_{12}, ..., y_{1n_1}$$
$$x_2 : \quad y_{21}, y_{22}, ..., y_{2n_2}$$
$$...$$
$$x_m : \quad y_{m1}, y_{m2}, ..., y_{mn_m}$$

Der Test beruht auf folgender Aufspaltung der Quadratsumme der Residuen:

$$SS_E = SS_{PE} + SS_{LOF} \quad \text{mit} \quad SS_{PE} = \sum_{i=1}^{m} \sum_{j=1}^{n_i} (y_{ij} - \bar{y}_i)^2.$$

Hierbei ist der Anteil SS_{PE} an SS_E auf 'reinen Zufall' (*pure error*) zurückzuführen und die Quadratsumme SS_{LOF} beruht auf der Nichtangepasstheit des linearen Modells (*lack-of-fit*). Die Testgröße ist

$$t_{m-2,n-m} = \frac{SS_{LOF}/(m-2)}{SS_{PE}/(n-m)} = \frac{MS_{LOF}}{MS_{PE}}.$$

Bei Gültigkeit von H_0 ist $t_{m-2,n-m}$ Realisierung einer nach F mit $(m-2, n-m)$ Freiheitsgraden verteilten Zufallsgröße. Daher wird H_0 mit der Sicherheitswahrscheinlichkeit $1-\alpha$ abgelehnt, wenn gilt $t_{m-2,n-m} > F_{m-2,n-m;1-\alpha}$.

Beispiel 3.33 Es ist zu prüfen, ob zwischen Preis und Leistung eines Autos ein linearer statistischer Zusammenhang besteht. Wenn ja, ist die Regressionsgerade zu ermitteln. Dazu wurden von 15 Autotypen Leistung X [in *PS*] und Preis Y [in $10^3 DM$], gültig im Juli 2001, gegenübergestellt. Tafel 3.16 zeigt die Zahlenwerte (die Motorgrößen werden erst später benötigt), und Bild 3.20 das zugehörige Streudiagramm. Die zur Korrelations- und Regressionsanalyse notwendigen numerischen Kenngrößen errechnen sich zu

$$\bar{x} = 184,73; \quad \bar{y} = 69,5266; \quad s_x = 63,00646; \quad s_y = 30,568;$$
$$s_{xy} = 1\,917,9237.$$

i	Typ	PS	Preis [$10^3 DM$]	Motorgröße [ltr]
1	Acura TL	225	70,862	3,2
2	Audi A4	170	57,297	2,8
3	Audi A6	200	83,490	2,8
4	BMW 330i	227	87,532	3
5	BMW X5	282	114,285	4,4
6	Buick Park Avenue	240	83,490	3,8
7	Daewoo Lanos	105	30,667	1,6
8	Honda Civic	117	37,475	1,7
9	Hyundai Accent	92	23,595	1,5
10	Mazda Miata	155	54,648	1,8
11	Mercedes C240	168	73,853	2,6
12	Mercedes E430	275	121,490	4,3
13	Pontiac Grand Am	150	49,795	2,4
14	Porsche Boxster	250	116,283	3,2
15	VW Jetta	115	38,137	2

Tafel 3.16 Parameter von Personenkraftwagen

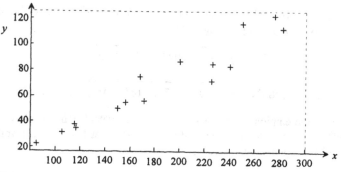

Bild 3.20 Streudiagramm von Leistung x und Preis y von Personenkraftwagen (Beispiel 3.33)

Formel (3.52) liefert den empirischen Korrelationskoeffizienten zu $r = 0,996$. Daher besteht ein starker linearer Zusammenhang zwischen Leistung und Preis eines PKW, so dass eine lineare Regression gerechtfertigt ist. Die empirischen Regressionskoeffizienten ergeben sich gemäß (3.59) zu

$$b_0 = -19,75; \quad b_1 = 0,4832.$$

Die empirische Regressionsgerade lautet demnach

$$\hat{y} = -19,75 + 0,4832\,x; \quad 92 \le x \le 282.$$

Die empirische Reststreuung und die empirischen Standardabweichungen von B_0 und B_1 errechnen sich vermittels (3.64) und (3.66) zu

$$s = 8,9554 \text{ bzw. } s_0 = \sqrt{Var(B_0)} = 7,390 \text{ und } s_1 = \sqrt{Var(B_1)} = 0,038.$$

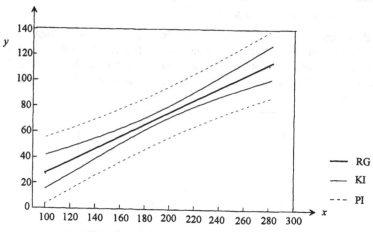

Bild 3.21 Empirische Regressionsgerade (RG), 95%-Konfidenzintervall für das mittlere Ergebnis (KI) und 95%-Prognoseintervall (PI)

Wegen $t_{13;0,05} = 2,16$ sind daher die zweiseitigen 95%–Konfidenzintervalle für β_0, β_1 und $y = E(Y(x))$ in dieser Reihenfolge $[-35,71;\ -3,79]$, $[0,4012;\ 0,5653]$ sowie

$$\left[-19,75 + 0,4832x - \frac{1}{5}\sqrt{1 + 0,00027(x - 184,73)^2}\ ;\right.$$

$$\left. -19,75 + 0,4832x + \frac{1}{5}\sqrt{1 + 0,00027(x - 184,73)^2}\ \right], \quad 92 \le x \le 282.$$

Bild 3.21 zeigt die empirische Regressionsgerade, das 95%-Konfidenzintervall für $y(x)$ und das 95%-Prognoseintervall. Die Prüfung auf Linearität kann mit der vorliegenden Stichprobe nicht vorgenommen werden.   □

3.7.3 Nichtlineare Regressionsfunktion

3.7.3.1 Polynomiale Regressionsfunktion

Ist die Regressionsfunktion $E(Y(x)) = E(Y|x)$ nicht linear in Abhängigkeit von der Einflussgröße x, sondern für ein $r = 2,3,\ldots$ ein Polynom r-ten Grades

$$E(Y(x)) = \beta_0 + \beta_1 x + \cdots + \beta_r x^r, \tag{3.72}$$

dann wird das Streudiagramm einer konkreten Stichprobe $\{(x_1,y_1),(x_2,y_2),\ldots(x_n,y_n)\}$ nicht die im Bild 3.19 zu erkennende lineare Tendenz aufweisen. Beispielsweise wird man im Fall eines Polynoms zweiten Grades, also einer Parabel, eher mit einer 'Punktwolke' der im Bild 3.22 veranschaulichten Struktur zu rechnen haben. In diesen Fällen kann der Ausgleich der Punktwolke durch eine Gerade von vornherein nicht optimal sein. In Verallgemeinerung der linearen Regression verwendet man beim Vorliegen der Regressionsfunktion (3.72) für deren Schätzung den Ansatz

$$\hat{y} = b_0 + b_1 x + \cdots + b_r x^r. \tag{3.73}$$

In der Praxis kann man bei der Wahl des Ansatzes für die *empirische Regressionsfunktion* kaum von der (theoretischen) Regressionsfunktion (3.72) ausgehen, da ja deren Struktur im Allgemeinen nicht bekannt ist. Man versucht vielmehr, aus dem Streudiagramm der Stichprobe, aus numerischen Experimenten, aus inhaltlichen Erwägungen oder

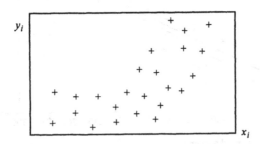

Bild 3.22 Streudiagramm bei parabolischer Regressionsfunktion

am besten durch entsprechende Tests (Abschnitt 3.7.4.5) die funktionelle Struktur des Ansatzes, hier also den Grad des Ausgleichspolynoms, geeignet festzulegen. Die Bestimmung der Parameter b_i als den gesuchten Schätzwerten für die β_i erfolgt wiederum mit der Methode der kleinsten Quadrate:

$$Q(b_0, b_1, \cdots, b_r) = \sum_{i=1}^{n} (y_i - a_0 - b_1 x_i - \cdots - b_r x_i^r)^2 \to \min.$$

Aus den notwendigen Bedingungen $\partial Q(b_0, b_1, \cdots, b_r)/\partial b_i = 0$; $i = 0, 1, \ldots, r$; erhält man das *System der Normalgleichungen* für die b_i :

$$b_0 n \qquad + b_1 \sum_{i=1}^{n} x_i \quad + \cdots + b_r \sum_{i=1}^{n} x_i^r \quad = \sum_{i=1}^{n} y_i$$

$$b_0 \sum_{i=1}^{n} x_i + b_1 \sum_{i=1}^{n} x_i^2 \quad + \cdots + b_r \sum_{i=1}^{n} x_i^{r+1} = \sum_{i=1}^{n} x_i y_i$$

$$b_0 \sum_{i=1}^{n} x_i^r + b_1 \sum_{i=1}^{n} x_i^{r+1} + \cdots + b_r \sum_{i=1}^{n} x_i^{2r} = \sum_{i=1}^{n} x_i^r y_i$$

Die Koeffizientenmatrix dieses inhomogenen linearen Gleichungssystems ist stets regulär, hat also eine nichtverschwindende Determinante. Daher hat das System der Normalgleichungen eine eindeutige Lösung. Ferner zeigt man leicht, dass an der Stelle dieser Lösung die Funktion $Q(b_0, b_1, \cdots, b_r)$ tatsächlich ihr absolutes Minimum annimmt.

Beispiel 3.34 Unter sonst gleichen Bedingungen ist der mechanische Verschleiß von Kugellagerschalen Y in Abhängigkeit von der Umgebungstemperatur X analytisch darzustellen. Messungen wurden an 5 verschiedenen Temperatureinstellungen vorgenommen:

X [in $100^0 C$] :	1	2	3	4	5
Y [in $mg/100$ Betriebsstunden]	3	4	6	10	16

Das zugehörige Streudiagramm legt nahe, den durchschnittlichen Zusammenhang zwischen mechanischem Verschleiß und Temperatur durch eine Parabel zu modellieren. Das System der Normalgleichungen lautet:

$$5 b_0 + 15 b_1 + 55 b_2 = 39$$
$$15 b_0 + 55 b_1 + 225 b_2 = 149$$
$$55 b_0 + 225 b_1 + 979 b_2 = 633.$$

Die Lösung dieses inhomogenen linearen Gleichungssystems ist

$$b_0 = 4,2; \quad b_1 = -1,9429; \quad b_2 = 0,8571.$$

Daher lautet die *Ausgleichsparabel* $\hat{y} = \hat{y}(x)$

$$\hat{y} = 4,2 - 1,9429\, x + 0,8571 x^2, \quad 1 \le x \le 5. \tag{3.74}$$

Die Restsumme der Abweichungsquadrate bei parabolischem Ausgleich beträgt

$$Q_{\min} = Q(4,2\,;\,1,9429\,;\,0,8571) = \sum_{i=1}^{5} (y_i - \hat{y}_i)^2 = 0,1143.$$

Werden die Ausgleichspolynome und die zugehörigen Restsummen auch für $r \ge 3$ berechnet, kann man abschätzen, bis zu welchem Grad des Ausgleichspolynoms noch eine nennenswerte Verbesserung der Anpassung an die Punktwolke zu beobachten ist. ☐

3.7.3.2 Exponentielle Regressionsfunktion

Die Formeln (3.59) zur Berechnung der Koeffizienten b_0 und b_1 der empirischen Regressionsgeraden sind auch dann anwendbar, wenn sich eine nichtlineare Regressionsfunktion in eine lineare, also in eine Gerade, transformieren lässt. Das prinzipielle Vorgehen soll am Beispiel der Regressionsfunktion einer Zufallsgröße Z bezüglich einer Zufallsgröße X illustriert werden, die in folgender Form vorliegt:

$$z = E(Z|x) = \gamma e^{\beta_1 x}. \tag{3.75}$$

Durch Logarithmieren erhält man die äquivalente Beziehung $\ln z = \ln \gamma + \beta_1 x$. Setzt man nun $y = \ln z$ und $\beta_0 = \ln \gamma$, so nimmt diese Gleichung die Form der (theoretischen) Regressionsgeraden (3.56) an: $y = \beta_0 + \beta_1 x$. Praktisch bedeutet dies, dass eine Stichprobe $\{(x_1, z_1), (x_2, z_2), ..., (x_n, z_n)\}$, deren Streudiagramm auf einen durchschnittlich exponentiellen Zusammenhang zwischen Z und $X = x$ schließen lässt, durch die Transformation $y_i = \ln z_i$; $i = 1, 2, ..., n$; in eine Stichprobe $\{(x_1, y_1), (x_2, y_2), ..., (x_n, y_n)\}$ überführt wird, deren Streudiagramm auf einen durchschnittlich linearen Zusammenhang zwischen $Y = \ln Z$ und $X = x$ hinweist:

$$y = E(Y|x) = \beta_0 + \beta_1 x.$$

Werden nun, ausgehend von der Stichprobe $\{(x_1, y_1), (x_2, y_2), ..., (x_n, y_n)\}$, die Parameter β_0 und β_1 durch die Methode der kleinsten Quadrate geschätzt, erhält man als Schätzwerte die durch (3.59) gegebenen Zahlen b_0 und b_1, und somit die empirische Regressionsgerade

$$\hat{y} = b_0 + b_1 x.$$

Da das ursprüngliche Ziel jedoch in der Schätzung der Regressionsfunktion von Z bezüglich X besteht, wird die Transformation $y = \ln z$ rückgängig gemacht und $\hat{y}$ in die e-te Potenz erhoben. Wird dabei $c = e^{b_0}$ gesetzt, erhält man die gewünschte Schätzung für die theoretische Regressionsfunktion (3.75):

$$\hat{z} = c e^{b_1 x}.$$

Beispiel 3.35 Es wird das gleiche Datenmaterial wie im Beispiel 3.34 verwendet. Tafel 3.17 zeigt das Datenmaterial noch einmal, und zwar mit den neuen Bezeichnungen und ergänzt um die transformierten Daten und die Prognosewerte. (3.59) liefert die Regressionskoeffizienten des transformierten Problems zu $b_0 = 0,5911$ und $b_1 = 0,4264$. Daher lautet die empirische Regressionsgerade des transformierten Problems

x_i	1	2	3	4	5
z_i	3	4	6	10	16
$y_i = \ln z_i$	1,0986	1,3863	1,7918	2,3026	2,7726
$\hat{z}_i = \hat{z}(x_i)$	2,7663	4,2372	6,4903	9,9415	15,2277

Tafel 3.17 Daten zu Beispiel 3.35

$$\hat{y} = 0,5911 + 0,4264x.$$

Durch Erheben beider Seiten dieser Beziehung in die e-te Potenz ergibt sich die gewünschte exponentielle Ausgleichskurve zu

$$\hat{z} = \hat{z}(x) = 1,806\,e^{0,4264x}.$$

Um die Güte der Anpassung dieser Ausgleichskurve mit der der Parabel (3.74) zu vergleichen, ist die zugehörige Summe der Abweichungsquadrate zu berechnen:

$$Q(0,4264;\,1,806) = \sum_{i=1}^{5}(z_i - 1,806\,e^{0,4264x_i})^2 = 0,9511.$$

Beim Vergleich dieser Restsumme mit der Restsumme 0,1143, die beim parabolischen Ausgleich auftritt, ist zu berücksichtigen, dass die berechnete exponentielle Ausgleichsfunktion von vornherein nicht optimal bezüglich der Summe der Abweichungsquadrate $\sum_{i=1}^{5}(z_i - \hat{z}_i)^2$ ist und nur zwei frei wählbare Parameter aufweist. $\qquad\Box$

3.7.4 Mehrfache lineare Regression

3.7.4.1 Punktschätzung der Modellparameter

Wenn, wie es in den vorangegangenen Abschnitten der Fall war, nur die Wirkung einer Einflussgröße auf das Ergebnis interessiert, hat man bei der Stichprobenahme dafür zu sorgen, dass etwaige andere noch wirkende Faktoren konstant gehalten werden. Andererseits, wenn schon mehrere Faktoren Einfluss auf die Ergebnisgröße Y haben, ist es naheliegend, deren Einfluss auf Y in ihrer Gesamtheit zu untersuchen. Formal geht es darum, die durchschnittliche funktionelle Abhängigkeit einer Zufallsgröße Y von den Werten zweier oder mehr Zufallsgrößen $X_1, X_2, \ldots, X_k$ zu erfassen, die als Einflussfaktoren in Frage kommen. Dies geschieht durch die Regressionsfunktion von Y bezüglich $X_1, X_2, \ldots, X_k$, also den bedingten Erwartungswert von Y unter der Bedingung, dass die Einflussgröße X_i den Wert x_i hat, $i = 1, 2, \ldots, k$:

$$y(x_1, x_2, \ldots, x_k) = E(Y|x_1, x_2, \ldots, x_k) = E(Y|X = x_1, X_2 = x_2, \ldots, X_k = x_k).$$

In Verallgemeinerung von (3.56) sei diese Funktion wiederum linear:

$$y = E(Y|x_1, x_2, \ldots, x_k) = \beta_0 + \beta_1 x_1 + \cdots + \beta_k x_k. \tag{3.76}$$

Die Regressionsfunktion wird somit als Ebene im $(k+1)$-dimensionalen Euklidischen Raum vorausgesetzt. Die Koeffizienten $\beta_0, \beta_1, \ldots, \beta_k$ heißen *(partielle) Regressionskoeffizienten*. Ihre Schätzung erfordert Stichproben aus $\{Y; X_1, X_2, \ldots, X_k\}$ der Struktur

$$\{(y_i;\, x_{i1}, x_{i2}, \ldots, x_{ik});\, i = 1, 2, \ldots, n;\, n > k\}$$

(Tafel 3.18). Die Messwerte in $(y_i;\, x_{i1}, x_{i2}, \ldots, x_{ik})$ beziehen sich auf das i-te untersuchte Objekt; allgemeiner, auf die i-te Versuchseinstellung (etwa, im Fall $k = 2$, Wassergehalt x_{1i}, Aschegehalt x_{2i}, und Heizwert y_i des i-ten untersuchten Briketts). Die *empirische Regressionsfunktion* als Schätzfunktion von (3.76) sei

$$\hat{y} = b_0 + b_1 x_1 + b_2 x_2 + \cdots + b_k x_k. \tag{3.77}$$

Y	X_1	X_2	$\cdots$	X_k
y_1	x_{11}	x_{12}	$\cdots$	x_{1k}
y_2	x_{21}	x_{22}	$\cdots$	x_{2k}
$\vdots$	$\vdots$	$\vdots$	$\vdots$	$\vdots$
y_n	x_{n1}	x_{n2}	$\cdots$	x_{nk}

Tafel 3.18 Stichprobe im Fall von k Einflussgrößen

Die Koeffizienten $b_0, b_1, ..., b_k$ sind die *empirischen (partiellen) Regressionskoeffizienten*. Sie werden wiederum durch die Methode der kleinsten Quadrate bestimmt. Spezielle Funktionswerte (*predicted values*) der empirischen Regressionsfunktion sind

$$\hat{y}_i = b_0 + b_1 x_{i1} + b_2 x_{i2} + \cdots + b_k x_{ik}; \quad i = 1, 2, ..., n. \tag{3.78}$$

Die Differenzen zwischen den y_i und $\hat{y}_i$ sind die (*empirischen*) *Residuen* e_i:

$$e_i = y_i - \hat{y}_i; \quad i = 1, 2, ..., n. \tag{3.79}$$

Die *empirischen Regressionskoeffizienten* b_i minimieren definitionsgemäß die Summe der Residuenquadrate:

$$Q(b_0, b_1, ..., b_k) = \sum_{i=1}^{n} e_i^2 = \sum_{i=1}^{n} (y_i - \hat{y}_i)^2. \tag{3.80}$$

Zur Bestimmung der b_i ist es zweckmäßig, an dieser Stelle zur Matrizenschreibweise überzugehen. Es seien, wenn $\mathbf{A}'$ die transponierte Matrix und im Falle ihrer Existenz $\mathbf{A}^{-1}$ die inverse Matrix von $\mathbf{A}$ bezeichnen ($\mathbf{A}'$ ist die an der Hauptdiagonale gespiegelte Matrix $\mathbf{A}$, und $\mathbf{A}^{-1}$ ist definiert durch $\mathbf{A}^{-1}\mathbf{A} = \mathbf{E}$, wobei die *Einheitsmatrix* $\mathbf{E}$ in der Hauptdiagonale Einsen und sonst nur Nullen aufweist),

$$\mathbf{X} = \left\{ \begin{array}{cccc} 1 & x_{11} & x_{12} & \cdots & x_{1k} \\ 1 & x_{21} & x_{22} & \cdots & x_{2k} \\ \vdots & \vdots & \vdots & \cdots & \vdots \\ 1 & x_{n1} & x_{n2} & \cdots & x_{nk} \end{array} \right\}, \tag{3.81}$$

$$\mathbf{y}' = (y_1, y_2, ..., y_n),$$
$$\hat{\mathbf{y}}' = (\hat{y}_1, \hat{y}_2, ..., \hat{y}_n),$$
$$\mathbf{b}' = (b_0, b_1, ..., b_k),$$
$$\mathbf{e}' = (e_1, e_2, ..., e_n).$$

Damit nehmen (3.79) und (3.80) die folgenden Formen an:

$$\mathbf{y} = \mathbf{X}\mathbf{b} + \mathbf{e},$$
$$Q(b_0, b_1, ..., b_k) = \sum_{i=1}^{n} e_i^2 = \mathbf{e}'\mathbf{e} = (\mathbf{y} - \mathbf{X}\mathbf{b})'(\mathbf{y} - \mathbf{X}\mathbf{b}).$$

Das *System der Normalgleichungen* für die empirischen Regressionskoeffizienten b_i ergibt sich aus den notwendigen Bedingungen

$$\partial Q(b_0, b_1, \ldots, b_k)/\partial b_i = 0; \quad i = 0, 1, \ldots, n;$$

zu

$$\mathbf{X}' \mathbf{X} \mathbf{b} = \mathbf{X}' \mathbf{y}.$$

Da die Matrix $(\mathbf{X}' \mathbf{X})^{-1}$ regulär ist, also eine von Null verschiedene Determinante hat, kann man die Lösung dieses Gleichungssystems sofort angeben:

$$\mathbf{b} = (\mathbf{X}' \mathbf{X})^{-1} \mathbf{X}' \mathbf{y}. \tag{3.82}$$

Es lässt sich zeigen, dass für dieses $\mathbf{b}$ die Summe der Abweichungsquadrate (3.80) tatsächlich ihr absolutes Minimum annimmt. Daher ist der durch (3.82) gegebene Vektor $\mathbf{b}$ der Vektor der gesuchten *empirischen Regressionskoeffizienten* und dementsprechend lautet die Schätzung der Regressionsfunktion mit $\mathbf{x} = (1, x_1, x_2, \ldots, x_k)$:

$$\hat{y} = \mathbf{x} \, \mathbf{b}.$$

Diese Funktion liefert also bezüglich der Methode der kleinsten Quadrate den besten Ausgleich der Versuchsdaten durch eine lineare Funktion in den b_i.

Spezialfall $k = 2$ In diesem Fall erfolgt der Ausgleich der Versuchsdaten durch eine Ebene. Die empirische Regressionsfunktion hat die Struktur

$$\hat{y} = b_0 + b_1 x_1 + b_2 x_2.$$

Das System der Normalgleichungen lässt sich auf folgende Form bringen:

$$s_1^2 b_1 + s_{12} b_2 = s_{13}$$
$$s_{12} b_1 + s_2^2 b_2 = s_{23}$$
$$b_0 + \bar{x}_1 b_1 + \bar{x}_2 b_2 = \bar{y}$$

mit

$$\bar{x}_j = \frac{1}{n} \sum_{i=1}^{n} x_{ij}, \qquad \bar{y} = \frac{1}{n} \sum_{i=1}^{n} y_i,$$

$$s_j^2 = \frac{1}{n-1} \sum_{i=1}^{n} (x_{ij} - \bar{x}_j)^2, \quad j = 1, 2,$$

$$s_{12} = \frac{1}{n-1} \sum_{i=1}^{n} (x_{i1} - \bar{x}_1)(x_{i2} - \bar{x}_2),$$

$$s_{13} = \frac{1}{n-1} \sum_{i=1}^{n} (x_{i1} - \bar{x}_1)(y_i - \bar{y}),$$

$$s_{23} = \frac{1}{n-1} \sum_{i=1}^{n} (x_{i2} - \bar{x}_2)(y_i - \bar{y}).$$

Die Lösung ist

$$b_1 = \frac{s_2^2 s_{13} - s_{12} s_{23}}{s_1^2 s_2^2 - s_{12}^2}, \quad b_2 = \frac{s_1^2 s_{23} - s_{12} s_{13}}{s_1^2 s_2^2 - s_{12}^2}, \quad b_0 = \bar{y} - b_1 \bar{x}_1 - b_2 \bar{x}_2. \tag{3.83}$$

i	1	2	3	4	5	6	7	8	9	10
Verschleiss y_i	558	425	350	236	185	253	468	303	155	400
Viskosität x_{i1}	2	16	22	43	33	40	8	26	46	14
Belastung x_{i2}	851	816	1058	1201	1357	1115	893	943	1426	903
i	11	12	13	14	15	16	17	18	19	20
Verschleiss y_i	522	197	477	258	408	263	369	226	562	294
Viskosität x_{i1}	11	41	7	31	17	45	30	48	3	22
Belastung x_{i2}	723	1329	1027	1108	850	880	835	976	906	1211

Tafel 3.19 Verschleiss von Achslagern in Abhängigkeit von Ölviskosität und Belastung

Beispiel 3.36 Zur Quantifizierung des Einflusses von Ölviskosität und Belastung auf den mechanischen Verschleiß von Achslagern wurden 20 Messungen an Achslagern gleichen Typs unter identischen Bedingungen durchgeführt. Tafel 3.19 zeigt die Ergebnisse. Die Bestimmung der Regressionskoeffizienten kann per Taschenrechner vermittels (3.83) erfolgen. Im Allgemeinen wird man ein Programmpaket zur Mathematischen Statistik einsetzen. In diesem Beispiel wurde mit MINITAB gearbeitet. Die erste Spalte der Matrix X enthält nur Einsen, die zweite Spalte die Viskositäten und die dritte Spalte die Belastungen. Damit ergibt sich, wenn y den Vektor der Verschleißdaten bezeichnet,

$$\mathbf{X'X} = \left\{ \begin{array}{ccc} 20 & 504 & 20409 \\ 504 & 17126 & 547014 \\ 20409 & 547014 & 21578826 \end{array} \right\},$$

$$\mathbf{X'y} = \left(\begin{array}{c} 6906 \\ 139966 \\ 6680166 \end{array} \right)$$

Ferner ist

$$(\mathbf{X'X})^{-1} = \left\{ \begin{array}{ccc} +1,5563740 & +0,0064325 & -0,0016350 \\ +0,0064325 & +0,0003333 & -0,0000145 \\ -0,0016350 & -0,0000145 & +0,0000020 \end{array} \right\}. \tag{3.84}$$

(3.82) liefert die empirischen Regressionskoeffizienten:

$$b_0 = 726, 957; \quad b_1 = 6,00858; \quad b_2 = 0,22565 x_2.$$

Daher lautet die empirische Regressionsfunktion für $2 \le x_2 \le 48$, $723 \le x_2 \le 1426$,

$$\hat{y} = 726, 957 - 6,00858 x_1 - 0,22565 x_2.$$

Bild 3.23 zeigt das 3-dimensionale Streudiagramm der Stichprobe um die empirische Regressionsebene.   □

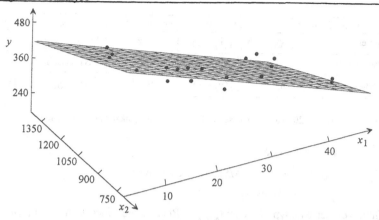

Bild 3.23 Streudiagramm Verschleiß y, Viskosität x_1 und Belastung x_2

3.7.4.2 Tests über Modellparameter

Statistische Tests und Intervallschätzungen erfordern Annahmen über die Wahrscheinlichkeitsverteilung der Ergebnisgröße Y bei gegebenen $X_i = x_i$; $i = 1, 2, ..., k$. Analog zu (3.67) wird vorausgesetzt, dass gilt

$$Y = Y(x_1, x_2, ..., x_k) = N(\beta_0 + \beta_1 x_1 + \cdots + \beta_k x_k, \sigma^2),$$

bzw., damit gleichbedeutend,

$$Y = \beta_0 + \beta_1 x_1 + \cdots + \beta_k x_k + \varepsilon \quad \text{mit } \varepsilon = N(0, \sigma^2).$$

Die Varianz σ^2 des (*theoretischen*) *Residuums* ε hängt also voraussetzungsgemäß nicht von den x_i ab. Speziell ist

$$Y_i = \beta_0 + \beta_1 x_{i1} + \cdots + \beta_k x_{ik} + \varepsilon_i \quad \text{mit } \varepsilon_i = N(0, \sigma^2); \ i = 1, 2, ..., n,$$

wobei die ε_i, und damit auch die Y_i, als unabhängige Zufallsgrößen vorausgesetzt werden. Ein Schätzwert für die *Reststreuung* σ^2 ist die *empirische Reststreuung*

$$s^2 = \frac{1}{n-k-1} \Sigma_{k=1}^{n} (y_i - \hat{y}_i)^2. \tag{3.85}$$

s^2 ist Realisierung einer erwartungstreuen Schätzfunktion für σ^2.

Test auf Signifikanz der Regression Es ist zu prüfen, ob mindestens eine der Einflussgrößen X_i relevant bezüglich der Ergebnisgröße Y ist; das heißt, die Nullhypothese

$$H_0 : \beta_1 = \beta_2 = \cdots = \beta_k = 0 \tag{3.86}$$

ist zu testen gegen

$$H_1 : \beta_j \neq 0 \text{ für mindestens ein } j = 1, 2, ..., k.$$

Wie im Fall der einfachen Regression liegt dem Test eine Zerlegung der Gesamtstreuung SS_T zugrunde (Bezeichnungen wie in Tafel 3.20):

Ursache der Streuung	Quadratsummen	Freiheitsgrade	Mittlere Quadratsumme
Regression	$SS_R = \sum_{i=1}^{n}(\hat{y}_i - \bar{y})^2$	k	$MS_R = SS_R/k$
Residuen (error)	$SS_E = \sum_{i=1}^{n}(y_i - \hat{y}_i)^2$	$n-k-1$	$MS_E = SS_E/(n-k-1)$
Gesamt (total)	$SS_T = \sum_{i=1}^{n}(y_i - \bar{y})^2$	$n-1$	$s_y^2 = SS_T/(n-1)$

Tafel 3.20 Varianzanalyse für den Test auf Signifikanz der Regression

$$SS_T = SS_R + SS_E$$

mit $SS_E = (n-k-1)s^2$ und $s^2 = MS_E$. Als Testgröße dient

$$t_{k,n-k-1} = MS_R/MS_E.$$

Bei Gültigkeit der Nullhypothese ist $t_{k,n-k-1}$ Realisierung einer nach F mit $(k, n-k-1)$ Freiheitsgraden verteilten Zufallsgröße. Da große Schätzwerte gegen die Richtigkeit der Nullhypothese sprechen, wird H_0 mit der Sicherheitswahrscheinlichkeit $1-\alpha$ abgelehnt, wenn $t_{k,n-k-1} > F_{k,n-k-1; 1-\alpha}$ ausfällt (Wegen der Bezeichnung der Quantile der F-Verteilung, siehe Bild 3.11.) Die Ablehnung von H_0 stützt prinzipiell die angestrebte Regressionsanalyse.

Test individueller Regressionskoeffizienten Auch wenn die Hypothese (3.86) abgelehnt wird, besteht die Möglichkeit, dass ein oder mehrere der β_j (aber weniger als k) gleich 0 sind, die entsprechenden X_j also keinen statistisch nachweisbaren Einfluss auf Y ausüben und damit irrelevant für die Regression sind. Daher ist es sinnvoll, individuell die Hypothesen

$$H_0 : \beta_j = 0 \quad \text{gegen} \quad H_1 : \beta_j \neq 0 \tag{3.87}$$

zu prüfen. Als Testgröße dient

$$t_{n-k-1} = b_j/se(B_j). \tag{3.88}$$

Hierbei ist $se(B_j)$ die empirische Standardabweichung (*standard error*) des (zufälligen) *Stichprobenregressionskoeffizienten* B_j. (Man erhält die B_j, wenn in (3.82) der Vektor **y** durch den zufälligen Vektor **Y** mit $\mathbf{Y}' = (Y_1, Y_2, ..., Y_n)$ ersetzt wird.) Es gilt

$$se(B_j) = s\sqrt{C_{jj}},$$

wobei C_{jj} das j-te Diagonalelement von $(\mathbf{X}'\mathbf{X})^{-1}$ ist, und s ist durch (3.85) gegeben. Unter der Voraussetzung, dass H_0 richtig ist, ist t_{n-k-1} Realisierung einer nach t mit $n-k-1$ Freiheitsgraden verteilten Zufallsgröße. Daher wird H_0 mit der Sicherheitswahrscheinlichkeit $1-\alpha$ abgelehnt, wenn

$$|t_{n-k-1}| > t_{n-k-1;\alpha/2}$$

gilt (zweiseitiger Test, Bezeichnung der Quantile der t-Verteilung wie in Bild 3.8).

Die Aufnahme eines neuen X_i in das Modell führt zwar zur Vergrößerung von SS_R und damit zur Verkleinerung von SS_E, jedoch wird die Aufnahme irrelevanter Einflussgrößen die Vergrößerung der Reststreuung s^2 implizieren. Ferner ist zu beachten, dass der Test über die Signifikanz einer neuen Einflussgröße X_{k+1} unter der Voraussetzung erfolgt, dass die Einflussgrößen $X_1, X_2, ..., X_k$ bereits im Modell sind. Es wird somit durch den Test der 'Gewinn' beurteilt, den eine Aufnahme von X_{k+1} in das Modell bringen würde.

Fortsetzung von Beispiel 3.36 Zunächst wird mit der Sicherheitswahrscheinlichkeit 0,99 die Signifikanz der Regression getestet:

$$H_0 : \beta_1 = \beta_2 = 0 \quad \text{gegen} \quad H_1 : \beta_i \neq 0 \text{ für mindestens ein } i.$$

MINITAB liefert

$$t_{2,17} = \frac{MS_R}{MS_E} = \frac{144\,816}{1028} = 140,94.$$

Wegen $F_{2,17;0,99} = 7,35$ wird H_0 hochsignifikant abgelehnt. Wenigstens eine der beiden Einflussgrößen ist relevant.

Nun soll mit der Sicherheitswahrscheinlichkeit 0,99 getestet werden, ob die Belastung einen signifikanten Beitrag zum Verschleiß liefert, wenn die Viskosität schon im Regressionsansatz ist:

$$H_0 : \beta_2 = 0 \quad \text{gegen} \quad H_1 : \beta_2 \neq 0.$$

Es ist $s^2 = 1028$ und (3.84) entnimmt man $C_{22} = 0,000002$. Daher lautet die Testgröße

$$t_{17} = \frac{b_2}{s\sqrt{C_{22}}} = \frac{-0,22349}{\sqrt{1028 \cdot 0,000002}} = -4,93.$$

Wegen $|t_{17}| = 4,93 > t_{17;0,01} = 2,9$ wird H_0 abgelehnt. Die Belastung ist relevant für die lineare Modellierung des Verschleißes von Achslagern des untersuchten Typs. □

3.7.4.3 Konfidenz- und Prognoseintervalle

Konfidenzintervall für β_j : Da die Testgröße (3.88) Realisierung einer nach t mit $n - k + 1$ Freiheitsgraden verteilten Zufallsgröße ist, ist das zweiseitige $100(1 - \alpha)\%-$Konfidenzintervall für β_j gegeben durch

$$\left[b_j - t_{n-k+1;\alpha/2} \, s\sqrt{C_{jj}} \; , \; b_j + t_{n-k+1;\alpha/2} \, s\sqrt{C_{jj}} \right].$$

Konfidenzintervall für den bedingten Erwartungswert der Ergebnisgröße: Gegeben sei eine spezielle Wertekonstellation

$$X_i = x_{0i}; \; i = 1, 2, ..., k;$$

der Einflussgrößen ('Versuchseinstellung'), die verschieden ist von den zur Schätzung der β_j verwendeten. Dann ist gemäß (3.89)

$$y(\mathbf{x}_0) = \beta_0 + \beta_1 x_{01} + \beta_2 x_{02} + \cdots + \beta_k x_{0k}$$

der bedingte Erwartungswert der Ergebnisgröße Y unter der Bedingung $X_i = x_{0i}$; $i = 1$, $2, ..., k$. Das zweiseitige $100(1 - \alpha)\%$-Konfidenzintervall für $y(\mathbf{x}_0)$ lautet, wenn der Vektor $\mathbf{x}_0$ durch

$$\mathbf{x}_0' = (1, x_{01}, x_{02}, ..., x_{0k}) \tag{3.89}$$

definiert ist und $\hat{y}_0 = \mathbf{x}_0' \mathbf{b}$ gesetzt wird:

$$\left[\hat{y}(\mathbf{x}_0) - t_{n-k+1;\alpha/2} \, s \sqrt{\mathbf{x}_0'(\mathbf{X}'\mathbf{X})^{-1}\mathbf{x}_0} \, , \, \hat{y}(\mathbf{x}_0) + t_{n-k+1;\alpha/2} \, s \sqrt{\mathbf{x}_0'(\mathbf{X}'\mathbf{X})^{-1}\mathbf{x}_0} \, \right].$$

Für $k = 1$ ergibt sich als Spezialfall das Konfidenzintervall (3.69).

Prognoseintervall (Vorhersageintervall) Im Unterschied zum Konfidenzintervall interessiert jetzt bei vorgegebener neuer Versuchseinstellung (3.89) (die also zur Schätzung nicht verwendet wurde) nicht der zugehörige mittlere Wert der Ergebnisgröße, sondern der tatsächliche (zufällige) Wert $Y(\mathbf{x}_0)$, den Y bei dieser Versuchseinstellung annehmen wird. Das $100(1 - \alpha)\%$ *Prognoseintervall* für $Y(\mathbf{x}_0)$ ist gegeben durch

$$\left[\hat{y}_0 - t_{n-k+1;\alpha/2} \, s \sqrt{1 + \mathbf{x}_0'(\mathbf{X}'\mathbf{X})^{-1}\mathbf{x}_0} \, , \, \hat{y}_0 + t_{n-k+1;\alpha/2} \, s \sqrt{1 + \mathbf{x}_0'(\mathbf{X}'\mathbf{X})^{-1}\mathbf{x}_0} \, \right].$$

Bei gleichem α und gleicher Versuchseinstellung ist das Prognoseintervall für einen (künftigen) Wert der Ergebnisgröße Y länger als das Konfidenzintervall für den entsprechenden bedingten Erwartungswert von Y. Wegen der inhaltlichen Deutung und Bedeutung von Prognoseintervallen siehe Abschn. 3.7.2.2.

Ist man etwa im Beispiel 3.33 an dem Prognoseintervall für den Verschleiss unter der Bedingung Viskosität $x_1 = 30$ und Belastung $x_2 = 1150$ interessiert, dann ergibt sich vermittels (3.84) das 95%-Prognoseintervall zu $[217,5; 357,6]$. Der Verschleiss wird also mit Wahrscheinlichkeit 0,95 zwischen 217,5 und 357,6 liegen.

3.7.4.4 Abhängigkeits- und Prognosemaße

Multiples Bestimmtheitsmaß Mit den Bezeichnungen von Tafel 3.20 ist das *multiple Bestimmtheitsmaß* wie folgt definiert:

$$B = B(X_1, X_2, ..., X_n; Y) = \frac{SS_R}{SS_T} = 1 - \frac{SS_E}{SS_T}.$$

Wie im Spezialfall des (einfachen) Bestimmtheitsmaßes (3.60) gibt es den Anteil der Streuung der y-Werte, der durch die Regressionsgerade 'abgefangen' wird, an der Gesamtstreuung der y_i an. Je größer der Anteil von SS_R an der Gesamtstreuung ist, umso mehr konzentrieren sich die Punkte um die Regressionsgerade. Ist $B = 0$, dann enthalten die Regressoren X_i keine Information über die Ergebnisgröße Y. Im Fall $B = 1$ ist Y vollständig durch die X_i bestimmt; es besteht eine funktionelle (lineare) Abhängigkeit zwischen Y und den X_i. Generell gilt $0 \leq B \leq 1$.

Adjustiertes Bestimmheitsmaß Ein Nachteil des multiplen Bestimmtheitsmaßes ist, dass es mit steigender Anzahl von Regressoren, die in das Modell aufgenommen werden, wächst, und zwar unabhängig davon, ob die Regressoren einen signifikanten Beitrag zur Prognose von Y liefern oder nicht. Daher wurde das *adjustierte Bestimmtheitsmaß* B_a eingeführt. Die Erhöhung von B durch Aufnahme weiterer Regressoren wird durch einen Korrekturfaktor ausgeglichen:

$$B_a = 1 - \frac{SS_E/(n-k-1)}{SS_T/(n-1)} \quad \text{bzw.} \quad B_a = 1 - \frac{n-1}{n-k-1}(1-B).$$

Somit steigt bei Aufnahme eines weiteren Regressors B_a nur dann, wenn die damit verbundene Reduzierung von SS_E die Zunahme von k um 1 mehr als kompensiert.

Multipler Korrelationskoeffizient Zur Vereinfachung der Schreibweise wird $Y = X_{k+1}$ gesetzt. Der *multiple Korrelationskoeffizient*

$$r_j = r_j(X_1, X_2, ..., X_{k+1})$$

quantifiziert die Stärke des Zusammenhangs zwischen X_j und den anderen X_i, nämlich den $X_1, X_2, ..., X_{j-1}, X_{j+1}, ..., X_{k+1}$. Seine Berechnung erfolgt folgendermaßen: X_j wird vermittels linearer Mehrfachregression durch die anderen Variablen approximiert. Die Approximation sei $\hat{X}_j$. Der einfache Korrelationskoeffizient zwischen X_j und $\hat{X}_j$ ist der multiple Korrelationskoeffizient r_j. Je besser X_j durch die anderen X_i approximiert wird, umso stärker ist der Zusammenhang zwischen X_j und den anderen X_i und umso größer ist r_j. Es gilt stets $-1 \leq r_j \leq 1$; $j = 1, 2, ..., k+1$. Der multiple Korrelationskoeffizient $r_Y = r_{k+1}$ ist gleich der Quadratwurzel aus dem multiplen Bestimmtheitsmaß B:

$$r_Y = \sqrt{B}.$$

Damit ist durch zyklische Vertauschung der Variablen die Berechnung aller multiplen Korrelationskoeffizienten r_i vermittels einer Varianzanalyse der Art $SS_T = SS_R + SS_E$ möglich.

Partieller Korrelationskoeffizient Als Maß der Stärke des linearen Zusammenhangs zwischen zwei beliebigen der Zufallsgrößen $X_1, X_2, ..., X_{k+1}$ unter Ausschaltung aller eventuellen Abhängigkeiten von den restlichen $k-1$ dienen die *partiellen Korrelationskoeffizienten*. Ohne Beschränkung der Allgemeinheit interessiere die Stärke des linearen Zusammenhangs zwischen X_1 und X_2. Theoretisch ist der partielle Korrelationskoeffizient zwischen X_1 und X_2 als einfacher Korrelationskoeffizient zwischen $X_1 - \hat{X}_1$ und $X_2 - \hat{X}_2$ definiert, wobei $\hat{X}_i$ die lineare Approximation von X_i durch die $X_3, X_4, ...,$ X_{k+1} vermittels mehrfacher linearer Regression ist; $i = 1, 2$ (das heißt X_1 bzw. X_2 nehmen die Rolle von Y ein). Wird der Schätzwert des partiellen Korrelationskoeffizienten zwischen X_1 und X_2 (*empirischer partieller Korrelationskoeffizient zwischen X_1 und X_2*) mit $r_{12|34...k+1}$ bezeichnet, dann gilt bei offensichtlicher Modifikation dieser Bezeichnungsweise

$$r_{12|34\cdots(k+1)} = \frac{r_{12|34\cdots k} - [r_{1(k+1)|34\cdots k}][r_{2(k+1)|34\cdots k}]}{\sqrt{[1 - r^2_{1(k+1)|34\cdots k}][1 - r^2_{2(k+1)|34\cdots k}]}}.$$

Speziell ergibt sich im Fall von drei Veränderlichen, wenn r_{ij} den empirischen einfachen Korrelationskoeffizienten zwischen X_i und X_j, $i \neq j$, bezeichnet,

$$r_{12|3} = \frac{r_{12} - r_{13} \cdot r_{23}}{\sqrt{(1 - r^2_{13})(1 - r^2_{23})}}. \tag{3.90}$$

Somit lassen sich alle partiellen Korrelationskoeffizienten rekursiv mit Hilfe der formal gemäß (3.52) berechneten einfachen Korrelationskoeffizienten ermitteln, wobei letztere aber nur als Rechenhilfsmittel dienen.

Im Falle der linearen Mehrfachregression von Y bezüglich $X_1, X_2, \ldots, X_k$ interessieren vor allem die partiellen Korrelationskoeffizienten zwischen Y und den X_i.

Prognose-Bestimmtheitsmaß Die *PRESS*-Stichprobenfunktion ist definiert durch

$$\sum_{i=1}^{n}(y_i - \hat{y}_{(i)})^2 = \sum_{i=1}^{n}[e_i/(1 - h_{ii})]^2,$$

wobei h_{ii} das i-te Element in der Hauptdiagonale der Matrix

$$\mathbf{H} = \mathbf{X}(\mathbf{X}'\mathbf{X})^{-1}\mathbf{X}'$$

ist. $\mathbf{H}$ heißt *Projektionsmatrix* (englisch auch *hat-matrix*), weil sie den Vektor der Beobachtungswerte $\mathbf{y}$ auf den Vektor der Schätzwerte $\hat{\mathbf{y}}$ projiziert:

$$\hat{\mathbf{y}} = \mathbf{H}\mathbf{y}.$$

$\hat{y}_{(i)}$ ist derjenige Prognosewert für Y_i, der unter Ausschluss der bei $(x_{i1}, x_{i2}, \ldots, x_{ik})$ ermittelten Messwerte berechnet wurde. Das *Prognose-* bzw. *Vorhersagebestimmtheitsmaß* B_{pred} lautet

$$B_{pred} = 1 - \frac{PRESS}{SS_T}.$$

Es gibt den Anteil der Variabilität in der Vorhersage eines neuen Messwerts an, der durch das lineare Modell bestimmt ist, $0 \leq B_{pred} \leq 1$. Im Fall $B_{pred} = 1$ besteht eine 100%-ige Vorhersagegenauigkeit.

3.7.4.5 Voraussetzungen und funktionell richtiger Ansatz

Die Punktschätzung der Regressionskoeffizienten vermittels der Methode der kleinsten Quadrate erforderte keine Voraussetzungen über die Wahrscheinlichkeitsverteilungen der Einflussgrößen. Die Voraussetzung $Y = N(\beta_0 + \beta_1 x_1 + \cdots + \beta_k x_k, \sigma^2)$ wurde erst bei der Konstruktion von Tests und Konfidenzintervallen gebraucht. Bei ihrer Nachprüfung leisten die (*empirischen*) *Residuen* $e_i = y_i - \hat{y}_i$ bzw. die zugehörigen *standardisierten Residuen* e_i/s gute Dienste.

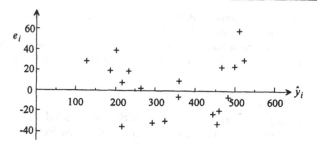

Bild 3.24 Residuen in Abhängigkeit vom Schätzwert (Beispiel 3.36)

Konstanz der Varianz σ^2 Die graphische Darstellung der Residuen in Abhängigkeit von den $\hat{y}_i$ ('Residuenplot') gibt Hinweis darauf, ob diese Voraussetzung verletzt ist.

Normalverteilung Der Test auf Normalverteilung der Residuen e_i bzw. e_i/s (unter der Bedingung eines konstanten σ) kann graphisch erfolgen (Abschn. 3.1.4), oder es sind Anpassungstests durchzuführen (Abschn. 3.5.1). Beides gehört zum Standardrepertoir statistischer Softwarepakete.

Unabhängigkeit Die Unabhängigkeit der Residuen e_i ist häufig dann nicht gegeben, wenn die Daten in zeitlicher Reihenfolge erhoben werden. Ein anderer, wesentlicher Grund, der Abhängigkeit induziert, ist, dass relevante Einflussgrößen im Regressionsansatz nicht berücksichtigt werden.

Transformationen Sind die Voraussetzungen nicht erfüllt, hilft oft eine Transformation der Werte der Ergebnis- und/oder der Einflussgrößen weiter. Ist etwa die Konstanz der Varianz nicht erfüllt, dann versuche man eine der folgenden *varianzstabilisierenden* Transformationen:

$$\sqrt{y}, \quad \sin^{-1}(\sqrt{y}), \quad \ln y, \quad 1/\sqrt{y} \quad \text{oder} \quad 1/y.$$

Diese Transformationen sind entsprechend der Stärke ihrer Wirkung geordnet.

Funktionell richtiger Regressionsansatz Weist die graphische Darstellung der Residuen e_i, aufgezeichnet in Abhängigkeit von den Schätzwerten $\hat{y}_i$ (Residuenplot), einen nicht-linearen Trend auf, so ist dies häufig ein Anzeichen dafür, dass einer oder mehrere der Regressoren quadriert oder gar in die dritte Potenz erhoben in den Regressionsansatz eingehen sollten. Bild 3.24 zeigt den Residuenplot für Beispiel 3.36. Der Trend ist klar parabolisch, während die Darstellung der Residuen in Abhängigkeit von der Belastung keinen systematischen Einfluss erkennen lässt. Die Residuen der einfachen Regression 'Verschleiß -Viskosität' zeigen ein ähnliches Verhalten wie in Bild 3.24. Daher ist anzunehmen, dass eine Mehrfachregression 'Verschleiss in Abhängigkeit von Viskosität, Viskosität quadriert und Belastung' deutlich bessere Schätzungen liefert. MINITAB zeigt, dass bei diesem Modellansatz alle drei Einflussgrößen signifikant sind und die Restsumme erheblich kleiner ist als die im Beispiel 3.36 ermittelte.

Hinweis Die für die Mehrfachregression erhaltenen Punktschätzungen sind auch dann anwendbar, wenn eine oder mehrere Variablen polynomial in den Regressionsansatz eingehen. Soll etwa X_1 linear und quadratisch im Ansatz auftreten, dann wird einfach $X_2 = X_1^2$ gesetzt und so fort. (Linearität der Regression bezieht sich auf Linearität der Regressionsfunktion in den Regressionskoeffizienten.)

3.7.4.6 Multikollinearität

Zuverlässige Schätzung und Vorhersage sind die wichtigsten Ziele der linearen Regression. Um diese Ziele mit minimalem Aufwand zu erreichen, ist der Regressionsansatz so zu wählen, dass die verfügbare Information voll genutzt wird, aber kein unnötiger Aufwand betrieben wird. Das beinhaltet insbesondere, aus der im Allgemeinen großen Anzahl der potentiellen Einflussgrößen die bezüglich der Ergebnisgröße signifikanten herauszufiltern und gleichzeitig die Wechselwirkungen zwischen den Einflussgrößen zu erforschen. Ideal sind Einflussgrößen, zwischen denen keinerlei lineare Abhängigkeiten existieren. Eine solche Situation kann in bestimmten Anwendungen durch *orthogonale Modelle* erreicht werden, auf die hier aber nicht eingegangen wird. In den meisten Fällen gibt es eine gewisse lineare Abhängigkeit zwischen den Einflussgrößen. Wenn zwischen zwei oder mehr Einflussgrößen eine starke lineare Abhängigkeit besteht, dann spricht man von *Multikollinearität* bzw. einfach von *Kollinearität*.

Kollinearität liegt häufig in der Natur der Einflussgrößen. Andere Ursachen für das Auftreten von Kollinearität sind schlechte Stichprobenahme (Erhebung von Messwerten in einem zu engen Bereich) oder einfach zu viele Einflussgrößen im Regressionsansatz. Detailliertere Ausführungen zur Kollinearität finden sich etwa in *Mason et al.* (1975). Kollinearität kann unter anderem folgende Konsequenzen haben:

1) Die vermittels der Methode der kleinsten Quadrate gewonnenen empirischen Regressionskoeffizienten spiegeln weder im Trend noch in der Richtung die wahren Abhängigkeitsverhältnisse wieder.

2) Signifikanztests erklären eine Einflussgröße als irrelevant, obwohl sie signifikant ist. Auch Konfidenzintervalle können wertlos sein.

3) Kollinearität vergrößert die Reststreuung s^2.

Ob Kollinearität zwischen X_j und den anderen Einflussgrößen vorliegt, erkennt man durch Berechnung des multiplen Korrelationskoeffizienten r_j zwischen X_j und den $X_1, X_2, ..., X_{j-1}, X_{j+1}, ..., X_k$. Ist $\mathbf{C} = (\mathbf{X'X})^{-1}$, besteht zwischen dem j-ten Diagonalelement C_{jj} dieser Matrix und r_j die Beziehung (standardisierte Regressoren vorausgesetzt)

$$C_{jj} = 1/(1 - r_j^2).$$

Besteht keine lineare Abhängigkeit zwischen X_j und dem Rest der Einflussgrößen, ist r_j^2 nahe bei 0 und daher C_{jj} nahe bei 1. Besteht eine starke lineare Abhängigkeit, ist r_j^2 nahe bei 1 und daher C_{jj} 'viel' größer als 1. Als Richtlinie gilt: Im Fall $5 \le C_{jj} \le 10$ liegt 'moderate' Kollinearität vor, im Fall $C_{jj} > 10$ starke. Die C_{jj}; $j = 1, 2, ..., k$; werden auch *variance inflating factors* (VIF) genannt. Statistische Softwarepakete wie SAS und MI-NITAB drucken die Matrix C und damit die VIF-Werte aus. Ist eine starke lineare Abhängigkeit zwischen X_j und dem Rest der Variablen bestätigt, dann liefern die partiellen Korrelationskoeffizienten zwischen X_j und den anderen Variablen die Information, auf welche X_i die starke 'globale' lineare Abhängigkeit zurückzuführen ist. Auf dieser Grundlage kann eine Elimination von redundanten Einflussgrößen vorgenommen werden. Eine weitere Reduzierung der Kollinearität kann durch Erweiterung der Stichprobenahme erfolgen: Messwerte werden in denjenigen Bereichen der Einflussgrößen erhoben, die bislang noch nicht berücksichtigt wurden. Schließlich besteht die Möglichkeit der Anwendung nichterwartungstreuer Schätzmethoden (*biased regression methods, ridge regression*), siehe dazu *Hoerl, Kennard* (1970, 1976), *Marquardt, Snee* (1975).

Beispiel 3.37 Auf der Basis der Stichprobe von Tafel 3.16 soll eine lineare Mehrfachregression von Autopreis Y bezüglich Leistung X_1 und Motorgröße X_2 vorgenommen werden. MINITAB liefert die in Tafel 3.21 dargestellten Ergebnisse. (Andere statistische Softwarepakete liefern die gleichen Informationen.) Die empirische Regressionsfunktion lautet also

$$\hat{y} = -19 + 0,5782 x_1 - 6,676 x_2 .$$

'Quelle' im Teil Varianzanalyse bezieht sich auf die Ursache des Varianzanteils. Die F-bzw. t-Werte in Tafel 3.21 sind die zu den Tests (3.87) bzw. (3.86) gehörenden Testgrößen. Die entsprechenden p-Werte sind diejenigen minimalen Irrtumswahrscheinlichkeiten, mit denen eine Ablehnung der zugehörigen Nullhypothesen noch möglich ist. Die prinzipielle Relevanz des Regressionsansatzes ist somit hochsignifikant gesichert. (Der

Einflussgröße	Regressions-koeffizient b_i	Standardabweichung $se(b_i)$	Testgröße t	p
Konstante	-19	7,5820	-2,51	0,028
Leistung	+0,5782	0,1323	+4,37	0,001
Motorgröße	-6,6760	8,8910	-0,75	0,467
$s = 9,109$	$B = 0,929$	$B_a = 0,917$		

Varianzanalyse

Quelle	Freiheitsgrade	SS	MS	F	p
Regression	2	13021,2	6510,6	78,46	0,000
Restsumme	12	995,8	83,0		
Total	14	14017,0			

Tafel 3.21 Regressionsanalyse in Beispiel 3.34 (MINITAB-Ausdruck)

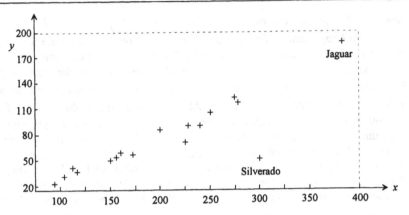

Bild 3.25 Erweitertes Streudiagramm von Leistung x und Preis y von Personenkraftwagen

entsprechende p-Wert hat mindestens drei Nullen nach dem Komma.) Hochsignifikant ist ebenfalls der Einfluss der Leistung auf den Preis. Nicht gesichert ist jedoch der Einfluss der Motorgröße. Dieses Resultat ist auf den ersten Blick überraschend, da die einfache lineare Regression Autopreis-Motorgröße ein Bestimmtheitsmaß von $B = 0,816$ hat und Regressionskoeffizient der Motorgröße hochsignifikant von 0 verschieden ist. Die Ursache liegt in der Kollinearität des zweifachen Regressionsansatzes. Das Streudiagramm Leistung-Motorgröße lässt eine deutliche lineare Abhängigkeit zwischen beiden Einflussgrößen erkennen. Analytisch wird dieser Sachverhalt durch den VIF-Wert von 11,7 bestätigt. Diesem Wert entspricht ein einfaches Bestimmtheitsmaß von $B = 0,915$ zwischen Leistung und Motorgröße. $\square$

3.7.4.7 Dominante Beobachtungen, Ausreißer, robuste Regression

Das Diagonalelement h_{ii} der Projektionsmatrix $\mathbf{H} = \mathbf{X}(\mathbf{X}'\mathbf{X})^{-1}\mathbf{X}'$ gibt Information über den 'Abstand' der i-ten Beobachtung $(x_{i1}, x_{i2}, ..., x_{ik}, y_i)$ vom Zentrum der Daten im x- bzw. y-Raum. Ein großer Wert von h_{ii} ist Anzeichen dafür, dass diese Beobachtung weit entfernt vom Rest der Beobachtungen im x-Raum ist und daher überdurchschnittlich starken Einfluss auf die empirische Regressionsfunktion hat. Es lässt sich zeigen, dass der durchschnittliche Wert der Diagonalelemente der Projektionsmatrix gleich k/n ist. Fällt ein h_{ii} größer als $2k/n$ aus, dann ist die i-te Beobachtung *dominant*, sie 'zieht' die Regressionsfunktion überdurchschnittlich stark in ihre Richtung. Eine solche Beobachtung kann zur Verzerrung der tatsächlichen Abhängigkeiten führen. Als ein Beispiel: Wenn in Tabelle 3.16 der 370 HP Jaguar XKR mit einer Leistung von 370 PS und einem Preis von 183 000 DM aufgenommen wird (Bild 3.25), dann sind diese Daten weit vom Zentrum der übrigen Werte entfernt. Der zugehörige $h = h_{16,16}$-Wert ist 0,71, also beträchtlich größer als der Durchschnittswert von $2k/n = 4/16 = 0,25$. Bild 3.25 zeigt jedoch, dass in diesem Fall eine Verzerrung der Regressionsgeraden nicht auftritt. Im Fall der einfachen linearen Regression ist es kein Problem, dominante Wertepaare auch ohne Berechnung der h_{ii} zu erkennen. Im Fall der Mehrfachregression kann es jedoch vorkommen, dass eine Beobachtung dominant ist, obwohl ihre Koordinaten innerhalb des Bereichs der übrigen x- und y-Werte liegen. Eine dominante Beobachtung dieser Art (*jointly influential point*) wird zuverlässig durch ihren h-Wert erkannt.

Ausreißer *Ausreißer* sind solche Beobachtungen, die 'weit entfernt' sind von der Regressionsfunktion, die durch die Mehrheit der Daten erzeugt wird. Zur Identifizierung von Ausreißern hat sich das *Kriterium von Cook* (*Cooksches Entfernungsmaß*) D_i bewährt. Seinen Kern bilden Abweichungsquadrate zwischen den Regressionskoeffizienten, die vermittels der vollen Stichprobe vom Umfang n berechnet wurden, und den Regressionskoeffizienten, die ohne Verwendung der i-ten Beobachtung ermittelt wurden. Bezeichnet $\hat{\beta}$ und $\hat{\beta}_{(i)}$ die entsprechenden Vektoren der Regressionskoeffizienten, gilt

$$D_i = \frac{(\hat{\beta}_{(i)} - \hat{\beta})' \, X'X \, (\hat{\beta}_{(i)} - \hat{\beta})}{k s^2} = \frac{h_{ii}}{k} \left(\frac{e_i}{s(1 - h_{ii})} \right)^2 ; \; i = 1, 2, ..., n.$$

Beobachtungen, die einen D_i-Wert größer als 1 haben, werden als Ausreißer betrachtet. Werden etwa die Autos in Tabelle 3.16 einschliesslich des Jaguar um den 300 HP Chevrolet Silverado 3500 ergänzt, der im Betrachtungszeitraum 51960 *DM* kostete (Bild 3.25), dann hat der Silverado das Cooksche Maß $D_{17} = 1,1$, so dass er als Ausreißer eingestuft werden muss. Das standardisierte Residuum e_{17}/s des Silverado ist -3,5, so dass er auch bez. dieses Kriteriums als Ausreißer eingestuft werden muss. (Der kritische Wert des standardisierten Residuums ist 3.) Aber auch der Jaguar hat mit $D_{16} = 0,93$ ein recht hohes Cooksches Maß, was seine Einordnung als dominant rechtfertigt.

Weitere Kriterien zur Diagnostik von dominanten Beobachtungen, insbesondere Ausreißern, finden sich bei *Belsley, Kuh, Welsch* (1980). Einen Überblick zur Problematik und Vergleiche von Kriterien geben *Wisnowsky, Montgomery, Simpson* (2001).

Werden Beobachtungen als Ausreißer erkannt, gibt es mehrere Möglichkeiten, darauf zu reagieren. Naheliegend ist, Ausreißer aus der Stichprobe zu eliminieren. Die Autoren unterstützen dieses Vorgehen nicht. Ausreißer haben schließlich den stärksten Einfluss auf das Regressionsmodell. Als Alternative bietet sich an, Ausreißer wie jede andere Beobachtung zu behandeln. Die dritte Variante, ein Kompromiss zwischen den ersten beiden, besteht darin, Ausreißer in der Stichprobe zu belassen, aber robuste Regressionsmethoden anzuwenden.

Robuste Regression Verfahren der *robusten Regression* dämpfen den Einfluss von dominanten Beobachtungen auf das Gesamtergebnis. Die drei wichtigsten Eigenschaften von Punktschätzungen auf der Basis robuster Regression sind *Abbruch* (*breakdown*), *Wirksamkeit* (*efficiency*) und *Einflussbeschränkung* (*bounded influence*). Das Konzept des Abbruchs ist die vordergründige Motivation für die Anwendung der robusten Regression anstelle der bisher behandelten. Der *Abbruchpunkt* ist, anschaulich formuliert, der kleinste Anteil von anomalen Daten, der die Punktschätzung wertlos macht. Robuste Punktschätzungen können Abbruchpunkte bis 0,5 verkraften.

Die *Wirksamkeit* robuster Punktschätzungen bezieht sich auf einen Vergleich mit der entsprechenden Punktschätzung vermittels herkömmlicher Regression ohne das Vorhandensein von dominanten Beobachtungen.

Die *Einflussbeschränkung* ist der Widerstand, den eine robuste Punktschätzung dem Bestreben dominanter Beobachtungen entgegenstellt, die Schätzung 'in ihre Richtung zu ziehen'. Genauere Begriffserklärungen und ein aktueller Überblick über Punktschätzungen auf der Basis der robusten Regression finden sich in *Simpson, Montgomery* (1998), *Ryan* (1997) und *Montgomery, Peck, Vining* (2001).

MINITAB bietet zur Zeit keine robusten Punktschätzer in der Regressionsanalyse an. Demgegenüber erlaubt das Statistiksoftwarepaket S-PLUS robuste Punktschätzung. Wird S-PLUS um den Modul ROBETH (Marazzi, 1993) erweitert, hat man auch Zugriff auf modernere robuste Verfahren in der Regression.

3.7.4.8 Auswahl der Einflussgrößen

Zu Beginn einer Regressionsanalyse steht das Problem, aus der nicht selten großen Zahl von potentiellen Einflussgrößen diejenigen auszuwählen, die einen signifikanten Beitrag zur Schätzung der Regressionsfunktion bzw. zur Prognose der Ergebnisgröße leisten. Das Erkennen und Eliminieren redundanter Einflussgrößen vereinfacht die Modelle sowie die Erhebung von Stichproben. Die Tests (3.86) und (3.87) können dabei gute Dienste leisten. Jedoch sind darauf basierende Entscheidungen häufig fehlerhaft; vor allem, wenn Voraussetzungen nicht erfüllt sind und starke Abhängigkeiten zwischen den Einflussgrößen existieren (Kollinearität). Es gibt jedoch eine Reihe von computerintensiven Verfahren, die eine (fast) optimale Auswahl von Einflussgrößen liefern. Diese Verfahren sind sequentieller Natur. Das verbreitetste Auswahlkriterium basiert auf einem partiellen *F*-Test. Kern der zugehörigen Testfunktion ist der Beitrag des Regressorkandidaten an der Reduzierung der Restsumme. Weitere Auswahlkriterien sind der partielle Korrelationskoeffizient, das multiple Bestimmtheitsmaß, das adjustierte Bestimmtheitsmaß, das Prognose-Bestimmtheitsmaß, die PRESS-Stichprobenfunktion und das C_k-Kriterium von *Mallow*. Letzteres ist folgendermaßen definiert:

$$C_k = s^{-2} \sum_{i=1}^{n}(y_i - \hat{y}_i)^2 - n + 2k,$$

wobei s^2 vermittels der vollen Stichprobe berechnet wurde. Modellansätze mit kleinen C_k und *PRESS*-Werten sowie großen Bestimmtheitsmaßen sind erstrebenswert.

Theoretisch am effektivsten sind wohl diejenigen Auswahlverfahren, die auf Resampling-Methoden (in diesem Buch nicht behandelt) beruhen, siehe *Shao* (1996), *Breiman* (1996), *Efron, Tibshirani* (1997). Im Unterschied zu den vorgenannten Verfahren haben diese Methoden noch keinen Eingang in Statistiksoftwarepakete gefunden.

Literatur: *Montgomery, Peck, Vining* (2000), *Pruscha* (1996), *Ryan* (1997).

3.8 Multivariate Analyseverfahren

3.8.1 Grundbegriffe

Unter *Multivariater Statistik* versteht man im weitesten Sinne die statistische Untersuchung von Stichproben aus mehrdimensionalen Zufallsgrößen (zufälligen Vektoren). Diese Bezeichnung wird vorwiegend dann gebraucht, wenn über die Korrelationen zwischen den einzelnen Komponenten des jeweiligen Zufallsvektors keine Information vorliegt. Die multivariaten Analyseverfahren umfassen Methoden zum Schätzen und Testen des simultanen Einflusses von externen Größen auf die beobachteten Zufallsvektoren (*Regressionsanalysen*), zur Untersuchung des wechselseitigen Einflusses einiger Komponenten des Zufallsvektors auf andere Komponenten (*Korrelationsanalysen, Kontingenztafeln*), zum Vergleich multivariater Stichproben (*Varianz- und Kovarianzanalysen*), zur Dimensionsreduzierung bzw. zur Identifizierung von 'im Hintergrund' wirkenden Einflussgrößen (*Hauptkomponenten-* und *Faktorenanalysen*), sowie zur Zuordnung von Stichproben zu verschiedenen Populationen (*Diskriminanzanalyse* und *Klassifikation, Clusteranalysen*). Die klassischen Verfahren, zu einem großen Teil zwischen 1930 und 1970 entwickelt, bewegen sich im Rahmen der Vektor- und Matrizenrechnung sowie der Statistischen Entscheidungstheorie und lassen Berechnungen oder Abschätzungen des Risikos zu. In den letzten drei Jahrzehnten haben, parallel zur Entwicklung der Darstellungsmöglichkeiten auf dem Bildschirm, auch graphische Methoden in die Datenanalyse Einzug gehalten, die in vielen Situationen 'ins Auge springende' Fakten und Zusammenhänge erkennen lassen. Die darauf basierenden Aussagen sind im allgemeinen nicht streng formalisiert und lassen mathematische Risikobetrachtungen kaum zu.

Grundlage jeder multivariaten statistischen Analyse sind Beobachtungen $Y_1, Y_2, ..., Y_n$ von p-dimensionalen Zufallsgrößen (zufällige Stichprobe). Vor allem im medizinischen Kontext heißen die Y_i auch *Individuen* und ihre p Komponenten *Merkmale*. Je nach Problemstellung können die unbekannte Kovarianzmatrix Σ und der ebenfalls unbekannte Mittelwertsvektor (Erwartungswertvektor) μ die gleichen für alle Y_i sein (*homogene Stichprobe*), oder es liegt eine Einteilung der Stichprobe vom Umfang n in k jeweils homogene (Teil-) Stichproben mit den jeweiligen Umfängen $n_1, n_2, ..., n_k$ vor:

$$Y_{11}, Y_{12}, ..., Y_{1n_1},$$
$$Y_{21}, Y_{22}, ..., Y_{2n_2},$$
$$...$$
$$Y_{k1}, Y_{k2}, ..., Y_{kn_k}, \qquad (n = \textstyle\sum_{i=1}^{k} n_i). \tag{3.91}$$

(Die Y_{ij} sind p-dimensionale zufällige Vektoren.) Auch andere Muster sind entsprechend der Art und Weise der Datenerhebung denkbar und bestimmen entscheidend die spezifischen Analysemethoden.

Als Basis der meisten multivariaten Verfahren dienen der *Stichproben-Mittelwertsvektor* $\bar{Y}$ und die *Matrix der zentrierten Quadratsummen und Kreuzprodukte* **SQ**:

$$\bar{Y} = \frac{1}{n}\sum_{i=1}^{n} Y_i, \quad SQ = \sum_{i=1}^{n}(Y_i - \bar{Y})'(Y_i - \bar{Y}) \tag{3.92}$$

sowie die *Stichproben-Kovarianzmatrix*

$$S = \frac{1}{n-1}\sum_{i=1}^{n}(Y_i - \bar{Y})'(Y_i - \bar{Y}), \tag{3.93}$$

die mitunter auch als *Stichproben-Varianz-Kovarianz-Matrix* bezeichnet wird. Die j-te Komponente von $\bar{Y}$ ist das arithmetische Mittel der j-ten Komponenten der Beobachtungen $Y_1, Y_2, ..., Y_n$. Die Elemente S_{ij} von S sind jeweils die Kovarianzen der i-ten und der j-ten Komponente in der Stichprobe. Die (*einfachen* bzw. *paarweisen*) *Stichproben-Korrelationskoeffizienten* zwischen diesen Komponenten sind

$$R_{ij} = \frac{S_{ij}}{\sqrt{S_{ii}S_{jj}}}.$$

Die $p \times p$ - Matrix der Stichproben-Korrelationskoeffizienten R_{ij} ist die (*Stichproben-*) Korrelationsmatrix $R = ((R_{ij}))$.

Um den Einfluss der meist willkürlichen Maßstäbe der Messung der einzelnen Merkmale auszuschalten, werden die Beobachtungen oft vor den eigentlichen statistischen Analysen *standardisiert*, das heißt von jedem beobachteten Wert des i-ten Merkmals wird das Stichprobenmittel (arithmetische Mittel) des i-ten Merkmals abgezogen und anschließend wird die Differenz durch die Standardabweichung des i-ten Merkmals $\sqrt{S_{ii}}$ dividiert. Der (Stichproben-) Mittelwertsvektor einer standardisierten Stichprobe ist ein Nullvektor und ihre (Stichproben-) Kovarianzmatrix ist gleich der Korrelationsmatrix der ursprünglichen Beobachtungen.

Hinweis Die vermittels einer konkreten Stichprobe berechneten Realisierungen der eingeführten zufälligen Vektoren und skalaren Kenngrößen werden im Folgenden wie bisher mit den entsprechenden kleinen lateinischen Buchstaben bezeichnet. Bei den entsprechenden Matrizen wird kein bezeichnungstechnischer Unterschied gemacht.

Beispiel 3.38 Tafel 3.22 zeigt eine konkrete Stichprobe, die aus $n = 37$ dreidimensionalen Vektoren $y_1, y_2, ..., y_{37}$ besteht. Diese Stichprobe ist in 4 Gruppen eingeteilt. Der Mittelwertsvektor der $p = 3$ Merkmale ist

$$\bar{y} = (112,32; \ 264,26; \ 190,92).$$

Die (empirische) Matrix der Quadratsummen und Kreuzprodukte und die (empirische) Kovarianzmatrix sind

$$SQ = \begin{pmatrix} 93886,4072 & -79809,2168 & -102793,7662 \\ -79809,2168 & 321406,6228 & -142859,8004 \\ -102793,7662 & -142859,8004 & 342755,8897 \end{pmatrix},$$

$$S = \frac{1}{36}SQ = \begin{pmatrix} 2607,956 & -2216,923 & -2855,382 \\ -2216,923 & 8927,962 & -3968,328 \\ -2855,382 & -3968,328 & 9520,997 \end{pmatrix}.$$

i	Gruppe	Merkmal 1	Merkmal 2	Merkmal 3
1	1	19,112	256,230	349,812
2		79,807	295,136	191,082
3		187,199	236,956	32,851
4		177,900	215,315	69,609
5		111,305	173,209	253,640
6		141,890	157,060	205,853
7		143,436	179,530	171,963
8		52,935	356,765	180,705
9	2	107,915	248,388	206,436
10		40,149	327,936	261,105
11		157,573	194,884	159,361
12		130,384	2,340	402,825
13		179,842	306,048	3,450
14		148,253	229,042	140,119
15		87,463	213,156	280,391
16		50,162	246,911	317,024
17		69,814	318,455	210,900
18		1,230	334,593	330,387
19		130,377	232,615	173,563
20	3	122,539	265,728	179,267
21		139,380	407,348	7,977
22		215,175	173,126	89,321
23		117,250	286,528	171,686
24		24,638	405,757	235,465
25		112,137	338,719	129,698
26		63,798	291,911	272,082
27		101,265	373,874	110,339
28	4	127,989	180,379	275,205
29		166,569	340,292	39,035
30		163,881	146,506	238,130
31		135,426	155,714	286,242
32		114,678	367,688	112,838
33		88,104	437,182	97,951
34		37,677	426,689	210,320
35		116,616	155,825	322,073
36		149,221	205,246	209,773
37		142,757	294,455	135,554

Tafel 3.22 Stichprobe mit $n = 37$ dreidimensionalen Beobachtungen

Hieraus ergibt sich der Korrelationskoeffizient zwischen Merkmal 1 und Merkmal 2 zu

$$r_{12} = \frac{-2216,923}{\sqrt{2607,956}\ \sqrt{8927,962}} = -0,459.$$

Die anderen paarweisen Korrelationskoeffizienten entnimmt man der Korrelationsmatrix

$$\mathbf{R} = \begin{pmatrix} 1 & -0,459 & -0,573 \\ -0,459 & 1 & -0,430 \\ -0,573 & -0,430 & 1 \end{pmatrix}.$$

Der partielle Korrelationskoeffizient $r_{12|3}$ ist gemäß (3.90) gegeben durch

$$r_{12|3} = \frac{-0.459 + 0,573 \cdot 0,430}{\sqrt{1 - 0,573^2}\ \sqrt{1 - 0,430^2}} = -0,954.$$

Der lineare Zusammenhang zwischen den Merkmalen 1 und 2 ist somit deutlich stärker als durch r_{12} suggeriert wird.   □

3.8.2 Multivariate Varianzanalyse

Der Begriff *Multivariate Varianzanalyse* (*Multivariate Analysis of Variance*, Abkürzung: MANOVA) umfasst alle Verfahren, die durch Vergleich verschiedener Stichproben-Kreuzprodukt-Matrizen die statistische Prüfung von Hypothesen über die Grundgesamtheiten ermöglichen, denen die Stichproben entstammen.

3.8.2.1 Tests über Vektoren von Erwartungswerten

Test über einen Erwartungswertvektor Gegeben sei eine Stichprobe $Y_1, Y_2, \ldots, Y_n$ aus einem zufälligen, p-dimensional normalverteilten Merkmalsvektor Y_G. Die Y_i sind also unabhängige, identisch wie Y_G verteilte zufällige Vektoren mit p Komponenten. (Der Index G bezieht sich auf die durch Y_G repräsentierte Grundgesamtheit.) Y_G habe den unbekannten Erwartungswertvektor μ. Zu prüfen ist die Hypothese

$$H_0: \ \mu = \mu_0 \ \text{gegen} \ H_1: \ \mu \neq \mu_0.$$

Mit Hilfe von $\bar{Y}$ und $\mathbf{S}$, gegeben durch (3.92) und (3.93), wird die *Testfunktion*

$$T = \frac{(n-p)n}{(n-1)p}(\bar{Y} - \mu_0)\mathbf{S}^{-1}(\bar{Y} - \mu_0)'$$

gebildet. Ist H_0 richtig, genügt T einer F-Verteilung mit $(p, n-p)$ Freiheitsgraden. Daher wird H_0 mit der Sicherheitswahrscheinlichkeit $1 - \alpha$ abgelehnt, wenn gilt

$$t = \frac{(n-p)n}{(n-1)p}(\bar{y} - \mu_0)\mathbf{S}^{-1}(\bar{y} - \mu_0)' > F_{p,n-p;1-\alpha}.$$

(Wie bisher ist die Testgröße t eine auf der Basis einer konkreten Stichprobe ermittelte Realisierung von T.) Dieser Test ist eine Verallgemeinerung des in Abschn. 3.4.2.2 beschriebenen Tests über den Erwartungswert einer normalverteilten Zufallsgröße.

Vergleich zweier Erwartungswertvektoren $\{Y_{i1}, Y_{i2}, ..., Y_{in_i}; i = 1, 2\}$ seien zwei unabhängige zufällige Stichproben aus den p-dimensional normalverteilten Zufallsgrößen Y_{G_1} bzw. Y_{G_2} mit den Erwartungswertvektoren μ_1 bzw. μ_2 und gleicher, aber unbekannter Kovarianzmatrix Σ. Zu prüfen ist

$$H_0 : \mu_1 = \mu_2 \quad \text{gegen} \quad H_1 : \mu_1 \neq \mu_2.$$

(Dieser Test ist eine Verallgemeinerung des in Abschn. 3.4.2.3 beschriebenen Tests.) Zur Konstruktion der Testfunktion werden die Stichprobenmittel und die Matrizen der Stichprobenkovarianzen

$$\bar{Y}_i = \frac{1}{n_i} \Sigma_{j=1}^{n_i} Y_{ij}, \quad S_i = \frac{1}{n_i - 1} \Sigma_{j=1}^{n_i} (Y_{ij} - \bar{Y}_i)'(Y_{ij} - \bar{Y}_i); \tag{3.94}$$

$i = 1, 2$; sowie eine Kombination dieser Matrizen benötigt:

$$S_E = \frac{1}{n_1 + n_2 - 2}[(n_1 - 1)S_1 + (n_2 - 1)S_2].$$

Vermittels der *Hotelling-Stichprobenfunktion*

$$H = \frac{n_1 n_2}{n_1 + n_2}\left(\bar{Y}_1 - \bar{Y}_2\right) S_E^{-1}\left(\bar{Y}_1 - \bar{Y}_2\right)'$$

erhält die Testfunktion folgende Form:

$$T = \frac{n_1 + n_2 - p - 1}{p(n_1 + n_2 - 2)} H.$$

Ist H_0 richtig, ist T nach F mit $(p, n_1 + n_2 - p - 1)$ Freiheitsgraden verteilt. Somit wird, wenn t eine vermittels einer konkreten Stichprobe ermittelte Realisierung von T ist, H_0 mit der Sicherheitswahrscheinlichkeit $1 - \alpha$ abgelehnt, falls gilt $t > F_{p, n_1 + n_2 - p - 1; 1 - \alpha}$.

Beispiel 3.39 Vermittels der Daten aus den Gruppen 1 und 2 aus Tafel 3.22 soll geprüft werden, ob die beiden Teilstichproben vom Umfang $n_1 = 8$ bzw. $n_2 = 11$ aus Grundgesamtheiten mit dem gleichen Erwartungswertvektor stammen. Die Voraussetzung der 3-dimensionalen Normalverteilung von Y_{G_1} und Y_{G_2} bei gleicher Kovarianzmatrix sei erfüllt. Die beiden empirischen Erwartungswertvektoren sowie die Matrix S_E sind

$$\bar{y}_1 = (114, 20; 233, 78; 181, 94), \quad \bar{y}_2 = (100, 29; 241, 31; 225, 96)$$

$$S_E = \begin{pmatrix} 3282, 923 & -2263, 362 & -4316, 214 \\ -2263, 362 & 6997, 246 & -2439, 069 \\ -4316, 214 & -2439, 069 & 11074, 658 \end{pmatrix}.$$

Es ist $(\bar{y}_1 - \bar{y}_2) S_E^{-1} (\bar{y}_1 - \bar{y}_2)' = 80, 11$. Hieraus ergibt sich der Wert der Testgröße zu $t = 109, 1$. Wegen $t = 109, 1 > F_{3, 15; 0, 99} = 5, 41$ kann H_0 mit einer Sicherheitswahrscheinlichkeit von mindestens 0,99 abgelehnt werden. Die Erwartungswertvektoren der beiden Grundgesamtheiten sind demnach nicht identisch; oder, die Unterschiede zwischen beiden empirischen Erwartungswertvektoren sind signifikant. □

Vergleich von $k \geq 2$ Erwartungswertvektoren Es liege eine Stichprobe der Struktur (3.91) vor, deren k voneinander unabhängige Teilstichproben aus p-dimensional normalverteilten Zufallsvektoren mit den jeweiligen Erwartungswertvektoren $\mu_1, \mu_2, ..., \mu_k$ und gleicher Kovarianzmatrix Σ entnommen wurden. Zu prüfen ist die Hypothese

$$H_0 : \mu_1 = \mu_2 = \cdots = \mu_k. \tag{3.95}$$

Die (Teil-) Stichprobenmittel und -kovarianzmatrizen sind durch (3.94) mit $i = 1, 2, ..., k$ gegeben. Die entsprechenden Kenngrößen der Gesamtstichprobe vom Umfang n mit $n = n_1 + n_2 + \cdots + n_k$ sind

$$\bar{Y} = \frac{1}{n} \sum_{i=1}^{k} n_i \bar{Y}_i, \quad S = \frac{1}{n-1} \sum_{i=1}^{k} \sum_{j=1}^{n_i} (Y_{ij} - \bar{Y})'(Y_{ij} - \bar{Y}).$$

Die 'gepoolte' Stichprobenkovarianzmatrix

$$S_E = \frac{1}{n-k} \sum_{i=1}^{k} (n_i - 1) S_i \tag{3.96}$$

ist eine erwartungstreue Schätzung für Σ: $E(S_E) = \Sigma$. Die Matrix S_E spiegelt die zufällige Abweichung der beobachteten Vektoren von den jeweiligen Stichprobenmitteln wieder ('Variation innerhalb der Gruppen'). Dagegen ist die Matrix

$$S_H = \frac{1}{k-1} \sum_{i=1}^{k} n_i (\bar{Y}_i - \bar{Y})'(\bar{Y}_i - \bar{Y})$$

Ausdruck der eventuellen Verschiedenartigkeit der einzelnen Mittel vom Gesamtmittel, und damit auch voneinander ('Variation zwischen den Gruppen'). Es gilt

$$(n-1)S = (n-k)S_E + (k-1)S_H.$$

Die Hypothese H_0 wird abgelehnt, wenn die Variation zwischen den Gruppen im Vergleich zur Variation innerhalb der Gruppen groß ist. Dies führt auf folgende Testfunktionen, die zum Prüfen von H_0 herangezogen werden können:

1) *Wilks' (reziproker) Likelihoodquotient*:

$$L = \frac{|(n-k)S_E + (k-1)S_H|}{|(n-k)S_E|} = \left| \frac{k-1}{n-k} S_H S_E^{-1} + I \right|.$$

2) *Hotellings Spur*:

$$T = (k-1)\,\mathrm{spur}\left(S_H S_E^{-1} \right).$$

3) *Roys größter Eigenwert*:

$$W = l_{\max}\left(S_H S_E^{-1} \right).$$

Hierbei ist I die Einheitsmatrix (Elemente der Hauptdiagonale gleich Eins, sonst Nullen), und die *Spur* einer Matrix ist die Summe der Elemente ihrer Hauptdiagonale. ($l_{\max}(A)$ bezeichnet den größten Eigenwert einer quadratischen Matrix A.) Tests zum Prüfen von H_0 auf der Basis der drei Kriterien gehören zum Standardrepertoir von großen Statistiksoftwarepaketen. Für große Stichprobenumfänge kann man sich beim manuellen Testen von H_0 zunutze machen, dass $(n-k) \log L$ und T annähernd nach Chi-Quadrat mit $(k-1)p$ Freiheitsgraden verteilt sind.

Beispiel 3.40 Es ist zu prüfen, ob die 4 Gruppen von Daten aus Tafel 3.22 aus Grundgesamtheiten mit gleichem Erwartungswertvektor stammen:

$$H_0 : \mu_1 = \mu_2 = \mu_3 = \mu_4 \tag{3.97}$$

mit $\mu_i = (\mu_{i1}, \mu_{i2}, \mu_{i3})$; $i = 1, 2, 3, 4$. Die Mittelwertsvektoren der Gruppen sind

$$\bar{y}_1 = (114, 20; \ 233, 78; \ 181, 94), \quad \bar{y}_2 = (100, 29; \ 241, 31; \ 225, 96)$$
$$\bar{y}_3 = (112, 02; \ 317, 87; \ 149, 48), \quad \bar{y}_4 = (124, 29; \ 271, 00; \ 192, 71).$$

Das Gesamtmittel ergibt sich zu

$$\bar{y} = (112, 32; \ 264, 26; \ 190, 92).$$

Ferner sind

$$\mathbf{S}_E = \begin{pmatrix} 2752,474 & -2517,226 & -2979,821 \\ -2517,226 & 8628,085 & -3592,395 \\ -2979,821 & -3592,395 & 9540,426 \end{pmatrix}, \quad \mathbf{S}_H = \begin{pmatrix} 1018,255 & 1086,412 & -1486,556 \\ 1086,412 & 12226,603 & -8103,584 \\ -1486,556 & -8103,584 & 9307,273 \end{pmatrix}.$$

Die zu L, T und W gehörigen Testgrößen $l = 149, 1$; $t = 4328, 3$ und $w = 1441, 4$ sind hochsignifikant. So sind etwa t als auch $(n - k) \ln l = 33 \ln 149, 1 = 165, 2$ deutlich größer als die kritische Testgröße von $\chi^2_{9, 0,99} = 21, 67$. Daher stammen mit einer Sicherheitswahrscheinlichkeit von mindestens 0,99 die vier Teilstichproben aus Grundgesamtheiten mit verschiedenen Erwartungswertvektoren. □

3.8.2.2 Das multivariate lineare Modell

Das im Kapitel 3.7 betrachtete lineare Regressionsmodell lässt sich dahingehend verallgemeinern, dass die Ergebnisgröße ein p-dimensionaler Vektor ist. Es mögen also n Beobachtungen in Form von p-dimensionalen Zufallsvektoren

$$Y_i = (Y_{i1}, Y_{i2}, ..., Y_{ip}); \ i = 1, 2, ..., n;$$

vorliegen, wobei die p Merkmale in Y_i alle von den gleichen Werten der k Einflussgrößen $x_{i1}, x_{i2}, ..., x_{ik}$ abhängen, wenn auch mit unterschiedlichen Wichtungen (Regressionskoeffizienten). Dieses Modell lässt sich als *multivariates lineares Regressionsmodell* in der Form

$$\mathbf{Y} = \mathbf{X}\beta + \varepsilon \tag{3.98}$$

darstellen. Hierbei sind:

Y   eine $(n \times p)$–Matrix, deren i-te Zeile der Vektor Y_i ist; $i = 1, 2, ..., n$.

X   die $(n \times k)$–Matrix der Werte der k Einflussgrößen (Versuchplan), $n > k$.

β   die $(k \times p)$–Matrix der Regressionskoeffizienten. Die j-te Spalte von β enthält die für das Merkmal j relevanten Regressionskoeffizienten; $j = 1, 2, ..., p$.

ε   die $(n \times p)$–Matrix der 'zufälligen Fehler' (Residuen).

Hinweis Man beachte, dass im Ansatz (3.98) mögliche konstante Terme nicht explizit berücksichtigt werden. Daher ist **X** jetzt bei gleicher Anzahl k von Einflussfaktoren keine $n \times (k + 1)$-Matrix wie im Kapitel 3.7. Die hier gewählte Bezeichnungsvariante erweist sich im Folgenden als günstiger.

Es wird vorausgesetzt, dass die Zeilenvektoren $\varepsilon_i = (\varepsilon_{i1}, \varepsilon_{i2}, ..., \varepsilon_{ip})$; $i = 1, 2, ..., n$; der Matrix ε unabhängig, ihre Kovarianzmatrizen einander gleich, und ihre Erwartungswertvektoren gleich dem Nullvektor sind.

Das Modell (3.98) verallgemeinert nicht nur den Ansatz der Mehrfachregression, sondern schließt als Spezialfälle auch die multivariaten Modelle zum Vergleich von Erwartungswertvektoren aus dem vorigen Abschnitt ein. (Dies wird im Beispiel 3.38 illustriert.)

Punktschätzungen Bei Anwendung der Methode der kleinsten Quadrate erhält man die Matrix der Stichprobenregressionskoeffizienten **B** in der Form

$$\mathbf{B} = (\mathbf{X}'\mathbf{X})^{-1}\mathbf{X}'\mathbf{Y}.$$

Die Matrix **B** ist eine erwartungstreue Schätzung für β: $E(\mathbf{B}) = \beta$.

Die *Matrix der Reststreuungen* ist

$$\mathbf{S}_E = \frac{1}{n - r_X}(\mathbf{Y} - \mathbf{X}\mathbf{B})'(\mathbf{Y} - \mathbf{X}\mathbf{B}) \text{ mit } r_X = Rang(\mathbf{X}).$$

Eine äquivalente Darstellung für diese Matrix ist

$$\mathbf{S}_E = \frac{1}{n - r_X}\mathbf{Y}'[\mathbf{I} - \mathbf{X}(\mathbf{X}'\mathbf{X})^{-1}\mathbf{X}']\mathbf{Y}.$$

$\mathbf{S}_E$ ist eine erwartungstreue Schätzfunktion für die Kovarianzmatrix Σ: $E(\mathbf{S}_E) = \Sigma$.

Tests linearer Hypothesen Die allgemeine Form einer *multivariaten linearen Hypothese* über die Regressionskoeffizienten lautet

$$\mathbf{H}\mathbf{B} = \mathbf{C}_0. \tag{3.99}$$

Hierbei ist **H** eine bekannte $(h \times k)$-Matrix mit $r_H = Rang(\mathbf{H})$. $\mathbf{C}_0$ ist eine vorgegebene $(h \times p)$-Matrix mit der Eigenschaft, dass eine Lösung von (3.99) existiert. Unter der Bedingung (3.99) lautet die Schätzung von β nach der Methode der kleinsten Quadrate

$$\mathbf{B}_H = \mathbf{B} - (\mathbf{X}'\mathbf{X})^{-1}\mathbf{H}'[\mathbf{H}(\mathbf{X}'\mathbf{X})^{-1}\mathbf{H}']^{-1}(\mathbf{H}\mathbf{B} - \mathbf{C}_0).$$

Es seien die Matrizen **S** und $\mathbf{S}_H$ gegeben durch

$$\mathbf{S} = \frac{1}{n - r_X + r_H}(\mathbf{Y} - \mathbf{X}\mathbf{B}_H)'(\mathbf{Y} - \mathbf{X}\mathbf{B}_H),$$

$$\mathbf{S}_H = \frac{1}{r_X}(\mathbf{B}_H - \mathbf{B})'\mathbf{X}'\mathbf{X}(\mathbf{B}_H - \mathbf{B}).$$

Für $\mathbf{S}_H$ hat man auch die Darstellung

$$\mathbf{S}_H = \frac{1}{r_X}(\mathbf{H}\mathbf{B} - \mathbf{C}_0)'[\mathbf{H}(\mathbf{X}'\mathbf{X})^{-1}\mathbf{H}'](\mathbf{H}\mathbf{B} - \mathbf{C}_0).$$

Mit diesen Matrizen gilt folgende Zerlegung der Gesamtvarianz:

$$(n - r_X + r_H)\mathbf{S} = (n - r_X)\mathbf{S}_E + r_H\mathbf{S}_H.$$

Tests zum Prüfen von (3.99) unter Normalverteilungsannahmen basieren wie schon beim Prüfen von (3.95) auf der Matrix $\mathbf{S}_H\mathbf{S}_E^{-1}$ und den damit konstruierten Testfunktionen von Wilks, Hotelling oder Roy. Diese lauten jetzt

$$L = \left| \frac{r_H}{n - r_X} \mathbf{S}_H \mathbf{S}_E^{-1} + \mathbf{I} \right|, \quad T = r_H \operatorname{spur}\left(\mathbf{S}_H \mathbf{S}_E^{-1} \right), \quad W = l_{\max}\left(\mathbf{S}_H \mathbf{S}_E^{-1} \right).$$

Beispiel 3.41 Die multivariaten Modelle für den Vergleich von Erwartungswertvektoren aus dem Abschnitt 3.8.2.1 lassen sich ebenfalls in die Form eines linearen Modells der Struktur (3.98) bringen. Dies wird im Folgenden am Beispiel des Vier- (Teil-) Stichprobenmodells, das aus Tafel 3.22 hervorgeht, illustriert. Es hat die Form (3.98), wenn $\mathbf{X}'$ (und damit $\mathbf{X}$) und β wie folgt gegeben sind:

$$\mathbf{X}' = \begin{pmatrix} 1\;1\;1\;1\;1\;1\;1\;1\;0\;0\;0\;0\;0\;0\;0\;0\;0\;0\;0\;0\;0\;0\;0\;0\;0\;0\;0\;0\;0\;0\;0\;0\;0\;0 \\ 0\;0\;0\;0\;0\;0\;0\;0\;1\;1\;1\;1\;1\;1\;1\;1\;1\;1\;0\;0\;0\;0\;0\;0\;0\;0\;0\;0\;0\;0\;0\;0\;0\;0 \\ 0\;0\;0\;0\;0\;0\;0\;0\;0\;0\;0\;0\;0\;0\;0\;0\;0\;0\;1\;1\;1\;1\;1\;1\;1\;1\;0\;0\;0\;0\;0\;0\;0\;0 \\ 0\;0\;0\;0\;0\;0\;0\;0\;0\;0\;0\;0\;0\;0\;0\;0\;0\;0\;0\;0\;0\;0\;0\;0\;0\;0\;1\;1\;1\;1\;1\;1\;1\;1 \end{pmatrix},$$

$$\beta = \begin{pmatrix} \mu_1 \\ \mu_2 \\ \mu_3 \\ \mu_4 \end{pmatrix} = \begin{pmatrix} \mu_{11} & \mu_{12} & \mu_{13} \\ \mu_{21} & \mu_{22} & \mu_{23} \\ \mu_{31} & \mu_{32} & \mu_{33} \\ \mu_{41} & \mu_{42} & \mu_{43} \end{pmatrix}.$$

Wird die Matrix

$$\mathbf{H} = \begin{pmatrix} 1 & -1 & 0 & 0 \\ 0 & 1 & -1 & 0 \\ 0 & 0 & 1 & -1 \end{pmatrix}.$$

eingeführt, lässt sich die Hypothese (3.97) eleganter in der Form $\mathbf{H}\beta = \mathbf{0}$ schreiben, wobei $\mathbf{0}$ die (3×3)-Nullmatrix ist. (Alle ihre Elemente sind gleich 0.) Die Matrizen $\mathbf{B}$ und $\mathbf{B}_H$ ergeben sich zu

$$\mathbf{B} = \begin{pmatrix} 114,20 & 233,78 & 181,94 \\ 100,29 & 241,31 & 225,96 \\ 112,02 & 317,87 & 149,48 \\ 124,29 & 271,00 & 192,71 \end{pmatrix}, \quad \mathbf{B}_H = \begin{pmatrix} 112,32 & 264,26 & 190,92 \\ 112,32 & 264,26 & 190,92 \\ 112,32 & 264,26 & 190,92 \\ 112,32 & 264,26 & 190,92 \end{pmatrix}.$$

Die Zeilen von $\mathbf{B}$ sind genau die Mittelwertvektoren der Gruppen von Beispiel 3.37, während alle Zeilen von $\mathbf{B}_H$ gleich dem Gesamtmittelwertsvektor dieses Beispiels sind. Die Berechnung der Matrizen $\mathbf{S}_E$ und $\mathbf{S}_H$ führt zu den gleichen, die bereits im Beispiel 3.37 ermittelt wurden.

Die allgemeine Formulierung (3.99) der Testproblematik erlaubt auch die einfache Ausführung von Tests zum Prüfen differenzierter Hypothesen über die Erwartungswertvektoren μ_i der einzelnen Gruppen. Beispielsweise kann die Hypothese, dass die Summen der Erwartungswertvektoren der ersten und vierten sowie der zweiten und dritten Gruppe einander gleich sind, das heißt $\mu_1 + \mu_4 = \mu_2 + \mu_3$, mit $\mathbf{H} = (+1\;\; -1\;\; -1\;\; +1)$ ebenfalls in die Form $\mathbf{H}\beta = \mathbf{0}$ mit $\mathbf{0}$ als (1×3)-Nullmatrix gebracht werden. □

3.8.2.3 Tests über Varianzstrukturen

Test über eine Kovarianzmatrix Ausgehend von einer Stichprobe p-dimensionaler zufälliger Vektoren $Y_1, Y_2, ..., Y_n$ aus einer Grundgesamtheit Y_G mit unbekanntem Erwartungswertvektor μ und unbekannter Kovarianzmatrix Σ ist zu prüfen, ob Σ gleich einer gegebenen Kovarianzmatrix Σ_0 ist:

$$H_0 : \Sigma = \Sigma_0 .$$

Als Testfunktion dient

$$T = (n-1)\left[spur\left(S \Sigma_0^{-1}\right) - \ln \left| S \Sigma_0^{-1} \right| - p \right], \tag{3.100}$$

wobei die Stichprobenkovarianzmatrix S durch (3.93) gegeben ist. Unter der Voraussetzung, dass Y_G einer p-dimensionalen Normalverteilung genügt, ist bei Gültigkeit von H_0 die Stichprobenfunktion T bei hinreichend großem Stichprobenumfang n näherungsweise nach Chi-Quadrat mit $p(p+1)/2$ Freiheitsgraden verteilt. Daher wird in diesem Fall H_0 mit der Sicherheitswahrscheinlichkeit $1 - \alpha$ abgelehnt, wenn $t > \chi^2_{p(p+1)/2;\, 1-\alpha}$ ausfällt.

Für kleinere Stichproben kann man unter den gleichen Voraussetzungen die kritischen Werte von T Tafelwerken zur multivariaten Analyse entnehmen.

Spezialfall $\Sigma_0 = I_p$ In diesem Fall wird durch H_0 geprüft, ob die Komponenten der Y_i unkorreliert sind und die Varianz Eins haben. (I_p ist die Einheitsmatrix mit p Reihen). H_0 ist genau dann richtig, wenn alle Eigenwerte der Matrix Σ gleich Eins sind. Daher ist es naheliegend, die Hypothese zu akzeptieren, wenn alle Eigenwerte $l_1, l_2, ..., l_p$ von S nahe bei Eins liegen. (Damit wird gleichzeitig die Testfunktion (3.100) für den allgemeinen Fall motiviert.) (3.100) vereinfacht sich zu

$$T = (n-1)\sum_{i=1}^{p}(l_j - 1 - \ln l_j) .$$

Sie nimmt ihren minimalen Wert (= 0) bei $l_1 = l_2 = \cdots = l_p = 1$ an und wächst, je weiter sich die einzelnen l_i von 1 entfernen.

Sphärizitätstest Der Sphärizitätstest prüft die Hypothese, ob die Komponenten der Y_i unkorreliert sind und die gleiche, aber unbekannte Varianz σ^2 haben:

$$H_0 : \Sigma = \sigma^2 I_p .$$

Eine Bestätigung dieser Hypothese würde (wie auch im eben betrachteten Fall $\Sigma_0 = I_p$) die Überführung der Daten in ein univariates Modell ermöglichen. Unter der Voraussetzung, dass Y_G einer p-dimensionalen Normalverteilung genügt, lautet die Log-Likelihood-Quotienten-Testfunktion für die Prüfung von H_0 (Abschnitt 3.4.1)

$$T = (n-1) \ln \frac{\left[\frac{1}{p} spur(S) \right]^p}{|S|} = (n-1)p\left[\ln\left(\frac{1}{p}\sum_{i=1}^{p} l_i\right) - \left(\frac{1}{p}\sum_{i=1}^{p} \ln l_i\right) \right]. \tag{3.101}$$

Sie vergleicht also den Logarithmus des arithmetischen Mittels der Eigenwerte mit dem arithmetischen Mittel der Logarithmen der Eigenwerte. T nimmt ihr Minimum (= 0) an, wenn alle Eigenwerte von S einander gleich sind, S also proportional zur Einheitsmatrix und somit *sphärisch* ist. Für große n genügt T näherungsweise einer Chi-Quadrat-Verteilung mit $f(p) = \frac{1}{2}p(p+1) - 1$ Freiheitsgraden. Daher wird in diesem Fall H_0 mit der Sicherheitswahrscheinlichkeit $1 - \alpha$ abgelehnt, wenn $T > \chi^2_{f(p),1-\alpha}$ ausfällt.

Beispiel 3.42 Die aus der ersten Gruppe der Beobachtungen aus Tafel 3.22 berechnete Kovarianzmatrix S_1 als Schätzung für die gemeinsame Kovarianzmatrix Σ der Beobachtungen der ersten Gruppe lautet

$$S_1 = \begin{pmatrix} 3570,630 & -2322,724 & -4868,187 \\ -2322,724 & 4606,112 & 20,307 \\ -4868,187 & 20,307 & 9846,308 \end{pmatrix}.$$

Sie hat 7 Freiheitsgrade. Ihre Determinante und Spur sind

$$|S_1| = 114\,548\,473, \quad spur(S_1) = 18\,023.$$

Also nimmt die Testfunktion (3.101) mit $n - 1 = 7$ den Wert $t = 52,82$ an. Wegen $\chi^3_{5;0,99} = 15,1$ kann die Hypothese $H_0: \Sigma = \sigma^2 I_p$ hochsignifikant abgelehnt werden. Die Kovarianzmatrix Σ ist nichtsphärisch. □

Vergleich mehrerer Kovarianzmatrizen Es liege eine Stichprobe der Struktur (3.91) vor, deren k Teilstichproben aus p-dimensional verteilten Grundgesamtheiten (Zufallsvektoren) $Y_{G_1}, Y_{G_2}, ..., Y_{G_k}$ mit den jeweiligen Erwartungswertvektoren $\mu_1, \mu_2, ..., \mu_k$ und Kovarianzmatrizen Σ_i; $i = 1, 2, ..., k$; entnommen wurden. Zu prüfen ist die Gleichheit der Σ_i (Ihre Gleichheit wurde beim Vergleich der Erwartungswertvektoren im Abschnitt 3.8.2.1 vorausgesetzt.):

$$H_0: \Sigma_1 = \Sigma_2 = \cdots \Sigma_k.$$

Mit den Bezeichnungen (3.94) und (3.96) wird über H_0 vermittels der Testfunktion

$$T = \sum_{i=1}^{k} (n_i - 1)\left[spur\left(S_i S_E^{-1}\right) - \ln\left|S_i S_E^{-1}\right| - p \right]$$

entschieden. Sie kann in folgende äquivalente Form gebracht werden:

$$T = (n - k)\ln|S_E| - \sum_{i=1}^{k}(n_i - 1)\ln|S_i|.$$

T misst den 'Abstand' der S_i von ihrem gewichteten Mittel und damit voneinander. Wenn alle Grundgesamtheiten p-dimensional normalverteilt und alle n_i hinreichend groß sind, dann genügt T näherungsweise einer Chi-Quadrat-Verteilung mit

$$f(k,p) = (k-1)p(p+1)/2$$

Freiheitsgraden. Daher wird in diesem Fall H_0 mit der Sicherheitswahrscheinlichkeit $1 - \alpha$ abgelehnt, wenn $t > \chi^2_{f(k,p),1-\alpha}$ gilt.

Beispiel 3.43 In den Beispielen 3.39 und 3.40 wurde stillschweigend vorausgesetzt, dass die Kovarianzmatrizen Σ_i der einzelnen Gruppen einander gleich sind. Diese Annahme soll jetzt getestet werden. Zur Konstruktion der Testfunktion T werden die Stichprobenkovarianzmatrizen S_i; $i = 1, 2, 3, 4$; der vier Gruppen benötigt. Deren Determinanten sind

$$|S_1| = 114\,548\,473, \; |S_2| = 65\,094\,171, \; |S_3| = 51\,260\,405 \text{ und } |S_4| = 26\,431\,291.$$

Daher hat die Testfunktion T den Wert $t = 17.94$. Da dieser deutlich kleiner ist als $\chi^2_{18;0,95} = 28,57$, kann die Hypothese, dass die vier Gruppen die gleiche Kovarianzmatrix haben, mit einer Sicherheitswahrscheinlichkeit von mindestens 0,95 angenommen werden. Die beobachteten Unterschiede zwischen den vier Stichprobenkovarianzmatrizen können bei den gegebenen Stichprobenumfängen als zufällig angesehen werden. □

Unabhängigkeit zweier Variablenmengen Gegeben sei eine Stichprobe $Y_1, Y_2, ..., Y_n$ aus einer p-dimensionalen Grundgesamtheit Y_G mit dem Vektor der Erwartungswerte μ und der Kovarianzmatrix Σ. Zu prüfen ist, ob die ersten p_1 Komponenten der Grundgesamtheit unabhängig von deren übrigen $p - p_1$ Komponenten sind. Entsprechend der Aufteilung der Komponenten in zwei Gruppen lassen sich die Y_i, μ und Σ folgendermaßen schreiben:

$$Y_i = (Y_{1i}, Y_{2i}), \quad \mu = (\mu_1, \mu_2), \quad \Sigma = \begin{pmatrix} \Sigma_{11} & \Sigma_{12} \\ \Sigma_{21} & \Sigma_{22} \end{pmatrix}.$$

Die entsprechenden Darstellungen für Stichprobenmittelwertsvektor und Stichprobenkovarianzmatrix sind:

$$\bar{Y} = \left(\bar{Y}_1, \bar{Y}_2\right), \quad S = \begin{pmatrix} S_{11} & S_{12} \\ S_{21} & S_{22} \end{pmatrix}.$$

Damit lautet die zu prüfende Hypothese:

$$H_0 : \Sigma_{12} = 0.$$

Es gilt stets $|\Sigma_{11}| \cdot |\Sigma_{22}| \geq |\Sigma|$, wobei die Gleichheit nur eintritt, wenn H_0 erfüllt ist. Daher ist die Testfunktion

$$T = (n-1) \ln \frac{|S_{11}||S_{22}|}{|S|}$$

ein Maß für die Abweichung von S_{12} (= Schätzung für Σ_{12}) von der Nullmatrix 0. Genügt Y_G einer p-dimensionalen Normalverteilung, dann ist bei Gültigkeit von H_0 die Stichprobenfunktion T für hinreichend großen Stichprobenumfang n näherungsweise nach Chi-Quadrat mit $p_1 p_2$ Freiheitsgraden verteilt. Daher wird in diesem Fall H_0 mit der Sicherheitswahrscheinlichkeit $1 - \alpha$ abgelehnt, wenn $t > \chi^2_{p_1 p_2; 1-\alpha}$ erfüllt ist. Hierbei ist wie bisher t eine auf der Basis einer konkreten Stichprobe berechnete Realisierung von T.

3.8.3 Hauptkomponenten- und Faktoranalyse

Bei der Analyse von p-dimensionalen Stichproben $Y_1, Y_2, \ldots, Y_n$ ergeben sich, entweder durch die Daten selbst oder durch inhaltliche Überlegungen, Vermutungen über das Vorhandensein von annähernd linearen Beziehungen zwischen den Komponenten der beobachteten Vektoren (s. auch Abschn. 3.7.4.6 - Multikollinearität). Eine mögliche Deutung eines solchen Phänomens wäre, dass die beobachteten Vektoren Y_i von wenigen *verborgenen* Variablen, sogenannten *latenten Faktoren* Z_i, abhängen. Eine solche Abhängigkeit könnte die Struktur

$$Y_i = Z_i \mathbf{F} + U_i; \quad i = 1, 2, \ldots, n \tag{3.102}$$

haben. Hierbei sind die Z_i zufällige Vektoren der Dimension q, $q < p$, und $\mathbf{F}$ eine $(q \times p)$ -Matrix. Die $U_1, U_2, \ldots, U_n$ sind p-dimensionale zufällige Vektoren, deren Kovarianzmatrix eine Diagonalgestalt hat. Die Schätzung und Interpretation von $\mathbf{F}$, der *Matrix der Faktorladungen*, ist hauptsächlicher Gegenstand der *Faktoranalyse*.

Die *Hauptkomponentenanalyse* ermittelt eine Anzahl von q Linearkombinationen der p Komponenten der Y_i, aus deren Kenntnis sich die 'vollständigen Beobachtungen' Y_i befriedigend genau durch Regression vorhersagen lassen. Da diese Linearkombinationen auch die Rolle der latenten Faktoren spielen können, und die ermittelten Regressionskoeffizienten die Rolle der Faktorladungen, trifft man mitunter auch in diesem Zusammenhang -nicht ganz korrekt- die Bezeichnung 'Faktoranalyse' an.

3.8.3.1 Hauptkomponentenanalysen

Eigenwerte und Hauptkomponenten Gegeben seien ein p-dimensionaler Zufallsvektor $Y = (Y_1, Y_2, \ldots, Y_p)$ mit dem Erwartungswertvektor μ und der Kovarianzmatrix Σ sowie ein Vektor konstanter Zahlen $\alpha_1 = (\alpha_{11}, \alpha_{12}, \ldots, \alpha_{1p})$. (Beachte: In diesem Kapitel ist Y_i nur hier eine eindimensionale zufällige Größe.) Dann heißt die Linearkombination (= Skalarprodukt von Y und α_1)

$$Y\alpha_1' = \sum_{i=1}^{p} Y_i \alpha_{1i}$$

erste Hauptkomponente von Y, wenn 1) der Koeffizientenvektor α_1 normiert ist, wenn also $|\alpha_1| = \sum_{i=1}^{p} \alpha_{1i}^2 = 1$ gilt, und 2) die Varianz $Var(Y\alpha_1')$ maximal ist bezüglich aller Linearkombinationen mit normierten Koeffizientenvektoren α:

$$Var(Y\alpha_1') = \frac{\alpha_1 \Sigma \alpha_1'}{\alpha_1 \alpha_1'} = \alpha_1 \Sigma \alpha_1' = \max_{\{\alpha, |\alpha|=1\}} \alpha \Sigma \alpha'. \tag{3.103}$$

Der Vektor α_1 ist der zum größten Eigenwert von Σ gehörende Eigenvektor. Bezeichnet λ_1 den größten Eigenwert, dann ist α_1 Lösung des linearen Gleichungssystems

$$\alpha_1 (\Sigma - \lambda_1 I) = 0.$$

Das Stichprobenpendant dazu, ebenfalls als *erste Hauptkomponente* bezeichnet, ist die

Linearkombination $Y\mathbf{a}_1'$ mit dem normierten Koeffizientenvektor $\mathbf{a}_1 = (a_{11}, a_{12}, ..., a_{1p})$, der mit der Stichprobenkovarianzmatrix $\mathbf{S}$ die zu (3.103) analoge Bedingung

$$\mathbf{a}_1 \mathbf{S} \mathbf{a}_1' = \max_{\{\mathbf{a}, |\mathbf{a}|=1\}} \mathbf{a} \mathbf{S} \mathbf{a}'$$

erfüllt. Der Vektor $\mathbf{a}_1$ ist derjenige Eigenvektor der Matrix $\mathbf{S}$, der zu ihrem größten Eigenwert l_1 gehört, der also das Gleichungssystem

$$\mathbf{a}_1 (\mathbf{S} - l_1 \mathbf{I}) = 0$$

erfüllt. Die erste Hauptkomponente der Stichprobe maximiert unter allen normierten Linearkombinationen $v_i = Y_i \mathbf{a}'$ der Y_i die Stichprobenvarianz $s_v^2 = s_v^2(\mathbf{a})$ der v_i:

$$s_v^2(\mathbf{a}) = \frac{1}{n-1} \sum_{i=1}^{n} (v_i - \bar{v}), \quad s_v^2(\mathbf{a}_1) = \max_{\mathbf{a}} s_v^2(\mathbf{a}).$$

Die Linearkombination

$$Y\alpha_2' = \sum_{i=1}^{p} Y_i \alpha_{2i}$$

heißt *zweite Hauptkomponente* von Y, wenn 1) der Vektor $\alpha_2 = (\alpha_{21}, \alpha_{22}, ..., \alpha_{2p})$ normiert und zur ersten Hauptkomponente orthogonal ist und 2) $\alpha_2 \Sigma \alpha_2' = \max_{\alpha} \alpha \Sigma \alpha'$ bezüglich aller normierten, zur ersten Hauptkomponente orthogonalen Vektoren α gilt. Der Vektor α_2 ist der zum zweitgrößten Eigenwert λ_2 der Matrix Σ gehörende Eigenvektor. (Zwei Vektoren $\mathbf{a}$ und $\mathbf{b}$ gleicher Dimension sind *orthogonal*, wenn ihr Skalarprodukt gleich 0 ist: $\mathbf{a} \mathbf{b}' = 0$ ist.) Analog wird die *zweite Hauptkomponente der Stichprobe* vermittels des zweitgrößten Eigenwerts l_2 der Stichprobenkovarianzmatrix $\mathbf{S}$ und des zugehörigen normierten Eigenvektors $\mathbf{a}_2$ als Lösung des Gleichungssystems $\mathbf{a}_2 (\mathbf{S} - l_2 \mathbf{I}) = 0$ gebildet. Der Vektor $\mathbf{a}_2$ maximiert $\mathbf{a} \mathbf{S} \mathbf{a}'$ bezüglich aller normierten, zur ersten Hauptkomponente der Stichprobe orthogonalen Vektoren $\mathbf{a}$. So fortfahrend erzeugt man alle $j = 1, 2, ..., p$ Hauptkomponenten von Y bzw. der Stichprobe.

Um unabhängig vom gewählten Maßstab der einzelnen Merkmale zu werden, wird die Hauptkomponentenanalyse auch oft auf die standardisierten Beobachtungsdaten anstelle der originalen angewendet.

Dimensionsreduzierung   Werden die Stichprobenvektoren $Y_1, Y_2, ..., Y_n$ zeilenweise zu einer $(n \times p)$-Matrix $\mathbf{Y}$ zusammengefasst, dann entspricht die Bildung der Hauptkomponenten der Stichprobe der Transformation

$$\mathbf{V} = \mathbf{Y} \mathbf{A}', \tag{3.104}$$

wobei die Zeilen der orthogonalen $(p \times p)$-Matrix $\mathbf{A}$ aus den Eigenvektoren $\mathbf{a}_1, \mathbf{a}_2, ..., \mathbf{a}_p$ bestehen. (Eine Matrix $\mathbf{M}$ mit reellen Elementen ist *orthogonal*, wenn $\mathbf{M}\mathbf{M}' = \mathbf{M}'\mathbf{M} = \mathbf{I}$ gilt.) Ferner hat die Stichprobenkovarianzmatrix die Struktur

$$\mathbf{S} = \mathbf{A}' \mathbf{L} \mathbf{A},$$

wobei $\mathbf{L}$ eine Diagonalmatrix mit den Eigenwerten $l_1, l_2, ..., l_p$ in der Hauptdiagonale ist. Die p Komponenten der Zeilenvektoren V_i; $i = 1, 2, ..., n$; der Matrix $\mathbf{V}$ sind entsprechend ihrer Konstruktion unkorreliert und haben die Stichprobenvarianzen $l_1, l_2, ..., l_p$. Im Vergleich zu den größten q Eigenwerten seien die restlichen $p-q$ vernachlässigbar klein. Mit den entsprechenden Zerlegungen $V = (V_1 \vdots V_2)$ und $A' = (A_1' \vdots A_2')$ folgt aus (3.104)

$$Y = V_1 A_1 + V_2 A_2 . \qquad (3.105)$$

Wegen der Kleinheit der Varianzen der letzten Hauptkomponenten stellt $V_1 A_1$ eine gute Näherung für Y dar. Mit den Bezeichnungen $V_1 = Z$, $A_1 = F$, und $U = V_2 A_2$ erhält (3.105) die Form

$$Y = Z F + U.$$

In Vektorschreibweise ist diese Struktur von Y äquivalent zu (3.102):

$$Y_i = Z_i F + U_i ; \quad i = 1, 2, ..., n. \qquad (3.106)$$

Wenn $q = 2$ oder $q = 3$ ist, besteht die Möglichkeit, die transformierten Beobachtungen Z_i, die etwa die gleichen euklidischen Abstände wie die ursprünglichen Beobachtungen aufweisen, graphisch darzustellen.

Beispiel 3.44 Wird die Stichprobe in Tafel 3.22 standardisiert, ergibt sich die zugehörige empirische Kovarianzmatrix zu

$$S = \begin{pmatrix} 1 & 0,459 & -0,573 \\ -0,459 & 1 & -0,430 \\ -0,573 & -0,430 & 1 \end{pmatrix}.$$

Die Eigenwerte dieser Matrix sind $l_1 = 1,575$; $l_2 = 1,403$; $l_3 = 0,022$. Die zugehörigen Eigenvektoren a_i sind die Zeilen der Matrix A:

$$A = \begin{pmatrix} -0,738 & 0,089 & 0,669 \\ -0,310 & 0,836 & -0,453 \\ 0,599 & 0,541 & 0,590 \end{pmatrix}.$$

Die drei Hauptkomponenten v_{i1}, v_{i2}, v_{i3} jedes der 37 konkreten standardisierten Beobachtungsvektoren $y_i = (y_{i1}, y_{i2}, y_{i3})$ sind, beginnend mit der ersten,

$$v_{i1} = -0,738 \frac{y_{i1} - 112,32}{\sqrt{2607,956}} + 0,089 \frac{y_{i2} - 264,26}{\sqrt{8927,962}} + 0,669 \frac{y_{i3} - 190,92}{\sqrt{9520,997}},$$

$$v_{i2} = -0,310 \frac{y_{i1} - 112,32}{\sqrt{2607,956}} + 0,836 \frac{y_{i2} - 264,26}{\sqrt{8927,962}} - 0,453 \frac{y_{i3} - 190,92}{\sqrt{9520,997}},$$

$$v_{i3} = +0,599 \frac{y_{i1} - 112,32}{\sqrt{2607,956}} + 0,541 \frac{y_{i2} - 264,26}{\sqrt{8927,962}} + 0,590 \frac{y_{i3} - 190,92}{\sqrt{9520,997}},$$

$i = 1, 2, ..., 37$. Bild 3.26 zeigt für jeden beobachteten Vektor y_i die zugehörige zweite und dritte Hauptkomponente als Punkte (v_{i2}, v_{i3}); $i = 1, 2, ..., 37$; im Streudiagramm. Die unterschiedliche Lage der vier Gruppen ist deutlich erkennbar. Kaum unterscheidbar wären jedoch die Gruppen im (v_{i1}, v_{i2})-Streudiagramm. □

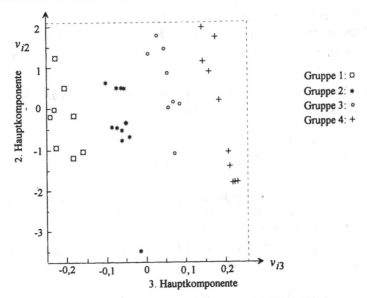

Bild 3.26 Streudiagramm der Hauptkomponenten 2 und 3 (Beispiel 3.44)

3.8.3.2 Faktoranalyse

Ein wesentlicher Zug der Hauptkomponentenanalyse ist die Konstruktion unkorrelierter Linearkombinationen als Hauptbestandteile der Variation multivariater Beobachtungen. Eine Besonderheit der Matrix **F** in (3.106) ist daher, dass ihre Spalten orthogonal zueinander sind. Dies kann in vielen Fällen für die Interpretation der gefundenen Koeffizienten hinderlich sein. Ein weiterer möglicher Nachteil der Hauptkomponentenanalyse ist ihre Abhängigkeit vom gewählten Maßstab der Komponenten der Beobachtungen. Die Hauptkomponentenmethode versagt, wenn die Diagonalelemente der Kovarianzmatrix Σ groß im Verhältnis zu den anderen Elementen sind. Die Faktoranalyse geht bei gegebenen p-dimensionalen zentrierten Beobachtungen Y_i, $i = 1, 2, ..., n$; von der Existenz q-dimensionaler *latenter* (= *nichtbeobachtbarer*) *Faktoren* Z_i aus, die einer Beziehung

$$Y_i = Z_i \mathbf{F} + U_i; \quad i = 1, 2, ..., n;$$

genügen. Die Dimension q wird hierbei als bekannt vorausgesetzt. Die Suche nach einem geeigneten Wert von q ist nicht Bestandteil der Faktoranalyse, wenn auch der Vergleich der Ergebnisse von Faktoranalysen der Bestimmung von q dienen kann.

Das statistische Modell Die Stichprobe $Y_1, Y_2, ..., Y_n$ sei der p-dimensionalen Zufallsgröße (Grundgesamtheit) $Y = Y_G$ entnommen. Y habe die Darstellung

$$Y = Z\mathbf{F} + U, \tag{3.107}$$

wobei

1) die q Komponenten von Z unabhängige Zufallsgrößen mit dem Erwartungswert 0 und der Varianz 1 sind, und

2) die p Komponenten von U sind ebenfalls unabhängig und haben den Erwartungswert 0, jedoch können ihre Varianzen $\lambda_1, \lambda_2, ..., \lambda_p$ voneinander verschieden sein.

Somit ist die Kovarianzmatrix Λ von U eine Diagonalmatrix mit den λ_i in der Hauptdiagonale. Die $(q \times p)$-Matrix $F = ((f_{jk}))$ der *Faktorladungen* unterliegt keinen Einschränkungen. Aus den Beziehungen $\mathbf{Cov}(Z) = \mathbf{I}$ und $\mathbf{Cov}(U) = \Lambda$ folgt die grundlegende Gleichung der Faktoranalyse:

$$\mathbf{Cov}(Y) = \Sigma = \mathbf{F}'\mathbf{F} + \Lambda . \tag{3.108}$$

Insbesondere ergibt sich, wenn mit σ_i^2 die Diagonalelemente von Σ bezeichnet werden,

$$\sigma_i^2 = \sum_{j=1}^q f_{ji}^2 + \lambda_i; \quad i = 1, 2, ..., p.$$

Die Quadratsummen $\sum_{j=1}^q f_{ji}^2$, die den Anteil der latenten Faktoren an den Varianzen σ_i^2 ausmachen, werden als *Kommunalitäten* bezeichnet.

Die Matrix der Faktorladungen $\mathbf{F}$ ist nicht eindeutig bestimmt, da für jede orthogonale Matrix $\mathbf{C}$ die Produktmatrix $\mathbf{CF}$ als 'neue' Matrix $\mathbf{F}$ auch die Gleichung (3.108) erfüllt.

Punktschätzung der Faktorladungen Sind die Komponenten von Z und U jeweils normalverteilt, hat die Stichprobenkovarianzmatrix

$$\mathbf{S} = \frac{1}{n-1} \sum_{i=1}^n (Y_i - \bar{Y})'(Y_i - \bar{Y})$$

die Dichtefunktion (*Wishart-Verteilung*)

$$f_\Sigma(\mathbf{S}) = c \, |\mathbf{S}|^{(n-p-2)/2} \, |\Sigma|^{-(n-1)/2} \exp\left(-\frac{n-1}{2} \operatorname{spur}(\Sigma^{-1})\right) .$$

Die Anwendung der Maximum-Likelihood-Methode liefert für $\mathbf{F}$ und Λ die Punktschätzungen $\hat{\mathbf{F}}$ und $\hat{\Lambda}$ als Lösungen der Gleichungssysteme

$$\operatorname{diag}\left(\hat{\mathbf{F}}'\hat{\mathbf{F}} + \hat{\Lambda}\right) = \operatorname{diag}(\mathbf{S}) \quad \text{und} \quad \hat{\mathbf{F}}(\hat{\mathbf{F}}'\hat{\mathbf{F}} + \hat{\Lambda})^{-1}\mathbf{S} = \hat{\mathbf{F}}. \tag{3.109}$$

(Die Funktion 'diag' bedeutet, dass die entsprechenden Elemente der Hauptdiagonalen der jeweiligen Matrizen übereinstimmen.)

Auch ohne spezifische Verteilungsannahmen kann eine *Kleinste-Abstand-Schätzung* für $\mathbf{F}$ und Λ bestimmt werden. Diese Schätzung minimiert den 'Abstand' $|\mathbf{S} - \mathbf{F}'\mathbf{F}|/|\Lambda|$. Es lässt sich zeigen, dass $\hat{\mathbf{F}}$ und $\hat{\Lambda}$, definiert durch

$$\left|\mathbf{S} - \hat{\mathbf{F}}'\hat{\mathbf{F}}\right|/\left|\hat{\Lambda}\right| = \min_{\mathbf{F}, \Lambda} |\mathbf{S} - \mathbf{F}'\mathbf{F}|/|\Lambda|,$$

ebenfalls Lösung der Gleichungssysteme (3.109) ist. Die Gleichungssysteme (3.109) sind nichtlinear und und im allgemeinen nicht explizit nach $\mathbf{F}$ bzw. Λ auflösbar. Jedoch existieren rekursive Verfahren, mit denen die Lösungen beliebig genau bestimmt werden können.

Testen der Dimension Es ist die Hypothese H_0 zu prüfen, ob q latente Faktoren ausreichen, um die Variation der Beobachtungen $Y_1, Y_2, ..., Y_n$ zu erklären, bzw., formalisiert, ob für Σ eine Zerlegung der Art

$$\Sigma = \mathbf{F}'\mathbf{F} + \Lambda$$

mit einer $(p \times q)$-Matrix $\mathbf{F}$ und einer Diagonalmatrix Λ unterstellt werden kann. Die Likelihood-Quotienten-Statistik T für H_0 hat die einfache Struktur

$$T = (n-1) \ln \frac{\left| \hat{\mathbf{F}}' \hat{\mathbf{F}} + \hat{\Lambda} \right|}{|\mathbf{S}|}.$$

Gilt H_0, dann genügt T für große Stichprobenumfänge n näherungsweise einer Chi-Quadrat-Verteilung mit $r = \frac{1}{2}\left[(p-q)^2 - p - q\right]$ Freiheitsgraden. Meist wird zum Zweck einer schnelleren Verteilungsapproximation der Faktor $(n-1)$ in T durch *Bartletts Korrekturfaktor* $n - 1 - \frac{1}{6}(2p+5) - \frac{2}{3}q$ ersetzt. In diesem Fall wird H_0 mit der Sicherheitswahrscheinlichkeit $1 - \alpha$ abgelehnt, wenn gilt

$$\left[n - 1 - \frac{1}{6}(2p+5) - \frac{2}{3}q \right] \left[\ln \left| \hat{\mathbf{F}}' \hat{\mathbf{F}} + \hat{\Lambda} \right| - \ln |\mathbf{S}| \right] > \chi^2_{r, 1-\alpha}.$$

Rotation der Faktoren Wenn tatsächlich latente Faktoren Z_i und Matrizen von Faktorladungen $\mathbf{F}$ existieren, die den Ansatz (3.107) für die Beobachtungen Y_i rechtfertigen, so ist jedoch dadurch nicht garantiert, dass die Elemente der geschätzten Matrix $\hat{\mathbf{F}}$ 'in der Nähe' der wirklichen Faktorladungen sind. Zum Beispiel hat die durch die Maximum-Likelihood-Methode erzeugte Matrix der Faktorladungen $\hat{\mathbf{F}}$ aus rein technischen Gründen die Eigenschaft, dass $\hat{\mathbf{F}} \hat{\Lambda}^{-1} \hat{\mathbf{F}}'$ eine Diagonalmatrix ist. Um die Faktorladungen sinnvoll deuten zu können, ist es im allgemeinen nötig, die Faktoren zu 'rotieren', das heißt $\hat{\mathbf{F}}$ mit einer geeigneten orthogonalen Matrix zu multiplizieren. Die Auffindung einer Matrix $\mathbf{C}$, die zu deutbaren Faktoren und Faktorladungen führt, stellt das schwierigste Problem der Faktoranalyse dar. Als heuristisches Kriterium dient $\mathbf{C}$ so zu wählen, dass möglichst viele Elemente der Matrix $\mathbf{C}\hat{\mathbf{F}}$ nahe bei 0 liegen.

Beispiel 3.45 Die Faktoranalyse der standardisierten Daten aus Tabelle 3.22 ergibt für $q = 2$ die Faktorladungen

$$\hat{\mathbf{F}} = \begin{pmatrix} -0,860 & -0,032 & 0,903 \\ -0,496 & 0,982 & -0,409 \end{pmatrix}.$$

Die Kommunalitäten der Merkmale 1, 2 und 3 sind 0,985; 0,964 bzw. 0,982. Also dominiert der Anteil der latenten Faktoren an den Varianzen. Der Ansatz (3.107) mit $q = 2$ ist somit hochgerechtfertigt. Der aus den latenten Variablen erklärbare Teil des zweiten Merkmals fällt fast 100%-ig mit der zweiten latenten Variablen zusammen. Das erste und dritte Merkmal erklären sich gegenläufig zum überwiegenden Teil (-0,860 bzw. 0,903) aus der ersten latenten Variablen, und zum kleineren Teil (-0,496 bzw. 0,409) aus der zweiten. □

3.8.4 Diskrimination und Klassifikation

Ein bereits betrachteter Spezialfall der *Diskrimination* (*Unterscheidung, Trennung*) von Wahrscheinlichkeitsverteilungen ist die Testtheorie (Kapitel 3.4 und 3.5): Diese unterteilt den Stichprobenraum, also die Menge der möglichen Beobachtungsvektoren, in den Annahme- bzw. Ablehnungs- oder kritischen Bereich. Je nach dem, in welchem Bereich ein Stichprobenvektor liegt, erfolgt die Zuordnung der Wahrscheinlichkeitsverteilung der Grundgesamtheit, der er entnommen wurde, zu einer von zwei Klassen. Im allgemeinen Fall wird der Stichprobenraum in k disjunkte Teilbereiche partitioniert. Liegt eine erhobene Stichprobe im Teilbereich i, so wird gefolgert, dass die Grundgesamtheit Y_{G_i}, der die Stichprobe entstammt, die Verteilung P_i hat; $i = 1, 2, ..., k$. Durch Diskrimination werden letztlich Beobachtungsvektoren (Stichproben) klassifiziert. Daher spricht man anstelle von Diskrimination auch von *Klassifizierung*. Diese prinzipielle Aufgabenstellung der *Diskriminanz-* bzw. *Diskriminationsanalyse* bleibt auch dann erhalten, wenn die Verteilungstypen P_i nicht explizit gegeben sind, sondern nur k Stichproben der Struktur (3.91) zur Schätzung der P_i zur Verfügung stehen.

Bewertungsfunktionen Die beschriebene Diskrimination von k Wahrscheinlichkeitsverteilungen durch Zerlegung des wieder als p-dimensional vorausgesetzten Stichprobenraums wird durch die Angabe einer $(k+1)$-dimensionalen Bewertungsfunktion (auch *Diskriminanzfunktion, Zuordnungsfunktion, Trennfunktion*) $g(y)$ einer p-dimensionalen Beobachtung y verallgemeinert: $g(y) = (g_0(y), g_1(y), ..., g_k(y))$. Hierbei gilt für die Funktionen $g_i(y)$; $i = 0, 1, ..., k$;

$$g_i(y) \geq 0, \quad \sum_{i=0}^{k} g_i(y) = 1.$$

Die Funktionen $g_i(y)$ geben für jeden Wert y von Y die Wahrscheinlichkeit dafür an, mit der die jeweilige Beobachtung dem Verteilungstyp P_i zugeordnet wird ('Zuordnung' in dem angegebenen Sinne). Mit Wahrscheinlichkeit $g_0(y)$ wird die Beobachtung y keinem Verteilungstyp zugeordnet. $g(y)$ ist eine *randomisierte Entscheidungsfunktion*. Ein *nichtrandomisiertes Diskriminanzverfahren* liegt vor, wenn für jeden Wert y von Y genau eines der $g_i(y)$ gleich 1 ist und die anderen folglich alle gleich 0 sind.

Fehl- und Korrektklassifikationswahrscheinlichkeiten Die Beobachtung Y stamme aus der p-dimensionalen Grundgesamtheit Y_{G_i} mit der Verteilung P_i. Dann beträgt die Wahrscheinlichkeit dafür, dass die Zuordnungsfunktion $g(y)$ die (zufällige) Beobachtung Y korrekterweise dieser Verteilung zuordnet,

$$r_i(g) = E_{P_i}(g_i(Y)) = \int\int...\int g_i(y) \, dF_i(y); \quad i = 1, 2, ..., k;$$

wobei F_i die zu P_i gehörige p-dimensionale Verteilungsfunktion ist. Die Wahrscheinlichkeit dafür, dass die Beobachtung Y fälschlicherweise der Grundgesamtheit Y_{G_j} zugeordnet wird, ist demgegenüber gegeben durch

$$\alpha_{j|i}(g) = E_{P_i}(g_j(Y)) = \int\int...\int g_j(y) \, dF_i(y); \quad j \neq i.$$

Sind alle Fehlklassifikationswahrscheinlichkeiten $\alpha_{j|i}(g)$ durch vorgegebene Limits α_{ji} beschränkt, dann ist g ein α-*Diskriminanzverfahren*, $\alpha = ((\alpha_{ji}))$; $j \neq i$; $i,j = 1, 2, ..., k$.

Optimalitätskriterien Eine gleichzeitige Maximierung bzw. Minimierung aller Korrekt- bzw. Fehlklassifikationswahrscheinlichkeiten ist unmöglich. Bei Beschränkung auf die Maximierung einer gewichteten Summe der Korrektklassifikationswahrscheinlichkeiten

$$\sum_{i=0}^{k} \pi_i \, r_i(g) \tag{3.110}$$

kann aber zumindest die Struktur optimaler Diskriminanzverfahren sichtbar gemacht werden. Es seien λ_{ij} nichtnegative Konstanten und

$$L_i(y) = \pi_i p_i(y) - \sum_{j \neq i} \lambda_{ij} p_j(y), \tag{3.111}$$

$$L_0(y) = 0.$$

Das Diskriminanzverfahren g^*, definiert durch

$$g_i^*(y) = \begin{cases} 1, & \text{wenn } L_i(y) = \max_j L_j(y) \\ 0, & \text{sonst} \end{cases} \tag{3.112}$$

ist optimal im Sinne der Maximierung von (3.110) unter allen Diskriminanzverfahren mit den gleichen Fehlklassifikationswahrscheinlichkeiten. Andererseits muss jedes optimale Diskriminanzverfahren die Form (3.112) haben.

Ein spezielles Diskriminanzverfahren ergibt sich, wenn alle λ_{ij} in (3.111) gleich 0 sind. In diesem Fall maximiert g^* die gewichtete Summe der Korrektklassifikationswahrscheinlichkeiten und minimiert damit gleichzeitig die entsprechend gewichtete Summe aller Fehlklassifikationswahrscheinlichkeiten, ohne Rücksicht allerdings auf die Beschränkung der Wahrscheinlichkeit der einzelnen Fehlklassifikationen. Eine mögliche Deutung der Wichtungen π_i ist die als *a priori* Wahrscheinlichkeit für das Vorliegen einer Beobachtung aus der Grundgesamtheit Y_{G_i}.

Der einfachste und bekannteste Spezialfall ist die Diskrimination zweier multivariater Normalverteilungen mit gleicher Kovarianzmatrix Σ, aber verschiedenen Erwartungswertvektoren μ_1 und μ_2. Das Verfahren (3.112) vereinfacht sich mit $\pi_1 = \pi_2 = 1/2$ zu

$$g_i^*(y) = \begin{cases} 1, & \text{wenn } (y - \mu_i)\Sigma^{-1}(y - \mu_i)' = \min_{j=1,2}(y - \mu_j)\Sigma^{-1}(y - \mu_j)' \\ 0, & \text{sonst} \end{cases} \; ; i = 1, 2.$$

Eine Zuordnung zur ersten Verteilung findet somit genau dann statt, wenn gilt

$$(\mu_1 - \mu_2)\Sigma^{-1}\left(y - \frac{\mu_1 + \mu_2}{2}\right)' > 0.$$

Die Fehlklassifikationswahrscheinlichkeiten dieser linearen Bewertungsfunktion hängen nur vom *Mahalanobis-Abstand* Δ^2 ab:

$$\Delta^2 = \frac{1}{2}(\mu_1 - \mu_2)\Sigma^{-1}(\mu_1 - \mu_2)'.$$

Beispiel 3.46 Zur Diskrimination der ersten und zweiten Gruppe von Tafel 3.22 werden die Stichprobenkovarianzmatrix S_E sowie die empirischen Erwartungswertvektoren $\bar{y}_1$ und $\bar{y}_2$ aus Beispiel 3.39 als Schätzungen für die Kovarianzmatrix Σ bzw. die Erwartungswertvektoren μ_1 und μ_2 verwendet. Damit ergibt sich die Bewertungsfunktion

$$g(y) = (\bar{y}_1 - \bar{y}_2) S_E^{-1} \left(y - \frac{\bar{y}_1 + \bar{y}_2}{2} \right)'. \tag{3.113}$$

Der Schätzwert des Mahalanobis-Abstands

$$D^2 = \frac{1}{2}(\bar{y}_1 - \bar{y}_2) S_E^{-1} (\bar{y}_1 - \bar{y}_2)' = 40,05$$

deutet auf eine fast fehlerlose Trennbarkeit hin. In der Tat liegen alle Werte der Bewertungsfunktion (3.113) im positiven Bereich, wenn für y die einzelnen Beobachtungsvektoren der ersten Gruppe eingesetzt werden, während für die zweite Gruppe alle Werte negativ sind (Bild 3.27). □

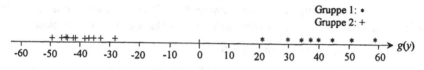

Bild 3.27 Diskriminanzwerte für Beispiel 3.46

3.8.5 Clusteranalyse

Die *Clusteranalyse* ist ein Gruppierungsverfahren für mehrdimensionale Stichproben. Die Beobachtungen der Stichproben werden in eine kleinere Anzahl von Gruppen eingeteilt. Eine Gruppe soll jeweils 'ähnliche' oder 'verwandte' Beobachtungen enthalten, während die Ähnlichkeit von Beobachtungen aus verschiedenen Gruppen gering sein sollte. Gruppen können unter verschärften Ähnlichkeitskriterien wieder in Untergruppen zerlegt werden usw. Auf diese Weise entsteht ein hierarchischer 'Abstammungsbaum'.

3.8.5.1 Punktwolken und Distanzwahl

Die p Merkmale einer mehrdimensionalen Beobachtung sind formal Koordinaten eines Punktes in einem p-dimensionalen Raum. Speziell ist für $p = 2$ oder $p = 3$ eine Stichprobe vom Umfang n als eine Menge von Punkten in der Ebene bzw. im dreidimensionalen Raum visuell darstellbar. In einem solchen Fall besteht die Möglichkeit, sich durch Augenschein davon zu überzeugen, ob es sich um eine homogene Punktmenge handelt, deren Elemente wie zufällig um ihr gemeinsames Zentrum gestreut scheinen, oder ob sich die Gesamtmenge in voneinander mehr oder weniger deutlich getrennte Punktwolken, die *Cluster* genannt werden, aufteilt. Diese können möglicherweise wiederum in Teilcluster unterteilt werden usw. In höherdimensionalen Euklidischen Räumen ($p > 3$), in denen die Möglichkeit einer visuellen Veranschaulichung nicht gegeben ist, übernehmen

Algorithmen die Rolle des Augenscheins bei der Clusteridentifikation. Allen Algorithmen gemeinsam ist der Grundsatz, die Beobachtungen so zu Clustern zusammenzufassen, dass der Abstand einer Beobachtung zu ihren nächsten Nachbarn innerhalb eines Clusters deutlich kleiner ist als der Abstand zu Beobachtungen aus einem 'benachbarten' Cluster. Als Abstandsmaß zwischen zwei beliebigen Beobachtungen $x = (x_1, x_2, ..., x_p)$ und $y = (y_1, y_2, ..., y_p)$ muss dabei nicht unbedingt ihr euklidischer Abstand

$$\rho(x, y) = \sqrt{(x_1 - y_1)^2 + (x_2 - y_2)^2 + \cdots + (x_p - y_p)^2}$$

dienen. Auch gewichtete Linearkombinationen der Art

$$\sum_{i=0}^{p} \alpha_i |x_i - y_i| \quad \text{oder} \quad \sqrt[\beta]{\sum_{i=0}^{p} \alpha_i |x_i - y_i|^\beta}$$

können sinnvoll sein. Für Komponenten, die nicht metrisch skalierbar sind, wird $|x_i - y_i|$ durch geeignete Abstandsfunktionen $h_i(x_i, y_i)$ ersetzt. Wurde auf der Basis von Vorinformationen oder im Verlauf der Stichprobenanalyse ein 'vorläufiges' Cluster gebildet, ist es statistisch gerechtfertigt, als Abstand zweier dem gleichen Cluster angehörenden Beobachtungen x und y ihren geschätzten Mahalanobis-Abstand $D^2(x, y)$ zu wählen:

$$D^2(x, y) = \tfrac{1}{2}(x - y)\, \mathbf{S}^{-1}(x - y)' \,.$$

Hierbei ist $\mathbf{S}$ die Kovarianzmatrix der diesem Cluster zugerechneten Beobachtungen.

3.8.5.2 Zielfunktionen und Verfahrenstypen

Globale Optimierung Die Qualität der Zerlegung einer Stichprobe in eine vorgegebene Anzahl m von Clustern $C_1, C_2, ..., C_m$ kann mit dem Kriterium

$$Q(C_1, C_2, ..., C_m) = \prod_{i=1}^{m} |\mathbf{I} + \mathbf{S}_i|^{m_i} \tag{3.114}$$

quantifiziert werden. Hierbei ist m_i die Anzahl der zum Cluster C_i gehörenden Beobachtungen, und $\mathbf{S}_i$ die Kovarianzmatrix dieser Beobachtungen. Je kleiner $|\mathbf{I} + \mathbf{S}_i|^{m_i}$ ist, desto 'dichter' liegen im Durchschnitt die Beobachtungen im Cluster C_i, umso mehr entspricht also C_i der anschaulichen Vorstellung von einem Cluster. Das Ziel besteht zunächst darin, bei festem m eine solche Zerlegung $C_1^*, C_2^*, ..., C_m^*$ der Stichprobe zu finden, die (3.114) minimiert:

$$Q(C_1^*, C_2^*, ..., C_m^*) = \min_{C_1, C_2, ..., C_m} Q(C_1, C_2, ..., C_m) \,.$$

Ist m nicht vorgegeben, dann ist es in die Optimierung mit einzubeziehen:

$$Q_1(C_1^*, C_2^*, ..., C_{m*}^*) = \min_{\substack{C_1, C_2, ..., C_m \\ m=1,2,...}} Q_1(C_1, C_2, ..., C_m),$$

wobei in diesem Fall das Optimalitätskriterium wie folgt definiert ist:

$$Q_1(C_1, C_2, ..., C_m) = \prod_{i=1}^{m} |\mathbf{I} + 1/m_i^2\, \mathbf{S}_i|^{m_i} \,. \tag{3.115}$$

Partitionierende und hierarchische Verfahren Die Anzahl der möglichen Zerlegungen steigt mit wachsendem Stichprobenumfang n so stark an, dass gegenwärtig auch schnelle Rechner überfordert sind, das globale Optimum der Zielfunktionen (3.114) bzw. (3.115) in vertretbarer Zeit zu ermitteln. Daher werden in praktischen Fällen Verfahren angewendet, die jeweilige Zielfunktionen schrittweise verbessern, aber nicht unbedingt zum globalen Optimum führen.

Partitionierende Verfahren gehen von einer gegebenen Gruppierung aus. Sie umfassen drei zyklisch sich wiederholende Schritte:

1) Für die Ausgangsgruppen werden die jeweiligen Gruppenmittel und die Kovarianzmatrizen berechnet.

2) Jede Beobachtung wird darauf geprüft, ob ihre Zuordnung zu einem anderen Cluster zu einer Verbesserung eines gegebenen Zielkriteriums (etwa Mahalanobis-Abstand oder ein anderer Abstand zum Gruppenmittel, Zielfunktionen (3.114) oder (3.115)) führt.

3) Tritt eine Verbesserung ein, wird die Neuzuordnung vorgenommen. Von dieser neuen Gruppierung ausgehend, wird wieder von vorn begonnen.

Hierarchische Verfahren zerfallen in zwei Typen, die *Aufwärtsverfahren* (*agglomerative Verfahren*) und die *Abwärtsverfahren* (*divisive Verfahren*). Die Aufwärtsverfahren arbeiten wie folgt:

1) Das Beobachtungspaar mit dem geringsten Abstand zueinander wird in einem Cluster vereinigt.

2) Der Abstand dieses neuen Clusters zu allen anderen Objekten (Cluster oder noch nicht zugeordnete einzelne Beobachtungen) wird neu bestimmt.

3) Das Verfahren wird für die verbliebenen Objekte solange von vorn (Schritt 1) fortgesetzt, bis alle Beobachtungen zu einem Cluster gehören.

Abwärtsverfahren teilen zunächst die Stichprobe in zwei Cluster auf. Diese werden auf der Grundlage von Distanzmaßen wiederum in Cluster aufgeteilt usw.

Die gegebene Klassifizierung hierarchischer Verfahren wird verfeinert durch Berücksichtigung des zugrunde liegenden Abstandsmaßes. Ausgehend von gegebenen 'Abständen zwischen den Beobachtungen' (etwa euklidischer Abstände) kann als 'Abstand zwischen zwei Clustern' der minimale Abstand (*single linkage*), der mittlere Abstand (*average linkage*) oder der maximale Abstand (*complete linkage*) ihrer jeweiligen Elemente dienen. Die Distanz zwischen zwei Clustern kann jedoch auch durch den Abstand der Clustermittelpunkte definiert werden (*Zentroidmethode*).

Charakteristisch für alle hierarchischen Verfahren ist, dass einmal getroffene Zuordnungsentscheidungen nicht mehr rückgängig gemacht werden. Sind etwa beim Aufwärtsverfahren zwei Beobachtungen dem gleichen Cluster zugeordnet worden, werden sie in späteren Schritten nicht mehr getrennt. Analog, ordnet ein Abwärtsverfahren zwei Beobachtungen unterschiedlichen Clustern zu, bleibt diese Trennung erhalten. Einmal getroffene korrekte Entscheidungen wie auch Fehlentscheidungen sind nicht mehr rückgängig zu machen.

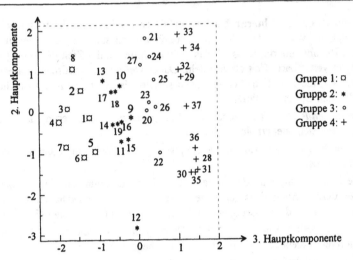

Bild 3.28 Streudiagramm der Hauptkomponenten 2 und 3 (Beispiel 3.47)

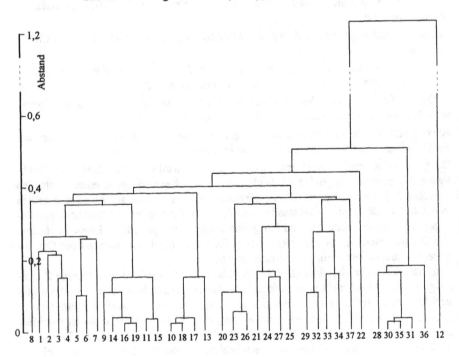

Bild 3.29 Dendrogramm zu Beispiel 3.47

3.8.5.3 Dendrogramme

Dendrogramme sind stammbaumförmige Grafiken, die in übersichtlicher Form die Ergebnisse einer Clusteranalyse veranschaulichen. Speziell bei hierarchischen Verfahren sind sie in der Lage, auch die Reihenfolge der Fusionierung und die Abstände, die der wechselseitigen Zuordnung von Objekten zu Grunde liegen, darzustellen.

Beispiel 3.47 Bild 3.28 zeigt wie in Bild 3.26 die Lage der 37 Beobachtungen von Tafel 3.19 in der Ebene der zweiten und dritten Hauptkomponente. Jedoch wurden diese im Unterschied zu Bild 3.26 noch einmal standardisiert und mit den entsprechenden Nummern von Tafel 3.22 versehen. Die Arbeitsweise des hierarchischen Verfahrens des minimalen Abstands (*single linkage*) kann anhand von Bild 3.29 nachvollzogen werden: Zuerst wurden jeweils die Beobachtungen 10 und 18 sowie 30 und 35 'zusammengeklammert'. Zu den ersteren kam danach noch die Beobachtung 17 und zu den letzteren die Beobachtung 31 hinzu. Erst später wird 10, 17 und 18 noch um Beobachtung 13 ergänzt. Dieses Vierer-Objekt wird mit den anderen dieser Gruppe, mit Ausnahme von Beobachtung 12, jedoch erst beim Abstand 0,396 vereinigt, nachdem diese schon mit der ersten Gruppe von Beobachtungen zu einem Cluster vereinigt wurden.   □

3.8.6 Multidimensionale Skalierung

Oft liegen Objekte vor, deren Eigenschaften zu komplex sind, um sie in Merkmalen numerisch zu erfassen. Auch ist man nicht immer, etwa in der Marktforschung und Psychologie, vordergründig an den physischen Eigenschaften verschiedener Produkte interessiert, sondern an deren subjektiver, durchaus laienhafter Wahrnehmung. Die Beschreibung der Objekte wird dabei im Allgemeinen durch ihre Stellung zu den anderen vorgenommen; etwa durch Beurteilungen wie 'besser als...', 'genauso gut wie...', oder 'ähnlich wie...'. Ist für drei Objekte A, B und C der jeweilige 'Abstand', nämlich ihre Ähnlichkeit bzw. Verschiedenartigkeit, gleich groß, dann lassen sich A, B und C als die drei Eckpunkte eines gleichseitigen Dreiecks darstellen. Hat man vier Objekte, die voneinander alle 'gleich weit' entfernt sind, ist eine Veranschaulichung dieses Sachverhalts in der Ebene nicht möglich. Sie sind jedoch als Eckpunkte eines Tetraeders im dreidimensionalen Raum darstellbar.

Die Aufgabe der multidimensionalen Skalierung ist die Konstruktion eines möglichst niedrigdimensionalen Raums, in dem n Objekte als Punkte so dargestellt werden, dass Ähnlichkeit bzw. Verschiedenartigkeit der Objekte sich in der räumlichen Nähe bzw. Entfernung der entsprechenden Punkte widerspiegeln.

Ähnlichkeitsmaße Die multidimensionale Zerlegung setzt nicht voraus, dass die Ähnlichkeiten von n Objekten zueinander zahlenmäßig erfasst werden können. Es wird nur die Rangordnung der $n(n-1)/2$ Ähnlichkeiten zwischen allen Objekten benötigt. Wenn der Sachverhalt aber eine zahlenmäßige Quantifizierung aller Ähnlichkeiten zulässt, bestimmt der entsprechende Zahlenwert den Rang des jeweiligen Objekts (*Ratingverfahren*).

Wenn von vornherein nur eine unvollständige Rangordnung der Objekte angegeben werden kann, ist folgendes Vorgehen üblich: Für ein fest gewähltes Objekt, dem sogenannten *Ankerpunkt*, wird die Rangfolge der Ähnlichkeit aller anderen zu diesem Objekt ermittelt. Jedes Objekt kann als Ankerpunkt auftreten. Zwei Objekte werden als umso ähnlicher angesehen, je weniger sich ihre Ähnlichkeitsränge bezüglich jeden Ankerpunkts unterscheiden (*Ankerpunktmethode*).

Isotone Konfigurierung Das Ziel der multidimensionalen Skalierung ist die Gewinnung von metrischen Koordinaten für n Objekte in einem k-dimensionale Raum. Die den Objekten entsprechenden n Punkte sollen *isoton* konfiguriert werden, das heißt so, dass die zu dem ähnlichsten Paar von Objekten gehörigen Punkte den kleinsten Abstand haben, das zweitähnlichste Paar von Objekten induziert das Punktepaar mit dem zweitkleinsten Abstand usw. Wenn eine isotone Konfigurierung nicht erreichbar ist, soll sich die Rangordnung der $n(n-1)/2$ Punktabstände 'möglichst wenig' von der Rangordnung der Ähnlichkeiten der Objekte unterscheiden. Eine Kontrolle darüber, wie nahe man diesem Ziel ist, erhält man mit Hilfe von *Shepard-Diagrammen*, in denen jedes Beobachtungspaar mit seinen Koordinaten, das sind Ähnlichkeitsrang und Abstand, eingetragen wird. Nichtmonotone Verläufe verweisen auf die Punkte, die verschoben werden müssen, um das angestrebte Monotonieverhalten des Diagramms zu verbessern.

Ankerpunkt	Beobachtungsnummer							
	1	2	3	4	5	6	7	8
1	0	3	1	2	5	6	4	7
2	3	0	1	4	6	7	5	2
3	3	2	0	1	7	6	4	5
4	2	4	1	0	6	5	3	7
5	3	6	5	4	0	1	2	7
6	3	6	5	4	1	0	2	7
7	4	6	5	2	3	1	0	7
8	4	1	2	3	6	7	5	0

Tafel 3.23 Ähnlichkeiten bezüglich der Ankerpunkte in Beispiel 3.48

Beispiel 3.48 Wenn die Ähnlichkeiten der ersten acht Beobachtungen aus Tafel 3.22 anhand ihrer metrischen Abstände in Bild 3.28 beurteilt werden, ergeben sich die in Tafel 3.23 dargestellten Ähnlichkeiten bez. der jeweiligen Ankerpunkte. Zum ersten Ankerpunkt wird nun der Zeilen-Rangkorrelationskoeffizient, oder, reziprok dazu, die Quadratsumme der Rangdifferenzen zugeordnet, dem Paar $(1,2)$ beispielsweise die Summe

$$(0-3)^2 + (3-0)^2 + (1-1)^2 + (2-4)^2 + (5-6)^2 + (6-7)^2(4-5)^2(7-2)^2 = 50.$$

Auf diese Weise erhält man die Abstandsmatrix (Tafel 3.24) und hieraus wiederum die Ähnlichkeitsreihenfolge (Tafel 3.25) der 28 Paare.

	1	2	3	4	5	6	7	8
1	0	50	20	12	92	94	86	74
2	50	0	26	66	158	160	152	8
3	20	26	0	14	132	130	104	38
4	12	66	14	0	90	88	62	80
5	92	158	132	90	0	2	18	166
6	94	160	130	88	2	0	14	168
8	74	8	38	80	166	168	154	0

Tafel 3.24 Abstände auf der Basis der Ankerpunkte in Beispiel 3.48

	2	3	4	5	6	7	8
1	10	7	3	18	19	15	13
2		8	12	25	26	23	2
3			5	22	21	20	9
4				17	16	11	14
5					1	6	27
6						5	28
7							24

Tafel 3.25 Ähnlichkeitsreihenfolge in Beispiel 3.48

Bild 3.30 zeigt eine mögliche Punktekonfiguration in der Ebene, die die Ähnlichkeitsreihenfolge von Tafel 3.25 annähernd widerspiegelt.

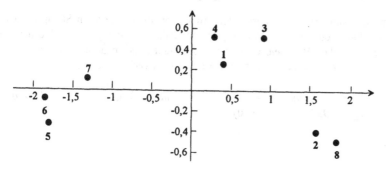

Bild 3.30 Punktekonfiguration entsprechend Tafel 3.22

Das Shepard-Diagramm in Bild 3.31 stellt die Ähnlichkeitsreihenfolge der Punktepaare in Tafel 3.25 in Abhängigkeit von ihren euklidischen Abständen in Bild 3.30 dar. Das

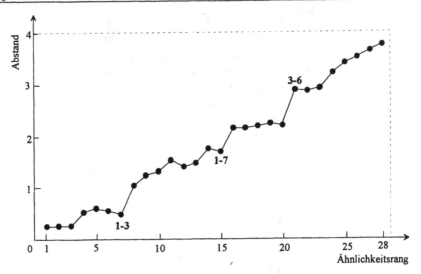

Bild 3.31 Shepard-Diagramm in Beispiel 3.48

Diagramm zeigt noch einige Abweichungen vom angestrebten monotonen Verlauf. Es ist ersichtlich, dass die Lage der Punkte 1 und 3 in Bild 3.30 so verändert werden sollte, dass Punkt 3 näher an Punkt 6 liegt, gleichzeitig aber der Abstand zwischen 1 und 3 sowie 1 und 7 größer wird. Wenn solche Operationen nicht möglich sind, ohne die Reihenfolge der restlichen Abstände entscheidend zu stören, brechen die Algorithmen in diesem Stadium ab.   □

Verfahren der multivariaten Analyse erfordern vor allem bei größeren Stichproben für numerische Untersuchungen die Nutzung von Statistik-Programmpaketen. Die hier behandelten numerischen Beispiele wurden mit SAS und SPSS bearbeitet. Aber auch S-Plus und Statistica erlauben die statistische Analyse multivariater Daten.

Literatur: *Bilodeau, Brenner* (1999), *Fahrmeir, Tutz* (2001), *Litz* (2000), *Marcoulides, Hershberger* (1997), *Rinne* (2000).

3.9 Statistische Versuchsplanung

3.9.1 Einführung

Gegenstand Die folgenden Ausführungen knüpfen an Kapitel 3.7 und teilweise an Kapitel 3.8 an. Wie dort wird die Abhängigkeit einer zufälligen Zielgröße von einstellbaren, also letztlich deterministischen, Einflussgrößen untersucht. Die Werte der Einflussgrößen wurden in diesen Kapiteln als gegeben betrachtet. Demgegenüber ist die Auffindung bezüglich jeweiliger Zielstellungen günstiger Wertekonstellationen der Einflussgrößen das Hauptanliegen der *statistischen Versuchsplanung (design and analysis of experiments)*. In der statistischen Versuchsplanung nennt man die Einflussgrößen auch *Faktoren* und ihre Wertekonstellationen *Versuchspläne* oder *Versuchsschemata*. Generell wird angestrebt, durch geeignete Versuchspläne maximale Information über den interssierenden Sachverhalt mit minimalem Aufwand zu erhalten. Die Versuchsplanung ist vornehmlich auf lineare Modelle ausgerichtet. Im Rahmen dieser Modellklasse beschäftigt sie sich mit folgenden Aufgaben:

1) Versuchsplanung in Regressions- und Varianzanalyse.

2) Faktorielle Versuchspläne.

3) Versuchsplanung mit dem Ziel der Identifizierung und Elimination störender Einflüsse (Blockbildung).

Auch die Planung des Stichprobenumfangs in den unterschiedlichsten Anwendungen gehört zum Gegenstand der statistischen Versuchsplanung.

Wirkungsfläche (response surface) Es sei $Y = Y(\mathbf{x})$ die zufällige Zielgröße in Abhängigkeit vom Vektor der Faktoren (Einflussgrößen) $\mathbf{x} = (x_1, x_2, ..., x_k)$. Zwischen $Y(\mathbf{x})$ und den Faktoren x_i bestehe mit einer deterministischen Funktion $y(\mathbf{x})$ der Zusammenhang

$$Y(\mathbf{x}) = y(\mathbf{x}) + \varepsilon,$$

wobei die von $\mathbf{x}$ nicht abhängende Zufallsgröße ε folgende Eigenschaften hat:

$$E(\varepsilon) = 0 \quad \text{und} \quad Var(\varepsilon) = \sigma^2. \tag{3.116}$$

Der Erwartungswert von Y als Funktion von $\mathbf{x}$, nämlich $y = y(\mathbf{x})$, heißt *Wirkungsfläche*. Ist $\mathbf{x}$ Realisierung eines zufälligen Vektors $\mathbf{X} = (X_1, X_2, ..., X_k)$, dann ist die Wirkungsfläche nichts anderes als die Regressionsfunktion von Y bezüglich $\mathbf{X}$. Die Funktion $y = y(\mathbf{x})$ ist im Allgemeinen nicht bekannt. Häufig wird die Form

$$y(\mathbf{x}) = \beta_0 + \sum_{i=1}^{k} \beta_i x_i + \sum_{i,j=1; i\leq j}^{k} \beta_{ij} x_i x_j \tag{3.117}$$

vorausgesetzt. Das Auftreten der Produkte $x_i x_j$ berücksichtigt mögliche Wechselwirkungen zwischen den Einflussgrößen x_i und x_j. Die Darstellung (3.117) entsteht formal bei Entwicklung von $y(\mathbf{x})$ in eine Taylorreihe, wenn nur die Teilsummen erster und zweiter Ordnung signifikante Beiträge liefern. Entsprechend können Teilsummen dritter und höherer Ordnung berücksichtigt werden, in denen also Produkte von drei und mehr Faktoren auftreten.

Optimale Versuchsplanung Eine wichtige Aufgabe der Versuchsplanung besteht in der rationellen Bestimmung von Versuchsplänen, die zu Schätzungen von Wirkungsflächen mit günstigen statistischen Eigenschaften führen. Entsprechende Optimalitätskriterien und Versuchspläne werden in den folgenden Abschnitten vorgestellt. Ein weiterer Schwerpunkt ist die Ermittlung solcher Parameterkonstellationen, an denen die Wirkungsfläche Extrema aufweist. Zum Beispiel kann man sich in einem chemischen Prozess für die Maximierung der Prozessausbeute durch optimale Wahl der Einflussgrößen 'Reaktionstemperatur' und 'Reaktionszeit' interessieren, oder in der Landwirtschaft für die Maximierung des Ertrags je Flächeneinheit durch optimale Proportionierung der eingesetzten Düngemittel. Ein 'klassisches' Verfahren zur Bestimmung von Extremwerten der Wirkungsfläche wird im Abschnitt 3.9.3.5 skizziert. Auch multivariate Modelle sind Gegenstand der (optimalen) Versuchsplanung. So kann man vor der Aufgabe stehen, eine spezielle Glassorte mit möglichst großer Härte und günstigen optischen Eigenschaften durch optimale Beimischung von Zusätzen (Blei, Eisenverbindungen,...) zum Grundstoff Sand zu entwickeln. Multivariate Modelle werden in diesem Kapitel nicht betrachtet.

3.9.2 Optimale Versuchspläne

Ein (*konkreter*) *Versuchsplan* V_n vom Umfang n bei k Faktoren ist durch n Vektoren $x_1, x_2, ..., x_n$ der Dimension k gegeben:

$$x_i = (x_{i1}, x_{i2}, ..., x_{ik}); \ i = 1, 2, ..., n. \tag{3.118}$$

Die x_i müssen nicht voneinander verschieden sein. Die Anzahl der voneinander verschiedenen x_i bildet das *Spektrum* des Versuchsplans. Ein *Versuch* an der Stelle x_i besteht in der Ermittlung einer Realisierung y_i von $Y(x_i)$. Der *Versuchsbereich* V enthält alle diejenigen Punkte x, an denen Versuche durchgeführt werden können. Die Wirkungsfläche sei linear in den unbekannten Parametern β_i :

$$y(x) = \beta_0 + \beta_1 x_1 + \cdots + \beta_k x_k . \tag{3.119}$$

Die durch die Methode der kleinsten Quadrate ermittelte Schätzung der Wirkungsfläche ist daher wieder durch (3.78) und (3.82) gegeben:

$$\hat{y}(x) = b_0 + b_1 x_1 + \cdots + b_k x_k . \tag{3.120}$$

Bereits im Abschnitt 3.7.4.5 wurde darauf hingewiesen, dass der Vektor der empirischen Regressionskoeffizienten $b = (b_1, b_2, ..., b_k)$ prinzipiell auch dann durch (3.82) gegeben ist, wenn in der Regressionsfunktion Produkte verschiedener x_i bzw. ihrer Potenzen auftreten. Diese Produkte sind dann als Einflussgrößen $x_{k+1}, x_{k+2}, ...$ in die Ansätze (3.119) und (3.120) aufzunehmen. Somit kann die Schätzung der Wirkungsfläche wegen ihrer Linearität in den zu schätzenden Koeffizienten β_i vermittels der in Abschnitt 3.7.4.1 genannten Methoden erfolgen. Die Elimination unwesentlicher Faktoren aus dem Ansatz (3.119), also die Vereinfachung des Modells soweit wie gerechtfertigt, kann mit in den Abschnitten 3.7.4.8 und 3.8 dargestellten Methoden erfolgen; siehe auch *Vining* (1998),

Kuehl (2000). Ein Element der Versuchsplanung findet sich bereits im Abschnitt 3.7.2.1. Dort wurde darauf hingewiesen, dass im Falle der einfachen linearen Regression die Stichprobenregressionskoeffizienten die kleinste Varianz haben, wenn die Versuchspunkte paritätisch auf die Endpunkte des Versuchsbereichs konzentriert werden. (Die Stichprobenregressionskoeffizienten B_i ergeben sich dadurch, dass in (3.82) die konkreten Beobachtungswerte y_i durch die zufälligen Beobachtungen Y_i ersetzt werden.) Analog sind für den Fall der Mehrfachregression solche Stichprobenpläne zu konstruieren, die möglichst genaue Schätzungen der Regressionskoeffizienten β_i (und damit der Wirkungsfläche) liefern. Entsprechende Optimalitätskriterien beruhen auf der Kovarianzmatrix Σ_B der Stichprobenregressionskoeffizienten $B_0, B_1, ..., B_k$. Man rechnet leicht nach, dass gilt

$$\Sigma_B = \sigma^2 (\mathbf{X}'\mathbf{X})^{-1}, \tag{3.121}$$

wobei die Matrix $\mathbf{X}$ durch (3.81) gegeben ist. Somit hängt die Kovarianzmatrix Σ_B bei gegebenem σ nur von der Matrix $\mathbf{M} = (\mathbf{X}'\mathbf{X})^{-1}$ und infolgedessen nur vom Versuchsplan V_n ab. Daher ist $\mathbf{M} = \mathbf{M}(V_n)$ die Basis einer Reihe von Kriterien für die Konstruktion optimaler Versuchspläne. In den folgenden Kriterien erstreckt sich die Optimierung stets über alle zulässigen Versuchspläne vom Umfang n.

1) *A-Optimalität* Ein Versuchsplan V_n^* ist *A-optimal*, wenn er die Spur von $\mathbf{M}$ minimiert:

$$spur(\mathbf{M}(V_n^*)) = \min_{V_n} spur(\mathbf{M}(V_n)).$$

Da die Elemente der Hauptdiagonale von $\mathbf{M}$ bis auf den gemeinsamen Faktor σ^2 gleich den Varianzen der entsprechenden Stichprobenregressionskoeffizienten B_i sind, minimiert ein *A-optimaler Versuchsplan* die Summe der Varianzen $\sum_{i=0}^{k} Var(B_i)$ und damit die durchschnittliche Varianz der Stichprobenregressionskoeffizienten.

2) *C-Optimalität* Ein Versuchsplan V_n^* heißt *C-optimal* bezüglich eines Koeffizientenvektors $\mathbf{c} = (c_0, c_1, ..., c_k)$, wenn er die Varianz der gewichteten Summe der Stichprobenregressionskoeffizienten $Var\left(\sum_{i=0}^{k} c_i B_i\right) = \sigma^2 \mathbf{c}'\mathbf{M}(V_n)\mathbf{c}$ minimiert:

$$\mathbf{c}'\mathbf{M}(V_n^*)\mathbf{c} = \min_{V_n} \mathbf{c}'\mathbf{M}(V_n)\mathbf{c}.$$

Ist etwa $\mathbf{c} = (0, 0, ..., 0, 1)$, dann minimiert ein *C-optimaler Plan* die Varianz von B_k.

3) *D-Optimalität* Ein Versuchsplan V_n^* heißt *D-optimal*, wenn er die Determinante von $\mathbf{M}$ minimiert:

$$|\mathbf{M}(V_n^*)| = \min_{V_n} |\mathbf{M}(V_n)|.$$

Ein *D-optimaler Plan* gewährleistet eine 'globale' Minimierung des Streuverhaltens des Vektors der Stichprobenregressionskoeffizienten $(B_0, B_1, ..., B_k)$.

4) *E-Optimalität* Ein Versuchsplan V_n^* heißt *E-optimal*, wenn er den kleinsten maximalen Eigenwert der Matrix **M** realisiert. Bezeichnet $l_{max}(\mathbf{M}(V_n))$ den maximalen Eigenwert von **M** bei Anwendung des Versuchsplans V_n, dann gilt also

$$l_{max}(\mathbf{M}(V_n^*)) = \min_{V_n} l_{max}(\mathbf{M}(V_n)).$$

Ist $\sigma_{max}^2(V_n)$ die maximale Varianz der Stichprobenregressionskoeffizienten bei Anwendung des Versuchsplans V_n, dann minimiert V_n^* eine scharfe obere Schranke für $\sigma_{max}^2(V_n)$. (Diese wird hier allerdings nicht angegeben.)

5) *G-Optimalität* Ein Versuchsplan V_n^* heißt *G-optimal*, wenn er die bezüglich aller zulässigen Versuchspunkte $\mathbf{x} = (x_1, x_2, ..., x_k)$ maximale Varianz der Stichprobenregressionsfunktion $\hat{Y}(\mathbf{x}) = B_0 + B_1 x_1 + \cdots + B_k x_k$ minimiert. Wegen $Var(\hat{Y}(\mathbf{x})) = \sigma^2 \mathbf{x}' \mathbf{M} \mathbf{x}$ ist V_n^* genau dann *G*-optimal, wenn gilt

$$\max_{\mathbf{x} \in \mathbf{V}} \mathbf{x}' \mathbf{M}(V_n^*) \mathbf{x} = \min_{V_n} \max_{\mathbf{x} \in \mathbf{V}} \mathbf{x}' \mathbf{M}(V_n) \mathbf{x}.$$

Die genannten Optimalitätskriterien und weitere fundamentale Ergebnisse zur Versuchsplanung wurden von *Kiefer* und *Wolfowitz* in den 50-er und 60-er Jahren des vergangenen Jahrhunderts veröffentlicht. Größere Programmpakete zur Mathematischen Statistik erlauben die Konstruktion optimaler Versuchspläne wenigstens bezüglich einiger der genannten (und nichtgenannten) Opimalitätskriterien.

Anstelle von $\mathbf{M} = (\mathbf{X}'\mathbf{X})^{-1}$ wird auch häufig mit der *Informationsmatrix* $\frac{1}{n}\mathbf{X}'\mathbf{X}$ gearbeitet.

3.9.3 Faktorielle Versuchspläne

3.9.3.1 Grundlagen

In diesem Abschnitt wird ein konstruktiver Zugang zum Aufbau von Versuchsplänen zwecks Schätzung der Wirkungsfläche beschrieben. Da stets mindestens zwei Faktoren (Einflussgrößen) in das Modell eingehen, heißen die entsprechenden Versuchspläne auch *Mehrfaktorpläne*. Es wird davon ausgegangen, dass die Wirkungsfläche $y(\mathbf{x})$ ein Polynom in den k Faktoren x_i ist bzw. hinreichend genau durch ein solches beschrieben werden kann. Anstelle der im Abschnitt 3.9.2 mathematisch wohldefinierten Optimalitätskriterien treten heuristisch motivierte, 'praktisch sinnvolle' Kriterien zur Rechtfertigung des Konstruktionsprinzips. Ist die Wirkungsfläche ein Polynom vom Grade g, hat das allgemeinste Polynom dieser Art $\binom{k+g}{g}$ Koeffizienten. Daher sind wenigstens $\binom{k+g}{g}$ Versuchspunkte erforderlich, um alle Koeffizienten schätzen zu können. Zudem erfordert die Lösbarkeit des Systems der Normalgleichungen, dass im Versuchsplan jeder Faktor mit mindestens $g+1$ verschiedenen Werten vertreten ist. In diesem Zusammenhang heißen die unterschiedlichen Werte, die ein Faktor annimmt, *Stufen* bzw. *Niveaus* (*levels*) des Faktors.

Im Folgenden wird angenommen, dass die k kontinuierlich veränderbaren Faktoren auf endlich vielen Stufen eingestellt werden, wobei die Stufen von vornherein zu fixieren sind. Ein Versuchsplan, der Versuche für die Menge aller möglichen Kombinationen der Stufen der k Faktoren oder für eine wohldefinierte Teilmenge derselbigen vorschreibt, heißt *faktorieller Versuchsplan*. Ein faktorieller Versuchsplan heißt *vollständig*, wenn er Versuche für alle Stufenkombinationen der Parameter vorschreibt. Anderenfalls liegt ein *teilweise faktorieller Versuchsplan* vor. Ein faktorieller Versuchsplan ist *symmetrisch*, wenn alle Faktoren die gleiche Anzahl von Stufen haben. Anderenfalls ist der Versuchsplan *unsymmetrisch*. Liegt die Wirkungsfläche in Form eines Polynoms vor, das in allen Faktoren vom Grade g ist, dann wird die Stufenanzahl eines jeden Faktors gleich $g + 1$ gewählt (symmetrischer Versuchsplan). Sind jedoch nicht alle Faktoren vom Grade g, dann wird mit einem unsymmetrischen Versuchsplan gearbeitet. Ein Versuchsplan zur Schätzung der Koeffizienten eine Polynoms heißt *gesättigt*, wenn er soviele Versuche vorschreibt, wie es zu schätzende Koeffizienten gibt. Die numerische Analyse der Versuchsdaten erfolgt im Allgemeinen auf der Basis der standardisierten Daten.

'Praktisch sinnvolle' Richtlinien für die Konstruktion von Versuchsplänen, insbesondere für die individuelle Wahl der Stufen, wurden erstmals von *Box* und *Hunter* aufgelistet und später von *Box, Draper* (1987), siehe auch *Draper, Lin* (1996), erweitert:

Ein Versuchsplan soll 1) ausreichend Information über das Verhalten der Wirkungsfläche im Versuchsbereich **V** liefern;

2) eine möglichst gute Schätzung der Wirkungsfläche erlauben;

3) die Quantifizierung der Abweichung der Schätzung von der Wirkungsfläche gestatten;

4) die Möglichkeit der Blockbildung einräumen;

5) als Grundlage für einen folgenden Versuchsplan 'höherer Ordnung' dienen können (sequentielle Konstruktion von Versuchsplänen mit dem Ziel der immer genaueren Analyse des Verhaltens der Wirkungsfläche, insbesondere in der Nähe eines ihrer Extremwerte);

6) möglichst unempfindlich sein gegenüber Ausreißern und Abweichungen von der Normalverteilung;

7) eine möglichst kleine Anzahl von Versuchen erfordern;

8) einfache Datenstrukturen liefern und die Möglichkeit ihrer visuellen Auswertung erlauben;

9) numerisch einfach auswertbar sein;

10) brauchbare Resultate liefern, auch wenn einige (wenige) Fehleinstellungen von Faktoren auftreten;

11) keine zu große Anzahl von Stufen der Faktoren erfordern (der Plan soll rechentechnisch beherrschbar sein);

12) einen Test der Voraussetzung 'Konstanz der Varianz' (Voraussetzung (3.116)) ermöglichen.

Offensichtlich ist es nicht machbar, einen Versuchsplan zu entwerfen, der allen Erfordernissen 1 bis 12 gleichzeitig Rechnung trägt. Zum Beispiel geht es zu Lasten von Punkt 7, wenn die Punkte 2 und 3 höchste Priorität haben. Je nach den Zielsetzungen des Experiments erhalten die Kriterien unterschiedliche Gewichte. Besonders wertvoll sind diejenigen Versuchspläne, die vielen der Kriterien 1 bis 12 Rechnung tragen.

Wie in Punkt 5 angedeutet, ist in den meisten Anwendungen das Studium der Wirkungsfläche sequentieller Natur. In einem ersten Schritt ist ein Versuchsplan zur Identifizierung unwesentlicher Faktoren zu entwickeln (Hauptkomponenten- und Faktoranalyse). Danach beginnt die Untersuchung der Eigenschaften der Wirkungsfläche in Abhängigkeit von den verbliebenen Faktoren. Zunächst wird der Einfachheit halber mit einem linearen Polynomansatz für die Wirkungsfläche versucht, erste Information über ihre Eigenschaften, insbesondere die Lage des interessierenden Extremums, zu erhalten. Sind die Möglichkeiten eines linearen Ansatzes erschöpft, ist man mit der Stufenwahl häufig schon 'in der Nähe' des Extremums. Durch Wahl eines Polynomansatzes zweiter oder höherer Ordnung für die Wirkungsfläche und Aktualisierung der Stufen werden die Koordinaten des Extremums weiter präzisiert, bis keine deutlichen Verbesserungen mehr eintreten. Formalisiert wurde dieses Vorgehen bereits im Jahre 1951 von *Box* und *Wilson* (Abschnitt 3.9.3.5).

3.9.3.2 Vollständige zweistufige faktorielle Versuchspläne

Die meisten Untersuchungen der Wirkungsfläche beginnen mit einem vollständigen zweistufigen faktoriellen Versuchsplan. Sind k Faktoren vorhanden, dann enthält ein solcher Versuchsplan die 2^k Kombinationen der Stufen aller Faktoren. Man spricht daher auch von einem *faktoriellen Versuchsplan (vom Typ)* 2^k. Diese Pläne entsprechen insbesondere Punkt 5 der Richtlinien, da sie als Baustein für detailliertere Versuchspläne dienen können. Zwecks einfacher Charakterisierung des Versuchsplanes hat sich in der Literatur folgende Bezeichnungsweise eingebürgert: Die größere Stufe eines jeden der Faktoren wird mit '+' bezeichnet und die kleinere mit '-'. Durch geeignete Skalierung der Faktoren kann zudem ohne Beschränkung der Allgemeinheit stets erreicht werden, dass die größeren Werte der Faktoren alle gleich +1 und die kleineren alle gleich -1 sind. Der Versuchsbereich V besteht daher aus den Eckpunkten des k-dimensionalen Würfels

$$-1 \leq x_i \leq +1; \quad i = 1, 2, ..., k. \tag{3.122}$$

Im vollständigen Versuchsplan vom Typ 2^k werden Versuche an allen 2^k Eckpunkten dieses Würfels durchgeführt.

Vollständiger Versuchsplan vom Typ 2^2 Zunächst wird der einfachste Versuchsplan vom Typ 2^k, der vollständige faktorielle Versuchsplan 2^2, betrachtet. Es gibt also zwei Faktoren und jeder wird auf zwei Stufen eingestellt. Damit besteht das Spektrum dieses Versuchsplans aus vier verschiedenen Versuchseinstellungen (Stufenkombinationen). Die Stufen seien +1 und -1. Die Veranschaulichung des Versuchsplans erfolgt in Tafel 3.26. Die Stufen werden kurz mit ' + ' (großer Wert) und ' - ' (kleiner Wert) bezeichnet.

		Faktoren			Ergebnis
i	Kodierung der Stufenkombinationen	x_1	x_2	$x_1 x_2$	y_i
1	(1)	–	–	+	y_1
2	a	+	–	–	y_2
3	b	–	+	–	y_3
4	ab	+	+	+	y_4

Tafel 3.26 Versuchsplan 2^2 (Grundstruktur)

Die in der Tafel vorgenommene Kodierung der Stufenkombinationen ist in der Literatur üblich. Die letzte Spalte enthält den an der Stufenkombination i gemessenen Wert y_i der Ergebnisgröße; $i = 1, 2, ..., 4$. Werden an jeder Stufenkombination r Versuche durchgeführt und sind $y_{i1}, y_{i2}, ..., y_{ir}$ die an der Stufenkombination i gemessenen Werte der Ergebnisgröße, dann steht in der letzten Spalte anstelle von y_i das arithmetische Mittel $\bar{y}_i$ der $y_{i1}, y_{i2}, ..., y_{ir}$. Die Anzahl r ist die Anzahl der *Wiederholungen* (*replicates*) des Versuchs. Üblich, obwohl sprachlich nicht korrekt, ist die Bezeichnung 'erste Wiederholung' auch für die Gesamtheit der ersten Versuche an allen Stufenkombinationen. Als *Haupteffekt* $H(x_i)$ des Faktors x_i; $i = 1, 2$; bezeichnet man die Differenz derjenigen arithmetischen Mittel der Werte der Ergebnisgrößen, die jeweils auf der hohen und der niedrigen Stufe eines Faktors ermittelt wurden. Bei mehreren Wiederholungen treten anstelle der y_i die $\bar{y}_i$.

				Konzentration von CO_2		
i	Kodierung der Stufenkombination	x_1	x_2	Wiederholung 1 y_i	Wiederholung 2 y_i	Mittel $\bar{y}_i$
1	(1)	–	–	20,3	20,4	20,35
2	a	+	–	13,6	14,8	14,20
3	b	–	+	15,0	15,1	15,05
4	ab	+	+	9,7	10,7	10,20

Tafel 3.27 Vollständiger Versuchsplan 2^2 und Ergebnisse (Beispiel 3.49)

Beispiel 3.49 *Rao* und *Saxena* (1993) untersuchten den Einfluss des Wassergehaltes von Kiefernholz x_1 und der Ofentemperatur x_2 auf den CO_2-Gehalt y des Rauches, der beim Verbrennen des Holzes entsteht. Der Wassergehalt wird auf den Stufen 0% (Trockenholz) und 22,2% (Frischholz) berücksichtigt, während die Ofentemperatur im Versuch auf die Werte $1100^0 K$ bzw. $1500^0 K$ eingestellt wird. Der Versuch wurde mit $r = 2$ Wiederholungen durchgeführt. Tafel 3.27 zeigt die Resultate. Bild 3.32 veranschaulicht graphisch Tafel 3.27.

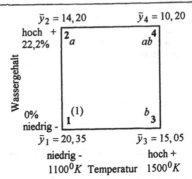

Bild 3.32 Geometrische Veranschaulichung des Versuchsplans im Beispiel 3.49

Die Haupteffekte der Faktoren sind

$$H(x_1) = \frac{1}{2}[14,2 + 10,2] - \frac{1}{4}[20,35 + 15,05] = -5,50,$$

$$H(x_2) = \frac{1}{2}[15,05 + 10,20] - \frac{1}{2}[20,35 + 14,20] = -4,65.$$

Der *Wechselwirkungseffekt* $W(x_1, x_2)$ zwischen x_1 und x_2 ist die Differenz des arithmetischen Mittels der Bewertungen der Endpunkte der Diagonale $(1, 4)$ und des arithmetischen Mittels der Bewertungen der Endpunkte der Diagonale $(2, 3)$:

$$W(x_1, x_2) = \frac{1}{2}\left[20,35 + 10,2\right] - \frac{1}{2}\left[15,05 + 14,2\right] = 0,65.$$

Wird für die Wirkungsfläche der Ansatz

$$y = \beta_0 + \beta_1 x_1 + \beta_2 x_2 + \beta_{12} x_1 x_2$$

gemacht, dann sind die Schätzwerte der β_0, β_1, β_2 und $\beta_3 = \beta_{12}$ durch (3.82) gegeben, wenn dort $x_3 = x_1 x_2$ gesetzt wird. (Also sind $k = 3$ und $n = 8$.) Man erhält $b_0 = 14,95$; $b_1 = -2,75$; $b_2 = -2,325$ und $b_{12} = 0,325$. Damit lautet die Schätzung der Wirkungfläche

$$\hat{y} = 14,95 - 2,75 x_1 - 2,325 x_2 + 0,325 x_1 x_2 .$$

Die Koeffizienten b_1, b_2, und b_{12} können jedoch bei Anwendung eines vollständigen Versuchsplans vom Typ 2^2 sofort vermittels der Haupt- und Wechselwirkungseffekte berechnet werden:

$$b_i = \frac{1}{2} H(x_i); \; i = 1, 2; \quad b_{12} = \frac{1}{2} W(x_1 x_2), \tag{3.123}$$

während b_0 das arithmetische Mittel aller Werte der Ergebnisgrößen ist.   □

Werden r Wiederholungen durchgeführt und stehen die Kodierungen der Stufen für die Summen der an jeder Stufe gemessenen r Werte der Ergebnisgrößen (eine vor allem in der anwendungsbezogenen Literatur verbreitete Bezeichnungsweise), dann sind die Haupt- und Wechselwirkungseffekte allgemein gegeben durch

$$H(x_1) = \frac{1}{2r}[ab + a - b - (1)],$$

$$H(x_2) = \frac{1}{2r}[ab + b - a - (1)],$$

$$W(x_1, x_2) = \frac{1}{2r}[ab + (1) - a - b].$$

Die Terme in den eckigen Klammern dieser Beziehungen heißen *Kontraste*. Man gewinnt sie formal durch Berechnung des 'Skalarprodukts' der ersten Spalte (Kodierungen) mit den jeweiligen Spalten der Faktoren x_1 und x_2 bzw. $x_1 x_2$.

Darüberhinaus sind die Kontraste die wesentlichen Bestandteile der Testgrößen, um über die Relevanz der Faktoren in der Wirkungsfläche zu entscheiden. Es sei y_{iw} der an der Stufeneinstellung i gemessene Wert der Ergebnisgröße bei der w-ten Wiederholung an dieser Einstellung. Wurden insgesamt n Versuche durchgeführt, gilt $n = 4r$. Die totale Summe der Abweichungsquadrate beträgt

$$SS_T = \sum_{i=1}^{4} \sum_{w=1}^{r}(y_{iw} - \bar{y})^2 \quad \text{mit} \quad \bar{y} = \frac{1}{4r}\sum_{i=1}^{4}\sum_{w=1}^{r} y_{iw}.$$

Es gilt

$$SS_T = SS_{x_1} + SS_{x_2} + SS_{x_1 x_2} + SS_E, \tag{3.124}$$

wobei

$$SS_{x_1} = \frac{1}{4r}[ab + a - b - (1)]^2,$$

$$SS_{x_2} = \frac{1}{4r}[ab + b - a - (1)]^2,$$

$$SS_{x_1 x_2} = \frac{1}{4r}[ab + (1) - a - b]^2$$

jeweils einen Freiheitsgrad haben. SS_T hat $4r - 1$ Freiheitsgrade und SS_E hat dementsprechend $4(r-1)$ Freiheitsgrade. Unter Normalverteilungsvoraussetzungen wie im Abschnitt 3.7.4.2 kann man nun vermittels F-Tests Hypothesen über die Relevanz der Faktoren bzw. ihrer Produkte bezüglich der Wirkungsfläche prüfen. Zum Beispiel ist der Einfluss von Faktor x_1 auf die Wirkungsfläche mit Wahrscheinlichkeit $1 - \alpha$ gesichert, wenn gilt $SS_{x_1}/SS_E > F_{1,(4r-1);1-\alpha}$. Dieser Test ist offenbar äquivalent zu

$$H_0 : \beta_1 = 0 \quad \text{gegen} \quad H_1 : \beta_1 \neq 0.$$

Gilt H_0, dann genügt SS_{x_1}/SS_E einer F-Verteilung mit $(1, 4r - 1)$ Freiheitsgraden.

Vollständiger Versuchsplan vom Typ 2^3 Es mögen nun drei für die Wirkungsfläche relevante Faktoren x_1, x_2 und x_3 vorliegen, die jeweils auf die Stufen -1 und +1 eingestellt werden. Das Spektrum dieses Versuchsplanes besteht somit aus 8 verschiedenen Stufenkombinationen. Dieser Versuchsplan erlaubt die Schätzung der Koeffizienten von Wirkungsflächen mit folgender Polynomstruktur:

$$\begin{aligned} y = &\beta_0 + \beta_1 x_1 + \beta_2 x_2 + \beta_3 x_3 \\ &+ \beta_{12} x_1 x_2 + \beta_{13} x_1 x_3 + \beta_{23} x_2 x_3 \\ &+ \beta_{123} x_1 x_2 x_3. \end{aligned} \tag{3.125}$$

i	Kodierung der Stufenkombinationen	Faktoren							Ergebnis
		x_1	x_2	x_1x_2	x_3	x_1x_3	x_2x_3	$x_1x_2x_3$	y_i
1	(1)	−	−	+	−	+	+	−	y_1
2	a	+	−	−	−	−	+	+	y_2
3	b	−	+	−	−	+	−	+	y_3
4	ab	+	+	+	−	−	−	−	y_4
5	c	−	−	+	+	−	−	+	y_5
6	ac	+	−	−	+	+	−	−	y_6
7	bc	−	+	−	+	−	+	−	y_7
8	abc	+	+	+	+	+	+	+	y_8

Tafel 3.28 Vollständiger Versuchsplan 2^3 (Grundstruktur)

Der vollständige Versuchsplan vom Typ 2^3 enthält den vollständigen Versuchsplan vom Typ 2^2 als Teilplan, womit Punkt 5 der im Abschnitt 3.9.3.1 erhobenen Forderungen Rechnung getragen wird. Der vollständige Versuchsplan 2^3 kann analog zu Bild 3.32 geometrisch vermittels eines dreidimensionalen Würfels veranschaulicht werden. Darauf wird hier jedoch verzichtet, da diese Darstellung weniger anschaulich ist als Tafel 3.28.

Die analog zum Versuchsplan 2^2 definierten *Kontraste* ergeben sich als Skalarprodukte des zweiten Spaltenvektors von Tafel 3.28 mit dem jeweiligen Faktorvektor der Spalten 3 - 9. (Im Folgenden werden auch Produkte der x_i als *Faktoren* bezeichnet.) Wiederum wird in diesem Fall die Kodierung in der Zeile i mit dem Ergebnis y_i bzw., im Fall von r Wiederholungen, mit der Summe der bei der Stufenkombination i erzielten Ergebnisse $y_{i1} + y_{i2} + \cdots + y_{ir}$ identifiziert. Die totale Summe der Abweichungsquadrate ist

$$SS_T = \sum_{i=1}^{8} \sum_{w=1}^{r} (y_{iw} - \bar{y})^2 \quad \text{mit} \quad \bar{y} = \frac{1}{8r} \sum_{i=1}^{8} \sum_{w=1}^{r} y_{iw} .$$

Analog zu (3.124) gilt

$$SS_T = SS_{x_1} + SS_{x_2} + SS_{x_3} + SS_{x_1x_2} + SS_{x_1x_3} + SS_{x_2x_3} + SS_{x_1x_2x_3} + SS_E ,$$

wobei die ersten sieben Terme auf der rechten Seite jeweils einen Freiheitsgrad haben. SS_T hat $8r-1$ Freiheitsgrade und SS_E dementsprechend $8(r-1)$ Freiheitsgrade. Die $SS_{x_1}, SS_{x_2}, ..., SS_{x_1x_2x_3}$ sind mit dem zugehörigen Kontrast gegeben durch

$$SS = \frac{1}{8r} [\text{Kontrast}]^2 .$$

Unter Normalverteilungsvoraussetzungen erlaubt die Testfunktion SS/SS_E analog zum Versuchsplan 2^2 die Prüfung der Signifikanz der Koeffizienten β im Ansatz (3.125) der Wirkungsfläche. Die Koeffizienten selbst sind in Abhängigkeit vom jeweiligen Faktor gegeben durch

$$\beta = \frac{1}{8r} [\text{Kontrast}] . \tag{3.126}$$

Vollständige Versuchspläne vom Typ 2^k Versuchspläne dieses Typs liegen vor, wenn $k \geq 1$ Faktoren auf je zwei Werte eingestellt werden, die wiederum ohne Beschränkung der Allgemeinheit -1 und $+1$ sind. Das Spektrum dieses Plans besteht aus 2^k verschiedenen Stufenkombinationen. Ein solcher Plan erlaubt mit $\mathbf{x} = (x_1, x_2 \ldots, x_k)$ die Schätzung von Wirkungsflächen der Struktur

$$y(\mathbf{x}) = \beta_0 + \sum_{i=1}^{k} \beta_i x_i + \sum_{i,j=1; i<j}^{k} \beta_{ij} x_i x_j + \cdots + \beta_{12 \ldots k} x_1 x_2 \cdots x_k \qquad (3.127)$$

mit 2^k zu schätzenden Parametern β. Die Stufenkombinationen seien

$$\mathbf{x}_i = (x_{i1}, x_{i2}, \ldots, x_{im}); \quad i = 1, 2, \ldots, n = 2^k; \quad m = 2^k - 1;$$

mit $x_{is} = +1$ oder $x_{is} = -1$.

Die $x_{i1}, x_{i2}, \ldots, x_{ik}$ sind vereinbarungsgemäß spezielle Werte der Faktoren $x_1, x_2, \ldots, x_k$. Sie bilden den Kern des Versuchsplans; denn die $x_{ik+1}, \ldots, x_{im}$ sind als Produkte gewisser $x_{i1}, x_{i2}, \ldots, x_{ik}$ bei Vorgabe der letzteren eindeutig bestimmt. Die Matrix

$$\mathbf{X} = \left\{ \begin{array}{ccccc} 1 & x_{11} & x_{12} & \cdots & x_{1k} \\ 1 & x_{21} & x_{22} & \cdots & x_{2k} \\ \vdots & \vdots & \vdots & \cdots & \vdots \\ 1 & x_{n1} & x_{n2} & \cdots & x_{nk} \end{array} \right\} \qquad (3.128)$$

hat folgende Eigenschaften:

$$\sum_{i=1}^{n} x_{is} x_{it} = 0 \quad \text{für } s \neq t; \; s, t = 0, 1, \ldots, m; \; x_{i0} = 1. \qquad (3.129)$$

$$\sum_{i=1}^{n} x_{is} = 0 \quad \text{für } s = 1, 2, \ldots, m. \qquad (3.130)$$

$$\sum_{i=1}^{n} x_{is}^2 = n \quad \text{für } s = 0, 1, \ldots, m. \qquad (3.131)$$

Das Skalarprodukt zweier verschiedener Spalten ist entsprechend (3.129) gleich 0. Daher ist $\mathbf{X}'\mathbf{X}$ eine Diagonalmatrix. Versuchspläne mit dieser Eigenschaft heißen *orthogonal*.

Die Wirkungsfläche wird nun mit der eben gegebenen Interpretation der 'abhängigen' Faktoren $x_{k+1}, x_{k+2}, \ldots, x_m$, die Produkte gewisser $x_1, x_2, \ldots, x_k$ sind, wie folgt geschrieben:

$$y(\mathbf{x}) = \beta_0 + \beta_1 x_1 + \beta_2 x_2 + \cdots + \beta_m x_m, \qquad (3.132)$$

$\mathbf{x} = (x_1, x_2, \ldots, x_m)$. Wegen (3.130) und (3.131) sind die Summen der Elemente der zweiten bis letzten Spalte von $\mathbf{X}$ alle gleich 0 und alle Elemente der Hauptdiagonale von $\mathbf{X}'\mathbf{X}$ sind gleich n. Damit sind gemäß (3.82) die Schätzwerte der β_i gegeben durch:

$$b_i = \frac{1}{n} \sum_{j=1}^{n} x_{ji} y_j; \quad i = 0, 1, \ldots, m = 2^k - 1. \qquad (3.133)$$

Werden r Wiederholungen des Versuchs durchgeführt, dann sind in (3.133) die y_j durch die entsprechenden arithmetischen Mittel

$$\bar{y}_j = \tfrac{1}{r} \sum_{w=1}^{r} y_{jw}$$

zu ersetzen. Mit dieser Vereinbarung erkennt man wegen $n = r2^k$ sofort, dass (3.123) und (3.126) Spezialfälle von (3.133) sind.

Die zufälligen Stichprobenregressionskoeffizienten B_i, deren Realisierungen die b_i sind, erhält man aus (3.133) durch Ersetzung von y_j durch das zufällige Versuchsergebnis Y_j:

$$B_i = \tfrac{1}{n} \sum_{j=1}^{n} x_{ji} Y_j; \quad i = 0, 1, ..., m = 2^k - 1. \tag{3.134}$$

Wegen (3.121) und (3.131) gelten

$$Var(B_i) = \sigma^2/n, \tag{3.135}$$

$$Cov(B_s, B_t) = 0; \quad s \neq t; \ s, t = 0, 1, ..., m.$$

Also sind die Stichprobenregressionskoeffizienten B_i unkorreliert. Im Falle normalverteilter Beobachtungen Y_j sind sie demzufolge sogar unabhängig.

Die folgenden Ausführungen dieses Abschnitts beziehen sich auf Wirkungsflächen, die durch ein Polynom erster Ordnung in k Faktoren gegeben sind:

$$y = \beta_0 + \beta_1 x_1 + \cdots + \beta_k x_k. \tag{3.136}$$

Satz 3.4 Die Wirkungsfläche habe im Versuchsbereich $\mathbf{V} = \{-1 \leq x_i \leq +1; \ i = 1, 2, ..., k\}$ die Struktur (3.136). Ferner sei der Rang der Matrix $\mathbf{X}$ gleich $k + 1$, und es gelten die Beziehungen (3.130) und (3.131). Dann ist die paarweise Orthogonalität der Spalten von $\mathbf{X}$ notwendig und hinreichend dafür, dass die Varianzen $Var(B_i)$ der Stichprobenregressionskoeffizienten B_i minimal sind. ∎

Damit liefern im Fall von Wirkungsflächen der Struktur (3.136) Versuchspläne vom Typ 2^k bei gegebenem n minimale Varianzen der B_i, und diese minimalen Varianzen sind gemäß (3.135) gleich σ^2/n. Überdies lässt sich zeigen, dass in diesem Fall Versuchspläne vom Typ 2^k sowohl A, D und E als auch G- optimal sind.

Die Schätzung

$$\hat{Y}(\mathbf{x}) = \hat{Y}(x_1, x_2..., x_k) = B_0 + B_1 x_1 + \cdots + B_k x_k$$

der Wirkungsfläche (3.136) hat die Varianz

$$Var(\hat{Y}(\mathbf{x})) = \frac{\sigma^2}{n}\left(1 + \rho^2\right) \quad \text{mit} \quad \rho^2 = \sum_{i=1}^{k} x_i^2.$$

Somit hängt $Var(\hat{Y}(\mathbf{x}))$ nur von der Entfernung ρ des Versuchspunkts $\mathbf{x} = (x_1, x_2, ..., x_k)$ vom Zentrum 0 des Versuchsbereiches $\mathbf{V}$ ab. Versuchspläne mit dieser Eigenschaft heißen *drehbar*. Also sind Versuchspläne vom Typ 2^k drehbar, wenn die Wirkungsfläche die Struktur (3.136) hat.

3.9.3.3 Teilweise zweistufige faktorielle Versuchspläne

Ist die Anzahl k der Faktoren groß, kann der mit der Anwendung vollständiger Versuchspläne verbundene Aufwand schnell den gegebenen zeitlichen und finanziellen Rahmen sprengen. Man möchte daher an weniger als 2^k Stufeneinstellungen Versuche durchführen. Ein solches Vorgehen ist gerechtfertigt, wenn aufgrund von Erfahrungen oder aus theoretischen Erwägungen heraus bekannt ist, dass zwischen allen oder einigen der Faktoren keine Wechselwirkungen bestehen. In den Anwendungen kann man zudem häufig auf Wirken des *Prinzips der wenigen Wechselwirkungen* (*sparsity of effects principle*) vertrauen, welches besagt, dass die meisten Prozesse nur von den Haupteffekten und den zweifaktoriellen Wechselwirkungen abhängen. Zur Illustration: Ein vollständiger Versuchsplan vom Typ 2^6 erfordert die Durchführung von 64 Versuchen. Von den vorhandenen 63 Freiheitsgraden werden nur 6 benötigt, um die Haupteffekte zu schätzen, und nur 15, um die zweifaktoriellen Wechselwirkungseffekte zu schätzen. Die verbleibenden 42 Freiheitsgrade werden benötigt, um die drei- und höher faktoriellen Wechselwirkungen zu schätzen. Die Schätzung der Haupeffekte und der zweifaktoriellen Wechselwirkungseffekte würde also nur etwa ein Drittel der Anzahl der Versuche im vollständigen Versuchsplan 2^6 erfordern. Entsprechend dem Prinzip der seltenen Wechselwirkungen kann davon ausgegangen werden, dass mit zunehmendem k immer weniger der höherfaktoriellen Wechselwirkungen von Bedeutung sind. Aufgrund dessen ist die Anwendung *teilweiser* (*unvollständiger*) *faktorieller Versuchspläne* in den Anwendungen weit verbreitet. Diese sind dadurch charakterisiert, dass sie mit weniger Versuchen auskommen, als ein zugehöriger vollständiger Versuchsplan erfordern würde. Sie werden gern in der Anfangsphase eingesetzt, um mit möglichst minimalem Aufwand aus einer größeren Anzahl potentieller Einflussfaktoren die relevanten zu herausfiltern. Sind diese erst einmal identifiziert, ist die Durchführung genauerer Untersuchungen zur Erforschung der Eigenschaften der Wirkungsfläche gerechtfertigt. Teilweise faktorielle Versuchspläne wurden erstmals von *Finney* im Jahre 1945 betrachtet.

Halbe Wiederholung des Versuchsplans 2^k Zwecks Erläuterung der Problematik wird zunächst von einer Wirkungsfläche der Struktur

$$y = \beta_0 + \beta_1 x_1 + \beta_2 x_2 + \beta_3 x_3$$

ausgegangen. Es gibt also drei Faktoren, zwischen denen keine Wechselwirkungen bestehen. Zur Schätzung der β_i ist daher die Abarbeitung der acht Versuche eines vollständigen Versuchsplans 2^3 nicht erforderlich. Man kann aber prinzipiell den Versuchsplan 2^2 von Tafel 3.26 anwenden, wenn x_3 gerade auf die Stufen eingestellt wird, die dem Produkt $x_1 x_2$ entsprechen (Tafel 3.29). Dies hat den Vorteil, dass der Schätzwert b_3 für β_3 wiederum durch (3.123) mit $b_3 = b_{12}$ bzw. (3.133) mit $i = 3$ gegeben ist. Für die in dieser Weise vorgenommene Schätzung der β_i werden nur vier Versuche benötigt. Daher nennt man den Versuchsplan in Tafel 3.29 eine *halbe Wiederholung* des vollständigen Versuchsplans 2^3 und bezeichnet ihn als *teilweise faktoriellen Versuchsplan vom Typ 2^{3-1}*. (Die Kodierung in Tafel 3.29 ist die in Tafel 3.28).

		Faktoren			Ergebnis
i	Kodierung der Stufenkombinationen	x_1	x_2	x_3	y_i
1	c	$-$	$-$	$+$	y_1
2	a	$+$	$-$	$-$	y_2
3	b	$-$	$+$	$-$	y_3
4	abc	$+$	$+$	$+$	y_4

Tafel 3.29 Teilweise faktorieller Versuchsplan vom Typ 2^{3-1}

Wenn aber, entgegen der bis jetzt gemachten Annahme, eine zweifaktorielle Wechselwirkung zwischen x_1 und x_2 besteht, muss, um diese zu schätzen, Tafel 3.29 um die Spalte für $x_1 x_2$ erweitert werden. Dies wäre aber die gleiche Spalte wie für x_3. Infolgedessen würde in diesem Fall der Schätzwert für β_3 tatsächlich ein Schätzwert für die Summe $\beta_3 + \beta_{12}$ sein. Zur Unterscheidung von b_3 wird dieser Schätzwert im Folgenden mit b_3' bezeichnet. Dieser Sachverhalt wird als *Vermengen* der Schätzungen für β_3 und β_{12} bezeichnet und symbolisch folgendermaßen ausgedrückt:

$$b_3' \to \beta_3 + \beta_{12}.$$

Da die Bezeichnung der Faktoren letztlich willkürlich ist, können prinzipiell auch andere Vermengungen von Schätzwerten auftreten.

Die Auffindung aller Vermengungen für beliebige teilweise faktoriellen Versuchspläne kann vermittels eines einfachen algorithmischen Vorgehens erfolgen. Im Spezialfall wurde von der Gleichsetzung von x_3 mit $x_1 x_2$ ausgegangen:

$$x_3 = x_1 x_2.$$

Wegen $x_1^2 = x_2^2 = x_3^2 = 1$ folgt durch Multiplikation dieser Beziehung mit x_3

$$1 = x_1 x_2 x_3. \tag{3.137}$$

Diese Gleichung ist die *definierende Beziehung* (*defining relation*) und das Produkt $x_1 x_2 x_3$ der *Generator* des teilweisen faktoriellen Versuchsplans. Jeweils durch Multiplikation mit x_1, x_2 bzw. x_3 auf beiden Seiten von (3.137) erhält man

$$x_1 = x_2 x_3, \quad x_2 = x_1 x_3, \quad x_3 = x_1 x_2,$$

woraus sich folgende vermengte Schätzungen ergeben:

$$b_1' \to \beta_1 + \beta_{23}, \quad b_2' \to \beta_2 + \beta_{13}, \quad b_3' \to \beta_3 + \beta_{12}.$$

Die definierende Beziehung selbst liefert die vermengte Schätzung

$$b_0' \to \beta_0 + \beta_{123}.$$

Natürlich kann man anstelle von $x_3 = x_1 x_2$ auch von $x_3 = -x_1 x_2$ ausgehen. Multiplikation mit x_3 liefert dann die definierende Beziehung

$$1 = -x_1 x_2 x_3, \tag{3.138}$$

| i | Kodierung der Stufenkombinationen | Faktoren | | | Ergebnis |
		x_1	x_2	x_3	y_i
1	(1)	–	–	–	y_1
2	ac	+	–	+	y_2
3	bc	–	+	+	y_3
4	ab	+	+	–	y_4

Tafel 3.30 Alternativer Versuchsplan zu Tafel 3.29

woraus sich die vermengten Schätzungen

$$b_1'' \to \beta_1 - \beta_{23},$$
$$b_2'' \to \beta_2 - \beta_{13},$$
$$b_3'' \to \beta_3 - \beta_{12},$$

sowie, aus der definierenden Beziehung (3.138),

$$b_0'' \to \beta_0 - \beta_{123}$$

ergeben. Der auf der definierenden Beziehung (3.138) beruhende Versuchsplan (Tafel 3.30) ist der zur definierenden Beziehung (3.137) bzw. Tafel 3.29 gehörende *alternative Versuchsplan*.

Ergibt die Auswertung der Ergebnisse einer halben Wiederholung, dass die Annahme des Fehlens von Wechselwirkungen nicht gerechtfertigt ist, dann hat man die komplementäre halbe Wiederholung des Versuchsplans 2^3 ebenfalls durchzuführen. Letztlich wird damit der vollständige Versuchsplan 2^3 abgearbeitet, und man ist in der Lage, alle Haupteffekte und Wechselwirkungen unvermengt wie folgt zu schätzen:

$$b_1 = \frac{1}{2}\left(b_1' + b_1''\right), \quad b_{12} = \frac{1}{2}\left(b_3' - b_3''\right), \ldots$$

Sind vier Faktoren x_1, x_2, x_3 und x_4 vorhanden, geht man zwecks Konstruktion der halben Wiederholungen des vollständigen Versuchsplans 2^4 von den definierenden Beziehungen $1 = \pm x_1 x_2 x_3 x_4$ aus. Bei Übertragung der Kodierungsvorschrift des vollständigen 2^3 Plans auf den vollständigen 2^4 Plan gelangt man bei Anwendung der definierenden Beziehung $1 = x_1 x_2 x_3 x_4$ zu dem teilweise faktoriellen Versuchsplan 2^{4-1}

(1), ab, ac, ad, bc, bd, cd, $abcd$

und bei Anwendung der definierenden Beziehung $1 = -x_1 x_2 x_3 x_4$ zum zugehörigen alternativen teilweise faktoriellen Versuchsplan 2^{4-1}

a, b, c, d, abc, abd, acd, bcd.

Die Vereinigung beider halben Wiederholungen ergibt den vollständigen faktoriellen Versuchsplan 2^4.

Teilweise faktorielle Versuchspläne vom Typ 2^{k-p} Für $k > 4$ sind halbe Wiederholungen des vollständigen Versuchsplans 2^k in vielen Fällen bereits zu aufwendig bezüglich Zeit und Kosten. Ein teilweiser faktorieller Versuchsplan vom Typ 2^{k-p} sieht nur $(1/2^p)\%$ der Versuche vor, die ein vollständiger faktorieller Versuchsplan vom Typ 2^k vorschreiben würde; p ganzzahlig, $1 \le p < k$. Dieser Anteil von Versuchen kann ausreichen, wenn von vornherein bekannt ist, dass gewisse Wechselwirkungen nicht auftreten. Dies sind erfahrungsgemäß vor allem die Wechselwirkungen höherer Ordnung. Das Bestreben ist in diesem Fall, den Versuchsplan so zu konstruieren, dass diejenigen Effekte vermengt geschätzt werden, wo die eingehenden höherfaktoriellen Wechselwirkungseffekte vernachlässigbar klein sind bzw., genauer, nur zufällig von 0 verschieden sind. Die Konstruktion von teilweise faktoriellen Versuchsplänen vom Typ 2^{k-p} erfolgt algorithmisch vermittels p Generatoren bzw. den daraus abgeleiteten erzeugenden Beziehungen. Den Kern dieser Pläne bildet ein vollständiger faktorieller Versuchsplan vom Typ $2^{k'}$ mit $k' = k - p$. Die zugehörigen, eventuell vermengten Schätzwerte der Effekte sind wieder durch (3.133) gegeben. Das Vorgehen soll an einem Beispiel erläutert werden.

Beispiel 3.50 (*teilweiser faktorieller Versuchsplan* 2^{7-3}) Ausgehend von drei Faktoren x_1, x_2, x_3 werden vier weitere vorhandene Faktoren x_4 bis x_7 gerade auf den Stufen -1 oder $+1$ eingestellt, die mögliche mehrfache Wechselwirkungen zwischen den Faktoren x_1, x_2 und x_3 berücksichtigen. Man setzt also analog zu den halben Wiederholungen

$$x_4 = x_1 x_2, \quad x_5 = x_1 x_3, \quad x_6 = x_2 x_3, \quad x_7 = x_1 x_2 x_3. \qquad (3.139)$$

				Faktoren				Ergebnis
i	Kodierung der Stufenkombinationen	x_1	x_2	x_3	x_4	x_5	x_6	x_7	y_i
1	*def*	$-$	$-$	$-$	$+$	$+$	$+$	$-$	y_1
2	*afg*	$+$	$-$	$-$	$-$	$-$	$+$	$+$	y_2
3	*beg*	$-$	$+$	$-$	$-$	$+$	$-$	$+$	y_3
4	*abd*	$+$	$+$	$-$	$+$	$-$	$-$	$-$	y_4
5	*cdg*	$-$	$-$	$+$	$+$	$-$	$-$	$+$	y_5
6	*ace*	$+$	$-$	$+$	$-$	$+$	$-$	$-$	y_6
7	*bcf*	$-$	$+$	$+$	$-$	$-$	$+$	$-$	y_7
8	*abcdefg*	$+$	$+$	$+$	$+$	$+$	$+$	$+$	y_8

Tafel 3.31 Teilweise faktorieller Versuchsplan 2^{7-4}

Tafel 3.31 zeigt den zugehörigen Versuchsplan. Ist man aus inhaltlichen Gründen sicher, dass keinerlei Wechselwirkungen zwischen den x_1 bis x_7 existieren, liefert dieser Plan die exakten (unvermengten) Schätzwerte der Koeffizienten β_i der Wirkungsfläche

$$y = \beta_0 + \beta_1 x_1 + \beta_2 x_2 + \cdots + \beta_7 x_7,$$

und diese sind durch (3.133) gegeben. Anstelle von (3.139) kann man jedoch auch von folgenden Ansätzen ausgehen (*fold over*):

$$x_4 = -x_1 x_2, \quad x_5 = -x_1 x_3, \quad x_6 = -x_2 x_3, \quad x_7 = x_1 x_2 x_3.$$

Man erhält den zugehörigen 'alternativen' Versuchsplan dadurch, dass in Tafel 3.31 alle '-' durch '+' und umgekehrt ersetzt werden. Werden beide Versuchspläne abgearbeitet und die entsprechenden vermittels (3.133) ermittelten Schätzwerte der Haupteffekte β_i mit b_i' bzw. b_i'' bezeichnet, dann können die β_i unvermengt mit eventuell vorhandenen zweifaktoriellen Wechselwirkungen wie folgt geschätzt werden:

$$b_i = \frac{1}{2}(b_i' + b_i''); \quad i = 1, 2, ..., 7;$$

denn aus Tafel 3.31 und dem zugehörigen alternativen Plan erhält man

$$b_1' \to \beta_1 + \beta_{24} + \beta_{35} + \beta_{67}, \quad b_1'' \to \beta_1 - \beta_{24} - \beta_{35} - \beta_{67},$$

$$b_2' \to \beta_2 + \beta_{14} + \beta_{36} + \beta_{57}, \quad b_2'' \to \beta_2 - \beta_{14} - \beta_{36} - \beta_{57}, \cdots \quad (3.140)$$

Durch Multiplikation mit den jeweiligen linken Seiten resultieren aus (3.139) die *erzeugenden Beziehungen*

$$1 = x_1 x_2 x_4, \quad 1 = x_1 x_3 x_5, \quad 1 = x_2 x_3 x_6, \quad 1 = x_1 x_2 x_3 x_7. \quad (3.141)$$

Die *definierende Beziehung* dieses Versuchsplans 2^{7-3} ergibt sich aus der Menge aller möglichen zwei- und mehrfachen Produkte der Generatoren (rechte Seiten in (3.141)) zu

$$1 = x_1 x_2 x_4 = x_1 x_3 x_5 = x_1 x_6 x_7 = x_2 x_3 x_6 = x_2 x_5 x_7 = x_3 x_4 x_7$$

$$= x_4 x_5 x_6 = x_1 x_2 x_3 x_7 = x_1 x_2 x_5 x_6 = x_1 x_3 x_4 x_6 = x_1 x_4 x_5 x_7$$

$$= x_2 x_3 x_4 x_5 = x_2 x_4 x_6 x_7 = x_3 x_5 x_6 x_7 = x_1 x_2 x_3 x_4 x_5 x_6 x_7.$$

Will man nun ermitteln, mit welchen Schätzungen die Schätzung für β_i vermengt ist, hat man die definierende Beziehung mit x_i zu multiplizieren. Zum Beispiel ergibt sich durch Multiplikation mit x_2

$$x_2 = x_1 x_4 = x_1 x_2 x_3 x_5 = x_1 x_2 x_6 x_7 = x_3 x_6 = x_5 x_7 = x_2 x_3 x_4 x_7$$

$$= x_2 x_4 x_5 x_6 = x_1 x_3 x_7 = x_1 x_5 x_6 = x_1 x_2 x_3 x_4 x_6 = x_1 x_2 x_4 x_5 x_7$$

$$= x_3 x_4 x_5 = x_4 x_6 x_7 = x_2 x_3 x_5 x_6 x_7 = x_1 x_3 x_4 x_5 x_6 x_7.$$

Somit ist die Schätzung für β_2 mit den Schätzungen für β_{14}, β_{1235}, β_{1267} usw. vermengt. Kann man die Wechselwirkungen zwischen mehr als zwei Faktoren vernachlässigen, ergibt sich die erste Beziehung von (3.140), während die Vernachlässigung von Wechselwirkungen zwischen mehr als drei Faktoren folgendes Ergebnis liefert:

$$b_2' \to \beta_2 + \beta_{14} + \beta_{36} + \beta_{57} + \beta_{137} + \beta_{156} + \beta_{345} + \beta_{467}.$$

Es gibt insgesamt 16 teilweise faktorielle Versuchspläne vom Typ 2^{7-4}. Man erhält diese, wenn erzeugende Beziehungen für alle Vorzeichenkombinationen der Generatoren in (3.141) aufgestellt werden. Die Variante (3.141) (alle Vorzeichen der Generatoren sind positiv) ergibt den *Hauptplan* (*principal fraction*). ◻

Die Anzahl der Versuche n in teilweise faktoriellen Versuchsplänen vom Typ 2^{k-p} ist eine Zweierpotenz. Versuchspläne mit dieser Eigenschaft heißen *regulär*. Anderenfalls, wenn n nicht als Zweierpotenz darstellbar ist, heißt ein Versuchsplan *nichtregulär*. Die Konstruktion gesättigter orthogonaler Versuchspläne ist im Falle $-1 \le x_i \le +1$; $i = 1, 2,$ ..., k; nur möglich, wenn n durch 4 teilbar ist. Bereits im Jahre 1946 haben *Plackett* und *Burman* alle gesättigten Versuchspläne für $4 \le n \le 100$, $n \ne 92$, angegeben.

3.9.3.4 Blockbildung in faktoriellen Versuchsplänen

Zufällige, aber stationäre Schwankungen in den Versuchsbedingungen vergrößern den Versuchsfehler (genauer: die Varianz des Versuchsfehlers). Um diesen zu minimieren, sollte die Reihenfolge der Abarbeitung der Stufenkombinationen in den Versuchsplänen zufällig erfolgen. Bei längerdauernden Versuchen, die vor allem bei großer Faktoranzahl k zu erwarten sind, muss man mit systematischen Änderungen der Versuchsbedingungen rechnen. Wird dieser Tatsache im Versuchsplan nicht Rechnung getragen, ist mit einer signifikanten Zunahme des Versuchsfehlers zu rechnen. Unterstellt man, dass die Veränderung der Versuchsbedingungen (näherungsweise) sprunghaft an diskreten Zeitpunkten erfolgt, kann der Zunahme des Versuchsfehlers durch *Blockbildung* entgegengewirkt werden. *Blöcke* sind Teile eines Versuchsplans, von denen man annimmt, dass sie unter homogenen Versuchsbedingungen abgearbeitet werden können. Die Reihenfolge der Versuche innerhalb eines Blocks ist wiederum zufällig. Blöcke können in der Praxis durch getrennte Lieferungen von Rohmaterialien, die jeweils nur für einen Teil der Versuche des Plans ausreichen, vorgegeben sein, oder, in der Landwirtschaft, bei Versuchen zum optimalen Einsatz von Düngemitteln, durch die unterschiedlichen Flächen, die zwangsläufig bei gleichzeitig ablaufenden Versuchen genutzt werden bzw. durch unterschiedliche Wetterbedingungen bei zeitlich versetzt angelegten Versuchen. Das Vorgehen bei der Aufstellung und Analyse von Versuchsplänen soll an einem Beispiel erläutert werden.

Beispiel 3.51 Die Versuchsergebnisse hängen von drei Faktoren x_1, x_2 und x_3 ab. Es wird vorausgesetzt, dass nur die Haupteffekte und die zweifaktoriellen Wechselwirkungseffekte signifikant von 0 verschieden sind. Die Wirkungsfläche hat also die Gestalt (3.125) mit $\beta_{123} = 0$. Um die Effekte unvermengt schätzen zu können, bietet sich ein vollständiger Versuchsplan vom Typ 2^3 an. Es sei bekannt, dass sich nach vier Versuchen die Versuchsbedingungen entscheidend verändern. Daher wird der Versuchsplan in zwei Blöcke 1 und 2 unterteilt. Um den Einfluss der Blöcke zu erfassen, wird ein 'Blockfaktor' x_B eingeführt. Dieser wird gerade auf die Stufen eingestellt, die das Produkt $x_1 x_2 x_3$ hat. Man setzt also $x_B = x_1 x_2 x_3$. Block 1 enthält die Versuche mit $x_B = 1$ und Block 2 dementsprechend die Versuche mit $x_B = -1$ (Tafel 3.32). Die Wirkungsfläche erhält die Gestalt

$$y = \beta_0 + \beta_1 x_1 + \beta_2 x_2 + \beta_3 x_3 + \beta_{12} x_1 x_2 + \beta_{13} x_1 x_3 + \beta_{23} x_2 x_3 + \beta_B x_B,$$

wobei x_B als Indikatorvariable der Blöcke nur die Werte +1 und -1 annehmen kann.

Block	Kodierung der Stufenkombinationen	Faktoren						
		x_1	x_2	x_3	x_1x_2	x_1x_3	x_2x_3	x_B
1	a	+	−	−	−	−	+	+
	b	−	+	−	−	+	−	+
	c	−	−	+	+	−	−	+
	abc	+	+	+	+	+	+	+
2	ab	+	+	−	+	−	−	−
	ac	+	−	+	−	+	−	−
	bc	−	+	+	−	−	+	−
	(1)	−	−	−	+	+	+	−

Tafel 3.32 Vollständiger faktorieller Versuchsplan 2^3 mit zwei Blöcken

Man kann den Versuchsplan von Tafel 3.32 als teilweise faktoriellen Versuchsplan vom Typ 2^{4-1} mit der definierenden Beziehung

$$1 = x_1x_2x_3x_B$$

interpretieren. Wird vorausgesetzt, dass die Wechselwirkungskoeffizienten

$$\beta_{1B}, \beta_{2B}, \beta_{3B}, \beta_{12B}, \beta_{13B}, ..., \beta_{123B}$$

vernachlässigbar sind, werden die Haupt- und zweifaktoriellen Wechselwirkungen unvermengt geschätzt. Jedoch ist die Schätzung für β_B formal mit β_{123} vermengt:

$$b'_{123} \rightarrow \beta_B + \beta_{123}.$$

Diese Vermengung spielt jedoch praktisch keine Rolle, da im Beispiel die dreifaktorielle Wechselwirkung als vernachlässigbar vorausgesetzt wurde. Die auf der Basis der beiden Blöcke getrennt ermittelten Schätzungen der Wirkungsflächen unterscheiden sich im Mittel um den Betrag $2\beta_B$. Man kann dieses Resultat so interpretieren, dass bezüglich durchschnittlicher Versuchsbedingungen die Ergebnisse im ersten Block im Mittel um β_B Einheiten zu groß und im zweiten Block im Mittel um β_B Einheiten zu klein sind. Wegen der Orthogonalität des Versuchsplans hat die durch die Blockbildung berücksichtigte Veränderung in den Versuchsbedingungen keinen Einfluss auf die Schätzungen der Haupt- und zweifaktoriellen Wechselwirkungseffekte. □

3.9.3.5 Ergebnisverbesserung vermittels der Methode von Box-Wilson

Da man im Allgemeinen an solchen Faktorkonstellationen interessiert ist, die optimale Ergebnisse liefern, sind Algorithmen zur zumindest näherungsweisen Bestimmung von Extremwerten der Wirkungsfläche von besonderem Interesse. Ein Verfahren, das von *Box* und *Wilson* (1951) vorgeschlagen wurde, beruht im Wesentlichen auf der sukzessiven Verbesserung von Faktoreinstellungen vermittels der wohlbekannten (Optimierungs-) *Methode des steilsten Anstiegs*. Ohne Beschränkung der Allgemeinheit wird vorausgesetzt, dass die Koordinaten eines Maximums der Wirkungsfläche bestimmt werden sollen. (Die Lokalisierung eines Minimums der Wirkungsfläche $y(x_1, x_2, ..., x_k)$ ist äquivalent der Bestimmung eines Maximums von $-y(x_1, x_2, ..., x_k)$.) Zunächst werden, wenn notwendig, auf der Basis eines ersten Versuchsplans die unwesentlichen Faktoren identifiziert und eliminiert. Danach wird zwecks Reduzierung des Versuchsaufwands in einem Teilbereich des Versuchsbereiches die Wirkungsfläche durch ein Polynom ersten Grades in den Faktoren approximiert:

$$\hat{y} = b_0 + b_1 x_1 + \cdots + b_k x_k.$$

Auf dieser Hyperebene schreitet man nun in Richtung des steilsten Anstiegs schrittweise solange voran, wie eine Ergebnisverbesserung eintritt. Die Richtung des steilsten Anstiegs ist hierbei durch den Gradienten $\nabla \hat{y}$ von $\hat{y}$ gegeben:

$$\nabla \hat{y} = \left(\frac{\partial \hat{y}}{\partial x_1}, \frac{\partial \hat{y}}{\partial x_2}, \cdots, \frac{\partial \hat{y}}{\partial x_k} \right)'.$$

Die partiellen Ableitungen $\partial \hat{y} / \partial x_i$ sind gerade die empirischen Regressionskoeffizienten b_i. Voranschreiten in Richtung des Gradienten, ausgehend vom Punkt $(x_{01}, x_{02}, ..., x_{0k})$, ist somit gleichbedeutend damit, den nächsten Versuch im Punkt

$$(x_{01} + s b_1, x_{02} + s b_2, ..., x_{0k} + s b_k),$$

durchzuführen usw., wobei die Zahl s die gewünschte Schrittweite bestimmt. Diese kann von Schritt zu Schritt verschieden gewählt werden. Sobald eine Abnahme der Ergebnisgröße eintritt, wird der Versuchspunkt mit dem maximalen Ergebnis zum Zentrum eines neuen Teilversuchsbereiches gemacht und die Wirkungsfläche dort eventuell wiederum durch ein Polynom ersten Grades geschätzt. Dann erfolgt vom Zentrum aus ein Voranschreiten in der Richtung des Gradienten bezüglich der neuen Schätzung der Wirkungsfläche usw. Diese Etappe des Box-Wilson-Verfahrens wird abgeschlossen, wenn ein Polynom ersten Grades keine befriedigende Schätzung der Wirkungsfläche mehr erlaubt. Das ist in der Nähe eines Extremums der Fall. Das Erreichen dieses 'fast stationären' Bereichs erkennt man daran, dass dort die Haupteffekte des linearen Polynoms nur noch zufällig von 0 verschieden sind. Im fast stationären Bereich, in dem sich also das Extremum befindet, ist die Wirkungsfläche durch ein Polynom mindestens vom Grade zwei zu schätzen, um die Krümmung modellieren zu können. Dazu ist jeder Faktor auf mindestens drei Stufen einzustellen. Die Koordinaten des Maximums der Schätzung der Wirkungsfläche sind dann mit Standardmethoden zu bestimmen.

Das Verfahren von Box-Wilson führt im Allgemeinen nur zu einem relativen Maximum bzw. Minimum der Wirkungsfläche. Dieser Nachteil ist praktisch nicht relevant, wenn die Wirkungsfläche entsprechend der Natur des modellierten Prozesses ohnehin nur einen Extremwert aufweisen kann. Bei der Anwendung des Verfahrens von Box-Wilson sind eine Reihe von Feinheiten zu beachten, auf die hier nicht eingegangen wird.

Literatur *Bandemer, Näther* (1980), *Bandemer, Bellmann* (1994), *Montgomery* (2001), *Myers, Montgomery* (2002), *Pukelsheim* (1993), *Vining* (1998).

3.10 Statistische Methoden in der Prozesskontrolle

3.10.1 Grundlagen

Die Qualität von Erzeugnissen und Dienstleistungen ist für die meisten Unternehmen ein entscheidender Faktor. Ungeachtet davon, ob der Verbraucher eine Einzelperson, eine Firma, eine militärische Einrichtung oder ein Supermarkt ist, wenn er eine Kaufentscheidung zu treffen hat, dann hat die Qualität zumindest den gleichen Stellenwert wie Preis und pünktliche Lieferung. Dieses Kapitel beschäftigt sich mit statistischen Methoden, die bei der Prüfung, Sicherung und Erhöhung der Qualität von Produkten eine wichtige Rolle spielen. Es gibt mehrere Definitionen des Begriffs der Qualität. Die 'klassische' Definition der Qualität eines Produkts beinhaltet dessen *Eignung zum Gebrauch*. Zum Beispiel, wer ein Auto kauft, erwartet, dass es frei von Herstellungsfehlern ist sowie zuverlässigen und ökonomischen Transport gewährleistet. Ein Händler kauft Endprodukte mit der Erwartung, dass sie ordentlich verpackt sind sowie problemlos gelagert und ausgestellt werden können. Ein Produzent kauft Rohmaterial und setzt voraus, dass er es ohne Nacharbeit und Ausschuss weiterverarbeiten kann. Mit anderen Worten, alle Verbraucher erwarten, dass Erzeugnisse und Dienstleistungen ihren jeweiligen Anforderungen entsprechen. Diese individuellen Anforderungen definieren die *Eignung zum Gebrauch*. Eignung zum Gebrauch ist bestimmt durch die Wechselwirkung zwischen der Qualität der Konstruktion und der Qualität der Anpassung:

Die *Qualität der Konstruktion* wird bestimmt durch unterschiedliche Grade der Arbeitsweise, der Zuverlässigkeit sowie Bedienungsfreundlichkeit von Produkten als Resultat bewusster Ingenieur- und Leitungsentscheidungen.

Die *Qualität der Anpassung* beinhaltet die systematische Verminderung der Variabilität und die Beseitigung von Schwachstellen und Fehlern, bis die erzeugten Produkte (eines Typs) weitgehend identisch und fehlerfrei sind.

Da sowohl Qualität der Konstruktion als auch Qualität der Anpassung auf die Reduktion der Variabilität in den Hauptparametern, die die Eignung zum Gebrauch bestimmen, hinzielen, sind moderne Konzepte der Qualitätssicherung auf die Verminderung der Schwankungen dieser Parameter ausgerichtet. Statistische Methoden spielen eine vitale Rolle bei der Sicherung und Erhöhung der Qualität. Einige Schwerpunkte sind:

1) In der Phase des Entwurfs und der Entwicklung von Produkten dienen statistische Methoden dem Vergleich verschiedener Materialien, Bauteile und Strukturen. Sie erlauben die Abschätzung der Toleranzschranken für Qualitätsparameter von Bauteilen, Systemen und Prozessen. Die Nutzung statistischer Methoden führt zur Senkung der Entwicklungskosten, der Entwicklungszeit sowie der Zeit bis zur Marktreife.

2) Statistische Methoden dienen der Beurteilung der Qualität von Fertigungsprozessen. Ihre Anwendung erlaubt die Reduktion von Prozessschwankungen.

3) Methoden der Versuchsplanung ermöglichen die Steigerung der Produktion und Senkung von Herstellungskosten durch Prozessoptimierung.

4) Statistische Methoden erlauben Aussagen über die Güte von Messverfahren. Dies hat bessere Information über den Produktionsprozess zur Folge und ermöglicht daher seine effektivere Steuerung.

5) Lebensdauerprüfungen liefern Information über die Zuverlässigkeit der Erzeugnisse als einem entscheidenden Qualitätsparameter. Dies kann zu qualitativ besseren Produkten führen und den Instandhaltungsaufwand senken.

Die Anfänge der statistischen Qualitätskontrolle sind vor allem mit dem Namen *W. A. Shewhart* verbunden. Im Jahre 1924 schlug er die Anwendung von Kontrollkarten zur Prozessüberwachung vor. Nach ihm haben vor allem die Bemühungen von *W. E. Demings* und *J. M. Juran* der statistischen Qualitätskontrolle weltweit zum Durchbruch verholfen. Sie definierten den Gegenstand der statistische Qualitätskontrolle wie folgt:

Unter statistischer Qualitätskontrolle versteht man die Gesamtheit derjenigen statistischen Methoden, die auf die Messung, Überwachung, Steuerung und Verbesserung der Qualität von Erzeugnissen und Prozessen ausgerichtet sind.

Die beiden Schwerpunktaufgaben der statistischen Qualitätskontrolle sind:

1) Kontrolle und Regulierung der Qualität von Fertigungsprozessen (statistische Prozesskontrolle).

2) Prüfung der Qualität von Erzeugnissen vor der Auslieferung an den Kunden (Endkontrolle) und durch den Kunden (Annahmekontrolle).

Sowohl End- als auch Annahmekontrolle benutzen die gleichen statistischen Hilfsmittel, vor allem Binomial-, Poisson- und hypergeometrische Verteilung, Testtheorie (Operationscharakteristiken).

Dieses Kapitel beschränkt sich auf die Diskussion der statistische Prozesskontrolle mit ihrem wichtigsten Handwerkszeug, der Kontrollkarte. Daneben bedient sich die statistische Prozesskontrolle der Pareto-Karten, Ursache-Wirkung-Diagramme, Fehlerschwerpunkt-Diagramme und Streudiagramme.

Prozesse in und außer Kontrolle Die Parameter eines jeden Produktionsprozesses, auch wenn er noch so sorgfältig vorbereitet wurde und geführt wird, weisen Schwankungen auf. Ein Anteil an diesen Schwankungen ist dem Prozess inhärent; man spricht von *natürlicher Variabilität* oder *Hintergrundstörungen*. Tritt dieser Anteil allein auf, dann führt er nicht zur Produktionsbeeinträchtigung. Man sagt: In Zeitabschnitten, in denen nur Hintergrundstörungen wirken, ist der Prozess *in (statistischer) Kontrolle*. Ein anderer Anteil an den Schwankungen kann auf schlecht eingestellte Maschinen, Bedienungsfehler, fehlerhafte Rohmaterialien usw. zurückzuführen sein. Dies sind die sogenannten *erkennbaren* oder *zuweisbaren Ursachen* (*special* oder *assignable causes*) von Schwankungen. Wirken erkennbare Ursachen, ist der Prozess im Allgemeinen *außer Kontrolle* (*out of control*). Das Einsetzen der Wirkung von erkennbaren Ursachen führt zu einem deutlichen Sprung eines die Qualität charakterisierenden numerischen Parameters (kurz: Qualitätsparameter). Die möglichst schnelle Entdeckung derartiger unerwünschter Sprünge ist der Zweck von Kontrollkarten.

Kontrollkarte Eine *Kontrollkarte* veranschaulicht graphisch die zeitliche Entwicklung von Qualitätsparametern. Qualitätsparameter werden vermittels Stichproben, die der laufenden Produktion entnommen werden, geschätzt. Die Zeit kann explizit in die Kontrollkarte eingehen oder implizit durch Auftragen des Qualitätsparameters in Abhängigkeit von der Nummer der ausgewerteten Stichprobe. Messung bzw. Erhebung von Stichproben geschieht an diskreten Zeitpunkten, aber auch in Zeitintervallen mit nichtzuvernachlässigender Länge. Die Karte enthält eine *Zentrallinie* (*center line*) Z, die den Durchschnittswert des Qualitätsparameters angibt, wenn der Prozess 'in Kontrolle' ist, sowie eine *obere* und *untere Kontrollgrenze* G_o bzw. G_u. Bei einem Prozess 'in Kontrolle' fällt ein Stichproben- bzw. Messwert (kurz: Wert) nur in Ausnahmefällen außerhalb der Kontrollgrenzen. Tritt jedoch eine solche Situation ein, dann ist nach den Ursachen zu suchen. Aber auch, wenn alle Werte zwischen den Kontrollgrenzen liegen, aber eine deterministische Tendenz aufweisen (zum Beispiel: 20 nacheinander ermittelte Werte liegen zwischen den Kontrollgrenzen, aber 18 davon liegen über der Zentrallinie) kann der Prozess 'außer Kontrolle' sein, und es sind die Ursachen zu ermitteln. Neben der Bereitstellung aktueller Information ermöglichen die in Kontrollkarten gespeicherten Daten die Schätzung interessierender Prozessparameter.

Der Einsatz von Kontrollkarten ist nicht nur in der Industrie von Nutzen. Ebenso erfolgreich werden sie etwa in der Medizin zur Überwachung von 'Qualitätsparametern der Gesundheit' wie Blutdruck und Blutzuckergehalt eingesetzt.

Shewart-Kontrollkarten Es sei X der zufällige Qualitätsparameter in der 'in Kontrolle -Phase' mit $E(X) = \mu$ und $Var(X) = \sigma^2$. Die von *W. A. Shewhart* vorgeschlagenen und nach ihm benannten Kontrollkarten haben folgende Struktur:

Zentrallinie: $\qquad\qquad Z = \mu$

Untere Kontrollgrenze: $\quad G_u = \mu - k\sigma$

Obere Kontrollgrenze: $\quad\ G_o = \mu + k\sigma,$

wobei k die 'Entfernung' der Grenzen von der Zentrallinie bezüglich der Maßeinheit σ ist. Diese Grenzen werden k-*Sigma Kontrollgrenzen* genannt. Am meisten benutzt werden Shewart-Karten mit $k = 3$. Das ist wegen der im allgemeinen vorausgesetzten Normalverteilung von X gut motiviert: Arbeitet der Prozess 'in Kontrolle', dann werden im Durchschnitt nur 0,27% der Werte von X außerhalb der Kontrollgenzen liegen.

Haupttypen von Kontrollkarten Es gibt zwei Haupttypen von Kontrollkarten:

1) Ist ein Qualitätsparameter metrisch skaliert, kann er also prinzipiell alle Werte aus einem endlichen oder unbeschränkten Intervall annehmen, dann ist es üblich, die Qualität durch ein Mittelwertsmaß und ein Variabilitätsmaß zu erfassen. Kontrollkarten für derartige Maße heißen *Variablen-Kontrollkarten*. Es sind dies *Kontrollkarten bei messender Prüfung*. Bezüglich Mittelwertsmaße sind Kontrollkarten für das arithmetische Mittel ($\overline{X}$-*Kontrollkarten*) am verbreitetsten. Bezüglich Variabilitätsmaße sind es Kontrollkarten für die Spannweite und die empirische Standardabweichung.

2) Ist der Qualitätsparameter nominal skaliert, wird also die Qualität durch Attribute wie 'gut' oder 'schlecht' bzw. 'intakt' oder 'defekt' charakterisiert, werden *Attributen-Kontrollkarten* angewendet. Dies sind *Kontrollkarten für die Gut-Schlecht-Prüfung*.

Entwurf von Kontrollkarten Beim Entwurf von Kontrollkarten sind sowohl Stichprobenumfang als auch Zeitpunkte bzw. Zeitintervalle der Stichprobenahme festzulegen. Der Stichprobenumfang wird durch die Mindestgröße von Sprüngen in den Qualitäts- parametern, die man nachweisen will, sowie durch die Sicherheit des Nachweises bestimmt. Die Bestimmung der Kontrollgrenzen erfolgt mit den Mitteln der Theorie der Parametertests. Unter den jeweiligen Verteilungsvoraussetzungen ist eine Kontrollkarte im Wesentlichen eine graphische Veranschaulichung derartiger Tests: Liegt ein beobachteter Wert (dabei handelt es sich um eine Realisierung einer Stichprobenfunktion) innerhalb des Toleranzbereichs, kann die Hypothese, dass der Prozess zum jeweiligen Zeitpunkt 'in Kontrolle' ist, mit der jeweiligen Sicherheitswahrscheinlichkeit nicht abgelehnt werden. (Damit ist gleichzeitig der Zusammenhang zu den Konfidenzintervallen gegeben.) Man beachte: Voraussetzungsgemäß hängt die Wahrscheinlichkeitsverteilung des Qualitätsparameters X in Phasen, wo der Prozess 'in Kontrolle' ist, nicht vom Zeitpunkt (-intervall) der Erhebung bzw. der Nummer der Stichprobe ab.

Ein Grundproblem beim Entwurf von Kontrollkarten ist die Aufteilung der zur Verfügung stehenden Mittel für die Kontrolle eines Prozesses: Sollen größere Stichproben in längeren Zeitabständen oder kleinere Stichproben in kürzeren Zeitabständen erhoben werden? Gegenwärtig tendiert die Industrie zur Bevorzugung der letzteren Variante; vor allem, wenn die Produktionsintensität groß ist und/oder viele erkennbare Ursachen wirken können. Die Grundproblematik der effektiven Aufteilung der Mittel führte zur Herausbildung einer Theorie des kostenoptimalen Entwurfs von Kontrollkarten, siehe etwa *v. Collani* (1989). Automatische Prüf- und Messtechnologien erlauben in vielen Bereichen, mehr oder gar alle Produkte zu prüfen. Diese Tatsache macht jedoch Kontrollkarten nicht überflüssig, da das Prüfen selbst künftigen Ausschuss nicht verhindert.

Stichprobenahme Ist es das vordergründige Ziel des Einsatzes von Kontrollkarten, längerwirkende oder dauerhafte Qualitätssprünge zu entdecken, wird man in die Stichprobe zum gleichen Zeitpunkt bzw. im kleinstmöglichen Zeitintervall produzierte Erzeugnisse aufnehmen. Wenn jedoch nach einer Stichprobenahme ein Qualitätssprung eintritt, der bis zur Erhebung der folgenden Stichprobe von allein wieder abklingt, wird man eine solche Situation nicht entdecken. Abhilfe schafft die folgende Strategie: Aus der Gesamtproduktion in einem Zeitintervall wird eine repräsentative Stichprobe entnommen, im folgenden Intervall wird genauso verfahren usw. Dieses Verfahren wird angewendet, wenn eine Aussage über die Akzeptanz der Produktion im gesamten Intervall interessiert.

Auswertung von Kontrollkarten Eine Kontrollkarte kann eine 'außer Kontrolle'-Phase anzeigen, wenn ein oder mehrere Werte außerhalb des Toleranzbereichs liegen, oder wenn nichtzufällige Wertekonstellationen auftreten. Verbreitete Wertekonstellation, die mit hoher Wahrscheinlichkeit nicht zufällig sind, sind längere *Iterationen*. Anschaulich formuliert, eine Iteration ist eine Folge von Werten, die alle zu einem bestimmten Typ gehören. (Wegen der genauen Definition einer Iteration und ihrer Länge beim Vorliegen von zwei Typen siehe Abschnitt 3.5.2.4.) Zum Beispiel, zwei Werte können als zum gleichen Typ gehörig betrachtet werden, wenn sie beide über der Zentrallinie liegen. In diesem Fall ist die Wahrscheinlichkeit des Auftretens einer Iteration der Länge 8 (acht aufeinanderfolgende Werte liegen über der Zentrallinie) gleich $(1/2)^8$, falls der Prozess 'in Kontrolle' ist und die 8 Werte Realisierungen unabhängiger Zufallsgrößen sind. Doch diese Wahrscheinlichkeit ist so klein, dass man die Voraussetzung, der Prozess ist 'in Kontrolle', nicht aufrechterhalten kann. In *Montgomery* (2001) finden sich vier Regeln mit der Eigenschaft, dass, wenn mindestens eine erfüllt ist, der Prozess mit hoher Wahrscheinlichkeit 'außer Kontrolle' ist:

1) Ein Wert liegt außerhalb des 3-Sigma Kontrollgrenzbereichs.

2) 2 von 3 aufeinanderfolgenden Werten liegen außerhalb des 2-Sigma Kontrollgrenzbereichs.

3) 4 von 5 aufeinanderfolgenden Werten liegen außerhalb des 1-Sigma Kontrollgrenzbereichs.

4) 8 aufeinanderfolgende Werte liegen alle unterhalb bzw. alle oberhalb der Zentrallinie.

Mittlere Lauflänge (ARL-Kriterium) Dem Prozess werden in regelmäßigen Abständen Stichproben gleichen Umfangs entnommen. Ist L die (zufällige) Nummer der Stichprobe, bei der die Kontrollkarte zum ersten Mal anzeigt, dass der Prozess außer Kontrolle ist, dann heißt $E(L)$ die *mittlere Lauflänge* (*average run length*) der Kontrollkarte. Im Falle einer bezüglich der mittleren Lauflänge idealen Kontrollkarte wäre $E(L) = \infty$, wenn der Prozess in Kontrolle ist und $E(L) = 1$, wenn er außer Kontrolle ist. Eine solche Kontrollkarte lässt sich jedoch nicht konstruieren.

3.10.2 Shewart-Kontrollkarten

3.10.2.1 $\overline{X}$- und R-Kontrollkarten

Der interessierende Qualitätsparameter X sei normalverteilt mit den Parametern μ und σ: $X = N(\mu, \sigma^2)$. Seine zeitliche Entwicklung wird in der Kontrollkarte durch das Stichprobenmittel $\overline{X}$ geschätzt und seine Variabilität durch die empirische Varianz S (S-Karte) oder durch die Spannweite R (R-Karte). Im Folgenden wird nur die R-Karte betrachtet, da sie am verbreitetsten ist. Zum Entwurf der Kontrollkarte, also zur Festlegung von Zentrallinie sowie unterer und oberer Kontrollgrenze, empfehlen die Autoren $m = 20$ bis $m = 25$ Vorversuche zu machen. Das heißt, es werden m Erststichproben mit jeweils gleichem Umfang n erhoben, und zwar in Zeitabschnitten, in denen davon ausgegangen werden kann, dass der Prozess 'in Kontrolle' ist. Das arithmetische Mittel der i-ten Stichprobe sei $\overline{X}_i$. Als Schätzung für μ und damit der Zentrallinie Z dient

$$\overline{X} = \frac{1}{m} \sum_{i=1}^{m} \overline{X}_i. \tag{3.142}$$

Die Schätzung der Standardabweichung σ kann mit Hilfe der Spannweite erfolgen: Bezeichnet nämlich $R(n)$ die Spannweite einer mathematischen Stichprobe vom Umfang n aus einer $N(\mu, \sigma^2)$-verteilten Zufallsgröße und $d_2(n)$ den Erwartungswert der Spannweite einer mathematischen Stichprobe vom Umfang n aus einer $N(0, 1)$-verteilten Zufallsgröße, dann ist

$$W(n) = R(n)/d_2(n)$$

eine erwartungstreue Schätzfunktion für σ. Somit gilt

$$\mu_R(n) = E(R(n)) = d_2(n)\,\sigma. \tag{3.143}$$

Die Standardabweichung $\sigma_R = \sigma_R(n)$ von $R(n)$ ist ebenfalls proportional zu σ. Ist $d_3(n)$ die Standardabweichung der Spannweite einer mathematischen Stichprobe vom Umfang n aus einer $N(0, 1)$-verteilten Zufallsgröße, gilt

$$\sigma_R(n) = \sqrt{Var(R(n))} = d_3(n)\sigma. \tag{3.144}$$

Die Wirksamkeit der Schätzfunktion $W(n)$ für σ nimmt mit wachsendem n schnell ab. Zum Beispiel betragen diese Wirksamkeiten für $n = 4, 6, 20$ und 100 in dieser Reihenfolge $0,98;\ 0,93;\ 0,70$ und $0,34$. Es empfiehlt sich daher, eine Schätzung für σ mit kleinen Umfängen n der m (Teil-) Stichproben zu erzeugen, etwa $4 \le n \le 6$. Dazu bezeichne $R_i(n)$ die Spannweite der i-ten Teilstichprobe und

$$\bar{R}(n) = \frac{1}{m}\,\Sigma_{i=1}^{m}\,R_i(n),$$

wobei vorausgesetzt wird, dass alle Teilstichproben den gleichen Umfang n haben. Dann ist gemäß (3.143) eine erwartungstreue Schätzfunktion für σ gegeben durch

$$S = \bar{R}(n)/d_2(n).$$

Mit diesem $S = S(n)$ ist wegen (3.144) eine erwartungstreue Schätzfunktion für die Standardabweichung σ_R von $R = R(n)$ gegeben durch

$$S_R = d_3(n)\,S = \frac{d_3(n)}{d_2(n)}\,\bar{R}(n).$$

Wegen der Zahlenwerte von $d_2(n)$ und $d_3(n)$ siehe Tafel VIII im Anhang.

$\bar{X}$-Kontrollkarte Die zu $\bar{X}, \bar{R}, S$ und S_R gehörigen, aus konkreten Stichproben ermittelten Schätzwerte werden wie bisher mit den entsprechenden kleinen Buchstaben bezeichnet: $\bar{x}, \bar{r}, s, s_R$. Mit diesen Schätzwerten kann die $\bar{X}$-Kontrollkarte erstellt werden. Wird mit n der Umfang der Stichproben bezeichnet, die in den Routinekontrollen erhoben werden, dann ergeben sich Zentrallinie sowie untere und obere 3-Sigma-Grenze zu

Zentrallinie: $Z \ = \bar{x}$

Untere Kontrollgrenze: $G_u = \bar{x} - 3\,s/\sqrt{n} = \bar{x} - A_2(n)\,\bar{r}$ (3.145)

Obere Kontrollgrenze: $G_o = \bar{x} + 3\,s/\sqrt{n} = \bar{x} + A_2(n)\,\bar{r}$

Wegen der Zahlenwerte von $A_2(n) = 3/(d_2(n)\sqrt{n})$ siehe Tafel VIII im Anhang.

R-Kontrollkarte Wegen $s_R = d_3 s = d_3 \bar{r}/d_2$ sind deren Charakteristiken gegeben durch:

Zentrallinie:	$Z = \bar{r}$,	
Untere Kontrollgrenze:	$G_u = \bar{r} - 3 s_R = (1 - 3d_3/d_2)\bar{r} = D_3 \bar{r}$,	(3.146)
Obere Kontrollgrenze:	$G_o = \bar{r} + 3 s_R = (1 + 3d_3/d_2)\bar{r} = D_4 \bar{r}$.	

Zahlenwerte von $D_3 = D_3(n)$ und $D_4 = D_4(n)$ finden sich in Tafel VIII im Anhang.

Nach Erstellung von Kontrollkarten auf der Basis von Erststichproben sollten alle dabei verwendeten Werte daraufhin getestet werden, ob sie zwischen den Kontrollgrenzen liegen. Ist das nicht der Fall, ist nach erkennbaren Ursachen dafür zu suchen. Werden solche gefunden, sind die betreffenden Teilstichproben zu eliminieren und die Kontrollgrenzen erneut zu berechnen. Eventuell sind weitere Vorversuche durchzuführen und die Charakteristiken der Kontrollkarte entsprechend zu modifizieren. Auf diese Weise kann der Prozess 'in Kontrolle' gebracht werden. Die Autoren empfehlen, zunächst die Entwicklung auf der R-Karte zu verfolgen. Wenn nämlich die Variabilität des Qualitätsparameters in der Zeit nicht konstant ist, sind die Kontrollgrenzen der $\bar{X}$-Karte nicht korrekt.

i	x_1	x_2	x_3	x_4	x_5	$\bar{x}_i$	r_i
1	33	29	31	32	33	31,6	4
2	33	31	35	37	31	33,4	6
3	35	37	33	34	36	35,0	4
4	30	31	33	34	33	32,2	4
5	33	34	35	33	34	33,8	2
6	38	37	39	40	38	38,4	3
7	30	31	32	34	31	31,6	4
8	29	39	38	39	39	36,8	10
9	28	33	35	36	43	35,0	15
10	38	33	32	35	32	34,0	6
11	28	30	28	32	31	29,8	4
12	31	35	35	35	34	34,0	4
13	27	32	34	35	37	33,0	10
14	33	33	35	37	36	34,8	4
15	35	37	32	35	39	35,6	7
16	33	33	27	31	30	30,8	6
17	35	34	34	30	32	33,0	5
18	32	33	30	30	33	31,6	3
19	25	27	34	27	28	28,2	9
20	35	35	36	33	30	33,8	6

Tafel 3.33 Erststichproben in Beispiel 3.52

Beispiel 3.52 (*Montgomery, Runger, Hubele* (1998)) Feingussstücke, die Bauteile von Strahltriebwerken in Flugzeugen sind, haben Öffnungen zur Aufnahme von Leitschaufeln. Die Tiefe der Öffnungen ist ein entscheidender Qualitätsparameter. Für diesen Parameter sind $\bar{X}$- und R-Kontrollkarten zu erstellen. Dazu werden 20 Vorversuche durchgeführt, die darin bestehen, dass an $n = 20$ Tagen aus der Produktion des Feingussprozesses jeweils eine Stichprobe des Umfangs 5 erhoben wird. Tafel 3.33 zeigt die Resultate. Da sich alle Messwerte nur ab der zweiten Stelle nach dem Komma unterscheiden, werden nur die zweite und dritte Stelle nach dem Komma angegeben. Zum Beispiel ist $\bar{x}_1 = 31,6$ als $12,7316\ mm$ zu verstehen. Die Schätzwerte für das Gesamtmittel und die mittlere Spannweite sind

$$\bar{x} = \frac{1}{20} \sum_{i=1}^{20} \bar{x}_i = 33,32; \qquad \bar{r} = \frac{1}{20} \sum_{i=1}^{20} r_i = 5,8\,.$$

Wegen $A_2 = 0,577$ ist $\bar{x} \pm A_2 \bar{r} = 33,32 \pm 0,577 \cdot 5,8$. Daher lauten die Erstschätzungen für die untere und obere Kontrollgrenze in der $\bar{X}$-Karte

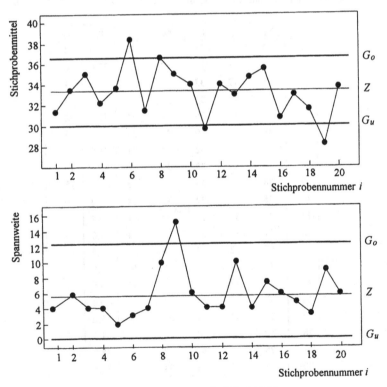

Bild 3.33 Kontrollkarten für Beispiel 3.52

$G_u = 29,97; \quad G_o = 36,67$.

In der R-Kontrollkarte lauten untere und obere Kontrollgrenzen

$$G_u = D_3\,\bar{r} = 0 \cdot 5,8 = 0;$$

$$G_o = D_4\,\bar{r} = 2,115 \cdot 5,8 = 12,27.$$

Bild 3.33 zeigt die zugehörigen, durch das Programmpaket MINITAB erstellten Erstvarianten der $\bar{X}$- und R-Kontrollkarten. Man erkennt, dass in der $\bar{X}$-Karte die Stichproben 6, 8, 11 und 19 Stichprobenmittel liefern, die außerhalb der Kontrollgrenzen liegen. In der R-Karte ist dies Stichprobe 9. Diese Werte konnten durch erkennbare Ursachen erklärt werden. Daher sind die Kontrollkarten ohne diese fünf Stichproben erneut berechnet worden. Die neuen Grenzen haben folgende Charakteristiken:

$\bar{X}$-Kontrollkarte: $G_u = 30,33; \quad Z = 33,21; \quad G_0 = 36,10$.

R-Kontrollkarte: $G_u = 0; \quad Z = 5; \quad G_o = 10,57$. $\qquad\qquad\qquad$ □

Kontrollkarten sollten von Zeit zu Zeit revidiert werden, insbesondere, wenn signifikante Prozessveränderungen eintreten.

Wirksamkeit Die Festlegung der Kontrollgrenzen ist die wichtigste Entscheidung beim Entwurf aller Typen von Kontrollkarten. Die Bewegung der Grenzen weg von der Zentrallinie vermindert die Wahrscheinlichkeit eines Fehlers erster Art, nämlich einen Prozess in Kontrolle als Prozess außer Kontrolle zu erklären, vergrößert aber gleichzeitig die Wahrscheinlichkeit eines Fehlers zweiter Art, nämlich einen Prozess außer Kontrolle als Prozess in Kontrolle zu erklären.

Die Festlegung von Stichprobenumfang und Stichprobenabstand können bei den Shewhartkontrollkarten, wie auch bei den später behandelten Alternativen dazu, auf der Basis des ARL-Kriteriums (mittlere Lauflänge) erfolgen. Wegen der Unabhängigkeit der Stichprobenergebnisse und der vorausgesetzten Normalverteilung genügt die Anzahl der Stichproben N, die im 'in Kontrolle-Zustand' bei Anwendung einer $\bar{X}$-Kontrollkarte bis zur erstmaligen (fälschlichen) Anzeige des außer Kontrolle-Zustands erhoben werden müssen, einer geometrischen Verteilung mit dem Parameter $p = 0,0027$. Daher ist

$$ARL = E(N) = 1/p \approx 370.$$

Die mittlere Lauflänge bis zur Entdeckung eines Sprungs des Erwartungswertes des Qualitätsparameters im 'außer Kontrolle Zustand' hängt von der Größe des Sprungs ab. Die folgende Übersicht zeigt für einige Sprunggrößen die mittleren Lauflängen (ARL) im zugehörigen 'außer Kontrolle-Zustand' bis zur Entdeckung der jeweiligen Verschiebung:

Sprunggröße	0	$0,5\sigma\sqrt{n}$	$\sigma\sqrt{n}$	$1,5\sigma\sqrt{n}$	$2\sigma\sqrt{n}$	$3\sigma\sqrt{n}$
ARL	370	155	44	15	6	2

Somit sind die 3-Sigma Kontrollkarten recht unempfindlich gegenüber kleinen Änderungen des Qualitätsparameters. Größere Änderungen werden jedoch schnell nachgewiesen.

3.10.2.2 Kontrollkarten für Einzelmessungen

Häufig wird an einem Zeitpunkt bzw. in einem Intervall nur ein Erzeugnis geprüft, das heißt der Stichprobenumfang ist $n = 1$. Ein solches Vorgehen empfiehlt sich etwa

1) bei automatisierter Prüfung aller Erzeugnisse, 2) wenn die Produktionsrate so niedrig ist, dass das Warten auf die Produktion von $n > 1$ Erzeugnissen nachteilig ist, und 3) wenn sich die Qualitätsparameter von gleichzeitig oder in kurzen Zeitabständen produzierten Erzeugnissen nicht signifikant unterscheiden.

Es sei $X_1, X_2, ..., X_m$ die zufällige Folge der Einzelmessungen und $x_1, x_2, ..., x_m$ eine zugehörige konkrete Stichprobe. Ist der Prozess 'in Kontrolle', dann werden die X_i als unabhängig und identisch gemäß $X_i = N(\mu, \sigma^2)$ verteilt vorausgesetzt. Die Standardabweichung σ wird vermittels der absoluten Differenzen $|X_i - X_{i-1}|$; $i = 2, 3, ..., m$; geschätzt. Formal ist $|X_i - X_{i-1}|$ nichts anderes als die Spannweite einer mathematischen Stichprobe vom Umfang 2 aus $N(\mu, \sigma^2)$. Daher wird $\{|X_i - X_{i-1}|; \ i = 2, 3, ..., m\}$ die *Folge der gleitenden Spannweiten* (*moving ranges*) genannt. Somit ist $E(|X_i - X_{i-1}|) = d_2 \sigma$ mit $d_2 = d_2(2) = 1,128$. Also hat man, wenn

$$\Delta x_i = |x_i - x_{i-1}| \text{ und } \overline{\Delta x} = \frac{1}{m-1} \sum_{i=2}^{m} \Delta x_i$$

gesetzt werden, für σ den Schätzwert

$$s = \overline{\Delta x}/d_2 = \overline{\Delta x}/1,128.$$

Mit $\bar{x} = \frac{1}{m} \sum_{i=1}^{m} x_i$ ist die Kontrollkarte für den Qualitätsparameter auf der Grundlage von Einzelmessungen gemäß (3.145) gegeben durch:

Zentrallinie: $Z = \bar{x}$

Untere Grenze: $G_u = \bar{x} - 3 \dfrac{\overline{\Delta x}}{1,128} = \bar{x} - 2,6596 \cdot \overline{\Delta x}$ (3.147)

Obere Grenze: $G_u = \bar{x} + 3 \dfrac{\overline{\Delta x}}{1,128} = \bar{x} + 2,6596 \cdot \overline{\Delta x}$

Entsprechend erhält man für die gleitenden Spannweiten Δx_i als Spezialfall von (3.146) wegen $D_3 = D_3(2) = 0$ und $D_4 = D_4(2) = 3,267$ die Kontrollkarte

Zentrallinie: $Z = \overline{\Delta x}$

Untere Grenze: $G_u = 0$ (3.148)

Obere Grenze: $G_o = 3,267 \cdot \overline{\Delta x}$.

Bei der Interpretation von Kontrollkarten für die gleitenden Spannweiten ist zu beachten, dass zwar laut Voraussetzung die x_i Werte unabhängiger Zufallsgrößen sind, aber die Δx_i sind es nicht. Daher können in der Folge der Δx_i längere Iterationen auftreten, die man nicht von vornherein erkennbaren Ursachen anlasten kann.

i	Anteil	Δx_i	C_i^+	C_i^-	i	Anteil	Δx_i	C_i^+	C_i^-
1	10,20	--	0,185	0	11	10,13	0,32	0,115	0
2	9,48	0,72	0	0,305	12	9,87	0,26	0	0
3	9,83	0,35	0	0,260	13	10,11	0,24	0,095	0
4	9,84	0,01	0	0,205	14	9,84	0,27	0	0
5	10,20	0,36	0,185	0	15	9,70	0,14	0	0,085
6	9,85	0,35	0,020	0	16	9,67	0,03	0	0,200
7	9,90	0,05	0	0	17	10,03	0,36	0,015	0
8	9,77	0,13	0	0	18	10,14	0,11	0,140	0
9	10,00	0,23	0	0	19	9,72	0,42	0	0,065
10	9,81	0,19	0	0	20	10,10	0,38	0,085	0

Tafel 3.34 Ausgangsdaten der Beispiele 3.53 und 3.54

Beispiel 3.53 Der Anteil des wirksamen Bestandteils an einem Medikament ist ein wichtiger Qualitätsparameter. Zwecks Erstellung einer ersten Kontrollkarte wurde stündlich aus der laufenden Produktion eine Packung geprüft. Tafel 3.34 zeigt die in 20 Packungen gemessenen Anteile (in %) sowie die zugehörigen gleitenden Spannweiten. (Die Parameter C_i^+ und C_i^- werden erst im Beispiel 3.54 benötigt.) Man erhält

$$\bar{x} = \frac{1}{20}\sum_{i=1}^{20} x_i = 9,91, \quad \overline{\Delta x} = \frac{1}{19}\sum_{i=2}^{20} \Delta x_i = 0,259.$$

Die Charakteristiken der Kontrollkarte für die gleitende Spannweite sind gemäß (3.148):
Zentrallinie: $\quad Z = 0,259,$
Untere und obere Grenze: $G_u = 0, \quad G_O = 3,267 \cdot 0,259 = 0,846.$

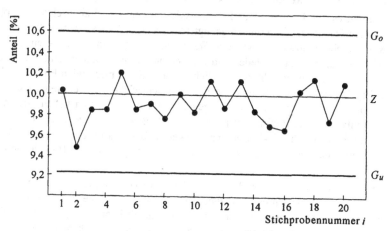

Bild 3.34 Kontrollkarte bei Einzelmessungen (Beispiel 3.53)

Alle 20 Werte der Δx_i liegen zwischen diesen Kontrollgrenzen. Systematische, zeitabhängige Schwankungen der gleitenden Spannweiten lassen sich also nicht nachweisen. Daher ist es gerechtfertigt, die Kontrollkarte für den prozentualen Anteil an der wirksamen Substanz entsprechend (3.147) zu erstellen (Bild 3.34):

Zentrallinie: $Z = 9,91,$

Untere Grenze: $G_u = 9,91 - 2,6596 \cdot 0,259 = 9,221,$

Obere Grenze: $G_o = 9,91 + 2,6596 \cdot 0,259 = 10,599.$ ☐

Wirksamkeit Kontrollkarten für Einzelmessungen sind wie die $\bar{X}$-Kontrollkarten recht unempfindlich bezüglich kleiner Änderungen des Prozessmittels. Zum Beispiel, um Verschiebungen des Prozessmittels um eine Standardabweichung nachweisen zu können, sind durchschnittlich 44 Werte in die Karte einzutragen. Für den Nachweis großer Änderungen ist diese Kontrollkarte jedoch gut geeignet. (Will man kleinere Änderungen effektiver nachweisen, wird auf die später behandelten CUSUM- und EWMA-Karten verwiesen.)

Kontrollkarten für Einzelmessungen sind leider recht empfindlich bezüglich Abweichungen der Verteilung des Qualitätsparameters von der Normalverteilung. Daher ist vor Erstellung der Kontrollkarte die Voraussetzung Normalverteilung graphisch oder analytisch durch einen Anpassungstest zu prüfen. Statistische Softwarepakete wie MINITAB liefern neben dem gewünschten Kontrollkartentyp auch die 'probability plots'. Die Darstellung der Daten in den Tabellen 3.33 und 3.34 im Wahrscheinlichkeitspapier zeigt jeweils eine Konzentration der Werte um eine Gerade, so dass von Normalverteilung ausgegangen werden kann.

3.10.2.3 Kontrollkarten für die Gut-Schlecht-Prüfung

Häufig genügt es, die Prüfung eines Erzeugnisses mit dem Urteil abzuschliessen, ob es den gestellten Qualitätsanforderungen genügt oder nicht, ob es also verwendbar ist oder nicht. Man spricht in diesem Fall von *Gut-Schlecht-Prüfungen*. In vielen Fällen, etwa bei der Prüfung elektronischer Bauteile, sind als Ergebnis einer Qualitätskontrolle ohnehin nur die Aussagen 'gut' oder 'schlecht' möglich. Aber auch bei messenden Prüfungen lässt sich das Ergebnis auf die binäre Aussage 'gut' oder 'schlecht' reduzieren, je nach dem, ob die relevanten Qualitätsparameter im vorgegebenen Toleranzbereich liegen oder nicht. Diese Vereinfachung der Prüfung hat jedoch ihren Preis: Um Sprünge eines Qualitätsparameters mit der Gut-Schlecht-Prüfung nachzuweisen, benötigt man einen erheblich größeren Stichprobenumfang als bei Anwendung der messenden Prüfung (falls letztere anwendbar ist).

An diskreten Zeitpunkten bzw. in disjunkten Zeitintervallen wird der laufenden Produktion eine Stichprobe vom Umfang n entnommen. N sei die zufällige Anzahl der schlechten Erzeugnisse in der Stichprobe. Ist p die Wahrscheinlichkeit dafür, dass ein zufällig der laufenden Produktion entnommenes Erzeugnis schlecht ist, dann genügt N einer

Binomialverteilung mit den Parametern n und p. Eine *P-Kontrollkarte* überwacht die Entwicklung des Anteils p [100%] von schlechten Erzeugnissen an der Gesamtproduktion. Wegen $E(N) = np$ und $Var(N) = np(1-p)$ ist eine 3-Sigma Kontrollkarte für diesen Anteil gegeben durch

Zentrallinie: $\quad Z = p$

Untere Kontrollgrenze: $\quad G_u = p - 3\sqrt{p(1-p)/n}$ $\hspace{2cm}$ (3.149)

Obere Kontrollgrenze: $\quad G_o = p + 3\sqrt{p(1-p)/n}$

Im Allgemeinen ist p unbekannt und daher aus den die Kontrollkarte vorbereitenden Stichproben zu schätzen. Liegen m Stichproben vom Umfang n vor und ist p_i der Anteil der schlechten Erzeugnisse in der i-ten Stichprobe, dann ist das arithmetische Mittel

$$\bar{p} = \frac{1}{m} \Sigma_{i=1}^{m} p_i$$

die gewünschte Schätzung für p. Sind die Kontrollgrenzen festgelegt, dann werden die in den Routinestichproben ermittelten Anteile an schlechten Erzeugnissen in die Karte eingetragen.

Manchmal ist es notwendig, die zufällige Anzahl der Defekte D je Erzeugnis zu überwachen. Es sei D poissonverteilt mit dem Parameter λ. Dann hat D die Standardabweichung $\sqrt{\lambda}$. Somit ist eine 3-Sigma Kontrollkarte für D gegeben durch

Zentrallinie: $\quad Z = \lambda$

Untere Grenze: $\quad G_u = \lambda - 3\sqrt{\lambda/n}$ $\hspace{2cm}$ (3.150)

Obere Grenze: $\quad G_o = \lambda + 3\sqrt{\lambda/n}$

Die Schätzung von λ erfolgt durch das arithmetische Mittel $\bar{\lambda}$ aus vorbereitenden Stichproben. Ist die aus den vorbereitenden Stichproben ermittelte empirische Varianz von D signifikant verschieden von $\bar{\lambda}$, dann kann D nicht poissonverteilt sein und die Kontrollgrenzen (3.150) können nicht angewendet werden.

3.10.3 CUSUM-Kontrollkarten

Zwei ausgezeichnete Alternativen zu den bisher behandelten Shewhart-Kontrollkarten sind die CUSUM-Kontrollkarten und die im nächsten Abschnitt behandelten EWMA-Kontrollkarten. Die CUSUM-Kontrollkarte (*cumulative sum control chart*) erfasst die kumulative Summe der Abweichungen der Schätzwerte aus den Stichproben von einem Sollwert. Zum Beispiel, wenn Stichproben jeweils gleichen Umfangs $n \geq 1$ erhoben werden und $\bar{x}_j$ das arithmetische Mittel des Qualitätsparameters in der j-ten Stichprobe und μ_0 der Sollwert ist, dann werden in die CUSUM-Kontrollkarte sukzessiv die Werte

$$C_i = \Sigma_{j=1}^{i}(\bar{x}_j - \mu_0); \quad i = 1, 2, \dots$$ $\hspace{2cm}$ (3.151)

in Abhängigkeit von i eingetragen. Wenn der Prozess in Kontrolle bezüglich des Sollwerts ist, nehmen die $C_1, C_2, \cdots$ Werte in der Nähe von 0 an. Jedoch, wenn ein Aufwärtssprung (Abwärtssprung) des Qualitätsparameters stattfindet, dann werden die danach berechneten C_i zu positiven (negativen) Werten tendieren. Man geht davon aus, dass ein Sprung stattgefunden hat, wenn C_i vorgegebene Schwellwerte $-H$ bzw. $+H$ unter- bzw. überschreitet. Bewährt hat sich der Wert $H = 5\sigma$, wobei wie bisher σ die Standardabweichung des Qualitätsparameters X ist.

Häufig wird das Entscheidungskriterium (3.151) durch Vorgabe eines *Referenzwertes K* etwas modifiziert. Ist L die Mindesthöhe des Sprunges, den man nachweisen will, dann wird zumeist $K = L/2$ gesetzt. Man betrachtet anstelle der durch (3.151) definierten Folge $\{C_1, C_2, \dots\}$ zwei daraus abgeleitete Folgen $\{C_1^+, C_2^+, \dots\}$ und $\{C_1^-, C_2^-, \dots\}$ mit

$$C_i^+ = \max\left\{0, \bar{x}_i - (\mu_0 + K) + C_{i-1}^+\right\}$$

bzw.

$$C_i^- = \max\left\{0, (\mu_0 - K) - \bar{x}_i + C_{i-1}^-\right\}, \quad i = 1, 2, \dots,$$

wobei $C_0^+ = C_0^- = 0$ gesetzt wird. Wenn eine der 'einseitigen CUSUM-Schätzfunktionen' C_i^+ oder C_i^- einen kritischen Wert H überschreitet, geht man davon aus, dass der Prozess 'außer Kontrolle' ist. Auch hier wird bevorzugt mit $H = 5\sigma$ gearbeitet. Da diese Entscheidungsvorschrift auf dem Informationsgehalt mehrerer Stichproben beruht, sind CUSUM-Kontrollkarten effektiver als Shewhart-Kontrollkarten; vor allem, wenn es um den Nachweis kleiner Sprünge des Qualitätsparameters geht. Zudem sind sie besonders wirksam im Fall von Einzelmessungen. Die Auflistung einiger ARL-Werte im Fall $K = 0,5\sigma$ und $H = 5\sigma$ soll dies verdeutlichen:

Sprunggröße	0	$0,25\sigma$	$0,5\sigma$	$0,75\sigma$	$1,0\sigma$	$1,5\sigma$	2σ	$2,5\sigma$	3σ	4σ
ARL	465	139	38	17	10,4	5,75	4	3,1	2,6	2

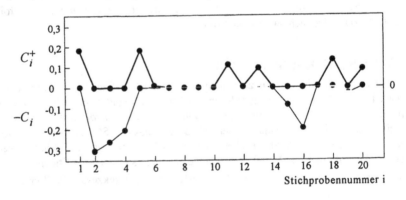

Bild 3.35 Variante einer CUSUM-Kontrollkarte für Beispiel 3.54

Zum Beispiel sind für die Entdeckung eines 1-Sigma Sprungs im Mittel 10,4 Stichproben notwendig, während es bei Anwendung der Shewhart-Kontrollkarte für Einzelmessungen 44 Stichproben sind. Andererseits sind Werte in der CUSUM-Kontrollkarte wegen ihrer statistischen Abhängigkeit schwerer zu interpretieren. Insbesondere sind sie weniger hilfreich als die Shewhart-Karten, wenn es um die Identifizierung erkennbarer Ursachen geht.

Beispiel 3.54 Es werden wieder die Anteile an wirksamer Substanz in einem Medikament entsprechend Tafel 3.34 betrachtet. Die Entwicklung des Anteils ist durch eine CUSUM-Karte mit dem Sollwert $\mu_0 = 9,9\,[\%]$, dem Referenzwert $K = \sigma/2$ und dem kritischen Wert $H = 5\sigma$ für die Folgen $\{C_i^+;\ i = 1, 2, ...\}$ und $\{C_i^-;\ i = 1, 2, ...\}$ zu überwachen. Entsprechend Beispiel 3.53 wird σ durch

$$s = 0,259/1,128 = 0,23$$

geschätzt. Damit ergeben sich

$$K = 0,115 \quad \text{und} \quad H = 1,15.$$

Die zugehörigen numerischen Werte der C_i^+ und C_i^- sind in Tafel 3.34 angegeben. Bild 3.35 zeigt sie in Abhängigkeit von der Stichprobennummer i. Aus Maßstabsgründen wurde auf den Eintrag der Kontrollgrenzen H bzw. $-H$ verzichtet. Der Prozess ist eindeutig 'in Kontrolle', was die Aussage von Beispiel 3.53 bestätigt. □

Bezüglich weiterer Varianten von CUSUM-Kontrollkarten wird auf *Montgomery* (2001) verwiesen.

3.10.4 EWMA-Kontrollkarten

In *EWMA-Kontrollkarten (exponentiell gewichtete gleitende Durchschnitte=exponentially weighted moving averages)* werden wie folgt konstruierte Werte Z_i eingetragen:

$$Z_i = \lambda \bar{x}_i + (1 - \lambda)Z_{i-1};\ \ 0 < \lambda < 1,\ Z_0 = \mu_0. \tag{3.152}$$

Hierbei ist μ_0 wiederum der Sollwert des Qualitätsparameters. Die Werte Z_i hängen also von der 'aktuellen' Stichprobe i sowie der gesamten vorangegangenen Entwicklung des Qualitätsparameters ab. Daher kann man für kleine, aber positive Differenzen $j - i$ eine starke Korrelation zwischen Z_i und Z_j erwarten, falls λ nicht nahe an 1 ist. Die Kontrollkarte ist gegeben durch

Zentrallinie $\qquad Z \ = \mu_0$

Untere Kontrollgrenze $\quad G_u(i) = \mu_0 - k\sigma\sqrt{\dfrac{\lambda}{2-\lambda}[1 - (1-\lambda)^{2i}]}$

Obere Kontrollgrenze $\quad G_o(i) = \mu_0 + k\sigma\sqrt{\dfrac{\lambda}{2-\lambda}[1 - (1-\lambda)^{2i}]}$

i	Anteil	$G_u(i)$	Z_i	$G_o(i)$	i	Anteil	$G_u(i)$	Z_i	$G_o(i)$
1	10,20	9,836	9,930	9,964	11	10,13	9,760	9,915	10,040
2	9,48	9,814	9,885	9,986	12	9,87	9,758	9,911	10,042
3	9,83	9,799	9,880	10,001	13	10,11	9,757	9,930	10,043
4	9,84	9,789	9,876	10,011	14	9,84	9,756	9,921	10,044
5	10,20	9,781	9,908	10,019	15	9,70	9,755	9,900	10,045
6	9,85	9,775	9,902	10,025	16	9,67	9,755	9,876	10,045
7	9,90	9,770	9,902	10,030	17	10,03	9,754	9,892	10,046
8	9,77	9,767	9,889	10,033	18	10,14	9,754	9,917	10,046
9	10,00	9,764	9,900	10,036	19	9,72	9,754	9,898	10,046
10	9,81	9,762	9,891	10,038	20	10,10	9,753	9,917	10,047

Tafel 3.35 Daten der EWMA-Kontrollkarte von Beispiel 3.55

Hierbei ist λ der *EWMA-Parameter*. Die Kontrollgrenzen sind nicht konstant, konvergieren aber für $i \to \infty$:

$$G_u \underset{i \to \infty}{\to} \mu_0 - k\sigma \sqrt{\frac{\lambda}{2-\lambda}}, \quad G_o \underset{i \to \infty}{\to} \mu_0 + k\sigma \sqrt{\frac{\lambda}{2-\lambda}}.$$

Die EWMA-Kontrollkarte ist außerordentlich flexibel. Da für λ-Werte nahe an 1 der zweite Term in (3.152) klein wird, verhält sich die EWMA-Kontrollkarte in diesem Fall etwa wie die Shewhart-Kontrollkarte. Demgegenüber zeigt sie für kleinere Werte von λ näherungsweise das Verhalten der CUSUM-Kontrollkarte. Durch geeignete Wahl von k und λ kann man die ARL-Werte in die gewünschte Richtung beeinflussen.

Beispiel 3.55 Die Anteilmessungen von Tafel 3.34 sollen vermittels einer EWMA-Kontrollkarte geprüft werden. Dazu werden $\lambda = 0,1$ und $k = 2,8$ gesetzt. Diese Parameterkonstellation hat mittlere Laufzeiten (ARL) zur Folge, die etwa denen einer CUSUM-Kontrollkarte mit den Parametern $K = 0,5\sigma$ und $H = 5\sigma$ entsprechen. Tafel 3.35 zeigt die Werte der Z_i sowie die zugehörigen unteren und oberen Kontrollgrenzen. Alle Z_i liegen deutlich zwischen den zugehörigen Kontrollgrenzen. Wie in den Beispielen 3.53 und 3.54 wird der Sachverhalt bestätigt, dass der Prozess 'in Kontrolle' ist. □

Die EWMA-Kontrollkarte ist eine ausgezeichnete Alternative zur CUSUM-Kontrollkarte. Wie diese ist sie zur Prozesskontrolle bei Einzelmessungen geeignet. Ihre mittleren Laufzeiten liegen in der Größenordnung der mittleren Laufzeiten der CUSUM-Kontrollkarte, und bei den Anwendern ist sie wegen ihrer einfacheren Handhabung beliebt. Sie ist besonders geeignet zur Überwachung von Prozessen mit autokorrelierten Qualitätsparametern. Darüber hinaus bildet sie die Basis vieler Steuerungsvorschriften für Prozesse mit Rückkopplung (feedback).

Literatur *Collani, von* (1989), *Mittag, Rinne* (1993), *Montgomery* (2001).

Tafeln

Tafel I Verteilungsfunktion der standardisierten Normalverteilung Φ(x)

x	0.00	0.01	0.02	0.03	0.04	0.05	0.06	0.07	0.08	0.09
-3,0	.001350	.001306	.001264	.001223	.001183	.001144	.001107	.001070	.001035	.001001
-2,9	.001866	.001807	.001750	.001695	.001641	.001589	.001538	.001489	.001441	.001395
-2,8	.002555	.002477	.002401	.002327	.002256	.002186	.002118	.002052	.001988	.001926
-2,7	.003467	.003364	.003264	.003167	.003072	.002980	.002890	.002803	.002718	.002635
-2,6	.004661	.004527	.004396	.004269	.004145	.004025	.003907	.003793	.003681	.003573
-2,5	.006210	.006037	.005868	.005703	.005543	.005386	.005234	.005085	.004940	.004799
-2,4	.008198	.007976	.007760	.007549	.007344	.007143	.006947	.006756	.006569	.006387
-2,3	.010724	.010444	.010170	.009903	.009642	.009387	.009138	.008894	.008656	.008424
-2,2	.013903	.013553	.013209	.012874	.012546	.012224	.011911	.011604	.011304	.011011
-2,1	.017864	.017429	.017003	.016586	.016177	.015778	.015386	.015003	.014629	.014262
-2,0	.022750	.022216	.021692	.021178	.020675	.020182	.019699	.019226	.018763	.018309
-1,9	.028717	.028067	.027429	.026803	.026190	.025588	.024998	.024419	.023852	.023296
-1,8	.035930	.035148	.034380	.033625	.032884	.032157	.031443	.030742	.030054	.029397
-1,7	.044566	.043633	.042716	.041815	.040930	.040059	.039204	.038364	.037538	.036727
-1,6	.054799	.053699	.052616	.051551	.050503	.049471	.048457	.047460	.046479	.045514
-1,5	.066807	.065522	.064256	.063008	.061780	.060571	.059380	.058208	.057053	.055917
-1,4	.080757	.079270	.077804	.076358	.074934	.073529	.072145	.070781	.069437	.068111
-1,3	.096800	.095098	.093418	.091759	.090123	.088508	.086915	.085344	.083793	.082264
-1,2	.115070	.113139	.111232	.109349	.107488	.105650	.103835	.102042	.100273	.098525
-1,1	.135666	.133500	.131357	.129238	.127143	.125072	.123024	.121000	.119000	.117023
-1,0	.158655	.156248	.153864	.151505	.149170	.146859	.144572	.142310	.140071	.137857
-0,9	.184060	.181411	.178786	.176186	.173609	.171056	.168528	.166023	.163543	.161087
-0,8	.211855	.208970	.206108	.203269	.200454	.197662	.194894	.192150	.189430	.186733
-0,7	.241964	.238852	.235762	.232695	.229650	.226627	.223627	.220650	.217695	.214764
-0,6	.274253	.270931	.267629	.264347	.261086	.257846	.254627	.251429	.248252	.245097
-0,5	.308538	.305026	.301532	.298056	.294598	.291160	.287740	.284339	.280957	.277595
-0,4	.344578	.340903	.337243	.333598	.329969	.326355	.322758	.319178	.315614	.312067
-0,3	.382089	.378280	.374484	.370700	.366928	.363169	.359424	.355691	.351973	.348268
-0,2	.420740	.416834	.412936	.409046	.405165	.401294	.397432	.393580	.389739	.385908
-0,1	.460172	.456205	.452242	.448283	.444330	.440382	.436440	.432505	.428576	.424655
-0,0	.500000	.496011	.492022	.488034	.484047	.480061	.476078	.472097	.468119	.464144

x	0.00	0.01	0.02	0.03	0.04	0.05	0.06	0.07	0.08	0.09
0.0	.500000	.503989	.507978	.511996	.515953	.519938	.523922	.527903	.531881	.535856
0.1	.539828	.543795	.547758	.551717	.555670	.559618	.563560	.567495	.571424	.575345
0.2	.579260	.583166	.587064	.590954	.594835	.598706	.602568	.606420	.610261	.614092
0.3	.617911	.621720	.625616	.629300	.633072	.636831	.640576	.644309	.648027	.651732
0.4	.655422	.659097	.662757	.666402	.670031	.673645	.677242	.680822	.684386	.687933
0.5	.691462	.694974	.698468	.702944	.705402	.708840	.712260	.715661	.719043	.722405
0.6	.725747	.729069	.732371	.735653	.738914	.742154	.745373	.748571	.751748	.754903
0.7	.758036	.761148	.764238	.767305	.770350	.773373	.776373	.779350	.782305	.785236
0.8	.788145	.791030	.793892	.796731	.799546	.802388	.805106	.807850	.810570	.813267
0.9	.815940	.818589	.821214	.823814	.826391	.828944	.831472	.833977	.836457	.838913
1.0	.841345	.843752	.846136	.848495	.850830	.853141	.855428	.857690	.859929	.862143
1.1	.864334	.866500	.868643	.870762	.872857	.874928	.876976	.879000	.881000	.882977
1.2	.884930	.886861	.888768	.890651	.892512	.894350	.896165	.897958	.899727	.901475
1.3	.903200	.904902	.906582	.908241	.909877	.911492	.913085	.914656	.916207	.917736
1.4	.919243	.920730	.922196	.923642	.925066	.926471	.927855	.929219	.930563	.931889
1.5	.933193	.934478	.935744	.936922	.938220	.939429	.940620	.941792	.942947	.944083
1.6	.945201	.946301	.947384	.948449	.949497	.950528	.951543	.952540	.953521	.954486
1.7	.955434	.956367	.957284	.958185	.959070	.959941	.960796	.961636	.962462	.963273
1.8	.964070	.964852	.965620	.966375	.967116	.967843	.968557	.969258	.969946	.970621
1.9	.971283	.971933	.972571	.973197	.973810	.974412	.975002	.975581	.976138	.976704
2.0	.977250	.977784	.978308	.978822	.979325	.979818	.980301	.980774	.981237	.981691
2.1	.982136	.982571	.982997	.983414	.983823	.984222	.984614	.984997	.985371	.985738
2.2	.986097	.986447	.986791	.987126	.987454	.987776	.988089	.988396	.988696	.988989
2.3	.989276	.989556	.989830	.990097	.990358	.990613	.990862	.991106	.991344	.991576
2.4	.991802	.992024	.992240	.992451	.992656	.992857	.993053	.993244	.993431	.993613
2.5	.993790	.993963	.994132	.994297	.994457	.994614	.994766	.994915	.995060	.995201
2.6	.995339	.995473	.995604	.995731	.995855	.995975	.996093	.996207	.996319	.996427
2.7	.996533	.996636	.996736	.996833	.996928	.997020	.997110	.997197	.997282	.997365
2.8	.997445	.997523	.997599	.997673	.997744	.997814	.997882	.997948	.998012	.998074
2.9	.998134	.998193	.998250	.998305	.998359	.998411	.998462	.998511	.998559	.998605
3.0	.998650	.998694	.998736	.998777	.998817	.998856	.998893	.998930	.998965	.998999

Tafel II $(1-\alpha)$-Quantile $t_{n,\alpha}$ der t-Verteilung

α $\backslash$ n	0.1	0.05	0.025	0.01	0.005
2	1.886	2.921	4.303	6.966	9.924
3	1.638	2.353	3.183	4.542	5.841
4	1.533	2.131	2.775	3.747	4.604
5	1.476	2.015	2.570	3.365	4.032
6	1.440	1.943	2.447	3.143	3.707
7	1.415	1.895	2.365	2.997	3.500
8	1.397	1.860	2.306	2.896	3.355
9	1.383	1.832	2.262	2.821	3.250
10	1.371	1.812	2.228	2.764	3.170
11	1.363	1.796	2.201	2.718	3.106
12	1.356	1.782	2.180	2.681	3.055
13	1.350	1.771	2.160	2.650	3.012
14	1.345	1.761	2.145	2.624	2.978
15	1.341	1.753	2.131	2.601	2.948
16	1.337	1.746	2.120	2.583	2.921
17	1.334	1.740	2.110	2.568	2.898
18	1.330	1.734	2.100	2.551	2.878
19	1.327	1.729	2.093	2.540	2.860
20	1.325	1.725	2.086	2.528	2.846
21	1.323	1.721	2.080	2.518	2.830
22	1.321	1.717	2.074	2.508	2.820
23	1.319	1.714	2.069	2.500	2.807
24	1.318	1.711	2.064	2.492	2.798
25	1.316	1.708	2.060	2.485	2.787
26	1.315	1.705	2.056	2.479	2.780
27	1.314	1.703	2.052	2.473	2.771
28	1.313	1.701	2.048	2.467	2.763
29	1.312	1.700	2.045	2.462	2.756
30	1.311	1.698	2.042	2.457	2.750
32	1.309	1.695	2.037	2.450	2.738
34	1.307	1.691	2.032	2.441	2.728
36	1.306	1.688	2.028	2.434	2.719
38	1.304	1.686	2.024	2.429	2.711
40	1.303	1.684	2.021	2.423	2.704
45	1.301	1.679	2.014	2.413	2.690
50	1.299	1.676	2.009	2.404	2.678
60	1.296	1.671	2.001	2.390	2.660
70	1.294	1.667	1.994	2.381	2.648
80	1.292	1.664	1.990	2.374	2.640
90	1.291	1.662	1.987	2.368	2.632
100	1.290	1.660	1.984	2.364	2.626
200	1.286	1.653	1.972	2.345	2.600
500	1.283	1.647	1.965	2.334	2.585
∞	1.282	1.645	1.960	2.326	2.576

zu Tafel II Die Tafel enthält für $\alpha = 0{,}10;\ 0{,}05;\ 0{,}025;\ 0{,}01$ und $0{,}005$ die $(1-\alpha)$-Quantile $x_{n,1-\alpha}$ der t-Verteilung in Abhängigkeit vom Freiheitsgrad n. Entsprechend (3.8) werden diese Quantile mit $t_{n;\alpha}$ bezeichnet, $0 < \alpha < 1$. Wegen $x_{n;\alpha} = -x_{n;1-\alpha}$ sind damit gleichzeitig die entsprechenden α-Quantile gegeben. Die folgenden Bilder veranschaulichen diese Quantile vermittels der Flächen unter den zugehörigen Verteilungsdichten $f_{T_n}(x)$.

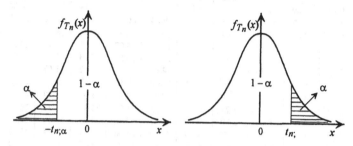

Bei zweiseitigen Konfidenzintervallen bzw. zweiseitigen Tests mit der Irrtumswahrscheinlichkeit α ist das $(1-\alpha/2)$-Quantil $t_{n;\alpha/2}$ bzw. das $\alpha/2$-Quantil $-t_{n;\alpha/2}$ zu bestimmen:

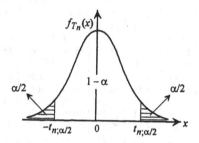

Bei unbeschränkt wachsendem Stichprobenumfang n gilt für alle α, $0 < \alpha < 1$,

$$\lim_{n \to \infty} t_{n;\alpha} = z_\alpha .$$

Beispiele: $t_{20;0,025} = 2{,}086;$

$t_{60;0,025} = 2{,}000;$

$t_{\infty;0,025} = z_{0,025} = 1{,}96;$

$t_{20;0,05} = 1{,}725;$

$t_{60;0,05} = 1{,}671;$

$t_{\infty;0,05} = z_{0,05} = 1{,}645 .$

Tafel III   Quantile der Chi-Quadrat-Verteilung

n	α									
	0.005	0.01	0.025	0.05	0.1	0.90	0.95	0.975	0.99	0.995
1	<0.001	<0.001	<0.001	0.004	0.016	2,71	3.84	5.02	6.63	7.88
2	0.01	0.02	0.05	0.10	0.21	4.61	5.99	7.38	9.21	10.60
3	0.07	0.12	0.22	0.35	0.58	6.25	7.81	9.35	11.34	12.84
4	0.21	0.30	0.49	0.71	1.06	7.78	9.49	11.14	13.28	14.86
5	0.41	0.56	0.83	1.15	1.61	9.24	11.07	12.83	15.08	16.75
6	0.68	0.87	1.24	1.64	2.20	10.64	12.59	14.45	16.81	18.55
7	0.99	1.24	1.69	2.17	2.83	12.02	14.07	16.01	18.48	20.28
8	1.34	1.65	2.18	2.73	3.49	13.36	15.51	17.53	20.09	21.95
9	1.73	2.10	2.70	3.33	4.17	14.68	16.92	19.02	21.67	23.59
10	2.16	2.56	3.25	3.94	4.87	16.00	18.31	20.48	23.21	25.19
11	2.60	3.05	3.82	4.57	5.58	17.28	19.68	21.92	24.72	26.76
12	3.07	3.57	4.40	5.23	6.30	18.55	21.03	23.34	26.22	28.30
13	3.57	4.10	5.00	5.89	7.04	19.81	22.36	24.74	27.69	29.82
14	4.07	4.67	5.63	6.57	7.79	21.06	23.68	26.12	29.14	31.32
15	4.60	5.23	6.26	7.26	8.55	22.31	25.00	27.49	30.58	32.80
16	5.14	5.81	6.91	7.96	9.31	23.54	26.30	28.85	32.00	34.27
17	5.71	6.41	7.56	8.68	10.09	24.77	27.60	30.19	33.41	35.72
18	6.27	7.01	8.23	9.39	10.86	26.00	28.87	31.53	34.81	37.16
19	6.84	7.63	8.91	10.12	11.65	27.20	30.14	32.85	36.19	38.58
20	7.43	8.27	9.59	10.85	12.44	28.41	31.41	34.17	37.57	40.00
21	8.04	8.90	10.28	11.60	13.24	29.62	32.67	35.48	38.93	41.40
22	8.64	9.54	10.98	12.34	14.04	30.81	33.92	36.78	40.29	42.80
23	9.26	10.20	11.69	13.09	14.85	32.01	35.17	38.08	41.64	44.18
24	9.89	10.86	12.40	13.85	15.66	33.20	36.42	39.36	42.98	45.56
25	10.52	11.52	13.12	14.60	16.47	34.38	37.65	40.65	44.31	46.93
26	11.17	12.20	13.84	15.38	17.29	35.56	38.89	41.92	45.64	48.29
27	11.81	12.88	14.57	16.15	18.11	36.74	40.11	43.19	46.96	49.64
28	12.46	13.56	15.31	16.93	18.94	37.92	41.34	44.46	48.28	50.10
29	13.11	14.26	16.05	17.71	19.77	39.09	42.56	45.72	49.59	52.34
30	13.79	14.95	16.80	18.49	20.60	40.26	43.77	46.98	50.89	53.67
31	14.46	15.66	17.54	19.28	21.43	41.42	45.00	48.23	52.19	55.00
32	15.14	16.36	18.29	20.07	22.27	42.58	46.19	49.48	53.49	56.33
33	15.82	17.07	19.05	20.87	23.11	43.75	47.40	50.72	54.78	57.65
34	16.50	17.79	19.81	21.66	23.95	44.90	48.60	51.97	56.06	58.95
35	17.19	18.51	20.57	22.47	24.80	46.06	49.80	53.20	57.34	60.27
36	17.89	19.23	21.34	23.27	25.64	47.21	51.00	54.44	58.62	61.58
37	18.59	19.96	22.21	24.07	26.49	48.36	52.19	55.67	59.89	62.88
38	19.29	20.69	22.89	24.88	27.34	49.51	53.38	56.90	61.16	64.18
39	20.00	21.43	23.65	25.70	28.20	50.66	54.57	58.12	62.43	65.48
40	20.71	22.16	24.43	26.51	29.05	51.81	55.76	59.34	63.69	66.77
41	21.42	22.91	25.21	27.33	29.91	52.95	56.94	60.56	64.95	68.05
42	22.14	23.65	26.00	28.14	30.77	54.09	58.12	61.78	66.21	69.34
43	22.86	24.40	26.79	28.96	31.63	55.23	59.30	62.99	67.46	70.62
44	23.58	25.15	27.57	29.79	32.49	56.37	60.48	64.20	68.71	71.89
45	24.31	25.90	28.37	30.61	33.35	57.51	61.67	65.41	69.96	73.17

Tafel III Quantile der Chi-Quadrat-Verteilung (Fortsetzung)

n	α									
	0.005	0.01	0.025	0.05	0.1	0.90	0.95	0.975	0.99	0.995
46	25.04	26.66	29.16	31.44	34.22	58.64	62.83	66.62	71.20	74.44
47	25.77	27.42	29.96	32.27	35.08	59.77	64.00	67.82	72.44	75.70
48	26.51	28.18	30.75	33.10	35.95	60.91	65.17	69.02	73.68	76.97
49	27.25	28.94	31.55	33.93	36.82	62.04	66.34	70.22	74.92	78.23
50	27.99	29.71	32.36	34.76	37.69	63.17	67.50	71.42	76.15	79.49
52	29.48	31.25	33.97	36.44	39.43	65.42	69.83	73.81	78.62	82.00
54	30.98	32.79	35.59	38.12	41.18	67.67	72.15	76.19	81.07	84.50
56	32.49	34.35	37.21	39.80	42.94	69.92	74.47	78.57	83.51	86.99
58	34.01	35.91	38.84	41.49	44.70	72.16	76.78	80.94	85.95	89.48
60	35.53	37.48	40.48	43.19	46.46	74.40	79.08	83.30	88.38	91.95
62	37.07	39.06	42.13	44.89	48.23	76.63	81.38	85.65	90.80	94.42
64	38.61	40.65	43.78	46.59	50.00	78.86	83.68	88.00	93.22	96.88
66	40.16	42.24	45.43	48.31	51.77	81.09	85.96	90.35	95.63	99.33
68	41.71	43.84	47.09	50.02	53.55	83.31	88.25	92.69	98.03	101.78
70	43.28	45.44	48.75	51.74	55.33	85.53	90.53	95.02	100.43	104.21
75	47.21	49.48	52.94	56.05	59.79	91.06	96.22	100.84	106.39	110.29
80	51.17	53.54	57.15	60.39	64.28	96.58	101.88	106.63	112.33	116.32
85	55.17	57.63	61.39	64.75	68.78	102.08	107.52	112.39	118.24	122.32
90	59.20	61.75	65.65	69.13	73.29	107.56	113.15	118.14	124.12	128.30
95	63.25	65.90	69.92	73.52	77.82	113.04	118.75	123.86	129.97	134.25
100	67.34	70.06	74.22	77.93	82.36	118.50	124.34	129.56	135.81	140.17

zu Tafel III Die Tafel enthält für $\alpha = 0,005;\ 0,01;\ 0,025;\ 0,05$ und $0,1$ die α-Quantile $x_\alpha = \chi^2_{n;\alpha}$ sowie die $(1-\alpha)$- Quantile $x_{1-\alpha} = \chi^2_{n;1-\alpha}$ in Abhängigkeit von der Anzahl der Freiheitsgrade n. Für zweiseitige Konfidenzintervalle und Tests sind der Tafel bei vorgegebener Irrtumswahrscheinlichkeit α die Quantile $x_{\alpha/2} = \chi^2_{n;\alpha/2}$ und $x_{1-\alpha/2} = \chi^2_{n;1-\alpha/2}$ zu entnehmen.

Näherungswerte Für $n > 100$ gilt näherungsweise

$$\chi^2_{n;\alpha} = \frac{1}{2}\left(\sqrt{2n-1} - z_\alpha\right)^2 \text{ bzw. } \chi^2_{n;1-\alpha} = \frac{1}{2}\left(\sqrt{2n-1} + z_\alpha\right)^2 ;\ 0 < \alpha \le \frac{1}{2}.$$

Beispielsweise gilt $\chi^2_{100;0,95} \approx \frac{1}{2}\left(\sqrt{199} + 1,645\right)^2 = 124,06$. Die Übereinstimmung mit dem entsprechenden Tafelwert $124,34$ ist für praktische Zwecke völlig ausreichend.

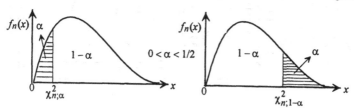

Tafel IVa   0,95-Quantile $F_{m,n;0,95}$ der F-Verteilung

$n \backslash m$	2	3	4	5	6	7	8	9	10	11	12	13	15	17	20	24	30	40	50	75	100	200	∞
2	19.0	19.2	19.2	19.3	19.3	19.4	19.4	19.4	19.4	19.4	19.4	19.4	19.4	19.4	19.4	19.5	19.5	19.5	19.5	19.5	19.5	19.5	19.5
3	9.55	9.28	9.12	9.01	8.94	8.89	8.85	8.81	8.79	8.76	8.74	8.73	8.70	8.68	8.66	8.64	8.62	8.59	8.58	8.57	8.55	8.54	8.53
4	6.94	6.59	6.39	6.26	6.16	6.09	6.04	6.00	5.96	5.94	5.91	5.89	5.86	5.83	5.80	5.77	5.75	5.72	5.70	5.68	5.66	5.65	5.63
5	5.79	5.41	5.19	5.05	4.95	4.88	4.82	4.77	4.74	4.70	4.68	4.66	4.62	4.59	4.56	4.53	4.50	4.46	4.44	4.42	4.41	4.39	4.37
6	5.14	4.76	4.53	4.39	4.28	4.21	4.15	4.10	4.06	4.03	4.00	3.98	3.94	3.91	3.87	3.84	3.81	3.77	3.75	3.72	3.71	3.69	3.67
7	4.74	4.35	4.12	3.97	3.87	3.79	3.73	3.68	3.64	3.60	3.57	3.55	3.51	3.48	3.44	3.41	3.38	3.34	3.32	3.29	3.27	3.25	3.23
8	4.46	4.07	3.84	3.69	3.58	3.50	3.44	3.39	3.35	3.31	3.28	3.26	3.22	3.19	3.15	3.12	3.08	3.04	3.02	3.00	2.97	2.95	2.93
9	4.26	3.86	3.63	3.48	3.37	3.29	3.23	3.18	3.14	3.10	3.07	3.05	3.01	2.97	2.94	2.90	2.86	2.83	2.80	2.77	2.76	2.73	2.71
10	4.10	3.71	3.48	3.33	3.22	3.14	3.07	3.02	2.98	2.94	2.91	2.89	2.85	2.81	2.77	2.74	2.70	2.66	2.64	2.61	2.59	2.56	2.54
11	3.98	3.59	3.36	3.20	3.09	3.01	2.95	2.90	2.85	2.82	2.79	2.76	2.72	2.69	2.65	2.61	2.57	2.53	2.51	2.47	2.46	2.43	2.40
12	3.89	3.49	3.26	3.11	3.00	2.91	2.85	2.80	2.75	2.72	2.69	2.66	2.62	2.58	2.54	2.51	2.47	2.43	2.40	2.36	2.35	2.32	2.30
13	3.81	3.41	3.18	3.03	2.92	2.83	2.77	2.71	2.67	2.63	2.60	2.58	2.53	2.50	2.46	2.42	2.38	2.34	2.31	2.28	2.26	2.23	2.21
14	3.74	3.34	3.11	2.96	2.85	2.76	2.70	2.65	2.60	2.57	2.53	2.51	2.46	2.43	2.39	2.35	2.31	2.27	2.24	2.21	2.19	2.16	2.13
15	3.68	3.29	3.06	2.90	2.79	2.71	2.64	2.59	2.54	2.51	2.48	2.45	2.40	2.37	2.33	2.29	2.25	2.20	2.18	2.15	2.12	2.10	2.07
16	3.63	3.24	3.01	2.85	2.74	2.66	2.59	2.54	2.49	2.46	2.42	2.40	2.35	2.32	2.28	2.24	2.19	2.15	2.12	2.09	2.07	2.04	2.01
17	3.59	3.20	2.96	2.81	2.70	2.61	2.55	2.49	2.45	2.41	2.38	2.35	2.31	2.27	2.23	2.19	2.15	2.10	2.08	2.04	2.02	1.99	1.96
18	3.55	3.16	2.93	2.77	2.66	2.58	2.51	2.46	2.41	2.37	2.34	2.31	2.27	2.23	2.19	2.15	2.11	2.06	2.04	2.00	1.98	1.95	1.92
19	3.52	3.13	2.90	2.74	2.63	2.54	2.48	2.42	2.38	2.34	2.31	2.28	2.23	2.20	2.16	2.11	2.07	2.03	2.00	1.96	1.94	1.91	1.88
20	3.49	3.10	2.87	2.71	2.60	2.51	2.45	2.39	2.35	2.31	2.28	2.25	2.20	2.17	2.12	2.08	2.04	1.99	1.97	1.92	1.91	1.88	1.84
21	3.47	3.07	2.84	2.68	2.57	2.49	2.42	2.37	2.32	2.28	2.25	2.22	2.18	2.14	2.10	2.05	2.01	1.96	1.94	1.89	1.88	1.84	1.81
22	3.44	3.05	2.82	2.66	2.55	2.46	2.40	2.34	2.30	2.26	2.23	2.20	2.15	2.11	2.07	2.03	1.98	1.94	1.91	1.87	1.85	1.82	1.78
23	3.42	3.03	2.80	2.64	2.53	2.44	2.37	2.32	2.27	2.24	2.20	2.18	2.13	2.09	2.05	2.01	1.96	1.91	1.88	1.84	1.82	1.79	1.76
24	3.40	3.01	2.78	2.62	2.51	2.42	2.36	2.30	2.25	2.22	2.18	2.15	2.11	2.07	2.03	1.98	1.94	1.89	1.86	1.82	1.80	1.77	1.73
25	3.39	2.99	2.76	2.60	2.49	2.40	2.34	2.28	2.24	2.20	2.16	2.14	2.09	2.05	2.01	1.96	1.92	1.87	1.84	1.80	1.78	1.75	1.71
26	3.37	2.98	2.74	2.59	2.47	2.39	2.32	2.27	2.22	2.18	2.15	2.12	2.07	2.03	1.99	1.95	1.90	1.85	1.82	1.78	1.76	1.73	1.69
27	3.35	2.96	2.73	2.57	2.46	2.37	2.31	2.25	2.20	2.17	2.13	2.10	2.06	2.02	1.97	1.93	1.88	1.84	1.81	1.76	1.74	1.71	1.67
28	3.34	2.95	2.71	2.56	2.45	2.36	2.29	2.24	2.19	2.15	2.12	2.09	2.04	2.00	1.96	1.91	1.87	1.82	1.79	1.75	1.73	1.69	1.65
29	3.33	2.93	2.70	2.55	2.43	2.35	2.28	2.22	2.18	2.14	2.10	2.08	2.03	1.99	1.94	1.90	1.85	1.81	1.77	1.73	1.71	1.67	1.64
30	3.32	2.92	2.69	2.53	2.42	2.33	2.27	2.21	2.16	2.13	2.09	2.06	2.01	1.98	1.93	1.89	1.84	1.79	1.76	1.72	1.70	1.66	1.62

m \ n	2	3	4	5	6	7	8	9	10	11	12	13	15	17	20	24	30	40	50	75	100	200	∞
32	3.29	2.90	2.67	2.51	2.40	2.31	2.24	2.19	2.14	2.10	2.07	2.04	1.99	1.95	1.91	1.86	1.82	1.77	1.74	1.69	1.67	1.63	1.59
34	3.28	2.88	2.65	2.49	2.38	2.29	2.23	2.17	2.12	2.08	2.05	2.02	1.97	1.93	1.89	1.84	1.80	1.75	1.71	1.67	1.65	1.61	1.57
36	3.26	2.87	2.63	2.48	2.36	2.28	2.21	2.15	2.11	2.07	2.03	2.00	1.95	1.92	1.87	1.82	1.78	1.73	1.69	1.65	1.62	1.59	1.55
38	3.24	2.85	2.62	2.46	2.35	2.26	2.18	2.14	2.09	2.05	2.02	1.99	1.94	1.90	1.85	1.81	1.76	1.71	1.68	1.63	1.61	1.57	1.53
40	3.23	2.84	2.61	2.45	2.34	2.25	2.18	2.12	2.08	2.04	2.00	1.97	1.92	1.89	1.84	1.79	1.74	1.69	1.66	1.61	1.59	1.55	1.51
42	3.22	2.83	2.59	2.44	2.32	2.24	2.17	2.11	2.06	2.03	1.99	1.96	1.91	1.87	1.83	1.78	1.73	1.68	1.65	1.60	1.57	1.53	1.49
44	3.21	2.82	2.58	2.43	2.31	2.23	2.16	2.10	2.05	2.01	1.99	1.95	1.90	1.86	1.81	1.77	1.72	1.67	1.63	1.58	1.56	1.52	1.48
46	3.20	2.81	2.57	2.42	2.30	2.22	2.15	2.09	2.04	2.00	1.97	1.94	1.89	1.85	1.80	1.76	1.71	1.65	1.62	1.57	1.55	1.51	1.46
48	3.19	2.80	2.57	2.41	2.29	2.21	2.14	2.08	2.03	1.99	1.96	1.93	1.88	1.84	1.79	1.75	1.70	1.64	1.61	1.56	1.54	1.49	1.45
50	3.18	2.79	2.56	2.40	2.29	2.20	2.13	2.07	2.02	1.98	1.95	1.92	1.87	1.83	1.78	1.74	1.69	1.63	1.60	1.55	1.52	1.48	1.44
55	3.16	2.77	2.54	2.38	2.27	2.18	2.11	2.06	2.01	1.97	1.93	1.90	1.85	1.81	1.76	1.72	1.67	1.61	1.58	1.52	1.50	1.46	1.41
60	3.15	2.76	2.52	2.37	2.25	2.17	2.10	2.04	1.99	1.95	1.92	1.89	1.84	1.80	1.75	1.70	1.65	1.59	1.56	1.50	1.48	1.44	1.39
65	3.14	2.75	2.51	2.36	2.24	2.15	2.08	2.02	1.98	1.94	1.90	1.87	1.83	1.78	1.74	1.68	1.63	1.57	1.54	1.49	1.46	1.42	1.37
70	3.13	2.74	2.50	2.35	2.23	2.14	2.07	2.01	1.97	1.93	1.90	1.86	1.81	1.77	1.72	1.67	1.62	1.56	1.53	1.47	1.45	1.40	1.35
80	3.11	2.72	2.48	2.33	2.21	2.12	2.06	2.00	1.95	1.91	1.88	1.84	1.79	1.75	1.70	1.65	1.60	1.54	1.51	1.45	1.43	1.38	1.32
90	3.10	2.71	2.47	2.32	2.20	2.11	2.04	1.99	1.94	1.90	1.86	1.83	1.78	1.74	1.69	1.64	1.59	1.53	1.49	1.43	1.41	1.36	1.30
100	3.09	2.70	2.46	2.31	2.19	2.10	2.03	1.97	1.93	1.89	1.85	1.82	1.77	1.73	1.68	1.63	1.57	1.52	1.48	1.42	1.39	1.34	1.28
125	3.07	2.68	2.44	2.29	2.17	2.08	2.01	1.96	1.91	1.87	1.83	1.80	1.75	1.70	1.65	1.60	1.55	1.49	1.45	1.39	1.36	1.31	1.25
150	3.06	2.66	2.43	2.27	2.16	2.07	2.00	1.94	1.89	1.85	1.82	1.79	1.73	1.69	1.64	1.58	1.53	1.48	1.44	1.37	1.34	1.29	1.22
300	3.03	2.63	2.40	2.24	2.13	2.04	1.97	1.91	1.88	1.82	1.78	1.75	1.70	1.66	1.61	1.55	1.50	1.43	1.39	1.32	1.30	1.23	1.15
500	3.01	2.62	2.39	2.23	2.12	2.03	1.96	1.90	1.85	1.81	1.77	1.74	1.69	1.64	1.59	1.54	1.48	1.42	1.38	1.30	1.28	1.21	1.12
1000	3.00	2.61	2.38	2.22	2.11	2.02	1.95	1.89	1.84	1.80	1.76	1.73	1.68	1.63	1.58	1.53	1.47	1.41	1.37	1.29	1.26	1.19	1.08
∞	3.00	2.60	2.37	2.21	2.10	2.01	1.94	1.88	1.83	1.79	1.75	1.72	1.67	1.62	1.57	1.52	1.46	1.40	1.35	1.28	1.24	1.17	1.00

Tafel IVa enthält die 0,95-Quantile $F_{m,n;0,95}$ der F-Verteilung. Die 0,05-Quantile erhält man vermittels

$$F_{n,m;0,05} = \frac{1}{F_{m,n;0,95}}$$

Zum Beispiel ergibt sich das Quantil $F_{20,30;0,05}$ zu

$$F_{20,30;0,05} = 1/F_{30,20;0,95} = 1/2,04 = 0,4902.$$

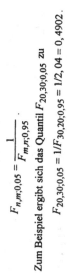

Tafel IVb 0,975-Quantile $F_{m,n;0,975}$ der F-Verteilung

m / n	2	3	4	5	6	7	8	9	10	11	12	13	15	17	20	24	30	40	50	75	100	200	∞
2	39.0	39.2	39.2	39.3	39.3	39.4	39.4	39.4	39.4	39.4	39.4	39.4	39.4	39.4	39.4	39.5	39.5	39.5	39.5	39.5	39.5	39.5	39.5
3	16.0	15.4	15.1	14.9	14.7	14.6	14.5	14.5	14.4	14.4	14.3	14.3	14.3	14.2	14.2	14.1	14.1	14.0	14.0	14.0	14.0	13.9	13.9
4	10.6	9.98	9.60	9.36	9.20	9.07	8.98	8.90	8.84	8.79	8.75	8.71	8.66	8.61	8.56	8.51	8.46	8.41	8.38	8.34	8.32	8.29	8.26
5	8.43	7.76	7.39	7.15	6.98	6.85	6.76	6.68	6.62	6.57	6.52	6.49	6.43	6.38	6.33	6.28	6.23	6.18	6.14	6.10	6.08	6.05	6.02
6	7.26	6.60	6.23	5.99	5.82	5.70	5.60	5.52	5.46	5.41	5.37	5.33	5.27	5.22	5.17	5.12	5.07	5.01	4.98	4.94	4.92	4.88	4.85
7	6.54	5.89	5.52	5.30	5.12	4.99	4.90	4.82	4.76	4.71	4.67	4.63	4.57	4.52	4.47	4.42	4.36	4.31	4.28	4.23	4.21	4.18	4.14
8	6.06	5.42	5.05	4.82	4.65	4.53	4.43	4.36	4.30	4.24	4.20	4.16	4.10	4.05	4.00	3.95	3.89	3.84	3.81	3.76	3.74	3.70	3.67
9	5.71	5.08	4.72	4.48	4.32	4.20	4.10	4.03	3.96	3.91	3.87	3.83	3.77	3.72	3.67	3.61	3.56	3.51	3.47	3.43	3.40	3.37	3.33
10	5.46	4.83	4.47	4.24	4.07	3.95	3.85	3.78	3.72	3.66	3.62	3.58	3.52	3.47	3.42	3.37	3.31	3.26	3.22	3.17	3.15	3.12	3.08
11	5.26	4.63	4.28	4.04	3.88	3.76	3.66	3.59	3.53	3.47	3.43	3.39	3.33	3.28	3.23	3.17	3.12	3.06	3.03	2.97	2.96	2.92	2.88
12	5.10	4.47	4.12	3.89	3.73	3.61	3.51	3.44	3.37	3.32	3.28	3.24	3.18	3.13	3.07	3.02	2.96	2.91	2.87	2.83	2.80	2.76	2.72
13	4.97	4.35	4.00	3.77	3.60	3.48	3.39	3.31	3.25	3.20	3.15	3.11	3.05	3.00	2.95	2.89	2.84	2.78	2.74	2.70	2.67	2.63	2.60
14	4.86	4.24	3.89	3.66	3.50	3.38	3.29	3.21	3.15	3.09	3.05	3.01	2.95	2.90	2.84	2.79	2.73	2.67	2.64	2.59	2.56	2.53	2.49
15	4.77	4.15	3.80	3.58	3.41	3.29	3.20	3.12	3.06	3.01	2.96	2.92	2.86	2.81	2.76	2.70	2.64	2.58	2.55	2.50	2.47	2.44	2.40
16	4.69	4.08	3.73	3.50	3.34	3.22	3.12	3.04	2.99	2.93	2.89	2.85	2.79	2.74	2.68	2.63	2.57	2.51	2.47	2.43	2.40	2.36	2.32
17	4.62	4.01	3.66	3.44	3.28	3.16	3.06	2.98	2.92	2.87	2.82	2.79	2.72	2.67	2.62	2.56	2.50	2.44	2.41	2.36	2.33	2.29	2.25
18	4.56	3.95	3.61	3.38	3.22	3.10	3.01	2.93	2.87	2.81	2.77	2.73	2.67	2.62	2.56	2.50	2.44	2.38	2.35	2.30	2.27	2.23	2.19
19	4.51	3.90	3.56	3.33	3.17	3.05	2.96	2.88	2.82	2.76	2.72	2.68	2.62	2.57	2.51	2.45	2.39	2.33	2.30	2.24	2.22	2.18	2.13
20	4.46	3.86	3.51	3.29	3.13	3.01	2.91	2.84	2.77	2.72	2.68	2.64	2.57	2.52	2.46	2.41	2.35	2.29	2.25	2.19	2.17	2.13	2.09
21	4.42	3.82	3.48	3.25	3.09	2.97	2.87	2.80	2.73	2.68	2.64	2.60	2.53	2.48	2.42	2.37	2.31	2.25	2.21	2.16	2.13	2.09	2.04
22	4.38	3.78	3.44	3.22	3.05	2.93	2.84	2.76	2.70	2.65	2.60	2.56	2.50	2.45	2.39	2.33	2.27	2.21	2.17	2.12	2.09	2.05	2.00
23	4.35	3.75	3.41	3.18	3.02	2.90	2.81	2.73	2.67	2.62	2.57	2.53	2.47	2.42	2.36	2.30	2.24	2.18	2.14	2.09	2.06	2.01	1.97
24	4.32	3.72	3.38	3.15	2.99	2.87	2.78	2.70	2.64	2.59	2.54	2.50	2.44	2.39	2.33	2.27	2.21	2.15	2.11	2.06	2.02	1.98	1.94
25	4.29	3.69	3.35	3.13	2.97	2.85	2.75	2.68	2.61	2.56	2.51	2.48	2.41	2.36	2.30	2.24	2.18	2.12	2.08	2.03	2.00	1.95	1.91
26	4.27	3.67	3.33	3.10	2.94	2.82	2.73	2.65	2.59	2.54	2.49	2.45	2.39	2.34	2.28	2.22	2.16	2.09	2.05	2.00	1.97	1.92	1.88
27	4.24	3.65	3.31	3.08	2.92	2.80	2.71	2.63	2.57	2.51	2.47	2.43	2.36	2.31	2.25	2.19	2.13	2.07	2.03	1.98	1.94	1.90	1.85
28	4.22	3.63	3.29	3.06	2.90	2.78	2.69	2.61	2.55	2.49	2.45	2.41	2.34	2.29	2.23	2.17	2.11	2.05	2.01	1.95	1.92	1.88	1.83
29	4.20	3.61	3.27	3.04	2.88	2.76	2.67	2.59	2.53	2.48	2.43	2.39	2.32	2.27	2.21	2.15	2.09	2.03	1.99	1.93	1.90	1.86	1.81
30	4.18	3.59	3.25	3.03	2.87	2.75	2.65	2.57	2.51	2.46	2.41	2.37	2.31	2.26	2.20	2.14	2.07	2.01	1.97	1.91	1.88	1.84	1.79

m \ n	2	3	4	5	6	7	8	9	10	11	12	13	15	17	20	24	30	40	50	75	100	200	∞
32	4.15	3.56	3.22	3.00	2.84	2.71	2.62	2.54	2.48	2.43	2.38	2.34	2.28	2.22	2.16	2.10	2.04	1.98	1.93	1.88	1.85	1.80	1.75
34	4.12	3.53	3.19	2.97	2.81	2.69	2.59	2.52	2.45	2.40	2.35	2.31	2.25	2.20	2.13	2.07	2.01	1.95	1.90	1.85	1.82	1.77	1.72
36	4.09	3.50	3.17	2.94	2.78	2.66	2.57	2.49	2.43	2.37	2.33	2.29	2.22	2.17	2.11	2.05	1.99	1.92	1.88	1.82	1.79	1.74	1.69
38	4.07	3.48	3.15	2.92	2.76	2.64	2.55	2.47	2.41	2.35	2.31	2.27	2.20	2.15	2.09	2.03	1.96	1.90	1.85	1.80	1.76	1.71	1.66
40	4.05	3.46	3.13	2.90	2.74	2.62	2.53	2.45	2.39	2.33	2.29	2.25	2.18	2.13	2.07	2.01	1.94	1.88	1.83	1.77	1.74	1.69	1.64
42	4.03	3.45	3.11	2.89	2.73	2.61	2.51	2.43	2.37	2.32	2.27	2.23	2.16	2.11	2.05	1.99	1.92	1.86	1.81	1.75	1.72	1.67	1.62
44	4.02	3.43	3.09	2.87	2.71	2.59	2.50	2.42	2.36	2.30	2.26	2.22	2.15	2.10	2.03	1.97	1.91	1.84	1.80	1.74	1.70	1.65	1.60
46	4.00	3.42	3.08	2.86	2.70	2.58	2.48	2.41	2.34	2.29	2.24	2.20	2.13	2.08	2.02	1.96	1.89	1.83	1.78	1.72	1.69	1.63	1.58
48	3.99	3.40	3.07	2.84	2.69	2.56	2.47	2.39	2.33	2.27	2.23	2.19	2.12	2.07	2.01	1.94	1.88	1.81	1.77	1.70	1.67	1.62	1.56
50	3.97	3.39	3.05	2.83	2.67	2.55	2.46	2.38	2.32	2.26	2.22	2.18	2.11	2.06	1.99	1.93	1.87	1.80	1.75	1.69	1.66	1.60	1.55
55	3.95	3.36	3.03	2.81	2.65	2.53	2.43	2.36	2.29	2.24	2.19	2.15	2.08	2.03	1.97	1.90	1.84	1.77	1.72	1.66	1.62	1.57	1.51
60	3.93	3.34	3.01	2.79	2.63	2.51	2.41	2.33	2.27	2.22	2.17	2.13	2.06	2.01	1.94	1.88	1.82	1.74	1.70	1.64	1.60	1.54	1.48
65	3.91	3.33	2.99	2.77	2.61	2.49	2.40	2.32	2.25	2.20	2.16	2.12	2.04	1.99	1.92	1.87	1.80	1.73	1.68	1.62	1.58	1.52	1.46
70	3.89	3.31	2.97	2.75	2.59	2.47	2.38	2.30	2.24	2.18	2.14	2.10	2.03	1.97	1.91	1.85	1.78	1.71	1.66	1.60	1.56	1.50	1.44
80	3.86	3.28	2.95	2.73	2.57	2.45	2.36	2.28	2.21	2.16	2.11	2.07	2.00	1.95	1.88	1.82	1.75	1.68	1.63	1.56	1.53	1.47	1.40
90	3.84	3.26	2.93	2.71	2.55	2.43	2.34	2.26	2.19	2.14	2.09	2.05	1.98	1.93	1.86	1.80	1.73	1.66	1.61	1.54	1.50	1.44	1.37
100	3.83	3.25	2.92	2.70	2.54	2.42	2.32	2.24	2.18	2.12	2.08	2.04	1.97	1.91	1.85	1.78	1.71	1.64	1.59	1.52	1.48	1.42	1.35
125	3.80	3.22	2.89	2.67	2.51	2.39	2.30	2.22	2.15	2.10	2.05	2.01	1.94	1.89	1.82	1.75	1.68	1.61	1.56	1.49	1.45	1.38	1.30
150	3.78	3.20	2.87	2.65	2.49	2.37	2.28	2.20	2.13	2.08	2.03	1.99	1.92	1.87	1.80	1.74	1.67	1.59	1.54	1.46	1.42	1.35	1.27
300	3.74	3.16	2.83	2.61	2.45	2.33	2.23	2.16	2.09	2.04	1.99	1.95	1.88	1.82	1.75	1.69	1.62	1.54	1.48	1.40	1.36	1.28	1.18
500	3.72	3.14	2.81	2.59	2.43	2.31	2.22	2.14	2.07	2.02	1.97	1.93	1.86	1.80	1.74	1.67	1.60	1.51	1.46	1.38	1.34	1.25	1.14
1000	3.70	3.13	2.80	2.58	2.42	2.30	2.21	2.12	2.06	2.01	1.96	1.92	1.84	1.79	1.72	1.65	1.59	1.50	1.44	1.36	1.32	1.23	1.09
∞	3.69	3.12	2.79	2.57	2.41	2.29	2.19	2.11	2.05	1.99	1.94	1.90	1.83	1.78	1.71	1.64	1.57	1.48	1.43	1.34	1.30	1.21	1.00

Tafel IVb enthält die 0,975-Quantile $F_{m,n;0,975}$ der F-Verteilung. Die 0,025-Quantile erhält man vermittels

$$F_{n,m;0,025} = \frac{1}{F_{m,n;0,975}}.$$

Zum Beispiel ergibt sich das Quantil $F_{5,10;0,025}$ zu

$$F_{5,10;0,025} = 1/F_{10,5;0,975} = 1/6,62 = 0,1511.$$

Tafel IVc 0,99-Quantile $F_{m,n;0,99}$ der F-Verteilung

n \ m	2	3	4	5	6	7	8	9	10	11	12	13	15	17	20	24	30	40	50	75	100	200	∞
2	99.0	99.2	99.2	99.3	99.3	99.3	99.4	99.4	99.4	99.4	99.4	99.4	99.4	99.4	99.5	99.5	99.5	99.5	99.5	99.5	99.5	99.5	99.5
3	30.8	29.4	28.7	28.2	27.9	27.6	27.5	27.3	27.2	27.1	27.1	27.0	26.9	26.9	26.7	26.6	26.5	26.4	26.4	26.3	26.2	26.2	26.1
4	18.0	16.7	16.0	15.5	15.2	15.0	14.8	14.7	14.5	14.5	14.4	14.3	14.2	14.1	14.0	13.9	13.8	13.7	13.7	13.6	13.5	13.5	13.5
5	13.3	12.1	11.4	11.0	10.7	10.5	10.3	10.2	10.1	9.96	9.89	9.82	9.72	9.64	9.55	9.47	9.38	9.29	9.24	9.17	9.13	9.07	9.02
6	10.9	9.78	9.15	8.75	8.47	8.26	8.10	7.98	7.87	7.80	7.72	7.66	7.56	7.48	7.40	7.31	7.23	7.14	7.09	7.02	7.00	6.94	6.89
7	9.55	8.45	7.85	7.46	7.19	6.99	6.84	6.72	6.62	6.54	6.47	6.41	6.31	6.24	6.16	6.07	6.00	5.91	5.86	5.78	5.75	5.70	5.65
8	8.65	7.59	7.01	6.63	6.37	6.18	6.03	5.91	5.81	5.73	5.67	5.61	5.52	5.44	5.36	5.28	5.20	5.12	5.07	5.01	4.96	4.91	4.86
9	8.02	6.99	6.42	6.06	5.80	5.61	5.47	5.35	5.26	5.18	5.11	5.05	4.96	4.89	4.81	4.73	4.65	4.57	4.52	4.45	4.41	4.36	4.31
10	7.56	6.55	5.99	5.64	5.39	5.20	5.06	4.94	4.85	4.77	4.71	4.65	4.56	4.49	4.41	4.33	4.25	4.17	4.12	4.05	4.01	3.96	3.91
11	7.21	6.22	5.67	5.32	5.07	4.89	4.74	4.63	4.54	4.46	4.40	4.34	4.25	4.18	4.10	4.02	3.94	3.86	3.81	3.74	3.70	3.66	3.60
12	6.93	5.95	5.41	5.06	4.82	4.64	4.50	4.39	4.30	4.22	4.16	4.10	4.01	3.94	3.86	3.78	3.70	3.62	3.57	3.49	3.46	3.41	3.36
13	6.70	5.74	5.21	4.86	4.62	4.44	4.30	4.19	4.10	4.02	3.96	3.90	3.82	3.75	3.66	3.59	3.51	3.43	3.38	3.30	3.27	3.21	3.16
14	6.52	5.56	5.04	4.69	4.46	4.28	4.14	4.03	3.94	3.86	3.80	3.75	3.66	3.59	3.51	3.43	3.35	3.27	3.22	3.14	3.11	3.06	3.00
15	6.36	5.42	4.89	4.56	4.32	4.14	4.00	3.89	3.80	3.73	3.67	3.61	3.52	3.45	3.37	3.29	3.21	3.13	3.08	3.00	2.97	2.92	2.87
16	6.23	5.29	4.77	4.44	4.20	4.03	3.89	3.78	3.69	3.62	3.55	3.50	3.41	3.34	3.26	3.18	3.10	3.02	2.97	2.89	2.86	2.80	2.75
17	6.11	5.18	4.67	4.34	4.10	3.93	3.79	3.68	3.59	3.52	3.46	3.40	3.31	3.24	3.16	3.08	3.00	2.92	2.87	2.79	2.76	2.70	2.65
18	6.01	5.09	4.58	4.25	4.01	3.84	3.71	3.60	3.51	3.43	3.37	3.32	3.23	3.16	3.08	3.00	2.92	2.84	2.78	2.71	2.68	2.62	2.57
19	5.93	5.02	4.50	4.17	3.94	3.77	3.63	3.52	3.43	3.36	3.30	3.24	3.15	3.08	3.00	2.92	2.85	2.76	2.71	2.63	2.60	2.54	2.50
20	5.85	4.94	4.43	4.10	3.87	3.70	3.56	3.46	3.37	3.29	3.23	3.18	3.09	3.02	2.94	2.86	2.78	2.69	2.64	2.56	2.53	2.47	2.42
21	5.78	4.87	4.37	4.04	3.81	3.64	3.51	3.40	3.31	3.24	3.17	3.12	3.03	2.96	2.88	2.80	2.72	2.64	2.58	2.51	2.47	2.42	2.36
22	5.72	4.82	4.31	3.99	3.76	3.59	3.45	3.35	3.26	3.18	3.12	3.07	2.98	2.91	2.83	2.75	2.67	2.58	2.53	2.46	2.42	2.37	2.31
23	5.66	4.76	4.26	3.94	3.71	3.54	3.41	3.30	3.21	3.14	3.07	3.02	2.93	2.86	2.78	2.70	2.62	2.54	2.48	2.41	2.37	2.32	2.26
24	5.61	4.72	4.22	3.90	3.67	3.50	3.36	3.26	3.17	3.09	3.03	2.98	2.89	2.82	2.74	2.66	2.58	2.49	2.44	2.37	2.33	2.27	2.21
25	5.57	4.68	4.18	3.85	3.63	3.46	3.32	3.22	3.13	3.06	2.99	2.94	2.85	2.78	2.70	2.62	2.54	2.45	2.40	2.32	2.29	2.23	2.17
26	5.53	4.64	4.14	3.82	3.59	3.42	3.29	3.18	3.09	3.02	2.96	2.90	2.81	2.75	2.66	2.58	2.50	2.42	2.36	2.28	2.25	2.19	2.13
27	5.49	4.60	4.11	3.78	3.56	3.39	3.26	3.15	3.06	2.99	2.93	2.87	2.78	2.71	2.63	2.55	2.47	2.38	2.33	2.25	2.21	2.16	2.10
28	5.45	4.57	4.07	3.75	3.53	3.36	3.23	3.12	3.03	2.96	2.90	2.84	2.75	2.68	2.60	2.52	2.44	2.35	2.30	2.22	2.18	2.13	2.06
29	5.42	4.54	4.04	3.73	3.50	3.33	3.20	3.09	3.00	2.93	2.87	2.81	2.73	2.66	2.57	2.49	2.41	2.33	2.27	2.19	2.15	2.10	2.03
30	5.39	4.51	4.02	3.70	3.47	3.30	3.17	3.06	2.98	2.91	2.85	2.79	2.70	2.63	2.55	2.47	2.39	2.30	2.25	2.16	2.13	2.07	2.01

m / n	2	3	4	5	6	7	8	9	10	11	12	13	15	17	20	24	30	40	50	75	100	200	∞
32	5.34	4.46	3.97	3.65	3.43	3.26	3.13	3.02	2.93	2.86	2.80	2.74	2.65	2.58	2.49	2.42	2.34	2.25	2.20	2.12	2.08	2.02	1.96
34	5.29	4.42	3.93	3.61	3.39	3.22	3.09	2.99	2.89	2.82	2.76	2.70	2.61	2.54	2.46	2.38	2.30	2.21	2.16	2.08	2.04	1.98	1.91
36	5.25	4.38	3.89	3.57	3.35	3.18	3.05	2.95	2.86	2.79	2.72	2.67	2.58	2.51	2.43	2.35	2.26	2.18	2.12	2.04	1.99	1.94	1.87
38	5.21	4.34	3.86	3.54	3.32	3.15	3.02	2.92	2.83	2.75	2.69	2.64	2.55	2.48	2.40	2.32	2.23	2.14	2.09	1.99	1.97	1.91	1.84
40	5.18	4.31	3.83	3.51	3.29	3.12	2.99	2.89	2.80	2.73	2.66	2.61	2.53	2.45	2.37	2.29	2.20	2.11	2.06	1.96	1.94	1.87	1.80
42	5.15	4.29	3.80	3.49	3.27	3.10	2.97	2.86	2.78	2.70	2.64	2.59	2.50	2.43	2.34	2.26	2.18	2.09	2.03	1.94	1.91	1.85	1.78
44	5.12	4.26	3.78	3.47	3.24	3.08	2.95	2.84	2.75	2.68	2.62	2.56	2.47	2.40	2.32	2.24	2.15	2.07	2.01	1.92	1.89	1.82	1.75
46	5.10	4.24	3.76	3.44	3.22	3.06	2.93	2.82	2.73	2.66	2.60	2.54	2.45	2.38	2.30	2.22	2.13	2.04	1.99	1.90	1.86	1.80	1.73
48	5.08	4.22	3.74	3.43	3.20	3.04	2.91	2.80	2.72	2.64	2.58	2.53	2.44	2.37	2.28	2.20	2.12	2.02	1.97	1.88	1.84	1.78	1.70
50	5.06	4.20	3.72	3.41	3.19	3.02	2.89	2.78	2.70	2.63	2.56	2.51	2.42	2.35	2.27	2.18	2.10	2.01	1.95	1.86	1.82	1.76	1.68
55	5.01	4.16	3.68	3.37	3.15	2.98	2.85	2.75	2.66	2.60	2.53	2.47	2.38	2.31	2.23	2.15	2.06	1.97	1.91	1.82	1.78	1.71	1.64
60	4.98	4.13	3.65	3.34	3.12	2.95	2.82	2.72	2.63	2.57	2.50	2.44	2.35	2.28	2.20	2.12	2.03	1.94	1.88	1.79	1.75	1.68	1.60
65	4.95	4.10	3.63	3.32	3.10	2.93	2.80	2.69	2.61	2.54	2.48	2.42	2.33	2.25	2.17	2.09	2.00	1.91	1.85	1.76	1.72	1.65	1.57
70	4.92	4.07	3.60	3.29	3.07	2.91	2.78	2.67	2.59	2.51	2.45	2.40	2.31	2.23	2.15	2.07	1.98	1.89	1.83	1.74	1.70	1.62	1.54
80	4.88	4.04	3.56	3.26	3.04	2.87	2.74	2.64	2.55	2.48	2.42	2.36	2.27	2.20	2.12	2.03	1.94	1.85	1.79	1.70	1.65	1.58	1.49
90	4.85	4.01	3.53	3.23	3.01	2.84	2.72	2.61	2.52	2.45	2.39	2.33	2.24	2.17	2.09	2.00	1.92	1.82	1.76	1.67	1.62	1.55	1.46
100	4.82	3.98	3.51	3.21	2.99	2.82	2.69	2.59	2.50	2.43	2.37	2.31	2.22	2.15	2.07	1.97	1.89	1.80	1.74	1.64	1.60	1.52	1.43
125	4.78	3.94	3.47	3.17	2.95	2.79	2.66	2.55	2.47	2.39	2.33	2.28	2.19	2.11	2.03	1.94	1.85	1.76	1.69	1.59	1.55	1.47	1.37
150	4.75	3.92	3.45	3.14	2.92	2.76	2.63	2.53	2.44	2.37	2.31	2.25	2.16	2.09	2.00	1.92	1.83	1.73	1.66	1.56	1.52	1.43	1.33
300	4.68	3.85	3.38	3.08	2.86	2.70	2.57	2.47	2.38	2.31	2.24	2.19	2.10	2.03	1.94	1.85	1.76	1.66	1.60	1.50	1.44	1.35	1.22
500	4.65	3.82	3.36	3.05	2.84	2.68	2.55	2.44	2.36	2.28	2.22	2.17	2.07	2.00	1.92	1.83	1.74	1.63	1.56	1.46	1.41	1.31	1.16
1000	4.63	3.80	3.34	3.04	2.82	2.66	2.53	2.43	2.34	2.27	2.20	2.15	2.06	1.98	1.90	1.81	1.72	1.61	1.54	1.44	1.38	1.28	1.12
∞	4.61	3.78	3.32	3.02	2.80	2.64	2.51	2.41	2.32	2.25	2.18	2.13	2.04	1.97	1.89	1.79	1.70	1.59	1.52	1.41	1.36	1.24	1.00

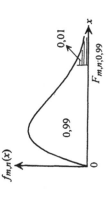

Tafel IVc enthält die 0,99-Quantile der *F*-Verteilung. Die 0,01-Quantile erhält man vermittels

$$F_{n,m;0,01} = \frac{1}{F_{m,n;0,99}}.$$

Zum Beispiel ergibt sich das Quantil $F_{40,10;0,01}$ zu

$$F_{40,10;0,01} = 1/F_{10,40;0,99} = 1/2,8 = 0,3571.$$

Tafel V   Quantile $k_{n,1-\alpha}$ der Testfunktion für den Kolmogorov-Smirnov-Test

n	$1-\alpha$		
	0.9	0.95	0.99
4	0.5652	0,6239	0.7342
5	0.5100	0.5633	0.6685
6	0.4680	0.5193	0.6166
7	0.4361	0.4834	0.5758
8	0.4097	0.4543	0.5418
9	0.3875	0.4300	0.5133
10	0.3686	0.4092	0.4889
11	0.3524	0.3912	0.4677
12	0.3381	0.3754	0.4490
13	0.3255	0.3614	0.4325
14	0.3142	0.3489	0.4176
15	0.3039	0.3376	0.4042
16	0.2947	0.3273	0.3920
17	0.2863	0.3179	0.3808
18	0.2785	0.3094	0.3706
19	0.2714	0.3014	0.3612
20	0.2647	0.2941	0.3524
21	0.2586	0.2872	0.3443
22	0.2528	0.2809	0.3367
23	0.2475	0.2749	0.3296
24	0.2424	0.2693	0.3229
25	0.2377	0.2641	0.3166
26	0.2332	0.2591	0.3106
27	0.2290	0.2544	0.3050
28	0.2250	0.2450	0.2997
29	0.2212	0.2457	0.2946
30	0.2176	0.2417	0.2899
32	0.2108	0.2342	0.2809
34	0.2047	0.2274	0.2728
36	0.1991	0.2212	0.2653
38	0.1939	0.2154	0.2584
40	0.1891	0.2101	0.2520
42	0.1847	0.2052	0.2461
44	0.1806	0.2006	0.2406
46	0.1766	0.1962	0.2354
48	0.1730	0.1922	0.2306
50	0.1696	0.1884	0.2261
55	0.1619	0.1798	0.2157
60	0.1551	0.1723	0.2067
65	0.1491	0.1657	0.1988
70	0.1438	0.1597	0.1917
80	0.1347	0.1496	0.1795
90	0.1271	0.1412	0.1694
100	0.1207	0,1340	0.1608

Tafel VIa
Kritische Werte für den Zweistichproben-Rang-Test von Wilcoxon

Irrtumswahrscheinlichkeit: $\alpha = 0{,}01$
e einseitig, z zweiseitig

n / m		5	6	7	8	9	10	11	12	13	14	15	16	17	18	19	20
3	e	-	-	10,5	12	12,5	14	15,5	16	17,5	19	19,5	21	21,5	23	24,5	25
3	z	-	-	-	-	13,5	15	16,5	17	18,5	20	20,5	22	23,5	25	25,5	27
4	e	10	11	13	14	15	17	18	19	21	22	23	25	26	27	29	30
4	z	-	12	14	15	17	18	20	21	22	24	25	27	28	30	31	32
5	e	11,5	13	14,5	16	17,5	19	20,5	22	23,5	25	26,5	28	29,5	31	32,5	34
5	z	12,5	14	16,5	18	19,5	21	22,5	24	25,5	28	29,5	31	32,5	34	35,5	37
6	e		15	17	18	20	22	24	25	27	28	30	32	33	35	37	38
6	z		16	18	20	22	24	26	27	29	31	33	35	36	38	40	42
7	e			18,5	21	22,5	24	26,5	28	29,5	31	33,5	35	36,5	39	40,5	42
7	z			20,5	22	24,5	26	28,5	30	32,5	34	36,5	38	40,5	42	44,5	46
8	e				23	25	27	29	31	32	34	36	38	40	42	44	46
8	z				25	27	29	31	33	35	38	40	42	44	46	48	50
9	e					26,5	29	30,5	33	35,5	37	39,5	41	43,5	45	47,5	50
9	z					29,5	32	33,5	36	38,5	41	42,5	45	47,5	50	51,5	54
10	e						31	33	36	38	40	42	44	47	49	51	53
10	z						34	36	39	41	44	46	49	51	53	56	58
11	e							35,5	38	40,5	43	45,5	47	49,5	52	54,5	57
11	z							39,5	42	44,5	47	49,5	52	54,5	57	59,5	62
12	e								41	43	46	48	50	53	55	58	60
12	z								44	47	50	53	55	58	61	63	66
13	e									45,5	48	50,5	53	55,5	58	60,5	63
13	z									50,5	53	55,5	58	60,5	62	66,5	70
14	e										51	54	56	59	61	64	67
14	z										56	59	62	65	67	70	73
15	e											56,5	59	61,5	65	67,5	70
15	z											61,5	65	67,5	71	73,5	77

Hinweise 1) Wegen $r_{m,n;\alpha} = r_{n,m;\alpha}$ wurde die Tabellierung nur für $m \leq n$ vorgenommen. Der Eintrag "-" bedeutet, dass bei diesen m und n sowie $\alpha = 0{,}01$ keine Aussage über die Annahme oder Ablehnung von H_0 möglich ist.

2) Im einseitigen Test sind die kritischen Werte die 0,99-Quantile von R, und im zweiseitigen Test die 0,995-Quantile von R. Daher erlauben die kritischen Werte für den zweiseitigen Test auch die einseitigen Tests mit der Irrtumswahrscheinlichkeit $\alpha = 0{,}005$.

Tafel VIb
Kritische Werte für den Zweistichproben-Rang-Test von Wilcoxon
Irrtumswahrscheinlichkeit: $\alpha = 0{,}05$
z zweiseitig, e einseitig

n / m		3	4	5	6	7	8	9	10	11	12	13	14	15	16	17	18	19	20
3	e	4,5	6	6,5	7	8,5	9	9,5	11	11,5	13	13,5	14	15,5	16	16,5	18	18,5	19
3	z	-	-	7,5	8	9,5	10	11,5	12	13,5	14	15,5	16	17,5	18	19,5	20	21,5	22
4	e		7	8	9	10	11	12	13	14	15	16	17	18	18	19	20	21	22
4	z	-	8	9	10	11	12	14	15	16	17	18	19	20	21	23	24	25	26
5	e			8,5	10	11,5	12	13,5	14	15,5	17	17,5	19	19,5	21	22,5	23	24,5	25
5	z			10,5	12	12,5	14	15,5	17	18,5	19	20,5	22	23,5	24	25,5	27	28,5	30
6	e				11	13	14	15	16	17	19	20	21	22	23	25	26	27	28
6	z				13	15	16	17	19	20	22	23	25	26	27	29	30	32	33
7	e					13,5	15	16,5	18	19,5	21	21,5	23	24,5	26	26,5	28	29,5	31
7	z					16,5	18	19,5	21	22,5	24	25,5	27	28,5	30	31,5	33	34,5	36
8	e						17	18	20	21	22	24	25	27	28	29	31	32	33
8	z						19	21	23	25	26	28	30	31	33	34	36	38	39
9	e							19,5	21	22,5	24	25,5	27	28,5	30	31,5	33	34,5	36
9	z							23,5	25	26,5	28	30,5	32	33,5	35	37,5	39	40,5	42
10	e								23	24	26	28	29	31	32	34	35	37	38
10	z								27	29	31	32	34	36	38	40	42	43	45
11	e									26,5	28	29,5	31	32,5	34	36,5	38	39,5	41
11	z									30,5	33	34,5	37	38,5	40	42,5	44	46,5	48
12	e										30	31	33	35	36	38	40	42	43
12	z										35	37	39	41	43	45	47	49	51
13	e											33,5	35	36,5	39	40,5	42	43,5	46
13	z											39,5	41	43,5	45	47,5	50	51,5	54
14	e												37	39	41	42	44	46	48
14	z												43	46	48	50	52	55	57
15	e													40,5	43	44,5	47	48,5	50
15	z													48,5	50	52,5	55	57,5	60

Hinweise 1) Wegen $r_{m,n;\alpha} = r_{n,m;\alpha}$ wurde die Tabellierung nur für $m \leq n$ vorgenommen. Der Eintrag "-" bedeutet, dass bei diesen m und n sowie $\alpha = 0{,}05$ keine Aussage über die Annahme oder Ablehnung von H_0 möglich ist.

2) Im einseitigen Test sind die kritischen Werte die 0,95-Quantile von R, und im zweiseitigen Test die 0,975-Quantile von R. Daher erlauben die kritischen Werte für den zweiseitigen Test auch die einseitigen Tests mit der Irrtumswahrscheinlichkeit $\alpha = 0{,}025$.

Tafel VII
Kritische Werte für den Zweistichproben-Iterationstest
Irrtumswahrscheinlichkeiten: $\alpha = 0,01$; $\alpha = 0,05$

n / m	α	4	5	6	7	8	9	10	11	12	13	14	15
2	0,01												
2	0,05					2	2	2	2	2	2	2	2
3	0,01						2	2	2	2	2	2	2
3	0,05		2	2	2	2	3	3	3	3	3	3	3
4	0,01			2	2	2	2	2	2	3	3	3	3
4	0,05	2	2	3	3	3	3	3	3	4	4	4	4
5	0,01		2	2	2	2	3	3	3	3	3	3	4
5	0,05		3	3	3	3	4	4	4	4	4	5	5
6	0,01			2	3	3	3	3	4	4	4	4	4
6	0,05			3	4	4	4	5	5	5	5	5	6
7	0,01				3	3	4	4	4	4	5	5	5
7	0,05				4	4	5	5	5	6	6	6	6
8	0,01					4	4	4	5	5	5	5	5
8	0,05					5	5	6	6	6	6	7	7
9	0,01						4	5	5	5	6	6	6
9	0,05						6	6	6	7	7	7	8
10	0,01							5	5	6	6	6	7
10	0,05							6	7	7	8	8	8
11	0,01								6	6	6	7	7
11	0,05								7	8	8	8	9
12	0,01									7	7	7	8
12	0,05									8	9	9	9
13	0,01										7	8	8
13	0,05										9	9	10
14	0,01											8	8
14	0,05											10	10
15	0,01												9
15	0,05												11

Die kritischen Werte $t_{m,n;\alpha}$ sind die größten Zahlen t mit der Eigenschaft, dass die Testfunktion T des Zweistichproben-Iterationstests die Beziehung $P(T \le t) \le \alpha$ erfüllt (Abschnitt 3.5.2.4).

Tafel VIII

Faktoren für die Konstruktion von Kontrollkarten

n	d_2	A_2	D_3	D_4
2	1,128	1,880	0	3,267
3	1,693	1,023	0	2,575
4	2,059	0,729	0	2,282
5	2,326	0,577	0	2,115
6	2,534	0,483	0	2,000
7	2,704	0,419	0,076	1,924
8	2,847	0,373	0,136	1,864
9	2,970	0,337	0,184	1,816
10	3,078	0,308	0,223	1,777
11	3,173	0,285	0,256	1,744
12	3,258	0,266	0,284	1,716
13	3,336	0,249	0,308	1,692
14	3,407	0,235	0,329	1,671
15	3,472	0,223	0,348	1,652
16	3,532	0,212	0,364	1,636
17	3,588	0,203	0,379	1,621
18	3,640	0,194	0,392	1,608
19	3,689	0,187	0,404	1,596
20	3,735	0,180	0,414	1,586
21	3,778	0,173	0,425	1,575
22	3,819	0,167	0,434	1,566
23	3,858	0,162	0,443	1,557
24	3,895	0,157	0,452	1,548
25	3,931	0,153	0,459	1,541

Hinweis D_3 und D_4 wurden durch Formel (3.146) so eingeführt, dass $D_3 + D_4 = 2$ gelten muss. Laut Tabelle ist diese Bedingung für Strichprobenumfänge $n \leq 5$ nicht erfüllt. Für kleinere Stichprobenumfänge wird aus praktischen Gründen von dieser Forderung abgewichen.

Tafel IX Diskrete Wahrscheinlichkeitsverteilungen

Verteilung / Charakteristik	Gleichverteilung (diskret)	geometrische Verteilung
Wertebereich	$x_1, x_2, ..., x_n$	$1, 2, ...$
Parameter	$n = 1, 2, ...; \ n < \infty$	$p; \ 0 < p < 1$
Einzelwahrscheinlichkeit	$P(X = x_i) = \frac{1}{n}$	$P(X = i) = p(1-p)^{i-1}$
Erwartungswert	$E(X) = \frac{1}{n} \sum_{i=1}^{n} x_i$	$1/p$
Varianz	$\frac{1}{n} \sum_{i=1}^{n} (x_i - E(X))^2$	$(1-p)/p^2$
2-tes Moment	$\frac{1}{n} \sum_{i=1}^{n} x_i^2$	$\frac{1}{p}\left(\frac{2}{p} - 1\right)$

Verteilung / Charakteristik	Binomialverteilung	negative Binomialverteilung
Wertebereich	$0, 1, ..., n$	$r, r+1, r+2, ...$
Parameter	$n, p; \ n < \infty, \ 0 < p < 1$	$r, p; \ r < \infty, \ 0 < p < 1$
Einzelwahrscheinlichkeit	$P(X = i) = \binom{n}{i} p^i (1-p)^i$	$P(X = i) = \binom{i-1}{r-1} p^r (1-p)^{i-r}$
Erwartungswert	np	$\frac{r}{p}$
Varianz	$np(1-p)$	$\frac{r(1-p)}{p^2}$
2-tes Moment	$np(1 - p + np)$	$\frac{r}{p}\left(\frac{r}{p} + \frac{1}{p} - 1\right)$

Verteilung / Charakteristik	Hypergeometrische Verteilung	Poissonverteilung
Wertebereich	$0, 1, ..., \min(n, M)$	$0, 1, 2, ...$
Parameter	$M, N, n; \ 0 < M \leq N, n \leq N$	$\lambda; \ 0 < \lambda < \infty$
Einzelwahrscheinlichkeit	$P(X = i) = \dfrac{\binom{M}{i}\binom{N-M}{n-i}}{\binom{N}{n}}$	$P(X = i) = \frac{\lambda^i}{i!} e^{-\lambda}$
Erwartungswert	$\frac{Mn}{N}$	λ
Varianz	$\frac{Mn(N-M)(N-n)}{N^2(N-1)}$	λ
2-tes Moment	$\frac{M(N-M) + nM(M-1)}{N(N-1)} n$	$\lambda(\lambda + 1)$

Tafel X Stetige Wahrscheinlichkeitsverteilungen

Verteilung Charakteristiken	Gleichverteilung (stetig) im Intervall $[c, d]$
Wertebereich	$c \le x \le d$
Parameter	$c, d;\ -\infty < c < d < +\infty$
Verteilungsdichte	$f(x) = 1/(d-c)$
Erwartungswert	$(c+d)/2$
Varianz	$\frac{1}{12}(d-c)^2$
2-tes Moment	$\frac{c^2+cd+d^2}{3}$

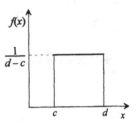

Dichte der Gleichverteilung

Verteilung Charakteristiken	Simpsonverteilung (Dreieckverteilung)
Wertebereich	$c \le x \le d$
Parameter	$c, d;\ -\infty < c < d < \infty$
Verteilungsdichte	$\dfrac{4}{(d-c)^2}(x-c)$ für $c \le x \le \dfrac{2}{d-c}$ $-\dfrac{4}{(d-c)^2}(x-d)$ für $\dfrac{2}{d-c} \le x \le d$
Erwartungswert	$(c+d)/2$
Varianz	$\frac{1}{24}(d-c)^2$
2-tes Moment	$\frac{1}{24}(7c^2 + 10cd + 7d^2)$

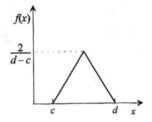

Dichte der Simpsonverteilung

Verteilung Charakteristiken	Potenzverteilung
Wertebereich	$0 < x \le d$
Parameter	$\beta, d;\ \beta > 0, d > 0$
Verteilungsdichte	$\dfrac{\beta x^{\beta-1}}{d^\beta}$
Erwartungswert	$\beta d(\beta + 1)$
Varianz	$\dfrac{\beta d^2}{(\beta+1)^2(\beta+2)}$
2-tes Moment	$\dfrac{\beta d^2}{(\beta+1)^2(\beta+2)}(1 + 2\beta + \beta^2)$

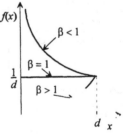

Dichte der Potenzverteilung

Verteilung Charakteristiken	Pareto-Verteilung
Wertebereich	$x \geq \beta$
Parameter	$\alpha, \beta; \; \alpha > 0, \beta > 0$
Verteilungsdichte	$\dfrac{\alpha}{\beta}\left(\dfrac{\beta}{x}\right)^{\alpha+1}$
Erwartungswert	$\dfrac{\alpha\beta}{\alpha-1}; \; \alpha > 1$
Varianz	$\dfrac{\alpha\beta^2}{(\alpha-1)^2(\alpha-2)}; \; \alpha > 2$
2-tes Moment	$\dfrac{\alpha\beta^2}{\alpha-2}; \; \alpha > 2$

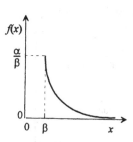

Dichte der Paretoverteilung

Verteilung Charakteristiken	Exponentialverteilung
Wertebereich	$x \geq 0$
Parameter	$\lambda; \; 0 < \lambda < \infty$
Verteilungsdichte	$\lambda e^{-\lambda x}$
Erwartungswert	$\dfrac{1}{\lambda}$
Varianz	$\dfrac{1}{\lambda^2}$
2-tes Moment	$\dfrac{2}{\lambda^2}$

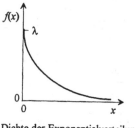

Dichte der Exponentialverteilung

Verteilung Charakteristiken	Laplace-Verteilung
Wertebereich	$-\infty < x < \infty$
Parameter	$\lambda, \mu; \; \lambda > 0, \; -\infty < \mu < \infty$
Verteilungsdichte	$\dfrac{\lambda}{2}e^{-\lambda|x-\mu|}$
Erwartungswert	μ
Varianz	$\dfrac{2}{\lambda^2}$
2-tes Moment	$\dfrac{2}{\lambda^2} + \mu^2$

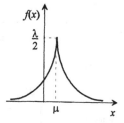

Dichte der Laplace-Verteilung

Verteilung Charakteristiken	Maxwell-Verteilung
Wertebereich	$x > 0$
Parameter	$\sigma;\ \sigma > 0$
Verteilungsdichte	$\sqrt{\dfrac{2}{\pi}}\,\dfrac{1}{\sigma^3}x^2 e^{-\frac{x^2}{2\sigma^2}}$
Erwartungswert	$2\sqrt{2/\pi}\ \sigma$
Varianz	$(3 - 8/\pi)\sigma^2$
2-tes Moment	$3\sigma^2$

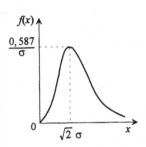

Dichte der Maxwell-Verteilung

Verteilung Charakteristiken	Rayleigh-Verteilung
Wertebereich	$x > 0$
Parameter	$\theta;\ \theta > 0$
Verteilungsdichte	$\dfrac{2}{\theta^2}x\,e^{-(x/\theta)^2}$
Erwartungswert	$\sqrt{\pi/4}\ \theta$
Varianz	$(1 - \pi/4)\theta^2$
2-tes Moment	θ^2

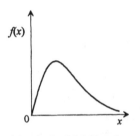

Dichte der Rayleigh-Verteilung

Verteilung Charakteristiken	Weibullverteilung
Wertebereich	$x > 0$
Parameter	$\beta, \theta;\ \beta > 0, \theta > 0$
Verteilungsdichte	$\dfrac{\beta}{\theta}\left(\dfrac{x}{\theta}\right)^{\beta-1}e^{-(x/\theta)^\beta}$
Erwartungswert	$\theta\,\Gamma(1/\beta + 1)$
Varianz	$\theta^2\left\{\Gamma\left(\dfrac{2}{\beta}+1\right) - \left[\Gamma\left(\dfrac{1}{\beta}+1\right)\right]^2\right\}$
2-tes Moment	$\theta^2\,\Gamma(2/\beta + 1)$

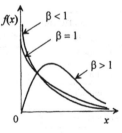

Dichte der Weibullverteilung

Verteilung / Charakteristiken	Cauchy-Verteilung
Wertebereich	$-\infty < x < \infty$
Parameter	$\lambda, \mu;\ \lambda > 0,\ -\infty < \mu < \infty$
Verteilungsdichte	$\dfrac{1}{\pi}\dfrac{\lambda}{\lambda^2 + (x-\mu)^2}$
Erwartungswert	existiert nicht
Varianz	existiert nicht
2-tes Moment	existiert nicht

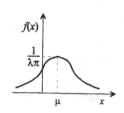

Dichte der Cauchy-Verteilung

Verteilung / Charakteristiken	Gammaverteilung
Wertebereich	$x \geq 0$
Parameter	$\alpha, \lambda;\ \alpha > 0,\ \lambda > 0$
Verteilungsdichte	$\dfrac{\lambda^\alpha}{\Gamma(\alpha)} x^{\alpha-1} e^{-\lambda x}$
Erwartungswert	α/λ
Varianz	α/λ^2
2-tes Moment	$\dfrac{\alpha(\alpha+1)}{\lambda^2}$

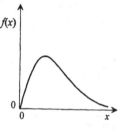

Dichte der Gammaverteilung

Verteilung / Charakteristiken	Betaverteilung im Intervall [0, 1]
Wertebereich	$\alpha, \beta;\ \alpha > 0,\ \beta > 0$
Parameter	$\dfrac{1}{B(\alpha,\beta)} x^{\alpha-1}(1-x)^{\beta-1}$
Verteilungsdichte	$\dfrac{1}{B(\alpha,\beta)} x^{\alpha-1}(1-x)^{\beta-1}$
Erwartungswert	$\alpha/(\alpha+\beta)$
Varianz	$\dfrac{\alpha\beta}{(\alpha+\beta)^2(\alpha+\beta+1)}$
2-tes Moment	$\dfrac{\alpha(\alpha+1)}{(\alpha+\beta)(\alpha+\beta+1)}$

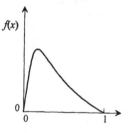

Dichte der Betaverteilung

Verteilung / Charakteristiken	Erlangverteilung
Wertebereich	$x > 0$
Parameter	$\lambda,\, n;\ \ \lambda > 0,\ n = 1, 2, \ldots$
Verteilungsdichte	$\lambda \dfrac{(\lambda x)^{n-1}}{(n-1)!}\, e^{-\lambda x}$
Erwartungswert	n/λ
Varianz	n/λ^2
2-tes Moment	$\dfrac{n(n+1)}{\lambda^2}$

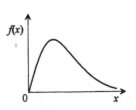

Dichte der Erlangverteilung

Verteilung / Charakteristiken	Normalverteilung
Wertebereich	$-\infty < x < \infty$
Parameter	$\mu, \sigma;\ \ -\infty < \mu < \infty,\ \sigma > 0$
Verteilungsdichte	$\dfrac{1}{\sqrt{2\pi}\,\sigma}\, e^{-\frac{(x-\mu)^2}{2\sigma^2}}$
Erwartungswert	μ
Varianz	σ^2
2-tes Moment	$\sigma^2 + \mu^2$

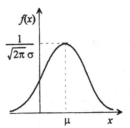

Dichte der Normalverteilun

Verteilung / Charakteristiken	logarithmische Normalverteilung
Wertebereich	$x > 0$
Parameter	$\mu, \sigma;\ \ -\infty < \mu < \infty,\ \sigma > 0$
Verteilungsdichte	$\dfrac{1}{\sqrt{2\pi}\,\sigma x}\, e^{-\frac{(\ln x - \mu)^2}{2\sigma^2}}$
Erwartungswert	$e^{\mu + \sigma^2/2}$
Varianz	$e^{2\mu + \sigma^2}\left(e^{\sigma^2} - 1\right)$
2-tes Moment	$e^{2(\mu + \sigma^2)}$

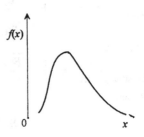

Dichte der log. Normalverteilung

Verteilung Charakteristiken	Inverse Gaußverteilung
Wertebereich	$x > 0$
Parameter	$\alpha, \beta;\ \alpha > 0, \beta > 0$
Verteilungsdichte	$\sqrt{\dfrac{\alpha}{2\pi x^3}}\ \exp\left(-\dfrac{\alpha(x-\beta)^2}{2\beta^2 x}\right)$
Erwartungswert	β
Varianz	β^3/α
2-tes Moment	$\beta^3/\alpha + \beta^2$

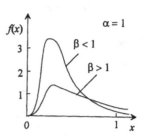

Dichten der inversen Gaußverteilung

Verteilung Charakteristiken	Chi-Quadrat-Verteilung
Wertebereich	$x > 0$
Parameter	n *(Freiheitsgrad)*; $n = 1, 2, \ldots$
Verteilungsdichte	$\dfrac{1}{2^{n/2}\ \Gamma(n/2)}\, x^{n/2-1} e^{-x/2}$
Erwartungswert	n
Varianz	$2n$
2-tes Moment	$n(2+n)$

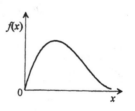

Dichte der Chi-Quadrat-Verteilung

Verteilung Charakteristiken	*t*-Verteilung (Student-Verteilung)
Wertebereich	$-\infty < x < \infty$
Parameter	n *(Freiheitsgrad)*; $n = 1, 2, \ldots$
Verteilungsdichte	$\dfrac{\Gamma\left(\frac{n+1}{2}\right)}{\sqrt{\pi n}\ \Gamma(n/2)}\left(1+\dfrac{x^2}{n}\right)^{-\frac{n+1}{2}}$
Erwartungswert	0 (für $n > 1$)
Varianz	$n/(n-2)$ (für $n > 2$)
2-tes Moment	$n/(n-2)$ (für $n > 2$)

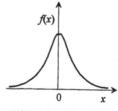

Dichte der t-Verteilung

Verteilung Charakteristiken	F-Verteilung
Wertebereich	$x > 0$
Parameter	$m, n;\ \ m, n = 1, 2, \ldots$
Verteilungsdichte	$\dfrac{\left(\dfrac{m}{n}\right)^{\frac{m}{2}} x^{\frac{m}{2}-1}\left(1+\dfrac{m}{n}x\right)^{-\frac{m+n}{2}}}{B\left(\dfrac{m}{2}, \dfrac{n}{2}\right)}$
Erwartungswert	$n/(n-2)$ (für $n > 2$)
Varianz	$\dfrac{2n^2(m+n-2)}{m(n-2)^2(n-4)}$ für $n > 4$))
2-tes Moment	$\dfrac{2n^2}{(n-2)^2}\left(\dfrac{m+n+2}{m(n-4)}+\dfrac{1}{2}\right),\ n > 4$

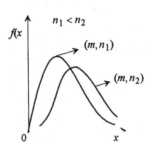

Dichten der F-Verteilung

Verteilung Charakteristiken	Logistische Verteilung
Wertebereich	$-\infty < x < +\infty$
Parameter	$\mu, \sigma;\ \ -\infty < \mu < +\infty,\ \sigma > 0$
Verteilungsdichte	$\dfrac{\dfrac{\pi}{\sqrt{3}}\, e^{-\frac{\pi}{\sqrt{3}}\frac{x-\mu}{\sigma}}}{\sigma\left(1+e^{-\frac{\pi}{\sqrt{3}}\frac{x-\mu}{\sigma}}\right)^2}$
Erwartungswert	μ
Varianz	σ^2
2-tes Moment	$\sigma^2 + \mu^2$

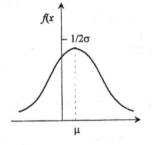

Dichte der logistischen Verteilung

Wegen der *Extremwertverteilungen* (doppelte Exponentialverteilung bzw. Gumbel-Verteilung, Frechét-Verteilung und modifizierte Weibull-Verteilung) siehe Abschnitt 3.2.3.2.

Tafel XI   Konfidenzintervalle

Voraussetzung: Die konkrete Stichprobe $\{x_1, x_2, ..., x_n\}$ ist Realisierung einer mathematischen Stichprobe aus $X = N(\mu, \sigma^2)$.

Bezeichnungen: $\bar{x} = \frac{1}{n} \sum_{i=1}^{n} x_i$, $\quad s^2 = \frac{1}{n-1} \sum_{i=1}^{n} (x_i - \bar{x})^2$, $\quad n_{\min} = 4\left(\frac{\sigma z_{\alpha/2}}{L}\right)^2$.

Die Quantile $t_{n-1;\varepsilon}$, z_ε, $\chi^2_{n-1;\varepsilon}$ und $F_{m,n;\varepsilon}$ für $\varepsilon = \alpha$ oder $\varepsilon = \alpha/2$ bzw. $\varepsilon = 1 - \alpha$ oder $\varepsilon = 1 - \alpha/2$ sind den Tafeln I bis IV zu entnehmen.

1) Konfidenzintervall für μ (σ^2 bekannt)

zweiseitig	einseitig, unteres	einseitig, oberes
$\left[\bar{x} - z_{\alpha/2} \dfrac{\sigma}{\sqrt{n}},\ \bar{x} + z_{\alpha/2} \dfrac{\sigma}{\sqrt{n}}\right]$	$\left[\bar{x} - z_\alpha \dfrac{\sigma}{\sqrt{n}},\ \infty\right)$	$\left(-\infty,\ \bar{x} + z_\alpha \dfrac{\sigma}{\sqrt{n}}\right]$

Die Länge des zweiseitigen Konfidenzintervalls fällt bei einem Stichprobenumfang von $n \ge n_{\min}$ kleiner oder gleich L aus.

2) Konfidenzintervall für μ (σ^2 unbekannt)

zweiseitig	einseitig, unteres	einseitig, oberes
$\left[\bar{x} - t_{n-1;\alpha/2} \dfrac{s}{\sqrt{n}},\ \bar{x} + t_{n-1;\alpha/2} \dfrac{s}{\sqrt{n}}\right]$	$\left[\bar{x} - t_{n-1;\alpha} \dfrac{s}{\sqrt{n}},\ \infty\right)$	$\left(-\infty,\ \bar{x} + t_{n-1;\alpha} \dfrac{s}{\sqrt{n}}\right]$

3) Konfidenzintervall für σ^2

zweiseitige	untere einseitige	obere einseitige
$\left[\dfrac{(n-1)s^2}{\chi^2_{n-1;1-\alpha/2}},\ \dfrac{(n-1)s^2}{\chi^2_{n-1;\alpha/2}}\right]$	$\left[\dfrac{(n-1)s^2}{\chi^2_{n-1;1-\alpha}},\ \infty\right)$	$\left[0,\ \dfrac{(n-1)s^2}{\chi^2_{n-1;\alpha}}\right]$

Voraussetzung: $\{x_1, x_2, ..., x_{n_x}\}$ bzw. $\{y_1, y_2, ..., y_{n_y}\}$ seien Realisierungen math. Stichproben aus den unabhängigen Zufallsgrößen $X = N(\mu_x, \sigma_x^2)$ bzw. $Y = N(\mu_y, \sigma_y^2)$.

Bezeichnungen: $\bar{x} = \frac{1}{n_x} \sum_{i=1}^{n_x} x_i$, $\quad \bar{y} = \frac{1}{n_y} \sum_{i=1}^{n_y} y_i$, $\quad m = \dfrac{\left(s_x^2/n_y + s_x^2/n_y\right)^2}{\dfrac{(s_x^2/n_x)^2}{n_x+1} + \dfrac{(s_y^2/n_y)^2}{n_y+1}} - 2$,

$s_x^2 = \dfrac{1}{n_x - 1} \sum_{i=1}^{n_x} (x_i - \bar{x})^2$, $\quad s_y^2 = \dfrac{1}{n_y - 1} \sum_{i=1}^{n_y} (y_i - \bar{y})^2$, $\quad s_d^2 = \dfrac{(n_x - 1)s_x^2 + (n_y - 1)s_y^2}{n_x + n_y - 2}$;

4) Konfidenzintervall für σ_x^2/σ_y^2

zweiseitig
$$\left[\frac{s_x^2}{s_y^2}F_{n_y-1,n_x-1;\alpha/2},\ \frac{s_x^2}{s_y^2}F_{n_y-1,n_x-1;1-\alpha/2}\right]$$

einseitig, unteres	einseitig, oberes
$$\left[\frac{s_x^2}{s_y^2}F_{n_y-1,n_x-1;\alpha},\ \infty\right);$$	$$\left[0,\ \frac{s_x^2}{s_y^2}F_{n_y-1,n_x-1;1-\alpha}\right]$$

5) Konfidenzintervall für $\mu_x - \mu_y$ (σ_x^2, σ_y^2 unbekannt, aber gleich)

zweiseitig
$$\left[\bar{x}-\bar{y}-t_{n_x+n_y-2;\alpha/2}\,s_d\sqrt{\frac{n_x+n_y}{n_xn_y}},\ \bar{x}-\bar{y}+t_{n_x+n_y-2;\alpha/2}\,s_d\sqrt{\frac{n_x+n_y}{n_xn_y}}\right]$$

einseitig, unteres	einseitig, oberes
$$\left[\bar{x}-\bar{y}-t_{n_x+n_y-2;\alpha}\,s_d\sqrt{\frac{n_x+n_y}{n_xn_y}},\ \infty\right);$$	$$\left[0,\ \bar{x}-\bar{y}+t_{n_x+n_y-2;\alpha}\,s_d\sqrt{\frac{n_x+n_y}{n_xn_y}}\right]$$

6) Approximatives Konfidenzintervall für $\mu_x - \mu_y$ (σ_x^2, σ_y^2 unbekannt, verschieden)

zweiseitig
$$\left[\bar{x}-\bar{y}-t_{m;\alpha/2}\sqrt{\frac{s_x^2}{n_x}+\frac{s_y^2}{n_y}},\ \bar{x}-\bar{y}+t_{m;\alpha/2}\sqrt{\frac{s_x^2}{n_x}+\frac{s_y^2}{n_y}}\right]$$

einseitig, unteres	einseitig, oberes
$$\left[\bar{x}-\bar{y}-t_{m;\alpha}\sqrt{\frac{s_x^2}{n_x}+\frac{s_y^2}{n_y}},\ \infty\right);$$	$$\left[0,\ \bar{x}-\bar{y}+t_{m;\alpha}\sqrt{\frac{s_x^2}{n_x}+\frac{s_y^2}{n_y}}\right]$$

7) Approximatives Konfidenzintervall für den Parameter λ der Poissonverteilung

zweiseitig
$$\left[\bar{x}+\frac{1}{2n}z_{\alpha/2}^2-\frac{1}{\sqrt{n}}z_{\alpha/2}\sqrt{\bar{x}+\frac{1}{4n}z_{\alpha/2}^2},\ \bar{x}+\frac{1}{2n}z_{\alpha/2}^2+\frac{1}{\sqrt{n}}z_{\alpha/2}\sqrt{\bar{x}+\frac{1}{4n}z_{\alpha/2}^2}\right]$$

einseitig, unteres	einseitig, oberes
$$\left[\bar{x}+\frac{1}{2n}z_{\alpha}^2-\frac{1}{\sqrt{n}}z_{\alpha}\sqrt{\bar{x}+\frac{1}{4n}z_{\alpha}^2},\ \infty\right);$$	$$\left[0,\ \bar{x}+\frac{1}{2n}z_{\alpha}^2+\frac{1}{\sqrt{n}}z_{\alpha}\sqrt{\bar{x}+\frac{1}{4n}z_{\alpha}^2}\right]$$

Bezeichnung: $\hat{p}$ ist die relative Häufigkeit für das Eintreten des Ereignisses A bei n unabhängigen Versuchen. $\hat{p}_1$ bzw. $\hat{p}_2$ sind die relativen Häufigkeiten für das Eintreten der unabhängigen Ereignisse A_1 bzw. A_2 bei jeweils n_1 bzw. n_2 unabhängigen Versuchen.

8) Approximatives Konfidenzintervall für die Wahrscheinlichkeit $p = p(A)$

zweiseitig
$$\left[\hat{p} - z_{\alpha/2}\sqrt{\frac{\hat{p}(1-\hat{p})}{n}},\ \hat{p} + z_{\alpha/2}\sqrt{\frac{\hat{p}(1-\hat{p})}{n}}\right]$$

einseitig, unteres	einseitig, oberes
$$\left[\hat{p} - z_{\alpha}\sqrt{\frac{\hat{p}(1-\hat{p})}{n}},\ 1\right];$$	$$\left[0,\ \hat{p} + z_{\alpha}\sqrt{\frac{\hat{p}(1-\hat{p})}{n}}\right]$$

9) Approximatives Konfidenzintervall für die Differenz $p_1 - p_2 = P(A_1) - P(A_2)$

zweiseitig
$$\left[\hat{p}_1 - \hat{p}_2 - z_{\alpha/2}\sqrt{\frac{\hat{p}_1(1-\hat{p}_1)}{n_1} + \frac{\hat{p}_2(1-\hat{p}_2)}{n_2}},\ \hat{p}_1 - \hat{p}_2 + z_{\alpha/2}\sqrt{\frac{\hat{p}_1(1-\hat{p}_1)}{n_1} + \frac{\hat{p}_2(1-\hat{p}_2)}{n_2}}\right]$$

einseitig, unteres	einseitig, oberes
$$\left[\hat{p}_1 - \hat{p}_2 - z_{\alpha}\sqrt{\frac{\hat{p}_1(1-\hat{p}_1)}{n_1} + \frac{\hat{p}_2(1-\hat{p}_2)}{n_2}},\ 1\right];$$	$$\left[0,\ \hat{p}_1 - \hat{p}_2 + z_{\alpha}\sqrt{\frac{\hat{p}_1(1-\hat{p}_1)}{n_1} + \frac{\hat{p}_2(1-\hat{p}_2)}{n_2}}\right]$$

Tafel XII Parametertests

Voraussetzungen und Bezeichnungen: Die Voraussetzungen und Bezeichnungen sind die gleichen wie für die entsprechenden Konfidenzintervalle in Tafel XI. Es wird stets die Sicherheitswahrscheinlichkeit $1 - \alpha$ zugrunde gelegt. Die in den Tests 1) bzw. 8) angegebenen Stichprobenumfänge $n_{\alpha\beta}$ gewährleisten, dass bei vorgegebener Wahrscheinlichkeit α des Fehlers erster Art die Wahrscheinlichkeit des Fehlers zweiter Art den Wert β nicht überschreitet, wenn μ der wahre Erwartungswert bzw. p die wahre Wahrscheinlichkeit ist.

1) H_0: $\mu = \mu_0$ (σ^2 bekannt)

Alternativhypothese	Testgröße	Ablehnungskriterium	$n_{\alpha\beta}$
$H_1 : \mu \neq \mu_0$	$T = \dfrac{\bar{x} - \mu_0}{\sigma}\sqrt{n}$	$|T| > z_{\alpha/2}$	$\dfrac{(z_{\alpha/2} + z_\beta)^2\,\sigma^2}{(\mu - \mu_0)^2}$
$H_1 : \mu < \mu_0$	wie oben	$T < -z_\alpha$	$\dfrac{(z_\alpha + z_\beta)^2\sigma^2}{(\mu - \mu_0)^2}$
$H_1 : \mu > \mu_0$	wie oben	$T > z_\alpha$	wie oben

2) $H_0 : \mu = \mu_0$ (σ^2 unbekannt)

Alternativhypothese	Testgröße	Ablehnungskriterium
$H_1 : \mu \neq \mu_0$	$T = \dfrac{\bar{x} - \mu_0}{s}\sqrt{n}$	$|T| > t_{n-1;\alpha/2}$
$H_1 : \mu < \mu_0$	wie oben	$T < -t_{n-1;\alpha}$
$H_1 : \mu > \mu_0$	wie oben	$T > t_{n-1;\alpha}$

3) $H_0 : \sigma^2 = \sigma_0^2$

Alternativhypothese	Testgröße	Ablehnungskriterium
$H_1 : \sigma^2 \neq \sigma_0^2$	$T = \dfrac{(n-1)s^2}{\sigma_0^2}$	$T < \chi^2_{n-1;\alpha/2}$ oder $T > \chi^2_{n-1;1-\alpha/2}$
$H_1 : \sigma^2 < \sigma_0^2$	wie oben	$T < \chi^2_{n-1;\alpha}$
$H_1 : \sigma^2 > \sigma_0^2$	wie oben	$T > \chi^2_{n-1;1-\alpha}$

4) $H_0 : \sigma_x^2 = \sigma_y^2$

Alternativhypothese	Testgröße	Ablehnungskriterium
$H_1 : \sigma_x^2 \neq \sigma_y^2$	$T = \dfrac{s_x^2}{s_y^2}$ (für $s_x^2 > s_y^2$)	$T > F_{n_x-1,n_y-1;1-\alpha/2}$
$H_1 : \sigma_x^2 > \sigma_y^2$	wie oben	$T > F_{n_x-1,n_y-1;1-\alpha}$

5) $H_0 : \mu_x = \mu_y$ (σ_x^2, σ_y^2 **unbekannt, aber gleich**)

Alternativhypothese	Testgröße	Ablehnungskriterium
$H_1 : \mu_x \neq \mu_y$	$T = \dfrac{\bar{x} - \bar{y}}{s_d} \sqrt{\dfrac{n_x n_y}{n_x + n_y}}$	$|T| > t_{n_x+n_y-2;\alpha/2}$
$H_1 : \mu_x < \mu_y$	wie oben	$T < -t_{n_x+n_y-2;\alpha}$
$H_1 : \mu_x > \mu_y$	wie oben	$T > t_{n_x+n_y-2;\alpha}$

6) $H_0 : \mu_x = \mu_y$ (σ_x^2, σ_y^2 **unbekannt, verschieden; approximativer Test**)

Alternativhypothese	Testgröße	Ablehnungskriterium
$H_1 : \mu_x \neq \mu_y$	$T = \dfrac{\bar{x} - \bar{y}}{\sqrt{\dfrac{s_x^2}{n_x} + \dfrac{s_y^2}{n_y}}}$	$|T| > t_{m;\alpha/2}$
$H_1 : \mu_x < \mu_y$	wie oben	$T < -t_{m;\alpha}$
$H_1 : \mu_x > \mu_y$	wie oben	$T > t_{m;\alpha}$

7) $H_0 : \lambda = \lambda_0$ **(approximativer Test über den Erwartungswert der Poissonverteilung)**

Alternativhypothese	Testgröße	Ablehnungskriterium
$H_1 : \lambda \neq \lambda_0$	$T = \dfrac{\bar{x} - \lambda_0}{\sqrt{\lambda_0}} \sqrt{n}$	$|T| > z_{\alpha/2}$
$H_1 : \lambda < \lambda_0$	wie oben	$T < -z_\alpha$
$H_1 : \lambda > \lambda_0$	wie oben	$T > z_\alpha$

8) $H_0 : p = p_0$ (approximativer Test über eine Wahrscheinlichkeit)

Alternativhypothese	Testgröße	Ablehnung	$n_{\alpha\beta}$
$H_1 : p \neq p_0$	$T = \dfrac{(\hat{p}-p_0)\sqrt{n}}{\sqrt{p_0(1-p_0)}}$	$\lvert T \rvert > z_{\alpha/2}$	$\left(\dfrac{z_{\alpha/2}\sqrt{p_0(1-p_0)}+z_\beta\sqrt{p(1-p)}}{p-p_0}\right)^2$
$H_1 : p < p_0$	wie oben	$T < -z_\alpha$	$\left(\dfrac{z_\alpha\sqrt{p_0(1-p_0)}+z_\beta\sqrt{p(1-p)}}{p-p_0}\right)^2$
$H_1 : p > p_0$	wie oben	$T > z_\alpha$	$\left(\dfrac{z_\alpha\sqrt{p_0(1-p_0)}+z_\beta\sqrt{p(1-p)}}{p-p_0}\right)^2$

Bezeichnungen: Im folgenden Test sind $\hat{p}_1$ und $\hat{p}_2$ die relativen Häufigkeiten für das Eintreten der unabhängigen Ereignisse A_1 und A_2 mit $p_1 = P(A_1)$ und $p_2 = P(A_2)$ bei jeweils n_1 bzw. n_2 unabhängigen Versuchen sowie

$$\hat{p} = \frac{n_1\hat{p}_1 + n_2\hat{p}_2}{n_1 + n_2}.$$

9) $H_0 : p_1 = p_2$ (Test auf Gleichheit zweier Wahrscheinlichkeiten; approximativer Test)

Alternativhypothese	Testgröße	Ablehnungskriterium
$H_1 : p_1 \neq p_2$	$T = \dfrac{\hat{p}_1 - \hat{p}_2}{\sqrt{\hat{p}(1-\hat{p})}} \sqrt{\dfrac{n_1 n_2}{n_1 + n_2}}$	$\lvert T \rvert > z_{\alpha/2}$
$H_1 : p_1 < p_2$	wie oben	$T < -z_\alpha$
$H_1 : p_1 > p_2$	wie oben	$T > z_\alpha$

Literatur

Einführung

Beichelt, F., Sheil, J. (Hrsg.) (2003): Defining the Science of Stochastics. Heldermann-Verlag. Lemgo.

Bernoulli, J. (1713): Ars Conjectandi. Thurnisius, Basilea. Nachdruck (1968) in: Editions Culture et Civilisation, Bruxelles. Deutsche Übersetzung (1975): B. L. van der Waerden (Hrsg.): Die Werke von Jakob Bernoulli, Vol. 3, Birkhäuser, Basel, New York.

Chung, K.L. (1996): Green, Brown, and Probability. World Scientific. Singapore.

Dale, A.I. (1999): A History of Inverse Probability. Springer, New York, Berlin (2. Aufl.).

Hald, A. (1990): A History of Probability and Statistics and their Applications before 1750. Wiley.

Kolmogorov, A.N. (1933): Grundbegriffe der Wahrscheinlichkeitstheorie. Springer (Nachdruck 1973).

Schneider, I. (1989): Die Entwicklung der Wahrscheinlichkeitstheorie von den Anfängen bis 1933. Akademie-Verlag, Berlin.

Hinweis Die im Folgenden mit einem Stern versehenen Literaturstellen sind im theoretischen Niveau nicht oder nur wenig höher als dieses Taschenbuch.

Wahrscheinlichkeitstheorie

Kapitel 1.1 - 1.8 & 1.11

Andél, J. (2001): Mathematics of Chance. Wiley, New York.

Bauer, H. (1991): Wahrscheinlichkeitstheorie. de Gruyter, Berlin.

Behnen, K., Neuhaus, G. (1984): Grundkurs Stochastik. B.G. Teubner, Stuttgart.

Beichelt, F. (1995): Stochastik für Ingenieure. B.G. Teubner, Stuttgart.*

Bennet, B.S. (1995): Simulation Fundamentals. Prentice Hall, New York.*

Beyer, O., Hackel, H., Pieper, V., Tiedge, J. (1999): Wahrscheinlichkeitsrechnung und Mathematische Statistik. B.G. Teubner, Leipzig (8. Aufl.).*

Bosch, K. (2000): Elementare Einführung in die Wahrscheinlichkeitsrechnung. Vieweg (7. Aufl.).*

Chhikara, R.S., Folks, J.L. (1989): The Inverse Gaussian Distribution: Theory, Methodology and Applications. Marcel Dekker, New York.*

Coles, S. (2001): An Introduction to Statistical Modeling of Extreme Values. Springer, New York.

Dinges, H., Rost, H. (1982): Prinzipien der Stochastik. B.G. Teubner, Stuttgart.

Feller, W. (1968): An Introduction to Probability Theory and its Applications, vol. I. Wiley (3. Aufl.).*

Fishman, G.S. (1996): Monte Carlo: Concepts, Algorithms, and Applications. Springer, New York.

Fisz, M. (1976): Wahrscheinlichkeitsrechnung und Mathematische Statistik. Deutscher Verlag der Wissenschaften, Berlin (8. Aufl.).*

Gänssler, P., Stute, W. (1977): Wahrscheinlichkeitstheorie. Springer, Berlin.

Gnedenko, B.W. (1991): Einführung in die Wahrscheinlichkeitstheorie. Akademie-Verlag. Berlin.

Hinderer, K. (1980): Grundbegriffe der Wahrscheinlichkeitstheorie. Springer, Berlin (2. Aufl.).

Isaac, R., Protter, P. (1995): The Pleasures of Probability. Springer, New York, Berlin.*

Jacod, J. (2000): Probability Essentials. Springer, New York, Berlin.

Krengel, U. (2000): Einführung in die Wahrscheinlichkeitstheorie und Statistik. Vieweg (5. Aufl.).*

Krickeberg, K., Ziezold, H. (1995): Stochastische Methoden. Springer, New York, Berlin.

Montgomery, D.C., Runger, G.C. (1994): Applied Statistics and Probability for Engineers. Wiley.*

Pfanzagl, J. (1988): Elementare Wahrscheinlichkeitsrechnung. de Gruyter, Berlin.*

Piehler, J., Zschiesche, H.-U. (1990): Simulationsmethoden. B.G. Teubner, Leipzig (4. Aufl.)*

Plachky, D., Baringhaus, L., Schmitz, N. (1978): Stochastik I. Akadem. Verlagsgesellsch., Wiesbaden.

Plachky, D. (1981): Stochastik II. Akademische Verlagsgesellschaft, Wiesbaden.

Rees, D.G. (2000): Essential Statistics. Chapman&Hall, London (3. Aufl.).*

Rényi, A. (1979): Wahrscheinlichkeitstheorie. Deutscher Verlag der Wissenschaften, Berlin.

Rosin, E., Rammler, E. (1933): The laws governing the fineness of powdered coal. J. Inst. Fuel 7, 29-36.

Ross, S.M. (1997): Simulation. Academic Press, New York.*

Schmitz, N. (1996): Vorlesungen über Wahrscheinlichkeitstheorie. B.G. Teubner, Stuttgart.

Seshradi, V. (1993): The Inverse Gaussian Distribution-A Case Study in Exponential Families. Oxford University Press, Oxford.*

Seshradi, V. (1998): The Inverse Gaussian Distribution. Springer, New York-Berlin.*

Stoyan, D. (1993): Stochastik für Ingenieure und Naturwissenschaftler. Akademie-Verlag, Berlin.*

Warmuth, E., Warmuth, W. (1998): Elementare Wahrscheinlichkeitsrechnung. B. G. Teubner, Stuttgart-Leipzig.

Zwillinger, D., Kokoska, S. (2000): Standard Probability and Statistics. Chapman&Hall, London.*

Kapitel 1.9 & 1.10

Araujo, A., Giné, E. (1980): The Central Limit Theorem for Real and Banach Valued Random Variables. Wiley, New York.

Bhattacharya, R.N., Ranga Rao, R. (1976): Normal Approximation and Asymptotic Expansion. Wiley.

Csörgö, M., Révész (1981): Strong Approximation in Probability and Statistics. Academic Press.

Gnedenko, B.W., Kolmogorov, A.N. (1960): Grenzverteilungen für Summen unabhängiger Zufallsgrößen. Akademie-Verlag, Berlin (2. Aufl.).

Hall, P., Heyde, C.C. (1980): Martingale Limit Theorems and its Applications. Academic Press.

Ibragimov, I.A., Linnik, Y.V. (1971): Independent and Stationary Sequences of Random Variables. Wolters-Noordhoff, Groningen.

Lin, Z., Lu, C. (1992): Strong Limit Theorems. Science Press, Kluwer.

Lin, Z., Lu, C. (1996): Limit Theory for Mixing Dependent Random Variables, Science Press, Kluwer.

Meerschaert, M.M., Scheffler, H.-P. (2001): Limit Distributions of Sums of Independent Random Vectors. Wiley, New York.

Petrow, V.V. (1995): Limit Theorems of Probability Theory. Oxford Science Publications, Oxford.

Prokhorov, Yu.V. (2000): Limit Theorems of Probability Theory. Springer, New York, Berlin.

Rüschendorf, L. (1988): Asymptotische Statistik. B.G. Teubner, Stuttgart.

2 Stochastische Prozesse

Alsmeyer, G. (1991): Erneuerungstheorie. B.G. Teubner, Stuttgart.

Andél, J. (1984): Statistische Analyse von Zeitreihen. Akademie-Verlag, Berlin.

Bachelier, L. (1900): Théorie de la spéculation. Ann. Scient. de l' École Normale Supér. 17, 21-86.

Beichelt, F. (1997): Stochastische Prozesse für Ingenieure. B.G. Teubner, Stuttgart.*

Beichelt, F., Fatti, L.P. (2002): Stochastic Processes and their Applications. Taylor and Francis. New York, London.*

Beichelt, F., Franken, P. (1984): Zuverlässigkeit und Instandhaltung-Mathematische Methoden. Verlag Technik, Berlin, Carl Hanser, München-Wien.

Bhat, U.N., Miller, G.K. (2002): Elements of Applied Stochastic Processes. Wiley (3. Aufl.).*

Black, F., Scholes, M. (1973): The pricing of options and corporate liabilities. Journal of Political Economy 81, 637-654.

Bosq, D. (1998): Nonparametric Statistics for Stochastic Processes. Springer, New York (2. Aufl.).

Bouchaud, J-P., Potters, M. (2000): Theory of Financial Risks. Cambridge University Press.*

Bonilla, M., Casasus, T., Sala, R. (2000): Financial Modelling. Springer, New York, Berlin.

Brandt, A., Franken, P., Lisek, B. (1990): Stationary Stochastic Models. Wiley. New York.

Brzeźniak, Z., Zastawniak, T. (1999): Basic Stochastic Processes. Springer, New York-Berlin.

Capinski, M., Zastawniak, T. (2001): Mathematics of Finance. Springer, New York, Berlin.*

Chhikara, R.S., Folks, J.L. (1989): The Inverse Gaussian Distribution: Theory, Methodology and Applications. Marcel Dekker, New York.*

Cramér, H., Leadbetter, M.R. (1967): Stationary and Related Stochastic Processes. Wiley, New York.

Doob, J.L. (1953): Stochastic Processes. Wiley, New York.

Durrett, R. (1999): Essentials of Stochastic Processes. Springer, New York, Berlin.

Einstein, A. (1905): Über die von der molekularkinetischen Theorie der Wärme geforderte Bewegung von in ruhenden Flüssigkeiten suspendierten Teilchen. Annalen der Physik 17, 549-560.

Feller, W. (1968): An Introduction to Probability Theory and its Applications, vol. I. Wiley (3. Aufl.).*

Franz, J. (1977): Niveaudurchgangszeiten zur Charakterisierung sequentieller Schätzverfahren. · Mathematische Operationsforschung und Statistik, Series Statistics, 8, 499-510.

Gaede, K.-W. (1977): Zuverlässigkeit. Mathematische Modelle. Carl-Hanser-Verlag. München-Wien.

Gardiner, C.W. (1997): Handbook of Stochastic Methods. Springer, New York-Berlin (2. Aufl.).

Hunt, P.J., Kennedy, J.E. (2000): Financial Derivatives in Theory and Practice. Wiley, New York.

Irle, A. (1998): Finanzmathematik. Die Bewertung von Derivaten. B.G. Teubner, Stuttgart.

Kannan, D., Lakshmikantham, V., eds. (2002): Handbook of Stochastic Analysis and Applications. Marcel Dekker, Inc, New York, Basel.

Karatzas, I., Shreve, S.E. (2000): Brownian Motion and Stochastic Calculus. Springer, New York.

Küchler, U. (1997): Exponential Families of Stochastic Processes. Springer, New York.

Kulkarni, V.G. (1995): Modeling and Analysis of Stochastic Systems. Chapman&Hall, London.*

Lawler, G. (1995): Introduction to Stochastic Processes. Chapman&Hall, London.*

Matthes, K. (1962): Ergodizitätseigenschaften rekurrenter Ereignisse. Math. Nachrichten 24, 109-119.

Merton, R.C. (1973): Theory of rational option pricing. Bell Journal of Economics and Management Science 4, 141-183.

Musiela, M., Rutkowski, M. (1997): Martingale Methods in Financial Modelling. Springer, New York.

Naido, P.S. (1996): Modern Spectrum Analysis of Time Series. CRC Press, London.

Neftci, S. (2000): Introduction to the Mathematics of Financial Derivatives. Academic Press.*

Nollau, V. (1980): Semi-Markovsche Prozesse. Akademie-Verlag, Berlin.

Paul, W., Baschnagel, J. (2000): Stochastic Processes. From Physics to Finance. Springer, New York.

Resnick, S.I. (1992): Adventures in Stochastic Processes. Birkhäuser, Basel.

Revuz, D., Yor, M. (1999): Continuous Martingales and Brownian Motion. Springer (3. Aufl.).

Rolski, T.; Schmidli, H.; Schmidt, V.; Teugels, J. (1999): Stochastic Processes for Insurance and Finance. Wiley, NewYork.

Ross, S. (1996): Stochastic Processes. Wiley, New York.*

Ross, S.M. (1999): An Introduction to Mathematical Finance. Cambridge University Press.*

Rossi, P.E. (1996): Modelling Stock Market Volatility. Academic Press.

Schmidt, K.D. (1996): Lectures on Risk Theory. B.G. Teubner, Stuttgart.

Schrödinger, E. (1915): Zur Theorie der Fall- und Steigversuche an Teilchen mit Brownscher Bewegung. Physikalische Zeitschrift, 16, 289-295.

Seshradi, V. (1993): The Inverse Gaussian Distribution-A Case Study in Exponential Families. Oxford University Press, Oxford.*

Seshradi, V. (1998): The Inverse Gaussian Distribution. Springer, New York-Berlin.*

Shafer, G., Vovk, V. (2001): Probability and Finance. It's Only a Game. Wiley, New York.

Smoluchowski, M. (1915): Notiz über die Berechnung der Brownschen Molekularbewegung bei der Ehrenhaft-Millikanschen Versuchsanordnung. Physikalische Zeitschrift, 16, 318-321.

Steele, M.J. (2001): Stochastic Calculus and Financial Applications. Springer, New York.*

Yaglom, A.M. (1987): Correlation Theory of Stationary and Related Random Functions. Springer.

3 Mathematische Statistik

Kapitel 3.1-3.4

Armitage, P., Colton, T. ((1998): Encyclopedia of Biostatistics. Wiley, New York.

Beichelt, F. (1995): Stochastik für Ingenieure. B.G. Teubner, Stuttgart.*

Beyer, O., Hackel, H., Pieper, V., Tiedge, J. (1995): Wahrscheinlichkeitsrechnung und Mathematische Statistik. B.G. Teubner, Stuttgart (7. Aufl.).*

Bortz, J. (1999): Statistik für Sozialwissenschaftler. Springer, New York (5. Aufl.).*

Bosch, K. (2000): Elementare Einführung in die angewandte Statistik. Vieweg (3. Aufl.)*

Collani, E. von, Dräger, K. (2001): Binomial Distribution Handbook for Scientists and Engineers. Birkhäuser, Boston, Basel, Berlin.

Daniel, W.W. (1994): Biostatistics. A Foundation for the Health Sciences. Wiley, New York (6. Aufl.).

Devore, J., Peck, R. (2001): Statistics. Thomson Learning, London (4. Aufl.)*

Ewens, W.J., Grant, G.R. (2001): Statistical Methods in Bioinformatics: An Introduction. Springer.

Finkelstein, M., Levin, B. (2001): Statistics for Lawyers. Springer, New York (2. Aufl.).*

Gastwirth, J.L. (2000): Statistical Science in the Courtroom. Springer, New York.*

Gumbel, E. (1967): Statistics of Extremes. Columbia University Press, New York.*

Hartung, J., Elpelt, B., Klösener, K.H. (1989): Statistik. Lehr- und Handbuch der Angewandten Statistik. Oldenbourg-Verlag, München-Wien.*

Hübner, G. (1996): Stochastik. Vieweg. Braunschweig.*

Irle, A. (2001): Wahrscheinlichkeitsrechnung und Statistik. Teubner, Stuttgart.*

Karian, Z.A., Dudewicz, E.J. (2000): Fitting Statistical Distributions. Chapman&Hall, London.

Leadbetter, M.R., Lindgren, G., Rootzén, R. (1983): Extremes and Related Properties of Random Sequences and Processes. Springer, Berlin.

Lehmann, E.L., Casello, G. (1998): Theory of Point Estimation. Springer, New York (2. Aufl.).

Lehn, J., Wegmann, H. (2001): Einführung in die Statistik. Stuttgart (3. Aufl.).*

Lehn, J., Wegmann, H., Rettig, S (2001): Aufgabensammlung zur Einführung in die Statistik. B. G. Teubner, Stuttgart (3. Aufl.).*

Lehn, J., Müller-Gronbach, T., Rettig, S. (2000): Einführung in die Deskriptive Statistik. B.G. Teubner.*

Montgomery, D.C., Runger, G.C., Hubele, N.F (1998): Engineering Statistics. Wiley, New York.*

Neyman, J., Pearson, E.S. (1928): On the use and interpretation of certain test criteria for purposes of statistical inference I, II. Biometrika 20 A, 175-240, 263-294.

Pfeifer, D. (1889): Einführung in die Extremwertstatistik. Teubner, Stuttgart.

Pruscha, H. (1996): Angewandte Methoden der Mathematischen Statistik. B.G. Teubner, Stuttgart.

Pruscha, H. (2000): Vorlesungen über Mathematische Statistik. B.G. Teubner, Stuttgart.

Rees, D.G. (2001): Essential Statistics. Chapman&Hall, London.

Reiß, R.-D. (1989): Approximate Distributions of Order Statistics. With Applications to Nonparametric Statistics. Springer, Berlin.

Rüschendorf, L. (1988): Asymptotische Statistik. B.G. Teubner, Stuttgart.

Sachs, L. (1992): Angewandte Statistik. Anwendung statistischer Methoden. Springer, Berlin.

Schmetterer, L. (1966): Einführung in die Mathematische Statistik. Springer, Wien (2. Aufl.).

Siegel, A., Morgan, C. (1996): Statistics and Data Analysis. Wiley, New York.

Stoyan, D. (1993): Stochastik für Ingenieure und Naturwissenschaftler. Akademie-Verlag, Berlin.*

Stoyan, D., Stoyan, H., Jansen, U. (1997): Umweltstatistik. B.G. Teubner, Leipzig.*

Terrell, G.R. (1999): Mathematical Statistics. Springer, New York.

Timischl, W. (1990): Biostatistik-Eine Einführung für Biologen. Springer. Wien-New York.

van der Waerden, B.L. (1971): Mathematische Statistik. Springer, Berlin (3. Aufl.).

Viertl, R. (1997): Einführung in die Stochastik. Springer, Wien-New York.*

Vogt, H. (1994): Grundkurs Mathematik für Biologen. B. G. Teubner, Stuttgart.*

Weber, E. (1980): Grundriß der biologischen Statistik. G. Fischer, Jena (8. Aufl.).*

Witting, H. (1985): Mathematische Statistik, Bd. 1. Parametrische Verfahren bei festem Stichprobenumfang. Teubner, Stuttgart.

Witting, H. (1995): Mathematische Statistik, Bd. 2. Asymptotische Statistik: Parametrische Modelle und nichtparametrische Funktionale. Verfahren bei festem Stichprobenumfang. Teubner, Stuttgart.

Kapitel 3.5

Hájek, J., Sidák, Z. (1999): Theory of Rank Tests. Academic Press (2. Aufl.).

Maritz, J.S. (1995): Distribution-Free Statistical Methods. Chapman&Hall, London.

Owen, A.B. (2001): Empirical Likelihood. CRC Press, London.*

Rayner, J.C.W., Best, D.J. (2001): A Contingency Table Approach to Nonparametric Testing. Chapman&Hall, London.

Sprent, P., Smeeton, N.C. (2001): Applied Nonparametric Statistical Methods. CRC Press (3. Aufl.).

Sheskin, D.J. (2000): The Handbook of Parametric and Nonparametric Statistical Procedures. Chapman&Hall, London (2. Aufl.).

Kapitel 3.6 und 3.7

Belsley, D.A., Kuh, E., Welsch, R.E. (1980): Regression Diagnostics: Identifying Influential Data and Sources of Collinearity. Wiley, New York.

Breiman, L. (1996): Bagging predictors. Machine Learning, 24, 123-140.

Dobson, A. (2002): An Introduction to Generalised Linear Models. Chapman&Hall, London.

Dodge, Y., Jurečkova, J. (2000). Adaptive Regression. Springer, New York.

Efron, B., Tibshirani, R.J. (1997): Improvements on Cross-Validation: The 632+ Bootstrap Method. J. of the American Statistical Association, 92, 548-560.

Förster, E.; Rönz, B. (1979): Methoden der Korrelations- und Regressionsanalyse. Verlag Die Wirtschaft, Berlin.*

Freund, R.J. (1998): Regression Analysis. Academic Press.

Härdle, W. (1990): Applied Nonparametric Regression. Cambridge University Press, Cambridge.

Harrel, F.E. (2001): Regression Modeling Strategies. Springer, New York.

Hoerl, A.E., Kennard, R.W. (1970): Ridge Regression: Biased estimation for non-orthogonal problems. Technometrics, 12, 55-67.

Hoerl, A.E., Kennard, R.W. (1976): Ridge Regression: Iterative estimation of the biasing parameter. Communications in Statistics. 5, 77-88.

Marquardt, D.W., Snee, R.D. (1975): Ridge regression in practice. American Statistician, 29, 3-20.

Mason, R.L., Gunst, R.G., Webster, J.T. (1975): Regression analysis and problems of multicollinearity. Communications in Statistics. 4, 277-292.

McCulloch, C.E., Searle, S.R. (2001): Generalized, Linear, and Mixed Models. Wiley, New York.

McQuarrie, A.D.R., Tsai, C.L. (1999): Regression and Time Series Model Selection. World Scientific.

Montgomery, D.C., Peck, A., Vining, G.G. (2000): Introduction to Linear Regression Analysis. Wiley, New York.*

Myers, R.H., Montgomery, D.C. (2001): Generalized Linear Models. Wiley, New York.*

Pruscha, H. (1996): Angewandte Methoden der Mathematischen Statistik. B.G. Teubner, Stuttgart.

Rawlings, J.O., Pantula, S.G., Dickey, D. (1998): Applied Regression Analysis. Springer, New York.*

Ryan, T.P. (1997): Modern Regression Methods. Wiley, New York.

Shao, J. (1996): Bootstrap model selection. J. of the American Statistical Association, 91, 655-665.

Simpson, R.J., Montgomery, D.C. (1998): The development and evaluation of alternative generalized -M estimation techniques, Communication in Statistics-Simulation and Computation, 27, 999-1018.

Wisnowski, J.W., Montgomery, D.C., Simpson, J.R. (2001): A comparative analysis of multiple outlier detection procedures in the linear regression model. Computational Statistics and Data Analysis, 36, 351-382.

Kapitel 3.8

Afifi, A.A., Clark, V. (1996): Computer-Aided Multivariate Analysis. Chapman&Hall, London (3. Aufl.)

Backhaus, K.; Erichson, B.; Plinke, W.; Weiber, R. (1990): Multivariate Analysemethoden. Springer, Berlin.

Bilodeau, M., Brenner, M. (1999): Theory of Multivariate Statistics. Springer, New York.

Cox, D.R., Wermuth, N. (1996): Multivariate Dependencies. Chapman&Hall, London.

Fahrmeir, L., Hamerle, A. (1984): Multivariate Statistische Verfahren. de Gruyter. Berlin.

Fahrmeir, L., Tutz, G. (2001): Multivariate Statistical Modelling Based on Generalized Linear Models. Springer, New York.

Flury, B, Riedwyl, H. (1990): Multivariate Statistics: A practical approach. London, Chapman&Hall.*

Glaz, J., Naus, J., Wallenstein, S. (2001): Scan Statistics. Springer, New York.

Hartung, J., Elpelt, B. (1992): Multivariate Statistik. Oldenbourg-Verlag. München-Wien.*

Joe, H. (1997): Multivariate Models and Multivariate Dependence Concepts. Chapman&Hall, London.

Jolliffe, I.T. (2002): Principal Component Analysis. Springer, New York.

Litz, H.P. (2000): Multivariate Statistische Methoden und ihre Anwendungen in den Wirtschafts- und Sozialwissenschaften. Oldenbourg-Verlag, München.*

Marcoulides, G.A., Hershberger, S.L. (1997): Multivariate Statistical Methods: A First Course. Erlbaum, Mahwah NJ.*

Rinne, H. (2000): Statistische Analyse Multivariater Daten: Einführung. Oldenbourg-Verlag.*

Schafer, J.L. (1994): Analysis of Incomplete Multivariate Data. Chapman&Hall, London.

Sharma, S. (1995): Applied Multivariate Techniques. Wiley, New York.

Timm, N.H. (2002): Applied Multivariate Analysis. Springer, New York.

Kapitel 3.9

Bandemer, H., Bellmann, A. (1994): Statistische Versuchsplanung. B.G. Teubner, Leipzig (4. Aufl.).*

Bandemer, H. Näther, W. (1980): Theorie und Anwendung der optimalen Versuchsplanung II. Handbuch zur Anwendung. Akademie-Verlag, Berlin.

Box, G.E.P., Draper, N.R. (1987): Empirical Model Building and Response Surfaces. Wiley, New York.*

Calinski, T., Kageyama, S. (2000): Block Designs: A Randomization Approach. Vol. 1: Analysis. Springer, New York.

Cox, D.R., Reid, N. (2000): The Theory of the Design of Experiments. Chapman&Hall, London.*

Dean, A.M., Voss, D. (1999): Design and Analysis of Experiments. Springer, New York.

Draper, N.R., Lin, D.K.J. (1996): Response surface designs. Chapt. 11 in Handbook of Statistics, v. 13, eds: Ghosh, S., Rao, C.R.).

Montgomery, D.C. (1991): Design and Analysis of Experiments. Wiley, New York.*

Myers, R.H., Montgomery, D.C. (2002): Response Surface Methodology. Wiley, New York.*

Pukelsheim, H. (1993): Optimal Design of Experiments. Wiley, New York.

Rao, G., Saxena, S.C. (1993): Prediction of flue gas composition of an incinerator based on a nonequilibrium-reaction approach. J. of Waste Management Association, 43, 745-752.

Rasch, D., Herrendörfer, G. (1982): Statistische Versuchsplanung. Verlag der Wissenschaften, Berlin.*

Toutenburg, H. (2002): Statistical Analysis of Designed Experiments. Springer, New York (2. Aufl.).

Vining, G.G. (1998): Statistical Methods for Engineers. Brooks/Cole Publishing Company.*

Kapitel 3.10

Bissell, D. (1994): Statistical Methods for SPC (Statistical Process Controll) and TQM (Total Quality Management). Chapman&Hall, London.*

Bonneval, D. (1989): Kostenoptimale Verfahren in der statistischen Prozeßkontrolle. Physica-Verlag, Heidelberg.*

Chandra, M.J. (2001): Statistical Quality Control. Chapman&Hall, London.*

Collani, E. von (1989): The Economic Design of Control Charts. B.G. Teubner, Stuttgart.*

Mason, R.L., Young, J.C. (2001): Multivariate Statistical Process Control with Industrial Applications. ASA-SIAM*

Mittag, H-J., Rinne, H. (1993): Statistical Methods of Quality Assurance. Chapman&Hall, London.*

Montgomery, D.C. (2001): Introduction to Statistical Quality Control, Wiley, New York (4th ed.).*

Schindowski, E., Schürz, O. (1976): Statistische Qualitätskontrolle, Kontrollkarten und Stichproben-pläne. Verlag Technik, Berlin (7. Aufl.).*

Storm, R. (1995): Wahrscheinlichkeitsrechnung, mathematische Statistik und statistische Qualitätskontrolle. Fachbuchverlag, Leipzig (10. Aufl.).*

Trietsch, D. (1999): Statistical Quality Control. World Scientific. Singapore.

Uhlmann, W. (1982): Statistische Qualitätskontrolle. B.G. Teubner, Stuttgart (2. Aufl.).*

Vogt, H. (1988): Methoden der Statistischen Qualitätskontrolle. B.G. Teubner, Stuttgart.*

Statistik mit Programmpaketen

Coakes, S.J. (1997): SPSS Analysis without Anguish. Version 6.1. Wiley, New York.

Crawley, M. (2002): Statistical Computing. An Introduction to Data Analysis Using S-PLUS. Wiley, New York.

Dalgaard, P. (2002): Introductory Statistics with R. Springer, New York.

Dufner, J., Jensen, U., Schumacher, E. (2002): Statistik mit SAS. Teubner, Stuttgart-Leipzig.

Eddison, J. (2000): Quantitative Investigations in the Biosciences using MINITAB. Chapman-Hall, London.

Der, G., Everitt, B.S. (2001): A Handbook of Statistical Analyses Using SAS. Chapman&Hall, London (2. Aufl.).

Everitt, B,S., Rabe-Hesketh, S. (2001): Analyzing Medical Data Using S-PLUS. Springer, New York.

Härdle, W., Klinke, S., Müller, M. (2000): XploRe. The Interactive Statistical Computing Environment. Springer, New York.

Hastings, K. (2001): Introduction to Probability with MATHEMATICA. Chapman&Hall. London.

INTELLISTAT. Version 1.0 (1997). Wiley, New York.

Keller, G. (2001): Applied Statistics with Microsoft EXCEL. Thomson Learning, London.

Kilmer, B. (1998): KADDSTAT. Statistical Analysis Plug-in to Microsoft EXCEL, Version 5, Wiley.

Krause, A., Olson, M. (2000): The Basics of S and S-PLUS. Springer, New York (2. Aufl.).

Martinez, W., Martinez, A. (2002) Computational Statistics Handbook with MATLAB. Chapman&Hall, London.

Millard, S.P. (2002): Environmental Stats for S-PLUS. Springer, New York (2. Aufl.).

Ortseifen, C. (1997): Der SAS-Kurs. Eine leicht verständliche Einführung. Thomson Publishing.

Rabe-Hesketh, S., Everitt, B.S. (1999): A Handbook of Statistical Analyses Using STATA. Chapman&Hall, London.

Muche, R., Habel, A., Rohlmann, F. (2000): Medizinische Statistik mit SAS Analyst. Springer, Berlin, New York.

Rose, C., Smith, M. (2002): Mathematical Statistics with Mathematica. Springer, New York.

S-PLUS. Academic Edition, Version 2000. Macmillan, Cambridge.

Venables, W.N., Ripley, B.D. (1999): Modern Applied Statistics with S-PLUS. Springer, Berlin, New York (3. Aufl.).

Voelki, K.E., Gerber, S.B. (1999): Using SPSS for Windows. Data Analysis and Graphics. Springer, Berlin, New York..

Index

Teubner Lehrbücher: einfach clever

Printed in the United States
By Bookmasters